细胞移植治疗

XIBAO YIZHI ZHILIAO

主　编　王佃亮　乐卫东

副主编　刘晋宇　陈昭烈　余　红　何志旭

　　　　潘兴华　周余来　李崇辉

编　委　（以姓氏笔画为序）

王佃亮　第二炮兵总医院

乐卫东　厦门大学医学院

刘晋宇　吉林大学白求恩医学院

李崇辉　解放军总医院

杨德华　中国科学院上海药物研究所

何文俊　解放军总医院第一附属医院

何志旭　贵阳医学院

余　红　浙江大学医学院

陈昭烈　军事医学科学院

周余来　吉林大学药学院

潘兴华　成都军区昆明总医院

北　京

图书在版编目(CIP)数据

细胞移植治疗 / 王佃亮，乐卫东主编．—北京：人民军医出版社，2012.8
ISBN 978-7-5091-5893-7

Ⅰ．①细… Ⅱ．①王… ②乐… Ⅲ．①干细胞移植 Ⅳ．① Q813.6 ② R45

中国版本图书馆 CIP 数据核字(2012)第 166402 号

策划编辑：路 弘 侯平燕 文字编辑：佟玉珍 陈 娟 责任审读：谢秀英
出版发行：人民军医出版社 经销：新华书店
通信地址：北京市 100036 信箱 188 分箱 邮编：100036
质量反馈电话：(010) 51927290; (010) 51927283
邮购电话：(010) 51927252
策划编辑电话：(010) 51927300−8061
网址：www.pmmp.com.cn

印刷：北京天宇星印刷厂 装订：恒兴印装有限公司
开本：787mm × 1092mm 1/16
印张：22.5 字数：662 千字
版、印次：2012 年 8 月第 1 版第 1 次印刷
印数：0001−2000
定价：108.00 元

内容提要

编者较为系统地阐述了细胞移植治疗的基本理论、实验研究方法、发展历程、临床应用实例、存在的问题与解决策略等，着重介绍了一些细胞在肿瘤、血液系统疾病、自身免疫性疾病、神经系统疾病、心脑血管疾病、消化系统疾病、烧伤及眼科疾病等基础研究及临床应用情况，分述了各种免疫细胞、干细胞和个别普通体细胞的基本理论及移植治疗的程序、步骤、适应证、禁忌证等。本书科学性、实用性强，可作为高等医药院校及综合大学生命科学领域相关专业的教材，以及临床医生、科研院所研究人员和生命科学领域工作人员学习研究的参考书。

序

细胞移植治疗具有悠久的历史。自 1667 年 Jean-Baptiste 将小牛血注射给一位精神病患者进行探索性治疗以来，细胞移植治疗的理论和技术得到了不断的发展，尤其是在白血病和经放化疗治疗的病人中应用成效显著。近年来，临床开展各种免疫细胞和干细胞治疗，已逐步形成了一种新的治疗手段，并逐渐被人们所接受，也受到相关部门的高度关注。

由于细胞移植治疗涉及的领域比较多、相关治疗的机制也比较复杂、有些治疗方法的应用还存在一定的争议、部分疾病治疗后的效果还有待进一步评估，因此需要汇集这方面的相关资料供医者作进一步深入研究和探索时参考。正是根据这种需求，本书主编王佃亮和乐卫东教授等，邀请国内外部分高校和科研单位的相关专家编写了这部专著，以期通过自己研究成果的总结和文献资料复习等方式，使人们对细胞移植治疗的整个概貌有一个大致的了解和正确的评价。

本书凝聚着编著者们长期工作的积累和辛勤的劳动。相信它的出版对进一步推进和规范细胞移植治疗技术、最终造福于广大患者大有益处。

解放军总医院基础医学研究所所长

中华医学会创伤学分会主任委员

中国工程院院士

付小兵

2012 年 3 月于北京

前 言

细胞移植治疗是当今生物医学研究和临床应用的热点领域，中国在这一领域，尤其在临床应用方面居国际领先水平。虽然也存在一些问题，但细胞移植治疗为某些重大疾病和疑难杂症提供了新的临床选择，取得了一定成就，并展示了诱人前景。目前科学界和国家已经意识到，细胞移植治疗的临床应用亟需规范，基础研究亟需深入。为了适应这一新形势的需要，我们组织编写了这部专著。

本书最初打算是个人编著，后来在与一些国内外细胞移植治疗领域的专家、教授们的交流中，感觉大家都对本书感兴趣并希望加入撰写队伍。彼时考虑，倘若多位学者的加盟能使更多读者从本书中受益，那对细胞移植治疗事业的发展将是一件幸事。于是，军事医学科学院、解放军总医院、成都军区昆明总医院、第二炮兵总医院、上海交通大学医学院、吉林大学白求恩医学院、浙江大学医学院、贵阳医学院、中国科学院上海药物研究所、厦门大学医学院等单位的专家学者们积极参与撰稿。由于这些单位的专家学者们都是细胞移植治疗领域的学科带头人，长期工作在科研、临床一线，所撰写的书稿自然包含了各自在本领域一些原始创新性的成果，这有助于读者获得本领域的最新信息和发展趋势。

本书的另一个显著特点是相对系统，适合作为教材。在内容编写上较为系统地总结了现有细胞移植治疗领域的文献和研究成果，阐述了细胞移植治疗的基本概念、定义、分类、存在问题和解决对策、发展历程、发展趋势、技术方法以及临床应用的疗效、安全性、适应证、禁忌证等。将一些容易混淆的概念加以澄清，譬如：在许多文献和书籍中将干细胞和体细胞相提并论，其实干细胞属于体细胞，是体细胞的一种。所以在本书编写过程中，根据细胞的不同生物学特性，将目前可供移植治疗的细胞分为免疫细胞、干细胞和普通体细胞，其中免疫细胞、干细胞都属于体细胞，但是免疫细胞、干细胞与其他体细胞的生物学特性具有显著不同。

本书还有一个显著特点，就是实用性强，可作为工具书收藏。本书的理论叙述主要集中在前两章及最后一章；临床应用是全书重点，按照就医习惯分为肿瘤及血液系统疾病、自身免疫性疾病、神经系统疾病、心脑血管系统疾病、消化系统疾病、烧伤以及眼科疾病等，还精心选编了一些临床应用实例、治疗程序、操作步骤，可供临床医生手术时参考。为了更好地体现实用性和便于读者查阅，还特意编写了一些有关细胞移植治疗的政策法规、中英文词汇对照及细胞移植治疗大事年表。

本书的编写也得到了国内外相关领域院士及权威学者的关心和帮助。一些在读研究生、博士后参加了本书的资料收集、图表绘制、初稿撰写等工作，他们是张珍、张艳梅、王颐、宋林、刘会、杨娟、李丽喜、唐宇、章素芳、舒莉萍、苏敏、杨德华、刘菲琳、吴春玲、王力涵、蒋智、徐银川等。需要特别感谢付小兵院士，为本书欣然作序。

在本书付梓之际，对相关专家、学者、同行、同学以及编辑人员的辛勤劳动深表谢意。

最后，希望本书的出版有益于细胞移植治疗事业的发展。

王佃亮　乐卫东

2012年3月

目 录

第1章 绪论

第一节 细胞移植治疗的诞生与发展

细胞移植治疗，又称活细胞治疗，是指采用患者自身细胞或其他来源的细胞，在体外经程序化处理而产生特异性功能的细胞，移植到体内后可促进患者机体功能康复和组织器官再生。细胞移植治疗主要有三大目的：一是组织修复；二是免疫调节；三是组织修复与免疫调节兼顾。它的诞生与发展成为当今生物治疗的重要手段之一，在临床医学中发挥着越来越重要的作用。

一、细胞移植治疗概念的提出

早在15～16世纪，德国著名内科医生、炼丹家Theophrastus Philippus Aureolus Bombastus von Hohenheim，笔名帕拉塞尔苏斯（Paracelso，1493–1541）主张医疗要基于经验，提出“心治愈心，肺治愈肺，脾治愈脾……同类物可治愈同类物”，是最早用含有细胞的活体组织治疗某些疾病的设想。在中国古代民间传说中，也有农夫被山中野兽袭击咬伤后，情急之中用其他动物的活体组织填补伤口，最终动物组织和人体组织融合生长在一起，在一定程度上达到了治疗目的。

1667年，Jean-Baptiste Denis将小牛血注射给一位精神病患者进行治疗，这是最早记载的细胞移植治疗方法。德国内科医生Kuettner是细胞治疗的先驱者，1912年，他首次提出应将器官剪成小组织块，先溶在生理盐水中，再注射到患者体内，而不是将整体器官用于移植，使治疗方法趋于精细。

1930年，瑞士人Paul Niehans将从羊胚胎器官中分离出的细胞注入人体，出乎预料的是没有引发拒绝异体蛋白的天然免疫反应，于是开始应用这类羊胎素活细胞进行皮肤年轻化治疗，并成为活细胞治疗皮肤年轻化的著名医师。次年，Paul Niehans又将牛的甲状腺剪成小组织块，溶在生理盐水中，再注射到患者体内，用于治疗“甲状腺功能减退”。正是由于这些开拓性的工作，Paul Niehan被称为“细胞治疗之父”。从此，细胞移植治疗的概念开始被人们接受，并逐渐在临床上得到应用。

细胞移植治疗（cell transplantation thera-py）其实就是操作人的生活体细胞（live somatic cell），包括自体的、同种的和异种的，通过改变其生长发育条件或导入外源遗传物质，从而对这些细胞的某些生物学特性进行改造，以达到进行组织器官修复或疾病治疗的目的。

需要指出的是，在一些文献中，细胞移植治疗概念不涉及外源遗传物质的导入，认为那是基因治疗的范畴，然而随着细胞移植治疗概念的不断深入发展，向治疗细胞中导入外源基因将会越来越经常，所以，在本书中，凡是以分散的完整活细胞为移植对象的治疗操作都被看作是细胞治疗，也可以认为这是广义的细胞移植治疗概念。

二、细胞移植治疗的分类及特点

目前细胞移植治疗的疾病种类很多，涉及的细胞种类也很多，并且不同细胞或不同移植治疗方法各有特点，现分述如下。

（一）按移植细胞的生物学特性划分

随着对器官移植缺陷的深入认识，譬如供

体器官来源不足、伦理限制、免疫排斥等，人们开始探索直接利用体细胞进行移植治疗。体细胞（somatic cell）是多细胞生物体中除生殖细胞（germ cell）之外所有细胞的总称，其染色体数是经减数分裂产生的生殖细胞的2倍，也就是说，体细胞是二倍体，生殖细胞是单倍体。体细胞的概念是相对于生殖细胞而言，体细胞的遗传信息不像生殖细胞那样会遗传给下一代。迄今临床上用于移植治疗的免疫细胞、干细胞其实都是体细胞。但是普通体细胞与免疫细胞、干细胞的生物学特性具有明显区别，有必要将它们区别开来。据此，可以将细胞移植治疗分为以下三类。

1．*普通体细胞移植* 可用于临床移植治疗的普通体细胞主要有软骨细胞、肝细胞、胰岛细胞、嗅鞘细胞等。这些细胞都是已经完成了分化，在具体的组织器官中起到特定的结构作用，并行使一定的功能。它们的结构和功能作用通常都比较局限，既不像干细胞那样可以转化为1种或多种其他种类的细胞而具有另外的结构功能作用，也不像免疫细胞那样对机体抵抗疾病具有重要的防御功能。但是，这类细胞移植在临床上仍然具有重要的治疗价值。

普通体细胞移植的主要特点是：①可以单独移植，也可以与不同种类的干细胞联合移植，以达到更好的治疗效果；②随着人们对细胞生长发育环境及调控机制的深入认识和熟练操控，未来普通体细胞的临床移植应用范围将会扩大。

2．*免疫细胞移植* 凡参与免疫应答或与免疫应答有关的细胞，都称为免疫细胞（immunocyte），主要包括淋巴细胞、树突状细胞、单核细胞、巨噬细胞、粒细胞、肥大细胞、辅助细胞等，以及它们的前体细胞。但在免疫应答过程中起核心作用的是淋巴细胞。淋巴细胞是免疫系统的基本成分，在体内分布很广泛，包括T淋巴细胞、B淋巴细胞、K淋巴细胞和NK淋巴细胞等。T淋巴细胞和B淋巴细胞受抗原刺激后被活化，开始分裂增殖，发生特异性免疫应答。

免疫细胞移植治疗，就是采集人体自身免疫细胞，经过体外培养，使其数量成千倍增多，靶向性杀伤功能增强，然后再回输到人体来杀灭血液及组织中的病原体、癌细胞、突变的细胞，打破免疫耐受，激活和增强机体的免疫能力，兼顾治疗和保健的双重功效。免疫细胞移植治疗主要包括：细胞因子诱导的杀伤细胞（cytokin induced killer，CIK）疗法、树突状细胞（dendritic cell，DC）疗法、DC-CIK细胞疗法、自然杀伤细胞（natural killer，NK）疗法、DC-T细胞疗法、淋巴因子激活的杀伤细胞（lymphokine activated killer cells，LAK）等。但目前在临床中使用最多的免疫细胞移植治疗方法主要是DC治疗和CIK治疗。

免疫细胞移植治疗的特点主要有：①运用正常人赖以生存而肿瘤患者表达较低的生物细胞因子调动机体自身的免疫力量达到抗肿瘤作用，与放疗、化疗方法相比，不良反应较小；②通过主动免疫能够激发全身性的抗肿瘤效应，作用范围更加广泛，特别适用于多发病灶或有广泛转移的恶性肿瘤；③靶向治疗，目标明确，对肿瘤细胞以外的正常细胞无影响，对不宜进行手术的中晚期肿瘤患者，能够明显遏制肿瘤发展，延长患者寿命。

3．*干细胞移植* 干细胞属于未分化细胞，是具有自我复制更新和多向分化潜能的原始细胞群体，在一定条件下，它可以分化成多种功能细胞或组织器官。干细胞移植就是把健康的干细胞植入患者体内，以达到修复或替换受损细胞或组织，从而达到治愈目的，为一些疑难杂症治疗带来了希望。

干细胞种类繁多。根据发育潜能，干细胞可分为三类：①全能干细胞（totipotent stem cell，TSC），可以分化为机体内的任何类型细胞；②多能干细胞（pluripotent stem cell），只能分化为机体某些类型的细胞，不能分化为机体内的任何一种细胞，如造血干细胞在一定条件下可分化为多种血细胞系；③单能干细胞（unipotent stem cell），只能分化为一种类型的细胞，而且自我更新能力有限，如肾脏祖细胞、肝脏祖细胞等。根据来源，干细胞又可分为两类：①胚胎干细胞（embryonic stem cell，ESC），来源于胚胎内细胞团或原始生殖细胞筛选分离出的具有多能性或全能性的细胞；②成体干细胞（adult stem cell，ASC或somatic stem cell，SSC），存在于机体的各种组织器官中，如来源于脐带血、骨髓和成体器官组织等，如间充质干细胞、造血干细胞、神经干细胞等。

成体组织器官中的成体干细胞在正常情况下大多处于休眠状态，在病理状态或在外因诱导下可以表现出不同程度的再生和更新能力。目前用于临床移植治疗的干细胞种类主要有骨髓干细胞（bone marrow stem cell，BMSC）、造血干细胞（hematopoietic stem cell，HSC，即 $CD34^+$ 细胞）、间充质干细胞、胚胎神经干细胞（embryonic neural stem cell，ENSC）、皮肤干细胞、胰岛干细胞、脐血干细胞（umbilical cord blood stem cell，UCBSC）、脂肪来源基质干细胞（adipose-derived stromal cell，ADSC）等。因而，干细胞移植的命名可以有很多，譬如全能干细胞移植、成体干细胞移植、造血干细胞移植等。

干细胞移植治疗的特点主要有：①安全、低毒性或无毒性、无免疫排斥反应；②在尚未完全了解疾病发病的确切机制前也可以应用；③治疗材料来源充足，干细胞的培养和采集都不受限制；④治疗的疾病谱广；⑤是最好的免疫治疗和基因治疗载体；⑥患者年龄越小，治疗效果越明显。

（二）按是否改变移植细胞的遗传物质划分

根据是否导入外源遗传物质，可将现有细胞移植治疗分为天然细胞移植和遗传修饰的细胞移植两大类。

1．*天然细胞移植*　移植细胞本身的遗传物质没有经过任何修饰，称为天然细胞移植。这类细胞移植的特点是：①用于移植治疗的细胞所含遗传物质是自身固有的，不用担心外来遗传物质带来的安全隐患；②是目前基础研究和临床应用的主流；③若移植细胞自身固有遗传缺陷，对移植治疗效果会有一定影响。

2．*遗传修饰的细胞移植*　向移植细胞中导入了外源基因，或是移植细胞自身的遗传物质进行了人为改造，如iPS细胞（induced pluripotent stem cell），称为遗传修饰的细胞移植。这类细胞移植的特点是：①外源基因的导入，可以弥补或修复患者基因的缺陷，或增强移植细胞的治疗效果；②由于移植细胞中导入了外源遗传物质，患者可能存在安全隐患；③目前还处于研究实验阶段，距离临床应用还有一定距离。

（三）按细胞移植治疗的组织器官种类或疾病性质划分

临床上可通过细胞移植治疗的具体疾病种类繁多，且随着学科深入发展，这个疾病谱正在不断扩大。在这个疾病谱上，几乎涉及了人体所有组织器官，据此可将细胞移植治疗分为神经病（神经性疾病）的细胞移植、血液病（血液性疾病）的细胞移植、骨病的细胞移植、皮肤病（皮肤性疾病）的细胞移植、肾病的细胞移植、眼病的细胞移植、心脑血管病（心脑血管性疾病）的细胞移植等。也可根据疾病性质，将细胞移植治疗分为肿瘤的细胞移植、免疫性疾病的细胞移植、风湿病的细胞移植、血液病的细胞移植等。这种分类方法的特点：①与医院临床科室设置相似，符合患者的就医习惯；②可分出的具体种类弹性大，严谨性差；③目前很多疾病还不能或没必要用细胞移植进行治疗。

三、细胞移植治疗的实现途径

无论是动物实验还是临床应用，细胞移植途径的选择十分关键，它与治疗费用、疗效和安全性密切相关。目前细胞移植治疗的实现途径主要有微创介入移植、局部注射移植、动脉内注射移植、静脉内注射移植、蛛网膜下隙途径等。

（一）微创介入移植

微创介入移植又称介入途径细胞移植，是通过介入动脉或静脉导管进行细胞移植，如心肌梗死患者从其冠状动脉球囊导管输注细胞、肝硬化患者从其肝动脉导管输注细胞或经皮穿刺置导管从门静脉输注细胞等。其特点是：不用开刀、创伤小；不良反应小；并发症少；恢复快，安全易行；定位准确，疗效发生快而确定。因而常用于干细胞移植治疗。

（二）局部注射移植

1．*立体定向脑内注射移植*　立体定向脑内注射移植手术是利用CT/MRI扫描定位后，将图像输入计算机，靠计算机规划移植靶点、手术路径，局部麻醉后，颅骨钻孔，插入探针，微量泵泵入神经干细胞。该方法的优点是：①可把干细胞全部集中到病灶及其周边发挥治疗作用，神经功能改善迅速、直接；②定位准确、操作时间短、手术创伤小；③患者在局麻下可承受该手术，利于术者检查患者配合情况，及时观察治疗反应。适用于病灶比较局限的疾病（如脑出血后遗症、脑外伤后遗症、局灶性脑梗死等），也适合具有集中神经功能核团支配的神经功能退行性疾病（如帕金森病、阿尔茨海默病等）。但该方法也有一定缺陷：①将神经干细胞直接注射于脑损伤区，脑内神经干细胞移植的成功率较低，这是因为脑损伤部位是一处不良的局部微环境区域，植入的神经干细胞有可能被激活的小胶质细胞和巨噬细胞所清除；②经脑内移植尚有容积占位效应，致使神经干细胞移植量有限，降低了移植成功率；③经脑内移植还可导致局部神经干细胞过度聚集，不利于神经干细胞的分化；④头部穿刺手术虽然创伤比较小，但仍存在穿刺出血的风险，许多患者不愿意接受。

2．*脊髓局部注射移植* 脊髓局部注射移植是在脊髓损伤的节段进行手术，依次切开皮肤、肌肉、韧带，咬除受伤节段的部分椎板，剪开硬脊膜，然后在受伤脊髓节段上下两端注射干细胞。该方法是目前治疗脊髓损伤最常用的移植方法，其优点是移植的细胞分布在损伤脊髓两端发挥作用，同时手术也可以起到减压作用，促进部分脊髓功能恢复。但缺点是创伤大，存在出血风险，此外手术本身对脊髓是一次新的损伤有可能加重神经功能的缺失。动物实验和临床经验表明，通过病变部位直接注射，细胞治疗效果显著。

（三）静脉内注射移植

通过静脉移植细胞治疗疾病，是应用最早并且是应用最广泛的移植方法，可用于全身性疾病治疗。该方法是使用静脉穿刺将干细胞滴入血液循环，干细胞通过血液循环到达受损组织发挥作用。其优点是：①创伤小、容易被患者接受；②经静脉移植避免损伤正常组织，且可以通过反复多次移植来弥补到达病灶区干细胞少之不足。缺点是：①从外周静脉进入脑内需经长时间的迁移，最后进入脑内的细胞数量十分有限，从而导致移植成功率不高；②大量移植细胞在血液循环中消耗掉了，为了保证治疗效果，需要加大移植细胞数量，这样会使治疗成本升高。静脉注射治疗还可用于：阿尔茨海默病、帕金森病、抗衰老等的治疗。静脉滴注时将细胞液摇匀，避免细胞贴壁。这种细胞移植治疗方法创伤小，但最大的不足是细胞应用量大，靶向治疗效果较差。

（四）动脉内注射移植

动脉内注射移植的原理和方法基本与静脉内注射移植相同。直接将干细胞在动脉内注射，可以减少干细胞在血液循环中的损失，提高干细胞利用率。在神经干细胞移植中，多采用颈内动脉穿刺的方法，这样可以使移植的干细胞集中流到脑组织内部，减少细胞耗损。该方法的缺点是有可能使老年患者动脉壁上的血栓脱落形成新的脑血栓，以及可能形成夹层动脉瘤。

（五）腰椎穿刺蛛网膜下隙注射移植

从蛛网膜下隙（又称蛛网膜下腔）途径移植治疗细胞，主要用于神经系统疾病。它是利用腰椎穿刺技术，于腰$_{3\sim5}$椎间隙，置入穿刺针达到蛛网膜下隙，注入神经干细胞。该方法优点是：①适合于病变较为广泛的神经功能疾病治疗，因为移植细胞可以顺着脑脊液的循环途径流遍整个大脑和脊髓，可在宿主蛛网膜下隙中保持贴附、增殖和分化，无论哪里有病灶，细胞都可以到达，可用于脑炎后遗症、脑发育不良、多发性脑梗死等疾病的治疗；②创伤很小；③每次操作只需要十几分钟，病人始终处于清醒状态。但该方法也有缺点：①移植的干细胞被分散到整个大脑和脊髓，干细胞迁移、趋行到什么部位难以控制，治疗效果没有定向脑内注射明确；②由于干细胞需要顺着脑脊液循环至大脑，路径较长，且需通过脑脊液 - 脑屏障，细胞损失较多；③干细胞直接进入脑脊液中，由于环境完全不同于体外培养环境，干细胞存活数量仍存在疑问。

（六）脑室穿刺注射移植

有部分动物实验和临床研究采用脑室穿刺注射移植。它是给予患者侧脑室穿刺后，经穿刺针注射神经干细胞。动物实验表明，通过脑脊液途径移植神经干细胞可以特异性地迁移至脑损伤区域，对临床神经干细胞移植治疗方案的确定具有积极意义。该方法的优点是：①干细胞可以直接到达脑室系统，循环至整个神经系统，移植点位于高位，路径较短，干细胞损失较少；②植入细胞可远离损伤环境，避免损伤区的不良微环境影响移植细胞成活，从而提高植入细胞存活率，避免经脑内移植时的容积占位效应，增加植入细胞的数量；③脑室内环境为植入的神经干细胞提供了良好的迁移发育和定向分化的场所，有利于脑室植入细胞在内源性神经干细胞的迁移途径引导下，广泛快速地到达脑内损伤区。该方法缺点是：

①因为要经过脑脊液循环到达病灶区，需要移植的细胞数量要增加；②脑室穿刺创伤较腰椎穿刺大，有穿刺出血风险。

（七）枕大池穿刺移植

枕大池穿刺移植是动物实验中较多采用的移植方法，主要是从后枕部穿刺到枕大池注入干细胞。该方法的优点基本与其他利用脑脊液途径移植的方法相同。在动物实验中，主要是考虑到腰椎穿刺和脑室穿刺的难度较大，该方法操作较为简单。但该方法不适宜于临床应用也没有临床报道，主要因为后枕部穿刺的手术风险过大，可能造成脑干损伤，危及生命。

（八）其他

其他途径包括：呼吸系统通过气管内滴注细胞；皮肤部位直接注射细胞等。移植治疗所使用细胞的数量也有非常大的差异，其差别甚至达到上百倍。但这里面也存在一个问题，就是移植细胞是否经过了事先严格的筛选。以骨髓基质细胞移植为例：骨髓中干细胞的比例大约只有 0.5%，也就是说 1 000 个单个核细胞中只有 5 个是干细胞。可通过两种方法进行移植：①将骨髓中的单个核细胞筛选出来后马上进行移植；②把干细胞从单个核细胞中分离出来，仅仅移植干细胞。这样一来，前者移植的细胞总数就是后者的 200 倍，但其实两者移植的干细胞数量是相同的。由于前者还移植了除干细胞以外的大量杂质细胞，理论上会降低治疗效果。后者由于进行了干细胞精选，效果应该会更好，但其细胞费用必然会大幅度地提高。由此可见，不能仅仅通过移植细胞数量来评估治疗效果，还要考虑移植细胞质量。干细胞分离培养、诱导分化是一门高精尖技术。这也是许多医院都做干细胞移植，但有的医院治疗效果好、有的医院却效果不明显的主要原因之一。

不同移植途径各有千秋，在细胞移植实践中具体选择哪种途径，应根据不同的疾病治疗要求、疗效、安全性、费用等综合考虑。无论是采用哪种途径，所有与活细胞操作有关的内容都必须保证在无菌条件下进行。要遵循 GMP 指导方针，确保移植细胞的特征、安全性、质量、功能和纯度等，既达到治疗的要求，又保证患者的生命安全（图 1-1）。

A. 1 型糖尿病大鼠

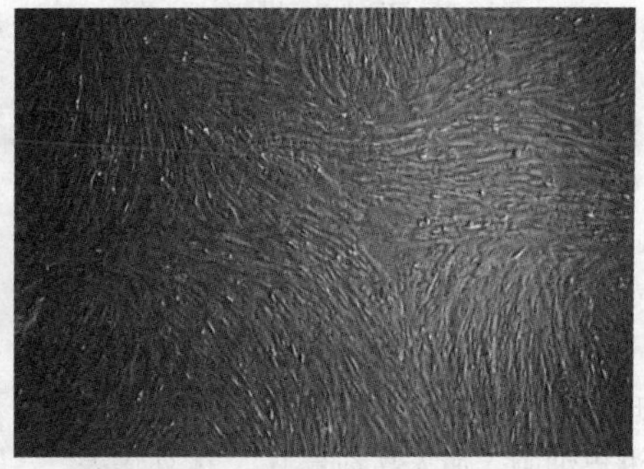

B. 人羊膜间充质干细胞

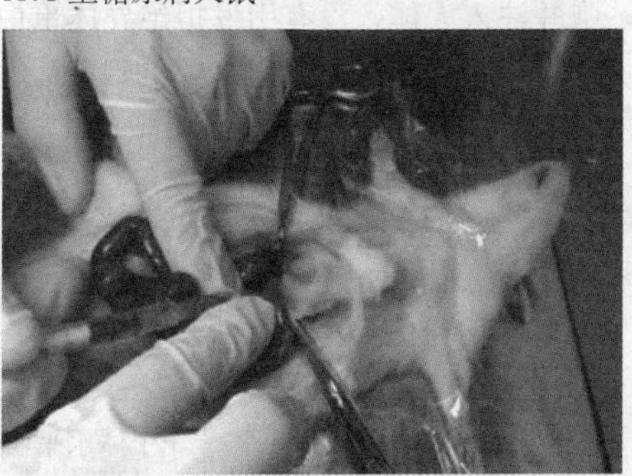

C. 肝门静脉注射移植干细胞

D. 移植治疗后的大鼠

图 1-1 肝门静脉途径移植治疗大鼠 1 型糖尿病（见书末彩图）

四、细胞移植治疗的发展

细胞移植治疗本质上是细胞水平的再生医学（图 1–2）。当前再生医学的核心研究内容是细胞移植治疗和组织工程治疗，其中细胞移植治疗最具有发展前景。细胞移植治疗从 17 世纪后半叶的直接用动物血进行治疗到 20 世纪初的将组织块溶解于生理盐水后进行治疗，经过了近 300 年时间。但在整个 20 世纪，细胞移植治疗得到了快速发展。

（一）免疫细胞移植治疗的发展

生物免疫治疗最早可追溯到 18 世纪。1796 英国医生 Jenner Edward 给人接种牛痘病毒疫苗（cowpox virus vaccine）预防天花病毒感染，这是全世界最早的生物治疗。

1982 年 Grimm 等首先报道外周血单个核细胞中加入 IL-2 体外培养 4 ~ 6d，能诱导出一种非特异性的杀伤细胞（LAK 细胞），这类细胞可以杀伤多种对 CTL、NK 不敏感的肿瘤细胞。许多实验表明，LAK 细胞的前体细胞是 NK 细胞和 T 细胞。1984 年 Rosenberg 研究组经美国食品及药品管理局（Food and Drug Administration，FDA）批准，首次应用 IL-2 与 LAK 协同治疗 25 例肾细胞癌、黑素瘤、肺癌、结肠癌等肿瘤患者，具有显著疗效。1985 年 Rosenberg 首先报道白细胞介素 -2（IL-2）和 LAK 细胞治疗晚期肿瘤有效。1986 年 Rosenberg 研究组又首先报道了肿瘤浸润淋巴细胞（tumor infiltrating lymphocyte，TIL）。用机械处理和酶消化方法，从肿瘤局部分离出肿瘤浸润的淋巴细胞，加入高剂量 IL-2 体外培养，残存的肿瘤细胞 7 ~ 13d 全部死亡。从手术切下的肿瘤组织、肿瘤引流淋巴结、癌性胸腔积液与腹水中获得淋巴细胞，加 IL-2 培养后，其生长、扩增能力强于 LAK 细胞，不良反应也明显低于 LAK/IL-2 疗法。

1973 年美国学者 Steinman 及 Cohn 在小鼠脾组织分离中发现了 DC，因为其细胞的形态具有树突样或伪足样突起而得名。DC 是人体内功能强大的主要的抗原递呈细胞，除了能够诱导抗原特异性细胞毒 T 淋巴细胞反应外，还可通过直接或间接方式影响 B 细胞的增殖，活化体液免疫应答。早期由于对其来源、分化、发育、成熟等方面的知识缺乏了解，只能从不同的组织中分离 DC，这样获得的细胞数量极少并极大地限制了对其功能特点的研究。1992 年 Steinman 建立了应用 GM-CSF 从小鼠骨髓中大规模培养制备 DC 的方法，之后又建立并完善了多种培养扩增 DC 的方法，对 DC 的研究才得以深入。1994 年，Schmidt-wolf 从外周血单个核细胞中诱导产生 CIK 细胞，兼具 T 淋巴细胞强大的杀瘤活性和 NK 细胞的非 MHC 限制性，故又被称为 NK 细胞样 T 淋巴细胞，将具有高效杀伤活性的 CIK 细胞和具有强大肿瘤抗原递呈能力的 DC 共同培养来治疗恶性肿瘤业已证明具有良好的效果，近年来已在国内许多具备条件的三级甲等医院进行临床应用。

（二）干细胞移植治疗的发展

早在 1867 年，Cohnheim 在实验中给动物静脉注射一种不溶性染料 Analine，结果在动物损伤远端的部位发现含有染料的细胞，包括炎症细胞和与纤维合成有关的成纤维细胞，由此他推断骨髓中存在非造血功能的干细胞。1930 年瑞士的 Daul Niehans 首先从羊胚胎器官分离出细胞并注入人体，没有引发拒绝异体蛋白的天生免疫反应，于是开始应用这类羊胎素活细胞进行皮

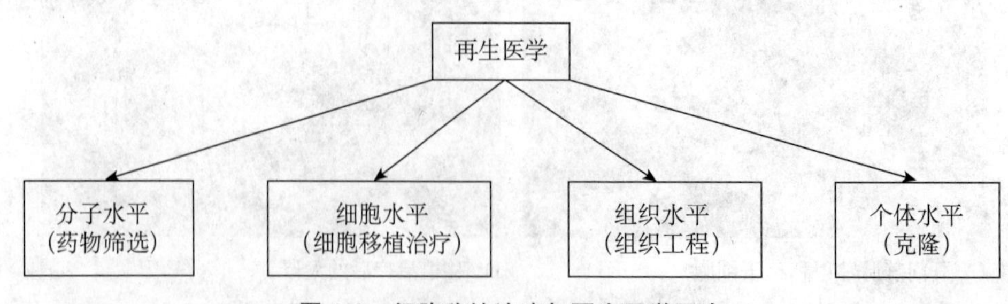

图 1-2 细胞移植治疗与再生医学层次

肤年轻化治疗。

干细胞真正的研究开始于20世纪60年代，加拿大科学家Ernest McCulloch和James E Till在1963年首次证明了血液中干细胞的存在，并发现造血干细胞能发展成数百种不同类型的人体组织细胞。研究者通过对几个近亲种系的小鼠睾丸畸胎瘤的研究，表明了其是来源于胚胎生殖细胞的，这项工作证实了胚胎癌细胞是一种干细胞。

1981年，Evan Kaufman和Martin从小鼠胚泡内细胞群分离出胚胎干细胞，并建立了与胚胎干细胞适宜的体外培养条件，培育成干细胞系。由这些胚胎干细胞产生的干细胞系有正常的二倍体型，能够像原生殖细胞一样产生3个胚层的衍生物。将获得的胚胎干细胞系注入小鼠体内，能诱导形成畸胎瘤。1984年，在一次由Bogse博士主持的会议上，他和Broxmeger博士讨论了利用脐带血的可能性。Broxmeger介绍了在体外发现脐带血内有干/祖细胞后，Bogse认为人的脐带血可能是临床移植造血干细胞的一种来源。在他们讨论后，美国多个学科开始进行合作研究，后来又进行国际合作研究。在巴黎SaintLouis医院，Gluckman博士领导的骨髓移植科首次用HLA相合病人胞妹的脐带血干细胞治疗1例Fanconl贫血患儿并获得成功。20世纪70年代，当时选择人类白细胞抗原相同的健康人的骨髓，对白血病患者进行骨髓移植，并获得良好的治愈效果；80年代，外周血干细胞移植术获得了推广，不过大多移植自体外周血干细胞，仍然主要用于治疗白血病。1990年后这种治疗手段迅速发展。1990年Niehans报道了6 500例患者接受了细胞治疗的方法。全世界1997年移植例数达到4.7万例以上，自1995年开始，自体造血干细胞移植例数超过异基因造血干细胞移植，占总数的60%以上。造血干细胞移植目前广泛应用于恶性血液病、非恶性难治性血液病、遗传性疾病和某些实体瘤治疗，并获得了较好的疗效。

2004年，Massachusetts Advanced Cell Technology报道克隆小鼠的干细胞可以通过形成细小血管的心肌细胞修复心力衰竭小鼠的心肌损伤。这种克隆细胞比来源于骨髓的成体干细胞修复作用更快、更有效，可以取代40%的瘢痕组织和恢复心肌功能。这是首次显示克隆干细胞在活体动物体内修复受损组织。2007年美国威斯康星大学詹姆斯·汤姆森的研究小组将体细胞转变成“诱导性多能干细胞”，几乎同时日本京都大学教授山中申弥领导的研究小组也创建出iPS细胞。同年，美国怀特黑德生物医学研究所的雅格布·汉纳等人提取了患病实验鼠的皮肤细胞，而后植入一组基因，通过基因重新编排，使之具备了胚胎干细胞所具有的功能。2009年1月美国食品药品管理局（FDA）首次批准将胚胎干细胞用于治疗截瘫患者的临床试验，干细胞的研究经快速通道从基础进入到临床，截止到2009年1月，已有20项临床试验在美国国立卫生院clinicaltrials.gov登记注册，早期结果令人鼓舞。2009年5月，中国国家卫生部出台《医疗技术临床应用管理办法》，为严格有序地开展细胞生物治疗提供了指导和依据，也保证了生物治疗的安全和规范。细胞治疗所运用的独特的生物学特性将会使其在人类疾病的治疗中发挥巨大的应用价值。

（三）普通体细胞移植治疗的发展

在早期的细胞移植治疗中，移植物包含了普通体细胞、干细胞和免疫细胞，其中发挥疗效作用的是其中的干细胞和（或）免疫细胞。后来随着细胞移植治疗的深入发展，干细胞或免疫细胞才从普通体细胞群中分离出来，在体外进行扩增后用于临床治疗。

代谢性疾病常被归因于某种细胞功能障碍或缺陷，细胞移植被合乎逻辑地应用于这些疾病的治疗，如胰岛细胞移植和肝细胞移植。第1例同种异体胰岛细胞移植开展于1990年。2000年，Edmonton研究组通过胰岛细胞移植使7例脆性1型糖尿病患者摆脱了胰岛素。胰岛细胞植入肝门静脉后可全面改善葡萄糖自我平衡，但在移植数年后胰岛细胞功能会逐渐减退。目前胰岛移植还受到一些限制，如：胰岛来源严重不足、移植后的免疫排斥反应等。

肝细胞具有很多功能，对遗传性代谢缺陷病人移植“正常”肝细胞似乎合乎逻辑。截至2006年，全世界仅进行了78例肝细胞移植，其中有21例是患有遗传性代谢缺陷的病人。1976年，Matas等报道，从门静脉注入肝细胞使Crigler-Najjar模型大鼠血浆胆红素水平下降。

人体肝细胞移植于1992年第一次临床试验成功。1993年Mito等人第一次报道了肝细胞移植在治疗慢性重型肝炎中的应用。1998年Fox等人报道了应用该方法治疗小儿Crigler-Najjar Ⅰ型疾病，18个月后胆红素水平降低了60%。1998年美国FDA 6 880条款通过了人类肝细胞体内移植可作为终末期肝病的一项有效的治疗技术，并于当年通过了美国FDA认证。目前国内解放军304医院等单位在开展肝细胞移植治疗工作，并取得了一定成就。

普通体细胞由于不具有免疫细胞和干细胞那样独特的生物学特性，单独应用于临床移植治疗时会受到很大限制。但是，某些种类的普通体细胞和干细胞混合移植，将有利于干细胞的定向诱导分化，增强干细胞的治疗效果。

在细胞移植治疗领域，我国科学家已紧紧跟上了国际先进技术的脚步，并成为某些领域的领头者。估计未来人们可以用自身或他人的干细胞、干细胞衍生组织和器官替代病变或衰老的组织、器官，并可以广泛用于治疗传统医学方法难以医治的多种顽症，如白血病、早老性痴呆、帕金森病、糖尿病、肝硬化、卒中和脊髓损伤等目前尚不能治愈的疾病。

21世纪是细胞移植治疗的世纪。自2009年被划为三类医疗技术管理后，目前细胞移植治疗处于爆发式的增长阶段。在今后几十年内，一大批干细胞制剂（产品）将被批准应用于临床，同时免疫细胞移植治疗、体细胞移植体疗和混合种类的细胞移植治疗也会得到快速发展，并且会被国家卫生主管部门批准应用于临床。

第二节　细胞移植治疗的基础研究

一、细胞移植治疗的原理

细胞移植治疗涉及免疫细胞、干细胞及一些特殊种类的普通体细胞。不同种类的细胞，其治疗原理会有不同。根据现有研究实验结果及文献资料，细胞移植治疗的原理包括以下方面。

（一）器官特异性

细胞是器官特异性的，而不是种属特异性的。移植后的细胞会迁移到与其相似的器官，使受损的细胞结构再生，从而重新激活并刺激它们的功能。细胞具有的器官特异性与其表面生物大分子的相互识别和相互作用有关。

（二）归巢

细胞归巢（cell homing）就是移植后细胞定向迁移到受损的组织器官进行修复再生，恢复其生理功能。归巢现象在免疫细胞中天然存在，如淋巴细胞归巢（lymphocyte homing）。它包括成熟淋巴细胞向外周淋巴器官归巢、淋巴细胞再循环，以及淋巴细胞向炎症部位（如皮肤，肠道黏膜和关节滑膜等炎症部位）迁移，其分子基础是淋巴细胞表面上的淋巴细胞归巢受体（lymphocyte homing receptor，LHR）与内皮细胞上相应的血管地址素（vascular addressin）相互作用。干细胞也存在天然归巢现象，如骨髓间充质干细胞归巢。它是指骨髓间充质干细胞从血液中穿过血管内皮细胞，到达其龛位的过程。目前对干细胞归巢的机制存在两种推测：①心肌梗死等损伤后的细胞坏死引起一系列信号的释放，导致骨髓池干细胞动员至外周血，损伤组织同时表达特异性受体或配体引导对应的干细胞移动并黏附于损伤处；②干细胞动态循环于各组织间，仅在损伤发生时才离开血液循环渗入损伤处。归巢现象使得细胞移植治疗具有一定的靶向性。

（三）转分化

来自某一器官的干细胞在一定条件下可转变为另一器官的功能干细胞，这就是转分化（trans-differentiation），如：神经干细胞可分化成骨髓细胞、骨骼肌细胞和淋巴样细胞等；骨髓间充质干细胞可以分化为心肌细胞、骨细胞、成软骨细胞、成脂肪细胞、骨髓基质、神经细胞、肝脏细胞和胰岛细胞等不同组织类型的细胞；羊膜间充质干细胞可以分化为胰岛细胞、神经细胞、血管内皮细胞、骨细胞、软骨细胞和心肌细胞等。

尽管转分化现象在个别普通细胞中也存在，如水母横纹肌细胞经转分化可形成神经细胞、平滑肌细胞、上皮细胞，甚至可形成刺细胞，但干细胞由于具有多向分化潜能，转分化现象更加显著。这种转分化现象在很大程度上拓宽了干细胞治疗的疾病种类，使干细胞在临床上被广泛使用。

（四）免疫调理作用

间充质干细胞具有免疫调理作用，通过分泌一些生物活性因子促进已经受损的某些自身细胞再生，以恢复生理功能。人骨髓间充质干细胞仅表达中等水平MHC-Ⅰ类分子，不表达MHC-Ⅱ类分子和B7-1、B7-2、CD40、CD40L等共刺激分子，这些分子是效应性T细胞激活所必需的，共刺激分子的缺无，使得T细胞活化的第二信号丧失，导致辅助性T细胞（helper T cell）的无反应性而促成免疫耐受，表现出耐受原性和低免疫原性。

近年来的实验研究表明，间充质干细胞在体内不但不能诱发免疫应答，还具有抑制免疫应答的作用。间充质干细胞能抑制树突状细胞（DC）成熟，并通过细胞-细胞接触的机制，抑制T细胞、B细胞与自然杀伤细胞（NK细胞）的功能，在自身免疫性疾病及肿瘤细胞免疫逃逸中至关重要。这也暗示，可以在器官移植前移植间充质干细胞，减轻受者对移植器官的排斥反应，延长器官存活率和存活期。

（五）自我更新能力

干细胞具有自我更新能力，这一特性使其在相当长的时间内能产生与自身完全相同的细胞，有时甚至是在组织或器官的整个生命期。

以上是迄今人们对细胞移植治疗原理的基本认识。总的来说，细胞移植治疗的原理目前还没有完全搞清楚。

二、移植细胞的种类及生物学特性

（一）普通体细胞

1. *肝细胞* 肝脏是由肝细胞组成。人肝约有25亿肝细胞，50个肝细胞组成一个肝小叶，由此推算人肝的肝小叶总数约有50万个。肝细胞为多角形，直径为20～30μm，有6～8个面，不同的生理条件下大小有差异，如饥饿时肝细胞体积变大。用于移植的肝细胞肿瘤包括：①异种肝细胞。目前最常用的是猪肝，它能提供与人肝结构相似、功能相近的肝细胞。Nishitai等在免疫缺陷鼠的脾脏内移植猪肝细胞，发现新鲜分离的猪肝细胞较之培养后、4℃保存或冻存后的猪肝细胞在移植后具有更强的活力和分泌功能。提示新鲜分离的猪肝细胞是首选的异种肝细胞源。②成熟的人肝细胞。这是最理想的细胞来源。③胎肝细胞。胎肝细胞是由流产胎儿肝脏分离所得的肝细胞及其前体具有分化增殖能力强、免疫原性弱及更能抵抗低温贮存损伤等优点。④永生化肝细胞株。国内有学者以重组质粒SV40LT/pcDNA3.1经脂质体转染来源于正常人肝细胞，成功构建水生化人源性肝细胞系HepLL，研究表明HepLL具有正常人肝细胞的形态特征和生物学功能。

2. *胰岛细胞* 胰岛是由数十个至数千个细胞组成的细胞团，一般为圆形或长椭圆形，体积大小不一，个别胰岛形态不规则，有呈半月形、弯曲的圆柱状等。按染色和形态学特点，人胰岛细胞主要分为A（α）细胞、B（β）细胞、D细胞和PP细胞。A细胞约占胰胰岛细胞的20%，分泌胰高血糖素，升高血糖；B细胞占胰岛细胞的60%～70%，分泌胰岛素，降低血糖；D细胞占胰岛细胞的10%，分泌生长激素抑制激素；PP细胞数量很少，分泌胰多肽。其中B细胞是治疗糖尿病的功能细胞，主要分布于胰岛中心部位，排列较规则，一般呈圆形，大小均匀，胞质较多，胞质中充满粗大的胰岛素染色颗粒，均匀地散布于整个胰岛，胞核不着色，但可清楚地观察到其轮廓，多呈圆形或椭圆形。可将胰岛细胞从胰岛组织中用胶原酶等消化并分离出来治疗糖尿病。

（二）免疫细胞

1. *树突状细胞* 树突状细胞（dendritic cell，DC）是一种高效杀伤活性的异质性细胞群，其在外周血淋巴细胞中的比例为1%～5%，不具有吞噬能力，但能够摄取、加工和呈递抗原，刺激体内的初始型T细胞活化，启动机体免疫应答，因而是一种抗原呈递细胞。人体中还有其他的抗原呈递细胞（antigen presenting cell，APC），但其抗原呈递能力都不如树突状细胞。此外，DC还可以通过直接或间接方式促进B细胞的增殖与活化，调控体液免疫应答；刺激记忆T细胞活化从而诱导再次免疫应答。DC经体外大量扩增后，具有显著杀伤肿瘤和清除病毒活性，在机体的细胞免疫和体液免疫中起重要的调控作用。DC细胞疗法的过程是取患者自身的单个核细胞在体外活化、增殖后，然后再转输入患者体内，诱导机体产生特异性或非特异性的免疫应答，在患者体内发挥抗肿瘤和抗病毒作用。

2．*细胞因子诱导的杀伤细胞* 细胞因子诱导的杀伤细胞（cytokine-induced killer，CIK）是将人外周血单个核细胞在体外用多种细胞因子（如抗CD3单克隆抗体、IL-2和IFN-γ等）共同培养一段时间后获得的一群异质细胞。由于该种细胞同时表达$CD3^+$和$CD56^+$两种膜蛋白分子，故又被称为NK细胞样T淋巴细胞。CIK细胞治疗是肿瘤生物治疗的一种，是将人体外周血单个核细胞（PBMC）在体外模拟人体内环境，用多种细胞因子共同培养增殖后获得的一群异质细胞，它具有显著的识别和杀伤人体各种肿瘤细胞和病毒的活性。其中$CD3^+CD56^+$细胞是CIK细胞群体中主要的效应细胞，兼具有T淋巴细胞强大的抗瘤活性和NK细胞的非MHC限制性杀瘤优点，因此又被称为具有NK细胞作用的T淋巴细胞。CIK细胞能以不同的机制识别肿瘤细胞，通过直接的细胞质颗粒穿透封闭的肿瘤细胞膜进行胞吐，实现对肿瘤细胞的裂解；通过诱导肿瘤细胞凋亡杀伤肿瘤细胞；CIK细胞分泌IL-2、IL-6、IFN-γ等多种抗肿瘤的细胞因子；CIK细胞回输后可以激活机体免疫系统，提高机体的免疫功能。

3．*淋巴因子激活的杀伤细胞* 淋巴因子激活的杀伤细胞（lymphokine activated killer cells，LAK）不是一个独立的淋巴群或亚群，而是NK细胞或T细胞体外培养时在高剂量IL-2等细胞因子诱导下成为能够杀伤NK不敏感肿瘤细胞的杀伤细胞。自然杀伤细胞（natural killer cell，NK细胞）是骨髓来源的大颗粒淋巴细胞，占人外周血淋巴细胞总数的5%～10%。NK细胞能分泌细胞因子和趋化因子，是机体天然免疫的主要承担者，也是获得性细胞免疫的核心调节细胞，在肿瘤免疫、抗病毒感染及清除非己细胞中发挥重要作用。

LAK有广谱抗瘤作用，与IL-2合用的效果比较好，将外周血淋巴细胞在体外经淋巴因子白介素-2（IL-2）激活3～5d而扩增的细胞群，经淋巴管途径回输的LAK细胞直接到达次级淋巴器官，并在IL-2的作用下继续增殖、成熟，并保持活性，使得能到达肿瘤组织的细胞数较多，且持续时间更长，因此杀伤力有力增强。LAK细胞的来源充足，效果肯定，发热等不良反应轻微。

（三）干细胞

1．*胚胎干细胞* 胚胎干细胞（embryonic stem cell，ES细胞）是早期胚胎（原肠胚期之前）或原始性腺种分离出来的一类细胞，它具有体外培养无限增殖、自我更新和多向分化的特性。无论在体外还是体内环境，ES细胞具有与早期胚胎细胞相似的形态结构，细胞核大，有一个或几个核仁，胞核中多为常染色质，胞质少，结构简单。体外培养时，细胞排列紧密，呈集落状生长。用碱性磷酸酶染色，ES细胞呈棕红色，而周围的成纤维细胞呈淡黄色。细胞克隆和周围存在明显界限，形成的克隆细胞彼此界限不清，细胞表面有折光较强的脂状小滴。细胞克隆形态多样，多数呈岛状或巢状。小鼠ES细胞的直径7～18μm，猪、牛、羊ES细胞的颜色较深，直径12～18μm。ESC具有多能性（pluripotency），特点是可以通过细胞分化成多种组织（所有组织，包括生殖系细胞）的能力，但无法独自发育成一个个体（利用四倍体融合技术可以得到完全由所用ESC发育而来的个体）。它可以发育成为外胚层、中胚层及内胚层3种胚层的细胞组织。成年人的干细胞能否保有万能分化性，直到现在仍有争议。不过，已有研究发现，多能干细胞可以从成纤维细胞等很多细胞中产生出来，这也就是目前很热的诱导性多能干细胞（induced pluripotentstem cell，iPS cell），目前越来越多的数据显示，这种多能干细胞和胚胎干细胞还存在很大的差异。人胚胎干细胞的分离和体外培养成功具有极其重要的研究和临床应用价值，其可用于体外研究人类胚胎发生发育的过程，有助于理解分化发育的机制、认识生命和疾病的现象。通过对人胚胎干细胞体外分化和定向分化的研究，可识别某些靶基因，为人类新基因的发现及其功能的研究提供新方法。人胚胎干细胞最为深远的潜在用途是通过定向分化诱导产生各种特化的细胞和组织，将其用来修复或替换丧失功能的组织和定向分化的研究，可识别某些靶基因，为人类新基因的发现及其功能的研究提供新方法。人胚胎干细胞最为深远的潜在用途是通过定向分化诱导产生各种特化的细胞和组织，将其用来修复或替换丧失功能的组织和器官，从而治疗许多疾病，如帕金森病、老年痴呆症、脊髓损伤、脑卒中、烧伤、心脏病、糖尿病、白血病、骨关节炎等。经过遗传工程改造的人胚胎干细胞，还可为人类疾病的基因治疗开辟更广泛的应用前景。在生物学特征上，人胚胎干细胞具有哺乳动物胚胎干细胞的共性，也有一定的特性。但是，胚胎干细胞研究在美国一直是一个颇具争议的领域，支持者认为这项研究有助于根治很多疑难杂症，是一种挽救生命的慈善行为，是科学进步的表现。而反对者则认为，进行胚胎干细胞研究就必须破坏胚胎，而胚胎是人尚未成形时在子宫的生命形式。

2. *造血干细胞* 造血干细胞（hemopoietic stem cell，HSC）是一种存在于骨髓中的干细胞，具有自我更新能力，能分化成各种血细胞前体细胞，最终生成各种血细胞成分，包括红细胞、白细胞和血小板，它们也可以分化成各种其他细胞。造血干细胞采用不对称的分裂方式：由一个细胞分裂为两个细胞。其中一个细胞仍然保持干细胞的一切生物特性，从而保持身体内干细胞数量相对稳定，这就是干细胞自我更新。而另一个则进一步增殖分化为各类血细胞、前体细胞和成熟血细胞，释放到外周血中，执行各自任务，直至衰老死亡，这一过程是不停地进行着的。造血干细胞由于具有良好的分化增殖能力，可以救助很多患有血液病的人们，最常见的就是白血病。但其配型成功率相对较低，且费用高昂。捐献造血干细胞对捐献者的身体并无很大伤害。

3. *骨髓间充质干细胞* 在骨髓中，除含有造血干细胞外，还含有少量间充质干细胞。早在1987年，Friedenstein报道培养在塑料培养皿中贴壁的骨髓单个核细胞在一定条件下可分化为成骨细胞、成软骨细胞、脂肪细胞和成肌细胞，并且这些细胞经过20～30个培养周期，仍能保持多向分化潜能，被称为骨髓间充质干细胞（bone marrow-derived mesenchymal stem cell，BMSC）。将这些细胞植入小鼠的腹腔或肾脏包膜可以形成骨样和软骨样组织。骨髓间充质干细胞可通过体外贴壁培养加以分离。它是中胚层来源的具有多向分化能力的干细胞，但其多向分化能力具有高度进化保守性，人、狗、兔、大鼠和小鼠，甚至禽类的骨髓间充质干细胞均有类似特点。针对骨髓充质干细胞成骨、成软骨的培养诱导条件进行优化，对其在骨和软骨损伤中应用的研究已显现出良好的前景。近年来还证实骨髓间充质干细胞在动物体内可以参与损伤肌组织的再生和形成星形神经胶质细胞，可用于这些组织器官相关疾病的治疗。

4. *胎盘来源的间充质干细胞* 人胎盘来源的间充质干细胞主要包括羊膜间充质干细胞（human amniotic mesenchymal stem cell，hAMSC）和绒毛膜间充质干细胞（human chorion-derived mesenchymal stem cell，hCDMSC）两类，其中hAMSC研究应用较多。hAMSC具有多向分化潜能、免疫原性低、免疫调节、造血支持等特性外，还具有来源广泛、取材方便、无伦理限制、细胞增殖能力强等优势。多项研究还证明，hAMSC移植免疫排斥少，在各种组织器官中存活率高，存活时间长。hAMSC的表面标记物表达和骨髓间充质干细胞类似，有间充质干细胞表面标记物：CD90、CD105、CD166、SH3和SH4（CD73）；表达整合素家族（CD29、CD49b、CD49c、CD49e、CD49d）的成员；除此hAMSC还表达胚胎干细胞类的表面标记物Oct-3/4、SSEA-3、SSEA-4，这些因子的阳性表达说明hAMSCs可能是介于胚胎干细胞和成体干细胞之间的一个中间等级的干细胞，而这些胚胎干细胞因子在骨髓间充质干细胞不表达，因此hAMSC增殖能力比骨髓间充质干细胞更强。hAMSC表达黏附分子CD44，但不表达造血干细胞标记CD34、CD45、CD117、CD56、CD133、Fh-1。hAMSC不表达免疫因子HLA-DR、CD14，弱表达HLA-ABC。同时也不表达共刺激分子CD80、CD86、CD40L等，表明羊膜来源的间充质干细胞免疫原性很低，这在干细胞移植中具有重要意义。近年来，第二炮兵总医院王佃亮的课题组在hAMSC治疗大鼠1型糖尿病方面取得了重要进展。通过尾静脉、肝门静脉以及肾包膜下的移植治疗实验，发现hAMSC可以明显降低糖尿病大鼠的血糖，减轻糖尿病症状，通过体内定位跟踪发现干细胞可以归巢于胰腺损伤部位，进行胰岛修复，所有患糖尿病的大鼠均得到了有效治疗。

5. *神经干细胞* 神经干细胞是存在于成体脑组织中的一种干细胞，可分化成神经元、星形胶质细胞、少突胶质细胞，也可转分化成血细胞和骨骼肌细胞。可从胎鼠、成年鼠以及人脑内的海马、室下区等部位分离培养出神经干细胞。分离培养的神经干细胞可用于中枢神经系统的移植，并且无论是同种移植还是异种移植都极少发生排斥反应。移植的神经干细胞在脑内微环境诱导下增殖分化为神经元、神经胶质细胞等，用于治疗中枢神经系统性疾病，如脑瘫、脑出血、脑萎缩、脑外伤后遗症、运动神经元病、脊髓损伤、脑梗死、帕金森病等。

在大鼠前脑缺血模型中，有人通过静脉移植神经干细胞，发现细胞可以迁移到损伤的海马区并增殖分化为成熟的神经元和星形胶质细胞。移植的神经干细胞参与修复脑损伤部位的细胞结构，可与宿主建立功能性突触关系，起到改善神经功能的作用。神经干细胞移植入神经组织后，可整合入神经通路，神经干细胞分化产生的神经细胞将逐渐替代有缺陷或死亡的神经细胞，并能够与周围的神经系统建立起正确的突触联系。体外和动物实验已证实，经立体定向局部注射或颈内动脉注射移植，神经干细胞可向脑组织受损部位迁移并增殖分化为神经元和神经胶质细胞，修复替代损伤的神经元和神经胶质细胞，使神经系统功能得到明显改善。

6. *脂肪干细胞* 脂肪干细胞（adipose-derived stem cell，ADSC）是近年来从脂肪组织中分离得到的一种具有多向分化潜能的间充质干细胞，在皮下白色脂肪组织中占细胞总量的10%～20%。ADSC可通过脂肪抽吸术或脂肪切除术获得，在体外培养可稳定扩增，不易衰老，免疫荧光及流式细胞仪检测显示这种多能干细胞大多数来源于中胚层。自2001年Zuk等发现ADSC以来，已证明其具有向脂肪、软骨、骨、心肌等多向分化潜能。研究发现ADSC能够在体外稳定增殖且衰亡率低，同时它具有取材容易、少量组织即可获取大量干细胞，增殖速度快，适宜大规模培养，对机体损伤小等优点，而且其来源广泛，体内储备量大，适宜自体移植，对病人创伤少，逐渐成为近年来新的干细胞研究热点之一。传统的脂肪移植手段由于存在免疫排斥、炎症反应等缺陷难以得到让人满意的疗效。研究表明，自体脂肪组织移植到缺损部位后，通常其中40%～60%会被吸收。通过患者自身脂肪组织中的干细胞，来构建具有完整生物学结构和功能的工程化脂肪组织可解决这一难题。ADSC在临床上可用于乳房再造术、除皱术及凹陷畸形矫正术等。

（四）其他干细胞

除以上提到的干细胞种类外，其他干细胞还有皮肤干细胞、毛囊干细胞以及胰岛干细胞等。其中皮肤干细胞是存在于表皮基底层和毛囊基部的干细胞，表皮干细胞是各种表皮细胞的祖细胞，来源于胚胎的外胚层，具有双向分化的能力。一方面可向下迁移分化为表皮基底层，进而生成毛囊；另一方面则可向上迁移，并最终分化为各种表皮细胞。毛囊干细胞位于真皮毛囊隆突部，是细胞分裂及毛囊生长期起始的重要部位。当皮肤受到外伤、疾病等的损伤时，位于皮肤表皮基底层和毛囊隆突的皮肤干细胞就会在内外源因素的调控下，及时增殖分化生成相关细胞，以修复机体受损表皮、毛囊等结构。胰岛干细胞是指未达终末分化状态，能产生胰岛组织或起源于胰岛，具有自我更新复制能力的未定型细胞。胰岛干细胞是高度增殖和多向分化的潜能干细胞，可用来治疗糖尿病，不需要外源性注射胰岛素或药物维持，能更好地解决胰岛细胞来源不足的问题。干细胞种类非常丰富，为其临床应用提供了可靠保障。

三、细胞移植治疗的疗效和安全性

（一）细胞移植治疗的适应证及其疗效

1. *普通体细胞*

（1）肝细胞移植的主要适应证：①由各种原因引起的急、慢性肝衰竭，如肝肿瘤、终末期肝硬化；②肝代谢疾病，如α-1抗胰蛋白酶缺乏；③肝脏疾病的基因治疗，如家族性高胆固醇血症；④病毒性疾病，如乙肝等。

肝细胞移植的优点和疗效是：①创伤对受体的打击相对较小，易操作，安全性好；②可部分解决供体短缺的问题；③排异反应相对较少；④植入的肝细胞能较快地发挥合成、解毒和促进胆红素排泄等作用；⑤可通过复杂的体液分子机制，促进宿主残余肝细胞增殖和肝功能的恢复；⑥肝脏随着肝细胞的再生而发挥其正常功能；⑦具有基因修饰的可能性。

(2) 胰岛细胞移植的主要适应证：包括绝大多数 1 型糖尿病、无胰岛素抗体和低水平 C 肽 2 型糖尿病、糖尿病肾病、器官移植后糖尿病、胰腺疾病或胰腺切除导致的糖尿病等。加拿大亚伯达大学胰岛细胞移植专家 James Shapiro 研究了加拿大、美国及欧洲 9 个糖尿病研究中心的 36 名成年糖尿病患者，年龄为 23 ～ 59 岁，均已患 1 型糖尿病多年。每名病人接受 1 ～ 3 次胰岛细胞移植。胰岛素细胞取自自愿捐献器官的人体。为防止发生排斥现象，病人还需服食新一代抗排斥药物。胰岛素细胞植入 1 年后，有 16 名病人不再需要注射胰岛素，其他 10 人体内胰岛素生成功能部分恢复。移植的胰岛细胞在 70% 的案例中能继续制造胰岛素，但胰岛细胞移植对部分病人功效并不显著，他们仍须补充少量胰岛素。迄今接受胰岛细胞移植的 1 型糖尿病病人只有不到 1/3 能维持两年不靠注射补充胰岛素。

2. *免疫细胞*　自体免疫细胞可用于恶性黑色素瘤、前列腺癌、肾癌、膀胱癌、卵巢癌、结肠癌、直肠癌、乳腺癌、宫颈癌、肺癌、喉癌、鼻咽癌、胰腺癌、肝癌、胃癌等实体瘤手术后防止复发，也可用于多发性骨髓瘤、B 淋巴瘤和白血病等血液系统恶性肿瘤的复发，但不适用于 T 细胞淋巴瘤患者、器官移植后长期使用免疫抑制药物和正在使用免疫抑制药物的自身免疫病的患者。自体细胞免疫疗法对某些恶性肿瘤的疗效显著，尤其对于不适合做手术、放化疗的恶性肿瘤病人来说是首选治疗方案，能有效降低放化疗的不良反应，防止肿瘤转移、复发。自体细胞免疫疗法治疗病毒性疾病，可打破病毒的免疫耐受，减轻肝细胞炎症坏死及肝纤维化来延缓肝脏失代偿、肝硬化、肝癌的发生，从而改善生活质量和生存期，乙肝病毒转阴率高达 80%。

3. *干细胞*　干细胞可治疗的疾病种类很多，包括脊髓损伤、各种类型的孤独症、脑卒中、脑血栓、吉兰 - 巴雷综合征、小脑萎缩、运动神经元病、脉管炎、糖尿病、股骨头缺血坏死、尿毒症、肝硬化、进行性肌营养不良、心力衰竭、扩张性心肌病、系统性红斑狼疮、严重类风湿、系统性硬化症、脊髓侧索硬化症、多发性肌炎、多发性硬化、溃疡性结肠炎（克隆病）、再生障碍性贫血、哮喘、淋巴水肿、丝虫病、乳腺癌术后放疗、下肢深静脉血栓等。

脊髓损伤导致四肢瘫痪或双下肢瘫痪及外伤性脑组织缺损，干细胞治疗可使病人的感觉、运动和大小便功能得到一定程度的恢复，并且，颈脊髓损伤的疗效明显优于胸脊髓损伤。

干细胞治疗适用于各种类型的孤独症，但最好在发育期之前进行，这样细胞的成长也更为迅速，成熟得也较早，治疗效果会更好。一旦过了青春期，每向后推迟 5 年，临床治愈率就会递减 10% 以上，而 30 岁之后的孤独症患者，疗效虽然也有明显改善，但治疗期很可能会长达 5 年左右。

脑卒中、脑血栓、脑瘫、吉兰 - 巴雷综合征、小脑萎缩、运动神经元病等，干细胞治疗后能改善病人的肌力、降低肌张力、增进肢体协调性、改善病人吞咽困难和失语等症状。

脉管炎、糖尿病造成的下肢动脉闭塞症性缺血病人，如果下肢尚没有完全缺血坏死（没有形成坏疽、溃烂、肢体变黑，足背动脉摸不到不是禁忌证），干细胞治疗后可迅速恢复下肢动脉血供，保肢成功率较高，可避免截肢造成病人残疾。

股骨头缺血坏死的年轻病人（一般＜60 岁），如果股骨头没有塌陷或轻度塌陷，干细胞治疗后保头成功率很高，而以往各种单纯减压植骨、血管植入、肌骨瓣植入、腓骨移植等手术晚期塌陷率很高（不能再生血管网和骨组织），而人工全髋置换术关节假体使用年限短，磨损、碎屑刺激引起疼痛，病人术后 20 年左右还得接受二次人工关节翻修术。

心力衰竭、扩张性心肌病、心房颤动、各种期前收缩、肺心病、陈旧性心肌梗死、室壁瘤等病人，不适合或不愿意安放支架或不愿意接受开胸实行冠状动脉旁路移植术的病人，治疗后可促进心脏狭窄或闭塞的动脉血管重新开放，促进侧支循环再生或开放，促进心肌血管和心肌再生，纠正异常心律，明显改善心功能和临床症状。

多次手术骨折不愈合、骨不连接、骨折延迟愈合的病人，干细胞治疗后骨折愈合较迅速，成功率高，该手术不开刀，仅穿刺数针，病人痛苦小。

患进行性肌营养不良的先天性遗传病患儿干细胞治疗后可明显增强患儿的四肢肌力，明显改善步态和生活自理能力。

干细胞对哮喘出现的咳嗽、多痰、胸闷等症状有明显的治疗作用。具有疗效快、疗程短、不易复发等优点，突破了以往“治疗见效——停药复发”的弊端。临床证实，干细胞免疫疗法对哮喘出现的咳嗽、多痰、胸闷等症状有明显的治疗作用。针对哮喘病特性经过细胞培养实验室特殊培养的干细胞，可以修复呼吸系统损伤，激活肺部细胞再生，全面调理肺部，激活肺部细胞再生修复肺通气功能。

尿毒症早、中期的病人，如果肾脏没有明显萎缩（一般不小于正常肾脏大小的1/3），干细胞治疗后可促进肾脏滤过系统再生，明显增加尿量、降低血液肌酐和尿素氮水平，减少血液透析的次数，同时纠正肾性贫血、胃肠道等症状。

肝硬化病人干细胞治疗后可明显改善肝功能，黄疸、腹水减轻或消退，食欲增加，体质、精神状态明显改善，清蛋白升高，转氨酶下降。

自身免疫性疾病如系统性红斑狼疮、严重类风湿、系统性硬化症、脊髓侧索硬化症、多发性肌炎、多发性硬化等，干细胞治疗后症状明显减轻，病情缓解时间较长或治愈，与应用免疫抑制药或化疗药物相比不良反应极小，可以忽略不计。

用于抗衰老时，干细胞可明显改善衰老状态、消除多余脂肪、减少面部皱纹、面色更红润、年轻，改善女性更年期症状、改善睡眠，月经更规律，减轻痛经。男性提高性功能，减少腹部多余脂肪，肌肉更加结实，皮肤更有弹性，接近年轻时状态。

淋巴水肿、丝虫病、乳腺癌术后放疗常造成下肢、上肢肿胀，干细胞治疗后再生淋巴管，肿胀消退较明显。下肢深静脉血栓，干细胞治疗后再生血管网，促进回流，减轻下肢肿胀。

1型或2型糖尿病肝细胞治疗后血糖下降较明显，部分病人可停用胰岛素及降糖药物。

此外，肾脏移植手术病人干细胞治疗后可明显减少免疫排斥反应，溃疡性结肠炎干细胞治疗后脓血便等临床症状明显缓解、结肠镜检查溃疡面愈合较好，再生障碍性贫血干细胞治疗后可明显改善骨髓造血功能、改善贫血状态。

（二）细胞移植治疗的禁忌证及安全性

1. *普通体细胞*　普通体细胞治疗在临床上具有较高的安全性，但存在禁忌证。肝细胞移植的禁忌证主要包括严重败血症、不可逆的神经症状、有临床症状的心脏病和其他严重先天性畸形、肺（血管）分流或肝外恶性肿瘤（有治愈可能的除外）。另外，血管异常、家庭或环境差、精神异常者属于相对禁忌证。肝细胞移植是安全的，但要注意控制排异反应。患有不可根治的肿瘤和精神病是胰岛细胞移植的禁忌证，任何急性病无论与糖尿病是否有关，都应在移植前治疗和处理，特别要注意治疗感染性疾病，受者的年龄上限一般不超过60岁。但随着适应证的拓宽，其禁忌证也在不断改变，如受体年龄的限制等。

2. *免疫细胞*　免疫细胞治疗肿瘤在临床上是安全可靠的。该方法的禁忌证包括：高度过敏体质或者有严重过敏史者；休克或全身衰竭生命体征不正常及不配合检查者；全身感染或局部严重感染需抗感染康复后；合并心、肺、肝、肾等重要脏器的功能障碍；凝血功能障碍如血友病、血清学检查阳性者如获得性免疫缺陷综合征、乙型肝炎、梅毒等；染色体或基因缺陷；妊娠或哺乳期妇女；脏器移植者；严重自身免疫性疾病患者；对本治疗中所用生物制剂过敏者；T细胞淋巴瘤等。

3. *干细胞*　大量临床研究和治疗病例表明，干细胞移植治疗除极少数患者有轻微发热、头痛外，无其他严重不良反应，其临床应用是安全的，但有一些病人暂时还不宜进行干细胞治疗，包括休克或全身衰竭生命体征不正常及不配合检查者；晚期恶性肿瘤，尤其是脑肿瘤患者；全身感染或局部严重感染抗感染康复前；合并心、肺、肝、肾等重要脏器功能障碍者；凝血功能障碍；血清学检查（如获得性免疫缺陷综合征、乙型肝炎、梅毒等）阳性；非神经系统疾病或尚未明确诊断者；高度过敏体质或有严重过敏史者。以上几种人群很可能会在手术中发生各种各样的突发问题，无法保证移植手术的顺利进行，因此需要注意甚至禁忌。

第三节 细胞移植治疗的临床应用

细胞移植治疗在临床上的应用设想和尝试虽然在几百年前就有，但正规化、规模化的临床应用还是近年来的事，并呈现出稳步发展的势头。目前细胞移植治疗已在一些难治性疾病中得到应用，包括血液系统疾病、心血管系统疾病、消化系统疾病、神经系统疾病、免疫系统疾病、呼吸系统疾病、骨骼系统疾病、抗衰老等。

一、血液系统疾病

血液系统疾病或血液病是指原发于造血系统的疾病，或影响造血系统并伴发血液异常改变，以贫血、出血、发热为特征的疾病。造血系统主要包括血液、骨髓单核-巨噬细胞系统和淋巴组织，凡涉及造血系统病理、生理并以其为主要表现的疾病都属于血液病。它包括：红细胞疾病，如再生障碍性贫血、溶血性贫血、缺铁性贫血、真性红细胞增多症等；白细胞疾病，如白血病、传染性单核细胞增多症等；骨髓增生性疾病，如骨髓纤维化等；出血和血栓性疾病，如血小板减少症、血友病等；其他，如多发性骨髓瘤、恶性组织细胞病等。

某些血液病，包括白血病、淋巴瘤等，可以采用骨髓移植或脐带血移植进行治疗（表1-1），其中发挥治疗作用的主要是干细胞。

新鲜骨髓中含有多种干细胞群，它们统称为骨髓干细胞，主要包括造血干细胞、间充质干细胞、内皮前体细胞、肝祖细胞等。骨髓移植没有分选出具体的具有特定功能的干细胞，但在骨髓移植中发挥治疗作用的主要是造血干细胞，因而也可直接分离提取造血干细胞进行移植。

造血干细胞是 $CD34^+$ 细胞，是高度未分化的细胞，具有良好的分化增殖能力，具有自我更新能力并能分化为各种血细胞前体细胞，最终生成各种血细胞成分，包括红细胞、白细胞和血小板。从骨髓中分离造血干细胞的步骤较复杂，需先用集落刺激因子（G-CSF）动员，使骨髓中的造血干细胞释放到外周血中，然后经由血液分离机收集 $CD34^+$ 细胞。造血干细胞移植可分为自体和异体两种。异体造血干细胞移植可帮助患者重建造血系统，恢复正常造血功能，能直接杀死肿瘤细胞；自体造血干细胞移植有免疫调理作用，能杀死肿瘤细胞。

脐带血（umbilical cord blood，UCD）移植较骨髓移植在取材等方面具有优越性。通常情况下，人的脐带血被抛弃不用，但它含有多种干细胞，是公认的造血干细胞重要来源之一。相对

表 1-1 骨髓移植与脐带血移植的比较

区别	骨髓移植	脐带血移植
细胞种类不同	造血干细胞、间充质干细胞、内皮前体细胞、肝祖细胞等	造血干（祖）细胞、间充质干细胞等
细胞数量不同	造血干细胞数量为脐带血移植的10倍	造血干细胞数量为骨髓移植的1/10
细胞能力不同	增殖能力弱、归巢能力弱	增殖能力强、归巢能力强
移植效果	高，造血恢复快，移植失败率低	低，造血恢复慢，失败率高
来源	较难	方便
异体移植免疫排斥	强	弱
临床治疗疾病谱	恶性血液病（急性白血病、恶性淋巴瘤等）；骨髓衰竭综合征；遗传性疾病（黏多糖病、肾上腺脑白质发育不良、血红蛋白病、免疫缺陷病等）	儿童及成年人的良、恶性血液系统疾病；中枢神经系统疾病、实体瘤、缺血性下肢血管病、组织再生等

于骨髓移植和外周血来源的造血干细胞移植，脐带血移植在细胞收集使用、干细胞增殖能力以及移植物抗宿主反应等方面都具有明显的优势。相关临床研究试验数据显示，因为HLA配型等原因而无法进行骨髓移植的患者应该尽早进行脐带血移植。

二、心血管系统疾病

心血管系统是一个封闭的管道系统，由心脏和血管组成，其中血管包括动脉、静脉和毛细血管。心血管疾病包括高血压、冠心病、动脉粥样硬化、心肌梗死、心肌炎、心律失常、心力衰竭、扩张型心肌病等。心血管疾病有着很高的致死率和致残率，而且发病率呈逐年增加趋势。心脏仅有有限的自我再生能力，心肌受损或梗死后的治疗需要外源性的细胞移植加以修复。目前，利用细胞移植治疗缺血性心血管疾病，多采用干细胞移植或干细胞动员的策略，以实现心肌和血管的再生，改善组织、器官的功能。干细胞移植用于心肌、血管再生是基于人们对干细胞生物学特性的认识，通过将某种来源的干细胞体外诱导分化为功能细胞或直接移植到病变区域，使其增殖分化为心肌细胞或血管内皮细胞，从而修复损伤。通过将不同来源的干细胞，在体外诱导分化为心肌细胞或血管内皮细胞，临床研究中较多采用自体骨髓干细胞，或直接移植到患者的病变区域，从而修复损伤的心肌及血管。干细胞移植使干细胞治疗缺血性心血管疾病的手段有望成为不同于内科传统药物治疗、心血管介入治疗和外科手术治疗的又一全新治疗方法，为心血管疾病的治疗开辟了一条新的途径。

三、消化系统疾病

消化系统是由食管、胃肠、肝、胆囊和胰等器官组成，主要功能是对食物进行消化吸收，为机体新陈代谢提供物质和能量来源。消化系统疾病包括消化器官的器质性和功能性异常，譬如各种肝炎、肝硬化、胰腺炎、胃溃疡、十二指肠溃疡等。细胞移植可用于对某些消化系统疾病治疗，包括肝炎、肝硬化等。近年来随着肝干细胞分离、培养、鉴定及其增殖技术的发展和成熟，多种来源的肝干细胞被用作细胞移植、生物人工肝装置以及基因治疗的主要来源。脂肪来源干细胞治疗消化道瘘管等。肝脏是重要的代谢器官，有“化学工厂”之称。因肝细胞大量坏死而引发的肝功能衰竭，会导致机体代谢严重紊乱和毒性物质大量堆积；两者又反过来进一步加重肝损伤，影响残存肝细胞再生，从而形成肝功能衰竭的恶性循环。临床上以重型肝炎为代表的肝功能衰竭，尤其是急性肝功能衰竭比较常见。将获得的完整正常肝脏或手术切下的部分肝组织，在体外进行肝细胞分离纯化，并把纯化的肝细胞植入体内，恢复或重建肝功能是治疗肝功能衰竭的有效方法之一。

Mito等率先将肝细胞移植应用于治疗肝衰竭的患者，其方法是：切除三段肝左叶，分离肝细胞，立刻注射1×10^{7}至6×10^{8}个肝细胞于患者脾脏。治疗一段时候后发现，患者肝脏功能得到了一定改善。Liu等将肝细胞和骨髓下细胞用胶囊共同包裹后进行移植，并评价移植后其去除氨的能力及治疗小鼠高胆红素血症的效果，发现与单独肝细胞移植相比，用胶囊共同包裹后进行移植的方法，不仅在体外可增强去除氨的能力，而且还可降低体内总胆红素水平，移植成功的概率也大大增加。美国、日本等发达国家经过20余年的基础研究与临床应用，肝细胞移植技术已相对成熟，国内解放军302医院等单位目前也在开展这方面的工作。近年来几种以培养肝细胞为基础的生物人工肝已进行Ⅰ～Ⅲ期临床试验，取得了令人鼓舞的疗效。但体外生物人工肝要真正得到临床推广应用还存在一些限制因素，譬如体外装置在具体应用时会有诸多不便。

四、神经系统疾病

神经系统是机体内起主导作用的功能调节系统，由神经元和神经胶质细胞组成。神经系统疾病是指发生于中枢神经系统、周围神经系统、自主神经系统的以感觉、运动、意识、自主神经功能障碍为主要表现的疾病，又称神经病，包括颅脑损伤及其后遗症、脊髓损伤、胶质瘤、帕金森病、脑血管疾病、癫痫、脑炎、脑膜炎、听力障碍等，临床上常见。神经病中慢性病占多数，往往迁延不愈，给患者的工作、生活带来很大影响，致残率很高。细胞移植疗法的主要目的不只是用新的细胞替代宿主体内有缺陷的细胞，而是使宿主细胞恢复功能。干细胞可以分化成神经元和胶质细胞，通过启动再生相关基因的表达，使损伤轴突再生。同时产生多种胞外基质，填充脑损伤后遗留的空腔，为再生的轴突提供支持物，补充外伤后缺失的神经元和胶质细胞。使残存脱髓鞘的神经纤维和新生的神经纤维形成新的髓鞘，保持神经纤维功能的完整性。所以干细胞移植可以用来治疗脑脊髓损伤以及脑外伤，很大程度的减少后遗症的发生和改善后遗症的状况。干细胞分化的神经元和胶质细胞能够分泌多种神经营养因子，可以改善脑局部微环境，从而改善缺血性疾病。通过细胞移植疗法，在内耳损伤后移入成体神经干细胞，能产生嗅球神经元，可以实现听力功能的改善。临床应用较多的是成年人帕金森病、脑卒中、脑瘫、小儿自闭症、神经退行性疾病、脑血管疾病、脑梗死、亨廷顿病、老年性痴呆及脑外伤等。移植后部分病人出现了神经运动功能的改善，但也有部分病人病情无明显变化。考虑患者多为老年人，脑内环境较差，不利于神经干细胞的存活及分化，移植的长期疗效仍在进一步观察中。

北京海军总医院曾为一名出生70d的小儿脑性瘫痪女婴进行了神经干细胞移植手术。出生在河北省的这名女婴住进该院时出生仅72d，全脑皮质严重萎缩，呈现空洞脑，诊断为严重的缺血、缺氧性脑病，脑性瘫痪前期。经医院伦理委员会和学术委员会批准，小儿干细胞移植中心主任栾佐教授等先从正常流产胎儿大脑中取出脑组织，随后进行细胞培养和扩增。在B超引导下，于患儿头颅穿刺，用探针将处理过的健康的来源明确的4.7×10^6个干细胞种植到其受损的大脑部位。17d以后，这名女婴会笑了，眼睛灵活了，可以玩拨浪鼓，还能认出妈妈。经观察测评，孩子的智力发育已经追赶上同龄的小儿。智力运动评估从入院时不足1个月龄基本达到3个月龄水平。军事医学科学院情报部门检索证实，这种用神经干细胞进行脑移植的方法，成功治疗缺血、缺氧性脑——小儿脑性瘫痪，目前在世界上尚属首例。

五、免疫系统疾病

免疫系统执行机体的免疫应答和免疫功能，是机体防御病原体入侵的最有效武器，它能发现并清除异物、外来病原微生物等。这个系统由免疫器官（骨髓、胸腺、脾脏、淋巴结、扁桃体、小肠集合淋巴结、阑尾等）、免疫组织（消化道、呼吸道等的黏膜内存在的无被膜的淋巴组织）、免疫细胞（淋巴细胞、单核吞噬细胞、中性粒细胞、嗜碱粒细胞、嗜酸粒细胞、肥大细胞、血小板等）以及免疫分子（补体、免疫球蛋白、干扰素、白细胞介素、肿瘤坏死因子等）组成。免疫系统分为固有免疫和适应免疫，其中适应免疫又分为体液免疫和细胞免疫。免疫系统疾病是指自身免疫调节功能紊乱，引起失控和过度的自身免疫反应，造成机体的器质性损害和功能障碍。由自身免疫引起的疾病主要有糖尿病、获得性免疫缺陷综合征、系统性红斑狼疮、风湿性心脏病、类风湿关节炎、过敏性疾病等。自身免疫系统疾病病因病理复杂，传统方法治疗效果不理想。自体或异体的免疫细胞或干细胞移植对治疗某些自身免疫性疾病具有较好效果。目前细胞移植治疗的自身免疫性疾病主要有糖尿病、系统性红斑狼疮、类风湿关节炎、多发性溃疡、重症肌无力以及过敏性疾病等，其中糖尿病的细胞移植治疗在临床上较为成熟。

胰岛细胞移植是一种已经得到确认的治疗糖尿病的临床手段。胰岛细胞移植通常通过皮肤注入肝门静脉系统。因此，此疗法与肝细胞治疗的环境相似，考虑到细胞注射方式可能作为细胞治疗的初级模型。不过，基础C肽> 0.5ng/ml、胰岛素非依赖性低于40%的胰岛细胞移植一年后的临床结局不能达到胰岛素非依赖性70%的胰腺全器官移植之后一年的有效率。胰岛细胞移植是一种已经得到确认的治疗糖尿病的临床手段。胰岛细胞的移植通常通过皮肤注入肝门静脉系统。因此，此疗法与肝细胞治疗的环境相似，考虑到细胞注射方式可能作为细胞治疗的初级模型。不过，基础C肽> 0.5ng/ml、胰岛素非依赖性低于40%的胰岛细胞移植一年后的临床结局不能达到胰岛素非依赖性70%的胰腺全器官移植之后一年的有效率。成年人胰腺导管结构中含有可分化成朗汉斯胰岛干细胞，并从非肥胖型糖尿病（non-obese diabetic，NOD）小鼠的长期培养基中分离得到胰岛干细胞，且诱导分化成胰岛细胞。当移植入NOD小鼠时，可以逆转胰岛素依赖型糖尿病，这进一步证实从胰腺分离胰岛干细胞可初步应用于临床治疗糖尿病，并取得了可喜进展。

六、呼吸系统疾病

呼吸系统疾病主要病变在气管、支气管、肺部及胸腔，病变轻者多咳嗽、胸痛、呼吸受影响，重者出现呼吸困难、缺氧，甚至呼吸衰竭而致死。由于大气污染、吸烟、人口老龄化及其他因素，使国内外的慢性阻塞性肺病（简称慢阻肺，包括慢性支气管炎、肺气肿、肺心病）、支气管哮喘、肺癌、肺部弥散性间质纤维化，以及肺部感染等疾病的发病率、病死率有增无减。干细胞已成功治愈各种哮喘、气管炎、肺气肿等顽固性呼吸道疾病。在呼吸系统中已经发现了很多干细胞，如气管-支气管-上皮干细胞、末梢气道干细胞、肺泡上皮干细胞等。动物实验结果表明，成体干细胞可以转化为受损伤的肺组织细胞，从而治疗相关疾病。目前一些医院已经开始用脐带血间充质干细胞治疗过敏性哮喘、气管炎、肺气肿等疾病。免疫细胞（DC、CIK）已在临床上大量用于肺癌的治疗。

七、骨骼系统

人体骨骼系统具有支撑身体作用，其中硬骨组织和软骨组织皆是人体结缔组织的一部分（硬骨是结缔组织中唯一较为坚硬的细胞间质）。成年人有206块骨头，而小孩有213块。骨骼系统的疾病主要有颈椎病、肩周炎、关节炎、股骨头坏死、软骨损伤、骨折、骨裂等。关节软骨主要由软骨细胞和细胞外基质组成，没有血管和神经，损伤后自我修复能力很差。软骨损伤后的修复一直是骨科界的难题之一。目前治疗软骨损伤的方法主要有微骨折、开放性自体骨膜移植、马赛克移植等，但都不理想。自1994年《新英格兰医学杂志》（The New England Journal of Medicine）报道利用自体软骨细胞移植（autologous chondrocyte implant）治疗软骨损伤且疗效较为理想，迄今在国外已有近20年的治疗历史，但国内还刚刚起步。

2011年，浙江大学医学院附属邵逸夫医院骨科施培华等利用自体软骨细胞移植术治疗了6例膝关节软骨缺损患者。病例均为外伤或剥脱性骨关节炎导致的单侧股骨距小腿关节面软骨缺损，缺损大小为3.8～11.6cm^2，平均7.3cm^2。利用自体软骨细胞移植术进行治疗：①关节镜下，在膝关节股骨髁间非负重区获取200～300mg（0.5cm×1cm大小）软骨组织，同时抽取患者肘正中静脉血80ml，提取其中的血清用作软骨细胞培养。②将自体软骨组织送临床细胞培养室，依照中国药品生物制品检验所的要求和标准对自体软骨细胞进行分离、培养、扩增及质量监控，培养周期一般为14～21d，并在手术当日收集软骨细胞后送医院，分析细胞的各项生化指标，对培养液进行细菌和支原体检测，以保证移植的软骨细胞不受污染。③第二次手术，在胫骨结节下5cm处做2～3cm小切口，显露骨膜，在胫骨前内侧裁取与清理后缺损面积等大的骨膜，用6-0带线针可吸收缝合线将骨膜完好固定于缺损边缘（将骨膜生发层朝向软骨面）。利用冻干人纤维蛋白胶封住缝线区域，此时骨膜的覆盖使得缺损区成为封闭空间，用生理盐水注入确定该空间无缝隙漏液，然后将软骨细胞和少量培养液小心注入软骨缺损腔内，再以纤维蛋白胶封口。最后检查移植物固定情况，被动伸屈关节几次，确定无移位后缝合伤口。术后进行严格的康复训练并定期进行随访。分别于治疗后6个月和12个月检查，发现所有病例软骨缺损区基本得到了修复，无一例出现术后感染等严重并发症。

骨髓间充质干细胞（bone marrow stroma stem cell，BMSC）首次分离后被证明在不同的诱导环境下可以分化为骨、软骨等不同组织细胞，是目前治疗骨骼疾病最常用的种子细胞，但随着体外培养时间的延长，其移植回体内后成骨能力明显下降，而且其多向分化能力也逐渐丢失，需要进行深入研究。

八、泌尿系统疾病

大量研究显示，骨髓间充质干细胞在肾损伤后再生过程中起主要的作用。Herrera等给小鼠肌内注射丙三醇诱导急性肾衰竭后，灌注间充质干细胞，可见间充质干细胞集中分布于肾小管上皮，并表达细胞角蛋白。Morigi 等发现接受骨髓间充质干细胞治疗的小鼠肾皮质切片中，间充质干细胞不仅可以向肾小管上皮细胞方向分化，并且，肾小管细胞增长速度较未接受间充质干细胞治疗组快4倍，说明间充质干细胞可以加速肾小管上皮细胞的再生。干细胞在临床上用于治疗肾衰竭，因干细胞具有“无限”增殖，多向分化潜能，具有造血支持，免疫调控和自我复制等特点。可作为理想的种子细胞用于病变引起的组织器官损伤修复。近年来的基础研究发现，干细胞可分化成肾固有细胞，肾实质细胞等，干细胞移植后对肾脏功能具有良好的修复和重建作用，其与微化中药渗透疗法的作用原理相同，所以两者具有相辅相成的作用。正是由于干细胞所具备的这些免疫学特性和优势，使其在肾病治疗方面具有广阔的临床应用前景。

九、抗衰老

衰老是一种自然过程。由于身体细胞群在人的生命周期中长期受到内外环境冲击和伤害，引起身体各组织器官功能逐渐缓慢地退化，并导致许多身体功能丧失的一种综合性疾病，也就是所谓的慢性病。这种病发源于成年期，50岁以后明显加重。细胞移植抗衰老就是取患者自体皮肤或其他组织，运用组织工程技术在GMP实验室中进行分离、纯化、培养、扩增，制成自体间充质干细胞或成纤维前体细胞注射液，然后再回输到患者颜面皱纹或凹陷性瘢痕下真皮层内。间充质干细胞具有多向分化和免疫调节功能，可用于老化皮肤的修复再生，延缓衰老。成纤维细胞可产生患者自体胶原蛋白、玻璃酸和弹性纤维等营养物质，以达到让患者孳生生理性除皱、祛瘢的目的，变得更加年轻。细胞抗衰老在欧洲、澳洲、北美和南韩已经产业化，在国外已有近10年的临床观察经历和近万例临床报道。

十、其他疾病

除上面提到的外，细胞移植治疗的疾病还包括角膜损伤、视网膜损伤、皮肤损伤、烧伤等。日本大阪大学西田幸二接纳了4名50～80岁的角膜上皮损伤、接近失明的患者。西田先在患者口腔中切一个小口提取黏膜，再从黏膜中分离出干细胞。经过2周培养，干细胞转化成了薄膜，其透明度等与角膜上皮十分相似。西田将这种薄膜植入患者眼部，手术1年后患者视力恢复情况良好，其中一位患者的视力达到了0.7。衬垫在人类眼球后部的视网膜是中枢神经系统向外延伸的特殊感觉神经组织。从流产胎儿眼球组织中分离克隆出人视网膜干细胞，注射到玻璃体和视网膜之间的腔隙中。可观察到视网膜干细胞移植对视神经再生的促进作用。骨髓间充质干细胞、脐带血间充质干细胞等作为种子细胞构建的组织工程皮肤，可用于皮肤损伤的治疗。目前普遍用于治疗烧伤的疗法是取患者未烧伤部位的皮肤进行移植，但这一疗程可能持续数周甚至数月，期间患者的创口很可能出现感染。另一方面，虽然数十年前科学家就能人工培植皮肤，但是通过长达2～3周的培植过程获得的人造皮肤往往非常脆弱。移植人造皮肤后，皮下的分泌物可能形成水疱，进而对人造皮肤造成损伤。干细胞移植能够加速烧伤皮肤的愈合，有望克服上述障碍。目前此项技术只能用于治疗二度烧伤，但未来此项技术可发展到治愈三度烧伤的水平。

（王佃亮）

参 考 文 献

[1] Aduen JF, Castello R, Lazano MM, et al. An alternative echocardiographic method to estimate mean pulmonary artery pressure: diagnostic and clinical implications. J Am Soc Echocardiogr, 2009, 22: 814-819

[2] Assmus B, Fischer-Rasokat U, Honold J, et al. Transcoronary transplantation of functionally competent BMCs is associated with a decrease in natriuretic peptide serum levels and improved survival of patients with

chronic postinfarction heart failure: Results of the TOPCARE-CHD Registry. Circ Res, 2007, 100: 1234

[3] Bouhadir KH, Lee KY, Alsberg E, et al. Degradation of partially oxidized alginate and its potential application for tissue engineering. Biotechnol Prog, 2001, 17: 945-950

[4] Boyle AJ, Schulman SP, Hare JM, et al. Is stem cell therapy ready for patients? Stem cell therapy for cardiac repair. Ready for the next step. Circulation, 2006, 114: 339-352

[5] Breyer A, Estharabadi N, Oki M, et al. Multipotent adult progenitor cell isolation and culture procedures. Exp Hematol, 2006, 34: 1596-1601

[6] Carpentino JE, Hynes MJ, Appelman HD, et al. Aldehyde dehydrogenase-expressing colon stem cells contribute to tumorigenesis in the transition from colitis to cancer. Cancer Res, 2009, 69 (20) : 8208-8215

[7] Chen FM, Zhang M, Wu ZF. Toward delivery of multiple growth factors in tissue engineering. Biomaterials, 2010, 31: 6279-6308

[8] Chen Y, Teng FY, Tang BL. Coaxing bone marrow stromal mesenchymal stem cells towards neuronal differentiation: progress and uncertainties. Cell Mol Life Sci, 2006, 63: 1649-1657

[9] Ferdinandy P, Schulz R, Baxter GF. Interaction of cardiovascular risk factors with myocardial ischemia/reperfusion injury, preconditioning, and post conditioning. Pharmacol Rev, 2007, 59: 418-458

[10] Hayashi S, Peranteau WH, Shaaban AF, et al. Complete allogeneic hema-topoietic chimerism achieved by a combined strategy of in utero hematopoietic stem cell transplantation and postnatal donor lymphocyte infusion. Blood, 2002, 100: 804-812

[11] Heldman AW, Hare JM. Cell therapy for myocardial infarction: special delivery. J Mol Cell Cardiol, 2007, 44: 473-476

[12] Hermann A, Liebau S, Gastl R, et al. Comparative analysis of neuroectodermal differentiation capacity of human bonemarrowstromal cells using various conversion protocols. J Neurosci Res, 2006, 83: 1502-1514

[13] Ieda M, Fu JD, Delgado-Olguin P, et al. Direct reprogramming of fibroblasts into functional cardiomyocytes by defined factors. Cell, 2010, 142: 375-386

[14] Jaïs X, D' Armini AM, Jansa P, et al. Bosentan for treatment of inoperable chronic thromboembolic pulmonary hypertension: BENEFiT (Bosentan Effectsin iNopErable Forms of chronIc Thromboembolic pulmonary hypertension) , a randomized, placebo-controlled trial. J Am Coll Cardiol, 2008, 52 (25) : 2127-2134

[15] Johnson PC, Mikos AG, Fisher JP, et al. Strategic directions in tissue engineering. Tissue Eng, 2007, 13: 2827-2837

[16] Kawasaki BT, Hurt EM, Mistree T, et al. Targeting cancer stem cells with phytochemicals. Mol. Interv, 2008, 8 (4) : 174-184

[17] Kim YS, Ahn Y. A long road for stem cells to cure sick hearts: update on recent clinical trials. Korean Circ J, 2012, 42 (2) : 71-79

[18] Lei Z, Yongda L, Jun M, et al. Culture and neural differentiation of rat bone marrow mesenchymal stem cells in vitro. Cell Biol Int, 2007, 31: 916-923

[19] Li XD, Xu B, Wu J, et al. Review of Chinese clinical trials on CIK cell treatment for malignancies. Clin Transl Oncol, 2012, 14(2): 102-108

[20] Liau B, Zhang D, Bursac N. Functional cardiac tissue engineering. Regen Med, 2012, 7 (2) : 187-206

[21] Lipinski MJ, Biondi-Zoccai GG, Abbate A, et al. Impact of intracoronary cell therapy on left ventricular function in the setting of acute myocardial infarction: A collaborative systematic review and meta-analysis of controlled clinical trials. J Am Coll Cardiol, 2007, 50: 1761

[22] Meyer GP, Wollert KC, Lotz J, et al. Intracoronary bonemarrow cell transfer after myocardial infarction: Eighteen

months' follow-up data from the randomized, controlled BOOST (BOnemarrOw transfer to enhance ST-elevation infarct regeneration) trial. Circulation, 2006, 113: 1287

[23] Nehls V, Herrmann R, Huhnken M. Guided migration as a novel mechanism of capillary network remodeling is regulated by basic fibroblast growth factor. Histochem Cell Biol, 1998, 109: 319-329

[24] Noce CW, Gomes A, Copello A, et al. Oral involvement of chronic graft-versus-host disease in hematopoietic stem cell transplant recipients. Gen Dent, 2011, 59 (6) : 458-462

[25] Russ HA, Efrat S. Development of human insulin-producing cells for cell therapy of diabetes. Pediatr Endocrinol Rev, 2011, 9(2): 590-597

[26] Silva EA, Kim ES, Kong HJ, et al. Material-based deployment enhances efficacy of endothelial progenitor cells. PNAS, 2008, 105: 14347-14352

[27] Nuri MM, Hafeez S. Autologous bone marrow stem cell transplant in acute myocardial infarction. J Pak Med Assoc, 2012, 62 (1) : 2-6

[28] Patel BB, Majumdar AP. Synergistic role of curcumin with current therapeutics in colorectal cancer: minireview. Nutr Cancer, 2009, 61 (6) : 842-846

[29] Quevedo HC, Hatzistergos KE, Oskouei BN, et al. Allogeneic mesenchymal stem cells restore cardiac function in chronic ischemic cardiomyopathy via trilineage differentiating capacity. Proc Natl Acad Sci USA, 2009, 106: 14022-14027

[30] Schachinger V, Erbs S, Elsasser A, et al. Intracoronary bone marrow-derived progenitor cells in acute myocardial infarction. N Engl J Med, 2006, 355: 1210-1221

[31] Sekiguchi H, Li M, Losordo DW. The relative potency and safety of endothelial progenitor cells and unselected mononuclear cells for recovery from myocardial infarction and ischemia. J Cell Physiol, 2009, 219: 235-242

[32] Simmoneau G, Robbins IM, Beghetti M, et al. Updated clinical classification of pulmonary hypertension. J Am Coll Cardiol, 2009, 54: S43-54

[33] Snow JL, Kawut SM. Surrogate end points in pulmonary arterial hypertension: assessing the response to therapy. Clin Chest Med, 2007, 28: 75-89

[34] Thenappan A, Li Y, Shetty K, et al. New Therapeutics Targeting Colon Cancer Stem Cells. Curr. Colorectal Cancer Rep, 2009, 5 (4) : 209

[35] Takahama Y. Journey through the thymus: stromal guides for T-cell development and selection. Nat Rev Immunol, 2006, 6: 127-135

[36] Tonnesen HH, Karlsen J. Alginate in drug delivery systems. Drug Dev Ind Pharm, 2002, 28: 621-630

[37] Thornton AJ, Alsberg E, Albertelli M, et al. Shape-defining scaffolds for minimally invasive tissue engineering. Transplantation, 2004, 77: 1798-1803

[38] Tse HF, Kwong YL, Chan JK, et al. Angiogenesis in ischaemic myocardium by intramyocardial autologous bone marrow mononuclear cell implantation. Lancet, 2003, 361: 47-49

[39] van Laake LW, Qian L, Cheng P, et al. Reporter-based isolation of induced pluripotent stem cell-and embryonic stem cell-derived cardiac progenitors reveals limited gene expression variance. Circ Res, 2010, 107: 340-347

[40] Vinten-Johansen J, Zhao ZQ, Jiang R, et al. Myocardial protection in reperfusion with postconditioning. Expert Rev Cardiovasc Ther, 2005, 3: 1035-1045

[41] Watt FM, Driskell RR. The therapeutic potential of stem cells. Philos Trans R Soc Lond B Biol Sci, 2010, 365 (1537) : 155-163

[42] Weiss DJ, Kolls JK, Ortiz LA, et al. Stem cells and cell therapies in lung biology and lung diseases. Proc Am Thorac Soc, 2008, 5 (5) : 637-667

[43] Wilkinson N, Scott-Conner CE. Surgical therapy for colorectal adenocarcinoma. Gastroenterol. Clin North Am, 2008, 37 (1): 253-267

[44] Young WF, McGloin J, Zittleman L, et al. Predictors of colorectal screening in rural Colorado: testing to prevent colon cancer in the high plains research network. J Rural Health, 2007, 23 (3) : 238-245

[45] Yoon CH, Hur J, Park KW, et al. Synergistic neovascularization by mixed transplantation of early endothelial progenitor cells and late outgrowth endothelial cells: the role of angiogenic cytokines and matrix metalloproteinases. Circulation, 2005, 112: 1618-1627

[46] Zhou P, Liang P, Dong B, et al. Phase I clinical study of combination therapy with microwave ablation and cellular immunotherapy in hepatocellular carcinoma. Cancer Biol Ther, 2011, 11 (5) : 450-456

第2章 移植治疗的细胞学基础

2

第一节 概 述

人体自胚胎形成至出生以后，机体细胞的再生能力随时间的发展而逐渐减弱，甚至消失。因此，机体在受到急性严重损伤或者慢性疾病病变后，如急性心肌梗死、烧伤、1型糖尿病等，往往缺乏自我修复能力。细胞移植治疗正是针对上述情况的最有希望的治疗方法。细胞移植治疗的目的主要在于短期的病理生理功能的修复，如急性失血后的输血；永久性的组织结构功能的修复，如心肌梗死后的心肌修复，烧伤后的皮肤移植。细胞移植治疗可以根据细胞的种来源大致分为体细胞治疗和干细胞治疗。早期的细胞移植治疗以体细胞为主，应用人的自体、同种异体或异种（非人体）的体细胞，经体外操作后回输或植入人体进行治疗。近年来，伴随着干细胞技术的发展，干细胞因其具有来源广泛，易于扩增的特点，成为细胞移植治疗研究的热点，并将逐渐成为细胞移植治疗的重点。

体细胞治疗操作包括细胞在体外的传代、扩增、筛选以及药物或其他能改变细胞生物学行为的处理。经过体外操作后的体细胞可用于疾病的治疗，也可用于疾病的诊断或预防。体细胞治疗具有多种不同的类型，包括体内植入经体外操作过的细胞群如肝细胞、肌细胞、胰岛细胞、软骨细胞等、嗅鞘细胞等；以及体内回输体外激活的单个核白细胞如淋巴因子激活的杀伤细胞（LAK）、肿瘤浸润性淋巴细胞（TIL）、单核细胞、巨噬细胞或体外致敏的杀伤细胞（IVS）和成分输血等，鉴于上述血液成分细胞治疗的临床普及性以及特殊性，本章节不予阐述。

因为受供体来源以及伦理的影响，上述体细胞治疗在临床使用中明显受限，且远期疗效不理想。随着干细胞研究的发展，尤其是干细胞来源的扩展，干细胞治疗将逐渐成为细胞移植治疗的重点，也是本章讲述的重点。干细胞是一群未分化的、无特定功能的细胞。其基本性质之一是它没有任何组织特异结构，例如干细胞无法像心肌细胞那样具有自发收缩功能；也不能像血红细胞那样能在血液里运输氧气；更不能像神经细胞那样发出电化学信号从而指引机体的各项运动。另一方面，干细胞具有产生专化细胞的潜能，能发育成为包括心肌细胞、血细胞及神经细胞在内的多种细胞。

第二节 移植细胞的种类及分离鉴定

细胞移植治疗是否能取得成功与治疗细胞的种类有直接关系。因此，本章节主要按照体细胞和干细胞来讨论治疗细胞的种类和特性，并不涉及治疗细胞是否来自患者本身（自体）还是来自其他人群（异体）。

一、体细胞

实体器官出现病变而导致功能衰竭时，早期的治疗策略主要是相应器官的移植，如肝功能衰竭时的肝移植，心力衰竭时的心脏移植。因供体器官的来源和伦理受限，以及手术范围较大，加之移植后免疫排斥，实体器官的移植逐渐减少。在这个过程中逐渐出现了体细胞的移植。因为疾病受累的解剖部位以及病理生理的特点各不相同，在临床上有过多种体细胞移植的尝试，其中常见的包括软骨细胞移植治疗软骨病变、肝细胞移植治疗肝损害、胰岛细胞移植治疗糖尿病、以及嗅鞘细胞移植治疗脊髓损伤等。以下就这些常用治疗性体细胞分别进行阐述。

（一）软骨细胞

关节软骨的损伤或退变是较为常见的骨关节疾病。由于关节软骨组织内没有血管、淋巴管及神经组织，损伤后其自身的修复只能通过关节内压力变化、关节液与软骨基质进行交换而获取营养，其修复能力十分有限，易发生不可逆的病理改变，最终演变成创伤性关节炎或骨性关节炎。传统的治疗方法如清创、钻孔、切除或刮除、磨削关节成形、微骨折术等形成的修复组织多为纤维软骨，耐磨损性差，临床效果不佳。

1968 年报道的首例同种软骨细胞移植，是将分离培养的软骨细胞直接注射到软骨缺损部位。由于移植软骨细胞无法在移植部位固定和生长，修复效果不能令人满意。此后由于纤维蛋白胶的利用，大大促进了固定的效果，修复效果也因此得到提高。但异体软骨移植可能引起免疫排斥反应及感染或引起疾病传播。

1987 年，Peterson 采用自体软骨细胞移植（autologous chondrocyte implantation，ACI）技术治疗关节软骨缺损患者。这是细胞工程技术首次用于骨关节病的治疗，现已成为一种较为成熟的关节软骨缺损治疗技术。该方法是从关节软骨活体组织中分离软骨细胞并进行扩增，然后将扩增的自体软骨细胞注射到缺损区域并用骨膜瓣覆盖（图 2-1）。1997 年，ACI 得到美国食品医药品局的认可，目前已经在世界实施了 3

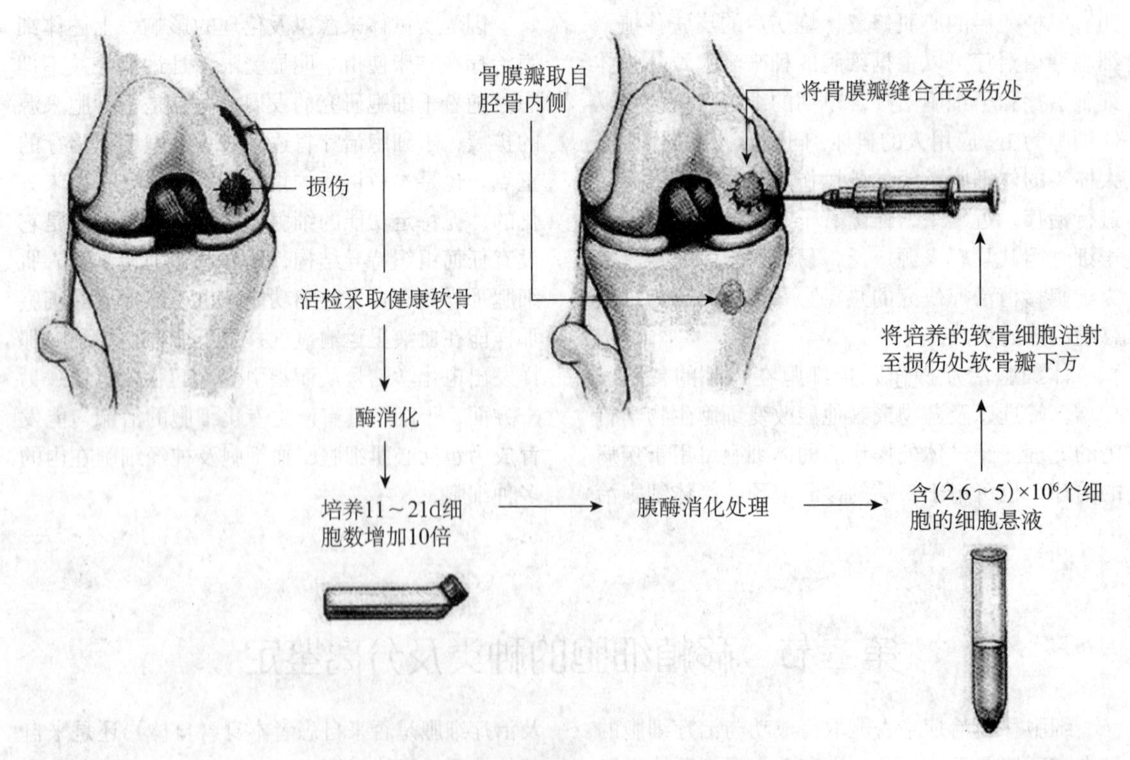

图 2-1　软骨细胞移植（见书末彩图）

引自：Brittberg M，et al．N Engl J Med，1994，331：889-895

万多例。

1．软骨细胞的特性　软骨分为透明软骨、纤维软骨和弹性软骨。关节软骨由软骨细胞和丰富的软骨基质组成，组织学称为透明软骨。关节软骨弹性较好，具有很好的抗压性能，能够传递负荷，缓冲振荡。软骨光滑的表面还可以在运动时把摩擦和磨损降低到最小限度，减少骨与骨之间的冲击，进而保护机体免受损伤。关节软骨吸取关节液中的营养而存活，关节软骨受到外力负荷时，压缩变形，促使关节液流动，关节软骨得以吸收营养物质。关节软骨没有血管、神经、淋巴，含水量丰富，60% ~ 85%（V/V，volume/volume）为水分，而软骨细胞作为其中唯一的细胞只占关节软骨体积不到 10%。有关细胞移植修复大关节软骨缺损的研究多采用自体或异体的透明软骨细胞。

靠近软骨表面的软骨细胞是一些幼稚的细胞，体小呈扁椭圆形，细胞长轴与软骨表面平行，多为单个存在。深层软骨细胞逐渐长大，变成圆形或椭圆形，在软骨的中央，软骨细胞成群分布，每群为 2 ~ 8 个细胞，它们都是由一个软骨细胞分裂而来，故称同源细胞群。电镜下，关节软骨细胞的形态学特点为：①表面可见多数微绒毛与糖被膜；②有明显的粗面内质网与高尔基复合体；③相对数量少的线粒体；④只有少量糖原颗粒；⑤可见微管。

软骨细胞所存在的部位为一小腔，称为软骨陷窝。陷窝周围的软骨基质呈强嗜碱性，染色很深，称软骨囊。软骨细胞具有合成和分泌基质与纤维的功能。来自软骨细胞的基质呈半固态，化学成分为软骨黏蛋白和水，是由玻璃酸分子为主干、结合着许多短的蛋白多糖侧链构成的分子筛，并结合大量水分子，易于物质渗透。软骨基质的硫酸软骨素含量很高而使其呈嗜碱性并具有异染性。基质内的软骨粘连蛋白将软骨细胞和基质连接起来。软骨细胞合成的纤维是由Ⅱ型胶原蛋白构成的胶原原纤维，直径小，呈交织状分布。

2．软骨细胞的分离　软骨细胞埋藏于致密的氨基糖蛋白基质中，必须经胰蛋白酶和胶原酶消化去除基质才能获得。关节软骨在无菌状态下剪成小块，磷酸盐缓冲液（PBS，含青霉素和链霉素各 100U/ml）冲洗 3 遍，加入 3 倍体积的 0.25%（W/V）胰蛋白酶，置于 37℃恒温振荡器内消化 30min；取出标本，弃去胰蛋白酶液体，加入含血清的培养液中止胰蛋白酶消化；然后再加入 3 倍体积的 0.2%（W/V）Ⅱ型胶原酶，再次置于 37℃恒温摇床内消化 8 ~ 12h。见大部分软骨被消化后，先以 500r/min 离心 5min 使大块未被消化的软骨块沉淀。取上清液，再以 1 200r/min 离心 10min，沉淀细胞以 PBS 洗 3 次，以洗去细胞表面的消化酶。加入 DMEM（Dulbecco's modified eagle medium）培养液进行培养。台盼蓝染色计数，并检查软骨细胞活力率。计算软骨重量与活细胞的比例关系。

（二）肝细胞

各种原因引起的肝衰竭是临床上的一大难题，常规的内科治疗效果不佳。原位肝移植（orthotopic liver transplantation，OLT）是治疗肝衰竭的有效手段，但由于肝移植供体有限，经费昂贵等问题使肝移植的推广受到很大限制。肝细胞移植（hepatocyte transplantation）是 20 世纪 70 年代发展起来的一项细胞工程技术，由于其技术相对简单，对机体影响不大，一个供体可供多个受体，可反复进行及对肝功能具有较好的支持，为病损肝脏的细胞重建及衰竭肝脏的功能恢复提供了一种全新的治疗策略，正受到越来越广泛的重视，成为急、慢性肝衰竭患者等待肝源，向原位肝移植过渡的有效方法。

1．肝细胞的特性　肝细胞是高度分化的细胞，具有丰富的酶系及多种特异性功能，被广泛用于生物化学、实验性肝损伤、药动学、毒理学和致癌作用等研究。原代培养的肝细胞是肝细胞移植、生物人工肝的最佳生物材料。肝细胞移植是先将供体的肝脏在原位进行插管灌注、分离、纯化、培养，并对培养中的肝细胞进行检测，然后将具有正常细胞功能的活性肝细胞注入受体内，从而部分地替代肝脏的分泌、代谢等功能（图 2-2）。实验证明，肝细胞移植至肝脏、脾脏和其他部位后，仍能维持其正常结构，并能表达多种肝细胞功能，如清蛋白分泌、糖原储存和酵解、胆红素结合、氨代谢以及细胞色素 P450 酶基因的表达。美国学者 Fisher 和 Strom 等在实验研究基础上完成的临床试验显示，肝细胞移植能很好地提供近期和长期的肝功能。

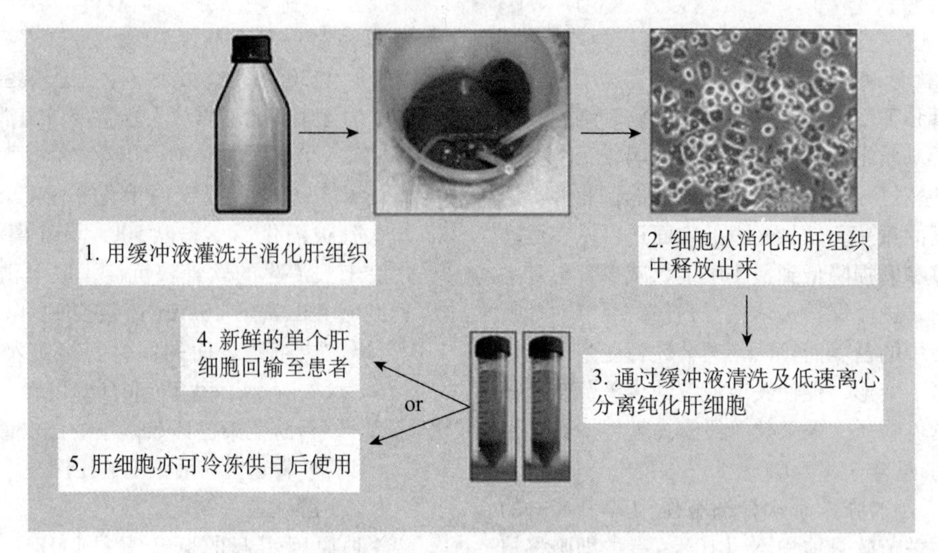

图 2-2 肝细胞的分离和移植（见书末彩图）

引自：Fitzpatrick E，et al．Human hepatocyte transplantation：State of the art．J Intern Med，2009，266：339-357

2．*肝细胞的分离* 分离肝细胞的方法包括机械分离法、EDTA 螯合法，TPB 螯合法和酶解法。机械分离法获得的肝细胞因活性不高，而渐被弃用。目前较常用的是改良的 EDTA 联合胶原酶原位灌注法。尔后在其基础上加以改进，出现了由下腔静脉灌流的灌注法和更为复杂的五步酶解法，减少了肝细胞在分离过程中的损伤。灌流可以使消化液与肝组织更加充分地接触，不仅提高了分离效率，还使分离所得肝细胞的活力和数量大大提高，以下介绍常用的胶原酶灌流法。

（1）原位胶原酶灌注法：自从引入灌流法分离肝细胞以来，许多学者根据不同的应用条件对灌流法进行了改良。其中 Seglen 经过一系列细致的研究，创立了改良的 Seglen 两步灌流法，这一方法已成为应用至今的标准的原代肝细胞分离方法。两步灌流法主要是通过肝门静脉先后用含 EDTA 或 EGTA 缓冲液和胶原酶缓冲液进行灌注来分离肝细胞的方法。许多学者在具体操作中，不断改进两步灌流法的灌注条件，目的在于进一步减少分离过程中肝细胞的损伤，提高肝细胞的存活率。

（2）下腔静脉插管的逆向胶原酶灌注法：下腔静脉插管的逆向胶原酶灌注法是在肝下腔静脉插管，并结合逆向胶原酶灌注来分离肝细胞的方法。在采用该方法分离肝细胞时，首先将灌注针逆向插入下腔静脉后固定，肝门静脉开放做流出道；接着用含 EGTA 或 EDTA 的灌注液进行灌注，一段时间后再用含有 Ca^{2+} 的胶原酶进行充分灌注。灌流结束后，将细胞过滤、清洗后得到制备好的肝细胞悬液。

（3）五步胶原酶灌流法：在使用两步灌流法分离大的肝组织块时，仍存在消化不完全的问题。Gerlach 等在两步灌流法的基础上，创立了联合门静脉和肝动脉的五步胶原酶灌流技术，建立了一种高效的细胞分离方法（图 2-3）。

（三）胰岛细胞

当今世界，随着经济高速发展和工业化进程的加速，人类健康面临的非传染性疾病威胁正日益加重。根据国际糖尿病联盟（International Diabetes Federation，IDF）统计，在 2000 年全球有糖尿病患者 1.51 亿，而目前全球有糖尿病患者 2.85 亿，按目前增长速度的话，估计到 2030 年全球将有近 5 亿人患糖尿病。最近 10 年我国糖尿病患病率显著增加。2007—2008 年，在中华医学会糖尿病学分会组织下，在全国 14 个省市进行了糖尿病的流行病学调查。通过加权分析，在考虑性别、年龄、城乡分布和地区差别的因素后，估计我国 20 岁以上的成年人糖尿病患病率为 9.7%，成年人糖尿病总数达 9 240 万，其中农村 4 310 万，城市 4 930 万左右。我国可能

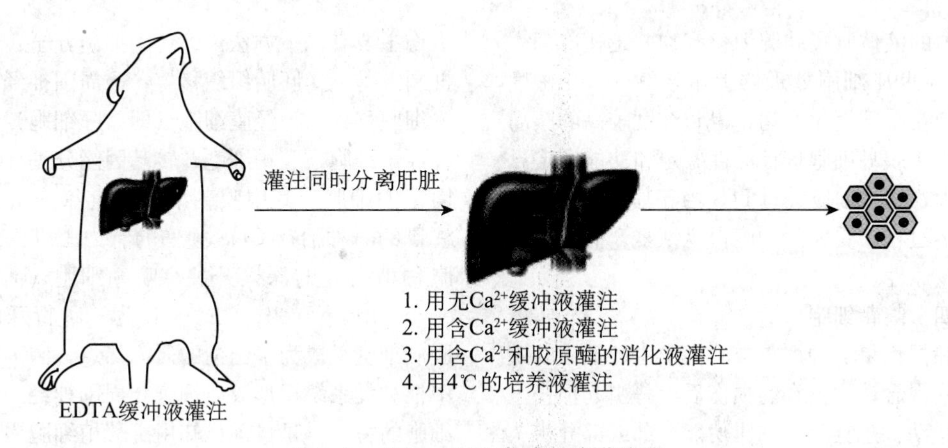

图 2-3 Gerlach 五步胶原酶灌流法

引自：牟卉卉等．世界华人消化杂志．2009，17：2164-2170

已经成为糖尿病患病人数最多的国家。尽管控制饮食、运动、药物治疗能在短期内改善血糖和其他代谢指标，但很多患者在后期仍出现各种严重并发症。因此如何彻底治疗糖尿病，提高患者的生活质量已成为临床医师亟待解决的问题。2000 年加拿大 Edmonton 的 Shapiro 实验室的胰岛移植方案获得成功后，以 Edmonton 方案为代表的临床胰岛移植（clinical islet transplantation，CIT）开创了移植史的新纪元，胰岛移植开始逐步应用于临床，并受到广泛的关注。

1．胰岛细胞的特性　组成胰岛的各种细胞可依其颗粒染色特点分为三种类型：A、B、D 细胞（也称 α、β、δ 细胞）。A 细胞占细胞总数 20%，胞体较大，胞质内含有许多粗大的嗜酸性颗粒，呈鲜红色，分泌胰高血糖素，有促进糖原分解、升高血糖的作用。B 细胞数量最多，占细胞总数的 75%，胞体略小。胞质内含有橘黄色颗粒，颗粒是细胞质内胰岛素的小泡。B 细胞分泌的胰岛素，是调节体内糖代谢的重要激素。D 细胞数量很少，占细胞总数 5%，胞质呈蓝色，分泌颗粒较大，目前认为它是分泌生长激素释放抑制激素及胃泌素的细胞。还有一种为 C 细胞（γ 细胞），是很少的一种细胞，胞质着色浅，无分泌颗粒，细胞器也很少，一般认为，C 细胞是 A 和 B 细胞的前身或其分泌后的状态。

2．胰岛细胞的分离　目前国内外胰岛的分离技术主要包括两种：①机械分离法，优点是方法简单、经济且又是一种短期的保存方法，其缺点是外分泌腺萎缩不完全，可能对胰岛细胞有一定的破坏作用且产量不高，常需多个供胰。②胶原酶消化法，优点是能够制备比较纯净的胰岛组织，减弱宿主对移植物的排斥反应，缺点是消化时间不易掌握，酶消化时对胰岛有一定破坏，从而减少胰岛的收获量。目前胰岛提纯的主要方法是用 Ficoll 或 Dextran 间断密度梯度离心法。

胰岛的收获量受许多因素影响，其中以胰腺供体的条件、离体胰腺的保存以及分离技术最为重要。消化酶现多用释放酶（liberase），它含有高度纯化的胶原酶Ⅰ、Ⅱ的异构体和嗜热菌蛋白酶。释放酶的活力强、纯度高、毒性小，而且不同批号间酶活性相当稳定，用释放酶消化分离的胰岛不仅得率大大提高，而且胰岛的活性亦明显增加。释放酶已广泛用于大型动物和啮齿类动物的胰岛分离。近年来，德国研制出一种用于成年人胰岛分离的新型消化酶，称为 Se Ⅳ a 胶原酶 NBl（胶原酶 NBl 添加中性蛋白酶），胰岛得率与释放酶类似，而用胶原酶 NBl 使胰岛形态学改善，胰岛细胞凋亡比例减少，且无批号间酶活性变异，认为有望成为人胰岛分离的专用消化酶。具体分离方法一般以 Edmonton 方案为基础，根据实验室条件加以适当修改。如下方法可供参考，清洗修剪胰腺后向胰管中灌注冷的纯净胶原酶使胰腺充分膨胀，注意不使胰腺导管系统破裂。把胰腺剪成 8 ~ 10 块，在 Ricordi 连续消化装置中用 37℃的 liberase 液消化胰腺（20 ~ 25min），直至成小颗粒状；用含有人血清蛋白的液体收集胰腺消化产物并迅速冷却。在 COBE-2991 细胞处理器上用连续 Ficoll 密度梯度法纯化胰腺消化产物，得到纯度较高的胰岛细胞。收集胰岛细胞进行活性鉴定和功能测定。一般认为，移植前应经过 ITS 培养基的培养，可以使分离过程中受伤的细胞得以恢复，而且可以降低免疫原性。

（四）嗅鞘细胞

脊髓损伤是一种严重威胁人类生命健康的疾病。既往观念认为，脊髓损伤后，将引起损伤平面以下运动、感觉和括约肌功能全部或部分永久丧失。早在 20 世纪初，人们即已发现哺乳动物的 CNS 损伤后不能再生。经过多年研究发现造成 CNS 再生失败的主要原因之一是损伤后 CNS 内的微环境（缺乏生长所需的神经营养因子、分泌产生抑制因子，胶质瘢痕形成等）不利于轴突的再生。为了促进中枢神经系统损伤后轴突再生，改善损伤区再生微环境很重要。目前治疗 CNS 损伤主要有以下方法：①封闭抑制分子；②清除抑制细胞；③胚胎组织移植；④周围神经移植；⑤细胞移植：神经膜细胞（即雪旺细胞），胚胎神经干细胞，嗅鞘细胞，转基因能分泌神经营养因子的细胞。其中嗅鞘细胞是近年来最为引人注目的一种治疗 CNS 损伤的有力工具。继干细胞移植研究的深入开展，嗅鞘细胞（olfactory ensheathing cell，OEC）作为一种特殊的神经胶质细胞又成为了当前的研究热点，因为它兼具中枢神经系统星形胶质细胞和周围神经系统雪旺细胞的特点，是目前已知用于移植细胞中唯一可以跨越周围神经系统与中枢神经系统边界的细胞，在成熟个体内可持续分裂。嗅鞘细胞表达多种促进轴突发芽和再生能力的神经营养因子，能使损伤的中枢神经再髓鞘化，穿越胶质瘢痕，促进中枢神经轴突再生。嗅鞘细胞的这些特性使其成为对中枢神经系统损伤进行移植治疗中最有潜力、最有希望的候选细胞之一（图 2-4）。

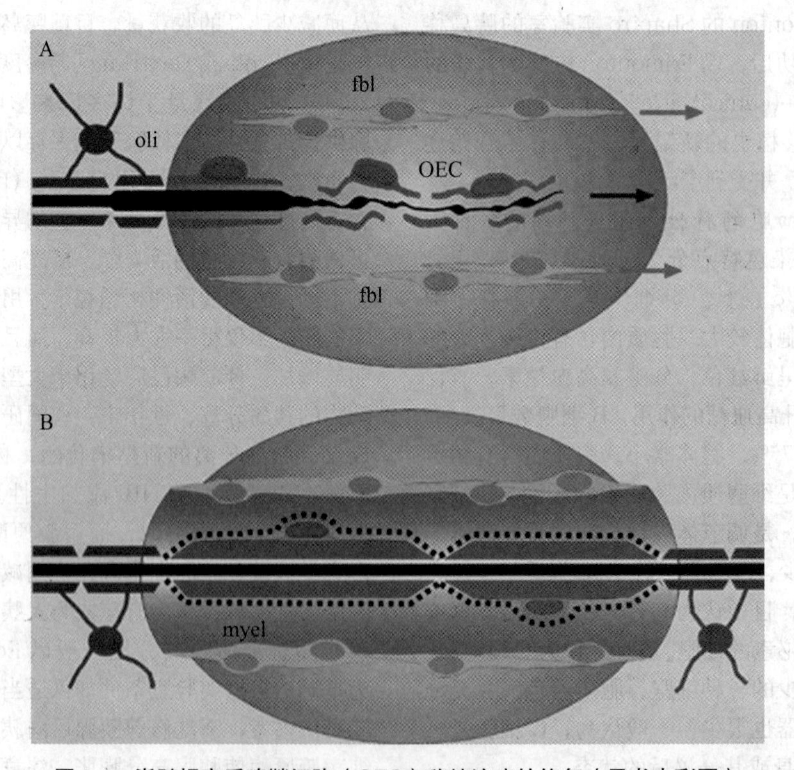

图 2-4 脊髓损害后嗅鞘细胞（OEC）移植治疗的修复（见书末彩图）

A．第 1 周，轴索延伸，由 OEC 直接包裹，外侧由嗅神经纤维母细胞支撑；B．第 3～4 周，轴索贯通移植区，由 OEC 完成髓鞘包裹。OEC．嗅鞘细胞；fbl．嗅神经纤维母细胞；oli．少突胶质神经细胞髓质区；myel．髓鞘化

引自：Raisman G．Spinal Cord．2006，44：406-413

1. 嗅鞘细胞的特性 早在 19 世纪末，Golgi 和 Blanes 就描述了动物嗅球中的胶质细胞类型，他们认为在嗅球中存在两大类胶质细胞。一种是分布于整个嗅球的星形细胞，另一种是存在于嗅球Ⅰ、Ⅱ层的梭形细胞。20 世纪 80 年代，研究发现星形细胞实际就是星形胶质细胞，而他们所描述的梭形细胞就是嗅鞘细胞。电子显微镜和免疫组织化学的进一步应用表明，嗅鞘细胞分布于嗅上皮，嗅神经和嗅球的最外面两层。嗅上皮来源于外胚层增厚的部分，嗅板位于胚胎头部的嘴外侧区。但是嗅球却是神经管起源，来源于大脑泡。因为这些结构的双重发育来源，使嗅鞘细胞的来源存在不少争论。现在，越来越多的证据表明嗅鞘细胞来源于嗅板。在胚胎的发育过程中，原始的嗅神经元从嗅板发出轴突，穿过下间质。当它们穿过发育的嗅上皮时，嗅神经元轴突就有移行的上皮细胞伴行，这种现象被一些作者称作“迁移团块”。这些细胞伴随嗅神经元轴突向假定的嗅球方向延伸。当到达目的地后，原始的嗅球向外翻转而迁移过来的嗅神经元轴突和这些细胞包裹在它的外面形成一薄层。在这个阶段，来自大脑泡室层的星形胶质细胞形成胶质界膜包裹着嗅球原基器官。嗅神经元轴突和迁移的嗅板细胞穿过胶质界膜延伸到嗅球，并和那些来自室层的细胞一块构成嗅神经和小球层。一部分上皮迁移的祖细胞发育成嗅鞘细胞并定居在成嗅神经和小球层。剩下的含有促黄体激素释放激素祖细胞迁移到前脑基底部。在嗅神经层星形胶质细胞和嗅鞘细胞混合在一起并在嗅球表面形成了一新的胶质界膜。尽管嗅鞘细胞起源于嗅板，一些研究提示嗅鞘细胞并非神经嵴起源。甚至用来标记神经管起源细胞的 A4 抗体也不能标记嗅鞘细胞。因此，所有的证据表明嗅鞘细胞来自于外胚层的嗅板，而和那些已知的胶质细胞并没有相同的组织发育来源。它是一种介于星形胶质细胞和神经膜细胞之间的一种特殊类型的胶质细胞。它既表达星形胶质细胞特异性表型，也表达神经膜细胞的特异性表型，并执行它们的功能。

嗅鞘细胞与神经膜细胞有很多相似之处，目前有几种特性能将两者区分开。其一是，erbB 受体的表达。这些受体能结合神经调节素蛋白家族，而神经调节素对神经膜细胞和嗅鞘细胞的分裂都起到很强的促进作用。应用反转录聚合酶链反应和免疫组织化学技术，发现嗅鞘细胞能表达表皮生长因子受体家族成员 erbB2 和 erbB4 的蛋白和信使核糖核酸，而神经膜细胞主要表达 erbB2 和 erbB3 的蛋白和信使核糖核酸。其二是，这两种细胞与星形胶质细胞的相互作用有很大差别。在发育过程中，神经膜细胞和星形胶质细胞分别占有不同的生长区域，两者不发生生长交叉，然而嗅鞘细胞和星形胶质细胞生长区域会发生重叠。而且，星形胶质细胞与神经膜细胞接触后会发生过度生长情况，包括出现细胞质区扩大、硫酸软骨素蛋白多糖水平升高等。造成上述差异的机制还不清楚。

嗅鞘细胞在体外培养时表现出不同的形态学，这取决于供体的年龄，取材部位，培养的环境以及培养时间的长短。大体上，体外培养的嗅鞘细胞按其形态可分为：双极或梭形、多极形、扁圆形或油煎蛋形。这与星形胶质细胞和神经膜细胞形态有些相似，这暗示着在体内它可能存在两种发展阶段。尽管嗅鞘细胞的形态各异，但是一般都有纤细的突起，膜上都有 P75 低亲和力受体，超微结构与组织的年龄、部位或培养条件都没有较大的关系。

早期的培养结果表明，取材于胚胎大鼠嗅球的嗅鞘细胞在含有血清的培养基培养时，一般表现为扁平，双极或三极。而在无血清的培养基培养时则以双极，三极和星形状形态为主。取材于新生大鼠嗅球的嗅鞘细胞在含有血清的培养基培养时，一般以扁平为主，而在无血清的培养基培养时则表现为扁平和梭形。取材于新生大鼠嗅上皮的嗅鞘细胞在含有血清的培养基培养时，以胞质延伸的扁平细胞为主，也有少量的具有细小突起的双极和三极细胞，在无血清的培养基培养时，双极和三极细胞增多并且多极细胞出现。取材于成年大鼠嗅球的嗅鞘细胞在含有或无血清的培养基培养时，虽然形态上有星形、双极状的变化，但是它们都具有一个非常细长的突起。近期 Vincent 认为嗅鞘细胞在含有或不含血清的培养基培养时形态的改变是可逆的，通过调节 RhoA 所介导的肌动蛋白细胞支架重组，可以改变细胞形态。并做出进一步推断：嗅鞘细胞来源于单一的祖细胞，随着发育及环境的变化而表现出不同形态。

在光镜和电子显微镜下观察，来自体内的嗅鞘细胞有一个不规则的核，有时呈现出较深的皱裙，凹陷。染色质在核浆内分布均匀，但在核膜周围有点不均匀。细胞核常位于细胞中央，偶尔偏到细胞边缘。胞质内含有丰富的游离核糖体，多聚核糖体和中间丝。它们绝大多数散布在胞质中，少数成束状分布，偶见小的纤维束与细胞轴突相连。培养的嗅鞘细胞有一个非常典型的超微结构就是它们的胞膜存在皱裙，此外相当一部分的胞膜存在和基板沉淀物相似的沉淀物质。

嗅鞘细胞表达的分子信号多种多样，总结起来主要包括神经营养因子、细胞外基质分子及其他的生长因子3大类。在众多的神经营养因子中，嗅鞘细胞主要表达神经生长因子、脑源性神经营养因子、胶质细胞源性神经营养因子、神经营养因子等。此外，嗅鞘细胞还表达血小板源性生长因子、胰岛素样生长因子、睫状神经生长因子。这些因子的受体的mRNA表达水平和是否给予腺苷酸环化酶激活剂forskolin密切相关，虽然它不在细胞的分裂中直接起作用，但可能以自分泌和旁分泌的形式发挥其作用。嗅鞘细胞在嗅觉系统中产生大量的细胞外基质，如层粘连蛋白、Ⅰ型胶原、Ⅳ型胶原、神经调节蛋白等，这些成分可能对嗅神经元轴突的生长发挥着重要的作用。

2. 嗅鞘细胞的分离　人胚嗅鞘细胞的分离一般需要经过机械分离和酶消化处理。有学者报道比较各种不同方法获取嗅鞘细胞所获得的嗅鞘细胞数量及不同方法取得嗅鞘细胞与其纯度的相关性，结果显示直接挤压法分离相对传统分离法和机械分离法获得更多的嗅鞘细胞。直接挤压法的步骤简述如下，将嗅球在镜下彻底剥除软膜及血管，置于D-Hanks液中，用显微剪（镊）直接将嗅球剪切撕烂、挤压，剩余的片状组织块转移至另一试管内；D-Hanks液洗2次，胰酶37℃消化20min连同机械分散的组织匀浆移至全培养液中；轻轻吹打组织块使之形成细胞悬液，加入DMEM/F12全培养基，反复吹打分散形成单细胞悬液，调整细胞接种密度为1×10^9/L，将细胞悬液移入预先用P75抗体包被过的培养皿中；置于37℃体积分数为0.05的CO_2培养箱进行孵育，3d后向培养皿中加入新鲜培养基1ml，5d左右更换培养基，并将细胞移入PLL包被培养皿。此后隔日换液，培养10d的细胞用作细胞移植。

取材于人胚嗅球的嗅鞘细胞在培养过程中有多种其他细胞，如来自血管、软脑膜等结缔组织的成纤维细胞，以及神经元、星状胶质细胞、小胶质细胞等。其中，成纤维细胞是嗅鞘细胞培养体系中最棘手的污染细胞，其分裂增殖和贴壁速度极快，远远超出嗅鞘细胞的分裂增殖和贴壁速度，且侵蚀面积大。目前嗅鞘细胞纯化方法有差速贴壁法，阿糖胞苷（Ara-C）抑制法，免疫亲和吸附法等，其中免疫亲和吸附法是使用单克隆抗体进行纯化，效果良好但是步骤繁琐，费用较昂贵，不利于推广应用。应用改良的Nash差速贴壁法可得到纯度达95%的嗅鞘细胞，而且获得的细胞总量较多，是目前最经济有效的纯化嗅鞘细胞的方法。

阿糖胞苷作为经典的纯化手段已为国内外多数学者所采用，其优点是操作简便，价格低廉。但其致命的弱点是作为细胞有丝分裂的抑制剂，它对嗅鞘细胞也存在着抑制增殖的作用，故只能在早期产生一定的纯化作用。在具体的操作过程中，各家报道的使用浓度及使用时机有着很大差异。Ara-C不仅未能达到纯化细胞的目的，而且对已贴壁的嗅鞘细胞产生了毒性作用，经Ara-C作用过的细胞（作用浓度为$10^{-5}\sim10^{-7}$/ml。作用时间24～48h）在1～2周或以后都不同程度出现了细胞坏死，即使成活下来的细胞也失去了增殖能力。这一结果同国内有作者使用Ara-C纯化雪旺细胞的结果相吻合。有研究者采用差速贴壁+免疫亲和吸附的纯化方法。根据胎龄的不同，把含有嗅鞘细胞的培养基在CO_2培养箱（5%CO_2，37℃）中培养12～24h。培养过程中，每2h相差显微镜下观察一次。如观察到较多的立体感较强的细胞开始贴壁时，立刻将含有未贴壁的细胞的培养基接种到预先用P75抗体包被的35mm^2培养皿内，放入CO_2培养箱（5%CO_2，37℃）中继续培养。培养36～48h换液，去除未能和P75抗体结合的细胞。

二、干细胞

由于体细胞存在来源的不足，以及伦理和远期效果的担忧，干细胞（stem cells）替代治疗逐渐成为研究的重点。干细胞是一组具有卓越的潜能、可以发育成为身体不同类型组织的细胞。与其他细胞相比，干细胞具有两个重要的特性：①干细胞是一群尚未分化完全的细胞，能够在长期的细胞分裂中不断自我更新。②在一定生理学条件或实验条件下，干细胞能被诱导成具有特定功能的细胞，例如具有搏动功能的心肌细胞或胰腺中分泌胰岛素的胰岛细胞。干细胞根据来源可以分为胚胎干细胞（embryonic stem cell，ESC），成体干细胞（adult stem cell），以及新近提出的诱导性多能干细胞（induced pluripotent stem cells，iPS）。由于来源不同，干细胞可以具有不同的潜能，据分化能力可以分为全能干细胞（totipotent stem cell）、多能干细胞（pluripotent stem cell）、专能干细胞（multipotent stem cell）和单能干细胞（monopotent stem cell）。受精卵分裂生成的卵裂球属于全能干细胞，它能够产生各种细胞直到发育成为一个个体；能够产生小部分不同类型细胞的干细胞通常称为多能干细胞，如造血干细胞，神经干细胞等；多潜能干细胞则为能够产生身体各种类型的细胞（除了胎儿发育所需的细胞），它的分化潜能更广，如骨髓间充质干细胞（bone marrow mesenchymal stem cell，BMSC）。本章节根据细胞来源，按照胚胎干细胞、成体干细胞和诱导的多能干细胞进行阐述。

（一）胚胎干细胞

胚胎干细胞来源于胚胎，通常为 4 ~ 5d 大小的胚胎，这个时期的胚胎是一个中空的细胞团，称作胚泡。胚泡由三层结构组成：滋养层（trophoblast），即包绕胚泡的一层细胞；囊胚腔（blastcocoel），即胚泡内的空腔；以及内层细胞团（inner cell mass，ICM），由大约 30 个细胞组成，位于囊胚腔的一端。

1. *胚胎干细胞的特性* 对 ESC 的研究源于畸胎瘤干细胞（teratocarcinoma stem cell），即 EC 细胞（embryonal carcinoma cell），但是 EC 细胞种系嵌合率很低，而且由于其肿瘤源性，生成的嵌合体成年又出现肿瘤，且建成的 EC 细胞系有异常核型。1981 年英国剑桥大学的 Evans 和 Kaufman 以及美国加州大学旧金山分校的 Martin 用不同的方法成功分离并首次建立了小鼠 ES 细胞系。实验结果表明，小鼠 ES 细胞嵌合率达 61%，其生殖系嵌合率为 20%。此后，人们一直把小鼠 ES 细胞作为人类相应细胞的模型，但由于不同种属之间在生理、解剖结构和遗传学上存在着巨大差异，因此科学家们对人 ESC（human embryonic stem cell，hESC）进行了探索研究。1995 年，Thomson 等从恒河猴囊胚中分离建立了 3 株灵长类 ESC 系。1998 年，Thomson 等从体外受精胚胎发育至囊胚期的 14 个内细胞团分离克隆出 5 个 hESC 系。这些细胞系具有如下特点：具有正常核型；具有高端粒酶活性，是标志灵长类 ESC 而非其他细胞的细胞表面抗原的特性；在体外保持未分化状态。

胚胎细胞可以通过细胞分裂维持自身细胞群的大小，同时又可以在一定条件下进一步分化成为各种不同的组织细胞，从而构成机体各种复杂的组织器官，并具有形成嵌合体的能力（包括生殖系嵌合体）。ESC 具有如下生物学特性：①来源于早期胚胎，具有与胚胎细胞相似的形态特征，核型正常。②具有与早期胚胎细胞相似的高度分化潜能。③具有培养细胞所有的特征，可在体外培养、增殖、克隆、冻存等。ESC 细胞体积较小，细胞核大，集落呈鸟巢状生长，具有稳定的核型，高密度培养时易形成类似早期胚胎组织的类胚体或拟胚体（embryoid bodies，EBs）。④ ES 细胞在体外可以进行遗传操作，包括导入报告或标志基因，或一个异源基因；加入额外的原有基因使之过表达（增加功能）；基因打靶（失去功能）；诱导某个基因突变。ESC 细胞是研究动物胚胎早期发生、细胞分化、基因调控等发育生物学基本问题的理想模型，也是组织工程、药理学和临床医学研究的重要工具。

2. *胚胎干细胞的分离培养* 在实验室内对 ESC 进行体外培养属于细胞培养技术之一，首先将人胚胎干细胞从活体胚胎上分离出来，也就是将胚泡内层细胞团转移至实验室用塑料培养皿中，培养皿内为营养肉汤成分的培养基。然后把转移至培养皿的细胞在培养皿表面分离涂布开来。培养皿内表面涂有一层小鼠胚胎皮肤细胞(小鼠成纤维细胞)，该细胞已经经过处理，因而不会进行分裂增殖。该细胞层称作饲养细胞层，其作用是为转移至培养皿的内层细胞团提供一个可以贴附的表面；同时，饲养细胞层还会向培养基中释放营养物质，促进培养细胞的生长。

将内层细胞团转移至培养皿培养数天后，细胞由于不断分裂增殖而逐渐布满整个培养皿。这时，需要实验人员将这些细胞培养物小心轻缓地从培养皿中移出，重新接种于若干个新的培养皿中，使其保持适当的细胞接种密度，这一传代培养过程在细胞培养的几个月内会重复多次进行。每经过一次传代培养的细胞都称作一代，值得注意的是，体外培养技术中所谓的传“代”概念并不等于细胞生物学中“亲代细胞”与“子代细胞”中“代”的概念，事实上，培养过程中细胞经多次分裂已经产生多代子细胞。经过6个月或以上的培养，组成内层细胞团的最初的30个细胞增殖产生了数百万计的胚胎干细胞，这些细胞在培养过程中没有发生分化，是多潜能（pluripotent）细胞并且具有正常的遗传学特征（保持二倍体核型），被叫做胚胎干细胞系（embryonic stem cell line）。一旦细胞系建立起来，就可以冻存运输到任何需要它们的实验室，以供进一步的培养和研究之用。

只要为处于培养过程中的胚胎干细胞提供相应的环境条件，即可使其维持不分化状态（无特定功能的状态）。而一旦细胞黏附在一起形成拟胚体，便立即开始自主分化生长。这些细胞可以形成肌肉细胞，神经细胞以及许多其他类型的细胞。尽管细胞的自主分化说明了所培养的胚胎干细胞功能正常，但自主分化并不是获得特定类型细胞的有效方法。因此，为了得到特定分化类型的细胞，如心肌细胞、血细胞、神经细胞等，科学家试图找到可以控制胚胎干细胞分化方向的手段，比如改变培养基的化学成分组成，改变培养皿表面状态，或向细胞内插入特异性基因进行细胞修饰。经过数年的试验研究，目前已建立起若干使胚胎干细胞定向分化的基本操作方法（图2-5）。

ESC体外生长的环境要求苛刻，原则上应满足两个条件：一是促进细胞的分裂增殖；另一个是抑制细胞的分化。前者受到基本培养液、添加剂、血清和生长因子的影响，后者则涉及动物早期胚胎的胚龄和饲养层细胞种类的选择、条件培养基和生长因子的运用以及其他类型（如滋胚层细胞）的影响。

影响ES细胞增殖的因素概括如下：①基本培养基的选择：分离ESC的基本培养基主要采用DMEM培养基，它是MEM（Eagle's minimum essential medium）的改良品。部分学者用TCM-199加MEM或F-12加DMEM。值得注意的是，ESC分离过程中需要注意葡萄糖的浓度。根据葡萄糖浓度的含量，DMEM可分为高糖（4.5g/L）和低糖（1.0g/L）两种类型。早期胚胎的培养对能量的要求很高，一般选用高糖DMEM。而低糖培养基既能保持ICM细胞较快的增殖速度，传代后形成较多的ESC集落，传代能力也较强。又能使ICM细胞和ES样细胞在较长时间内维持未分化状态。根据有利于增殖和减缓分化两方面的原则，选择低糖浓度DMEM为培养基分离ES细胞可能是比较适宜的。②添加剂的运用：DMEM的各种成分并不能完全保证ESC处于最佳的生长状态。因此，在基本培养基中，还需要加入一定的添加剂。如谷氨酰胺、丙酮酸钠、非必需氨基酸等。DMEM配方中，不含核苷酸，而核苷酸是细胞合成核酸的原料，因此，还必须加入一定含量的核苷酸，包括A、G、C、U、T。这些添加物可作为能量物质或为蛋白质的合成提供原料。另外，β-巯基乙醇对胚胎细胞的分裂增殖有促进作用，可使血清中的含硫化合物还原成谷胱甘肽，诱导细胞的增殖，可促进DNA合成，阻止过氧化物对培养细胞的损害，促进细胞的贴壁。③血清对ES细胞的影响：血清除了供给细胞营养外还能促进细胞合成DNA，能提供细胞生存、生长和增强所需的生长调节因子，能补充基础培养液中没有或量不足的营养成分，提供蛋白酶抑制剂保护细胞免受死细胞释放的蛋白酶的损害，另外血清有中和毒性物质保护细胞不受损害的作用。提高培养液中血清的浓度时，细胞生长的最大密度也随之增加。但是在ES细胞的培养过程中并非血清的浓度越高越好，因血清中含有许多未知的成分

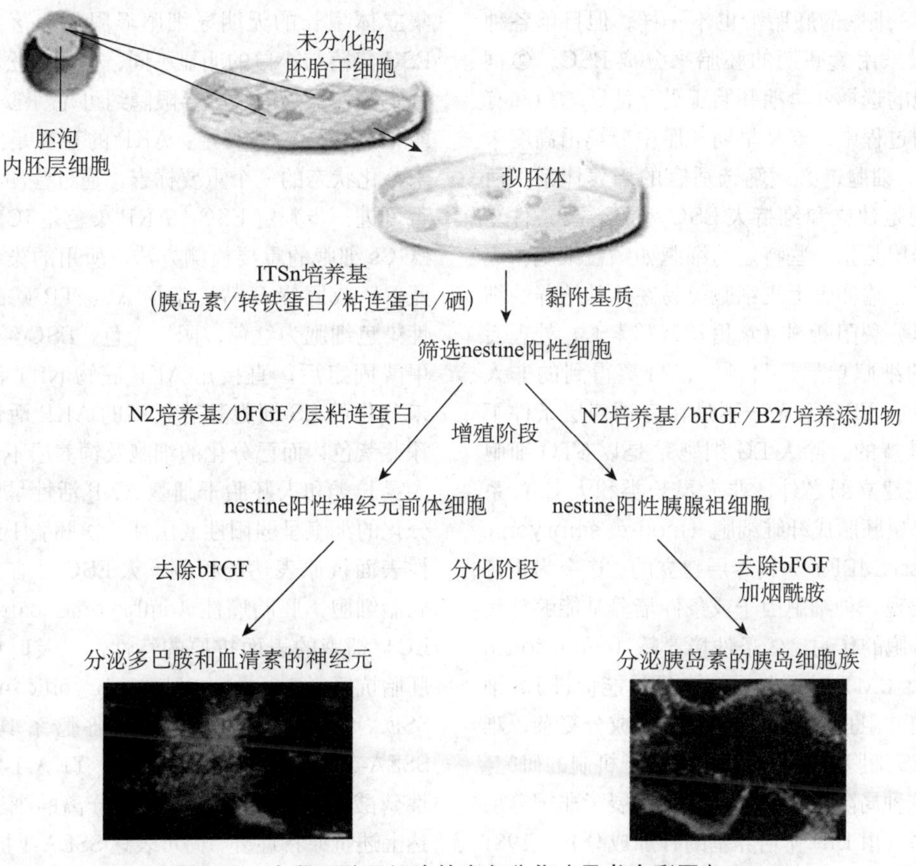

图 2-5 小鼠胚胎干细胞的定向分化（见书末彩图）

引自：http://stemcells.nih.gov/info/basics/basics3.asp

对 ES 细胞的生长会起毒害作用。一般采用的浓度为 10% ~ 15%（V/V）。④细胞因子对 ES 细胞的影响：细胞的增殖生长主要受两种因素的影响，细胞外因素（细胞因子及其细胞受体）和细胞内因素（癌基因和抑癌基因）。各种生长刺激因子可使处于静止状态（G_0 期）的细胞进入或完成细胞周期，细胞在缺乏某些生长因子的刺激时会引发细胞的凋亡。而一些生长抑制因子又可抑制细胞增殖，使细胞停止于某一细胞周期，在诱导细胞同步化方面有重要作用。在人和哺乳动物的血清中存在一些多肽类大分子对细胞的生长是必不可少的，这些物质统称为生长因子。饲养层细胞可分泌一些促生长因子和分化抑制因子，它们对 ES 细胞的生长有一定作用。而要维持 ES 细胞的无限增殖及抑制其分化的状态只依靠饲养层分泌的少量的生长因子是远远不够的，必须另外添加许多细胞生长因子。目前人们常用的细胞因子主要包括白血病抑制因子（leukemia inhibitory factor，LIF）、碱性成纤维细胞生长因子（basic fibroblast growth factor，bFGF）、干细胞因子（stem cell factor，SCF）等。

此外，影响 ES 细胞分化的因素主要包括：①胚胎胚龄的选择：ES 细胞最重要的生物学特征是具有发育全能性。要从早期胚胎分离到具有发育全能性的 ES 细胞，要求选择适当胚龄的胚胎。从理论上看胚龄越小，分化程度越低，越具有发育全能性，但实际上胚龄越小的胚胎，对外界环境的适应能力越差，细胞存活力越小，并越容易分化。因此，过早把胚胎培养在体外，建系的成功率较低。但如果胚胎同龄太大，其细胞团细胞已发生一定程度的分化。此时再分离 ESC，肯定不能获得具有全能性的细胞系。不同动物，早期胚胎发育的时间程序不同，故用于分离ES细胞的胚胎龄也不一样。但目前各种动物一般采用囊胚期的胚胎来分离ESC。②饲养层细胞的选择：早期胚胎正处于活跃增殖和有序分化的过程中，要从早期胚胎中分离出高度未分化的Es细胞，必须筛选适宜的培养体系。而饲养层则是建立和维持人ESC系的必要条件。所谓饲养层是指一些特定的细胞如颗粒细胞、成纤维细胞、输卵管上皮细胞等易在体外培养的细胞经有丝分裂阻断剂（常用丝裂霉素C）处理后所得到的细胞单层。目前，已分离得到的非人灵长类和人ESC系无一不是在有饲养层条件下建立和维持的。除人EG细胞系是以STO细胞为饲养层建立的之外，非人灵长类和人ESC系均是以小鼠胚胎成纤维细胞（mouse embryonic fibroblast，MEF）为饲养层建立的。迄今为止，还没有发现一种细胞因子或条件培养基能够替代饲养层细胞的作用。③条件培养基（conditioned medium，CM）：饲养层细胞虽然能促进ES细胞的增殖并阻止其分化，但其分泌成分复杂，难以用于ES细胞分化启动和关闭分子机制的研究。为克服这种局限性，研究工作者发展了非饲养层培养体系（用LIF作培养基的补加成分）。1981年，Martin应用PSA-1（一种小鼠的EC细胞）的CM分离小鼠ES细胞获得成功。应用CM的优点：①可以消除饲养层细胞的干扰，得到纯化的ES细胞，供各种实验分析用。②使ES细胞免受丝裂霉素C致癌药的影响。③影响因素简单，可以找出影响细胞分化的关键因子，以便使ESC的培养规范化。

在胚胎干细胞培养过程中，需要在特定的时间点对ESC进行相应检测，以确定它们是否具有胚胎干细胞的基本特征。尽管目前尚未形成一套统一的鉴定方法，但常规包括形态学鉴定、表面标记的鉴定，以及功能学的鉴定。①形态学鉴定：ESC具有与早期胚胎细胞相似的形态结构，细胞体积小，核大而明显，有一个或多个核仁，核质比高。在体外分化抑制培养过程中呈克隆状生长，有明显的聚集倾向，集落形似鸟巢，细胞界限不清，集落周围有时可见有单个ES细胞或已分化的细胞。就集落而言，人胚胎生殖细胞（embryonic germ cell，EGC）集落与小鼠ESC集落更接近，呈紧密牢固结合，多层密集立体生长的无明显细胞界限的集落；而人的ESC集落与小鼠的明显不同，呈相对松散、扁平状集落，集落内细胞界限隐约可见。②碱性磷酸酶（AKP）活性测定：AKP的存在是细胞保持未分化状态的一个重要标志，通过检测其存在与否可进一步判定ESC。AKP染色是ICM、ES、PGCs细胞的重要检测方法，所用的染色液为固蓝RR或固绿B盐、奈酚AS、TR磷酸盐。阳性染色细胞为红色，阴性无色。ESC经1%多聚甲醛固定后，直接用AKP底物NBT液染色，未分化的ES细胞具有较高的AKP活性，显示深蓝紫色，而已分化的细胞及饲养层不着色。非人灵长类和人胚胎干细胞AKP活性呈阳性，已分化的细胞呈弱阳性或阴性。③胚胎干细胞特异性表面抗原表达的检测：人ESC具有表达早期胚胎细胞、胚胎癌性（embryonic carcinoma，EC）细胞的表面抗原的特性，以及时期专一性胚胎抗原（stage-specific embryonic antigen，SSEA）。Thomson建立的细胞系具有表达SSEA-3，SSEA-4，TRA-1-6，TRA-1-81及碱性磷酸酶的特性。Gearhart分离的细胞系除表达上述抗原特性外，尚可表达SSEA-1抗原特性，SSEA-1是早期胚胎阶段特异性细胞表面抗原，可作为源于PGCs的多能干细胞分化的标志。④转录因子Oct-4的表达：Oct-4是POU区域的一个转录因子。最近研究表明，受精卵所表达的Oct-4对于建立来自ICM的多能干细胞系来说是必须的。人和小鼠的ESC都表达转录因子Oct-4，当ESC分化时，其表达能力大大降低。因此，Oct-4可能是哺乳动物不同发育阶段多潜能细胞所特有的少数特异的调控分子之一。⑤核型分析：胚胎干细胞具有正常稳定的二倍体核型和带型，这是ESC能够进行一系列操作的一个很重要的特性。⑥体外分化实验：ESC体外分化实验包括自然诱导和人工诱导体外分化两个方面。自然诱导指把ESC和EGC集落离散后的细胞悬液接种于缺乏饲养层细胞和无分化抑制剂的琼脂平板上培养6～10d，ESC将形成简单胚体和类胚体，即一部分细胞聚集，贴壁生长并最终分化为不同类型的细胞，包括上皮细胞、成纤维细胞等，细胞类型随培养条件和细胞密度而有所不同。另一部分细胞则悬浮聚集分化，最外层分化为由较大细胞组成的内胚层样结构，中间为未分化的干细胞，继续培养会形成腔内充满液体，外壁为外胚层样结构的囊状胚体；人工诱导是指在基础培养液中添加相应的分化诱导因子，使ESC朝特定的方向分化。如类视黄醇可诱导ESC分化为体壁内胚层，神经生长因子可诱导ESC分化为神经细胞等。⑦体内分化实验：把ESC集落离散后，按一定浓度注射到鼠的皮下或腹腔，可形成畸胎瘤，并将瘤组织以常规方法制作组织切片，染色并观察分化结果。分化潜能高的细胞肿瘤形成迅速，分化细胞类型多。可观察到大量的干细胞巢和间质细胞以及多种类型的分化细胞，包括神经管、腺管、上皮组织、软骨和肌肉等。人ESC具有分化为三胚层的潜能，Thomson 分离的 5 个细胞系分别注射到免疫缺陷鼠体内，结果每个被注射的小鼠均长出包括内、中、外 3 个胚层的畸胎瘤。所有的畸胎瘤都包括消化道上皮组织、骨和软骨组织、平滑肌和横纹肌、神经表皮、神经节和复层鳞状上皮。这些ESC在体外培养的条件下，无论培养液中有无LIF，当去除饲养层时，均呈现自分化现象。⑧嵌合体实验：能否参与胚胎发育并最终形成包括生殖系在内的嵌合体是衡量ESC全能性的最直接、最有说服力的指标。用聚合法或显微注射法制作正常胚胎与ESC的嵌合体，或者用核移植技术生产克隆后代。体外培养后植入受体，可以妊娠生出嵌合体，从其外型、蛋白质及DNA指纹等不同表达水平加以检测，可以知道其嵌合程度，只有生殖系嵌合的个体，才能将ESC传给后代。⑨胚胎干细胞的端粒酶活性：端粒酶是增加染色体末端端粒序列、维持端粒长度的一种核糖核蛋白质，端粒长度对其复制寿命具有很重要的作用，端粒酶的表达与人细胞系的永生化程度高度相关；向人的某些二倍体细胞中重新导入端粒酶活性将会延长其复制寿命；人的二倍体细胞不表达端粒酶活性，随着年龄的增长，其染色体端粒变短，在组织培养过程中，经过有限的增殖期后，即进入复制衰老状态。相反，在生殖细胞系和胚胎细胞中，端粒酶高水平表达。一般而言，端粒酶的活性与端粒长度的维持是相关的。

1998 年 Thomson 和 Gearhart 两个小组分别报道他们用不同材料，不同方法成功分离建立了具有多方向潜能和永久增殖能力的人ESC系和人EGC系（两者统称为人胚胎干细胞系）。目前，hESC的主要来源有：①从人类胚胎的囊胚期内细胞群中直接分离多能干细胞；②从终止妊娠的胎儿组织中分离出多能干细胞；③体细胞核转移（somatic cell nuclear transplantation，SCNT）。

以下简述捐赠受精卵来源的胚胎干细胞的分离：①人囊胚内细胞团的分离、培养：获得捐赠受精卵后，在桑椹胚期去除卵透明带，继续培养至囊胚期，分离出ICM细胞。分散细胞后在含有LIF的DMEM培养液中继续培养。获得巢式生长的ESC。② ESC体外培养：器械加免疫方法分离获得内细胞团，去除囊胚的胚囊部分，0.25% 胰蛋白酶 37℃消化分散细胞，贴壁培养。培养基配方DMEM（葡萄糖含量要在4.5g/L以上）、产品编号11965-043（GIBCO，without pyruvate），加入15%胎牛血清或10%胎牛血清 +10% 新生牛血清（NBS）、1 000U/L LIF ESGRO(GIBCO)、0.1mmol/L β-巯基乙醇(或0.15mmol/L单硫甘油)、2.2g/L $NaHCO_3$、2mmol/L谷氨酰胺、0.1mmol/L非必需氨基酸，用超纯水或五蒸水配制，过滤除菌，4℃保存备用。获得巢式生长的ESC后，将巢式生长的ESC分散，传代培养。使用LIF和小鼠胚胎成纤维细胞，能在体外很好地抑制ESC的分化。③ ESC培养条件：由于ESC极易分化，故既要保持其不断增殖又不要分化，则必须将其培养在能分泌抑制分化因子的饲养细胞单层上或在培养基中加入抑制分化因子。故ESC的培养包括饲养细胞培养、饲养单层制备及ESC培养三部分工作。a. ESC种植到用丝裂霉素C处理或伽马射线照射后制成的饲养单层上，换上ESC培养液。b. 37℃，5%CO_2，100%湿度孵箱内培养，每天观察，及时更换培养液，每2～3d以1∶3至1∶6的比例消化传代。c. 消化时，丢弃培养液，PBS洗涤1次，加入胰蛋白酶-EDTA消化液，以覆盖细胞表面为度，作用30s后丢弃消化液，让残余消化液继续作用。轻敲培养皿（瓶）底部，细胞层出现裂隙，当细胞纷纷脱落时，加入ESC培养液，轻轻吹打至成单细胞悬液。d. 正常的ESC集落应该是：边缘清楚，表面平滑，结构致密，隆起生长，碱性磷酸酶检查强阳性。若饲养条件不适宜ESC易于分化，集落变得扁平，边缘不清楚，表面粗糙，见有较大内胚层样细胞结构，碱性磷酸酶检查阳性。

（二）成体干细胞

成体干细胞（adult stem cell，ASC）是存在于发育成熟机体器官组织中的具有高度自我更新和增殖潜能的未分化细胞，可以分化成为组成该组织或器官的特定细胞类型。活体内成体干细胞的主要功能是维持其所在组织的完整性及修复受损组织。成体干细胞的研究始于40年前，早在20世纪60年代，研究者便发现骨髓组织内含有至少两种类型的干细胞，一类叫做造血干细胞，可以分化发育成体内各种类型的血细胞。数年后发现的另一类干细胞叫做骨髓基质细胞（bone marrow stromal cell，BMSC）。BMSC是一个混和细胞群，可发育成骨骼、软骨、韧带、脂肪和纤维结缔组织。同样是在20世纪60年代，发现大鼠脑部的两个区域有分裂细胞的存在，这些分裂细胞可发育形成神经细胞。尽管如此，大部分科学家还是始终坚信，成年动物大脑是不能产生新的神经细胞的。直到20世纪90年代，科学家们才相信，成年动物脑部确实含有可以发育成大脑3类主要细胞的干细胞，这三种细胞类型是：星形细胞（astrocytes）、少突胶质细胞（oligodendrocytes）以及神经元或称作神经细胞，前两种细胞为非神经元细胞。

成体干细胞在许多组织中都存在，分布比原先料想的要广泛得多，但数量极少。目前，已经在多种组织和器官的特异部位发现成体干细胞，主要包括：脐血、胎盘、羊水、骨、骨髓、脂肪、脑、外周血，还存在于肌肉、皮肤、血管、嗅黏膜、视网膜、肝脏等。因此，常见的成体干细胞包括但不限于神经干细胞、间充质干细胞、造血干细胞、脐血干细胞、上皮干细胞、皮肤干细胞、脂肪干细胞、内皮干细胞、肝脏干细胞、牙髓干细胞、视网膜干细胞、角膜干细胞。目前的研究热点集中在对成体干细胞可塑性的形成机制上。如果可以揭示相关机制并加以控制，就可以利用存在于健康组织的干细胞修复或再生受损组织。

1. **成体干细胞的特性** 成体干细胞是来源于成体组织，混杂在成体组织或器官的已分化细胞间的未分化细胞，它能够自我更新，能够分化产生组织或器官的主要细胞类型。成体干细胞本身不是处于分化途径的终端，具有如下特点：①成体干细胞能无限增殖分裂；②成体干细胞可以连续分裂几代，也可以长时间处于静止状态；③成体干细胞通过两种方式生长：对称、不对称分裂。④成体干细胞具有多方向分化潜能，即可塑性（plasticity）。以间充质干细胞为例，可以在特定条件下分化为神经细胞、肝脏细胞、肾脏细胞、皮肤细胞、胰岛B细胞、脂肪细胞、心肌细胞、骨骼肌细胞等，具有广阔的修复功能。下面列出了一些成体干细胞的分化方向。

造血干细胞可发育生成各种类型的血细胞，包括红细胞、B淋巴细胞（B lymphocyte）、T淋巴细胞（T lymphocyte）、自然杀伤细胞（natural killer cell）、中性粒细胞（neutrophil）、嗜碱粒细胞（basophil）、嗜酸粒细胞（esinophil）、单核细胞（monocyte）、巨噬细胞（macrophage）和血小板。

骨髓基质细胞可形成下列类型的细胞，包括骨细胞（bone cell/osteocyte）、软骨细胞（cartilage cell/chondrocyte）、脂肪细胞（fat cell/adipocyte）及间充质干细胞（mesenchymal stem cells，MSC）（图2-6）。

成年人MSC主要来源于骨髓，是具有多向分化潜能的成体干细胞。BMSC是体外培养的骨髓基质细胞群体中的一类细胞组分，不表达造血干细胞表面抗原CD34、CD14，以及白细胞表面抗原CD45。BMSC表达SH2、SH3、CD29、CD106和CD166等表面抗原。PDGF作为结缔组织生长因子，对体外MSC生长有理想的促进作用。BMSC在不同成分培养液中可以向神经、皮肤、角膜、肌肉、肝、心、骨、软骨、脂肪、肌腱、肺等18种成熟细胞分化。在这些从BMSC培养出来的分化细胞中包括了内、中、外3个胚层来源的细胞，也就是说其不仅能分化为所驻留的特异组织成熟细胞。而且可以跨系统分化为其他胚层组织细胞。

MSC除了大量存在于骨髓外还存在于成体其他组织中（如肺、脂肪、皮肤等）。有研究发现这种骨髓以外来源MSC在组织修复中与骨髓来源的MSC发挥相似作用，两者均有促进组织

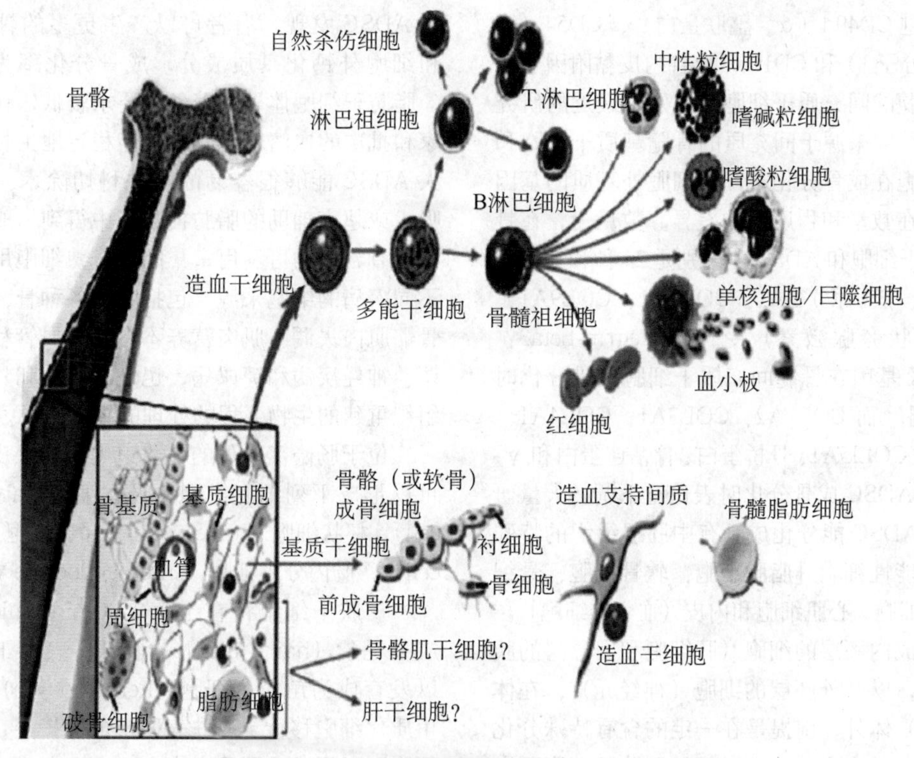

图 2-6　造血干细胞及骨髓基质细胞的分化（见书末彩图）

引自：http://stemcells.nih.gov/info/basics/basics4.asp

修复作用。骨髓来源的 MSC 和其他组织来源的 MSC 具有不同细胞表型，可以确定骨髓中 MSC 和其他组织中 MSC 不是同一种细胞。为了对不同来源的 MSC 生物学性质进行探讨，Kim 等将骨髓来源的 MSC 和外周血来源的 MSC 分别进行分化潜能研究，发现尽管 MSC 组织来源不同，但它们在多样分化潜能上是一致的，两种来源的 MSC 均至少可以分化为神经细胞。对于不同组织来源的 MSC 之间是否可以通过外周血中 MSC 而联系起来，目前尚未有这方面的研究报道，而且对于是否存在这一联系途径学术界存在一定争议。

2002 年，有研究提示 BMSC 可分离出一类细胞，该类细胞不仅具有分化为基质细胞的能力，还可以分化为具有一定功能的肝实质细胞、内皮细胞、神经细胞等。从而推测 BMSC 中含有一类细胞，可能是较 BMSC 及 HSC 更原始的前体细胞，从而使 BMSC 及 HSC 表现出广泛的分化潜能，他们将该类细胞命名为多潜能成体祖细胞（multipotent adult progenitor cells, MAPC）。

位于脑部的神经干细胞可以形成三类重要细胞，神经元细胞及两类非神经元细胞 - 星形胶质细胞和少突胶质细胞。

像骨髓一样，脂肪组织也是来自胚胎的间充质并包含了间质血管部分，不同的是，脂肪组织主要包含了成熟的脂肪细胞、松散的结缔组织基质、神经组织，也含有非成熟的间充质样细胞如间质宿主细胞、成纤维细胞、血管平滑肌细胞、内皮细胞和免疫细胞等。之前有学者推断，在人的脂肪组织中，存在成体干细胞（祖细胞）群体，最近的研究再次证明了这种假说，并把这种细胞称作脂肪抽吸处理细胞或者脂肪组织源性干细胞（adipose tissue derived stem cells, ADSC）。2001 年，Zuk 等首次从人脂肪处理组织中分离、纯化、培养出了大量类似于干细胞的细胞。这些细胞在相应的诱导剂的作用下可向成骨、软骨、脂肪和成肌分化。这种未成熟的细胞能够很容易地从人脂肪抽吸术中分离，并像骨髓来源的人间充质干细胞一样表达基本相同的细胞表型。所不同的是，在分子表型上，观察到脂肪抽吸处理细胞可以通过 CD49d（α_4-整联蛋白）、CD54（细胞间黏附分子 1）和 CD106（血管内皮黏附因子）与来自骨髓的间充质干细胞相鉴别。最近的研究表明，两种同来源于间充质的骨髓基质干细胞和脂肪干细胞在成骨分化时，其细胞外基质的基因表达谱存在数量和程度上的差异。数量上，在骨髓间充质干细胞和 ADSC 上分别是 24 种和 17 种；collagen（胶原）2A1、COL6A1、COL9A1、PTH（甲状旁腺激素）受体、integrin-beta3、TenascinX 基因在骨髓间充质干细胞成骨分化时表达下调，而 COL1A2、COL3A1、COL4A1、COL5A2、COL15A1、骨桥蛋白、骨粘连蛋白和 γ-干扰素在 ADSC 成骨分化时表达量下调。大量研究表明，ADSC 能分化成具有中胚层组织的特殊标志的功能性细胞［脂肪细胞、软骨细胞、骨细胞、肌肉细胞、心肌细胞和内皮（血管）细胞］，也能分化成内胚层的细胞（肝细胞和内分泌的胰腺细胞），以及外胚层的细胞（神经元），在体内和（或）体外，前提是在一定的含有特殊分化因子的培养基中进行培养。虽然脂肪干细胞研究起步较晚，但以其潜在的优势成为目前继骨髓基质干细胞之后又一研究热点。

ADSC 的优点：①首先 ADSC 来源广泛、获取容易、扩增迅速、多次传代遗传稳定、衰老和死亡细胞所占比率低，可连续传代培养 130 代之多，有更为优越的体外增殖能力，完全可以满足临床对种子细胞数量上的要求，甚至可能不经过体外扩增的过程直接用于临床细胞治疗，Zuk 等从 300ml 人脂肪抽吸物分离纯化出（2～6）$\times 10^8$ 个成纤维细胞，经鉴定绝大多数细胞 85%±12.8% 为间充质干细胞。②皮下脂肪切除术是一种普通外科手术，安全性高。③脂肪组织比骨髓中所含的间充质干细胞比例大，成纤维细胞集落形成单位实验表明脂肪组织中干细胞的数目至少是骨髓的 500 多倍。④脂肪干细胞作为基因治疗载体，能够对外源基因进行表达，转染后的 ADSC 诱导分化成脂肪细胞和成骨细胞，仍有外源基因的表达，因此可以认为 ADSC 和载体结合后可作为基因治疗的有力工具。Dragoo 等给 ADSC 转染骨形态发生蛋白 2，成骨分化速度快于培养基中添加重组人骨形态发生蛋白 2；比较转染骨形态发生蛋白 2 基因的 MSC 和 ADSC 发现，后者可以产生更多的骨祖细胞和细胞外钙化基质成分，成骨分化率为 45%。⑤脂肪干细胞体外培养条件要求较低，在不同厂家和批次的血清培养基中都能稳定地生长。因为人 ADSC 能够很容易的从外科切除术、脂肪抽吸术或超声辅助的脂肪抽吸术中得到，成为了另一种有希望的可利用富集的未成熟细胞用于治疗不同疾病的细胞来源，包括临床各种骨、软骨和骨骼肌肉失调、肌肉营养不良、心血管和肝脏失调、神经疾病和糖尿病，也包括脂肪和骨骼肌肉组织重建的生物工程的处理的细胞来源。

位于肠隐窝深处的消化道内层的上皮干细胞可以形成下列细胞类型：吸收细胞（absorptive cell），杯状细胞（goblet cell），潘氏细胞（paneth cell），肠内分泌细胞（enteroendocrine cell）。

皮肤干细胞存在于表皮（epidermis）基底层及毛囊（hair follicle）底部。表皮干细胞可以发育成为角质化细胞（keratinocyte），之后角质化细胞移行至皮肤表面形成保护层；毛囊干细胞则可形成毛囊及表皮。

一系列实验已经证实某些成体干细胞具有多向分化潜能，具有跨越传统的胚层概念的界限，分化为其他胚层来源的细胞的能力即所谓的细胞可塑性或称转分化能力（trans-differentiation）。下面列出了近年来所报道的具有转分化能力的成体干细胞。①造血干细胞可以分化形成三种主要脑组织细胞（神经元，少突胶质细胞，星形胶质细胞）、骨骼肌细胞、心肌细胞、肝细胞。②骨髓基质细胞可分化形成心肌细胞和骨骼肌细胞。③脑组织干细胞可分化形成血细胞和骨骼肌细胞（图 2-7）。

2. 成体干细胞的分离与培养　对于有分子标记的干细胞，如外周血干细胞具有表面特异抗原，人们常用带有标记的抗体与之结合，然后用 FACS、MACS 等分选设备进行分选和培养。对于未发现特异分子标记的干细胞，可利用条件培养基筛选，例如神经干细胞需要低血清及 FGF、TGF-β 等多种因子在才能生长，而大部分细胞是对血清依赖的，长期培养结果使大部分其他细胞死亡，而神经干细胞得以纯化和扩增。虽然人们找到了多种分离干细胞的方法，但每种方法的纯化效果都是有限的，为了得到最佳的分

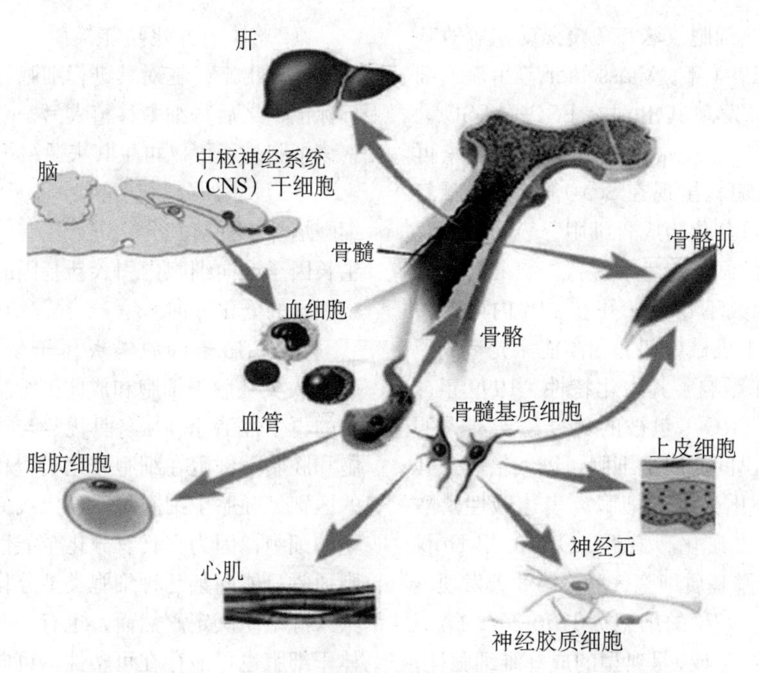

图 2-7 成体干细胞的可塑性（见书末彩图）

引自：http://stemcells.nih.gov/info/basics/basics4.asp

选结果，往往需要几种方法联合使用。以下以外周血造血干细胞和骨髓间充质干细胞为例，介绍细胞的分离与培养。

（1）外周血造血干细胞

① 外周血干细胞采集：用 COBE Spectra AutoPBSC 干细胞采集仪，输入病人身高、体重、血细胞比容，液体参数：起始液体为 1 000ml 0.9%NaCl，采集过程中向流经分离机的血液中加入抗凝剂枸橼酸葡萄糖 A（ACD-A），使用量与总循环血量比例为 1∶10。血浆收集体积和干细胞收集体积均设为 200ml（若外周血 $CD34^+$ 细胞数过少可设大些），收集速度 45ml/min。收集完成后用测定外周血白细胞含量，并用流式细胞仪测定其 $CD34^+$ 细胞的含量。

② $CD34^+$ 干细胞纯化：一般使用 MiniMACS 免疫磁珠纯化柱系统纯化 $CD34^+$ 干细胞。采集后的干细胞先进行溶血处理，然后用预冷的冲洗液（含 10g/L 人血清白蛋白的 PBS）洗涤 3 次；30 μm 的尼龙滤网过滤除去小的凝块，再用 PBS 缓冲液洗涤 1 次；最后以 300 μl/10^8 个细胞重悬。

③ $CD34^+$ 干细胞的磁性标记：按 100 μl/10^8 个细胞的量加入 FcR 阻断试剂以阻断非特异性结合或 Fc 受体介导的抗 $CD34^+$ 微磁珠与非靶细胞的结合；按 100 μl/5×10^6 个 $CD34^+$ 细胞的量加入抗 $CD34^+$ 微磁珠，充分混匀，6 ～ 12℃孵育 20min；用 PBS 洗涤 3 次，以 2×10^8/ml 细胞重悬。用 30 μm 的尼龙滤网过滤除去小的凝块，将上述细胞加至磁铁分离器过柱，然后洗脱下吸附的 $CD34^+$ 细胞。免疫磁珠纯化柱纯化后的 $CD34^+$ 细胞的纯度可达 83% ～ 95%，回收率 54% ～ 71%，活细胞率＞ 95%。

（2）骨髓间充质干细胞：常用的分离 MSC 的方法有全骨髓法和离心法。全骨髓法即根据干细胞贴壁特性．定期换液除去不贴壁细胞，如造血系细胞、内皮细胞等．达到分离纯化干细胞的目的。离心法即根据骨髓中细胞成分比重的不同，提取单核细胞进行贴壁培养。尽管有实验提示造血系细胞在培养过程中不贴壁死亡或随换液弃去，2 ～ 3 周可以消失，但也有实验发现造血系细胞存在可达 2 个月之久。另外，由于 CFU-F 细胞在全骨髓中比例很低，约每 10 万个有核细胞中含有 1 个，单纯采用此方法难以获得纯的 MSC。

随着对 MSC 表面抗原认识的深入，有人利用免疫方法如流式细胞仪法、免疫磁珠法等对其进行分离纯化。1994 年，Vlasselaer 等用流式细胞仪分离 MSC，发现其出现在 FSC^{high}-SSC^{high} 部分。这部分细胞经 Sca-1 抗体和麦胚凝集素再次选择，经选择细胞出现在 $Sca\text{-}1^{+}$ 和麦胚凝集素高亲和部分，可分化为成骨细胞，表达碱性磷酸酶。但经分选的细胞成骨活性低。培养发现分选的细胞中大多数不贴壁，并在 24h 内死亡，可能是分选过程中机械剪切力和高能激光造成了 MSC 的损伤，并影响了其生化特性。1999 年，Encina 等用抗 STRO-1 包被的免疫磁珠从人的骨髓基质中分离出间充质祖细胞，继续培养，其中 98% 的细胞分化为成骨细胞，表达碱性磷酸酶，产生骨钙素、矿化。最近，Oreffo 用 Hop-26 选择分离人骨髓基质细胞，培养第 8 天发现，CFU-F 中 61% ~ 77% 的细胞为 $Hop\text{-}26^{+}$，第 11 天见有大量的克隆形成，呈典型的成纤维细胞样，传代培养并未改变 $Hop\text{-}26^{+}$ 细胞的增殖能力，经地塞米松等诱导可表达成骨标记。

3．成体干细胞的鉴定　目前尚未就成体干细胞的鉴定标准达成一致，经常被采用的鉴定方法包括：特异性分子标记、体内和体外分化功能检测。

（1）特异性分子标记：利用分子标记在活体组织中对细胞进行标记，然后确定它们所产生的特定细胞类型。如骨髓造血干细胞是较早发现并应用的干细胞，据估计，骨髓中 10 000 ~ 15 000 个细胞中才有一个造血干细胞（HSC），其分选的标记是 CD34。内皮细胞、肝卵圆细胞（oval cell）也表达 CD34。有研究显示骨髓中更原始的干细胞存在于 $CD34^{-}$ 细胞部分，它能分化为 $CD34^{+}$ 细胞，实现长期造血。而 $CD34^{+}$ 细胞只能维持短期造血，实际应为造血祖细胞。人 HSC 还表达 CD45，c-Kit，和 Thy1，但不表达相关性（Lin）抗原，后来又发现 CD133 为造血干细胞的表面标记，也有观点认为 KDR 是区分造血干 / 祖细胞的标记。骨髓中的非造血干细胞即 MSC 缺乏特征性的标记，表达了间质细胞、内皮细胞和表皮细胞的表面标记，CD29、CD44、CD105、CCD166 是 MSC 的重要标记物。CD133 也是神经干细胞的表面标记。神经巢蛋白（nestin）既表达在神经干细胞上，也表达于胰腺祖细胞。

（2）体内分化功能检测：将细胞从活体动物上分离出来，在对其进行细胞培养的过程中进行标记，之后将细胞移植入另一个动物体内，观察该细胞是否可以再生其来源组织。

（3）体外分化功能检测：分离细胞，进行细胞培养，并对其分化进行控制，通常采用加入生长因子或向细胞内引入新基因的方法，进而观察细胞的分化方向。

4．胚胎干细胞与成体干细胞之间的异同点　人类胚胎干细胞和成体干细胞在未来基于细胞的再生性治疗领域各具优势与缺点。成体干细胞和胚胎干细胞在细胞分化类型和数量上有明显的区别。胚胎干细胞可以分化成为人体内各种类型的细胞，因为它具有分化全能性。而成体干细胞通常只能向某几种细胞类型分化，分化方向由其来源组织决定。然而，也有一些实验表明，成体干细胞也可能存在可塑性，可向更多类型的细胞分化。

胚胎干细胞易于大量培养。胚胎干细胞能永生，可以传代建系，且增殖能力强，来源充足。而成体干细胞在成熟组织内的数量极为有限，在细胞培养过程中增加其数目的方法还在探索之中。这是胚胎干细胞与成体干细胞之间极为显著的不同点，而替代性治疗往往需要大量的干细胞。

成体干细胞可以避免免疫排斥反应。使用成体干细胞的一个有利之处在于可以采用患者自己的干细胞进行培养，再重新输送回患者体内，从而避免了免疫排斥反应的发生。从这个角度看，成体干细胞在临床治疗的应用中具有巨大的优势。由于每个个体的主要组织相容性复合体（MHC）不同，同种异体胚胎干细胞及其分化组织细胞用于临床可能会引起免疫排斥，因此基于胚胎干细胞的治疗方案就要求对患者进行长期免疫抑制药的治疗。成体干细胞由于是从患者自身获得，而不存在组织相容性的问题，治疗时可避免长期应用免疫抑制药对患者造成的伤害。不过，受者是否会对供者的胚胎干细胞产生排斥反应尚未在人体试验中得到证实。

胚胎干细胞易于导致畸胎瘤。虽然胚胎干细胞能分化成各种细胞类型，但这种分化是“非定位性”的。目前尚不能控制胚胎干细胞在特定的部位分化成相应的细胞，当前的做法容易导致畸胎瘤的形成。相对而言，成体干细胞不存在上述问题，例如骨髓移植实验并不引发畸胎瘤。

（三）诱导性多能干细胞

由于人的胚胎干细胞在再生医学、组织工程和药物发现与评价等领域极具应用价值，但应受来源和伦理以及法律的限制，尚无法用于临床，为此科学家们尝试通过不同途径实现体细胞重编程以获取ES细胞或ES细胞样的细胞或诱导性多能干细胞（induced pluripotent stem cells，iPS）。这些途径主要包括：①体细胞核移植；②体细胞与多潜能细胞融合后的重编程；③将分化的体细胞在卵细胞或多潜能干细胞的抽提物中孵育以实现体细胞重编程；④体细胞经特定因子诱导重编程为iPS细胞。虽然运用前3种方法可以获得多潜能干细胞，但是这些方法的广泛应用在技术、细胞来源、免疫排斥、伦理、宗教和法律等方面存在诸多限制，而iPS细胞不受这些问题的限制并且制备简单易行，故iPS细胞一经问世，即在生命科学领域引起了一次轰动，被誉为生命科学领域新的里程碑。日本和美国的研究小组先后用4种基因将小鼠（2006年8月）和人（2007年11—12月）的体细胞在体外重编程为诱导性多潜能干细胞，此后在短短几年时间内，iPS细胞的研究和关注度呈爆炸式增长。体细胞重编程、去分化和多潜能干细胞来源等一系列热点问题再次成为干细胞和发育生物学等研究的热点和焦点。iPS的出现无疑将会给移植治疗、药物发现及筛选、细胞及基因治疗和生物发育的基础研究等带来深远的影响，打开在体外生产所有类型的可供移植治疗的人体细胞、组织乃至器官的大门。

1．*干细胞的重编程* 细胞分化是由多种特定的分化基因网络相互作用、共同调控完成的生物学过程，如骨髓间充质细胞矿化，是在TGF-β/BMP、Wnt、Notch和Cadherin等信号通路协同作用下，先分化为成骨细胞，随后完成矿化的。在一定条件下该程序可逆向编程，称为细胞重编程（reprogramming）或去分化（de-differentiation）。较早的研究认为，只有未分化状态的细胞具备多向分化潜能，而部分或完全分化细胞不具备该功能。然而，去分化、转分化（transdifferentiation）、可塑性（plasticitv）概念的提出打破了这一传统观念。去分化是分化的细胞类型转化为另一较原始的具备更多分化潜能的细胞类型，分化的细胞状态转化为类似胚胎干细胞或前体细胞的状态。转分化最初定义为已分化细胞通过出生后的细胞核基因编程转化为另一分化的细胞类型的不可逆的过程。随后，转分化概念被用于描述单功能分化的细胞类型转化为可分化为多细胞器官的多种细胞类型，以及组织特异性干细胞跨胚层分化的过程。转分化属于广义的细胞类型转换（metaplasias），是一种由核心调控基因（master switch gene）表达改变而引起的细胞形态和性能改变。可塑性指成体干细胞不仅可以生成它们所在组织的成熟细胞，而且在特定环境下能跨系或跨胚层转化成其他组织类型细胞的能力，如基因标记的骨骼肌细胞和神经干细胞可在一定条件下分化为造血干细胞。

2．*重编程及诱导性多能干细胞* 2006年，日本京都大学科学家Takahashi1和Yamanaka选择了已经证实与“分化能力”相关的24种基因作为候选因素，寻找能够诱导体细胞转化为其他类型细胞的关键因子。研究结果发现其中的4种基因：Oct-3/4、Sox2、c-Myc和Klf4通过一种反转录病毒载体，导入小鼠皮肤成纤维细胞中，可以使来自胚胎小鼠或者成年小鼠的不同的纤维原细胞拥有胚胎干细胞的多能性。他们将经由这种方法获得的胚胎干细胞命名为“诱导性多潜能干细胞（iPS）”。这些iPS细胞能表达ESC的各种表面标记，可以分化为各种组织细胞。可是，iPS首次在公众面前亮相并没有引起太多的重视，因为，他们获得的胚胎干细胞无论是在基因表达模式还是在表观基因组学（epigenomics）与自然的胚胎干细胞上都有一定的距离。

2007年，Yamanaka研究组，与美国威斯康辛大学麦迪逊分校的俞君英和Thomson等分别发布了利用人体皮肤细胞成功诱导生成类似胚胎干细胞性质的全能干细胞的研究成果。以上研究成果论文经权威的《科学》和《细胞》杂志刊登后，全球学术界和舆论即为之轰动，毫无疑问，iPS技术将是干细胞技术在医学上广泛应用的基础。

在人类的iPS中，他们采用了Nanog作为分子标记，获得的细胞全能性更接近胚胎干细胞。经表观遗传学分析证明，在DNA甲基化、H3K4、H3K27甲基化，X染色体失活等方面，都接近正常的胚胎干细胞。而且这些iPS植入生殖系统后可以正常发育。这些都比2006年采用Fbx15作为筛选标记得到的鼠类iPS更为进步。

3．iPS分子机制　在上述转录因子中，Oct-3/4在干细胞研究中最早受到关注，它们毫不例外地都是转录因子，通过调控基因的转录与表达，决定干细胞的“分化能力”。2003年，Yamanaka研究组发现一个在小鼠胚胎干细胞和移植前胚胎中专一表达的基因。该基因编码的Nanog蛋白是一种具有阻碍分化作用的同源异型框转录因子（homeobox transcription factor），对于维持小鼠胚胎干细胞多能性起到很重要的作用。同样，英国科学家在人和小鼠胚胎干细胞中也分离到这一类类似基因产物，但在分化过的细胞中却不见其踪影。他们根据苏格兰凯尔特人传说中长生不老的乐土(Tir na n'Og)，将之命名为Nanog基因。据证明，Nanog对于维持小鼠胚胎干细胞的自我更新能力很重要，并且它在早期将要分化成胚胎干细胞的胚胎中也有表达。他们还揭示了与早期确认的保持干细胞多能性的STAT3途径不同，Nanog作用于另一条独立的保持干细胞多能性的信号传导通路。于是，随着对Nanog功能研究的深入，逐渐开启了重编程技术中iPS研究的步伐。

Oct-3/4为POU家族的转录因子，具有一个保守的DNA结合结构域-POU结合域。Oct-3/4含有家族的保守区-N端和C端各有一个脯氨酸富集区，它们是Oct-3/4因子的转录活性区。Oct-3/4因子能特异地识别八聚体序列，通过结合到八聚体上调节基因的转录。作为哺乳动物早期胚胎细胞表达的转录因子，它诱导表达的靶基因产物是FGF-4等生长因子，能够通过生长因子的旁分泌作用调节干细胞以及周围滋养层的进一步分化。Oct4缺失突变的胚胎只能发育到囊胚期，其内部细胞不能发育成内层细胞团。实验表明，无论在体内或在体外，Oct-3/4都在未分化的胚胎干细胞、胚胎癌细胞（EC细胞）和胚胎生殖细胞（EG细胞）中表达，当这些细胞被诱导分化为体细胞时，Oct-3/4表达下降。由此可见，Oct-3/4在哺乳动物胚胎发生中是一个关键的调控因子，而且可能在维持细胞的全能性及未分化状态中起着关键的作用。而且Oct-3/4是细胞全能性的标记，它能够促使ICM形成、维持胚胎干细胞未分化状态并促进其增殖。此外，Oct-3/4的精确表达对于维持ES细胞的正常自我更新是至关重要的。因此，Oct-3/4的活化被认为是重编程为多能干细胞的标志。然而Oct-3/4却在间充质干细胞中低水平表达，说明Oct-3/4不是维持多能性的唯一基因。

Sox2最早是在EC细胞中被鉴定出来的，可以说一开始它就与干细胞结缘。研究结果显示，Sox2在早期胚胎发生、神经分化和晶状体发育等多种重要的发育事件中都起着关键的作用，从而引起了广泛的关注。在干细胞中，它与Oct-3/4形成蛋白复合体，一同调控FGF3、UTF1等生长因子的表达，被认为是保持Oct-3/4表达的关键因素。

美国威斯康辛大学麦迪逊分校的俞君英和Thomson研究组，采用“Oct-3/4、Sox2、Nanog和Lin28”的4因子组合，能将胎儿或者新生儿的皮肤细胞重编程为干细胞，其详细的作用机制还有待进一步探索。其中Lin28的许多功能还未被完全揭示，只是在干细胞中，它能提高间叶细胞恢复过程中的重编程频率。而在已获得的iPS中，有一个细胞不表达Lin28，则证明Lin28不是必不可少的。而Yamanaka研究组筛选得到的四因子是“Oct-3/4、Sox2、c-Myc和Klf4”。他们对这些决定因子在干细胞中的作用机制，研究得更为透彻。

c-Myc是继p53之后最受人瞩目的原癌基因，其蛋白N端可以与TRRAP、TIP48相作用，影响组蛋白乙酰化酶、ATP酶的作用，而C端含有螺旋-环-螺旋（HLH）及亮氨酸拉链结构域，在与Max蛋白形成稳定的复合物后与DNA序列（CACA/GTG）相结合，调节基因的表达。1993年，c-Myc缺失的小鼠胚胎不能在妊娠中存活引起了关注，c-Myc第一次与干细胞相联系。进一步的研究结果显示，它与血管生成及原始红细胞生成相关。

锌指蛋白Klf4是Krüppel样转录因子家族的一员，在干细胞和分化细胞中高表达。它是一个原癌基因，通过与p53、p21等原癌基因作用而在多种癌症中起抑制作用。在干细胞中，它与STAT3途径相关，并与Oct-3/4和Sox2相作用，活化ES细胞中的主要启动子Lefty1。这4个蛋白互相协同，对保持细胞的“分化能力”起着决定的作用。在很多方面，ESC与癌细胞类似，这就不奇怪为什么c-Myc和Klf4成为其中重要的一员，这两个因子互相作用，抑制细胞的凋亡。c-Myc的特异之处在于它可以使体细胞的染色体结构由紧密重新变得松散，并重组组蛋白乙酰化酶复合物。这对体细胞的转型非常重要。如果仅有c-Myc和Klf4的表达，正常体细胞会转化成癌细胞，Oct-3/4的加入把它们推入干细胞途径，结合了Klf4的Oct-3/4与Sox2共表达，最终将体细胞转化为ES细胞（图 2-8）。

4．诱导多能干细胞系的建立　尽管iPS细胞系的建立在概念和技术上都很简单，直接重编程依旧是一个包含大量未知事件的缓慢而低效的过程。为了可重复的获得iPS，几个可变因素必须考虑，包括：①选择用于重编程细胞的因子；②运送这些因子的方法；③靶细胞类型的选择；④重编程因子的表达参数，比如表达持续时间和水平；⑤获取iPS的培养条件；⑥识别；⑦鉴定重编程细胞的方法。上述步骤见图 2-9。

以下以Yamanaka的iPS实验为基础，简述iPS一般实验流程：

（1）体细胞的培养。

（2）提取和纯化高质量的不含内毒素的重组质粒，构建携带目的基因的慢病毒穿梭质粒表达载体。慢病毒（lentivirus）表达载体是以HIV-1（人类免疫缺陷1型病毒）为基础发展起来的基因治疗载体。与一般的反转录病毒载体不同，它对分裂细胞和非分裂细胞均具有感染能力。慢病毒载体的研究发展快速，研究的层面也非常深入。该载体可以将外源基因有效地整合到宿主染色体上，从而达到持久性表达。在感染能力方面可有效地感染神经元细胞、肝细胞、心肌细胞、肿瘤细胞、内皮细胞、干细胞等多种类型的细胞，从而达到良好的基因转载效果。在美国已经应用于临床基因治疗研究，效果非常理想，因此具有广阔的应用前景。

（3）使用高效重组载体和病毒包装质粒共转染293FT细胞，进行病毒包装和生产，收集病毒液；其中采用PCR方法对重组载体进行鉴定，利用绿色荧光蛋白作为报告基因，对病毒滴度和感染效率进行检测。

（4）浓缩、纯化病毒液。

（5）用高质量的病毒液感染体细胞，获得iPS细胞。

（6）iPS细胞培养和组织学分析。

（7）通过定量PCR精确测定病毒滴度和Western Bolt分析实验结果。

（8）应用碱性磷酸酶染色法进行免疫细胞化学分析，Quinacrine-Hoechst染色法确定染色体组型。

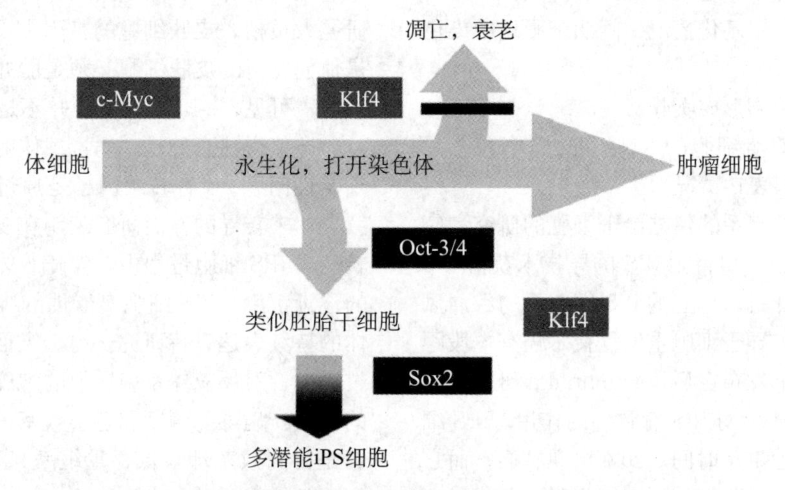

图 2-8　诱导多能干细胞四因子作用机制（见书末彩图）

引自：海贝．生命奥秘，2008，3：2-16

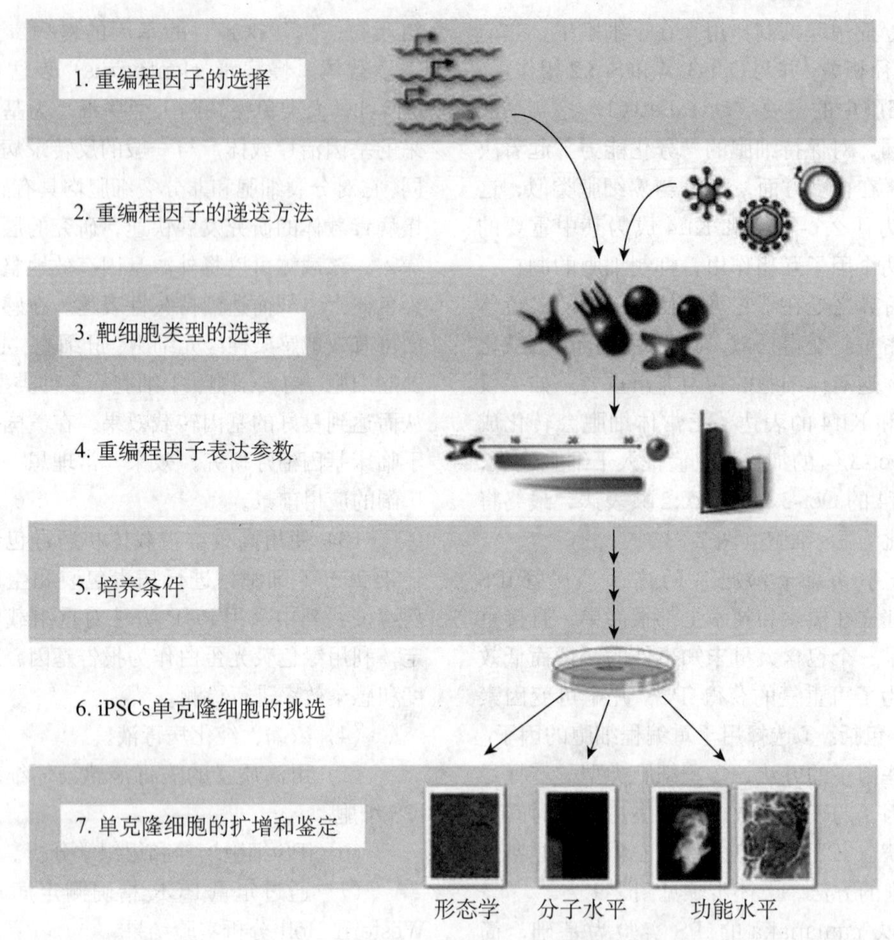

图 2-9 诱导多能干细胞系建立的技术步骤（见书末彩图）

引自：Nimet Maherali and Konrad Hochedlinger．Cell Stem Cell，2008，3：595-605

（9）Chip-chip 全基因组分析，显示 DNA 甲基化与组蛋白甲基化情况，阐明细胞核中染色质的状态。

（10）畸胎瘤形成实验。

（11）针对全细胞的 RNA 进行 DNA 芯片分析，显示基因表达情况。

尽管 iPS 细胞系的建立给干细胞的研究和应用带来新的希望，但目前 iPS 诱导技术获得 iPS 细胞的效率较低且所建立的 iPS 细胞系的致瘤风险大，离全面主导干细胞重编程技术还有一段距离。在实验成果发布之后，Yamanaka 研究组随即发表声明 c-Myc 对 iPS 有致癌的作用，iPS 细胞植入的小鼠近 1 年时间，20% 出现肿瘤，而它们的 c-Myc 基因都高表达。在没有用到 c-Myc 的细胞中，他们也能成功获得 iPS 细胞，只是效率降低，另外，美国威斯康辛大学麦迪逊分校的研究人员植入皮肤细胞的基因中没有 c-Myc，但是他们使用的皮肤细胞必须是胎儿或者新生儿的细胞，可见，c-Myc 对 iPS 并不是必须的。

还值得注意的是，病毒载体的使用带来一些安全性问题。4 种转录因子是通过慢病毒载体持续表达来转导的，而研究表明在皮肤成纤维细胞转变成 iPS 细胞过程中，伴随载体编码转录因子的逐渐沉默，iPS 细胞多能性的维持是否需要载体的持续表达有待研究。另一方面，在 iPS 实验过程中，对反应体系中质粒的纯度、慢病毒载体的效率、病毒的滴度和感染效率等要求都很高，但是得到效率却很低，重组率只有 0.1%，提示实验条件需要进一步优化。

第三节 移植细胞的储存和临床应用标准

一、体细胞

（一）软骨细胞

1．*软骨细胞的储存* Tomford 等（1984）研究低温冻存分离的软骨细胞得出结论，低温冻存的软骨细胞能保持软骨细胞活性和功能，90% 以上冻存软骨细胞能存活，在体外培养时具有分泌基质的能力。Shachar 等（1989）提出低温冻存的软骨细胞能够在体外单层培养。这为冻存软骨细胞在组织工程中的应用提供了理论基础。然而当细胞冻至 0 ~ -60℃时，细胞内的水形成冰晶可损伤细胞。有两个因素决定细胞的损伤程度：细胞内、外液的浓度和细胞内的冰晶形成，这两者在冻存过程中对细胞损伤是相互关联的。应用 DMSO 在一定程度上可保护细胞不受损伤，可能与 DMSO 可致冰点下降，增加胞膜的通透性有关。逐级缓慢降温可使细胞内水分渗出到细胞外，从而减少细胞内冰晶的形成，减少对细胞的损伤。采用 10%DMSO 作为冷冻保护剂，逐级缓慢降温冻存软骨细胞，细胞存活率较高，软骨细胞保持了其正常形态，具有分泌基质的能力。

组织培养技术是一门在体外模拟体内生长条件的基础上建立的“活体”实验技术。近年来有学者尝试用组织培养法保存游离软骨细胞和皮肤移植片并取得成功。组织培养法选用 F12/DMEM 培养液，含有软骨细胞所必需的营养成分，与其他培养基相比，还含有微量元素和无机离子，营养丰富，可以不使用血清，就能够提供软骨细胞生长所必需的营养物质，满足细胞存活的需要，能长期维持软骨细胞活性。同时采用 37℃条件组织培养法，避免了冷冻保存方法对离体软骨组织造成的巨大冻伤，较好地保护组织活性，因此是更为理想的保存方法。

2．*软骨细胞的临床运用标准* 自体软骨细胞移植的传统治疗过程包括两个阶段：第一阶段是从患者身上的非负重关节面（如距小腿关节外侧壁）挖取少量健康关节软骨组织，进行 4 ~ 6 周的体外培养。第二阶段，将培养的细胞液注入清创后的缺损处进行体内生长，最终形成新的关节软骨组织。由于新注入的细胞无法立即附着，通常用事先取自患者腓骨部位的骨膜瓣封盖术后创口，并用纤维蛋白胶或手术缝合固定封盖部位。然而，由于注入的软骨细胞短期内无法附着于周围组织，故须小心避免细胞液受冲击或震荡。这也是导致术后细胞存活率低（仅 10% ~ 30%）的最主要原因。同时，ACI 尚存在种子细胞资源短缺，新生成细胞表型不稳定、与周围环境融合不充分、后期易退化等问题。

基质诱导自体软骨细胞移植（matrix-induced autologous chondnocyte implantation，MACI）是在传统 ACI 的基础上发展起来的。其基本原理同样是从关节软骨组织中分离软骨细胞并进行扩增，再置于缺损处将创口覆盖。MACI 改进了 ACI 中将体外培养的软骨细胞直接注入缺损处的做法。MACI 将软骨细胞预先种植在体外生物膜上，使培养的细胞事先得以固定，从而有效提高了手术后软骨细胞的存活率。

ACI 适应证包括：①急性、磨损性、创伤性关节软骨缺损。目前，对多大面积的缺损适合 ACI 治疗尚无完全一致的观点。大多数认为缺损面积 > $2cm^2$，并有较高功能要求的患者，ACI 可作为首选。对于骨髓刺激术治疗无效且仍有疼痛的患者，无论面积大小和有无功能要求，均适合 ACI 治疗。瑞典 Peterson 认为 ACI 治疗软骨缺损的面积为 2 ~ $16cm^2$。②剥脱性骨软骨炎引起的关节软骨缺损。③骨关节炎患者：有症状的、位于股骨关节面的全层软骨损伤，患者的年龄最好为 15 ~ 55 岁，软骨损伤程度为 Outeridge 分级的Ⅲ ~ Ⅳ级；膝骨关节炎患者内外侧髁出现关节软骨缺损，或者碎片不稳定，或者软骨瓣部分分离但仍有附着，或者碎片脱离后的病灶，均是自体软骨细胞移植的适应证。

（二）肝细胞

1．*肝细胞的储存* 肝细胞低温冻存技术和体外培养技术的发展促进了肝细胞库的建立。DMSO 是目前常用的细胞冻存剂。因为它能够降低细胞冰点，减少冰晶的形成，减轻自由基对细胞损害，改变生物膜对电解质、药物、毒物和代谢产物的通透性。它具有很强的极性，可显著改变细胞内众多酶类的活性，从而有利于肝细胞的冻存。不同的物种肝细胞冻存浓度不一样。目前很多学者趋向于冻存大鼠肝细胞的最适宜DMSO浓度为16%，冻存其他动物肝实质细胞的最适宜DMSO的浓度为14%，而人类肝细胞为10%～12%。并有些报道高浓度的DMSO对细胞有损害，同时也有学者报道DMSO的浓度对细胞冻存复苏的影响不大。

有学者证实，低温冻存的肝细胞在冻融后仍然具有与新鲜肝细胞同等的代谢能力和克隆复制能力，并且冻存肝细胞在临床试验中也已取得良好的治疗效果。但肝细胞的体外大量培养费用昂贵，且不能有效维持原代肝细胞的功能和存活率。目前，国外常用球形聚集、微载体黏附等形式的肝细胞悬浮液培养方法，不仅存活时间延长，而且能保持正常的肝细胞形态、功能和良好的分化增殖潜能，尤其适宜于肝细胞移植的临床应用。

2. *肝细胞移植的临床应用标准* 移植肝细胞的适当数量对于临床疗效至关重要。移植细胞数量过多会引起脾梗死，数量过少则无效。一般认为，一个体重70kg的患者需150g肝组织，约5×10^{10}个细胞。由于肝衰竭患者体内尚有部分残存的肝细胞，故3%～5%整肝量［$(3 \sim 5) \times 10^{9}$个肝细胞］足以起到较好的支持作用。

肝细胞移植部位包括：①原位HCT：经颈静脉、肝静脉、脐静脉进入门脉系统或肝穿刺入肝内移植和经股动脉的脾脏移植；②异位HCT：腹腔内移植、胰腺、肠系膜间及肾脂肪囊等部位移植。其中脾脏是HCT中应用最多最成熟的部位。

目前临床应用肝细胞移植治疗的疾病有：①各种原因所致的急性肝衰竭；②原发性肝脏遗传性疾病：Crigler-Najjar综合征、苯丙酮尿症、家族性高胆固醇血症、α_1-抗胰蛋白酶缺陷症、凝血因子Ⅶ、Ⅸ缺乏症、S和C蛋白缺乏症、遗传性果糖不耐受症、Wilson病、基因突变所致的脂蛋白代谢紊乱；③慢性病毒性肝炎或自身免疫性肝炎所致的慢性肝衰竭；④体外基因治疗。随着肝细胞移植研究的不断深入，越来越多的肝脏疾病通过肝细胞移植取得了满意的治疗效果，其适应证范围也不断扩大。

人肝细胞移植在治疗肝衰竭及多种肝脏遗传代谢性疾病方面显示了巨大的潜能，但在临床应用中仍然存在许多难题及挑战，诸如免疫排斥反应、细胞保存等，但人肝细胞的来源紧缺却是最主要的问题，它直接限制了人肝细胞移植的进一步发展。国内外研究的人肝细胞主要来源于因严重脂肪变性或肝硬化而被遗弃的肝移植的供肝，无法大量培养增殖，难以在急需时使用。而异种肝细胞具有来源广泛的显著优点。最常用的异种肝细胞源是猪肝，它能提供与人肝结构相似、功能相近的肝细胞。但异种肝细胞移植存在严重的免疫排斥和交叉感染的问题。今后，可分化至肝细胞的各种来源的干／祖细胞是新的发展方向。

（三）胰岛细胞

1. *胰岛细胞的储存* 为了减少冷缺血对胰岛的损伤，分离纯化后的胰岛不经培养立即进行移植。国内有研究表明在分离大鼠胰岛后短期低温培养可以纯化胰岛细胞，减少抗原性，延长胰岛移植物的存活时间。明尼苏达大学的研究人员把分离纯化的胰岛短期培养后再移植入肝脏，也显示可以提高胰岛的活力和移植效果，并认为这是单个供体胰岛移植成功的原因之一。

不能长期保存胰岛妨碍了胰岛移植的开展，近年来胰岛的保存方法取得了一些进展，这样就有充足的时间对供受体进行配型及进行充分的术前准备。Gaber等研究表明，用无血清培养基培养胰岛1个月并不影响胰岛的功能，甚至有些胰岛的功能优于短期培养的胰岛和用传统方法冻存的胰岛功能。Arata等在UW（University of Wisconsin solution）液中加入维生素C-2糖苷（ascorbic acid-2 glucoside）100mg/ml冻存人胰岛3个月，解冻后检测胰岛的生存力、葡萄糖刺激胰岛素分泌、胰岛素原基因表达和体内移植等参数均有明显提高。

此外，在获取胰腺过程中，缩短胰腺的热缺血时间对提高胰岛的收获量及活力有重要意义。通常很多供体在切取肝脏和肾脏后才开始切取胰腺，造成热缺血时间过长。Lakey等在切取供体肝肾期间，在胰腺的前后放置冰水混合物以降低胰腺的中心温度，显著提高了胰岛的收获量以及胰岛细胞的活力，而且大体积胰岛的比例也提高。

冷缺血的损伤对胰岛的产量和功能也有明显

的影响，因此胰岛移植要求胰腺的冷缺血时间在 8h 以内，否则一些胰腺因冷缺血时间过长而不能用于胰岛移植。以前把切取的胰腺保存在冷的 UW 液中运输，Hering 等用两层冷藏法（UW 液 / 全氟萘烷，UW 液 /PFC）保存胰腺，使胰腺在运输过程中有充足的氧供应，较单用 UW 保存液可以明显提高胰岛的收获量和活力，甚至使一些冷缺血时间长于胰岛移植要求的所谓“边缘”胰腺供体也可用于移植。

2. 胰岛细胞移植的临床标准 2000 年 Shapiro 等报道了被称为“埃德蒙顿方案”（Edmonton protocol）的胰岛移植研究成果。他们对 7 例有严重低血糖史和代谢不稳定的 1 型糖尿病病人成功进行了胰岛移植，平均随访 11.9 个月(4.4～14.9个月)，病人术后均不需胰岛素治疗，未再发生严重低血糖。总结的成功经验为：①向胰腺导管内灌注冷的纯净胶原酶（liberase）分离胰岛；②在不含异种蛋白的介质中消化和纯化胰岛；③获取的胰岛细胞不经培养立即经肝门静脉穿刺移植；④使用不含激素的免疫抑制方案即雷帕霉素（simlimus）、他克莫司（tacrolimus，FK506）和达克力莫（daclizumab）；⑤大量胰岛移植，平均每个病人移植（11 547±1 604）胰岛当量 /kg 体重（IEQ/kg）。

胰岛细胞移植的临床技术指标为：①数量：一般为 8 000 ～ 10 000IEQ/kg（患者体重）；②胰岛细胞纯度≥ 90%；③胰岛细胞活力≥ 70%；④胰岛细胞功能（胰岛素释放试验）：刺激指数(SI)≥ 2.0。刺激指数指高糖(20mmol/L）刺激下胰岛素释放量与低糖（2.8mmol/L）刺激下胰岛素释放量之比。每个成年人胰腺含有超过 300 万个胰岛，一部分胰腺切除病人血糖仍可长期保持正常，理论上每个 1 型糖尿病病人接受 1 次胰岛移植完全可以达到脱离外源性胰岛素治疗的目的。但目前每个成年人胰腺仅能分离纯化得到 30 万～ 60 万 IEQ 胰岛（islet equivalents，胰岛当量 IEQ，即所有胰岛换算成理想直径 150μm 的胰岛细胞团的相对量）。国际胰岛移植登记处（IIRT）建议胰岛细胞移植时所需数量要超过 6 000IEQ/kg。从目前的临床结果来看，1 型糖尿病病人需要接受 10 000IEQ/kg 体重以上的胰岛才可能完全脱离外源性胰岛素治疗，大部分病人需要接受 2 次甚至 4 次胰岛移植。

在埃德蒙顿方案中，患者接受两次胰岛移植的间隔时间平均为 29d（14 ～ 70d）。宾夕法尼亚大学的研究人员对先分离纯化的胰岛低温下短期培养（3 ～ 9h），等待第 2 个胰腺的胰岛分离纯化后共同移植入肝脏，术后患者血糖恢复正常。并且他们首次报道了 3 例 1 型糖尿病患者仅接受一个供体来源的胰岛移植就达到不需要胰岛素治疗的效果。他们总结与埃德蒙顿方案不同之处在于供体平均体质指数（BMI）＞ 31（其中单个供体胰岛移植成功的供体 BMI ＞ 36），可能反映其胰腺含有更多的胰岛，而且受体体重相对较轻，每日控制血糖所需的胰岛素用量较小。

适用于胰岛细胞移植疾病主要包括：①胰岛素依赖型糖尿病（IDDM，1 型）和严重的非胰岛素依赖型糖尿病（NIDDM，2 型）：为防止慢性并发症的产生，有人提倡早期胰岛细胞移植；②上腹部脏器晚期恶性肿瘤：如晚期胰腺癌、肝癌，曾经采用肝脏加胰腺移植，现多用胰岛细胞移植代替胰腺移植；③慢性胰腺炎：这类患者为解决疼痛的问题而行胰腺全切或次全切，需要在切除术后迅速分离出自身胰岛行门静脉输注，属自体胰岛移植。

目前，大多数胰岛移植是采用注射器经门静脉注入肝脏的方法，潜在的并发症有出血、门静脉血栓形成、门静脉高压等。Baidal 等采用密封袋借助重力作用把胰岛缓慢输入肝脏，可以避免门静脉压的剧烈升高及其他并发症。导管拔除后留下的窦道，以及在穿刺时为防止门静脉血栓形成而使用的肝素均可能导致出血。传统使用明胶海绵堵塞窦道方法并不能完全防止出血并发症。Froud 等使用 D-Stat（一种胶原和凝血酶的糊状混合物）和明胶海绵一同堵塞窦道，方法简便、可以完全堵塞窦道，不留死腔，避免了发生出血或血栓形成。

虽然 Edmonton 方案公布后的这几年间胰岛移植的研究与临床应用越来越多，在各方面都取得了可喜的进展，但是其存在的主要问题如胰岛来源短缺、免疫抑制治疗的不良反应、长期疗效不理想等并没有明显的改观。胰岛移植的长远前景需要依赖于这些瓶颈的突破。

（四）嗅鞘细胞

1．*嗅鞘细胞的储存* 将培养14d的OECS去培养基，D-Hanks液洗2遍，加0.25%胰酶消化5min，再加入DMEM/F12全培养基中止消化，使用Pasteur移液管反复吹打20余次直至全部贴壁细胞悬浮，移入离心管800r/min离心5min，吸除上清液，向内滴加新鲜DMEM/F12全培养基0.9ml，另加DMSO 100ml，稍作混匀后即移入2ml冻存管中，4℃冰箱保存半小时后移入-20℃冰箱保存1h，然后移入-80℃冰箱短期冻存。临移植前将冻存管取出放在37～40℃温水浴箱中来回晃动，在1～2min迅速解冻，台盼蓝染色计数活细胞，将其中的细胞悬液吸入离心管内离心，弃去上清，用新鲜培养基洗涤细胞2次，调整终浓度为1×10^{6}/ml备用。

2．*嗅鞘细胞的临床运用* 嗅鞘细胞移植后促进了脑出血模型大鼠的运动及感觉功能改善，考虑原因主要有：①移植后的嗅鞘细胞下调了反应性星形细胞的胶质纤维酸性蛋白和蛋白多糖的表达，降低了他们的反应，从而为轴索的再生提供了良好的保护环境。②嗅鞘细胞有一定的迁徙能力，能伴随再生轴索跨越胶质瘢痕形成的抑制环境，促进部分下降通路的发芽、再生。③嗅鞘细胞表达和分泌的多种黏附分子及神经营养因子帮助神经元存活、促进轴索的生长，同时对再生轴索提供趋化导引作用。④防止残留神经纤维的继发性脱髓鞘，帮助再生轴索髓鞘再生，保证传导的完整性。

2002年6月Mackay-Sim进行了第一个用来评价移植嗅鞘细胞作用的临床试验。他将来自嗅黏膜并经纯化和培养的嗅鞘细胞移植到4个稳定期（0.5～3.5年）患者的脊髓受损部位，但他认为需要3年以后才能评价其作用。目前，我国的黄红云已经将胚胎的嗅鞘细胞经纯化、培养后移植到脊髓受损的晚期患者，发现在排除脊髓减压作用的可能性后，嗅鞘细胞移植后患者的脊髓神经功能均有不同程度的改善。

嗅鞘细胞目前主要来源于人胚嗅球和成人嗅黏膜，这两种是主要用于临床移植的嗅鞘细胞来源。传统认为纯化的嗅鞘细胞比未经纯化的嗅鞘细胞在促进神经生长方面更有优势，但Raisman则认为混有其他类型细胞的嗅鞘细胞修复效果更好。研究结果显示，纯度为98%的嗅鞘细胞与纯度为50%的嗅鞘细胞植入脊髓损伤处，动物模型各项恢复指标无统计学差异。一般情况下，嗅鞘细胞的纯度在培养7～15d最高，可达70%～75%，而且数量多，是进行移植的最佳时期。也有报道显示嗅鞘细胞培养在第7～10天时表达神经生长因子的水平达到最高。

嗅鞘细胞移植手术操作多采用局部注射法，未见有其他方法用于临床。局部注射法一般选择两点注射，也有采用多点注射，这些方法均被认为是安全的，但是不同学者注射的量不完全相同，一般以约2×10^{10}/L嗅鞘细胞液50 μl进行注射。

将嗅鞘细胞运用于脊髓损伤患者的治疗，移植的时机是一个需要重视的问题。Andrews等比较了脊髓损伤后延迟1周移植嗅鞘细胞和伤后即刻移植的区别。在不完全脊髓损伤模型中，发现这两个时期移植的嗅鞘细胞都促进了轴突的再生和功能的部分恢复。相比较而言，伤后即行移植效果略佳，并将这归因于延迟移植的嗅鞘细胞对于一些抑制分子的下调表达略偏晚。所以在治疗患者时，考虑到要避免急性损伤的炎症反应，是伤后即刻移植嗅鞘细胞还是延迟移植，尚值得进一步深入研究。

嗅鞘细胞移植用于临床治疗的疾病谱主要集中在与神经功能损伤相关的疾病。实验基础研究的相关疾病较多，如脊髓损伤、视神经损伤、脑出血、实验性变态反应性脑脊髓炎、周围神经损伤，帕金森病、肌萎缩侧索硬化症等。然而已经开展临床研究的疾病主要有脊髓损伤，肌萎缩侧索硬化症、脑瘫、脑卒中等。

二、干细胞

（一）胚胎干细胞

1．*胚胎干细胞的冻存与复苏* 胚胎干细胞与一般的细胞一样，也可在液氮中进行长期冷冻保存，并在需要时复苏重新进行体外培养而不失干细胞的生物特性。将预保留细胞经消化分散后，移入离心管1 000r/min离心5min，弃去上清液，加入冻存液（95%FBS中加入5%DMSO）。将沉淀的细胞悬浮，使细胞最终密度为10^{6}～10^{7}个/ml，按1ml/管移入1ml的冻存管内。将旋紧盖子的冻存管放入4℃冰箱内

30min 后，移入 –20℃冰箱内 1h。再放入 –86℃冰柜过夜。将在 –86℃冰柜中冻结了的冻存管放入液氮罐中长期保存。液氮罐中温度可达 –150 ~ –190℃，此时细胞的全部理化活动几乎处于停止状态。如果需要复苏，则将冰冻的细胞悬液冻存管取出后立即放入 37℃水浴中，使其快速融化。在加保护剂 DMSO 的条件下，慢冻快融是保存复苏细胞的要领。融化后的细胞可用于进一步培养。

2．*胚胎干细胞的临床运用* 自 1998 年起研究人员开始从事人胚胎干细胞的实验研究。威斯康辛大学教授 James Thomson 的研究小组发展了人胚胎干细胞的分离培养技术。此后，因为各国的法律和伦理的问题，人胚胎干细胞的研究远落后于动物胚胎干细胞的研究。目前制约胚胎干细胞临床应用的问题是：在技术上需要摸索出一套讯速获得和高质量培养 ESC 方法，解决培养基的组成及解聚细胞并保持活性等；在伦理上应消除人们对研究人胚胎干细胞目的的猜疑和对研究内容的排斥；在法律上应争取政府的支持和投入，以便使研究顺利有序地进行。因此，尽管人类胚胎干细胞被认为是具有治疗或者治愈许多破坏性疾病的潜能，但是将干细胞应用于治疗的研究还处在初期阶段，骨髓造血干细胞是目前用于人类疾病治疗的仅有的干细胞类型。

胚胎干细胞的潜在应用是修复甚至替换丧失功能的组织和器官，因为它具有发育分化为所有类型组织细胞的能力。任何涉及丧失正常细胞的疾病都可通过移植由胚胎干细胞定向分化而来的特异组织细胞治疗。因 ESC 尚无临床使用，以下简要介绍今后 ESC 的应用前景。

临床医学方面：①细胞、组织修复和移植治疗。胚胎干细胞的定向分化是关键，还要解决有关免疫学障碍问题或直接应用核移植工程来制备带有患者自己基因组的 ESC；②基因治疗。将涉及干细胞的转基因操作和适当载体细胞的选择，通过基因打靶、突变和转基因等技术制作各种实验模型，研究发育、肿瘤、免疫以及人类遗传病的有关问题；③药物毒理试验。ESC/EBs 及其分化细胞都可作为有关药物的针对性筛选系统。

克服移植免疫排斥的途径：①结合克隆技术创建患者特异性的胚胎干细胞，用这种胚胎干细胞培养获得的细胞、组织或器官，其基因和细胞膜表面的主要组织相容性复合体与提供体细胞的患者完全一致，不会导致免疫排斥反应；②改变胚胎干细胞的某些基因，创建“万能供者细胞”，即破坏细胞中表达组织相容性复合物的基因，躲避受者免疫系统的监视，从而达到预防免疫排斥效应发生的目的。但这种方法需要破坏和改变细胞中许多基因，而且这种细胞发育成的组织、器官有无生理缺陷如免疫能力降低尚不得知。如果这一设想能够变为现实，将是人类医学中一项划时代的成就。

基础医学方面：①发育分析方面。胚胎干细胞的首要用途是研究细胞谱系分化，寻找胚胎细胞在决定和定型分化等生物学过程中的关键因子，这在小鼠中已有开展并取得一定成绩；②利用 ESC 作基因打靶可分析细胞分化的基因功能。许多细胞谱系分化中的调控因子就是通过这种手段证明的，如 scl 基因的缺失就可引起整个造血系统的谱系发育完全受阻；③ ESC 体系还可通过新近发展的基因捕捉技术（gene trapping）寻找发育调控基因。

在可以预见的将来，人 ESC 定向诱导分化与卵核移植技术的结合将会导致异体组织器官移植被克隆的自体或同源 ESC 移植所取代。

3．*人胚胎干细胞研究存在的伦理道德问题* 尽管人胚胎干细胞有着巨大的医学应用潜力，但由于人胚胎干细胞来自具有发育成一个个体潜力的人胚胎，围绕该研究的伦理道德问题也随之出现。这些问题主要包括人胚胎干细胞的来源是否合乎法律及道德，应用潜力是否会引起伦理及法律问题。但不论如何，认同的观点是植入前的胚胎应得到一定程度的尊重而不能把它们仅仅当作一堆细胞的聚积。

对可能产生 ESC 的胚胎，有如下要点值得注意：应禁止仅为获得 ESC 而制造胚胎，或为获取 ESC 而必须对胚胎进行致死性解剖与操作；获取 ESC 的胚胎必须是临床体外受精工作中剩余的且是无偿捐赠的，不能带有任何牟利的性质，决不能有任何暗示捐赠者的行为；所有的这类研究必须提出申请并置于严格监督之下；采用体细胞核移植技术获得的胚胎与传统意义上的胚胎有本质的不同，从这种胚胎获取 ESC 用于治疗即为治疗性克隆技术，但这种胚胎仍然有发育成一个个体的可能。需要注意的是，这种体细胞核移植胚胎可能带有后天形成异常（epigenetic abnormalities），来源于这种胚胎的ESC是否能稳定分化、正常发挥功能仍有待证实。此外，需要大量的捐赠卵子也是个问题。最有可能消除有关ESC研究与应用中伦理学争论的就是成体干细胞与诱导性多能干细胞的研究及应用。

（二）成体干细胞

1. *成体干细胞的储存* 目前所应用的外周血干细胞体外保存技术主要有4℃非冷冻保存、程控降温液氮保存、-80℃直接冷冻保存。4℃非冷冻保存操作简单、经济，且对造血干细胞的损伤小，但只能用于短期（一般3～4d）保存，使移植预处理方案的实施在时间上受到限制。程控降温液氮保存已经多年证明是保存造血干细胞的有效方法，能够长期保存且对细胞损伤小，但需专门设备、操作复杂、费用昂贵、解冻后回输有多种不良反应，这使其临床应用受到限制。-80℃直接冷冻保存造血干细胞，操作简便，不需要程控降温和大口径液氮罐冻存，其有效保存时间长，能够充分满足移植前预处理的需要。此处以造血干细胞为例说明干细胞的程控降温液氮保存：将DMSO（5%）、HES（6%，羟乙基淀粉）、血清清蛋白（4%）配成混合冷冻保护液。在0℃冰水浴中，将分离的干细胞缓慢加入冷冻保护液中，使细胞浓度为1×10^9/L。采用程序降温仪控制细胞温度的下降速率：5℃ /min下降至4℃，维持8min；2℃ /min下降至-30℃；1℃ /min下降至-40℃；5℃ /min下降至-80℃，维持5min；将干细胞放入液氮罐中冷冻保存。以此方法保存1年，检测细胞各项指标与冻存前无显著变化。如需复苏，可将细胞放入40℃水浴中，控制在1min内使其快速融化。

2. *成体干细胞的临床应用* 尽管干细胞的实验室和临床研究很多，但目前批准且广泛应用于临床的仅有造血干细胞移植（hematopoietic stem cell transplantation，HSCT），因此本章节主要介绍HSCT临床应用，并简述其他成体干细胞相关的临床研究。

造血干细胞的临床应用：HSCT是指通过大剂量放、化疗，阻断原发疾病的发病机制（如杀灭体内的肿瘤细胞、清除异常免疫细胞克隆等），再将HSC移植给受者，重建受者的正常造血、免疫系统，达到治疗白血病的一种治疗方法。造血干细胞移植对于造血系统疾病的治疗有急性淋巴细胞白血病、急性髓细胞性白血病、幼年型粒细胞白血病、慢性粒细胞白血病、急性混合型白血病、骨髓增生异常综合征、淋巴肉瘤性白血病、慢性白血病，再生障碍性贫血、慢性血小板减少性紫癜等。HSCT也用于难治性的自身免疫性疾病，如类风湿关节炎和系统性红斑狼疮，以及一些实体瘤。

HSCT的基本过程包括：供、受者间的HLA配型，选择合适的供者。如属自体造血干细胞移植，则无须配型；其次，对供者仅进行干细胞动员、采集，将采集的干细胞冻存备用；第三，对受者进行预处理，回输已采集的干细胞，也可与供者动员和受者的预处理同步进行，采集后直接回输。最后采用刺激因子刺激造血恢复。同时预防治疗各种并发症。预处理即在患者回输造血干细胞前进行的大剂量放疗或者化疗。预处理的目的在于尽可能的清除／控制原发疾病，或者清除部分原有基因异常的造血干细胞，为新移入的正常造血干细胞提供生活空间。此外，还有抑制受者免疫，防止受者排斥所植入的造血干细胞的作用。常见的预处理方案分为含照射（TBI）的方案和不含照射（CTX+ATG）方案两大类。

单纯的HSCT并不利于造血重建和免疫重建。实际上，在HSCT的移植物中所含的不仅是HSC，还包括更多的HPC，还有MSC。HPC被认为是表达$CD34^+/CD38^+/Lin^+$的细胞群，分髓系祖细胞和淋巴系祖细胞，前者仅具有向髓系多向分化的潜能，后者仅有向淋巴各亚分化的潜能。HPC在体内不断增殖和分化，在移植后可以重建造血，但不能持久。因至今仍缺乏识别造血干细胞直接的形态学鉴别特征，CD34抗原选择性地表达在造血干、祖细胞上，是唯一阶段特异而非系统特异的抗原。CD34作为能识别人类最早造血干、祖细胞的重要标记物，它分别占骨髓、脐带血和外周血有核细胞的1%～4%、0.5%～1.5%和0.05%～0.1%。MSC是中胚层分化而成的一种非造血成体干细胞，在适宜条件下，可以大量扩增，分化为HSCT，并继续分化为造血基质细胞、脂肪、骨、软骨、血管内皮和成纤维细胞等各种结缔组织，以构成微环境支持和营养造血细胞；MSC 还产生许多支持造血的细胞因子，在造血微环境形成以及造血调控中起着非常重要的作用。目前认为，在最理想的造血干细胞移植物中还应该含有 MSC 或造血基质细胞。实验显示，HSC 与第三方 MSC/MC 共输注可促进造血重建，并通过免疫调节减轻移植物抗宿主病（GVHD）的发生，而并未减弱移植物抗白血病(graft-versus-leukemia，GVL)作用。MSC 的应用研究目前还处于试验阶段。

根据 HSC 采集途径的不同，HSCT 又分为骨髓移植(BMT)、外周造血干细胞移植(PBSCT)和脐带血移植（CBT）。很久以来，BMT 一直是 HSCT 的主要形式，很多学者认为 BM 因含有较多 MSC 和造血基质细胞，有利于造血的永久植入和 GVHD 的减少而不宜被完全替代。近年 PBSCT 应用病例有上升趋势，其优点为造血干细胞采集简单方便、患者易于接受、造血恢复快等。尽管 PBSCT 比 BMT 要输入更多的淋巴细胞，但并未增加急性 GVHD 的发生率。但由于外周血自身的一些问题，如 CMV 疾病和慢性 GVHD 的发生率升高，至使其在现阶段不宜完全取代 BMT。

（1）自体骨髓造血干细胞移植的临床应用：自体骨髓造血干细胞移植主要适用于急性白血病、恶性淋巴瘤以及重症贫血，多发性骨髓瘤，某些恶性实体瘤：如神经母细胞瘤、乳腺癌、卵巢癌、小细胞肺癌、黑色素瘤、骨肉瘤等的治疗。其显著的优点为无供体来源限制，无移植排斥，移植物抗宿主病等并发症轻，移植相关病死率较低，年龄限制较宽，治疗费用相对较低。但由于自体骨髓造血干细胞移植后体内存在残留白血病或少量肿瘤细胞，使得其复发率较高，且体外净化措施无效，因而自体骨髓造血干细胞移植的推广尚需时间。

（2）自体外周血造血干细胞移植的临床应用：自体外周血造血干细胞移植主要适用于急性白血病、慢性粒细胞白血病、多发性骨髓瘤、原淋细胞型、中度及高度恶性以及其他一些实体瘤的治疗。优点是采集方便，易获得；复发概率小；并发症少，植入率高，造血及免疫功能恢复快，移植相关病死率低，费用低；对已有骨髓浸润或盆腔照射史者更加适用。但由于其采集周期长，慢性植物抗宿主病发生率高，治疗费用相对较高，而使得其应用受到很大限制。

（3）异体骨髓造血干细胞移植的临床应用：异体骨髓造血干细胞移植主要适用于急性粒细胞白血病、急性髓细胞白血病、实体瘤、某些异常免疫病、重型再生障碍性贫血等的治疗。异体骨髓造血干细胞移植受到医学界的重视在于其远期疗效较自体骨髓造血干细胞移植好，且复发率比自体骨髓造血干细胞移植低、并发症少，但是使用范围较自体骨髓细胞移植窄。

（4）脐带血造血干细胞移植的临床应用：脐带血造血干细胞移植主要适用于白血病、恶性血液病、某些遗传病等的治疗，是目前国内外较为流行的一种治疗手段。优点是采集方便，来源丰富；易储存；被病毒污染少；移植物抗宿主病发生率低，可移植性强；组织配型要求低，寻找人类白细胞抗原容易；脐带血移植的造血重建速度较骨髓造血干细胞、外周血造血干细胞移植慢得多，特别是成年人脐带血造血干细胞移植，移植后中性粒细胞的植入率只有 81%。缺点是必须一次植入成功；若早期植入延误，出血和被污染的可能性大；来源有限；有潜在的遗传病发生。

（5）异体外周血 CD34 细胞移植的临床应用：外周血 CD34 细胞移植主要适用于各类白血病和恶性淋巴瘤，以及其他一些实体瘤，如乳腺癌、前列腺癌、肺癌等的治疗。异体外周血 CD34 细胞移植去除了 T 细胞，减少移植物抗宿主病发生率，减弱了重度程度，提高了人类白细胞抗原 2 或 3 个位点不合的植入率；且自体外周血 CD34 移植净化了残余肿瘤细胞，减少术后复发，去除了异常免疫细胞因而可用于治疗难治性自身免疫病。但由于移植物中仍可含有少量瘤细胞，其自体移植后复发率仍较高；另一方面其异体移植物抗宿主病，尤其是慢性移植物抗宿主病的发生率仍较高，且程度较重，影响其疗效。

（6）混合造血干细胞移植的临床应用：为更好地发挥各类造血干细胞移植的优点，克服其缺点，在临床上已有用不同类型的造血干细胞移植进行混合移植的尝试，如有自体骨髓造血干细胞移植与自体外周血造血干细胞移植，异体骨髓造血干细胞移植与自体外周血造血干细胞移植等，为造血干细胞移植开辟了新途径。

（7）非清髓性造血干细胞移植的临床应用：非清髓性造血干细胞移植主要适用于恶性肿瘤、乳腺癌、肾细胞癌、急性髓性白血病、慢性粒细胞白血病等的治疗。非清髓性造血干细胞移植通过强化移植物抗肿瘤效应来减少移植物抗宿主病的发生率，有利于供体造血干细胞的植入，且能纠正异常细胞和肿瘤细胞，显著减轻预处理强度并加强移植前后的免疫处理，相对并发症轻，危险性小、患者存活率高，因而有广阔的发展空间。

（8）其他成体干细胞的临床应用研究

①心脏病的治疗研究：心脏疾病如冠状动脉粥样硬化引起的心肌缺血和心肌梗死，以及其他慢性疾病导致的心力衰竭等在我国发病率居高不下。目前的治疗包括药物治疗和血管成型术等只能挽救存活的心肌细胞，而对坏死的心肌无能为力。成体干细胞治疗将可能实现心肌的再生，达到改善心肌功能的目的。心肌的修复包括心肌的再生和血管的再形成。骨髓或外周血干细胞主要包括 3 种成分：MSC、HSC 和 EPC。其中，MSC 和 HSC 可能诱导分化成心肌细胞，而 EPC 可作为很好的血管再生底物。因此，理论上讲，骨髓或外周血来源的干细胞治疗心脏病是极为有用的治疗手段。目前已有小规模的临床试验研究评估骨髓干细胞移植治疗缺血性心脏病和心肌梗死的治疗效果。Strauer 等报道了 10 例行冠状动脉内注射自体骨髓来源干细胞治疗的心肌梗死患者，治疗后与对照组（使用标准药物治疗）相比梗死的范围显著缩小，左心室收缩末期体积、收缩能力和梗死部位的心肌灌注均有明显改善。Perin 等报道了 14 例经心内膜移植自体骨髓来源干细胞治疗的严重慢性缺血性心力衰竭患者，结果显示，与对照组相比有整体左心室功能、射血分数的改善和收缩末期体积的缩小。其他临床试验也观察到相似的结果，不过有报道指出有致心律失常的可能性。因此，2004 年 Wollert 等进行了第一个心肌梗死后经冠状动脉内自体骨髓来源细胞移植的随机双盲对照试验（Boost 随机对照试验）。60 例心肌梗死后成功实施了经皮冠状动脉介入治疗的患者被随机分配到对照组或接受冠状动脉内移植骨髓来源细胞的治疗组，结果观察和分析采用双盲方法。6 个月后接受细胞移植的治疗组左心射血分数与对照组相比有明显增加（治疗组改善了 6.7%，对照组只增加了 0.7%，P=0.002 6），骨髓细胞的移植增强了梗死部位周围心肌的收缩功能。实验过程中并没有发现额外的心肌缺血损伤、支架的再狭窄以及心律失常等并发症。这些临床试验表明，自体骨髓细胞移植治疗急性心肌梗死或慢性缺血性心脏病是安全而有效的方法。另外，尚有自体骨骼肌来源的干细胞心肌内注射治疗心肌梗死的报道，均获得较好疗效，提示骨骼肌来源的干细胞是另一种可用于心脏病治疗的候选细胞。

②脑和脊髓损伤的治疗研究：神经系统疾病中外伤或缺血性疾病引起的脑脊髓损伤最常见，且致残率高，生活质量低下。传统治疗仅限于支持治疗，远不能满足医生和患者的需求。于是人们开始探索其他的治疗方案，其中干细胞治疗前景最为看好。从人脑手术切除物中分离出来的神经干细胞（主要来自室管膜下层），在动物实验中能介导脊髓损伤小鼠广泛的功能性髓壳再生。由于神经干细胞存在的部位特殊，不易取材，因此人们研究了其他部位干细胞（如 MSC）治疗脑脊髓损伤的能力。动物实验发现，接受人 MSC 的脑损伤小鼠与对照组相比有明显的功能改善，移植的细胞成功地迁移到损伤的脑内并优先定位到受损部位周围，部分还表达神经元和星形胶质细胞。这些动物实验为自体干细胞治疗外伤性中枢神经系统损伤提供了有力证据。

国内有医院采用患者自体 MSC 移植治疗了 127 例脊髓损伤和 25 例缺血性脑损伤患者，移植方法为 MSC 脊髓内或脑内移植定向诱导分化与 MSC 定向分化诱导椎管内或脑内移植相结合。临床试验结果发现 MSC 移植治疗安全有效，术后回访症状均有改善，运动和感觉功能均有不同程度恢复，以伤后 1 个月内接受干细胞移植者效果最明显，伤后时间越长疗效越不显著，但均无不良反应。这一全新的课题无疑给脑脊髓损伤的治疗带来了光明的前景，并为其他神经系统疾病如帕金森病等退行性疾病开辟了新的疗法。

③眼表面疾病的治疗研究：眼表面疾病（OSD）如 Stevens-Johnson 综合征、化学或热学损伤、类天疱疮等均能导致角膜浑浊和视觉的

严重损害，给患者带来身体和心理上的负担。其病理过程主要是疾病损伤了具有修复能力的角膜缘干细胞群，导致干细胞缺失（LSCD）和角膜表面的“结膜化”。LSCD 和“结膜化”诱发血管长入和炎症，从而使传统的异体角膜移植遭遇失败。自体移植为慢性疾病治疗开辟了一条新途径，临床已逐渐开始应用自体角膜缘干细胞移植来治疗严重的 OSD。Schwab 等报道了 10 例自体移植角膜缘干细胞的临床试验，干细胞取自患者对侧健康角膜缘组织，在体外生物工程羊膜（AM）上培养至多层上皮组织后，移植于预先接受外科处理的患者。治疗过程中未发现外科并发症，有 6 例患者移植成功（成功标准为完全的角膜上皮形成，稳定或改善视力，无角膜疾病的复发）。供体眼活检部位无并发症。Tsai 等对 6 例患单侧 LSCD 且现有治疗方案无效的患者实施自体角膜缘干细胞移植。移植后 6 只治疗眼均有完全的上皮再形成，角膜表面平滑湿润、透明度改善，有 5 例患者视力提高，供体眼形成微小瘢痕，但角膜内无新生血管形成。Nakamura 等改进了体外培养方法，使移植物在 AM 上能充分分层和更好地分化，形成与体内正常角膜上皮极其相似的 4 ～ 5 层上皮组织。移植后，接受治疗眼表面清洁平滑，患者最佳矫正后视力明显改善，供体眼无明显的并发症。这些临床试验显示培养于 AM 的自体角膜缘干细胞移植是一种简单有效的重建角膜表面和提高有效视力的治疗方法，只产生较小的供体眼损伤，适用于难治性 OSD 患者。

④皮肤病变的治疗研究：由病变局部环境的细胞因子缺陷或缺血等其他因素导致的慢性皮肤病变，损伤不愈合或延迟愈合。骨髓细胞移植可能提供损伤修复必须的因素而成为新的治疗方案，因为骨髓细胞在创伤愈合过程中有重要作用，如提供免疫细胞维持免疫系统、参与血管结构的修复（骨髓细胞中的 EPC）、分泌多种细胞因子、提供炎症前体细胞以介导炎症反应（已知炎症细胞参与创伤修复）等。临床已有小规模试验应用骨髓细胞移植治疗缺血性疾病或创伤引起的慢性皮肤损伤。Esato 等对 8 例有慢性外周动脉疾病（PAD）且对传统治疗无效的患者实施了骨髓来源干细胞治疗，经一般处理后将骨髓来源干细胞多点注射到肢体缺血最严重的部位。移植后有 7 例患者主观症状改善（疼痛减轻），其中动脉硬化患者的缺血肢体局部皮温增加，血管造影显示相应血管形成，血栓脉管炎患者溃疡部位出现部分或完全愈合。未发现与移植相关的全身或局部毒性反应，注射部位未见缺血、局部钙化或硬结。Tateishi-Yuyama 等报道了骨髓来源干细胞治疗 PAD 的初步研究，并设立了随机对照。A 组的 25 例单侧腿部缺血患者经骨髓来源干细胞治疗 4 周后，踝动脉压力指数（ABI）、经皮氧分压（TcO_2）及疼痛都有明显改善；B 组的 20 例双侧腿部缺血患者，一侧给予骨髓来源干细胞，另一侧注射外周血来源干细胞，4 周后，注射骨髓来源干细胞一侧腿的 ABI 比注射外周血来源干细胞侧腿显著改善，其余指标如 TcO_2、疼痛、无痛行走时间改善程度大致相同（原因是骨髓来源干细胞中 EPC 比外周血来源干细胞高 500 倍）。Badiavas 等应用自体骨髓细胞治疗持续 1 年以上的慢性创伤，3 例患者对标准治疗和其他先进方法治疗（生物工程皮肤和自体皮肤移植）均无效，接受骨髓干细胞治疗后其伤口大小均有全面的缩小，真皮血管分布和伤口处真皮厚度均增加，无不良反应发生。因此，骨髓干细胞对于治疗PAD和创伤引起的慢性皮肤损伤安全而有效，此疗法也为解决糖尿病足治疗难题提供了机会。

⑤骨损伤的治疗研究：一些病理损伤能导致广泛的骨组织缺失（如炎症、外科治疗、骨肿瘤等），大段骨重建一直是临床上的难题，目前还没有一个理想的解决方法。新兴起的组织工程生物陶瓷支架与成骨祖细胞共移植可能成为有效的治疗手段。Quarto 等报道了应用骨髓来源的成骨祖细胞生长在微孔的羟磷灰石支架上对大段骨缺损进行了功能性恢复。3 例接受治疗的患者由于外伤或骨拉长手术失败引起 4 ～ 7cm 的骨缺失。成骨祖细胞从骨髓中分离出来在体外扩增后，放置在大小、形状和患者骨缺损情况匹配的羟磷灰石支架上，然后移植到损伤部位。术后 2 个月 X 线摄像和 CT 扫描显示沿着移植物有大量骨痂形成，移植物与宿主骨接触面整合良好。15 ～ 27 个月或以后，3 例患者均恢复了肢体功能。术后无移植相关问题。来源于骨髓的成骨祖细胞在体外生物陶瓷支架上生长扩增后移植于骨缺损

部位能显著提高大段骨损伤的治疗效果，这一研究成果极大促进了组织工程的新型生物材料和培养方法的出现，应用自体干细胞联合组织工程治疗骨损伤将成为一种趋势。

（三）诱导多能干细胞

1．iPS 的储存 iPS 在很多方面是类似 ESC，所以其储存条件和 ESC 相似，在此不再赘述。

2．iPS 的临床应用前景 iPS 不仅被国际生命科学界誉为具有里程碑意义的创新之举，而且多数人认为这一发现极有可能在若干年后问鼎诺贝尔奖。有人预言，这一重大突破将在干细胞研究的科学和政策领域引发一场大地震。

干细胞与克隆技术的研究及应用几乎涉及所有的生命科学和生物医药学领域，在此之前，胚胎干细胞的获取主要还是来自早期发育的囊胚，而胚胎的这一阶段涉及许多对生命或“人”的界定问题，不同国家、不同信仰、不同民俗、不同文化背景导致了世界各国对“人”或生命的界定并不完全一致。如何看待胚胎干细胞研究成为最为激烈而敏感的伦理之争。

美国等多个国家出台了胚胎保护的法律，近十年来，其干细胞研究一直深受这些律法的束缚，而 iPS 可以绕过自然胚胎等伦理和法律问题，极大地解放了干细胞研究。

在很多疾病治疗中，器官移植可以收到彻底根治的效果，但人体器官移植经常面临组织移植后产生的排异反应而导致死亡。如果能利用患者本身的体细胞逆转为 iPS 再发育成为所需要的组织，那么，器官移植的排斥问题就迎刃而解了。这正是为何众多生物医学研究者获知 iPS 成功后感到振奋的最主要的原因。

研究 iPS 细胞的终极目标是为临床筛选并提供最佳的可供细胞治疗的种子细胞。由于没有免疫排斥问题，所以在将来疾病的细胞治疗与再生医学研究领域中，iPS 细胞的研究会占据主导地位。iPS 技术可还原某些疾病的病理过程，使科学家更加深入地了解进而解决这些疾病成为可能。另外，也为疾病治疗药物的测试与筛选提供了细胞模型。尽管已经建立人类多种器官特异性的 iPS，如来自人成纤维细胞的心肌细胞，但目前尚无 iPS 用于临床的资料，以下简介有关 iPS 的动物实验研究。

（1）镰刀形细胞贫血症：镰刀形细胞贫血症是血红蛋白链中单个氨基酸突变所引起的溶血性疾病。Hanna 等利用取自人类链状形细胞贫血的模型小鼠尾尖部皮肤的成纤维细胞重编程为 iPS。然后通过同源重组技术用人野生型 β^{A}- 珠蛋白基因替代了 β^{S}- 珠蛋白基因。该方法产生的 iPS 可定向分化为造血前体细胞，将其纯化后移植给致死量照射处理后的小鼠，结果发现有效地抑制了镰刀形红细胞贫血症状。

（2）血友病 A：血友病 A 是最为常见的一种因遗传性凝血活酶生成障碍引起的出血性疾病。其主要症状为出血。Xu 等将 iPS 细胞分化来的内皮前体细胞移植到血友病 A 的模型小鼠肝脏中，结果发现有效地改善了病鼠出血不止的症状。

（3）帕金森病：Wernig 等借鉴了无血清培养法诱导 ESC 分化为较高纯度神经前体细胞的方法，通过体外培养将 iPS 分化为神经前体细胞以及进一步分化为多巴胺能神经元。将这些细胞移植入胎鼠脑中成功地实现了整合。进而在帕金森小鼠模型中，iPS 来源的多巴胺能神经元使模型小鼠运动功能得到显著改善。

（4）急性心肌梗死：Nelson 等通过“干性相关”（与多能性分化相关）人类基因集对成纤维细胞进行遗传重编程，使其逆向分化成为二倍体的 iPS 并将其植入子宫，进而观察到在子宫内 iPS 可分化为心脏实质细胞。将 iPS 移植入急性心肌梗死的模型小鼠心脏后，iPS 在 2 周后实现嫁接，4 周后明显有助于改善受损心脏的结构和功能。相比之下，普通成纤维细胞则无此功效。iPS 在重新构建的心脏血管平滑肌内皮组织内具有了心肌细胞的可恢复收缩性、心室壁厚度和电位稳定性等特征。iPS 能够恢复心脏病发作后缺失的心肌功能，阻止受损心脏功能损伤进程，并在心脏受损部位再生组织。由于在此过程中使用患者自身的细胞，避免了排斥反应的风险及抗排斥药物进行维持治疗的需要。该再生医学策略将有助于缓解受限于捐赠者短缺的器官移植需求。借助于核编程方面的进展，在不久将来将可能在心血管再生医学中实现按需定制。

（5）糖尿病：Tateishi 等成功地使用成纤

维细胞诱导 iPS 培养出分泌胰岛素的胰岛细胞，他们是在使用无血清或正常的培养条件下完成的，且该细胞不仅 C 肽阳性而且胰岛素阳性，也可以在葡萄糖刺激后释放 C 肽。这为利用病人自体细胞“量身定做”的胰岛细胞进行特异性治疗提供了基础，也可能提供一个 iPS 治疗糖尿病的未来。

3．iPS 的其他应用　利用 iPS 还原疾病病理过程、提供体外疾病模型，以及建立特异性 iPS 细胞系。自从初次培养人 iPS 以来，期待从患者体细胞中培养出疾病模型细胞的呼声就很高。这是因为从患者实际来源的模型细胞在 iPS 培养出来以前只能用体细胞克隆的ESC来培养。因此，借用了小鼠和人 ESC 诱导分化的做法，虽然使用反转录病毒载体可能将外源基因在多处随机导入，但不会对诱导分化产生影响。2008 年 7 月，Dimos 等研究小组用 82 岁的遗传性肌萎缩侧索硬化症（ALS）女性患者的体细胞成功培养出 iPS 细胞。同时也进一步使其诱导分化出运动性神经元。这是第一次将来自慢性病患者的皮肤细胞重组为 iPS，然后再诱变成了解与治疗疾病所需的特殊细胞类型。2008 年 12 月，Ebert 等研究小组用一个患者脊髓性肌萎缩症（SMA）儿童的皮肤细胞制造了 iPS 利用这些 iPS 培养出包含导致 SMA 疾病遗传缺陷的运动神经细胞，以观察该疾病怎样发展，并试图找到治疗该疾病的方法。该研究朝着利用 iPS 来治疗疾病的目标又迈出了重要的一步。另外，Park 等和 Soldner 等建立了多种遗传病病人特异性的 iPS 系，其中包括帕金森病（Parkinson disease）、亨廷顿病（Huntington disease）、唐氏综合征／三染色体 21（Domn syndrome/trisomy 21）等。这些细胞系为在体外条件下比较正常与病理组织的形成提供了物质基础，同时也为疾病治疗药物的测试与筛选提供了细胞模型。

（陈昭烈　陈文俊）

参考文献

[1] Allameh A，Kazemnejad S．Safety evaluation of stem cells used for clinical cell therapy in chronic liver diseases; with emphasize on biochemical markers．Clinical Biochemistry，2012，45（6）：385-396

[2] Amarnath S，Fowler DH．Harnessing autophagy for adoptive T-cell therapy．Immunotherapy，2012，4（1）：1-4

[3] Becerra J，Santos-Ruiz L，Andrades JA．The stem cell niche should be a key issue for cell therapy in regenerative medicine．Stem Cell Reviews，2011，7（2）：248-255

[4] Bernardo ME，Pagliara D，Locatelli F．Mesenchymal stromal cell therapy：a revolution in Regenerative Medicine? Bone Marrow Transplantation，2012，47（2）：164-171

[5] Bratkovic T，Glavan G，Strukelj B，et al．Exploiting microRNAs for cell engineering and therapy．Biotechnology Advances，2012，30（3）：753-765

[6] Brindley DA，Reeve BC，Sahlman WA，et al．The impact of market volatility on the cell therapy industry．Cell Stem Cell，2011，9（5）：397-401

[7] Brittberg M，Lindahl A，Nilsson A，et al．Treatment of deep cartilage defects in the knee with autologous chondrocyte transplantation．N Engl J Med,1994,331(14): 889-895

[8] Carmen J，Burger SR，McCaman M，et al．Developing assays to address identity，potency，purity and safety：cell characterization in cell therapy process development．Regenerative Medicine，2012，7（1）：85-980

[9] Choudry FA，Mathur A．Stem cell therapy in cardiology．Regenerative Medicine，2011，6（6 Suppl）：17-23

[10] Dhawan A，Puppi J，Hughes RD，et al．Human hepatocyte transplantation：current experience and future challenges．Nat Rev Gastroenterol Hepatol，2010，7（5）：288-298

[11] Dissaranan C，Cruz MA，Couri BM，et al.

Stem cell therapy for incontinence: where are we now? What is the realistic potential? Current Urology Reports, 2011, 12 (5) : 336-344

[12] Ettinger WH, Flotte TR. The role of gene and cell therapy in the era of health care reform. Human Gene Therapy, 2011, 22 (11): 1307-1309

[13] Fisher RA, Strom SC. Human hepatocyte transplantation: worldwide results. Transplantation, 2006, 82 (4) : 441-449

[14] Fitzpatrick E, Mitry RR, Dhawan A. Human hepatocyte transplantation: state of the art. J Intern Med, 2009, 266 (4) : 339-357

[15] Martin GR, Evans MJ. Multiple differentiation of clonal teratocarcinoma stem cells following embryoid body formation in vitro. Cell, 1975, 6 (4) : 467-474

[16] Hanna J, Wernig M, Markoulaki S, et al. Treatment of sickle cell anemia mouse model with iPS cells generated from autologous skin. Science, 2007, 318 (5858) : 1920-1923

[17] Kirsty G, Alan RC. Controlling the stem cell compartment and regeneration in vivo: the role of pluripotency pathways. Physiol Rev January, 2012, 92 (1) : 75-99

[18] Hasegawa K, Yasuda SY, Teo JL. Wnt signaling orchestration with a small molecule DYRK inhibitor provides long-term xeno-free human pluripotent cell expansion. Stem Cells Trans Med, 2012, 1 (1) : 18-28

[19] Li L, Black R, Ma ZD. Use of mouse hematopoietic stem and progenitor cells to treat acute kidney injury. Am J Physiol Renal Physiol, 2012, 302 (1) : 9-19

[20] Mitsui K, Tokuzawa Y, Itoh H, et al. The homeoprotein Nanog is required for maintenance of pluripotency in mouse epiblast and ES cells. Cell, 2003, 113 (5) : 631-642

[21] Nichols J, Zevnik B, Anastassiadis K, et al. Formation of pluripotent stem cells in the mammalian embryo depends on the POU transcription factor Oct4. Cell, 1998, 95 (3) : 379-391

[22] Oliansky DM, Camitta B, Gaynon P, et al. Role of cytotoxic therapy with hematopoietic stem cell transplantation in the treatment of pediatric acute lymphoblastic leukemia: Update of the 2005 evidence-based review. Biology of Blood and Marrow Transplantation, 2012, 18 (4) : 505-522

[23] Politis M, Lindvall O. Clinical application of stem cell therapy in Parkinson's disease. BMC Medicine, 2012, 10 (1) : 1-7

[24] Raisman G. Repair of spinal cord injury: ripples of an incoming tide, or how I spent my first 40 years in research. Spinal Cord, 2006, 44 (7) : 406-413

[25] Sakai Y, Kaneko S. Mesenchymal stem cell therapy on murine model of nonalcoholic steatohepatitis. Methods in Molecular Biology, 2012, 826: 217-223

[26] Shamblott MJ, Axelman J, Wang S, et al. Derivation of pluripotent stem cells from cultured human primordial germ cells. Proc Natl Acad Sci USA, 1998, 95 (23) : 13726-13731

[27] Shapiro AM, Lakey JR, Ryan EA, et al. Islet transplantation in seven patients with type 1 diabetes mellitus using a glucocorticoid-free immunosuppressive regimen. N Engl J Med, 2000, 343 (4) : 230-238

[28] Yamanaka S. Strategies and new developments in the generation of patient-specific pluripotent stem cells. Cell Stem Cell, 2007, 1 (1) : 39-49

[29] Silke W, Martin ML, Angela M, et al. Reprogramming somatic cells into iPS cells activates LINE-1 retroelement mobility. Human Molecular Genetics, 2012, 21 (1) : 208-218

[30] Strauer BE, Steinhoff G. 10 years of intracoronary and intramyocardial bone marrow stem cell therapy of the heart: from the methodological origin to clinical practice. Journal of the American College of Cardiology, 2011, 58 (11) : 1095-1104

[31] Takahashi K, Tanabe K, Ohnuki M, et al. Induction of pluripotent stem cells from adult human fibroblasts by defined factors. Cell, 2007, 131 (5) : 861-872

[32] Takahashil K, Yamanaka S. Induction of

pluripotent stem cells from mouse embryonic and adult fibroblast cultures by defined factors. Cell, 2006, 126 (4) : 663-676

[33] Titomanlio L, Kavelaars A, Dalous J, et al. Stem cell therapy for neonatal brain injury: Perspectives and Challenges. Annals of Neurology, 2011, 70 (5) : 698-712

[34] Thomson JA, Itskovitz-Eldor J, Shapiro SS, et al. Embryonic stem cell lines derived from human blastocysts. Science, 1998, 282 (5391) : 1145-1147

[35] Tsuji O, Miura K, Fujiyoshi K, et al. Cell therapy for spinal cord injury by neural stem/progenitor cells derived from iPS/ES cells. Journal of the American Society for Experimental Neuro Therapeutics, 2011, 8 (4): 668-676

[36] von Bahr L, Sundberg B, Lunnies L, et al. Long-term complications, immunologic effects, and role of passage for outcome in mesenchymal stromal cell therapy. Biology of Blood and Marrow Transplantation, 2012, 18 (4) : 557-564

[37] Wilmut I, Schnieke AE, McWhir J, et al. Viable offspring derived from fetal and adult mammalian cells. Nature, 1997, 385 (6619) : 810-813

[38] Yamanaka S. Safer way to make human stem-like cells revealed. Nature, 2007, 450: 775

[39] Yu JY, Vodyanik MA, Smuga-Otto K, et al. Induced pluripotent stem cell lines derived from human somatic cells. Science, 2007, 318 (5858) : 1917-1920

[40] Yannaki E, Papayannopoulou T, Jonlin E, et al. Hematopoietic stem cell mobilization for gene therapy of adult patients with severe β-thalassemia: Results of clinical trials. Molecular Therapy, 2012, 20 (1) : 230-238

[41] Zhu DL, Chen Li, Hong T. Position statement of the Chinese diabetes society regarding stem cell therapy for diabetes. Journal of Diabetes, 2012, 4 (1) : 18-21

[42] Zierold C, Carlson MA, Obodo UC, et al. Developing mechanistic insights into cardiovascular cell therapy: cardiovascular cell therapy research network biorepository core laboratory rationale. American Heart Journal, 2011, 162 (6) : 973-980

第 3 章 细胞移植治疗肿瘤

第一节 概 述

生物治疗已成为继手术、化疗、放疗之后的第 4 种行之有效的抗癌治疗方法，并已得到国际上普遍认同。手术、放疗和化疗已成为治疗肿瘤的三大支柱，但这些方法均有一定的局限性。手术治疗只能切除原发灶，放疗及化疗只能杀灭处于增殖期的肿瘤细胞，但对增殖期的正常细胞也有很强的杀伤力，因而出现很强的化、放疗反应。而生物治疗是通过免疫识别，特异性杀伤肿瘤细胞，不损伤正常组织，而且能提高因化疗、放疗所致的免疫功能低下，病人无任何反应。再者，它可治疗全身广泛转移的微小病灶，经静脉回输的肿瘤免疫细胞能随血液循环到达身体各个部位，将潜伏的癌细胞杀灭，消除复发的根源。

过继性细胞免疫治疗（adoptive cellular immunotherapy，ACI）是治疗恶性肿瘤的重要辅助治疗方法。与其他抗肿瘤药物相比，它可在不损伤机体免疫系统结构和功能的前提下，直接杀伤肿瘤细胞，并且调节和增强机体的免疫功能。早期人们采用白细胞介素 -2（interleukin-2，IL-2）与淋巴因子激活的杀伤细胞（lymphokine-activated killer cell，LAK）联合输入治疗晚期肿瘤，绝大多数患者都有不同程度的临床症状改善、生活质量提高、生存期延长，并且，没有观察到严重毒副反应。近年来，国内外更多地采用树突状细胞（dendritic cell，DC）与细胞因子诱导的杀伤细胞（cytokine induced killers，CIK）联合移植来治疗各种肿瘤。通过研究淋巴因子激活的杀伤（LAK）细胞、肿瘤浸润淋巴（TIL）细胞、细胞因子诱导的杀伤（CIK）细胞等，表明 CIK 细胞是一种新型、高效、具有广谱杀瘤活性的非主要组织相容性复合体（major histocompatibility complex，MHC）限制性免疫效应细胞，在肿瘤免疫治疗中显示出巨大的应用价值。DC 是人体内功能强大的主要抗原递呈细胞，能诱导出抗原特异性细胞毒淋巴细胞（tumor infiltrating lymphocyte，CTL）反应，并可通过直接或间接方式影响细胞（胰腺的胰岛中能产生胰岛素的 B 细胞）的增殖，活化体液免疫应答。DC 的前体细胞来源于骨髓，除此之外还可存在于人的脐血和外周血中，是由 $CD34^{+}$ 或 $CD14^{+}$ 细胞在体外经 GM-CSF 和 TNF-α 诱导发育而来。CIK 和 DC 联合治疗恶性肿瘤，有助于解除肿瘤患者的 T 细胞免疫无能，有协同抗肿瘤作用，可望成为肿瘤过继细胞免疫治疗的首选方案。DC-CIK 治疗系统可有效地预防恶性瘤复发和转移，为不适合做手术、放疗、化疗的患者提供了一种可选择的治疗方法。

除免疫细胞或免疫细胞联合细胞因子治疗肿瘤外，近年来干细胞在肿瘤治疗中的作用逐渐被人们认识，并被应用于临床。

目前用于治疗肿瘤的干细胞主要是造血干细胞（hemopoietic stem cell，HSC）。造血干细胞是存在于造血组织中的一群原始造血细胞，具有自我复制和定向分化两种功能；它是一切血细胞（其中大多数是免疫细胞）的鼻祖，是高度未分化的细胞，能定向分化、增殖为不同的血细胞系，并进一步生成各种血细胞（红细胞、白细胞、血小板等）。人类造血干细胞最早出现于胚龄第

2～3周的卵黄囊，在胚胎早期（第2～3个月）迁至肝、脾，第5个月又从肝、脾迁至骨髓。在胚胎末期至出生后，骨髓是造血干细胞的主要来源。造血干细胞可进一步分化成不同血细胞系的定向干细胞，并进一步分化成各系统的血细胞系，如红细胞系、粒细胞系、单核-吞噬细胞系、巨核细胞系以及淋巴细胞系等。由造血干细胞分化出来的淋巴细胞在胸腺素作用下可分化为胸腺依赖性淋巴细胞（即T细胞）或受腔上囊（鸟类）或类囊器官（哺乳动物）的影响分化为囊依赖性淋巴细胞或骨髓依赖性淋巴细胞（即B细胞），并分别由T、B细胞引起细胞免疫及体液免疫。造血干细胞具有良好的增殖分化能力，可以救助很多患有血液病的人们。造血系统中的原始细胞恶性增生会导致白血病，但化疗敌我不分，在杀死癌细胞的同时也杀死了正常的造血干细胞，导致人体血细胞缺乏，危及病人生命。当病人需要根除白血病时，就要一次性杀灭癌细胞，但超大剂量的化疗往往也将正常干细胞杀灭殆尽。为了让病人尽快恢复造血功能，挽救病人生命就需要移植造血干细胞。造血干细胞移植主要包括骨髓移植、外周血干细胞移植、脐带血干细胞移植。由于骨髓为造血器官，早期进行的均为骨髓移植。不过骨髓移植配型成功率较低、费用高昂，相比之下，进行外周血干细胞移植或脐带血干细胞移植则具有优势，并且，捐献造血干细胞对捐献者的身体并无很大伤害。目前造血干细胞移植已广泛应用于恶性血液病、非恶性难治性血液病、遗传性疾病和某些实体瘤治疗，并获得了较好的疗效。

间充质干细胞（mesenchymal stem cell，MSC）是来源于中胚层的一类多能干细胞，主要存在于结缔组织和器官间质中，以骨髓、脂肪等组织中含量较为丰富，胎儿脐带血和胎盘中也可分离到。MSC独特的生物学特性包括：第一，具有强大的增殖能力和多向分化潜能，在适宜的体内或体外环境下不仅可分化为造血细胞，还具有分化为肌细胞、肝细胞、成骨细胞、软骨细胞、基质细胞等多种细胞的能力；第二，具有免疫调节功能，通过细胞间的相互作用及产生细胞因子抑制T细胞的增殖及其免疫反应，从而发挥免疫重建的功能；第三，遗传背景稳定，经多次连续传代后遗传物质仍保持稳定；第四，可塑性强，具有跨系统甚至跨胚层分化的特性；第五：来源方便，易于分离、培养、扩增和纯化，经多次培养传代扩增后仍具有干细胞特性，不存在免疫排斥现象。MSC具有对多种实体肿瘤原发及转移灶的靶向性，基因修饰后的MSC可在肿瘤局部稳定表达治疗因子而保持自身干细胞特性不变，可作为细胞载体参与肿瘤生物靶向治疗。近年来研究发现，MSC通过分泌一些可溶性因子抑制某些恶性肿瘤的生长，同时可作为一种克隆载体转染治疗基因，通过使治疗性细胞因子在肿瘤组织浓度提高、产生某些抗癌物质而达到抑制肿瘤的作用。

现在临床上可用干细胞来治疗的肿瘤主要有白血病、淋巴瘤、恶性黑色素瘤、卵巢癌、乳腺癌、肺癌、脑胶质瘤等。

第二节　细胞移植对肿瘤的治疗作用

一、DC及其抗肿瘤作用

（一）树突状细胞

树突状细胞（DC）是1973年Steiman和Cohn首次从脾脏中分离出的一类与粒细胞、巨噬细胞和淋巴细胞形态和功能都不同的白细胞，细胞膜向外伸出，形成与神经细胞轴突相似的膜性树状突起，因而称为树突状细胞（dendritic cell，DC）。20世纪90年代，由于体外扩增方法改善，可从外周血中分离并诱导培养出大量DC。

DC广泛分布于脑以外的全身各脏器，但数量稀少，约占外周血白细胞总数的1%，DC具有多种细胞亚型和不同的细胞成熟阶段。细胞亚型包括：①表皮黑素细胞，存在于皮肤的上皮细胞层；树突状间质细胞，存在于其他组织中，这些亚型能产生大量的白介素-12；②浆液性DC，在细菌侵入人体后立即分泌，在数小时内还有大量干扰素分泌。DC的前体细胞由骨髓进入外周血，再分布到全身各组织。根据不同的发育阶段，可分为前体DC、未成熟DC、移行DC和成熟DC。

大多数DC来源于骨髓，由骨髓CD34⁺细胞分化而来。存在于人骨髓、脐血和外周血中的CD34⁺或CD14⁺细胞，在体外添加GM-CSF和TNF-α的培养条件下可发育成DC，而CD14⁺单核细胞在添加GM-CSF和IL-4条件下也可分化为成熟的DC。有人利用肝癌病人手术中流失的血液中的单核细胞经rhGM-CSF和rhIL-4诱导可分化成为具有典型形态学和表型的DC，但表达的表面标志物要比脐血诱导的DC少。

成熟DC的主要特征包括：①细胞表面有许多树突样不规则突起；②细胞表面具有丰富的有助于抗原提呈的分子，如MHC-Ⅰ、MHC-Ⅱ分子，共刺激分子CD40、CD40L、CD80（B7-1）、CD86（B7-2），细胞黏附分子ICAM-1、ICAM-2、ICAM-3以及淋巴细胞功能相关抗原L FA-1，L FA-3等；③在混合淋巴细胞反应中，既能激活MHC相同的自身反应性T细胞，又能激活MHC不同的同种反应性T细胞，能够显著刺激初始型T细胞（naive T cell）增殖，分泌高水平辅助性T细胞1（Th1）型细胞因子IL-12，IFN-α并建立初级免疫应答；④具有向局部淋巴细胞T细胞区迁移的能力；⑤激发T细胞增殖及抗原提呈能力是巨噬细胞和B细胞的100～1 000倍。

DC在自身免疫性疾病、移植排斥、抗病毒和抗肿瘤中发挥着重要作用，并且体外培养获得的DC与纯化的体内成熟DC具有同样抗原提呈功能。

（二）DC的抗肿瘤作用

DC虽然不能直接杀伤肿瘤细胞，但能通过识别肿瘤细胞特异性抗原，将其信号呈递给具杀伤效应的T细胞来达到监测、杀灭肿瘤的功能。

未成熟的DC在局部可通过吞噬作用、巨胞饮作用和受体介导的内吞饮作用等方式摄取外源性抗原，DC摄取的外源性抗原主要通过溶酶体途径加工处理成小分子多肽片段后与MHC-Ⅱ类分子结合形成MHC-Ⅱ-抗原肽复合体；而内源性病毒与肿瘤蛋白等内源性抗原则主要经胞质溶胶途径加工处理后与MHC-Ⅰ类分子结合形成MHC-Ⅰ-抗原肽复合体。携带抗原的DC通过淋巴和血液迁移到淋巴组织的T细胞富集区，在此，T细胞表面的抗原识别受体（TCR）双识别并结合由DC呈递MHC与抗原肽，形成MHC-抗原肽-TCR复合体（此即第一信号），加上DC的共刺激分子（B7-1，B7-2等）及细胞间黏附分子（CD54，CD50等）与其受体的相互作用（此即第二信号），双信号模式启动并诱导初始型的T细胞活化与增殖，促进CD3/CD4的T辅助细胞（Th）生成及诱导CD3/CD8的T细胞生成特异性的细胞毒性T淋巴细胞（cytotoxic T lyrnphoeytes，CTL）。在肿瘤患者体内，CD8的CTL可直接杀伤肿瘤细胞，CD4⁺的Th可产生细胞因子增加CTL的功能并激活巨噬细胞与其他抗原提呈细胞（antigen presenting cell，APC），参与抗肿瘤作用。

肿瘤组织的DC经常处于一种不成熟状态，不能迁移到淋巴结。由肿瘤组织释放的细胞因子TGF-β、IL-10和VEGF等可以阻碍DC分化并下调DC刺激T细胞的功能。肿瘤组织释放的可溶性因子可导致肿瘤病人经常出现免疫抑制。有人发现，在乳腺癌组织中肿瘤浸润DC是不成熟表型，不能激活T淋巴细胞，导致肿瘤特异性免疫耐受，使肿瘤生长、扩散。而成熟DC比未成熟DC的抗肿瘤免疫功能强，前者能抵抗肿瘤来源的抑制因子IL-10、TGF-β，并激活T细胞，被激活的淋巴细胞具有肿瘤抗原特异性细胞毒作用。有鉴于此，利用体外发育完善的成熟DC激活免疫应答可治疗肿瘤患者。

DC细胞移植治疗是通过采用病人自体单核细胞在体外培养诱导生成DC，然后负载相应的肿瘤抗原，制成负载肿瘤抗原的DC，再将这些DC细胞注入体内后刺激体内的肿瘤杀伤性淋巴细胞增殖，发挥长期肿瘤监视作用和肿瘤杀伤作用，达到消灭肿瘤的目的。通过DC制备疫苗抗肿瘤的方法有：①肿瘤细胞的蛋白质提取物、多肽、细胞裂解产物脉冲DC；②肿瘤和（或）DC相关因子基因的修饰；③肿瘤相关的RNA、DNA直接导入DC；④DC与肿瘤细胞的融合。目前DC在临床上已用于多种肿瘤的治疗（表3-1）。

二、CIK细胞及其抗肿瘤作用

（一）细胞因子诱导的杀伤靶细胞

细胞因子诱导的杀伤细胞（cytokine

induced killer，CIK）是 20 世纪 80 年代中期由 Schmidtwolf 发现的一种新型的免疫活性细胞。CIK 是一群异质细胞，在形态学上属于大颗粒淋巴细胞，形态无法与 NK 细胞区别。

CIK 同时表达 CD3、CD56 两种跨膜蛋白分子，为 CD3、CD56 双阳性细胞群。这些 $CD3^+CD56^+$ 细胞主要来源于 $CD3^+$ $CD56^-$ 的 T 淋巴细胞，而非 $CD3^-CD56^+$ 的 NK 细胞。来源于 $CD3^+CD56^-CD8^+$ T 细胞的 CIK 细胞最终分化为 CD8 T 细胞，它们表达为多克隆的 T 细胞受体，并获得 CD56、NKG2D 以及大颗粒淋巴细胞的形态学特征，能杀死 K562 靶点。但是缺乏 NK 细胞特异性激活因子（NKp30，NKp44，NKp46）和抑制因子（KIR2DL1，KIR2DL2，KIR3DL1，NKG2A，CD94）受体。

CIK 细胞主要分布于肝脏中，其次为外周血。可将人外周血或脐带血单个核细胞在体外用多种细胞因子如 IL-2、IFN-γ 和 CD3 单克隆抗体等诱导而获得。

（二）CIK 的抗肿瘤作用

CIK 不仅能杀伤肿瘤细胞，还能增强机体免疫功能，但其抗肿瘤作用机制迄今未完全阐明。目前的研究显示 CIK 可通过多种途径发挥抗肿瘤作用（表 3-2）：① CIK 细胞对肿瘤细胞的直接杀伤作用。可能是通过黏附因子 LFA/ICAM-1 途径与肿瘤细胞结合后，分泌含大量 BLT 酯酶的颗粒。这些颗粒能穿透靶细胞膜，导致肿瘤细胞的裂解。②进入体内活化的 CIK 细胞可分泌多种细胞因子，不仅对肿瘤细胞有直接抑制作用，还可通过调节免疫系统间接杀伤肿瘤细胞。Kornacker M 等在用 CIK 治疗慢性淋巴细胞白血病的研究中发现 CIK 分泌的 IFN-γ 能促使白血病细胞上 ICAM-1 的表达，从而能提高细胞毒效应细胞所诱导的凋亡。此外，CIK 细胞还能分泌 IL-2、IL-6、TNF-α 及 GM-CSF 等一些细胞因子，增强细胞毒作用。③诱导肿瘤细胞凋亡及坏死。CIK 细胞能活化肿瘤细胞凋亡基因，使得 FLIP、Bcl-2、Bcl-xL、DAD1 和 Survivin 等基因表达上调。此外，CIK 表达的 Fasl 可诱导肿瘤细胞凋亡，但此细胞有抗凋亡基因的表达，在体内能抵抗 Fasl 阳性肿瘤细胞对 CIK 的反作用，故 CIK 能对肿瘤细胞发挥持久的溶瘤作用。Suns 等在 CIK 对 Mgc-803 胃癌的杀伤作用的研究中指出，CIK 早期诱导肿瘤细胞凋亡，晚期则通过对 p53、c-Myc 和 Bcl-2 的下调及 Bax 的上调来实现诱导瘤细胞坏死。④通过增强 T 细胞功能起作用。⑤对多重耐药肿瘤细胞同样敏感。

CIK 细胞对肿瘤细胞的杀伤具有非组织相容性复合体限制性，可杀伤多种不同组织来源的肿瘤细胞，但其靶点上需有 MHC 分子与 CD3-T 细胞受体复合物相互作用。

CIK 细胞抗肿瘤作用的特点主要有：①增殖能力强，主要效用细胞 $CD3^+CD56^+$ 可增殖 1 000 倍；②杀伤活力强，远优于传统的 LAK 细胞和

表 3-1 树突状细胞的抗肿瘤机制及适应证

抗肿瘤机制	适应证
① 诱导产生大量效应 T 细胞 ② 启动效应 T 细胞迁移至肿瘤部位 ③ 保持效应 T 细胞在肿瘤部位的长期存在 ④ 抑制肿瘤血管生成	恶性黑色素瘤、前列腺癌、肾癌、膀胱癌、卵巢癌、结肠癌、直肠癌、乳腺癌、宫颈癌、喉癌、鼻咽癌、胰腺癌、肝癌、胃癌、白血病、急性髓性白血病、多发性骨髓瘤、慢性乙型肝炎、肺癌、食管癌等

表 3-2 细胞因子诱导的杀伤细胞的抗肿瘤机制及适应证

抗肿瘤机制	适应证
① 对肿瘤细胞的直接杀伤作用 ② 通过分泌大量细胞因子杀伤肿瘤细胞 ③诱导肿瘤细胞凋亡及坏死	鼻咽癌、晚期肺癌、中晚期消化道肿瘤、肾癌、乳腺癌、膀胱癌、肺癌、结肠癌、淋巴瘤、白血病、多发性骨髓瘤、喉癌、胰腺癌、肝癌、黑色素瘤、宫颈癌、卵巢癌、乙肝等

细胞因子 IFN-γ、IL-2 等；③杀瘤谱广，不受MHC 限制，可广谱杀肿瘤和病毒，对多重耐药肿瘤细胞仍敏感，杀瘤活性不受环孢素 A（CsA）和 FK506 等免疫抑制药的影响，能抵抗肿瘤细胞引发的效应细胞 Fas-FasL 凋亡；④毒副作用小，无严重不良反应。

CIK 最初是指在正常人外周血中只占 1% ~ 5% 的 $CD3^+CD56^+$ 的 T 淋巴细胞。目前国内外制备的用于过继免疫治疗的 CIK，实际上是一种体外扩增出的以 $CD3^+CD56^+$、$CD3^+D8^+$ 为主的异质性细胞群，较 LAK 细胞和 CD3AK 细胞具有更强的杀瘤活性，而且 CIK 细胞表面高表达 IL-2R 并能分泌内源性的 IL-2，较易维持其体内杀瘤细胞毒性。在研究 CIK 细胞体外增殖特性及治疗肿瘤的过程中发现，体外培养 5d 后，CIK 细胞扩增倍数明显高于 LAK 细胞，表型分析发现 CIK 细胞中杀伤作用细胞 $CD8^+$ 和 $CD3^+CD56^+$ 的比例分别为 70.9% 和 36.9%，而 LAK 细胞为 50.6% 和 1.63%。

体内回输 CIK 细胞，可在没有损伤机体免疫系统结构和功能的前提下，直接杀伤肿瘤细胞，并可调节和增强机体的免疫功能。CIK 与放化疗联合使用，能降低放、化疗的毒副作用，提高放、化疗的疗效，特别适合于那些对手术、放疗、化疗已无适应证的晚期肿瘤患者体内微小残留病灶的清除，防止癌细胞扩散和复发，提高患者自身免疫力，是一种治疗肿瘤的重要辅助方法，为预防肿瘤复发、改善生存质量提供了新途径。

CIK 疗法常见的毒副作用主要有：轻度发热、畏寒、疲乏等，这些症状均较轻微，可自行缓解，说明 CIK 临床应用安全可靠。

三、DC-CIK 协同抗肿瘤作用

DC 是目前为止发现的人体最有效的抗原提呈细胞（APC）之一。APC 与 T 细胞之间的相互作用所诱发免疫应答是免疫抑瘤效应的中心环节。DC 在大多数组织体内以未成熟状态存在，不能直接刺激 T 细胞，但具有特殊的捕获和加工抗原的能力。肿瘤细胞表面缺乏 MHC 和共刺激分子，无法激活 T 细胞免疫，是肿瘤免疫逃逸的重要机制。体内外实验研究均表明，DC 能诱导肿瘤宿主对特异性抗原的免疫应答，提高肿瘤宿主免疫效应细胞的抗病毒活性。CIK 是由多种细胞因子诱导的非特异性杀伤细胞，能分泌多种细胞因子（如 IL-4，IFN-γ 等），而 DC 作为体内功能强大的专职抗原递呈细胞，在细胞毒性细胞的活化过程中发挥着重要的作用。临床研究发现部分患者在用 CIK 进行过继免疫治疗时，疗效不太理想，认为是肿瘤细胞对 CIK 细胞发生了抵抗，可能与肿瘤患者功能性的 DC 缺乏有关。

DC-CIK 联合治疗肿瘤，将有助于解除部分肿瘤患者 T 细胞的免疫功能，从而发挥协同抗肿瘤作用。Zhu 等将慢性粒细胞白血病（CML）来源的 DC 与 CIK 共同培养，用乳酸脱氢酶释放法检测其对自身 CML 细胞，K562 细胞和 Raji 细胞的杀伤活性。结果表明，CIK 与 CML-DC 共培养组对自身 CML 细胞毒活性比 CIK 组明显强，CIK 与 CLA（细胞冻融抗原）致敏 CML-DC 具有最强的杀伤活性且具有一定的特异性。

DC 与 CIK 是肿瘤免疫治疗的两个重要部分，前者识别病原、激活获得性免疫系统，后者通过发挥自身细胞毒性与分泌细胞因子杀伤肿瘤细胞，两者联合确保高效和谐的免疫反应的完成。将 CIK 和 DC 联合应用于治疗恶性肿瘤，有助于解除肿瘤患者 T 细胞的免疫无能，起到抗肿瘤的作用（表 3-3）。

CIK 和 DC 在联合抗肿瘤治疗中具有广泛的应用前景，可望成为肿瘤过继细胞免疫治疗的首选方案，目前该免疫疗法已进入临床应用阶段。

DC-CIK 过继免疫效应细胞是将人体外周血单个核细胞在体外用多种细胞因子共同培养一段时间后获得的一群异质细胞。具有 T 淋巴细胞强大的抗肿瘤活性和 NK 细胞的非 MHC 限制性杀瘤优点，增殖速度快，杀瘤活性高，杀瘤谱广，对多重耐药肿瘤细胞同样敏感，杀瘤活性不受常用免疫抑制药的影响，对人体正常细胞无毒性，能抵抗肿瘤细胞引发的效应细胞凋亡。随着肿瘤免疫学研究的深入，过继免疫细胞治疗因具有高效低毒的杀瘤作用而受到重视。

目前 CIK-DC 联合治疗恶性肿瘤的临床试验病例还不多，确切疗效需进一步评估，其相关的采集接种流程见表 3-4，表 3-5，表 3-6。

表 3-3 DC-CIK 的抗肿瘤机制及适应证

抗肿瘤机制	适应证
DC 识别病原、激活获得性免疫系统，CIK 通过自身细胞毒性与分泌细胞因子杀伤肿瘤细胞，两者联合确保高效、协同完成免疫反应	肝癌、白血病、肺癌、胃癌、肠癌、肾癌、肾上腺癌、急慢性白血病、淋巴瘤、恶性黑色素瘤、鼻咽癌、乳腺癌、胰腺癌、前列腺癌、舌癌、甲状腺癌、食管癌、宫颈癌等

表 3-4 外周血单个核细胞采集工作流程

第一步，签署外周血单个核细胞采集知情同意书
第二步，嘱咐患者采集前 1d 晚上勿进食荤腥油腻，饮食以清淡素食为主
第三步，采集前 1d 与麻醉科联系，采集当日早上 8 时行桡动脉穿刺置管术，肝素封管后，病人及家属到采集室，签署采集知情同意书
第四步，采集当天早上急查血常规
第五步，采集收费，根据病人总的循环量确定单采收费，以 4 000ml 为基准

表 3-5 DC-CIK 免疫接种工作流程

第一步，采集后 7d 到治疗科室，签署免疫接种治疗知情同意书后行皮内或胸腔 DC 接种，采集后第 9 ~ 10 天行 DC-CIK 静脉输注
第二步，一般每月行上述接种治疗 1 次，共 4 ~ 8 次
第三步，若与化疗结合，接种时机应选择化疗后 2 ~ 5d 为宜
第四步，免疫接种治疗后需在血液科观察有无发热、过敏等不良反应，每 2h 记录血压、心率、体温等生命体征（至少 4 次）
第五步，体温高于 38.5℃，口服塞来西布（西乐葆）200mg
第六步，如有胸闷、气喘、血压改变，立即给予氢化可的松琥珀酸钠 100mg 快速静脉滴注，异丙嗪注射液 25mg 肌内注射
第七步，若有皮疹、瘙痒等，立即予异丙嗪注射液 25mg 肌内注射，持续皮疹予氯苯那敏等抗过敏药物治疗至皮疹消失

表 3-6 DC-CIK 血细胞单采及免疫治疗医嘱输入方法

血细胞单采	DC-CIK 免疫治疗
• 静脉留置针 1 根 留置静脉 1 次	• 异丙嗪注射液 12.5mg 肌内注射 DC-CIK 输注前 15min
• 3M 透明贴膜 1 张	• 细胞因子活化杀伤（DC-CIK）细胞输注
• 血细胞分离单采（治疗性单采）1 次	• 生理盐水 100ml 静脉滴注
• 血细胞分离单采（治疗性单采）加收 N 次	• 生理盐水 500ml × 2 支体外培养用
• 生理盐水 1 000ml 采集用	• 一次性使用无菌注射器 20ml × 2 支　体外培养用
• 血液保存液 500ml × 3 袋　采集用	• 一次性使用无菌注射器 1ml × 2 支　体外培养用 重组白细胞介素 -2（德路生）100 万 U × 1 支 体外培养用 重组人粒细胞巨噬细胞集落刺激因子（特尔立）150μg × 1 支（首次治疗时收取 1 次）

四、造血干细胞及其抗肿瘤作用

（一）造血干细胞

骨髓是一种海绵状的组织，存在于长骨的骨髓腔和扁平骨的稀松骨质间眼中，那些能够产生血细胞的骨髓呈红色，叫红骨髓，出生后造血干细胞主要来源于红骨髓，红骨髓在人体内随着年龄的增大，脂肪细胞的增多，逐渐被黄骨髓所代替，仅扁平骨的骨髓腔内有少量的存在。但当机体严重缺血时，一部分黄骨髓会被红骨髓代替，行驶造血功能，使骨髓的造血能力得到显著提高。

造血干细胞是一类具有多功能的干细胞，采用不对称分裂的方式，由一个细胞分裂为两个细胞。其中的一个细胞在体内可以完全复制自己，仍然保持干细胞的一切生物特性，这样就可以保持身体内干细胞整体数量的稳定性；另一个则进一步增殖分化为不同的血细胞系，释放到外周血中。这就是造血干细胞自我复制和定向分化的能力。

造血干细胞的来源较为广泛，主要有：骨髓造血干细胞、外周造血干细胞、脐带血造血干细胞以及胎盘来源的造血干细胞。我国中华骨髓库目前主要开展外周血造血干细胞采集。造血干细胞可以经血流迁移到外周血液循环中，不会因献血和捐献造血干细胞而损坏造血功能。捐献造血干细胞的供者年龄最好为 18 ～ 45 周岁，捐献者的严格禁忌证就是不能有血液传播病：如乙型肝炎、丙型肝炎、获得性免疫缺陷综合征等疾病。造血干细胞移植所要遵循的两个原则为：对于捐献者，不能因为捐献造血干细胞而影响自身的健康；对于受者，不能因为接受造血干细胞而增加新的不利因素。

目前临床上的输血就是利用了造血干细胞自我更新和定向分化的功能，当患者免疫系统受到抑制时，输入献血者的造血干细胞后，这些造血干细胞就可以在患者的骨髓中聚集起来，发挥它的分化增殖能力，从而修复由于应用放射或大剂量化疗药物后损伤的免疫系统，这是造血干细胞移植在血液学领域的进展，随着近几十年研究的深入，在治疗一些恶性血液病方面取得了最有效的成果，甚至达到了治愈的程度；由于移植免疫学的进展，人类造血干细胞移植在治疗一些免疫异常疾病、代谢性疾病以及遗传性疾病方面也进入到了一个崭新的发展阶段，它已成为细胞工程学中的重要组成部分；目前在全世界范围内进行造血干细胞移植治疗肿瘤，尤其是一些实体瘤，已经取得了高速率的发展。造血干细胞移植能在肿瘤中取得如此的突破，主要依赖于以下几点：①对造血干细胞扎实的基础研究。造血干细胞的分离、培养、定向扩增以及检测、鉴别技术已经日渐成熟，而对造血干细胞的靶向性改造是其治疗肿瘤的关键环节，通过对其进行基因修饰或免疫性能的改变，可以针对性的治疗肿瘤相关因素，促进了临床应用。②移植技术的飞速发展。移植前、移植、移植后的技术是否完善娴熟，直接影响到肿瘤的治疗效果。移植前，要充分做好准备工作，包括造血干细胞的动员和采集，要采集到足够多的细胞，并分离纯化，同时采用合理的预处理方案。在移植过程中要尽量避免感染，移植后防治各种近期远期并发症的发生，尤其是预防 GVHD。这些环节在近些年的研究中已经取得了显著的进步并逐渐规范化。③移植适应证的扩大。近年来，造血干细胞移植适应证范围的扩大，很多难治性疾病都取得了有效的尝试，年龄比例也在不断增加，使得一些中老年肿瘤患者通过造血干细胞的移植治疗获得了满意的疗效。④移植后的并发症及病死率的降低。以往移植技术的失败或者疗效不佳，多数是因为移植后复杂的并发症，最终甚至导致死亡。随着移植技术的不断完善发展，给医务工作者和患者都带来了巨大的信心，一些恶性肿瘤如霍奇金淋巴瘤等移植后存活时间呈递增趋势，疗效不断提高，为各种晚期肿瘤和癌症治疗提供了有力的支持。

（二）造血干细胞的抗肿瘤作用

造血干细胞移植具有抗肿瘤的作用，临床上应用此移植方式，已经在多系统的肿瘤中取得了一定的疗效。如各种类型的白血病、淋巴瘤等血液系统或免疫系统的肿瘤。应用造血干细胞移植，控制了肿瘤的发展，并有治愈的倾向。目前，肿瘤（尤其是恶性肿瘤）的治疗方法为手术治疗及术后化疗，化疗虽然有明显的效果，而且也是现在治疗的主要方法，但是复发性高，并且化疗给患者带来的副作用非常明显，随着化疗药物剂量的增加，药物对肿瘤细胞的杀伤程度也随之呈对数增加，同时对机体的免疫系统损伤很大。一些恶性肿瘤当超大剂量化疗、放疗后会引起严重的其他器官的损害甚至是致命的骨髓抑制。骨髓抑制的患者外周血白细胞、红细胞与血小板严重缺乏，如无有效治疗，往往死于严重感染与颅内出血。

造血干细胞移植解决了这一难点问题。首先对肿瘤患者施行根治性超剂量化疗、放疗，给予多个周期的大剂量化疗后，尽可能的杀伤肿瘤细胞、异常克隆细胞，阻断发病机制，然后再回输自体或异体造血干细胞以解救受抑制的骨髓，使其建立正常的造血和免疫功能，这样就可降低大剂量化疗引起的一系列毒副反应，并且能够提高患者对化疗的耐受程度，这样既可以使"治愈量"的大剂量化疗得以顺利进行，提高化疗效果，又可以达到杀伤肿瘤细胞的目的，同时避免正常骨髓受抑制带来的危险，提高了恶性肿瘤的缓解率，并可望使部分恶性肿瘤患者达到治愈。造血干细胞移植已广泛应用于化疗敏感的各型恶性肿瘤的治疗，并取得显著的疗效。

人类白血病是一种由造血干／祖细胞染色体变异或者渐进性改变而引起的恶性克隆性增生疾病，主要表现为在骨髓和其他造血组织中有大量增生的白细胞积聚，使正常造血受到抑制，引起一系列的临床症状。一直以来由于耐药与复发，成为很难治愈的顽症，尤其是急性白血病发病急，进展速度快，病死率高。造血干细胞的移植为该病的治疗提供了广阔的前景，造血干细胞移植技术已成为治疗恶性血液病的主要方法，并取得了显著的疗效。异基因的外周造血干细胞移植治疗白血病，是目前效果较好的一种方法，它与骨髓移植相比，具有植入快、免疫恢复快、移植相关病死率低以及复发率低的优点，安全可行，并且住院时间短暂，为白血病患者的治疗开辟了新的治疗途径。

恶性淋巴瘤是我国常见的恶性肿瘤，大体可分为霍奇金淋巴瘤和非霍奇金淋巴瘤两大类。目前对其治疗主要采用大剂量放化疗结合自体外周血干细胞移植（autologous peripheral blood stem cell transplantation，APBSCT）技术，此种方法已经逐渐取代了自体骨髓移植。应用APBSCT 治疗恶性淋巴瘤有一定的适应证：①对化疗药物敏感且复发率高的中高度恶性淋巴瘤；②弥漫性大细胞性淋巴瘤；③淋巴母细胞性淋巴瘤；④套细胞淋巴瘤；⑤复发难治的霍奇金淋巴瘤；⑥初次治疗取得疗效，但仍未达到缓解的中度恶性淋巴瘤；⑦进展期的低度恶性非霍奇金淋巴瘤；⑧进展期 NK/T 细胞淋巴瘤；⑨成年人 T 细胞性淋巴瘤白血病。

多发性骨髓瘤是一种起源于 B 淋巴细胞的浆细胞异常增生的恶性肿瘤，当浆细胞发生癌变时，就会复制产生许多恶性的浆细胞，这种被称为骨髓癌的细胞，聚集并侵犯多处骨头，形成多发性骨髓瘤。对于多发性骨髓瘤的治疗，采取联合有效的初治，然后给予造血干细胞的移植后的巩固治疗，可以诱导细胞遗传学或分子学的缓解，对多发性骨髓瘤患者的长期生存至关重要，是根治本病的唯一方法。

近年来，外周血造血干细胞移植（peripheral blood stem cell transplantation，PBSCT）主要被应用于一些实体瘤的治疗，其中包括小细胞肺癌。小细胞肺癌是一种高度恶性的实体瘤，并且对化疗药物敏感，存在着剂量和效应关系。以往单纯的常规化疗和（或）合并放疗、手术治疗效果欠佳，应用 PBSCT 技术联合高剂量化疗治疗小细胞肺癌的效果更为明显，可使被化疗药物摧毁的骨髓功能尽快回复，减少了高剂量化疗的毒副作用，可以提高小细胞肺癌患者的缓解率和生存率，已经成为临床治疗小细胞肺癌的崭新模式。

关于造血干细胞移植，目前有自体骨髓移植、异基因骨髓移植、非清除性异基因骨髓移植以及自体或异体外周血干细胞移植、脐血移植等。以往骨髓造血干细胞移植技术是治疗肿瘤、恶性血液病等难治性疾病的最有效方法之一，但是由于这些疾病呈快速增长的趋势，尤其是白血病，且发病年龄 50% 都是 15 岁以下的儿童。最理想的造血干细胞的移植是同卵双生子，因为他们有完全相同的遗传物质，不但移植效果好，而且排斥反应小。但双胞胎毕竟是少数，而同胞间的人类白细胞抗原的相配率为 25%，从同胞中选取骨髓移植同样效果好，但随着家庭范围的缩小，使得造血干细胞的供者相当有限，且配型概率极低，众多等待移植的病人仍然需要非血缘关系的造血干细胞的捐献。近年来对脐血造血干细胞的研究解决了这一难题。脐血来源相对广泛，容易获得，最重要的是对供者没有身体上的影响，并且它的配型成功率要远远高于骨髓的，我们能把脐血变废为宝，为肿瘤患者带来福音。随着造血干细胞移植技术的更深入研究，肿瘤临床治疗的更广泛需求，外周血干细胞移植的优势也被挖掘出来。外周血干细胞移植利用化疗药物和（或）动员剂使外周造血干细胞增多并收集，获取方法简便易操作，并且不需要多部位的骨髓穿刺和麻醉，减少了供者的额外损伤，在移植之后，造血和免疫重建较快，减少了抗生素的大量使用及成分输血的应用，不但降低了费用，还给患者带来了最小的痛苦，已经成为目前干细胞移植最常用的方法。

在正常人的血液中，外周血造血干细胞与骨髓造血干细胞在数量和性质上都是有所不同的。$CD34^+$ 的细胞在外周血的含量明显低于骨髓的，仅占单核细胞的 0.01% ~ 0.1%，如果经过动员之后，外周血 $CD34^+$ 细胞明显增多，占总的有核细胞的 0.93%，这时基本接近骨髓中的含量。而未经过动员的外周血 $CD34^+$ 细胞，其含量与集落生成之间有着紧密的联系。因为当给予集落刺激因子动员后，外周血中的 $CD34^+$ 细胞的含量可增加数十倍，其中原始造血干／祖细胞的比例也明显增加，其产率明显高于骨髓，既含有成熟的造血祖细胞，又含有原始的造血干／祖细胞，与骨髓的增殖能力相似甚至高于骨髓。因此，外周血干细胞的动员就成为了 APBSCT 治疗的关键，动员的目的就是能采集到足够数量的造血干细胞，充分保证移植后造血稳定重建，如果不进行动员，就得需要 8 ~ 14 次的单采才能获得移植所需要的数量，而动员之后，单采次数大大减少，即能获得足够量的细胞。目前，越来越多的外周血干细胞动员剂被应用于临床，最常用的动员剂为颗粒细胞集落刺激因（G-CSF）、颗粒-巨噬细胞集落刺激因子（GM-CSF），而 G-CSF 比 GM-CSF 更有效，并且没有 GM-CSF 激活淋巴细胞的不良作用，已被临床广泛使用。动员的外周血干细胞以 $CD34^+$ 为特征，需要每日给药并连续监测外周血白细胞的技术，外周血造血干细胞的升高时间往往要达 5d 左右。如何充分合理的应用动员剂，已经成为造血干细胞移植治疗肿瘤的关键环节，干细胞动员随之成为干细胞研究的热点。

造血干细胞移植治疗肿瘤能否成功不仅取决于采集到的干细胞数量，还有干细胞能否顺利归巢、植入等关键因素。造血干细胞的归巢主要是指造血干细胞经过静脉移植后，通过外周血的循环进入到受体，利用分子之间复杂的相互作用，介导造血干细胞在骨髓内识别与定位，即在骨髓内“定居”下来，从而发挥造血重建功能。造血干细胞移植能够用于放、化疗后的造血重建，主要是因为造血干细胞在植入后，可归巢到骨髓等造血组织，进行增殖分化，产生不同的造血细胞，从而行使造血功能。造血干细胞归巢的过程较为复杂，大致分为三步：①移植的造血干细胞滚动黏附于骨髓血窦内皮；②黏附逐渐趋于稳定，并穿行内皮；③到达血管外的骨髓微环境，大量增殖分化，发挥其重建造血的能力。多方面的机制共同作用，使其完成成功归巢的过程。其中骨髓微环境、一些相关的细胞因子及信号途径都参与其中，协助归巢的顺利进行，从而为造血干细胞移植治疗肿瘤提供了良好的环境。

造血干细胞移植后，虽然部分患者会出现复发和转移，但是通过移植后淋巴细胞的免疫重建，可以应对这一问题，因此，免疫重建能否成功，影响到移植后免疫功能的状态以及免疫治疗对于体内残留的肿瘤细胞清除能力。免疫重建主要是细胞和体液两种类型的重建，具体包括：① B 细胞的免疫重建；② T 细胞的免疫重建；③免疫系统中有效抗原的表达，这主要体现在，当进行超大剂量化疗后仍有少部分的残存肿瘤细胞存在时，机体的抗肿瘤效应如何得以发挥；④凋亡在免疫重建中的调节作用，在免疫系统中，淋巴细胞的发生、选择、功能发挥以及及时终止与凋亡之间有着紧密的关联。凋亡调节着免疫细胞群的合适比例，因此，在造血干细胞移植后的免疫重建过程中，细胞的数量及功能状态的稳定性要靠淋巴细胞的凋亡来维持。目前，随着移植后免疫重建问题逐渐成为研究热点，关键的环节集中到如何促进淋巴细胞有效稳态的增殖，这要根据移植后体内各个淋巴细胞系中细胞的数量和功能来判断，最终达到最大程度地杀伤残留的肿瘤细胞，促进机体对肿瘤细胞的免疫应答，为临床造血干细胞移植治疗肿瘤提供有力的支持疗法，提高移植的成功率及肿瘤的治愈率。

造血干细胞移植治疗肿瘤在未来10年将会有更广泛的发展空间，随着恶性以及非恶性肿瘤患者自身造血干细胞的损伤，造血干细胞移植治疗将呈现大量增长的趋势。同样，其他一些可以危及生命的疾病也同样依赖于这种治疗方式。但是，造血干细胞在移植后容易复发，以及引起一些不良反应及并发症，尤其是移植物抗宿主病（graft-versus-host disease，GVHD），应该受到高度重视。GVHD，是一种免疫现象，多发生于异体的HFSC移植后，受体中含有供体移植物中所没有的组织相容性抗原，因此会发生特异的免疫反应，这是移植的主要障碍，多发生在接受了造血干细胞移植的癌症患者身上，是常见的致命并发症。为了解决这一弊端，近年来已经研究出很多种新的措施针对GVHD，减少其发生，提高造血干细胞移植的成功率。Wang Y等（2011）研究发现，低剂量的甲氨蝶呤联合其他免疫抑制药可以作为GVHD的一线用药；又有新的研究发现，环孢素A联合甲氨蝶呤以及30天低剂量的吗替麦考酚酯成为GVHD有效的预防性治疗药物；Zhao F等（2011）在动物模型中研究发现，骨桥蛋白可以促进自身反应性$CD8^+$的T细胞向宿主器官聚集并渗透进入宿主器官，那么通过阻断骨桥蛋白可以减少这种自身反应性$CD8^+$的T细胞介导的GVHD的发生。随着对GVHD不断深入的研究，解决HFSC移植并发症的技术越来越成熟，为临床上造血干细胞移植治疗肿瘤提供了更美好的前景。

五、间充质干细胞及其抗肿瘤作用

（一）间充质干细胞

间充质干细胞来源广泛，我们可以从骨髓、脂肪、肌肉、胰腺、皮肤、肺等多处器官组织以及羊水、脐带血中分离得到，骨髓是其主要来源，但由于骨髓随着年龄的老化，干细胞数目逐渐降低，再加上骨髓取材不变，易引起损伤，使得骨髓来源的间充质干细胞在临床应用方面受到了诸多的限制。而胎盘和脐带组织来源的间充质干细胞弥补了这一缺陷，有望成为具有更大应用潜能的骨髓间充质干细胞的替代物。

间充质干细胞形态上均呈长梭样生长，类似于成纤维细胞，在体外连续传代培养40代左右并且经过反复冷冻保存复苏后仍能保持稳定的干细胞表型和多向分化的潜能。其表面标记物主要有：CD105、CD73、CD44、CD71、CD90、CD166以及基质细胞抗原（STRO-1）等，不表达CD14、CD34、CD45、HLA-DR。通过表面标记物的检测以及成脂、成骨、成软骨的多向分化潜能的观察，可以对间充质干细胞进行鉴定。

间充质干细胞和造血干细胞虽然都来源于骨髓，但其功能和细胞生物学特性并不相同。造血干细胞主要分化为血液系统的各种细胞，而间充质干细胞主要分化为结缔组织和间质细胞。在特定条件下，间充质干细胞也可以跨胚层分化为上皮细胞等其他组织类型的细胞，所以在细胞移植治疗和组织工程方面有广泛的应用，可作为理想的种子细胞用于衰老和病变引起的组织器官损伤修复，如皮肤、骨、软骨、脑神经组织、心肌等的修复。

由于其能稳定表达转染到细胞内的目的基因，通过转基因或基因修饰，可以作为基因治疗的载体细胞，在临床上广泛应用，如治疗血友病、脑梗死及骨缺损等，已成为理想的基因治疗的种子细胞。

间充质干细胞的免疫抑制作用，使其用于器官或组织移植时，可以降低移植排斥反应，间充质干细胞的植入可以替代有缺陷的骨髓。间充质干细胞是骨髓微环境的重要组成部分，具有支持造血的功能，间充质干细胞与造血干细胞联合输注可治疗血液病、免疫系统疾病及肿瘤，并能提高造血干细胞的移植成功率。

间充质干细胞除了具有造血支持、免疫调节和多向分化（分化为骨、软骨和脂肪）的特性外，间充质干细胞还具有特异性地迁移到损伤部位和肿瘤组织的特性。基于间充质干细胞的归巢能力，运用载体将它经过修饰，转入与肿瘤发生发展的相关基因或蛋白，能够大大提高抗肿瘤的有效性。

（二）间充质干细胞的抗肿瘤作用

间充质干细胞在体内具有向肿瘤部位定向迁移的能力，即间充质干细胞的归巢。这种定向迁移能力在肿瘤的治疗中非常重要，使它们对于宿主肿瘤细胞具有靶向性调节作用。间充质干细胞的这种特性，已经在体内和体外动物实验中得到证实。能介导肿瘤靶向性的载体有许多种，而间充质干细胞能成为目前研究的热点，因其具有自身独有的特点。肿瘤表面标记物有很多种类型，间充质干细胞与其他载体相比，能够识别更多的肿瘤表面标记；而肿瘤细胞分泌功能旺盛，可以分泌较多的趋化因子或细胞因子，主要包括血管内皮细胞生长因子、成纤维细胞生长因子、转化生长因子、血小板来源的生长因子、单核细胞化学引诱物、白细胞介素-8等，这些因子与它们相应的受体之间相互作用，这样可以促进间充质干细胞更好更快捷地向肿瘤进行定向移动，并且“定居”于肿瘤周围或内部，并进入到肿瘤微环境内，行驶抗肿瘤的能力，间充质干细胞的这种特性使其有望成为肿瘤靶向性治疗的理想载体。

间充质干细胞与肿瘤微环境之间存在复杂的相互作用：一方面，间充质干细胞可直接作用于肿瘤细胞，抑制其生长；另一方面，间充质干细胞还可作为细胞载体，传递和表达多种抗肿瘤分子。一般抗肿瘤药物进入机体后，都会作用于全身系统，而间充质干细胞释放的一些抗肿瘤分子只是聚集到肿瘤病灶，并不释放到全身系统，这样就减少了全身毒副作用的不良影响，达到抗肿瘤作用。有研究者发现，当外源性的间充质干细胞进入机体后，这些细胞优先聚集于肿瘤组织，在这些肿瘤组织中完成增殖分化，存活下来并整合到肿瘤组织中，作为前体细胞来修复病变组织；这些间充质干细胞还可以靶向地进入到微小肿瘤的病灶内并增殖分化，成为肿瘤基质的重要组成部分，更好的发挥抗肿瘤作用。因此，间充质干细胞有望成为新的抗肿瘤治疗的策略。

间充质干细胞除了具有肿瘤靶向性的能力，其作为肿瘤基因治疗的载体同样也成为研究者关注的对象。将其进行基因修饰或调节，为肿瘤的靶向性治疗提供基因调控水平的机制研究。例如，过量表达干扰素-β的间充质干细胞与肿瘤细胞共培养能够抑制其生长，在小鼠模型中过量表达干扰素-β的间充质干细胞能够迁移到肿瘤部位并抑制其生长和转移。

前面已经提到，大剂量放化疗药物联合造血干细胞移植可以有效治疗多个系统的肿瘤疾病，为了更好的发挥造血干细胞移植治疗肿瘤的作用，减少并发症的发生，研究者将间充质干细胞引入其中，在移植过程中，同时输注间充质干细胞，可以起到更满意的治疗效果。

间充质干细胞是来源于早期中胚层的多潜能干细胞，自身具有众多优点参与体内各种疾病的治疗，尤其是在参与造血过程中起到了不可替代的作用。间充质干细胞是造血微环境的主要成分，造血微环境的稳态是维持机体正常造血能力的关键因素，如果微环境的稳态失衡或由于疾病而引起损伤，将会给机体带来严重的不良后果，而这个稳态环境的维持间充质干细胞发挥了重要功能。间充质干细胞具有造血、调节免疫以及低免疫原性的特点，能分泌多种支持造血的细胞因子，这些细胞因子在造血微环境形成以及造血调控中起着非常重要的作用。

在一些恶性肿瘤的移植治疗前，预处理所应用的超大剂量化疗药物，会给机体带来严重损伤，可损坏骨髓基质，虽然造血干细胞移植后，可以使受抑制的骨髓重建造血功能，但这种力量还是很薄弱的，因为毕竟损坏了的骨髓基质，很难重建，这样就会反过来阻碍干细胞的植入，降低移植效率，而多项研究表明，输注间充质干细胞可以重建骨髓微环境，促进移植后造血干细胞的植入。在大量的基础以及临床研究当中，自体移植、异基因全相合或单倍体相合移植过程中，间充质干细胞均被证实能够支持造血并促进干细胞植入，能明显改善因肿瘤而引起的骨髓微环境的损伤状态。例如在乳腺癌的治疗中，接受高剂量化疗联合自体造血干细胞移植，同时输注间充质干细胞，观察发现输注后无毒性反应发生，间充质干细胞能够促进造血干细胞的植入和分化，促进移植受体的造血重建，提高移植效率。

在动物肿瘤模型当中，单纯移植造血干细胞的小鼠，移植后在体内只形成短暂的植入，由于时间有限，达不到治疗效果；而间充质干细胞与造血干细胞共同输注的小鼠，移植的干细胞可长久植入，充分发挥其治疗肿瘤的作用。

在治疗急性髓细胞白血病患者中，采用单倍体相合外周造血干细胞联合体外扩增的骨髓间充质干细胞共同移植治疗后，患者的造血得到了快速重建，远比未输注间充质干细胞的治疗更有效。

很多白血病患者，在自体骨髓移植多年后造血功能仍然恢复的不好，这给患者带来了很多的痛苦，疾病迁延不愈，输入 HLA 不合同胞的骨髓来源的间充质干细胞后，白细胞以及血小板都得到了不同程度的恢复，这为移植患者带来了福音。

间充质干细胞与造血干细胞联合移植为临床治疗肿瘤开辟了崭新的领域，提高了移植治疗的安全性，减少了排斥反应、异位组织形成等不良反应。

间充质干细胞还具有抑制 T 细胞活性的功能，在骨髓移植过程中，经常会有相容性白细胞抗原错配的发生，如果提前输入异体间充质干细胞，作为免疫调节细胞疗法，可以预防 GVHD 的发生。

GVHD 往往出现在造血干细胞移植后，是严重的并发症，占总并发症的 20% ~ 60%，分为急性、慢性两种。传统对于 GVHD 的治疗多数针对于 T 细胞，通过体外 T 细胞清除法，将移植物中的供者 T 细胞去除，也可利用体内 T 细胞清除法，对 T 细胞的抗体进行处理，同时应用免疫抑制药物对 GVHD 进行治疗。而间充质干细胞的输注可以有效降低 GVHD 的发生，无论是造血干细胞的移植还是异基因的骨髓移植，联合间充质干细胞的输注，可以明显降低急慢性 GVHD 的发生率和严重性，生存率也明显高于未经过间充质干细胞输注的患者。其降低 GVHD 的机制尚不十分清楚，主要还是与间充质干细胞的免疫调节功能相关。间充质干细胞的这一功能，为临床干细胞移植治疗肿瘤，减少严重并发症的发生提供了强有力的支持治疗。

间充质干细胞在治疗肿瘤过程中需要注意的是，间充质干细胞的免疫抑制特性具有其两面性，间充质干细胞对某些肿瘤细胞表现出抑制作用，而对某些肿瘤细胞则表现出促进作用。它既可以促进肿瘤细胞的生长，也可以分化、整合成为肿瘤血管的周细胞，分泌多种前血管生长因子，在一定程度上促进血管的生成，为肿瘤细胞提供充足的血液，促进肿瘤细胞的生长，继而导致肿瘤的发生和发展。间充质干细胞所具有的两面性，可能与间充质干细胞自身缺乏特异性有关，间充质干细胞具有多样化的分化潜能以及分泌功能，当与不同的肿瘤细胞相互作用时，可能会发生不同的变化，表现出不同的结果。所以用间充质干细胞治疗肿瘤时，应当采取谨慎的态度。

第三节 细胞移植治疗肿瘤的临床应用

一、免疫细胞治疗肿瘤

（一）DC-CIK 治疗结肠癌

以首都医科大学附属北京安贞医院何平等报道的 DC 治疗结肠癌的临床报告为例。

1. *病例选择* 2005-2007 年北京安贞医院普外科收治的经病理学诊断确诊的原发性结肠癌并行根治术后的患者 28 例，其中男性 19 例，女性 9 例；年龄 48 ~ 76 岁，平均 62 岁。患者术后均诊断为 Ducks B 期或 C 期，均接受根治性手术治疗。术后半年内每月接受 1 个疗程的化疗，方案为奥沙利铂 100 ~ 150mg/1d+ 亚叶酸钙 100 ~ 200mg/5d+5- 氟尿嘧啶 0.5 ~ 0.75g/5d。患者完全随机分为试验组 8 例和对照组 20 例，所有患者签署知情同意书。研究获本院伦理委员会批准。

2. *负载结直肠癌细胞抗原的树突状细胞制备*

（1）分离纯化 DC：将试验组结直肠癌患者的抗凝外周血 40ml 用磷酸盐缓冲溶液（PBS）以 1∶1 的比例稀释后沿离心管壁缓慢加到淋巴细胞分离液（Ficol-Hypaque 液）上，1 000r 离心 20min。取白膜层细胞，用 D-Hanks 液洗涤 2 次。用 pH7.0 的 RPMI-1640 培养液洗涤 1 次，制成细胞悬液。置于 24 孔细胞培养板中，在 5%CO_2、37℃孵箱中培养 2h，倾出培养液，再用 RPMI-1640 培养液洗 2 次，除去非黏附细胞。取黏附细胞，用 RPMI-1640 轻洗，用 Percoll 液密度梯度离心。取35%～50%界面层细胞。用D-Hanks液洗涤2次，用RPMI-1640液洗涤1次，备用。用抗体包被塑料表面分离法（Panning法）进一步纯化DC：将人Ig（10mg/ml）加入克隆板孔中（1ml/孔，30min），然后倾出人Ig，用冷PBS液洗2次，将备用的细胞悬液加入克隆板孔中（4℃，1h），轻轻吹打，收集非黏附细胞。加入含巨噬细胞-粒细胞集落刺激因子（GM-CSF）100μg/ml，白细胞介素（IL）-4 10μg/ml培养液，持续培养。

（2）结直肠癌抗原制备：留取自体结直肠癌组织，剪碎，裂解后收集结直肠癌细胞，用超声细胞破碎仪粉碎，收集结直肠癌细胞碎片作为结直肠癌抗原。

（3）负载结直肠癌细胞抗原的DC（APDC）的制备：将培养的DC调整到1×10^5/ml，与上述结直肠癌抗原置于37℃、5%CO_2温箱内共同培养2d。

3．体外CTL和CIK的制备

（1）淋巴细胞的分离培养：将试验组结直肠癌患者的抗凝外周血40ml用PBS以1∶1的比例稀释后沿离心管壁缓慢加到淋巴细胞分离液（Fico-Hypaque液）上，1 000r/min，离心20min分离淋巴细胞，用PBS液洗涤2次后，用含15%RPMI-1640培养液重悬培养。

（2）DC诱导T淋巴细胞增殖分化为CTL：将致敏的DC 1×10^5/ml与淋巴细胞1×10^6/ml 1∶1混合，置于37℃、5%CO_2温箱内共同培养72h后，收集培养后的CTL，RPMI-1640培养液稀释后备用。

（3）CD3单抗和细胞因子应激诱导产生细胞因子诱导的杀伤细胞（CIK）：将淋巴细胞中加入CD3单抗、CD28单抗和IL-2，置于37℃、5%CO_2温箱内培养72h后，收集培养后的淋巴细胞（CIK），RPMI-1640稀释后备用。

4．临床治疗　试验组患者术后1周开始肿瘤免疫治疗：将制备好的APDC浓度调节为1×10^5/ml，在表浅淋巴结周围皮内多点注射，每处注射0.5ml；将制备好的体外CTL进行腹腔内注射，将制备好的CIK经静脉回输体内。这种联合治疗方式每周1次，持续3周。肿瘤免疫治疗2周后患者开始化疗，连续6次。对照组的患者除了化疗，不采用其他方式的生物治疗。

随访：术后每3个月复查血常规、肝肾功能、全腹部B型超声及外周血癌胚抗原1次，当怀疑有肿瘤复发或转移时，进一步行腹部CT、肠镜及活组织检查，术后随访至2010年1月或随访至患者死亡止。

5．疗效及安全性

（1）安全性评价：DC瘤苗接种后，2例患者出现发热，体温37.3～38.3℃，未予特殊处理体温降至正常。1例患者在疫苗注射第4天出现直径约为1.5cm的皮肤红晕，红晕2d后自行消退。未观察到自身免疫性疾病的发生。

（2）随访结果：至随访截止日期，试验组8例患者出现肿瘤复发1例，远处转移1例，复发合并转移1例，死亡2例。对照组20例患者出现肿瘤复发4例，远处转移3例，复发合并转移4例，死亡9例。

（3）生存率：试验组患者3年无瘤生存率为75.0%，对照组为55.0%。通过3周的DC瘤苗治疗后，结肠癌根治术后的3年无瘤生存率提高20%以上。

（二）CIK治疗鼻咽癌患者

1．病例选择　经手术、放疗或化疗的患者，常规治疗结束1个月后。患者签署知情同意书，愿意采用CIK细胞继续进行肿瘤治疗。

2．仪器与试剂　CO_2培养箱；生物安全柜；流式细胞仪；血细胞分离仪；无血培养基。

3．细胞采集与体外扩增　用血细胞分离机封闭式管道采集单个核细胞，无血清培养基调整细胞数为1×10^6/ml，第1天加入rhIFN-γ 1 000U/ml，培养24h后加入rhIL-2 300U/ml，rhIL-1 300U/ml及OKT 350ng/ml继续培养，每隔4d更换培养基。调整细胞数为1×10^6/ml，补加rhIL-2 300U/ml，每8小时在补加rhIL-2的同时补加OKT 350ng/ml，2周开始收集CIK细胞，生理盐水洗涤3次，加入10%人血白蛋白，用生理盐水配成100ml细胞悬液后静脉回输，每天回输1次，分3d输完，每次回输，细胞数在（2～6）$\times10^6$以上，回输前经细菌、真菌和支原体检测均为阴性。

4．临床观察和检测　观察细胞悬液回输时患者的不良反应，按照WHO统一标准评价毒性。采用流式细胞仪检测患者放化疗前 1 周以及 CIK 治疗前后 2 周免疫指标（T 细胞亚群、B 细胞和 NK 细胞）。IL-2 和 IFN-γ 细胞因子代表 Thl 细胞，IL4 和 IL-10 细胞因子代表 Th2 细胞。检测健康者相应免疫指标。

患者有时会出现面部潮红伴轻微烦躁感，但一般无发热、皮疹及其他不良反应。

（三）DC-CIK 治疗白血病

以北京军区总医院陈霞等进行的 DC-CIK 治疗白血病的临床报告为例。

1．*病例选择* 15 例急性白血病患者，男 9 例，女 6 例；年龄 19 ～ 61 岁，中位年龄 37 岁。诊断均符合有关标准，其中 M1 型 1 例，M2 型 8 例，M4 型 2 例，M5 型 4 例。

2．*DC 及 CIK 制备* 取患者外周血 20ml，分离培养后洗去非贴壁细胞，用 GM-CSF/IL-4 培养 $CD34^+$ 造血干细胞分化成熟的 DC，再通过 CS-3000 血细胞机分离患者循环血液 5 ～ 6L，采集有核细胞，分离制备的单个核细胞用 IFN-γ/IL-2 培养增殖制备出 CIK 细胞。

3．*治疗方案* 在患者各个浅表淋巴结区，皮下注射白血病细胞致敏的 DC 细胞（10^6/ 次），2 ～ 3d 1 次，共 6 次。CIK 回输时用生理盐水配成 100ml，2 ～ 3d 回输 1 次，分 3 ～ 4 次输完，每次回输细胞计数在 10^9 以上。

4．*治疗效果* 15 例患者中 3 例获得完全缓解，原始幼稚细胞比例有下降 8 例，无效 4 例。7 例患者外周血中 $CD3^+$、$CD4^+$ 和 $CD8^+$ 细胞比例在 DC 和 CIK 治疗后有明显提升。DC 皮下注射后未见全身反应，4 例注射局部有轻度红肿、疼痛感，3 例注射局部有痒感，均可耐受，未处理，自行消失。CIK 细胞回输过程中及回输后，患者均存在不同程度的发热，一般在回输后 1 ～ 2h 出现，持续 5 ～ 24h，治疗后 1 周左右也存在持续低热。DC 和 CIK 治疗后所有患者自觉症状改善，体质量增加。

（四）免疫细胞移植治疗肿瘤的护理

1．*采血前* 应提前做好病人的各项评估，包括病情、意识状态、生命体征、正在进行的治疗、静脉充盈情况、理解及合作能力。护士应主动关心病人，向他们介绍细胞治疗的原理、方法及注意事项，反复向病人及家属宣教有关知识，鼓励病人战胜疾病的信心，消除不良情绪，积极配合治疗。

采血前 2 ～ 3d 勿吃油腻食物，以高蛋白、高维生素、高热量、低脂肪饮食为宜，应遵医嘱口服钙片。告知病人采血前用热水浸泡四肢，采血时取平卧位，使静脉扩张，以便于采血。如果病人在采血过程中有头晕、乏力、心慌等不适情况要及时告知医务人员，并嘱病人采血前适当饮用温开水。采血前要排空大小便。

2．*采血时* 操作前、操作中充分与病人沟通，安慰鼓励病人，消除紧张情绪，防止发生血管痉挛现象。由医生开出医嘱后，经 2 人核对医嘱，然后通知采血中心配合采血。采血时认真核对，严格无菌操作，选择粗大弹性好的静脉，保证采血通畅，避免速度过快，以防血管负压过大，血流不畅，致采血量不足。

3．*采血后* 采血过程结束拔管后，应立即按压穿刺点，按压时间以 5 ～ 10min 为宜，必要时进行包扎，并用沙袋压迫。回房后卧床休息 6 ～ 8h，多观察穿刺点、有无出血情况，及时告知病人要合理饮食，生活应有规律，避免感冒，等待回输细胞。

4．*回输时* 细胞回输前 10min 肌内注射苯海拉明 20mg，回输时速度由低速逐渐加快，约 30min 输完。回输过程中摇匀细胞，最后冲管。在整个治疗过程中，应严格掌握无菌操作，密切关注治疗后反映及时处理不良反应，同时做好心理护理，对配合治疗，提高疗效十分重要。

二、干细胞治疗肿瘤

（一）外周造血干细胞的采集流程

1．*材料* 血细胞单采分离机、血液分析仪、荧光显微镜用于 CD 细胞计数、末梢血涂片的准备，用于瑞氏染色后进行白细胞分裂。

2．*造血干细胞采集前的动员* 骨髓造血干细胞动员的最佳时间一般在计划采集造血干细胞移植前 5d 进行，采用较常用动员剂粒细胞（或粒 - 单）集落刺激因子（G-CSF）5μg/（kg · d）连续 5d，促进骨髓干细胞增殖、分化、释放入血。

3．*动员后白细胞计数* 动员后每天的上午、下午各测 1 次白细胞计数和分类，绘制曲线图，观察白细胞总数、中间细胞数、淋巴细胞上升的峰值，分类着重计数中性粒细胞中的杆状核以上的幼稚细胞。

4．*免疫抑制药的使用情况* 受体一般在接受干细胞移植前的第8天开始使用免疫抑制药，到第5天时再增加免疫抑制药的数量，一般要受体白细胞在造血干细胞移植前低于2.0×10^9/L，然后停止免疫抑制药的使用，等待接受干细胞移植术。

5．*外周血干细胞的采集* 动员后供体外周血白细胞总数达到（45～60）$\times10^9$/L，分群中间细胞达到10%～15%、淋巴细胞6%～10%，血液分析仪提示淋巴细胞、单核细胞、粒细胞分布不清楚，中间细胞＋淋巴细胞占20%以上，绝对值达10×10^9/L以上，当白细胞总数开始有下降的趋势，中间细胞＋淋巴细胞继续上升时，准备采集外周血造血干细胞，采集前1h，使用动员剂再加强1次。

采用血细胞单采分离机进行采集，所应用的程序为淋巴细胞（单核细胞）的采集程序，血流速度为60ml/min。分离过程中为供者血容量的3倍（10～13L），采集时间设定3h，采集单个核细胞（MNC）60～65g。

对采集的单个核细胞进行计数，总数一般可达（260～350）$\times10^8$/kg。涂片进行瑞氏染色镜检全部为单个核细胞，可以看到较多的幼稚细胞，幼稚细胞间接计数要达到（1.3～2.5）$\times10^8$/kg。

用荧光显微镜检测CD34$^+$细胞，要达到（15～20）10^6/kg，不能低于10×10^6/kg，否则植入的造血干细胞量太少。

（二）造血干细胞治疗多发性骨髓瘤

1．*病例选择* 21例多发性骨髓瘤患者，男13例，女8例，年龄35～65岁，中位年龄56岁。临床分型为IgG16例，IgA3例，IgD2例。

2．*造血干细胞移植前治疗* 移植前所有患者都进行化疗，化疗方案可选择：硼替佐米联合方案，长春新碱＋阿霉素＋地塞米松联合沙利度胺方案，美法仑＋泼尼松与美法仑＋卡氮芥＋环磷酰胺＋泼尼松方案。尽量选择最优化的化疗方案。

3．*造血干细胞动员采集、保存及回输* 采用动员剂（粒细胞集落刺激因子）进行造血干细胞的动员，用血细胞分离机持续采集2d，每次采集循环血量8 000～12 000ml。所有患者均采集到足够的造血干细胞。采集后的造血干细胞悬液加入等量的保护液（血浆和二甲基亚砜组成），二甲基亚砜终浓度10%，程序降温，–196℃液氮保存，回输时，40℃水浴中迅速解冻，回输造血干细胞。

4．*疗效评价* 23例患者行造血干细胞移植后，达到完全缓解的8例（34.8%），非常良好部位的缓解9例（39.1%），其余为部分缓解。应用硼替佐米诱导治疗的5例患者1例在移植前达到完全缓解，其余4例患者移植前为非常良好部位的缓解，移植后达到完全缓解的患者4例（80%），1例非常良好部位的缓解（20%）；其余患者移植后达到完全缓解的患者4例，完全缓解率22.2%，非常良好部位的缓解的患者8例，非常良好部位的缓解率44.4%。

（三）造血干细胞治疗淋巴瘤

1．*病例选择* T淋巴瘤病例20例，男14例，女6例，年龄11～56岁，中位年龄31岁。其中外周T细胞淋巴瘤7例，T淋巴母细胞淋巴瘤5例，间变T细胞淋巴瘤3例，皮下脂膜炎样T细胞淋巴瘤3例，NK/T细胞淋巴瘤2例。

2．*移植前预处理* 20例患者均采取初始诱导化疗方案，白细胞降至最低点并开始回升时使用应用干细胞动员剂粒细胞集落刺激因子，当白细胞计数＞（3.0～4.0）$\times10^9$/L时开始采集，细胞经程序降温仪冷冻，–196℃液氮冻存。移植前40℃快速复温，以台盼蓝拒染率计数活细胞比例。

3．*造血干细胞的移植* 自体外周血干细胞移植回输的单个核细胞（2.43～19.20）$\times10^8$/kg（中位数6.50×10^8/kg），CD34$^+$细胞（1.87～18.07）$\times10^6$/kg（中位数6.20×10^6/kg）。异基因造血干细胞回输的单个核细胞（2.10～11.00）$\times10^8$/kg（中位数7.01×10^8/kg），CD34$^+$细胞（1.94～6.83）$\times10^6$/kg（中位数5.40×10^6/kg）。以外周血中性粒细胞＞0.5×10^9/L，持续3d，未输注血小板的情况下血小板＞20×10^9/L，持续3d，视为造血功能重建。

4．*疗效评价* 20例患者移植后造血功能均顺利重建，干细胞回输后中性粒细胞恢复至 $0.5 \times 10^9/L$，需时 10.50±1.93d；血小板恢复至 $20 \times 10^9/L$，需时 12.05±3.03d。患者完全缓解 12 例，部分缓解和稳定 5 例，复发和进展 3 例（其中死亡 2 例，复发后存活 1 例），3 年疾病预期无进展生存率为 88%，无移植治疗相关死亡病例，复发率 15%。

（四）造血干细胞治疗乳腺癌

1．*病例选择* 选取60例高危乳腺癌患者，均为女性，中位年龄 46 岁，病理类型为原发性乳腺癌，没有远处转移。

2．*造血干细胞的移植* 外周血造血干细胞动员采用 CAF 化疗方案（环磷酰胺 + 表阿霉素 + 氟尿嘧啶）联合粒细胞集落刺激因子 5 μg/kg+ 粒巨细胞集落刺激因子 5 μg/kg；预处理大剂量化疗方案采用环磷酰 60mg/（kg · d）（第 1、2 天）+ 依托泊苷 350mg/（m^2 · d）（第 1 ～ 3 天）+ 卡铂 1 000mg/（m^2 · d）（第 1 天）。预处理结束后 48h 回输造血干细胞。

3．*疗效评价* 选 5 个时间点进行疗效评价，分别为移植前半个月、移植后 3 个月、移植后 1 年、移植后 3 年、移植后 5 年。评价结果显示，患者生活质量多数情况下在移植后 3 个月为最低点，此后随着时间的推移而逐渐升高，并逐步接近健康人水平。

（刘晋宇 王佃亮 吴春铃 刘菲琳）

参 考 文 献

[1] Cho W, Kim J, Cho KB, et al. Production of prostaglandin e (2) and i (2) is coupled with cyclooxygenase-2 in human follicular dendritic cells. Immune Netw, 2011, 11 (6) : 364-367

[2] Fu GF, Chen X, Hu HY, et al. Emergence of peripheral $CD3^+CD56^+$ cytokine-induced killer cell in HIV-1-infected Chinese children. Int Immunol, 2012, 24 (3) : 197-206

[3] Jung MY, Kim HS, Hong HJ, et al. Adiponectin Induces Dendritic Cell Activation via PLCγ/JNK/NF-κB Pathways, Leading to Th1 and Th17 Polarization. J Immunol, 2012, 188 (6) : 2592-2601

[4] Jung MY, Kim HS, Hong HJ, et al. Adi–ponectin Induces Dendritic Cell Activation via PLCγ/JNK/NF-κB Pathways, Leading to Th1 and Th17 Polarization. J Immunol, 2012, 188 (6) : 2592-2601

[5] Kroesen M, Lindau D, Hoogerbrugge P, et al. Immunocombination therapy for high-risk neuroblastoma. Immunotherapy, 2012, 4 (2): 163-174

[6] Li XD, Xu B, Wu J, et al. Review of Chinese clinical trials on CIK cell treatment for malignancies. Clin Transl Oncol, 2012, 14 (2): 102-108

[7] Linn YC, Hui KM. Cytokine-induced killer cells: NK-like T cells with cytotolytic specificity against leukemia. Leuk Lymphoma, 2003, 44 (9) : 1457-1462

[8] Martinez O, Leung LW, Basler CF. The role of antigen-presenting cells in filoviral hemorrhagic fever: Gaps in current knowledge. Antiviral Res, 2012, 93 (3) : 416-428

[9] Ocaña-Macchi M, Ricklin ME, Python S, et al. Avian influenza A virus PB2 promotes interferon type I inducing properties of a swine strain in porcine dendritic cells. Virology, 2012, 427 (1) : 1-9

[10] Pan X, Yao W, Fu J, et al. Telbivudine improves the function of myeloid dendritic cells in patients with chronic hepatitis B. Acta Virol, 2012, 56 (1) : 31-38

[11] Shurin MR, Gregory M, Morris JC, et al. Genetically modified dendritic cells in cancer immunotherapy: a better tomorrow? Expert Opin Biol Ther, 2010, 10 (11) : 1539-1553

[12] Wang QJ, Wang H, Pan K, et al. Comparative study on anti-tumor immune response of autologous cytokine-induced killer (CIK) cells, dendritic cells-CIK (DC-CIK) , and semi-allogeneic DC-CIK. Chin J

Cancer, 2010, 29 (7) : 641-648
[13] Wang JJ, Li YF, Jin YY, et al. Effects of Epstein-Barr virus on the development of dendritic cells derived from cord blood monocytes: an essential role for apoptosis. Braz J Infect Dis, 2012, 16 (1) : 19-26
[14] Zheng G, Schmieg J, Guan H, et al. Blastic plasmacytoid dendritic cell neoplasm: cytopathologic findings. Acta Cytol, 2012, 56 (2) : 204-208
[15] Comsa S, Ciuculescu F, Raica M. Mesen-chymal stem cell-tumor cell cooperation in breast cancer vasculogenesis. Mol Med Re-port, 2012, 5 (5) : 1175-1180
[16] Gratwohl A, Niederwieser D. History of hematopoietic stem cell transplantation: evolution and perspectives. Curr Probl Dermatol, 2012, 43: 81-90
[17] Bexell D, Scheding S, Bengzon J. Toward brain tumor gene therapy using multipotent mesenchymal stromal cells vectors. Mol Ther, 2010, 18, 1067-1075
[18] Gao P, Ding Q, Wu Z, et al. Therapeutic potential of hu-man mesenchymal stem cells producing IL-12 in a mouse xen-ograft model of renal cell carcinoma. Cancer Lett, 2010, 290 (2) : 157-166
[19] Babincova M, Babinec P. Magnetic drug delivery and targeting: principles and applications, Biomed. Pap. Med. Fac. Univ. Palacky Olomouc Czech Repub, 2009, 153: 243-250
[20] Cihova M, Altanerova V, Altaner C. Stem Cell Based Cancer Gene Therapy. Mol Pharmaceutics, 2011, 8: 1480-1487
[21] Momin EN, Vela G, Zaidi HA, et al. The oncogenic potential of mesenchymal stem cells in the treatment of cancer: directions for future research. Curr Immunol Rev, 2010, 6 (2) : 137-148
[22] Secchiero P, Zorzet S, Tripodo C, et al. Human bone marrow mesenchymal stem cells display anti-cancer activity in SCID mice bearing disseminated non-Hodgkin's lymphoma xenografts. Plos One, 2010, 5 (6): 111-140
[23] Yu-Lan Hu, Ying-Hua Fu, Yasuhiko Tabata, et al. Mesenchymal stem cells: A promising targeted-delivery vehicle in cancer gene therapy. Journal of Controlled Release, 2010, 147: 154-162
[24] Menon LG, Kelly K, Yang HW, et al. Human bone marrow-derived mesenchymal stromal cells expressing S-TRAIL as a cellular delivery vehicle for human glioma therapy. Stem Cells, 2009, 27 (9) : 2320-2330
[25] Gu C, Li S, Tokuyamma T, et al. Therapeutic effect of genetically engineerd mesenchymal stem cells in rat experimental lepomeningeal glioma model. Cancer Lett, 2010, 291 (2) : 256-262
[26] Kohn DB, Condotti F. Gene therapy fulfilling its promise. N Engl J Med, 2009, 360: 518-521
[27] Taniguchi S, Fujimori M, Sasaki T, et al. Targeting solid tumors with non-pathogenic obligate anaerobic bacteria. Cancer Sci, 2010, 101 (9) : 1925-1932
[28] González MA, Gonzalez-Rey E, Rico L, et al. Treatment of experimental arthritis by inducing immune tolerance with human adipose-derived mesenchymal stem cells. Arthritis Rheum, 2009, 60 (4) : 1006-1019
[29] Sioud M, Mobergslien A, Boudabous A, et al. Evidence for the involvement of galectin-3 in mesenchymal stem cell suppression of allogeneic T-cell proliferation. Scand J Immunol, 2010, 71 (4) : 267-274
[30] Cartier N, Aubourg P. Hematopoietic Stem Cell Transplantation and Hematopoietic Stem Cell Gene Therapy in X-Linked Adrenoleukodystrophy. Brain Pathology, 2010, 20: 857-862
[31] Balyasnikova IV, Ferguson SD, Sengupta S, et al. Mesenchymal stem cells modified with a single-chain antibody against EGFRv III successfully inhibit the growth of human xenograft malignant glioma. Plos One, 2010, 5 (3) : 9750

第 4 章 细胞移植治疗自身免疫性疾病

第一节　自身免疫性疾病的发病机制

一、概述

人体的免疫系统具有识别“自己”与“非己”抗原物质的能力。免疫调节网络涉及体液免疫、细胞免疫、免疫细胞因子、神经、内分泌和代谢等。在正常情况下，免疫调控网络处于动态平衡中。免疫系统主要针对外来病原、移植物等产生免疫应答反应，对自身组织抗原不产生免疫应答，或只产生极微弱的免疫应答反应，对自身抗原具有耐受性，不会对自身组织造成损伤。在某些情况下，自身免疫耐受性遭受破坏，免疫系统对自身组织成分会产生明显的免疫应答反应；若产生了针对自身组织成分的抗体或致敏淋巴细胞，就会导致自身免疫反应，造成组织损伤和器官功能障碍。轻微的自身免疫反应对维持组织器官的正常结构与功能有积极意义，可以清除体内衰老凋亡、退变的细胞或发生突变的肿瘤细胞成分，并且对免疫网络的平衡起着调节作用，超越了生理限度或持续过久的自身免疫反应使自身细胞或组织不断受到攻击则可导致自身免疫疾病的发生。

自身免疫性疾病（autoimmune disease）是指由机体自身产生的抗体或致敏淋巴细胞破坏、损伤自身的组织和细胞成分，导致组织损害和器官功能障碍的原发性免疫性疾病。自身免疫损伤可能是全身性的多器官、多组织损伤，也可能是器官或组织特异性的损伤，属于临床常见而又难治的疾病。关于自身免疫性疾病的治疗，目前临床主要采取免疫抑制及对症治疗方法，这些方法可以在一定程度上缓解症状，但强烈的免疫抑制又可能导致对外来抗原的抵抗和清除能力下降，容易诱发感染并发症等。理想的治疗措施应该是调节免疫平衡，特异性地抑制针对自身组织或细胞抗原的免疫反应，促进损伤组织的修复和提高对外来抗原的免疫反应能力。近年来的研究发现，间充质干细胞（mesenchymal stem cell，MSC）具有较强的免疫调节能力，同时还有良好的促进损伤修复潜能。虽然详细作用机制尚不清楚，但一些关于自身免疫性疾病的动物模型治疗研究显示，不论是自体还是异体来源的间充质干细胞均对系统性红斑狼疮、类风湿关节炎等自身免疫性疾病有良好的治疗效应。一些临床研究报道也认为，MSC 是自身免疫性疾病治疗的相对理想措施，不但可以有效控制自身免疫性疾病的发展，还能显著改善临床症状和受损伤器官的功能，甚至有彻底消除临床症状的可能。

二、自身免疫性疾病的发病原因及机制

（一）自身免疫的生理意义

机体免疫系统的生理意义是准确识别异己，有效“防御”和清除外来病原生物等非己物质，监控和消灭自身突变细胞和有害成分。自身免疫有维持机体的生理自稳作用，在正常情况下机体对自身正常的组织或细胞抗原具有耐受性，不会产生免疫应答反应。在正常人血清中一般可以检测到少量针对自身抗原成分的多种天然自身抗体，譬如抗角蛋白、DNA、胶原蛋白、髓鞘碱性蛋白、清蛋白、IgG、细胞因子、激素等的抗体，

体内产生微量自身抗体的目的是及时清除受损伤组织及其分解产物。这些抗体并非由外源性抗原刺激产生，多属于IgM类抗体，具有广泛的交叉反应性，与自抗原的亲合力低，对机体清除衰老退变的自身细胞成分可能起重要作用。还有一些抗自身独特型（idiotype）的抗体，它对完整免疫系统的免疫应答调节功能具有重要意义，但这种自身免疫应答反应不会造成自身组织的损伤，譬如老年人血清中的抗甲状腺球蛋白抗体、抗核抗体等。不同淋巴细胞克隆间的相互识别，在体内可构成独特型免疫网络，亦属于自身免疫现象，它在通常情况下起生理性免疫调节作用。其中自身混合淋巴细胞反应（autologous mixed lymphocytereaction，AMLR）就是是一种典型的自身免疫现象。AMLR系统表明，机体在无外来抗原刺激情况下，自身反应性T细胞能识别自身抗原而产生辅助、抑制和杀伤效应对维持免疫自稳、自身耐受也有重要生理意义。

（二）自身免疫性疾病的发病原因及机制

自身免疫性疾病（autoimmune disease）表现为质和量的异常，自身抗体和（或）自身致敏淋巴细胞攻击自身靶抗原细胞和组织，使其产生病理改变和功能障碍时，即可导致自身免疫性疾病的发生。自身免疫与自身免疫性疾病的关系可能有三种情况：第一，自身免疫引起疾病；第二，疾病引起自身免疫；第三，某些因素同时引起前两者。

自身免疫性疾病的发生可能与下列因素有关。

1．*自身细胞或细胞成分的抗原性质发生改变*　一些物理、化学、生物等因素可导致自身成分发生变性、降解、结构改变等，暴露出新的抗原决定簇。比如变性的γ球蛋白可能因暴露新的抗原决定簇而导致免疫耐受失常，从而诱发产生自身免疫性抗体（类风湿因子）。还有一些抗原或通过修饰使耐受抗原的部分结构发生改变，从而回避了T辅助细胞（T_H）细胞的免疫耐受，同时激发了自身免疫反应。经过修饰抗原决定簇，可被T细胞识别，而具有对该抗原发生反应潜能的B细胞一旦获得T_H的信号，就会分化、增殖，产生大量自身抗体。

2．*免疫交叉反应*　一些外来抗原与机体某些组织抗原成分有相同的共同抗原。由共同抗原刺激机体产生的共同抗体，可与有关组织发生交叉免疫反应，引起免疫损伤。例如A组B型溶血性链球菌细胞壁的M蛋白与人体心肌纤维的肌膜有共同抗原，链球菌感染后，抗链球菌抗体可与心肌纤维发生交叉反应，引起损害，导致风湿性心肌炎。

3．*免疫反应调节异常*　T_H细胞和T抑制细胞（T_S）对自身反应性B细胞的调控作用十分重要，当Ts细胞功能过低或T_H细胞功能过强时，则可有多量自身抗体形成。已知在NZB/WF1小鼠中随着鼠龄的增长Ts细胞明显减少，由于Ts细胞功能的过早降低，出现过量自身抗体，诱发与人类系统性红斑狼疮类似的自身免疫性疾病。

4．*遗传因素*　某些自身免性疫病与遗传因素有密切关系，譬如：系统性红斑狼疮、自身免疫性溶血性贫血、自身免疫性甲状腺炎等均具有明显的家族遗传倾向；单卵孪生子中同一自身免疫病的发生率比异卵孪生子高得多；一些动物品系自身免疫性疾病自发率高。这些现象提示遗传因素与自身免疫病有关。近年来对自身免疫性疾病的易感基因进行了研究，最受注意的是MHC基因与疾病的关系。已有资料表明，自身免疫性疾病的发生率与某些HLA抗原的检出率呈阳性相关，特别是HLA Ⅱ类抗原更为明显。有些自身免疫病与HLA抗原表达的类型有联系，譬如人类强直性脊柱炎与HLA-B27关系密切，已有报道将HLA-B27基因转至大鼠即可诱发强直性脊柱炎。

5．*感染因素*　一些病毒与自身免疫病的关系已在小鼠的自发性自身免疫病中得到证明，例如NZB小鼠的多种组织中有C型病毒及其抗原的存在，在病变肾小球沉积的免疫复合物中也有此类抗原的存在。病毒诱发自身免疫病的机制可能是通过改变自身抗原的决定簇而回避了T细胞的耐受作用；也可能作为B细胞的佐剂(EBV)促进自身抗体形成；或感染、灭活Ts细胞，使自身反应B细胞失去控制，产生大量自身抗体。此外，有些病毒基因可整合到宿主细胞的DNA中，从而引起体细胞变异而引起自身免疫反应。

6．*隔离抗原（sequestered antigen）或隐蔽的自身抗原表位（cryptic selfepitope）对自*

身反应性 T、B 细胞的激活作用 T 细胞在胸腺内个体发育分化过程中经过复杂的选择机制而建立自身耐受性，但并非全部的 T 细胞都会形成对自身组织成分发生耐受。一些因解剖屏障隔离的组织抗原（如精子、晶状体、甲状腺球蛋白），它们在 T 细胞发育过程中与 T 细胞未发生接触，故 T 细胞对这些抗原未形成耐受。例如一侧眼球外伤后，可发生双侧眼球交感性眼炎（sympathetic ophthalmitis）。在外伤、感染或炎症过程中，一些隔离抗原释放而与未建立耐受的 T 细胞接触，也会产生自身免疫应答。

7．*MHC Ⅱ类抗原的异常表达* 在正常情况下，MHC Ⅱ类抗原只表达于递呈抗原细胞和某些激活的免疫细胞表面，在其他组织中一般不表达 MHC Ⅱ类抗原。有许多证据表明，在器官特异性自身免疫病的靶器官存在着 MHC Ⅱ类抗原的异常表达。例如在风湿性心脏病患者的心肌组织、1 型糖尿病患者胰腺的 B 细胞以及自身免疫性甲状腺炎患者的甲状腺上皮细胞，都发现有异常表达的 MHC Ⅱ类抗原，提示它在自身免疫病发生发展中可能起重要作用。

8．*内分泌和免疫系统调节功能紊乱* 系统性红斑狼疮和类风湿关节炎患者外周血 $CD8^+$T 细胞的比例，在病情活动时明显降低，病人外周血淋巴细胞不能被诱导出非特异的 Ts 细胞功能效应，这些变化在病情缓解后得到恢复。也有研究发现用抗 $CD4^+$T 细胞抗体治疗类风湿关节炎显示良好的效果。值得注意的是 T 细胞亚群的变动在不同的自身免疫病中的意义不完全是一致的。自身免疫病在不同性别中的发病率有明显差异，这可能与内分泌激素的作用有关。在动物实验中已证明性激素在自身免疫病发展中的作用。将系统性红斑狼疮样综合征高自发率的雄性病鼠阉割后，病情加速、加剧，寿命缩短，而雌性病鼠接受雄性激素治疗后可延长存活。但这种作用必须在胸腺存在的情况下才显示出来，提示性激素可能是通过胸腺起作用的。雌激素能降低 Ts 细胞的功能，而雄性激素的作用却相反。

三、自身免疫性疾病的诊断与治疗

（一）自身免疫性疾病的发病特点及分类

自身免疫性疾病的发病特点包括：第一，病因大多不明，少数由药物（免疫性溶血性贫血、血小板减少性紫癜）、外伤（交感性眼炎）等所致；第二，血液中存在高滴度自身抗体（autoimmune antibody）和（或）能与自身组织成分起反应的自身应答性 T 淋巴细胞；第三，疾病常呈现反复发作和慢性迁延的过程；第四，患者有明显的家族倾向性，与 HLA 抗原尤其是与 D/DR 基因位点相关，部分自身免疫性疾病女性多于男性；第五，可在实验动物中复制出类似人类自身免疫病的模型。用患者的血清或致敏淋巴细胞可使疾病被动转移，某些自身抗体可通过胎盘引起新生儿自身免疫性疾病；第六，病情的转归与自身免疫应答强度密切相关。

自身免疫性疾病的分类方法主要有两种。一种是按累及的系统分为人体不同组织系统的自身免疫性疾病（表 4-1）。另一种是按特异性分为器官特异性自身免疫性疾病和非器官特异性自身免疫性疾病。

器官特异性自身免疫性疾病（organ specific autoimmune disease）是指患者的病变常局限于某一特定器官，由对器官特异性抗原的免疫应答引起，如胰岛素依赖性糖尿病和多发性硬化症。器官非特异性自身免疫性疾病，又称全身性或系统性自身免疫性疾病（systemic specific autoimmune disease），患者的病变可见于多种器官及结缔组织，故这类疾病又称结缔组织病或胶原病，如系统性红斑狼疮及类风湿关节炎等（表 4-2）。

（二）自身免疫性疾病的诊断

自身免疫性疾病作为一类独立的疾病往往具有一些共同点，可作为临床诊断时的参考。

1．血液中出现高滴度的自身抗体和（或）能与自身组织成分起反应的致敏淋巴细胞。如在自身免疫性甲状腺炎患者血液中可以检出抗甲状腺组织的抗体（抗甲状腺球蛋白抗体、抗微粒体抗体、抗胶质蛋白抗体等），系统性红斑狼疮患者血清中可检出抗核抗体、抗红细胞抗体、抗血小板抗体等。自身免疫现象的实验室证据是临床判断自身免疫病的重要依据，但必须结合临床的其他资料才能作出正确的诊断。

2．组织器官的病理性损伤和相应功能障碍。自身免疫性甲状腺炎主要表现为淋巴细胞浸润的

表 4-1 自身免疫性疾病的组织系统分类

不同系统疾病	自身免疫病举例
结缔组织疾病	类风湿关节炎、系统性红斑狼疮、皮肌炎、硬皮病
神经肌肉疾病	多发性硬化症、重症肌无力、脱髓鞘疾病
内分泌性疾病	原发性肾上腺皮质萎缩、慢性甲状腺炎、青少年型糖尿病
消化系统疾病	慢性非特异性溃疡性结肠炎、慢性活动性肝炎、恶性贫血与萎缩性胃炎
泌尿系统疾病	自身免疫性肾小球肾炎、肺肾出血性综合征
血液系统疾病	自身免疫性溶血性贫血、特发性血小板减少性紫癜、特发性白细胞减少症

表 4-2 自身免疫性疾病的器官特异性分类

自身免疫病	自身抗原
器官特异性自身免疫病	
慢性甲状腺炎	甲状腺球蛋白、微粒体、细胞膜表面抗原、第二胶质抗原
毒性弥漫性甲状腺肿（Graves病）	甲状腺细胞表面 TSH 受体
原发性肾上腺皮质萎缩	肾上腺细胞
恶性贫血	胃壁细胞、内因子
慢性溃疡性结肠炎	结肠上皮细胞
男性自了性不育症	精子
青少年型胰岛素依赖性糖尿病	胰岛细胞
伴共济失调 - 毛细血管扩张的胰岛素低抗型糖尿病	胰岛素受体
重症肌无力	乙酰胆碱受体
自身免疫性溶血性贫血	红细胞
特发性血小板减少性紫癜	血小板
干燥综合征（Sjogrens syndrome）	涎腺管、细胞核、甲状腺球蛋白
非器官特异性自身免疫病	
类风湿关节炎	变性 IgG
系统性红斑狼疮	核成分、红细胞、血小板、细胞质成分

局部炎症性病变和功能低下，重症肌无力症主要表现为神经肌肉连接处的兴奋传递障碍。但也有些自身免疫病的组织损伤是多器官系统的，如系统性红斑狼疮既可出现溶血和血小板破坏增多，也可出现肝、肾、肺、皮肤、浆膜腔等部位的病变和相应的功能障碍。器官损伤的特异性是相对的，因为在自身免疫病发展过程中自身抗体与自身抗原结合形成免疫复合物时，可以沉积于其他组织而导致损伤。

3．自身免疫病常可在动物中复制出类似的疾病模型或者通过将患者血清或淋巴细胞注入健康动物而引起相应的疾病或表现。如在多种动物（鼠、兔等）中用甲状腺组织匀浆与佐剂混合后给动物注射，可复制出与人类自身免疫性甲状腺炎类似的病变。用重症肌无力症病人血清或其 IgG 部分给正常小鼠注射，接受注射的动物在 12 ~ 24h 或以后表现出肌无力症状。

4. 除少数继发性自身免疫病（如药物所致的免疫性血小板减少症）外，大多数自身免疫病的病因尚未能确定。有实验研究表明，病毒感染同自身免疫病的发生有密切关系，但未得到一致公认。自身免疫病患者体内常可检出病毒抗原和抗体，如系统性红斑狼疮病人的淋巴细胞和肾组织曾发现病毒样颗粒，血清中也可检出与病毒抗原起反应的抗 ds-DNA 抗体。在类风湿关节炎患者血清中可检出一种抗体，它能与 EB 病毒诱发的人类 B 淋巴母细胞株的核抗原起特异的沉淀反应，这种类风湿关节炎的核抗原，只存在于 EB 病毒感染的细胞。另外，在一些病毒（如 EB 病毒、黏病毒、肝炎病毒、巨细胞病毒、柯萨奇病毒）感染时常伴发自身免疫应答过程。但至今尚不能肯定病毒感染就是自身免疫病的原因。

5. 自身免疫反应的强度与自身免疫病的病情密切相关。如系统性红斑狼疮患者在病情活动时，多种自身抗体的滴度常明显增高，而在病情缓解时自身抗体的滴度降低。重症肌无力症的轻型或仅眼肌无力的患者，其血清中抗乙酰胆碱受体的抗体滴度较低，经治疗后症状缓解者血清中抗体可转为阴性，而伴有全身症状的重症患者血清抗体的滴度常处于高水平。

6. 自身免疫病的临床经过常呈现反复发作和慢性迁延的过程。免疫应答反应一旦被激发之后，其生物扩大效应就可能持续下去，反应就很难中断。如系统性红斑狼疮、类风湿关节炎等表现出反复发作和进行性加剧的特点。

7. 自身免疫病的发生有一定的遗传倾向性。某些自身免疫病在同一家族内的发病率比其他家族要高，提示遗传因素在自身免疫病的发病中起作用。应该指出，并非每一种自身免疫病都同时具备上述的全部特点。总的说来，前两项的特点是最重要的，其他各项特点可以作为临床诊断自身免疫病时参考。目前已被公认的自身免疫病至少有 30 多种，涉及各个不同的系统或组织，已逐渐形成一组独立的疾病。

在体内出现自身免疫反应与疾病发生的关系中，有两种情况特别值得注意。第一种情况，体内出现自身免疫应答并非都会导致组织的病理性损伤或疾病。只有在自身免疫应答反应超越了正常的生理阈限，并出现大量病理性的自身抗体（多为 IgG 类）或激活了未建立耐受性的自身反应性 T 细胞时，才会导致自身组织损伤并引起相应的功能障碍而发生自身免疫病。因此，血清中出现高滴度的抗自身抗体不是自身免疫病诊断的唯一依据。第二种情况，自身免疫反应既可以是直接造成自身免疫病发生发展的主要原因，但也可以是某些疾病发展过程中的伴随现象。譬如严重烧伤的病人血清中可出现抗皮肤的自身抗体，但抗体不是直接引起组织损伤的原因，而是疾病过程中组织损伤所导致的结果，这种自身免疫现象在疾病恢复后就会自然消退。

（三）自身免疫性疾病的治疗

自身免疫病的治疗措施主要是针对发病学来考虑，一般采取的治疗方针是：①消除交叉反应抗原的作用或消除使自身抗原改变的各种因素：包括预防或治疗各种感染、避免使用某些容易诱发自身免疫应答反应的药物等。②抑制免疫反应：包括使用具有细胞毒性的抗代谢药物或全身淋巴组织照射法以杀伤免疫反应中的效应细胞，或者采用脾切除方法治疗某些免疫性溶血疾病等。③抑制由免疫反应所致的炎症过程：包括使用肾上腺皮质激素等。

近年来在深入研究自身免疫病发病机制的基础上，对治疗提出了一些新的设想，譬如应用抗 MHC Ⅱ类抗原、抗 IL-2 受体或抗交叉反应型的 Id 单克隆抗体、自身抗原多肽等，通过阻断扩大免疫应答过程的环节来达到防治的目的。

自身免疫性疾病的治疗方法通常针对疾病的病理变化和组织损伤所致的后果进行，也可通过调节免疫应答的各个环节阻断疾病进程来达到治疗的目的。常见的治疗方法包括以下几种。

1. *抗炎药* 大剂量皮质激素的应用可有效地抑制一些重症自身免疫性疾病所致的炎症反应。其他抗炎药物如水杨酸制剂、各种合成的前列腺素抑制药等也广泛采用。淋巴因子和补体的拮抗药亦有利于抑制炎症反应。

2. *免疫抑制药* 环孢素 A（cycrosporinA）是目前一种广为推荐的免疫抑制药，它是一种不溶性的真菌代谢产物，能有效地抑制T细胞介导的细胞免疫反应，兼有抗有丝分裂和抗感染效应，对早期1型糖尿病、肾病综合征等有较好的疗效，对特发性血小板减少性紫癜、系统性红斑狼疮、多发性肌炎、Crohn病、类风湿关节炎均有一定的治疗效果。FK-506也是一种真菌代谢物，其结构与环孢素A不同，但它的作用与环孢素A极为相似。FK-506应用剂量较低，副作用较小。其他的抗有丝分裂的非特异性免疫抑制药如硫唑嘌呤、环磷酰胺、甲氨蝶呤常与皮质激素联合应用作为常规免疫抑制药治疗一些自身免疫病。

3. 免疫调节　它是根据调节免疫应答规律以达到阻断自身免疫过程提出的一种治疗设想，其措施包括：第一，清除或使某些免疫活性细胞失活。体内应用抗MHC Ⅱ分子与抗CD4单克隆抗体，可减轻系统性红斑狼疮和类风湿关节炎的发展。第二，独特型的抑制：抗独特型抗体在调节外来抗原诱发的抗体生成中起重要作用，它可能对自身抗体的生成起抑制作用；T细胞疫苗，给动物注射髓鞘碱性蛋白特异的T细胞克隆（亚致病剂量），能有效地预防实验性变态反应性脑脊髓炎的发生。这可能是通过诱导生成针对效应T细胞受体独特型的抑制性T细胞所致。第三，抗原封阻或清除相应的自身反应性淋巴细胞。第四，血浆置换：此疗法的目的在于降低自身免疫病人血浆中的免疫复合物的含量，减轻免疫复合物在组织中沉积。对于有生命威胁的免疫复合物所致的血管炎、系统性红斑狼疮、肺肾出血性综合征等有一定的治疗效果。若与抗有丝分裂的药物联合应用，疗效更佳。第五，对症治疗：通常在治疗某些器官特异性的自身免疫病时，只需调整器官损伤所造成的代谢障碍，即可达到控制病情的效果。如自身免疫性甲状腺炎的黏液性水肿患者可采用甲状腺替代疗法，恶性贫血患者用维生素B_{12}，甲状腺功能亢进者用抗甲状腺药物等。

第二节　间充质干细胞移植治疗自身免疫性疾病的原理

一、概述

间充质干细胞（mesenchymal stem cell, MSC）是一群来源中胚层，具有自我更新和多向分化潜能的干细胞。MSC主要存在于成体结缔组织和器官间质等组织中，例如骨髓、脂肪、牙髓、胎盘、胰腺、肌肉、肌腱、脑、眼结膜、胎儿肝脏、脐血等组织中，脐带组织中也含有丰富的MSC。目前，不同来源MSC的生长特性、形态特征、表型标志和功能均以骨髓来源的MSC为参考标准。相比较而言，MSC具有来源广泛、取材方便、易于体外扩增和可塑性强等特点，部分患者可从自体组织中获取，易于大量存储和成本相对低廉等特点。MSC还具有免疫原性较低，具有易于黏附于塑料培养瓶底生长和多种生物学功能等特性，是目前临床应用中最具有可操作性和患者最容易接受的干细胞之一。MSC已在造血干细胞移植后的移植物抗宿主病（graft versus host disease, GVHD）、系统性红瘢琅疮（systemic lupus erythematosus, SLE）、自身免疫性肝病（AIH）等临床治疗探索研究显示出一定的应用优势和前景。MSC的分化潜能没有胚胎干细胞（embryonic stem cell, ES细胞）和诱导性多潜能干细胞（inducing plorepotential stem cell, iPS）强，但它具有一定的多向分化潜能，还有低免疫原性和较强的免疫平衡调节、促进损伤修复等能力。MSC具有免疫调节作用，它不仅能够在外周免疫耐受、移植耐受、自身免疫中发挥作用，也能在母-胎耐受中进行调节。MSC发挥免疫调节功能的机制可能具有多样性，详细机制尚未完全阐明。涉及临床治疗，不但要明确其作用机制，还需要进一步观察其相关生物学效应和建立切实可行的临床技术方案，譬如移植MSC的数量、途径、适应证和体内演变过程等。

二、间充质干细胞的生物学特性

MSC 的来源相对容易，可从多种组织获得，其中脐带组织含量最为丰富，从脂肪组织也可获得大量 MSC，骨髓组织 MSC 含量相对少，占骨髓内单个核总数的 $1/10^4 \sim 1/10^5$，而且随着年龄增长数量减少、增殖分化活性降低，但取材方便，可实现自体化治疗。常见的骨髓 MSC 分离方法有流式细胞分离法、免疫磁珠分离法、密度梯度离心法和贴壁分离筛选法等。一般实验室通常采用贴壁培养筛选法，MSC 培养基为 DMEM/F12，也可采用无血清的胚胎干细胞培养基，一些细胞生长因子和化学物质、天然活性因子等对 MSC 体外生长有促进作用，如卵细胞提取物、血小板生长因子，表皮生长因子，生长激素、B27、碱性成纤维细胞生长因子等。其中血小板生长因子可代替血清添加于培养系统中，B27 对 MSC 有较强促增殖作用。MSC 的体外培养受多种因素影响，其中包括血清、种植密度、添加因子等。骨髓 MSC 在体外培养条件下，刚贴壁细胞呈圆形或纺锤状，可见胞质突起，克隆形成时可见三角形和多边形细胞。低密度接种培养的细胞形态、表型具有多样性，一般 8 ~ 10d 达到 90% 细胞融合生长，集落生长呈火焰状放射扩展，传代培养到第 3 ~ 4 代时，细胞纯度可达 95% 以上。不同来源或批次的血清可能由于所含细胞因子的种类和量有一定差异，可能引起 MSC 不同程度的分化，建议涉及临床应用的 MSC 细胞培养采用无血清培养体系。在透射电镜下，人 MSC 细胞体积较小，核仁大而明显，含有一个或多个核仁，核浆比例大，染色质分布稀疏，电子密度大，细胞表面有微绒毛，胞质内核糖体丰富，各种细胞器不发达，内质网、线粒体、高尔基复合体等细胞器少见。体外培养的 MSC 中的大部分细胞停滞在 G_0/G_1 期，有 10% 左右的细胞处于活跃的复制期，传递 10 代左右仍保持正常染色体组型和端粒酶活性。MSC 在体外培养条件下增殖能力强，易于纯化，可在短时间内获得足够量细胞，同时还具有跨谱系、跨胚层分化的潜能，可在适宜的环境条件下被诱导分化为成骨细胞、软骨细胞、脂肪细胞、心肌细胞、内皮细胞、上皮细胞、基质细胞、神经元细胞、肝卵圆细胞等。在 DMEM/F12 培养体系中，如果不添加生长因子和分化抑制因子，一般随着传代次数增加（10 代以后）逐渐出现细胞凋亡和自动分化为脂肪细胞、骨细胞现象。

MSC 缺乏单一的特异性细胞表面标记，表达黏附因子、生长因子、细胞因子、受体和整合素等，不表达造血干细胞前体或成熟造血细胞抗原，也不表达白细胞、淋巴细胞、单核细胞标记物。MSC 可分泌一系列因子，包括非造血生长因子、趋化因子、黏附分子、细胞外基质分子等，MSC 对维持骨髓组织内环境的稳定性具有重要作用，这一作用与其分泌的多种细胞因子和表面分子标记密切相关。目前，认定 MSC 细胞缺乏单一的特异性抗原标记，鉴定 MSC 的方法主要依据其生长特性、一系列表面抗原标记和多向分化潜能分析等。生长特性包括在标准培养体系中能贴塑料壁生长，细胞形态呈梭形或纺锤形，集落式生长呈火焰状。表面标志鉴定包括表达 CD105、CD73、CD90，不表达 CD34、CD45、CD14、CD11b、CD19、HLA-DR 等。常用的体外分化潜能分析包括在体外诱导向骨细胞、软骨细胞、脂肪细胞和神经细胞分化等。MSC 具有体内微环境定向诱导分化特性，在骨组织中可被诱导向骨细胞分化，而在神经组织中可向神经元细胞分化等。

MSC 具有选择性归巢特性，可自动向损伤组织和炎症区域归巢，这也是临床应用于血管缺血性疾病、免疫损伤性疾病、骨损伤、心肌梗死和各种老年退行性变的依据。MSC 的归巢特性与其分泌的多种细胞因子和趋化因子密切相关，同时损伤或炎症区域产生的多种趋化因子也对 MSC 的归巢有吸引作用。参与 MSC 归巢的成分可能还包括一些细胞和选择素、整合素、免疫球蛋白超家族成员等。在上述因素的综合作用下，MSC 可通过血液循环迁移至损伤部位，在损伤组织的微环境诱导下，定向分化为所到组织类型的功能细胞参与损伤修复。

MSC 的另一重要特点是具有低免疫原性，异基因 MSC 移植不引起明显的免疫排斥反应。MSC 不表达与人类白细胞抗原（HLA）识别有关的共刺激分子 B7-1、B7-2、CD40 和 CD40L，及主要组织相容性符合物 Ⅱ 类分子

（MHC-Ⅱ），如 HLA-DR 抗原等，缺乏激活免疫反应的信号传导中的共刺激通道，因而具有免疫耐受性或低免疫原性。MSC 与异基因外周血单个核细胞或 T 细胞体外共培养后不引起异体的 T 细胞增殖，表明 MSC 的免疫原性低下，抗原递呈能力较弱。MSC 还具有显著的免疫调节特性，可抑制异基因细胞或组织移植诱导的免疫排斥和系统性红斑狼疮、类风湿关节炎等自身免疫反应，因而对免疫损伤性疾病的治疗有良好的应用前景。

三、MSC 的非特异性免疫调节能力

体外和动物体内移植研究显示，MSC 可通过多种途径对机体的免疫细胞活性发挥调节作用。MSC 在体外培养条件下，可明显抑制混合淋巴细胞反应（mixed lymphocyte reactions，MLR）中的 T 淋巴细胞增殖，也可显著抑制植物血凝素（phytohemagglutinin，PHA）诱导的 T 淋巴细胞增殖，MSC 的上述抑制活性具有剂量依赖性，加入 MSC 的数量越多抑制活性越强。MSC 的免疫调节效应是没有抗原特异性和选择性的，对各种免疫细胞，如 T 淋巴细胞、B 淋巴细胞、树突状细胞(DC)、自然杀伤细胞(NK)等免疫细胞的活性均有非特异性调控作用，而且不论自体还是异体来源的免疫细胞均显示调节效应。但也有人发现少量的 MSC 对淋巴细胞增殖具有促进作用，因此认为 MSC 的抑制 T 淋巴细胞增殖与其数量有一定关系。这种无特异性的抑制增殖能力也对不同来源的恶性肿瘤细胞同样有效，而且该能力依赖于干细胞特异因子 NANOG 的表达。同时有研究发现，间充质干细胞的免疫调节作用在其体外诱导分化后仍然存在，可能与 MSC 在体外的诱导分化的不完全有关. 不同组织来源的 MSC 具有相似的免疫调节作用。这些研究结果表明，自体或异体的 MSC 用于免疫调节治疗研究可能产生类似结果。MSC 对于不同免疫细胞的体外免疫调节能力已有了大量的研究报道和综述。

四、MSC 的免疫调节机制

体外扩增的 MSC 在临床免疫性疾病治疗研究和动物实验研究中显示具有较强免疫调节作用，但其免疫调节机制尚不十分清楚。用体外 MSC 培养的上清液与 T 细胞共培养，发现 T 淋巴细胞的增殖活性不受影响，因此认为 MSC 的免疫调节作用是通过细胞间的直接接触产生的，可能通过阻碍 T 细胞与树突状细胞的直接接触而发挥作用。也有人认为，MSC 的抑制 T 淋巴细胞增殖的作用是诱导 T 淋巴细胞凋亡。MSC 与外周血单个核细胞联合培养不会导致 T 细胞凋亡，其抑制作用与抑制 Th1 细胞分泌 IFN-γ，促进 Th 细胞分泌 IL-4 有关。综合分析，目前主要有以下几方面。

（一）MSC 分泌多种可溶性细胞因子发挥免疫调节作用

MSC 分泌大量的可溶性细胞因子，如巨噬细胞集落刺激因子（M-CSF）、白细胞介素（IL-6，7，8，11，12，14，15）和白血病抑制因子（LIF）、转化生长因子 β（TGF-β）、肝上皮生长因子（HGF）、血管内皮生长因子（VEGF）、前列腺素（PGE2）、基质金属蛋白酶 2（MMP2）等。由于在使用半透膜把 MSC 和免疫细胞分割开后，免疫调节作用依然存在，很多研究者认为 MSC 抑制免疫细胞增殖、活化是通过分泌可溶性的抑制性因子实现的。活化的淋巴细胞所分泌的细胞因子对 MSC 的免疫调节作用也有很大的影响。如肿瘤坏死因子（tumor necrosis factor-α，TNF-α）可以使 MSC 分泌的前列腺素增加 100 倍，干扰素 -γ（IFN-γ）也可以促进 MSC 分泌前列腺素和表达主要组织相容性复合体（MHC）一类和二类分子。实际上 MSC 的免疫调节作用可能是通过分泌多种因子来共同调节的，同时免疫微环境也可以调节 MSC 的免疫调节功能。

（二）MSC 通过与免疫细胞间的直接接触而介导其免疫调节活性

有研究认为，MSC 与免疫细胞之间必须直接接触才能产生抑制作用，但也有相反的实验证据认为，MSC 与 T 细胞之间的接触虽然可以增加其抑制作用，但细胞之间接触并非必须的。MSC 与 T 细胞的直接接触，可进一步增强 MSC 抑制 T 细胞增殖的作用。虽然 MSC 可能通过这种细胞间直接接触发挥其免疫抑制活性，但究竟有哪些表面分子介导了这种细胞间的相互作用

还有待进一步研究。最新一项研究发现 MSC 细胞表面组成性表达的组织相容性白细胞抗原 G（HLA-G）参与介导了 MSC 的免疫抑制作用。

（三）抗原递呈细胞（APC）参与介导 MSC 的免疫调节

研究发现，在 MSC 与纯化的 T 细胞培养中，增加 APC 的量，能抑制 T 细胞应答和增殖，这种抑制是细胞接触和浓度依赖的，同时分泌大量 IL-2、IL-10。

（四）诱导 T 细胞凋亡

MSC 可抑制被刺激细胞、非特异丝裂原和抗原肽刺激的鼠脾细胞（T，B 淋巴细胞）的增殖。其机制是诱导活化细胞的程序性死亡，但是对静止的 T 细胞不起作用。这种作用与 MSC 分泌吲哚胺 -2，3- 加双氧酶使色氨酸转化为尿氨酸有关。

（五）通过信号通路介导形成的综合网络调控作用

MSC 通过分泌细胞因子和直接接触免疫细胞来调节免疫细胞的活性可能是共同存在，相互协同的。研究发现，MSC 能够在体外诱导完全成熟的 DC 分化成一种 Ia 低表达、CD11b 高表达的新型调节性 DC，这种细胞可强烈抑制淋巴细胞的增殖反应，同时证明了其免疫学特性是 Jagged-2 依赖性的。因而推测 MSC 还有可能调节完全成熟的 DC 逃脱其抗原递呈后的凋亡命运，使其分化成一种新型的 Jagged-2 依赖的调节性 DC，间接发挥其免疫调节活性，从而解释了异基因来源的 MSC 体内分化后不发生排斥反应的另一种可能机制。参与该免疫调节过程的细胞信号通路可能还涉及 TGF-β、IGF、PGE2 等。需要注意的是，MSC 所分泌的众多细胞因子也可能通过协同作用，而共同影响着免疫调节效应。比如在对 T 调节细胞的分化过程中就涉及 IL-6 和 TGF-β 的相互协调作用。可以认为 MSC 的免疫调节机制是相当复杂的，它综合了微环境、细胞因子、信号传导等多种作用。

目前，间充质干细胞对免疫细胞亚群的调控效应主要有以下认识：① T 细胞：抑制所有种类 T 细胞的增殖，使细胞周期停滞在 G_0/G_1 期；通过抑制 CD25、CD69 等表达来抑制 T 细胞活化；改变 T 淋巴细胞亚群的比例，增加调节性 T 细胞数量等；抑制 T 细胞活化因子的分泌。② DC 细胞：抑制 DC 细胞的发育和成熟；诱导成熟的 DC 细胞分化为 Jagged-2 依赖的新型调节性 DC 细胞；抑制细胞因子 TNF-α 分泌；通过下调 CCL19 表达干扰 DC 细胞的迁移能力。③ B 细胞：抑制细胞增殖，使细胞周期停滞在 G_0/G_1 期；抑制 B 细胞分泌免疫球蛋白 IgM、IgG 和 IgA；下调 CXCL12、CXCL13、CXCR4 配体、CXCR5 配体等表达，影响 B 细胞的趋化功能。④ NK 细胞：抑制 NK 细胞增殖；改变细胞的表型（降低 CD56 表达等）；抑制 TNF-α、IL-10 等细胞因子分泌；针对表达 MHC- Ⅰ类分子的靶细胞抑制 NK 细胞的细胞毒作用。

五、MSC 对自身免疫性疾病的治疗作用

MSC 的免疫调控作用和参与或促进各种损伤修复是其用于治疗自身免疫病的理论基础。多种原因诱导的自身免疫反应是导致自身免疫性疾病发生发展的关键前提和基础，而自身免疫性疾病所表现出的组织或器官损伤是临床诊断和治疗的重要目标。一些强力免疫抑制药的应用对许多自身免疫性疾病的治疗起了重要作用，但目前还没有一种可以同时调节免疫功能和促进免疫损伤修复的理想药物和治疗措施。因此，自身免疫性疾病的治疗仍然是临床上的难题，免疫抑制药的应用可以有效控制自身免疫性疾病的症状，但不能从根本上控制疾病的发展，而且免疫抑制后的并发症难以控制。MSC 的免疫调节作用的发现和应用为自身免疫性疾病的治疗开辟了新的思路，其免疫调节优势已经在多种疾病动物模型中进行了研究，包括异体免疫排斥（器官和干细胞移植）、自身免疫和肿瘤免疫等。

最近的一些临床病例报道认为，MSC 对自身免疫反应、移植排斥反应、急性炎症反应等有较好的治疗效果。MSC 的这种免疫调节能力对于急性炎症更有效，对慢性或稳定性的炎症并不理想。MSC 对急性移植物抗宿主病（acute graft-versus-host disease，aGVHD）的治疗作用已在动物实验和临床治疗中均得到证实。对 MSC 临床治疗骨髓移植患者的研究发现，IL-10 过表达的 MSC 对移植物抗宿主病（GVHD）有

更好的治疗效果，但是也有不一致的结论。有人用 HLA 相合的骨髓或未分选的外周血干细胞和供者 MSC 共输入治疗高危的白血病患者，没有发现明显毒性反应，初步结果表明对预防 GVHD 有效，能减少、减轻 GVHD 的发生和症状。也有人用第三者的骨髓来源的 MSC 治疗Ⅳ度急性 GVHD 的个案，发现明显有效。在进一步的研究中，使用 MSC 单次或者两次静脉注射治疗类固醇耐药的 GVHD，75% 患者 GVHD 症状消失，而且患者的生存率和没有用 MSC 治疗的患者比较也有明显提高。脂肪来源的 MSC 具有与骨髓、脐带等来源的 MSC 具有相同的生物学特性，用于对急性 GVHD 的治疗也有较好的疗效。关于 MSC 对于慢性移植物抗宿主病（chronic graft-versus-host disease，cGVHD）的治疗尝试报道较少，但也是一种有效的治疗选择。MSC 治疗系统性红斑狼疮（SLE）的临床研究认为，MSC 可以促进造血干细胞移植治疗后的造血免疫重建和治疗效果。单独给 SLE 患者输注 MSC 可以明显缓解临床症状和改善受累器官的功能。在 MSC 治疗多发性硬化（multiple sclerosis，MS）的研究中，MSC 移植在 MS 发病初期十分有效，神经系统的病理结果显示 MSC 移植后炎性渗出减少，神经脱髓鞘也减少，同时移植的 MSC 可以在受体小鼠的淋巴结分布，但是在炎症的稳定期 MSC 移植则没有疗效。

用于免疫调节治疗的 MSC 可以来源于自体，也可以来源于异体骨髓、脂肪、脐带等。由于 MSC 本身的免疫原性较低，临床治疗中不需要进行 HLA 配型，非 HLA 相合的 MSC 已经在临床上应用于耐药的急性 GVHD 的治疗，并已取得了良好的效果。至于 HLA 相合与不相合的 MSC 治疗效果是否有差异，目前尚缺乏有统计意义的资料报道。由于 MSC 治疗的安全性相对较高，材料来源具有多样性，体外增殖速度快，容易获得足够数量的细胞供临床使用。因此，MSC 治疗临床可操作性强，依据 MSC 的生物学特性，它对免疫损伤性疾病治疗具有广谱性，治疗选择机会多，应用前景十分广阔。虽然 MSC 用于自身免疫病的治疗研究报道较少，详细的效应机制还不十分清楚，但现有结果已经显示 MSC 可以在一些难治性自身免疫性疾病、移植排斥反应等引起的免疫调节紊乱和由此引发的组织或器官损伤治疗中发挥积极作用。MSC 一方面可以抑制炎症反应，另一方面可以修复损伤的组织细胞，MSC 治疗自身免疫性疾病具有其他药物所没有的优势。MSC 与现有的临床常用免疫抑制药有明显差别，它是一种活体细胞，移植后在体内的生物学行为会受到体内复杂因素的影响，特别是不同个体的免疫微环境可能对其免疫调节作用产生影响，所以 MSC 在病理情况下对免疫系统的作用特点、机制及治疗策略仍然需要进一步进行大量的观察研究才能够确定。MSC 对免疫系统正常的动物有普遍的非特异性的免疫下调作用，这可能会增加感染的机会，在临床治疗中有感染并发症的患者首先要进行抗感染治疗，同时在治疗过程中要密切注意监控免疫功能，对一些有特定免疫缺陷的患者不应采用该治疗。安全性是临床治疗需要特别关注的焦点问题，虽然在已完成的 MSC 人体安全试验中，还没有这方面的发现，但是这一点在临床应用中仍需要注意。特别是 MSC 具有多方面的生物学效应，包括分泌多种细胞因子和促进血管新生的作用，这些效应是否会促进体内原有的肿瘤细胞增殖，对肿瘤细胞的作用如何需要进一步探讨，在这些问题尚未研究清础之前，不应用于并发肿瘤的患者治疗。间充质干细胞的免疫调节能力已经在多种疾病模型和临床病例治疗中得到证实，它所具备的治疗作用是非常具有应用前景的。MSC 的免疫调节优势已经在许多不同的疾病动物模型中开展了研究，包括异体免疫排斥（器官和干细胞移植）、自身免疫和肿瘤免疫等，并且显示了临床应用的优越性。但是，我们应该看到临床病症的复杂性和 MSC 免疫调节机制的多重性，MSC 在临床上的应用必须考虑到人体和病症的个体性差异，它的使用需要有更加严谨和科学的态度，要合理评估和选择治疗的适应证和时机，特别关注与其他药物治疗的相互作用。

第三节 细胞移植治疗系统性红斑狼疮

一、概述

红斑狼疮（lupus erythematosus，LE）是一种累及多脏器的自身免疫性的炎症性结缔组织病。红斑狼疮包括系统性红斑狼疮（SLE）和盘状红斑狼疮（DLE）两大类。还有一种亚急性皮肤型红斑狼疮（SCLE），是一种介于盘状红斑狼疮和系统性红斑狼疮之间的皮肤病变。这里主要探讨系统性红斑狼疮（SLE）的发病机制、诊断及脐带间充质干细胞治疗。SLE 是由自身免疫反应引起的一种多器官、多系统受损的疾病，多发于青年女性，育龄男女之比为 1 :（8 ~ 9），20 ~ 40 岁发病者约占半数。该病发病率随地区、种族、性别、年龄而有差异，发病年龄越小，其亲族患病机会越大。近年来，由于免疫技术检测的不断改进，早期、轻型和不典型的病例日见增多，有些病人除弥漫性增生性肾小球肾炎外，有些病人呈“一过性”发作，经过数月的短暂病程后可完全消失。引发该病的原因和确切发病机制还不完全清楚，可能与多种因素有关。已经证实，该病患者体内抗自身免疫抗体含量升高，细胞免疫亚群比例失调，免疫和炎症细胞因子调节网络平衡紊乱，同时表现为多器官组织的免疫损伤。由于许多自身抗体的发现，许多研究者都在探求一种特异性自身抗体在 SLE 中的致病作用，甚至更多地注意到抗 ds-DNA 抗体的作用。不过，SLE 的系统性损伤可能涉及多种因素，其中细胞生物学的研究对认识 SLE 的发病机制也起到了重要作用。关于 SLE 的治疗目前尚无理想措施，最近几年，关于 MSC 的研究发现，不论是自体还是异体来源的 MSC 均具有良好的自身免疫调节和促进损伤修复作用，一些体内外实验研究发现 MSC 对移植免疫排斥和自身免疫反应有良好的治疗作用，可以减轻自身免疫反应的严重程度，缓解临床症状，改善自身免疫反应引起的组织或器官损伤，这些研究成果为 SLE 的临床治疗开辟了新的思路，给一些久治不愈的 SLE 患者治疗带来了新的希望。由于 MSC 的来源丰富，免疫原性较低，安全性高，可采用自体或无关供者的骨髓、脂肪、脐带等组织来源的 MSC 进行治疗，临床可操作性强，患者容易接受，目前已经开始在 SLE 的治疗中发挥作用并展示出良好的应用前景。

二、系统性红斑狼疮的发病原因和机制

本病病因不明，研究证实本病是以针对自身抗原的免疫反应为特征的疾病，免疫调节紊乱和自身免疫损伤是造成器官功能障碍和疾病发展的关键因素，至于其造成免疫障碍的因素可能是多方面的，目前认为主要与下列因素有关。

（一）遗传背景

本病的遗传学特点是多基因遗传，患病率在不同种族中有一定差异。不同株的小鼠（NEB/NEWF、MRL1/1pr）在出生数月后自发出现系统性红斑狼疮的症状，家系调查显示系统性红斑狼疮患者的一、二级亲属中有 10% ~ 20% 可有同类疾病发生，有的出现高球蛋白血症，多种自身抗体和 T 抑制细胞功能异常等。单卵双生发病一致率达 24% ~ 57%，而双卵双胎为 3% ~ 9%。HLA 分型显示系统性红斑狼疮患者与 HLA-B8、-DR2、-DR3 相关，有些患者可合并补体 C_2、C_4 缺损，甚至与 TNF-α 的多态性明显相关。近年发现，纯合子 C2 基因缺乏，以及 -DQ 频率高与系统性红斑狼疮密切相关；T 细胞受体（TCR）同系统性红斑狼疮的易感性亦有关联，TNF-α 的低水平表达可能是狼疮性肾炎的遗传基础。SLE 有多基因遗传倾向，环境因素可能也可能是重要的诱发因素。

（二）药物诱发

药物致系统性红斑狼疮可分成两类。第一类是诱发系统性红斑狼疮症状的药物如青霉素、磺胺类、保泰松等。这些药物进入体内，先引起变态反应，然后激发狼疮素质或潜在系统性红斑狼疮患者发生特发性系统性红斑狼疮，或使已患有的系统性红斑狼疮病情加剧，停药不能阻止病

情发展。第二类是引起狼疮样综合征的药物，如盐酸肼酞嗪、氯丙嗪、异烟肼等。这类药物在应用较长时间和较大剂量后，患者可出现系统性红斑狼疮的临床症状和实验室改变，它们的致病机制不太清楚。其中，氯丙嗪可与在 UVA 照射后的变性 DNA 迅速结合，临床上皮肤暴晒日光后能使双链 DNA 变性，容易与氯丙嗪结合产生抗原性物质；肼苯哒嗪与可溶性核蛋白结合，在体内能增强自身组织成分的免疫原性。这类药物性狼疮样综合征在停药后症状能消退或残留少数症状。HLA 分型示 DR4 阳性率显著增高是药源性系统性红斑狼疮遗传所致。药物引起的狼疮样综合征与特发性红斑性狼疮的区别为：①临床累及肾、皮肤和神经系统少；②发病年龄较大；③病程较短和轻；④血中补体不减少；⑤血清单链 DNA 抗体阳性。

（三）感染因素

SLE 的发病与某些病毒感染有关。从患者肾小球内皮细胞质、血管内皮细胞、皮损中可发现类似包涵体的物质。同时患者血清对病毒滴度增高，尤其对麻疹病毒、EB 病毒、风疹病毒和黏病毒等。另外，患者血清内有 ds-RNA、ds-DNA 和 RNA-DNA 抗体存在。包涵体物质通常只有在具有病毒感染的组织中才能找到，电镜下观察这些包涵体样物质呈小管网状结构，直径 20 ~ 25μm，成簇分布，在皮肌炎、硬皮病、急性硬化全脑炎中亦可见到，但从有包涵体样物质的组织分离病毒未获成功，这些物质与 SLE 的关系有待证实。有人提出 SLE 的发病与 C 型 RNA 病毒有关，因为有人发现 SLE 患者的血清干扰素增高，其浓度与病情活动相平行。干扰素 -α 是白细胞受病毒、多核苷酸或细菌脂多醣等刺激后产生的，间接提示有病毒感染的可能。亦有人认为 SLE 的发病与结核或链球菌感染有关。

（四）物理因素

紫外线能诱发皮损或使原有皮损加剧，少数病例可诱发或加重系统性病变，约 1/3 系统性红斑狼疮患者对日光过敏，紫外线照射皮肤型红斑狼疮患者，约半数病例临床和组织学上有典型皮损。正常人皮肤的双链 DNA 不具有免疫原性，经紫外线照射发生二聚化后，DNA 解聚的胸腺嘧啶二聚体可转变成较强的免疫原性分子。亦有人认为，紫外线先使皮肤细胞受损，抗核因子得以进入细胞内，与胞核发生作用，产生皮肤损害。寒冷，强烈电光照射亦可诱发或加重本病。有些局限性盘状红斑狼疮暴晒后可演变为系统型，由慢性演变成急性。

（五）内分泌因素

本病女性显著多于男性，且多在生育期发病，故认为雌激素与本病发生有关。通过给动物做阉割，雌 NZB 小鼠的病情缓解，雄鼠则加剧，支持雌激素的作用。于无性腺活动期间即 15 岁以下及 50 岁以后发生本病的显著减少，此外口服避孕药可诱发狼疮样综合征。对男性系统性红斑狼疮患者测定性激素水平发现 50% 患者血清雌二醇水平增高，65% 患者睾酮降低。上述各种现象都支持雌激素的论点。妊娠时系统性红斑狼疮病情的变化亦与性激素水平增高有关。新近发现系统性红斑狼疮患者血清中有较高的泌乳素，可导致性激素的继发性变化。

（六）免疫异常

机体的免疫平衡紊乱可能导致免疫系统的调节缺陷，发生抑制性 T 细胞丧失，不仅在数量上，且功能亦减低，使其不能调节有潜能产生自身抗体的 B 淋巴细胞，从而使大量自身抗体形成而致病。有人在狼疮鼠中发现早期有 B 细胞的过度活跃，但没有见到调节 T 细胞的缺陷，提出产生自身抗体的 B 淋巴细胞株逃脱了 T 细胞的控制调节，即在 T 淋巴细胞调节功能正常时，亦能产生自身抗体。有人认为这是由于辅助性 T 细胞的功能过强，引起免疫调节障碍产生大量自身抗体。亦有人提出可能是单核细胞或巨噬细胞的活力过度，通常产生某种因子，刺激辅助性 T 细胞，或直接刺激 B 细胞，引起自身免疫。

新近研究发现，SLE 患者有细胞因子分泌异常，IL-1 可使 SLE 的 B 细胞增殖、介导 B 细胞自发的产生 IgG，形成免疫复合物，引起组织损伤。MRL/1pr 小鼠肾巨噬细胞中含有较多 IL-1mRNA，体外培养可产生大量 IL-1，诱导 IL-6、IL-8、TNF 等炎症因子产生，IL-1 活性与光敏感有关。约 50% 患者血清中 IL-2 含量增高，几乎所有 SLE 患者血清中有高水平的 IL-2R，且活动期比缓解期高。此外，SLE 患者血清 IL-6

水平升高，在活动期更明显，在 SLE 患者出现中枢神经 SEL 活动期，IL-10 水平升高，IgG 生成增多，较多证据提示 IL-10 在 B 细胞异常活化中起重要作用。细胞因子动态平衡失调引起异常的免疫应答，可参与局部的致病性作用。

关于自身抗原形成的机制可由于：①组织经药物、病毒或细菌、紫外线等作用后，其成分经修饰发生改变，获得抗原性；②隐蔽抗原的释放，如甲状腺球蛋白、晶状体、精子等在与血流和淋巴系统相隔离、经外伤或感染后使这隔离屏障破坏，这些组织成分进入血流，与免疫活动细胞接触成为具有抗原性物质；③交叉过敏的结果。

三、系统性红斑狼疮的主要表现及诊断

（一）病理学改变

红斑狼疮（LE）的基本病理变化是结缔组织的黏液样水肿，纤维蛋白样变性和坏死性血管炎。黏液样水肿见于疾病早期；纤维蛋白样变性是自身免疫球蛋白、补体和 DNA 等抗原以及纤维蛋白混合构成嗜酸性无结构物质，沉积于结缔组织而成，如结缔组织变性，中、小血管壁的结缔组织发生纤维蛋白样变性，甚至坏死，血栓形成，出血或局部缺血等病变，构成坏死性血管炎。

皮肤的组织病理变化为表皮萎缩，基底细胞液化变性，真皮上部有嗜色素细胞增加，胶原纤维水肿，并有纤维蛋白样变性，血管和皮肤附属器周围有成片淋巴细胞，少数浆细胞和组织细胞浸润，管壁常有血管炎性变化。

肌肉以横纹肌常遭累及，肌束间和肌束内的结缔组织呈小病灶性纤维蛋白样变性，围管性淋巴细胞、浆细胞等浸润，有时可见肌纤维萎缩或透明变性。

肾脏中肾小球先受累，后出现肾小管病变，主要为肾小球毛细血管壁发生纤维蛋白样变性或局灶性坏死，内有透明血栓以及苏木素小体或毛细血管样基底膜呈灶性增厚，严重时弥漫性增厚，形成所谓“铁丝圈”损害，为 DNA、抗 DNA 抗体，补体和纤维蛋白物等沉积。肾小球除毛细血管病变外，细胞数目亦可增多，主要为系膜细胞增生，呈灶性。肾小球囊壁上皮细胞可增生形成新月体。晚期病例肾小球纤维组织增多，血管闭塞，甚或与囊壁粘连而纤维化。

心脏在心包结缔组织发生纤维蛋白样变性伴淋巴细胞、浆细胞、组织细胞和成纤维细胞的浸润，心肌炎变化与横纹肌相似。心内膜炎为心内膜的结缔和成纤维细胞增生和纤维形成，如此反复发生，形成疣状心内膜炎，累及瓣膜结缔与乳头肌等粘连可影响瓣膜功能，以二尖瓣的损害率最高。

肺病变初起为血管炎和血管周围炎，以后波及间质和实质，为间质组织肺泡壁和毛细血管的纤维蛋白样变性、坏死和透明性变，伴有淋巴细胞和浆细胞浸润。

神经系统可见小血管和毛细血管的内皮细胞增殖和淋巴细胞等浸润，有广泛的微血栓和局限性软化灶等。

脾有包膜纤维增厚，滤泡增生，红髓中浆细胞增多，中心动脉出现特殊纤维化，周围出现又厚又密的同心状胶原纤维硬化环，称为“洋葱脾”。

（二）临床表现

1．*皮疹* 有 80% ~ 85% 患者有皮疹，其中具有典型皮疹者占 43%。以水肿性红斑最常见，绿豆至黄豆大，发生在颧颊经鼻梁可融合成蝶翼状。前额、耳垂亦可累及肩胛、上臂、四肢大关节伸面、手背、指（趾）节伸面、指（趾）端和屈面，蹠部也可发生。颜面蝶形红斑，甲周红斑和指（趾）甲远端下红斑具有特征性。另一种损害为斑丘疹，有痒与痛感，可局限性或泛发性，有时呈丘疹或毛囊性丘疹，有时于颜面和其他暴露部位出现水疱、大疱和血疱，大都发生在原有红斑或正常皮肤上，疱壁紧张，日光暴晒是促发因素，疱破后形成糜烂、溃疡、结痂以及瘢痕形成。上述红斑等损害消退后，可出现表皮萎缩、色素沉着和角化过度。有时可见瘀点和瘀斑，有时有结节（约 10%）。黏膜损害累及唇、颊、硬腭、齿龈、舌和鼻腔，约占 20%，呈伴有毛细血管扩张红斑，或弥漫性潮红，其上可见点状出血、糜烂、少数尚有水疱和溃疡等。

2．*发热* 约占 92% 以上，各种热型都可见，长期低热较多见。

3．*骨关节* 90% 以上病例有关节疼痛，有时周围软组织肿胀，有时像风湿性关节炎，呈游走性，多发性，且可呈现红肿热痛；或表现为慢

性进行性多发性关节炎，常累及指／趾关节似类风湿关节炎。5% ~ 10% 病例髋、肩和膝关节可发生无菌性缺血性骨坏死，股骨头最常累及，其次肱骨头、胫骨头等。

4．肾　约 75% 病例受累，经肾穿刺活检有肾损害者占 80% ~ 90%，表现为肾炎或肾病综合征。肾炎时尿内出现红细胞、白细胞、管型和蛋白质。肾穿刺活检所见病理变化可分为局灶性增殖性肾小球肾炎型和弥漫性增殖性肾小球肾炎型，前者较轻，后者较剧，且进展较快，预后差。肾病综合征分为真性和假性两种，真性者具有典型肾病综合征的临床和实验室表现，全身水肿，伴不等程度腹水、胸腔和心包积液，大量蛋白尿，血清白蛋白降低。肾病综合征的病理变化为膜性肾小球炎，或弥漫性增殖性肾小球肾炎。假性狼疮性肾病综合征血胆固醇正常或低下，病情较重且预后差，除大量蛋白尿外，尿中可有较多红细胞和管型，肾功能受损和高血压。亦有部分病例仅有轻度蛋白尿而无肾脏损害的临床征象。

5．心血管　有 50% ~ 89% 患者有心脏症状，超声检出率 36% ~ 88%。以心包炎最常见，多为干性纤维素性心包炎，也可能积液，积液多时可见二层心包粘连，可使主包腔闭塞，心包积液中可查见红斑狼疮细胞。心肌炎较常见，一般可有气短、心前区疼痛，心动过速，心音减弱，奔马率，心律失常，脉压小、继之出现心脏扩大，可导致心力衰竭。心电图可出现相应改变如低电压，ST 段抬高，T 波平坦或倒置，P-R 间期延长。心内膜炎性变化呈典型疣状心内膜炎，常与心包炎并存，主要是壁层心内膜受损，症状不明显。当病变累及瓣膜时，常见的为二尖瓣，偶尔主动脉瓣和三尖瓣同时亦被累及，引起瓣尖乳头肌挛缩、粘连变形或腱索断裂，造成瓣膜狭窄或闭锁不全，心内膜内形成血栓可脱落引起栓塞。约 50% 病例可有动脉炎和静脉炎，比较常见的为锁骨下静脉的血栓性静脉炎。少数可出现冠状动脉炎，常累及左前降支，临床上可因冠状动脉供血不足而发生心绞痛，较大的冠状动脉炎能导致心肌梗死。

6．呼吸系统　胸膜和肺受累分别为 36% 和 7%，可发生胸膜炎，多为干性，也可为湿性，积液少量或中等量，约 1/3 病例为双侧性。急性狼疮性肺炎的患病率为 1% ~ 4%，患者有发热、干咳、气急，偶见咯血，低氧血症，X 线显示单侧或双侧肺浸润，以两下肺野多见，可伴肺不张，横膈抬高和胸腔积液。也有发生慢性间质性肺炎，X 线特征为肺部片状浸润斑，多见于肺基底段，往往持续存在多日，可引起肺不张，甚至呼吸衰竭，亦可见条索状，网状或斑点状阴影。肺动脉炎时可发生咯血、空洞，常合并终末期小叶性肺炎。

7．神经系统　往往在急性期或终末期出现症状，少数作为首发症状表现。可呈现为各种精神障碍如躁动、幻觉、猜疑、妄想、强迫观念等。也可以出现多种神经系统症状，如中枢神经系统受累，常见的有颅压增高、脑膜炎、脑炎、脑血管意外、脊髓炎及蛛网膜下腔出血等，并出现相应症状。

8．消化系统　胃肠道病变主要是血管壁病变的结果。约 40% 病例有消化道症状，常见有食欲减退、吞咽困难、恶心、呕吐、腹痛、腹泻、腹水、便血等。腹痛可能与腹膜炎、肠炎、肠系膜炎或腹膜后结缔组织病变有关。多为脐周隐痛，严重时类似外科急腹症。

9．淋巴网状系统　约半数病人有局部或全身淋巴结肿，以颈、腋下肿大为多见。肿大淋巴结一般无压痛，质软，有时肿大很明显，以致误诊为淋巴结结核或淋巴病瘤。病理检查示慢性非特异性炎症，约 1/3 病人有肝大，极少引起黄疸和肝硬化。1/5 病例有脾大。

10．造血系统　贫血常见，大多数为正细胞性正色素性贫血，红细胞表面可有 IgG 抗体或补体；抗人球蛋白试验 1/3 ~ 1/5 病例阳性，可表现为自身免疫性贫血，主要为 IgG、偶或 IgM。白细胞减少，一般为粒细胞和（或）淋巴细胞减少，活动期 T、B 淋巴细胞绝对数和相对数均下降而非活动期则下降不显著，T 淋巴细胞下降程度与疾病活动度相平行。T 淋巴细胞的减少与细胞免疫功能减退和存在抗淋巴细胞抗体有关。B 淋巴细胞数虽亦下降，但其功能检测反而显示增强。血小板减少，存活时间缩短。

11．眼　有 20% ~ 25% 病人有眼底变化，包括眼底出血，视盘水肿，视网膜渗出物有卵圆形的白色浑浊物，是继发于小血管闭塞引起的视网膜神经变性灶，一般可逆。其他有玻璃体内出血、巩膜炎等。

系统性红斑狼疮可以和其他典型结缔组织病如皮肌炎、硬皮病、类风湿关节炎等重叠，或先后发病。

（三）主要实验室检查

1. *血常规* 如上述。

2. *免疫学检查* 血清白蛋白降低，α_2 和 γ 球蛋白增高，纤维蛋白原增高，冷球蛋白和冷凝集素可增高。在活动期血 IgG、IgA 和 IgM 均增高，尤以 IgG 为著，非活动期病例增多不明显或不增高。有长期大量蛋白尿的患者，血 Ig 可降低，尿中可阳性。

3. *类风湿因子和梅毒检查* 有 20% ~ 40% 病例类风湿因子阳性。梅毒生物学假阳性反应 2% ~ 15%阳性。

4. *抗心磷脂抗体* 抗心磷脂抗体中 IgG 型的阳性率为 64%，IgM 型为 56%，与患者血栓形成，皮肤血管炎，血小板减少，心肌梗死、中枢神经病变和习惯性流产或宫内死胎关系密切。

5. *红斑狼疮细胞* 红斑狼疮细胞的诱导因子为一种抗核 γ 球蛋白，红斑狼疮细胞形成需要 4 个因素：①红斑狼疮抗核蛋白抗体，存在于外周血、骨髓、心包、胸腔和腹腔积液、疱液和脑脊液中，其相应抗原为脱氧核糖核酸 - 组蛋白复合物；②受损伤或死亡的细胞核，无种属和器官特异性；③活跃的吞噬细胞，一般为中性粒细胞；④补体：在吞噬时需要补体的参与。红斑狼疮细胞形成的过程首先为红斑狼疮细胞因子与受损伤或死亡的细胞核起作用，使细胞核胀大，失去其染色质结构，核膜溶解，变成均匀无结构物质，所谓“匀圆体”细胞膜破裂，匀圆体堕入血液，许多吞噬细胞聚合来吞噬此变性的核，形态花瓣形细胞簇，随后此变性核被一个吞噬细胞所吞噬，就形成所谓红斑狼疮细胞。有 70% ~ 90% 活动性红斑狼疮患者，红斑狼疮细胞检查阳性。其他疾病如硬皮病、类风湿关节炎等中约 10% 病例可查见该细胞。

6. *抗核抗体试验（ANA）* 本试验敏感性高，特异性相对较差，一般作为筛选性试验，有 80% ~ 95% 病变 ANA 试验阳性，尤以活动期为高，反复测定累积阳性率更高。血清 ANA 效价≥ 1∶80，意义较大，效价变化基本上与临床病情活动度相一致。另有 5% ~ 10% 病例，临床症状符合 SLE，但 ANA 持续阴性，有其他免疫学特征，可能是一个亚型。抗核抗体是自身对各种细胞核成分产生相应抗体的总称，在 SLE 中所见的有：①抗脱氧核糖核酸（DNA）抗体：可分为抗天然或双链脱氧核糖核酸（n-DNA 或 ds-DNA）抗体和抗变性或单链脱氧核糖核酸（d-DNA 或 ss-DNA）抗体。采用间接免疫荧光法检测抗 ds-DNA 抗体，在 SLE 活动期其阳性率可高达 93% ~ 100%。放射免疫法检测其阳性率为 60% ~ 70%，抗 ds-DNA 抗体荧光核型显示周边型最具特异性，提示患者常有肾损害、预后差。抗 ss-DNA 抗体特异性差，除系统性红斑狼疮外在其他弥漫性结缔组织疾病中亦可见到。②抗核蛋白（DNP）及组蛋白抗体：不溶性抗 DNP 抗体亦即形成红斑狼疮细胞的一种抗核因子——抗 DNA 和组蛋白复合物的抗体，荧光核型呈匀质型，往往在红斑狼疮活动期出现。在普鲁卡因酰胺、异烟肼等引起狼疮样综合征中约 90% 以上的病例可发现抗组蛋白抗体。③抗盐水可提取性核抗原（ENA）抗体：抗 ENA 抗体中主要包括抗 Sm 和 nRNP 等 7 种抗体。抗 Sm 抗体在 SLE 的阳性率为 20% ~ 25%，为 SLE 的标记性抗体，常和抗 ds-DNA 抗体伴随出现，与疾病活动性无关，可作为回溯性诊断的参考指标；抗 U1RNP 抗体可在多种结缔组织病中出现，其高效价除发生在 SLE 外，常是诊断混合结缔组织病的血清学依据。④抗 Ro/SS-A 和抗 La/SS-B 抗体：两种抗体对原发性干燥综合征和 SLE 合并干燥综合征以及亚急性皮肤型红斑狼疮呈高阳性率和重要参考价值。抗 Ro/SS-A 抗体是新生儿红斑狼疮的重要血清学标记，与光敏感相关。⑤抗核糖体 ρ 蛋白抗体及其他：以免疫印迹汉检测，抗核糖体 ρ 蛋白抗体阳性率约为 10%，为 SLE 的标记性抗体。部分系统性红斑狼疮患者中可测出抗 Ku、内皮细胞、中性粒细胞胞质、神经元、纤维结合蛋白和神经节苷脂等抗体，这些抗体检测的阳性率，特异性与临床症状的关联，有待进一步深入研究。

7. *狼疮带试验* 应用直接免疫荧光抗体技术检测皮肤免疫荧光带或狼疮带，即在真皮表皮连接处可见一局限性的免疫球蛋白沉积带，皮损处阳性率系统性红斑狼疮为92%，正常皮肤暴光处系统性红斑狼疮为70%，非暴光处为50%，在慢性萎缩性或过度角化的皮损荧光带成团块状，新起的皮疹沉积如颗粒状或细线状，而在系统性红斑狼疮正常皮肤呈点彩状。

8．*细胞免疫功能测定* 淋巴细胞转化试验（PHA-LTT）、旧结核菌素（OT）、链球菌脱氧核糖核酸酶和链激酶（SD-SK）皮试往往阴性。T细胞亚群检测：活动性病例中总T细胞（CD3）和抑制性T淋巴细胞（CD8）明显降低，辅助性T细胞／抑制性T细胞、比值增高，随着治疗病情稳定，T抑制细胞恢复正常，T辅助细胞降低，两者比值恢复或低于正常。自然杀伤细胞（NK）活性显著降低，在活动期更为显著。

9．*血清补体测定* 有75%～90% SLE患者血清补体减少，尤其在活动期，以C3、C4为著，但在其他结缔组织病如皮肌炎、硬皮病、类风湿关节炎中不减少。

10．*循环免疫复合物*（CIC） 血清CIC在活动期增高。

11．*皮肤试验* 采用自身或同种的白细胞进行皮试，75%的SLE病例阳性。采用小牛胸中核蛋白做皮试，84%阳性。采用小牛胸腺中脱氧核糖核酸做皮试，48%阳性。采用小牛胸腺中组蛋白做皮试，92%阳性。

12．*毛细血管镜检查* 于SLE患者手指甲皱和舌尖微循环中可见：①微血管袢增多，微血管张力较差，微血管扩张尤以静脉管扩张较突出，甚至有巨血管出现；②微血流障碍，如血色暗红，微血管袢顶淤血，袢内血细胞聚集、流速减慢或淤滞；③微血管周围有渗出和出血。这些微循环障碍导致血流淤滞和血细胞聚集异形微血管、巨形微血管和扩张膨大微血管，皆可形成微血管周围的渗出和出血，同时又可进一步发展形成血流的泥化，甚至有微血栓产生。

13．*血液流变学测定* 血黏度的增加，血液流动性下降；红细胞电泳时间延长，红细胞沉降率快，红细胞聚集性增加，但血细胞比容稍低（贫血）；血中纤维蛋白原增高，血流缓慢。

（四）系统性红斑狼疮诊断

由于本病病因不明、临床表现变化多端，累及的组织和器官较多，病情复杂，特别是早期不典型患者或仅有一、二个脏器受累者，或无皮疹，甚至无临床表现。自20世纪60年代以来，人们一直在探讨、寻找一个对SLE诊断敏感、特异，且能反映SLE病情的诊断标准。目前应用最广的是2009年美国风湿病学会（ACR）对SLE分类标准（表4-3）。其诊断的敏感性94%，特异性92%。

1．*临床标准* ①急性或亚急性皮肤狼疮表现；②慢性皮肤狼疮表现；③口腔或鼻咽部溃疡；④非瘢痕性脱发；⑤炎性滑膜炎，两个或两个以上关节肿胀或伴晨僵的关节压痛；⑥浆膜炎；

表4-3 美国风湿病学会1997年推荐的SLE分类标准

（1）颊部红斑：固定红斑，扁平或高起，在两颧突出部位
（2）盘状红斑：片状高起于皮肤的红斑，黏附有角质脱屑和毛囊栓；陈旧病变可生萎缩性瘢痕
（3）光过敏：对日光有明显的反应，引起皮疹，从病史中得知或医生观察到
（4）口腔溃疡：经医生观察到的口腔或鼻咽部溃疡，一般为无痛性
（5）关节炎：非侵蚀性关节炎，累及2个或更多的外周关节，有压痛、肿胀或积液
（6）浆膜炎：胸膜炎或心包炎
（7）肾脏病变：尿蛋白＞15g/24h或7，或管型（红细胞、血红蛋白、颗粒管型或混合管型）
（8）神经病变：癫痫发作或精神病，除外药物或已知的代谢紊乱
（9）血液学疾病：溶血性贫血或白细胞减少，或淋巴细胞减少，或血小板减少
（10）免疫学异常：抗dsDNA 抗体阳性，或抗Sm抗体阳性，或抗磷脂抗体阳性（包括抗心磷脂抗体或狼疮抗凝物或至少持续6个月的梅毒血清试验假阳性三者中具备一项阳性）
（11）抗核抗体：在任何时候和未用药物诱发“药物性狼疮”的情况下，抗核抗体滴度异常

⑦尿蛋白≥ 0.5/d 或出现红细胞管型；⑧神经系统：癫痫发作，精神病，多发性单神经炎，脊髓炎，外周或脑神经病变，脑炎；⑨溶血性贫血；⑩白细胞减少（至少一次＜ 4 000/mm^3）或淋巴细胞减少（至少一次＜ 10×10^9/L）；血小板减少症（至少一次血小板减少（＜ 100×10^9/L））。

2．*免疫学标准* ① ANA 高于实验室参考值范围；②抗 ds-DNA 高于实验室参考值范围（ELISA 法需 2 次高于实验室参考值范围）；③抗 sm 阳性；④抗磷脂抗体阳性：第一，狼疮抗凝物阳性；第二，梅毒血清学试验假阳性；第三，抗心磷脂抗体 - 至少 2 倍正常值或中效价以上升高；第四，抗 b2 糖蛋白 1 阳性；第五，补体减低：低 C_3、低 C_4、低 CH_{50}；第六，无溶血性贫血者，直接 Coombs 试验阳性。

3．*确诊条件* ①肾脏病理证实为狼疮肾炎并伴有 ANA 阳性或抗 ds-DNA 阳性；②以上临床及免疫指标中有 4 条以上符合标准中的 4 条(至少一条临床标准和一条免疫学指标）。其诊断的敏感性 94%，特异性 92%。此标准为 SLICC（SLE 国际合作组）确定的诊断标准。

四、系统性红斑狼疮的传统治疗

（一）抗炎症反应

使用免疫抑制或促进药物进行免疫调节。对轻型病例如仅有皮疹、低热或关节症状者一般应用非甾体类抗炎药，如水杨酸类等，该类药物有时可损伤肝、肾，对肾病患者需慎用。如皮疹明显可用抗疟药如氯喹，也可用小剂量的肾上腺皮质激素，酞咪哌啶酮和六味地黄丸加减或雷公藤制剂等。类固醇是目前治疗重症自身免疫疾病中的首选药物，可显著抑制炎症反应，具有抗增殖及免疫抑制作用，对淋巴细胞有直接细胞毒作用，使 NK 细胞的数量以及 IL-1 和 IL-2 水平皆降低，抑制抗原抗体反应。

适应情况为：用于其他疗法治疗无效的轻型病例；急性或亚急性发作，有高热、关节痛、无力和（或）病变迅速累及浆膜、心、肺、肝、肾、造血器官和其他脏器组织者；慢性病例如伴有明确的进行性内脏损害者。

（二）免疫抑制

使用如环磷酰胺和硫唑嘌呤，前者主要利用烃基与 DNA 结合，最明显的是减少抗 DNA 抗体，血中 DNA- 抗 DNA 复合物及其在肾脏中的沉积减少。硫唑嘌呤能替换嘌呤核苷酸的合成，抑制 DNA 和 RNA 的合成。其他有如 6 巯基嘌呤、甲氨蝶呤等。这类药物常见的不良反应有白细胞减少，甚至会骨髓抑制、胃肠道障碍和肝脏损害、易产生继发感染、长期应用可引起不育、畸胎，削弱免疫作用等。环磷酰胺可发生脱发和出血性膀胱炎。

适应情况为：单位使用类固醇无效；对长期大量皮质类固醇治疗不能耐受；为了更有效地控制 SLE 中的某些病损；在急性症状得到控制后为进一步减少激素维持量或逐渐递减激素，常与皮质类固醇合用。环孢菌素 A 是一种具有免疫抑制及免疫调节作用的新药，它能干扰 IL-1 的释放及抑制 T 淋巴细胞的活化，适用于其他药物治疗无效的患者。

（三）免疫增强剂

使用该类药物的目的是，使低下的细胞免疫恢复正常，如左旋咪唑、胸腺素、转移因子等。这些药物能提高非特异性细胞免疫功能和调节免疫细胞因子的平衡。

（四）血浆交换疗法

该方法可除去特异性自身抗体，免疫复合物以及参与组织损伤非特异性炎症介质如补体、C 反应性蛋白、纤维蛋白原，并能改善单核吞噬细胞系统清除循环免疫复合物的能力，一般在多脏器损害，激素效果不佳、器质性脑综合征、全血细胞减少及活动性肾炎等重症病例进行。因作用短暂，仍需配合激素和免疫抑制药等治疗。

（五）透析疗法与肾移植

晚期肾损害病例伴肾衰竭，如一般情况尚好，可进行血液透析或腹膜透析，除去血中尿素氮及其他有害物质，以改善氮质血症等情况。肾移植需在肾外损害静止时进行。

五、脐带间充质干细胞治疗系统性红斑狼疮

（一）脐带间充质干细胞治疗系统性红斑狼疮的原理

MSC 的基本生物学特性是自我更新和多向分化，具有参与或促进组织器官的损伤修复、促

进血管新生、分泌多种细胞生长因子和强大的调节免疫功能等。SLE 是由于自身免疫反应过强并由此引发多器官组织损伤，其发生发展的两大关键问题是针对自身组织细胞抗原的自身免疫反应和多组织器官甚至是全身性的组织损伤，如果得不到有效治疗，组织损伤不断发展，最终将导致多器官功能衰竭甚至危及生命。因此，治疗 SLE 的策略是，首先要设法控制自身免疫反应，防止组织损伤的持续发展；其次是要针对病理性损伤有效促进已经受到损伤的组织和器官的结构修复与功能维护。MSC 治疗的生物学特点决定其不但可以有效抑制 SLE 发生发展中的自身免疫反应，还可促进损伤修复。MSC 的免疫调控作用已经在器官移植排斥反应、骨髓移植后的移植物抗宿主病和一些自身免疫反应性疾病的临床治疗中证实了其独特疗效，也在一些体内外试验研究中认识了部分作用机制。MSC 通过直接接触和分泌细胞因子抑制 T 细胞的增殖，在体外，MSC 能够抑制淋巴细胞的增殖和一些细胞因子的分泌。目前认为 MSC 的作用机制可能主要通过与免疫细胞（如 T 淋巴细胞，树突状细胞，B 淋巴细胞等）直接接触发挥效应，还可能通过改变细胞因子分泌网络间接影响免疫细胞，但确切机制仍不清楚。MSC 移植治疗 MRL/lpr 狼疮鼠的实验研究显示，MSC 移植后临床指标以及肾脏病理均明显好转，MSC 移植可以通过抑制促炎因子的作用而发挥免疫抑制作用，血液循环中的 IL-1、TNF-α、IL-17、IL-10 等含量降低。同时，尿蛋白定量（24h）降低、抗 ds-DNA 抗体水平下降，肾小球硬化、间质纤维化程度及间质炎症细胞浸润程度较对照组减轻，说明 MSC 对 MRL/lpr 狼疮鼠不仅具有免疫调节作用，同时也对肾脏病变具有修复作用。

MSC 可以抑制 SLE 患者的自身免疫反应，控制和消除多器官损伤的诱发因素，是一种有效的治本措施，可在一定程度上减轻自身免疫反应强度和抑制全身系统性损伤的持续发展，从理论上讲是一种可靠的理想治疗措施，但 SLE 的发病机制十分复杂，不同患者之间不论是免疫调节作用还是临床疗效上还存在较大差异，但对一些环磷酰胺、糖皮质激素等药物治疗抵抗的顽固性 SLE 患者，不失为一种新的治疗选择方法。对一些长期治疗无效或病情持续发展的患者来讲，MSC 治疗可能一种唯一选择。MSC 在体内还具有游走和向损伤组织归巢的特性，受损伤的组织也可能释放一些趋化因子，对 MSC 有吸引作用。因此，通过静脉输注的部分 MSC 可随血液循环进入受损伤组织并在组织特定的微环境诱导下，向所到组织类型的功能细胞分化，参与和促进已经受损伤的组织的修复。由于 MSC 还具有促进受损伤组织血管新生的作用，特别是损伤组织的毛细血管新生对改善血液循环，及时排出受损伤组织的代谢产物和为损伤组织的再生与修复提供营养物质，这对于多器官损伤并发症的治疗有积极意义。在一些自体或异体 MSC 移植治疗包括 SLE 在内的人类组织损伤性疾病的动物模型实验研究中发现，MSC 在损伤组织的分布较少，但与 MSC 的对照组比较，组织损伤得到一定恢复。进一步的实验研究发现，MSC 可分泌数十种细胞因子，其中一些细胞因子具有免疫调节作用，而另一些细胞因子对损伤组织的原位细胞有促增殖和生长的作用。因此认为，MSC 对 SLE 的损伤修复作用是通过其分泌的多种细胞生长因子发挥作用，这种作用可能通过旁分泌，也可能通过细胞因子的远程调控机制实现，并不一定是 MSC 进入损伤组织才有意义。

近些年来，以环磷酰胺、KF506 等为代表的强烈免疫抑制药不断出现，使自身免疫性疾病和移植免疫排斥反应的治疗前进了一大步，但这些免疫抑制药对免疫细胞亚群的选择作用差，容易使患者的综合免疫功能降低，抗感染能力减弱，易诱发感染并发症等。MSC 具有多种生物学作用，不但可以调节免疫功能，而且能促进损伤修复，对免疫功能的调节作用也具有多样性，包括与免疫细胞直接接触调节和细胞因子平衡调节等，综合作用比免疫抑制药更有优越性。因此，MSC 对 SLE 的治疗具有标本兼治的综合效应。现有的一些报道认为，使用 MSC 既可以控制和消除 SLE 患者的自身免疫反应，也可缓解或消除临床症状，减轻疾病痛苦，改善生活质量。在检查指标上可以明显降低血液循环中的自身免疫抗体的浓度，调节免疫细胞活性和细胞因子的网络平衡，系统性改善受累组织器官的结构与功能。由于 SLE 的发病机制较为复杂，脐带 MSC 的生物效应具有多样性，不同患者的临床症状、自身免疫反应水平和并发症表现千差万别，其疗效表现也具有一定差异性。MSC 移植用于 SLE 治疗的时间不长，从基础研究到临床治疗积累的资料和经验不足，详细的生物效应及治疗机制还需要进一步探索，涉及临床治疗的一些基本问题，例如治疗时机选择、最佳治疗细胞剂量、协同或辅助治疗方法、长期疗效等还有待于进行大样本治疗结果的总结分析和相应的实验研究。

（二）治疗方案及评价

1. *治疗咨询*　由于该病的发病机制复杂，临床表现变化多样，对前来咨询的患者要详细了解疾病的发病时间，根据工作特点、生活习惯、生活环境、感染性疾病史等分析疾病发生的诱因。根据疾病的发病时间和治疗史，结合已有诊断及报告，初步判定疾病的进程和系统性损伤程度。询问家族发病情况，初步了解患者的家族遗传情况。同时还要了解对患者药物、食品、化学物质及其他物质的过敏史及并发症发生情况。综合分析疾病发生的遗传和诱导因素，正确分析判断实施 MSC 治疗的有效性和可行性。

最重要的是要了解 SLE 患者前期治疗史，分析治疗方案的合理性及疗效情况，然后向患者介绍现有治疗方案和 MSC 治疗的区别，详细介绍 MSC 的治疗基本原理，治疗过程，主要方法和可能出现的风险，特别强调 MSC 对 SLE 的治疗作用及机制，说明现有检测方法和手段难以排除所有病原，有传播未知病原污染的可能性。让患者在充分了解该治疗的原理、步骤、疗效和风险的基础上，由患者综合分析并决策是否自愿进行该治疗，由患者提出治疗申请，一般不得主动诱导患者进行该治疗。

2. *治疗评估*　治疗评估的重点是了解疾病的进程，自身免疫反应的强度和组织器官损伤的程度和各种并发症的情况。治疗评估要在了解前期检查、诊断、治疗和患者自述疾病史的基础上，进行必要的补充检查，包括临床表现、影像学和实验室相关指标检查，特别注意并发症情况，如心、肺、肾等重要器官功能，通过影像学观察和主要器官的生化指标检测分析系统性损伤累及的器官及损伤程度。补充检查可根据系统性红斑狼疮的诊断要点进行必要的实验室检查，特别是免疫相关指标的检查对实施 MSC 治疗有积极意义。根据综合检查结果，首先评估 MSC 治疗的疗效和可行性，其次要根据并发症的发生情况，评估是否进行其他辅助治疗，比如对症治疗、抗感染治疗，支持治疗等。对于有感染并发症、严重器官功能不全的患者，应首先进行抗感染和对症治疗，依据并发症的平稳状况和重要器官功能状态确定是否适合进行该治疗。建议对 SLE 患者实施 MSC 治疗应尽早进行，对于处于 SLE 发病早中期的患者效果显著，而对于有严重器官功能不全的患者应慎重。

3. *实施步骤*

(1) 治疗咨询：正在住院治疗的系统性红斑狼疮患者申请进行 MSC 治疗时，应由主管医师开具会诊单并组织干细胞治疗专家和系统性红斑狼疮治疗专家进行会诊，分析讨论疾病进展程度，并发症发生情况及其重要器官的功能状况，实施 MSC 治疗的可行性及确定治疗方案，提出 MSC 治疗前的预处理及辅助治疗措施，治疗过程中的注意事项和有针对性的护理等。

对于未住院治疗的系统性红斑狼疮患者申请进行 MSC 治疗时，门诊咨询医师应提出确诊和必要的检查方案并组织相关检查，依据检查结果和疾病诊断、治疗史，认真分析疾病进程和并发症情况，向患者介绍清楚现有治疗方法及前期治疗的成效及问题，对比分析实施 MSC 治疗的特点，介绍实施 MSC 的原理、方法和可能产生的疗效，帮助分析可能出现的问题和风险。患者充分了解疾病状况和 MSC 的原理、方法和可能的疗效、风险之后，干细胞治疗医师要正确评估实施该治疗的可行性及疗效，在患者主动申请的基础上，确定是否收住院对其实施干细胞治疗。

在实施干细胞治疗前应确定干细胞的来源，协调预备好干细胞，提出干细胞的数量、活性及相关要求，签订干细胞使用合同书。

(2) 预约登记：干细胞治疗需要实验室和临床的密切配合，还需要干细胞治疗室医师、病房主管医师和护士的紧密合作。因此，对自愿申请实施 MSC 治疗的患者应进行预约登记，约定入院时间，实施治疗的具体时间和地点，然后根据 MSC 治疗要求协调好各方面的关系，进行必要的准备工作，通知干细胞实验室准备好

MSC。干细胞治疗机构应根据各自的实际情况，设计制作干细胞治疗预约登记表并进行预约登记（表 4-4）。

（3）办理住院手术：系统性红斑狼疮的 MSC 治疗按医院入院治疗相关要求和程序办理。患者在门诊挂号后，由门诊医师咨询、检查并填写入院病例首页资料，到门诊住院办理处进行住院信息登记，住院交费处交费，到住院病房登记入住。

（4）进行常规检查和补充检查：患者入院后，除按要求进行血、尿等常规检查外，需在治疗前有针对性地进行临床症状收集和检查，补充血液常规和生化指标检查，如抗 DNS 抗体、抗核抗体、免疫细胞亚群及功能，有条件的应尽可能测定血浆内各种相关细胞因子的含量，进行心、肺、肝、肾、脑等重要器官功能检查与评估，有严重肾组织损伤的患者最好进行肾穿刺取肾组织进行病理组织学观察，涉及器官损伤的其他并发症还应进行影像学检查，以便合理确定 MSC 治疗方案和其他辅助治疗措施，为疾病确诊和治疗后的疗效判定提供充分的理论依据。在目前尚未建立规范性技术标准和 MSC 治疗的医疗操作常规的前提下，应在实施治疗之前，以科学的态度对相关检测和观察指标进行合理设计，尽量从遗传基因、血液生化、细胞与分子免疫、损伤组织和器官的结构与功能、临床表现等方面筛选客观、准确的检测指标，以便进行治疗前后的对比和统计分析，形成具有参考意义和科学价值的病案记录和结果。在检查和收集全所有相关资料的基础上，应组织相关专家进行会诊并提出治疗方案。依据治疗单位和有关管理部门的要求，还需要对实施该治疗的情况上报和审批。

（5）签订知情同意书：知情同意书（表 4-5）应说明 MSC 治疗的作用及原理，主要治疗过程和操作方法，特别强调排除病原的种类和方法，自愿承担未知病原感染和其他意外风险。

（6）脐带间充质干细胞准备：MSC 的质量是实施临床的最关键环节之一。目前来源有生物技术公司或细胞库提供和医疗单位自制等多种来源。院外提供的 MSC 可能由于分离培养、扩增、鉴定、保存、运输、复苏等环节的技术方法

表 4-4　××× 医院干细胞治疗预约登记表

患者姓名		性别		年龄	
籍贯		联系人		联系电话	
联系地址					
疾病诊断					
疾病史					
治疗史					
细胞类型					
拟入院时间	年　　月　　日				
拟治疗时间	年　　月　　日				
治疗方式	□静脉输注　□介入治疗　□定位移植　□注入脑脊液　□其他				
治疗地点					
治疗费用					
联系医师			医师电话		
患者或家属签名			咨询医师签名		
注意事项					

表 4-5　××× 医院干细胞移植治疗知情同意书

××× 医院脐带间充质干细胞移植治疗知情同意书			
患者姓名	性别	年龄	病历号

疾病介绍、治疗建议、适应证的选择

(1) 间充质干细胞具有向受损组织靶向迁移并在特定微环境条件下向成熟功能细胞分化的特性，并参与机体免疫调节，干细胞的这种独特生物学特性是其用于多种疾病治疗的理论基础。干细胞还可通过细胞因子机制等多种途径发挥其组织再生和免疫调节作用。干细胞治疗一方面可在一定程度上促进组织器官的新陈代谢而延缓器官功能的衰退，另一方面又可在一定程度上调节机体免疫而改善患者的临床症状和生活质量。脐带间充质干细胞来源充足、活性好、容易扩增，又具有低免疫原性的特性，没有明显排斥反应和药物毒性反应，最适于自身免疫性疾病、器官移植后排斥反应的控制等多种疾病的免疫调节治疗，也可用于组织修复等治疗。

自身免疫性疾病是指多种因素作用引起的机体免疫细胞对自身抗原发生异常免疫反应的一大类疾病，除少数疾病已知由药物引发外，其余大多数疾病发病机制至今不明，但其基本病理机制均是多种因素作用导致机体免疫耐受丢失或免疫反应调节异常。自身免疫性疾病主要包括器官特异性自身免疫病（如 1 型糖尿病等）和系统性自身免疫病（如系统性红斑狼疮等）两大类，前者导致的病理损害和功能障碍仅局限于某一器官，后者则累及全身关节、肾脏、心脏、肝脏等多个重要器官，导致患者关节病变而致残或肾衰竭而死亡等严重后果。自身免疫性疾病的诊断、防治都比较困难，长期大量使用免疫抑制药和（或）激素是该病治疗的基本原则，疗效确切，但副作用非常明显。器官移植后出现的免疫排斥反应就是因为人为植入异种抗原引起的免疫反应，药物治疗原理与自身免疫性疾病的治疗类似，也会产生非常明显的副作用。利用间充质干细胞独特的生物学特性而开展异基因间充质干细胞移植治疗就是目前比较先进的一种生物治疗方法，其优点是疗效确切，没有明显的副作用。

脐带间充质干细胞治疗的基本过程是：无菌采集健康产妇脐带，分离扩增间充质干细胞，经检验、鉴定合格后，经静脉输注给患者即可。

(2) 脐带间充质干细胞移植治疗的适应证：①被明确诊断的自身免疫性疾病，如系统性红斑狼疮、血栓闭塞性脉管炎、1 型糖尿病等；②组织器官移植术后移植物抗宿主病的预防和治疗；③细胞缺损性疾病的治疗，如肌营养不良症的治疗可能会有一定的改善作用；④组织修复、免疫调节等治疗。

(3) 患者接受脐带间充质干细胞治疗前的准备：①已详细询问了患者的既往病史并对患者病情进行讨论评估，再次确认脐带间充质干细胞治疗的适应证及治疗时机；②根据需要已对患者及其家属说明了脐带间充质干细胞治疗该疾病的基本原理、治疗过程以及可能存在传播传染病原的风险，并对患者及其家属提出的疑问给予了必要的解释。

（续 表）

×××医院脐带间充质干细胞移植治疗知情同意书

治疗存在的潜在风险和对策

医生告知我：脐带间充质干细胞已经严格按照国家标准进行检验和鉴定排除HBV、HCV、HIV、TP和CMV，但受到当前科技水平的限制、现有检测手段不能够完全解决病毒感染的窗口期和潜伏期问题。（窗口期是指机体被病毒感染后，到足以被检测出抗体的这段时期，潜伏期是指病原体侵入身体到最初出现症状和体征的这段时期。）因此，输入经过检测正常的脐带间充质干细胞，仍有发生经细胞传播传染性疾病的可能，同时，也有可能发生其他不良反应。有些不常见的风险可能没有在此列出，具体的治疗方案根据不同病人的情况有所不同。医生告诉我：可与我的医生讨论有关我治疗方案的具体内容，如果我有特殊的问题可与我的医生讨论。

（1）我理解脐带间充质干细胞治疗可能会发生血源性感染，包括乙型肝炎、丙型肝炎、获得性免疫缺陷综合征、梅毒、疟疾、巨细胞病毒、EB病毒等，预防措施是严格按照国家标准检验。

（2）我理解脐带间充质干细胞治疗可能会发生意外的反应，如发热、皮疹、寒战、恶心、呼吸困难、头痛或肌肉疼痛、休克等情况。脐带间充质干细胞具有低免疫原性，通常情况下输入脐带间充质干细胞不会出现异常反应，但少数患者仍有可能发生轻微的反应，包括一过性的低热、寒战、肌肉疼痛等，预防措施为询问患者既往过敏史或输注前应用抗过敏药物、控制输液速度，一旦发生意外则按照预案实施急救。

（3）我理解脐带间充质干细胞治疗可能会发生输液反应：借助生理盐水输液通道输注脐带间充质干细胞，可能会发生输液反应；预防措施为询问患者既往过敏史、控制输液速度。

（4）我理解脐带间充质干细胞静脉输注治疗可能会发生栓塞：输注细胞时空气或细胞团块进入严重血管硬化患者的血管后可能会形成栓塞。预防措施是严格执行护理操作规范就能避免该事故的发生，一旦发生，按照预案实施急救治疗。

（5）除上述情况外，本医疗措施尚有可能发生的其他并发症或者需要提请患者及家属特别注意的其他事项，如______________________________

______________________________。

特殊风险或主要高危因素

我理解根据我个人的病情，我可能出现未包括在上述所交代并发症以外的风险：

____

____

一旦发生上述风险和意外，医生会采取积极应对措施。

患者和供体知情选择

（1）我的医生已经告知我，将要进行的治疗方式及治疗后可能发生的并发症和风险，可能存在的其他治疗方法并且解答了我关于此次治疗的相关问题。

（2）我同意在操作中医生可以根据我的病情对预定的操作方式做出调整。

（3）我理解我的操作需要多位医生共同进行。

（4）我并未得到操作百分之百成功的许诺。

（5）我授权医师对操作切除的病变器官、组织或标本进行处置，包括病理学检查、细胞学检查和医疗废物处理等。

患者签名__________ 联系电话__________ 签名日期________年____月____日

供体签名__________ 联系电话__________ 签名日期________年____月____日

如果患者或供体无法签署知情同意书，请其授权的亲属在此签名：

患者授权亲属签名__________ 与患者关系__________ 签名日期________年____月____日

供体授权亲属签名__________ 与患者关系__________ 签名日期________年____月____日

（续 表）

×××医院脐带间充质干细胞移植治疗知情同意书

医生陈述

我已经告知患者将要进行的治疗方式、此次治疗及治疗后可能发生的并发症和可能存在的风险、可能存在的其他治疗方法并且解答了患者关于此次手术的相关问题。

医生签名＿＿＿＿＿＿＿＿＿＿＿＿　签名日期＿＿＿＿年＿＿月＿＿日

联系电话＿＿＿＿＿＿＿＿＿＿＿＿

×××医院拒绝或放弃医学治疗告知书

患者姓名	性别	年龄	病历号

尊敬的患者、患者家属或患者的法定监护人、授权委托人：

根据患者目前的疾病状况，医生认为患者应当接受治疗，并建议患者接受适当的医疗措施。

但是患者现在拒绝或者放弃我院医护人员建议的以下医疗措施：

＿＿＿＿＿＿＿＿＿＿＿＿＿＿＿＿＿＿＿＿＿＿＿＿＿＿＿＿＿＿

＿＿＿＿＿＿＿＿＿＿＿＿＿＿＿＿＿＿＿＿＿＿＿＿＿＿＿＿＿＿

特此告知可能出现的后果，请患者、患者家属或患者的法定监护人、授权委托人认真斟酌后决定。

（1）拒绝或放弃医学治疗，在我院原有的治疗中断，有可能导致病情反复甚至加重，从而为以后的诊断和治疗增加困难，甚至使原有疾病无法治愈或者使患者丧失最佳治疗时机，也有可能促进或者导致患者死亡。

（2）拒绝或放弃医学治疗，在我院原有的治疗中断，有可能出现各种感染或使原有的感染加重、伤口延迟愈合、疼痛等各种症状加重或症状持续时间延长，增加患者的痛苦，甚至可能导致不良后果。

（3）拒绝或放弃医学治疗，在我院原有的治疗中断，患者有可能会出现某一个或者多个器官功能减退、部分甚至全部功能的丧失，有可能诱发患者出现出血、休克、其他疾病和症状，甚至产生不良后果。

（4）拒绝或放弃医学治疗有可能导致原有的医疗花费失去应有的作用。

（5）拒绝或放弃医学治疗有可能增加患者其他不可预料的风险及不良后果。

患者、患者家属或患者的法定监护人、授权委托人意见：

我（或是患者的监护人）已年满 18 周岁且具有完全民事行为能力，我拒绝或放弃医院对我的医学治疗服务。医护人员已经向我解释了接受医疗措施对我的疾病治疗的重要性和必要性，并且已将拒绝或者放弃医学治疗的风险及后果向我作了详细的告知。我仍然坚持拒绝或放弃医学治疗。

我自愿承担拒绝或放弃医学治疗所带来的风险和不良后果。我拒绝或放弃医学治疗产生的不良后果与医院及医护人员无关。

患者签名＿＿＿＿＿＿＿＿＿＿＿＿＿＿　签名日期＿＿＿＿年＿＿月＿＿日

如果患者无法签署知情同意书，请其授权的亲属在此签名：

患者授权亲属签名＿＿＿＿＿　与患者关系＿＿＿＿＿　签名日期＿＿＿＿年＿＿月＿＿日

医护人员陈述：

我已经将患者继续接受医学治疗的重要性和必要性以及拒绝或者放弃治疗的风险及后果向患者、患者家属或患者的法定监护人、授权委托人告知，并且解答了关于拒绝或者放弃治疗的相关问题。

医护人员签名＿＿＿＿＿＿＿＿＿＿＿＿　签名日期＿＿＿＿年＿＿月＿＿日

不同或操作不当等原因，易导致污染和细胞活性下降，最好在治疗医院内进行相关检测和鉴定后再使用。院内自制间充质干细胞原则应和脐带提供者签订使用合同书，在知情同意的情况下收集材料，取材前应排除携带重要病原的可能。体外培养的所有成分（包括基础培养基）应有足够纯度（例如，接触细胞的水应符合注射用水标准），残留的杂质对培养的细胞或受者不应有明显影响。每个培养细胞的部门应保证培养所用的各种成分的质量都经过鉴定，基础培养基应进行无菌实验，并制定规格标准。若用商业来源的培养基，应由厂商提供全部培养基成分。添加血清、生长因子等应采用人源化制剂并进行标准鉴定和制定相应质量标准，排除病原生物污染的可能性。每批试剂均应留样保存一年以上，以备检查。尽量避免添加使用 β-内酰胺类抗生素，若采用青霉素类抗生素，应做青霉素皮试，细胞制剂应标明加用的抗生素，并不得用于已知对该药过敏的患者。另外，应做不加抗生素的培养对照，以证明能够保持无菌。体外处理细胞所使用的材料及细胞培养器具应进行质量控制，应为无致热原的一次性材料，以免体外细胞处理过程中的致热原污染和病原生物的交叉污染。建议临床治疗用在体外扩增 3 代内的细胞，体外传代最好不要超过 8 次。培养细胞要按《中国生物制品规程》中的《生物制品无菌试验规程》进行。如果在间充质干细胞制备过程中现有污染情况，应终止该批体细胞制品的继续制备。在间充质干细胞回输前，应从生长特性、细胞形态、表型标记和分化特点等方面详细鉴定其纯度和均一性。低温保存的间充质干细胞要有专门负责人和详细记录资料，记录清楚细胞来源、制备时间、批号、细胞数量、体积、检测结果、责任人和其他相关资料。体外长期保存的 MSC 最好不要传代太多，一般保存 3 代以内细胞。低温冻存的 MSC 最好复苏并进行体外传代，详细观察细胞的形态和生长特性，再次鉴定细胞表型、活性和排除病原生物污染后再使用。由生物公司或细胞库提供的 MSC 应按标准进行相关检测之后再用，如果是已经获得国家有关部门批准或认证的细胞，复苏后直接使用时，要特别注意检查细胞数量和活性，排除细胞复苏或运输过程中的不利因素导致细胞死亡和污染的可能。

脐带 MSC 参考质量检测如下。

①细胞活性检测：一般用 Trypan Blue 染色法观察法，如果细胞不易吸收 Trypan Blue，则用红色之 Erythrosin Bluish。计算细胞活率：活细胞数／（活细胞数＋死细胞数）×100%。计数应在台盼蓝染色后数分钟内完成，随时间延长，部分活细胞也开始摄取染料；因为台盼蓝对蛋白质有很强的亲和力，用不含血清的稀释液，可以使染色计数更为准确。活细胞比例应＞98%。

②细胞计数：计算细胞数目可用血球计数板或是 Coultercounter 粒子计数器自动计数。血球计数盘一般有 2 个 Chambers，每个 Chamber 中细刻 9 个 $1mm^2$ 大正方形，其中 4 个角落之正方形再细刻 16 个小格，深度均为 0.1mm。当 Chamber 上方盖上盖玻片后，每个大正方形之体积为 $1mm^2 \times 0.1mm = 1.0 \times 10^{-4}ml$。使用时，计数每个大正方形内之细胞数目，乘以稀释倍数，再乘以 10^4，即为每毫升中之细胞数目。计数后的细胞用生理盐水稀释，细胞密度控制在 1×10^7 细胞／ml 左右，使用前根据临床治疗需要再进行稀释。

③染色体分析：采用染色体核型分析法和荧光原位杂交法观察染色体数目、形态、单倍体、多倍体、移位，畸变和倒错等情况，一旦发现染色体异常的 MSC 应废去，不可用于临床治疗。国外有报道认为，MSC 在体外培养 240d，传代 60 次均未发现染色体异常。但不同实验室和不同培养条件下的传代培养结果可能有一定差异。体外传代次数越多，染色体变异的可能性越大，笔者实验室也进行了脐带间冲质干细胞传代培养后的染色体观察，曾发现 1 例在传代 8 次后有染色体变异，表明连续观察体外传代培养的间充质干细胞的染色体变化极为重要。

④原生物检测：异基因 MSC 移植治疗系统性红斑狼疮有传播未知病原生物的风险，除按照国内输血标准和检测方法排除主要病原生物外，还要尽可能排除携带一些重要病原生物的可能性。目前国内输血及血液制品主要采用血清学方法检测 HBV、HIV、HCV、CMV 等病原，但不能完全排除潜伏感染的可能性，应采用病原 DNA 检测法进行辅助检查，还应对脐带提供者进行重复检测，第二次检测的时间点确定在采集脐带后 3 个月。还要尽可能排除其他重要细菌、衣原体、支原体等感染的可能性。

⑤细胞表型分析：通常采用流式细胞术或免疫细胞化学方法，最好多种方法同时进行，尽可能做到结果的一致性和重复性较好，确认结果准确可靠。流式细胞分析时，CD29、CD73、CD90 和 CD105 阳性表达率应＞95%，同时应设

阴性对照和进行非表达抗原标志分析，通常选用CD45、CD34、CD14、CD79 和 HLA-DR 等，其阳性表达率应为阴性或低于 2%。如果流式细胞分析用的抗体来源或批号更换，应同步进行免疫细胞化学鉴定，以确认流式细胞分析结果的准确性。

⑥留样分析：用于临床治疗的每份细胞均应留取少量细胞样本，用 4 孔塑料培养板常规培养 1 周以上，确认细胞无污染后冻存一年以上，以供进一步分析鉴定和检查用。

（7）MSC 输注：系统性红斑狼疮的 MSC 治疗通常采用系统性治疗法，即静脉输入法。关于治疗细胞的剂量目前没有统一标准，最低有效剂量和最佳使用量是多少，疗效与剂量的关系和最大剂量是多少等需要进一步进行实验研究和通过大量临床资料进行统计分析后才能确定。国内有报道输入间充质干细胞数量按 1×10^6 细胞 /kg 体重计算，本中心推荐使用的成年人使用剂量为一次（3 ～ 5）$\times 10^7$ 细胞，也有每次输入 1×10^8 细胞的报道。符合治疗条件的医疗机构应申报 MSC 治疗临床准入资质，在院内建立统一的专用细胞治疗室，治疗室按手术室标准建设，装备活动式病床和监护系统、空气消毒设施，如紫外线消毒灯、电子消毒装置等，配备必要的专用器具和急救器材、药品等。脐带 MSC 输注参照静脉点滴方法进行，为避免细胞聚团导致微血管栓塞，应采用带侧管和过滤网的静脉输液装置，先行静脉穿刺并连通生理盐水点滴，固定点滴速度每分钟 40 滴后，用注射器将预先准备好的脐带 MSC 悬液通过侧管注入输液管内。为避免间充质干细胞在输液管内聚集，注入前应充分振荡混匀。为避免细胞黏附于注射器或输液管的管壁上，注完细胞后的注射器应直接抽吸输液管内的液体洗涤 3 次以上，细胞加入输液管后应注意不断弹动输液管，使细胞处于分散状态。为避免输液反应和防止过敏反应，点滴用的生理盐水应置于保温箱内预热至 37℃，点滴速度不宜超过每分钟 40 滴，可在输入细胞前先点滴或肌内注射地塞米松 3mg。脐带间充质干细胞输注过程中，应注意室内温度控制在 25℃左右，密切注意患者的反应，注意监控患者血压、心率、呼吸等生理指标，若发现异常，要立即停止输注，采取必要救治措施。个别患者输注 MSC 过程中有发冷、寒战等现象，应注意密切观察和采取必要防护措施。MSC 输注完成后，继续留观半小时后再转移至普通住院病房继续观察。某干细胞治疗中心在实施脐带 MSC 治疗前，填写干细胞治疗单，主要记录患者基本信息、细胞治疗和治疗方法并分别由相关责任人签名后存档备查。该中心设计表格见表 4-6，供参考。

（8）辅助治疗及护理：第一，在进行脐带 MSC 治疗前，护理人员应再次向患者介绍脐带 MSC 治疗的原理、对系统性红斑狼疮的治疗作用，对比分析这种治疗方法与其他治疗的不同点，详细说明治疗的过程及可能出现的问题，让患者对间充质干细胞治疗有充分了解和思想准备，消除患者的心理负担。第二，若有感染并发症，应首先进行抗感染治疗，消除感染因素后再进行间充质干细胞治疗。第三，脐带 MSC 治疗过程中，应避免使用免疫抑制药和化疗药物等，以免影响细胞活性和治疗效果，尽可能减少抗生素的使用。第四，适当补充复合维生素和营养物质，进行适当的对症治疗；避免剧烈运动和强体力劳动，注意保暖和休息。第五，细胞治疗后辅以营养饮食，1 周内避免饮酒和辛辣食品等刺激性食物。第六，积极进行心理治疗，向患者介绍疾病发生原理和治疗进展，讲解治疗后的自身免疫反应和器官功能评价结果，帮助患者缓解心情紧张、忧虑等精神状态，尽量降低心理应激水平，减少由于心理或精神等因素对间充质干细胞治疗的干扰。第七，对正在进行环磷酰胺（CYC）等免疫抑制药治疗的患者实施间充质干细胞治疗后应减少免疫抑制药的使用量，一般按逐渐递减的方式减量，即每周减少正在使用量的 1/4。第八，未使用免疫抑制药的患者可辅助进行中药治疗。第九，注意观察和收集治疗后患者的心理变化，临床症状和相关检查结果，及时向患者通报和解释治疗后的各种变化及注意事项。

（9）疗效评估：对系统性红斑狼疮患者进行一次 MSC 治疗后 30d 左右，应对治疗前检查的相关指标进行对照分析，综合检查结果和临床表现情况，初步判定该治疗的有效性。一般进行一次治疗后 20d 会有临床症状改善，自身免疫性抗体含量降低，受累器官功能明显好转。对有治疗效果的患者可继续每月进行一次治疗，连续

表 4-6 ××× 医院干细胞中心脐带间充质干细胞移植治疗记录单

患者资料	患者姓名		性别		年龄	
	科 别		床号		住院号	
	疾病诊断					
	联系方式	电话		地址		
	拟治疗方式					
细胞要求	来 源	健康脐带				
	质量要求	HBV、HCV、HIV、TP、CMV 检测阴性				
	细胞代数	□原代；□1 代；□2 代；□3 代；□4 代；□5 代；□6 代；				
	表型标志	CD29 %，CD73 %，CD90 %，CD105 %				
细胞收集鉴定	(1) 间充质干细胞抗原分化标志鉴定：合格（ ）；不合格（ ） (2) 间充质干细胞分化能力鉴定：合格（ ）；不合格（ ） (3) 培养液外观颜色：正常（ ）；异常（ ） (4) 无菌试验结果：有污染（ ）；无污染（ ） (5) 培养物镜检结果：有无染（ ）；无污染（ ） (6) 细胞形态：圆形（ ）；梭形（ ）；混杂（ ） (7) 细胞数量： 个 (8) 细胞活性：活细胞比率＞95%（ ）；活细胞比率＜95%（ ） (9) 收集细胞体积：1ml（ ）；2ml（ ）；5ml（ ）；10ml（ ）；20ml（ ） (10) 结果认定：合格（ ）；不合格（ ）					质量监督员： 1. 2.
主任意见	(1) 符合标准，准予用于治疗（ ） (2) 重新扩增培养（ ） (3) 放弃该项治疗（ ）					签字：
细胞治疗	治疗时间： 年 月 日					
	细胞运送护士签字：			治疗室接收细胞护士签字：		
	移植方式：静脉输入（ ）；定位介入注射（ ）；其他（ ）					
备注						

治疗 3 次。对相关检测指标和临床症状无明显改善或病情继续恶化的患者，应终止治疗，即使再进行该治疗亦无显著效果。要重点对照分析抗 DNA 抗体、抗核抗体等自身免疫相关抗体的含量变化，采用流式细胞术分析免疫细胞亚群的比率改变。检查主要器官功能的血液生化指标，如尿蛋白等，评估受累器官的功能改善情况，分析组织器官的损伤修复状况，对于有显著疗效的患者进行 3 ~ 5 次治疗后，可根据情况进行其他药物对症治疗。整个治疗过程中要密切注意观察免疫功能变化，对于免疫功能下降较快的患者应减少治疗次数，适当给予抗菌治疗，防止继发感染等。疗效评估收集相关资料后，采用临床 SLEDAI 积分表进行辅助评估，详细评判指标见表 4-7。

(10) 治疗后随访：随访的目的是追踪观察 MSC 治疗后的长期疗效，了解系统性红斑狼疮的复发情况和有无不良反应。随访应定期进行，

表 4-7 临床 SLEDAI 积分表

积分	临床表现
8	癫痫发作：最近开始发作的，除外代谢、感染、药物所致
8	精神症状：严重紊乱干扰正常活动。除外尿毒症、药物影响
8	器质性脑病：智力的改变伴定向力、记忆力或其他智力功能的损害并出现反复不定的临床症状，至少同时有以下两项：感觉紊乱、不连贯的松散语言、失眠或白天瞌睡、精神运动性活动增加或减少，除外代谢、感染、药物所致
8	视觉障碍：SLE 视网膜病变，除外高血压、感染、药物所致
8	脑神经病变：累及脑神经的新出现的感觉、运动神经病变
8	狼疮性头痛：严重持续性头痛，麻醉性镇痛药无效
8	脑血管意外：新出现的脑血管意外，应除外动脉硬化
8	脉管炎：溃疡、坏疽、有触痛的手指小结节、甲周碎片状梗死、出血或经活检、血管造影证实
4	关节炎：2 个以上关节痛和炎性体征（压痛、肿胀、渗出）
4	肌炎：近端肌痛或无力伴肌酸磷酸激酶（CPK）增高，或肌电图改变或活检证实
4	管型尿：血红蛋白、颗粒管型或红细胞管型
4	血尿：红细胞 >5/HP，除外结石、感染和其他原因
4	蛋白尿：>15g/24h，新出现或近期升高
4	脓尿：白细胞 >5/HP，除外感染
2	脱发：新出现或复发的异常斑片状或弥散性脱发
2	新出现皮疹：新出现或复发的炎症性皮疹
2	黏膜溃疡：新出现或复发的口腔或鼻黏膜溃疡
2	胸膜炎：胸膜炎性胸痛伴胸膜摩擦音、渗出或胸膜肥厚

注：SLEDAI 积分对 SLE 病情的判断：0～4 分，基本无活动；5～9 分，轻度活动；10～14 分，中度活动；≥ 15 分，重度活动

随访时机及间隔时间可根据具体情况确定，建议应在进行 MSC 细胞治疗后 3 个月、6 个月、12 个月和 24 个月进行随访。随访内容应包括治疗后疾病的临床症状变化，其他药物治疗情况，饮食状况和生活规律等，最好进行必要的相关实验室血液生化指标、免疫和重要器官功能等检查，有针对性地进行影像学检查和评估，对有严重肾功能不全的患者，除进行肾功能检查外，有条件的应进行肾组织学观察。随访结果应结合间充质干细胞治疗前后的情况进行分析总结，合理推断疾病变化的原因和机制，比较分析间充质干细胞治疗的有效性及与其他治疗的关系。随访时，应设计并制作随访表格，最好由患者住院期间的主管医师亲自实施。要详细收集相关资料，充分了解患者的疾病状态和临床表现，后续治疗情况和检查结果，统计分析不同疾病状态，不同疾病进展程度，不同药物治疗和生活习惯、工作状况等对间充质干细胞治疗的影响，不断总结经验，改进治疗方法，提高治疗效果。有条件的患者最好再次对治疗前发现的异常指标和影像学变化进行复查，对比分析 MSC 治疗后的疾病动态变化。对于离实施 MSC 治疗医院较远的患者，应动员患者就近到驻地医院进行复查并提供相关检查结果。对拟进行随访的患者，应在实施 MSC 治疗

期间进行约定并为随访提供有利条件，尽可能向患者介绍清楚进行随访的重要性和对疾病治疗的指导意义，根据随访结果及时为患者提供治疗咨询建议。对于一些配合较好的患者，可进行长期随访和跟踪疾病的转归情况，不断为患者提供治疗指导意见和分析再进行间充质干细胞治疗的必要。某干细胞治疗中心随访记录见表4-8，供参考。

（三）注意事项

第一，MSC 的制备技术及质量控制等目前尚未见统一的标准颁布，治疗机构应严格参照现有生物制剂规范和细胞产品指导原则等制定技术规范，通过条件、技术和伦理等论证之后，结合临床治疗及配套条件等，按临床医疗三类技术要求报批，在确保治疗安全的前提下实施。

第二，MSC 用于临床治疗系统性红斑狼疮的疗效虽然在动物模型研究和临床治疗中得到验证，已证实对免疫功能的调节作用效果明显，免疫原性较低，安全性较好，临床具有进行异基因移植治疗的可行性，但详细的疗效机制和标准化的技术方案还需要深入探讨。因此，在实施临床治疗前应明确诊断，充分论证，合理设计检查指标和治疗方案，按要求向主管部门上报后方可进行治疗。

第三，对有严重心肺功能障碍，多器官功能不全，严重肾功能损伤和感染并发症的患者要慎用，要在有效对症治疗后和有可靠保障措施的前提下进行。

第四，伴发恶性肿瘤的系统性红斑狼疮患者

表 4-8　××××× 医院干细胞治疗随访记录表

<table>
<tr><td>随访时间</td><td colspan="3">年　　月　　日</td><td colspan="2">随访医师签名</td><td colspan="3"></td></tr>
<tr><td>患者姓名</td><td colspan="2"></td><td>性别</td><td></td><td>年龄</td><td></td><td>民族</td><td></td></tr>
<tr><td>通讯地址</td><td colspan="5"></td><td>邮政编码</td><td colspan="2"></td></tr>
<tr><td rowspan="2">联系电话</td><td>移动</td><td colspan="2"></td><td colspan="2" rowspan="2">电子信箱</td><td colspan="3" rowspan="2"></td></tr>
<tr><td>固话</td><td colspan="2"></td></tr>
<tr><td>疾病诊断</td><td colspan="3"></td><td colspan="2">干细胞治疗时间</td><td colspan="3"></td></tr>
<tr><td>患者主诉</td><td colspan="8">□治愈　□明显好转　□部分缓解　□无效　□加重</td></tr>
<tr><td>工作状况</td><td colspan="8"></td></tr>
<tr><td>药物治疗</td><td colspan="8"></td></tr>
<tr><td>皮肤红斑</td><td colspan="8"></td></tr>
<tr><td>免疫细胞亚群</td><td colspan="8"></td></tr>
<tr><td>自身免疫抗体谱</td><td colspan="8"></td></tr>
<tr><td>肾功能</td><td colspan="8"></td></tr>
<tr><td>临床症状</td><td colspan="8"></td></tr>
<tr><td>SLEDAI 积分</td><td colspan="2">治疗前</td><td></td><td>治疗后</td><td></td><td>随访时</td><td colspan="2"></td></tr>
<tr><td>其他</td><td colspan="8"></td></tr>
<tr><td>填表说明</td><td colspan="8">（1）了解干细胞治疗的长期疗效和为患者提供咨询服务
（2）治愈：无临床症状和相关检查指标恢复正常；明显好转为临床症状明显改善，抗核抗 DNA 抗体水平明显降低，两项以上诊断指标恢复正常；部分缓解：临床症状有所改善，部分诊断指标有恢复，病情无继续加重；无效：病情稳定，无改善也未加重；加重：临床症状加重，诊断指标无改善或恶化
（3）其他：主要填写并发症情况，治疗后的新情况</td></tr>
</table>

在作用机制尚未完全清楚和对肿瘤的影响还不明了的情况下，禁止进行 MSC 治疗。

第五，个别患者进行 MSC 治疗后，可能出现寒战、体温轻度升高，一般在数小时内恢复，若出现持续寒战、体温过度升高时，应采取必要的对症治疗措施。

第六，治疗前应充分了解患者的药物等过敏史，对有药物、异体蛋白等过敏史的患者应高度重视，需要有一定应急措施。

第七，复苏或培养收集的 MSC 不宜在常温放置时间过长，细胞制备好之后应立即输注。治疗前应协调好实验室、病房和治疗室医护人员之间的关系，约定好时间、地点和责任人，间充质干细胞转接过程中的每一个环节必须有责任人签字。

第八，患者治疗后在治疗室留观和转移至病房观察后 24h 内要有医护人员密切监护，发现问题及时处理。

第四节 细胞移植治疗自身免疫介导性糖尿病

一、概述

随着人类饮食结构和生活方式的改变，社会人口老龄化，生活和工作压力增加以及环境和食品毒性物质污染等，全球糖尿病呈快速上升趋势，而我国是糖尿病发病率上升最快的国家之一。杨文英等报道目前我国 20 岁以上人群的糖尿病患病率达 9.7%，病人约为 9 200 万；糖尿病前期患病率达 15.5%，处于糖尿病前期者约 1.48 亿人。糖尿病是一组由遗传、环境、免疫、心理、饮食等因素相互作用引起的临床综合病症，因胰岛素分泌不足或组织细胞对胰岛素敏感性降低，早期的主要矛盾是体内血糖过高，临床表现为多食、多饮、多尿、烦渴、善饥、消瘦或肥胖、疲乏无力等症候群，进一步发展则引发的系列综合征，包括糖、蛋白、脂代谢紊乱，内分泌失调，水和电解质平衡失调，血小板和凝血状态改变，血管性炎症反应和神经变性，伴发心脑血管、肾、眼及神经等遍及全身各重要器官的病变，甚至威胁生命。常易并发化脓性感染、尿路感染、肺结核等，最终结果是全身性组织器官功能不全甚至衰竭。由于长期高血糖使蛋白质发生非酶促糖基化反应，糖基化蛋白质分子与未被糖化的分子互相结合交联，使分子不断加大，进一步形成大分子的糖化产物，这种反应多发生在那些半衰期较长的蛋白质分子上，如胶原蛋白、晶状体蛋白、髓鞘蛋白和弹性硬蛋白等，引起血管基膜增厚、晶状体浑浊变性和神经病变等病理变化。由此引起的大血管、微血管和神经病变，是导致眼、肾、神经、心脏和血管等多器官损害的基础。糖尿病已经成为威胁人类健康的第三大疾病，而且呈快速上升趋势，寻找新的有效治疗方法仍然是临床基础医学研究刻不容缓的重大课题之一。

二、病因和发病机制

糖尿病分为胰岛素依赖型（IDDM，1 型）和非胰岛素依赖型（NIDDM，2 型）。1 型糖尿病多由于自身免疫反应导致胰岛素分泌缺陷，其原因可由于遗传易感性、诱发因素等导致抗胰岛自身抗体产生，导致胰岛 B 细胞内胰岛素分泌及合成的信号传递功能缺陷，亦可因自身免疫、感染、化学毒物等因素导致胰岛 B 细胞破坏，数量减少、功能减退，从而导致的胰岛素分泌量减少。还有部分无明显自身免疫证据的特发性 1 型糖尿病。2 型糖尿病表现为糖利用障碍和胰岛素作用不足，可由于组织中的胰岛素作用信号传递通道中的缺陷引起，包括胰岛素或胰岛素受体分子的结构异常导致胰岛素与细胞的特异受体不能有效结合，胰岛素信号链的基因突变、缺失，受体 mRNA 表达降低，前受体加工障碍，胰岛素受体降解加速等。还有一些继发性因素可影响靶细胞对胰岛素的敏感性，如抗胰岛素受体抗体，胰高血糖素、糖皮质类固醇、儿茶酚胺、生长激素，葡萄糖的毒性作用，游离脂肪酸的毒性作用，糖尿病酮症酸中毒、尿毒症、肝硬化、感染、恶性肿瘤，中心性肥胖，TNF-α 增多，细胞因子、小分子介质、内毒素等。此外，母体营养不良可使胎儿胰岛 B 细胞发育不良，成年期易发生 2 型糖尿病。

糖尿病的发病机制相对复杂，其发病与遗传易感、环境诱导、自身免疫、心理应激、炎症反应、氧化应激、饮食因素、向心性肥胖、能量积蓄、运动过少等有一定关系，可能是多因素相互作用或协同作用的结果。在糖尿病的发生发展和继发综合征的过程中，诸多因素参与和促进了疾病的进程，与血流动力学改变、蛋白非酶糖化作用、多元醇通道活性增加、细胞因子（血管活性物质、生长因子、趋化因子等）的作用及遗传、高血压、脂代谢紊乱有关。高浓度葡萄糖可使血管内皮细胞变性，基底膜增厚，血管收缩和对血管活性物质（如血管紧张素Ⅱ等）缩血管作用的反应性下降，还可与氨基酸及蛋白质发生非酶糖基化反应，生成糖基化终末产物（advanced glycosylation end-products，AGEs），使基底膜增厚并促进细胞产生血管紧张素Ⅱ、一氧化氮、生长因子尤其是转化生长因子 TGF-β_1、趋化因子、活性氧等。高血糖时肾、晶状体和视网膜等细胞内高渗，Na^+-K^+ ATP 酶活性下降，可导致细胞功能障碍。糖尿病时，由于内皮细胞和血小板功能能异常，血液呈高凝状态，血液流速减慢和微血栓形成。内皮细胞 von Willebrand 因子（vWF）合成增加并介导血小板黏附于内皮下，促进血栓形成。内皮功能异常还表现为组织纤溶酶原激活物（t-PA）活性降低或纤溶酶原激活物抑制物（PAI）活性增高，前列环素（PGI2）合成减少，对血小板的抑制减弱。因此，高血糖是糖尿病发生发展的始动因素，而长期高血糖可诱发系列病发症，其中包括血管、神经、肾等重要组织和器官损伤，甚至可导致全身性器官功能衰竭和危及生命。目前，1 型糖尿病以外源性补充胰岛素治疗为主，2 型糖尿病以化学药物降糖治疗为主，但 2 型糖尿病发展到一定程度，同样导致胰岛功能受损，胰岛细胞减少，胰岛素分泌不足，需要补充胰岛素或设法提高胰岛功能。控制血糖升高，修复受损胰腺功能和控制并发症是糖尿病临床治疗的主要策略。

关于 1 型糖尿病确切的病因和发病机制尚不十分清楚，目前认为与下列遗传、环境及免疫因素有关。

第一，遗传因素。1 型糖尿病有家族聚集性，1 型糖尿病患者父母亲的患病率是 11%，三代直系亲族遗传率为 6%，同卵双生子的 1 型糖尿病患病一致性为 54%，说明 1 型糖尿病在其发病因素中，遗传因素与环境因素的作用各占 50%。关于 HLA 与 1 型糖尿病研究已证明，遗传因素在免疫介导的糖尿病发病过程中起重要作用，特别与 HLA 某些基因型有很强关联性。某些人类白细胞抗原（HLA）与 1 型糖尿病的发生有强烈的相关性，目前的研究证明：具有 HLA-BS、B15、B18、DR3、DR4、DRW3、DRW4 型的人易患 1 型糖尿病。我国易患 1 型糖尿病的 HLA 类型是 DR3、DR4，但是并非携带这些抗原的个体都会发生糖尿病。HLA-DQ β 链等位基因对胰岛 B 细胞受自身免疫损伤的易感性和抵抗性起决定的作用。HLA-DQ β 链的第 57 位为天门冬氨酸，等位基因为 DQw3.1（DQw7）的人群，具有 1 型糖尿病抵抗；HLA-DQ β 链的第 57 位若不是天门冬氨酸，而是丙氨酸、缬氨酸或丝氨酸等，等位基因为 DQw3.2（DQw8）则具有 1 型糖尿病易感性。除 HLA-DQβ 链 57 以外，HLA-DQα 链 52 位是精氨酸，则对 1 型糖尿病易感。DQβ 链 57 非天门冬氨酸及 DQα 52 精氨酸，同时都是纯合子，则明显易感 1 型糖尿病。

第二，环境因素。1 型糖尿病的发生常与某些感染有关，常见的病毒有柯萨奇 B4 病毒、腮腺炎病毒、风疹病毒、巨细胞病毒、脑炎心肌炎病毒等。具有糖尿病易感性的个体发生病毒感染，反复损害胰岛 B 细胞，病毒抗原在 B 细胞表面表达，引发自身免疫应答，B 细胞遭受自身免疫破坏。病毒感染是少年儿童发生 1 型糖尿病的重要环境因素。该病在任何年龄均可发病，但典型病例常见于青少年，起病较急，易发生酮症酸中毒，血浆胰岛素及 C 肽含量低，糖耐量曲线呈低平状态。

第三，自身免疫反应。多数学者认为，1 型糖尿病是由于免疫介导的胰岛 B 细胞选择性破坏所致。有些糖尿病患者或其家族常伴有其他自身免疫性疾病存在，如恶性贫血，甲状腺炎、甲状腺功能亢进症、重症肌无力、原发性肾上腺皮质功能低下症、系统性红斑狼疮等。50% ~ 70% 的 1 型糖尿病患者有胰岛自身免疫性炎症改变。可能是易感个体对环境因素，特别是病毒感染刺激的反应异常，直接或间接通过自身免疫反应，引起胰岛炎，从而导致胰岛 B 细胞破坏，使胰岛素分泌减少，当胰岛素分泌减少到一定的程度时，导致 1 型糖尿病。在 1 型糖尿病患者体内可检测出多种针对 B 细胞的自身抗体，如胰岛细胞抗体（ICA）、胰岛素抗体（IAA）及谷氨酸脱羟酶抗体（GAD-Ab）等。胰岛细胞抗体（ICA）在新发病的儿童糖尿病患者血液 ICA 的阳性率为 70% ~ 80%，在 1 型糖尿病的一级亲属中阳性率为 5% ~ 8%。胰岛素自身抗体（IAA）在 1 型糖尿病中的阳性率为 34%，新诊断的 1 型糖尿病病人中 IAA 的阳性率可达 40% ~ 50%。谷氨酸脱羟酶（GAD）抗体与 B 细胞功能进行性损害的相关性较好。GAD 是神经递质 γ - 氨基丁酸的生物合成酶，存在于大脑、胰腺、肝、肾、垂体、甲状腺、肾上腺等组织，但只有大脑和胰腺中提取的 GAD 才能与 1 型糖尿病病人的血清起反应，具有独特的免疫化学特性，在患者血液中存在持续时间长。在新诊断的 1 型糖尿病患者中 GAD-Ab 阳性率为 75% ~ 90%。

目前虽然 1 型糖尿病的发病机制尚未完全阐明，可能是多种因素共同作用的结果，除了遗传、感染、自身免疫反应之外，饮食结构、心理压力、工作和生活习性、体育锻炼等都可能是重要的协同因素，多种因素间相互作用或共同作用导致了糖尿病的发生。1 型糖尿病具有遗传易感性，它是发生糖尿病的基础，但仅具有糖尿病的易感性还不能发病，还需要有其他环境因素的作用和影响，病毒感染是重要环境因素之一，在发病系统中起到启动作用。1 型糖尿病容易遭受病毒感染并发生自身免疫反应是由遗传因素所决定的，自身免疫反应的最终结果是使胰岛 B 细胞的损伤和破坏。一些临床病例还不能完全用上述病因和机制进行解释，1 型糖尿病的发病病因尚需进一步深入研究。

三、糖尿病的诊断与治疗

（一）糖尿病的诊断

糖尿病的临床诊断并不困难，根据患者临床表现和实验室检查很容易确诊，但要准确作出诊断必须依据糖尿病倾向的人群应进行相关的实验室检查。主要检查项目如下。

1. *空腹血糖* 空腹血糖（fasting plasma glucose，FPG）是糖尿病实验室诊断的基本指标，其定义是指至少在 8h 内不摄入含热量食物后血浆中的葡萄糖含量。如空腹测定血糖浓度不止多次高于 7.0mmol/L（126mg/dl）可诊断为糖尿病。糖尿病患者一般会出现空腹血糖水平增加，若空腹血糖 < 5.6mmol/L 或随机血糖 < 7.8mmol/L 足可排除糖尿病的诊断，所以临床上首先推荐空腹血糖的测定。

2. *口服葡萄糖耐量试验* 口服葡萄糖耐量试验（oral glucose tolerance test，OGTT），是在口服一定量葡萄糖前后 2h 内，做系列血浆葡萄糖浓度测定。糖耐量分析是一种葡萄糖负荷试验，主要用于测量人体血糖调节功能。正常人由于体内有一套相对完善的调节血糖浓度的机制，即使一次食入大量（75 ~ 100g）葡萄糖，机体也会把血糖浓度调整在一定范围（一般不超过 8.1mmol/L），而且一般在 2h 内恢复致正常范围，这种现象称为耐糖现象。对于糖尿病患者，血糖调节功能失调，食入一定数量葡萄糖后，血糖浓度可急剧上升，且在短时间内不能恢复原正常。15 ~50 岁人群的空腹血糖水平为 3.9 ~ 6.1mmol/L（葡萄糖氧化酶法），糖吸收高峰在 30 ~ 60min，一般不超过 9.1mmol/L，2h 后恢复正常或在 7.8mmol/L 以下。该方法是鉴别健康人、糖耐量减退（IGT）和糖尿病（DM）最权威、有效的指标，可用于观察血糖变化规律，了解病情轻重，对指导临床用药，调整治疗方法和时间具有重要参考意义。OGTT 比空腹血糖更灵敏，但影响因素较多，易导致 OGTT 的结果重复性差，需要多次测定后综合分析。WHO 推荐：对非妊娠成年人，推荐葡萄糖负载量为 75g。对于小儿，按 1.75g/kg 体重计算，总量不超过 75g。用 300ml 水溶解后在 5min 内口服。OGTT 在糖尿病的诊断上并不是必须的指标，目前在临床常规检查中不重点推荐应用。

3. *静脉葡萄糖耐量试验* 静脉葡萄糖耐量试验（intravenous glucose tolerance lest，IGTT）的适应证与 OGTT 相同。对某些不宜做 OGTT 的患者，如不能承受大剂量口服葡萄糖、胃切除后及其他可致口服葡萄糖吸收不良的患者，为排除影响葡萄糖吸收的因素，应按WHO的方法进行IGTT。

4．胰岛素释放试验（INS-ST） 在正常生理条件下，胰岛B细胞每天分泌适量的胰岛素进入血液循环中，调节糖、蛋白和脂肪代谢。利用口服葡萄糖负荷使血糖升高，来刺激胰岛B细胞，使胰岛素分泌增加，从而观察胰岛B细胞的分泌动态，称为胰岛素释放试验。正常人空腹血清胰岛素为4.0 ~ 16.6U/ml，服糖后高峰在30 ~ 60min出现，胰岛素可增至5 ~ 10倍，至3h降至空腹水平。该指标主要用于观察、了解胰岛B细胞的功能；分析了解胰岛功能异常的具体情况，如分泌缺陷还是延迟释放、胰岛素抵抗等；判断糖尿病类型。B细胞的残余功能状态是区别病型和决定治疗方案的重要依据。本试验对于研究2型糖尿病的成因及其他某些疾病，如胰岛细胞瘤、胰岛素自体免疫综合征、家族性高胰岛素血症、胰岛素结构异常、胰岛素受体病等的诊断，均有较大价值。目前胰岛素测定还没有高度精确、准确和可靠的方法。放射免疫分析是一种可选择的方法，而ELISA、化学发光等也被一些实验室采用。放射免疫分析法的正常参考值：2 ~ 25μU/ml（12 ~ 150pmol/L）；在葡萄糖耐量实验时胰岛素浓度可达200μU/ml；空腹胰岛素水平在非糖尿病肥胖者中较高。抗胰岛素抗体与胰岛素原有部分交叉反应。在胰岛细胞瘤和某些糖尿病患者，可能存在高浓度胰岛素原，因此导致直接测定血浆胰岛素实际浓度偏高。

5．C肽释放试验（C-P） 胰岛素是从胰岛素原分解而来的，每生成一个胰岛素分子，就同时释放出一分子的C肽。因C肽与胰岛素是等分子释放，C肽分子比胰岛素稳定，在体内保存的时间较长，对测定胰岛功能来说更为准确，测定C肽的量就反映胰岛素水平。C肽分子不被外源性胰岛素干扰，因此，C肽水平的测定是分析胰岛B细胞功能的有效手段，对正在使用胰岛素治疗的患者治疗具有重要参考价值。正常人空腹时血清C肽为1.0±0.23ng/ml，口服葡萄糖后，60min达高峰，为3.1ng/ml，3h后降至空腹水平。该指标的临床意义与INS-ST相同，还有助于判断胰岛素瘤或B细胞增生和评估胰岛素的补充量，也可用于判定胰腺的损伤程度。C肽测定采用免疫测定法，不同测定方法间的差异很大。空腹血清C肽的正常参考值是0.78 ~ 1.89ng/ml（0.25 ~ 0.6nmol/L），葡萄糖或胰高血糖素刺激后可达2.73 ~ 5.64ng/ml（0.9 ~ 1.87nmol/L）。尿C肽为（74±26）μg/L。

6．糖化血红蛋白的测定（HbAlc） 糖化血红蛋白是体内最重要的糖化蛋白，其水平与血糖值相平行，且生长缓慢，一旦生成，就不再分解，能反映采血前2 ~ 3个月的血糖水平，受Hb值的影响不大。其临床意义是它与血糖呈平等关系，其正常值是4.5% ~ 6.3%，每升高1%相当于平均血糖增高1.1% ~ 1.7mmol/L。对血糖波动较大的糖尿病患者，它能反映测定前4 ~ 8周的平均血糖水平。

7．尿微量白蛋白测定（u-Alb） 正常人每天有近36g白蛋白（Alb）滤过肾小球进肾小管，绝大部分由近端肾小管重吸收，故正常尿中Alb含量极微。当肾脏出现早期损害，其他方法不能发现时，尿Alb是最灵敏而可靠的依据。正常参考值：静息状态下＜10μg/ml。临床意义：尿清蛋白的测定是评价肾功能和肾脏疾病最可靠的早期诊断指标，也是诊断和鉴别糖尿病及高血压患者早期肾脏损害的最可靠的方法。所以要发现、预防早期糖尿病肾病，就必须定期检测尿微量清蛋白。

8．胰岛细胞胞质抗体（ICA）、胰岛素自身抗体（IAA）、谷氨酸脱羧酶自身抗体（GAD）的检测 这三种抗体在正常人为阴性，它们对区别1、2型糖尿病至关重要，是人体B细胞自身免疫反应的标记物。抗体阳性是1型糖尿病的特征，主要用于1、2型糖尿病的鉴别诊断。ICA在70% ~ 80%新近诊断1型糖尿病人中可检出，正常人仅0.5%可出现。IAA在50%新近诊断的1型糖尿病人中可检出，正常人检出率与ICA相同。若同时存在IAA和ICA的个体，其发展为1型糖尿病的风险比单独存在任何一种的个体显著增高。GAD可于1型糖尿病发病前检出，在新近诊断的1型糖尿病人中阳性率也很高。这种抗体可用来帮助诊断2型糖尿病是否进行性发展为1型糖尿病。有85% ~ 90%的病例在发现高血糖时，有一种或几种自身抗体呈阳性。

（二）1 型糖尿病的治疗现状

1 型糖尿病已经成为威胁人类健康的重大疾病之一，人们虽然对 1 型糖尿病的发生原因和机制有了一些认识，但还远没有完全搞清楚，特别是对 1 型糖尿病发展过程中的体内神经、内分泌、免疫和代谢功能之间的相互关系及复杂调控机制了解较少。因此，目前临床上对糖尿病的治疗尚无彻底治愈方法，主要依赖于体外给予胰岛素和降糖药物调节血糖水平，同时控制高糖饮食，减少糖的摄入，强化体育锻炼以增强体质和促进血糖代谢。对于慢性糖尿病，除了采取降糖措施外，还要对相关并发症进行治疗。最近些年，还有进行胰岛移植的报道，但由于移植材料来源困难，异体或异种胰岛移植存在严重的免疫排斥问题，再加上治疗费用昂贵，长期疗效不理想等，胰岛移植还不能成为 1 型糖尿病治疗的理想方案。

1．*药物治疗* 1 型糖尿病主要依靠每日注射一定量的胰岛素维持血糖代谢，但这种方法也只是权宜之计，因为体内糖代谢对胰岛素的需要是一个动态过程，体外给予胰岛素的量很难与体内需要一致，不能准确调控血糖代谢，有时可能满足不了体内需要，也有可能过量而引起低血糖症。再就是长期使用胰岛素可能产生抗胰岛素抗体和过敏反应。胰岛素治疗也不能完全阻止胰岛 B 细胞的损伤和各种并发症的发生，最终还是可能发生多器官功能损伤，包括心脑血管疾病、肾衰竭、微血管病变和视网膜病变等。

2．*胰岛细胞移植* 胰腺组织移植对胰岛 B 细胞严重受损的病人来讲，是一种有效选择。在 20 世纪初，就有人尝试用胰腺移植的方法来治疗糖尿病，尽管移植手术非常成功，但因免疫排斥抵消了治疗效果。近些年，由于多种高效免疫移植剂的应用和移植免疫耐受技术的发展，用胰岛细胞移植治疗 1 型糖尿病的临床研究取得初步成功。胰岛细胞的方法是经肝内门静脉注入胰岛细胞，已在一些 1 型糖尿病治疗中取得了良好疗效，部分患者在接受成年人胰岛细胞移植后，能脱离胰岛素治疗，血糖控制在正常水平的时间可长达 1 年以上。国内外还有针对糖尿病和并发肾衰竭的病人进行胰肾联合移植，移植必须长期使用免疫抑制药，但移植物存活时间较短。在通常情况下，用流产胎儿的胰岛给成年人进行移植的话，需要 4 个胎儿才能满足临床治疗需要。如果用成年尸体胰腺移植，一般也需要两个尸体胰腺才能满足移植要求。因此移植材料来源严重不足和移植后的免疫排斥问题仍然是限制该技术临床应用的瓶颈。另外，移植后长期使用免疫抑制药会导致免疫功能低下，使患者对外来病原感染的抵抗力下降等。

3．*人工胰腺移植* 为避免服免疫排斥和材料来源不足的问题，目前也有一些研究把人或动物的胰岛细胞包裹在一种微囊中，让微囊中的胰岛细胞与微囊外环境有物质交换功能，胰岛细胞分泌的胰岛素可以通过微囊膜进入周围组织，而周围组织中的营养物质同样能够通过微囊膜进入微囊内，为胰岛细胞生存提供必要的营养物质。微囊化人工胰岛的基本原理是利用微囊膜所具有的选择通透性和阻止大分子物质通过的特性，将对胰岛细胞有毒性作用的大分子物质，如抗体、补体及各种免疫细胞挡在外面，而允许小分子蛋白、糖、维生素等营养及信号分子进入，又保证代谢废物快速排除，因此可以长期存活。将这种微囊化人工胰腺移植给糖尿病的病人后，可以有效避免免疫细胞和大分子免疫抗体与胰岛细胞接触，因而不易发生免疫排斥反应。人工胰腺移植是一种有效替代外源性胰岛素治疗的方法，其关键技术在于采用人造半透膜进行免疫隔离，使移植成功率有了质的飞跃。加拿大科学家于 1980 年首先用一种叫做链尿菌素的化学物质选择性地破坏小鼠胰岛细胞，复制成糖尿病模型，然后将包裹大鼠胰岛的微囊移植到糖尿病小鼠体内，结果人工胰腺在体内存活达 26 个月。最近还有人将微囊化人工猪胰岛移植到猴腹腔中，使糖尿病猴维持正常血糖水平达 3 年之久。微囊化人工胰岛移植治疗糖尿病真正在临床上大规模应用还应需要解决许多技术问题，但有可能成为临床 1 型糖尿病治疗的新方法。

四、细胞移植治疗糖尿病的研究现状及趋势

高血糖诱发的系列综合征实际上是由糖尿病引发的多器官组织损伤，是一种以高血糖和组织损伤为特征的全身性反应，其治疗策略也应该是

综合平衡调整和抗损伤或损伤修复治疗。生命起源于干细胞，机体的生长发育依赖于干细胞的生长与分化，组织器官的结构与功能维系、衰老死亡细胞更新、病理性损伤的修复有赖于干细胞的数量和活性，因此干细胞用于糖尿病治疗具有多重效应，包括维系或再生胰腺结构与功能，修复糖尿病诱发的神经、血管及重要器官损伤，改善受损胰腺的血液循环，抑制自身免疫反应，间接调节内分泌和代谢平衡等。从理论上讲，干细胞治疗可实现糖尿病标本兼治的目的，是一种基于器官功能再生和组织损伤修复而实现全身性平衡调节的理想治疗措施。大量的体外分离培养、诱导分化、体内生物学行为和人类疾病动物模型治疗研究证实，干细胞具有自我更新和分化潜能，在生理条件下可不断更新衰老死亡细胞，维持组织器官的正常结构与功能，维系生命体的完整与延续，而在病理条件下具有再生组织器官的结构与功能的作用，可参与各种组织损伤的再生与修复。部分临床治疗研究也证实，干细胞对涉及胰腺细胞变性、坏死或缺损的疾病具有治疗作用。针对肝、神经、血管、骨、胰腺和肾损伤的动物模型干细胞治疗研究结果提示，骨髓来源的干细胞具有参与了这些组织的化学、物理和缺血性损伤的结构修复和功能重建。针对糖尿病治疗的干细胞相关研究也表明，不论是骨髓还是胚胎来源的干细胞在体外可以被诱导分化为胰岛素分泌细胞，将其移植到化学诱导的胰腺损伤动物模型体内，发现可参与或促进损伤修复和功能改善。当然，糖尿病的发病机制相对复杂，同时也是一种具有异质性的疾病，涉及代谢、电解质、免疫、炎症、内分泌、血管、神经及组织器官结构与功能的变化，干细胞对糖尿病的治疗作用也可能是综合性的，包括损伤修复和自稳平衡调节。从干细胞再生医学研究技术发展的角度，有可能找到一条有效治疗糖尿病及其并发症的出路。

从人类疾病治疗和疾病动物模型治疗实验的研究结果分析，脐带间充质干细胞治疗1型糖尿病的体内生物学效应具有多重性，主要包括：第一，直接参与损伤修复。损伤组织具有干细胞趋化性，干细胞具有游走性和向损伤组织归巢特性，通过动、静脉输注，靶向器官血管介入和定位移植均发现有不同程度的外源干细胞进入急性损伤的胰腺组织和参与损伤修复。第二，分泌多种细胞因子，促进损伤组织的原位细胞增殖与分化，促进损伤组织的结构修复和功能重建。第三，促进血管再生或新生。心脑血管缺血、慢性肝肾疾病及股骨头坏死、肢体血管缺血等疾病的干细胞治疗研究发现，干细胞具有参与或促进血管再生的作用，通过改善损伤组织的血液循环，提供营养和及时清除代谢产物来促进损伤修复，在临床股骨头坏死、糖尿病足等治疗中已经证实这一机制的治疗作用。第四，免疫和炎症反应调节功能。自身免疫性疾病和多种代谢性疾病的动物模型治疗研究发现，骨髓来源干细胞具有免疫调节功能，目前已用于治疗自身免疫性疾病和移植免疫排斥反应等，亦有报道认为骨髓干细胞具有抗炎症反应作用，用于治疗多器官功能不全、系统性炎症反应等有一定疗效。糖尿病综合征涉及组织器官的细胞变性、坏死和缺失，微血管变性和微血栓形成，免疫和炎症反应等，干细胞可能通过上述机制对糖尿病及其并发症起治疗作用，例如防治末稍血管和神经变性坏死引起的视网膜变性、糖尿病足等。

干细胞治疗糖尿病具有充分的理论依据，但涉及临床治疗还有诸多理论和技术问题需要解决，其中最关键的问题是如何获得足够量的符合临床治疗治疗要求的干细胞，其次是要充分认识干细胞进入体内后的生物学效应及机制，再次是干细胞治疗的安全性和伦理问题等。目前可以从胚胎、脐带及脐带血、胎盘、羊水和成体组织中获取干细胞，也可从体细胞核移植培育的胚胎获得，最近还有多家实验室通过转染nonog、c-myc、oct3/4等基因诱使成体细胞重编程而“返老还童”成胚胎干细胞样细胞，也有少量报道用胚胎提取物、肿瘤细胞提取物和非洲爪蟾的卵细胞提取等诱导成体细胞重编程，通过天然活性物质诱导成体细胞重编程获得多能干细胞。上述这些来源的干细胞不是存在伦理和安全问题，就是存在来源不足和技术问题。其中，胚胎来源的干细胞有伦理和安全问题，转基因获得的干细胞克服了伦理问题，但体内可控性和安全问题仍然存在，而从异体获得的干细胞存在免疫排斥问题，自体来源的干细胞数量稀少，难以满足临床治疗需求，利用天然活性物质诱导获得的干细胞存在诱导效率低和重复性、稳定性差的问题。因此，建立稳定、高效、安全、丰富的干细胞来源技术仍然是实现干细胞临床治疗的基本条件。从现有的干细胞来源研究进展看，从骨髓、脐血或脐带来源的干细胞具有较好的可操作性和安全性，对于自身免疫性糖尿病采用自体或异体来源的间充质干细胞效果更好。相比较而言，利用天然活性物质诱导体细胞重编程获取干细胞具有可行性，可以实现体外规模化制备，不涉及外源基因导入，用于治疗更为安全可靠。IPS 细胞和 ES 细胞分化潜能强大，但用于糖尿病治疗还需要解决一些伦理、安全和技术问题。从长远来看，这两种细胞更具有再生胰腺功能的潜能性，但对于调节自身免疫功能的作用和机制尚待进一步研究。

五、干细胞移植治疗 1 型糖尿病的技术策略

干细胞移植治疗 1 型糖尿病的疗效和机制已通过干细胞的体外诱导分化实验，动物疾病模型治疗研究和部分临床治疗中有一定认识。不论是骨髓、脐带，还是胚胎来源的干细胞在体外均可被诱导分化为胰岛素分泌细胞，说明干细胞具有再生胰腺功能的潜能。在动物模型治疗中发现，干细胞可分布于胰腺组织并在其微环境诱导下转变为具有胰岛细胞表型的细胞，使胰岛素分泌水平提高，血糖水平下降，血浆 C 肽含量增加。一些临床治疗研究也显示相应疗效和生物学效应，其中包括改善临床症状，有效控制神经、血管并发症，降低血糖浓度等。也有少数报道认为，干细胞对 1 型糖尿病的治疗作用不是通过细胞本身转变为胰岛来再生胰岛功能，而是通过免疫调节和分泌细胞因子等促进原位胰岛细胞增殖或再生。但不论通过何种机制发挥作用，干细胞对 1 型糖尿病的治疗作用不容置疑。由于该病的发病原因和机制复杂，患者的生活环境、工作状况、饮食习惯及配合治疗的方式和积极性不同，治疗结果也有显著差别。有鉴于此，有必要对干细胞治疗 1 型糖尿病的效应机制、技术方法和辅助措施进行深入探讨和规范。

（一）干细胞移植治疗 1 型糖尿病的发生的咨询与评估

1 型糖尿病的发生发展及转归涉及遗传、自身免疫反应和诱发因素等的协同作用，不同患者可能由于个体差异，病程发展阶段和并发症的差异，临床细胞治疗的细胞类型、数量和治疗途径选择以及治疗效果可能有较大差异。因此，在实施干细胞治疗前应对糖尿病患者进行全面评估，包括患者的心、肝、肺、肾功能，血葡萄糖、胰岛素、C 肽含量，重点分析自身免疫相关抗体浓度和进行其他相关检查。综合分析患者整体健康状况，重点评估胰腺受损程度和自身免疫状况，结合临床表现、并发症进展情况等，提出细胞治疗方案和建议供患者参考。

1. **1 型糖尿病患者的基本信息及发病背景调查** 咨询医师需要首先了解和掌握患者的疾病信息资料，包括患者姓名、性别、年龄、籍贯、民族和通讯地址、联系方式和联系人等，对离干细胞治疗医院较远的患者，特别是乡村患者，要登记能够长期保持联系的直系亲属的联系方式，以便联系沟通和长期随访等。对拟申请进行干细胞治疗的 1 型糖尿病患者还应了解患者的生活环境、工作性质和饮食习惯、家庭及与该病相关的基本信息资料，尽量为干细胞治疗提供更多的信息资料和为进行辅助治疗提供更多的依据。

2. **1 型糖尿病发病史** 第一，发病时间及背景。了解糖尿病的具体发病时间，患者发病时及发病前的身体状况，与该病的发生有联系的相关诱发因素，特别是其他疾病、饮食、用药、过敏、心理应激因素等。详细询问发病时的主要临床表现，检查结果和诊断依据及发病后的演变过程等。第二，遗传背景。主要了解患者上下三代的 1 型糖尿病发生情况，弟兄姐妹的发病现状及倾向（肥胖、血脂、血压、血糖等），其他自身免疫性疾病及遗传性疾病的发病情况。第三，感染性疾病与该病发生的联系。病原生物感染是该病发生的启动因素，通过了解发病之前的细菌、病毒性疾病发生及治疗情况，可以为了解该病的发病原因和诊断提供一些依据。第四，生活方式、生活环境、饮食习惯、心理因素可能是诱发 1 型糖尿病的重要因素，同时也是糖尿病并发症发生发展的促进因素。了解糖尿病患者的上述情况对选择干细胞治疗后的辅助治疗方案有一定指导意义。

3. **1 型糖尿病的诊断情况** 在治疗咨询过程中，要根据患者的主要临床表现和检查结果进

行初步判断确定1型糖尿病的依据是否充分，诊断是否准确可靠。未能明确诊断的有必要进行进一步的实验室检查，尽量做到诊断准确无误。为鉴别1、2型糖尿病，应进行自身免疫相关的自身抗体检测和胰岛功能分析。检测血浆胰岛素原、胰岛素和C肽对判定胰腺损伤程度有一定参考价值，最好进行动态检测和分析。对有糖尿病并发症的患者要了解近期进行全身体检和有针对性地进行相关特殊检查的结果。

4. *1型糖尿病的治疗史* 拟申请进行干细胞治疗的患者通常已经采取过一些治疗措施。咨询医师需要了解发病后的主要治疗措施，主要包括：第一，到医院住院治疗所采取的主要治疗方法及疗效，治疗后康复及复发情况；第二，长期药物治疗所服用药物的种类、剂量、治疗效果及不良反应，特别是胰岛素的使用量及血糖动态变化规律；第三，使用免疫抑制药进行免疫调节治疗的方法，免疫抑制药的用量，治疗后的效果及临床表现变化；第四，并发症及主要对症治疗的方法及对1型糖尿病的影响；第五，饮食调节治疗的主要措施及效果评估；第六，运动锻炼方式、强度及对1型糖尿病患者血糖及综合体质的作用；第七，其他药物治疗情况，比如生物制剂、细胞因子等治疗；第九，细胞治疗及疗效评估。

5. *1型糖尿病的并发症* 1型糖尿病的并发症可由于长期高血糖引起，也可能与1型糖尿病无关。长期高血糖可引起全身性的血管、神经损伤和由此引起的心、肝、肾等重要器官损伤等。对申请进行干细胞治疗的患者，主要了解：第一，微血管病变。可发生于全身各组织和器官，由于血管炎症、变性、坏死、栓塞可导致组织器官血液循环不畅，组织器官出血、缺血性坏死等。常见的血管并发症有皮肤出血、炎症和溃烂，肢体缺血和坏死，比如糖尿病足、微血管炎等。第二，糖尿病肾病。临床上早期表现为肾小球滤过率升高，随后出现微量蛋白尿，进一步发展则出现氮质血症，直至发展为肾衰竭。糖尿病肾病的病理改变最初为肾脏肥大、肾小球血流量增加，接着肾小球系膜细胞增殖、系膜细胞外基质增加、肾小球基底膜增厚，最后发展成为肾小球硬化，滤过率下降。第三，糖尿病神经病变。该并发症是糖尿病常见的慢性并发症之一，主要包括体神经与自主神经损伤。临床上主要表现为神经功能障碍，引起视网膜变性时表现为视力下降。

6. *干细胞治疗的可行性分析* 1型糖尿病的发病机制主要是由于针对胰岛细胞的自身免疫反应引起胰岛细胞减少，胰岛素分泌不足，导致糖代谢障碍，血糖升高。长期高血糖的结果是高糖作用于神经、血管等引起全身性的组织损伤并诱发各种并发症。1型糖尿病的临床治疗需要依据疾病发生的原理和疾病进展，在不同的发展阶段有重点和针对性地进行治疗。1型糖尿病发病初期的主要矛盾是针对胰岛细胞的自身免疫反应和血糖升高，治疗重点是消除诱导自身免疫的因素，抑制自身免疫反应，保护胰岛细胞的功能和控制血糖水平。如果自身免疫反应持续存在，疾病进一步发展，胰岛细胞及其功能可能严重受损，这一阶段不仅要控制自身免疫反应和血糖水平，还要设法控制损伤的发展和促进胰岛细胞再生。如果疾病长期继续发展，胰岛细胞大量减少，糖代谢主要依靠外源补充胰岛素，出现了严重的血管、神经病变和慢性组织器官损伤，在治疗策略上需要加强并发症控制措施和促进损伤修复。间充质干细胞治疗具有抑制自身免疫反应和促进损伤修复的作用，从理论上讲，在1型糖尿病发生发展的全过程中均可发挥其治疗效应，在控制血糖水平的基础上进行MSC治疗是一种合理的选择，甚至对糖尿病的并发症治疗也有积极意义。

就具体的1型糖尿病患者而言，MSC治疗具有安全性好、免疫原性低、治疗人群和时机选择范围广泛等特点，在1型糖尿病发生发展的任何阶段均可实施并有良好的治疗意义，对1型糖尿病的原发病治疗和继发性并发症的防治均有广泛的生物学作用，既可以通过调节自身免疫反应水平有效控制疾病的发展，也可以参与或促进血管、神经及组织器官损伤并发症中的急慢性损伤修复。在进行MSC治疗前，重点要分析评估实施该治疗的条件和技术可行性，对有相关并发症的患者要考虑该治疗与并发症之间的相互影响，特别是老年或身体状况较差的患者，要考虑对该治疗的承受能力。对于一些伴有心、肝、肺、肾、脑等重要器官功能障碍的患者，应分析治疗过程中可能出现的意外风险和切实可行的防范措施，特别是应急处理的条件、技术等。对于并发感染、肿瘤的患者，虽然目前尚未证实 MSC 治疗与这些疾病的关系，到底对这些疾病的发展有促进还是抑制作用还没有充分依据，因此需要考虑该治疗是否对这些疾病的发展有影响，尽量不对并发这些疾病的 1 型糖尿病患者进行 MSC 治疗，因为该治疗的免疫调节作用可能不利于机体对细菌、病毒等外来抗原的免疫抵抗，甚至可能影响免疫系统对肿瘤细胞的免疫监视和杀伤作用。患者对该技术的认可程度和依从性对选择 MSC 治疗也具有重要性，对那些认识不足，思想准备不充分的患者，特别是缺乏辅助治疗（饮食、体育锻炼等）精神和期望值较高的患者，需要进行干细胞治疗和糖尿病防治知识教育后，在充分了解相关知识和自愿申请的基础上入医院专科实施。

（二）治疗申请与入院

MSC 治疗是一种 1 型糖尿病治疗的全新手段，目前属于临床第三类医疗技术，尚未作为标准化的常规技术在临床大规模推广应用，涉及临床治疗还有一些技术需要进一步完善，一些治疗机制和理论问题需要进一步明确。在这种背景下进行 1 型糖尿病治疗的间充质干细胞治疗，需要高度重视保护医师和患者的权益。通过充分的咨询和评估后，适于进行脐带间充质干细胞治疗的 1 型糖尿病的患者应自愿提出治疗申请，经专业医师同意后，进行预约登记，按预定的时间办理入院手续，收住干细胞治疗科室后按要求进行相关检查和治疗准备。

（三）检查与会诊

拟进行 MSC 治疗的 1 型糖尿病的患者在实施治疗之前，应进行相关血液生化指标检测和针对胰岛细胞的自身免疫抗体分析，有条件的最好进行免疫细胞亚群分析，结合临床表现等检查结果综合判断，对前期诊断进行进一步确诊。胰岛功能检查是判定胰岛细胞受损伤程度的可靠依据，主要进行胰腺的分泌功能（C 肽、胰岛素等）检查和胰腺的影像学观察，初步判断胰腺的损伤程度和疾病的进展水平。对慢性 1 型糖尿病或已经出现相关并发症的患者要进行有针对性的肾功能、血管、神经功能检查，对有临床表现和出现病理变化的组织或器官应进行详细检查，比如视力下降的患者应进行视网膜和眼底血管检查，肢体缺血的患者应进行相应的血管造影观察，有糖尿病肾病并发症的患者在进行肾功能检查的同时，建议通过影像学观察和肾脏组织活检等分析组织结构改变情况和肾小球滤过率变化，为判断肾组织损伤水平及进展提供依据。当然，还要进行心、肝、肺、脑等重要器官的功能检查和排除感染、肿瘤等并发症等。

在完成相关检查的基础上，应对检查结果进行综合分析，对诊断的准确性、疾病的进展、相关并发症及患者的全身状况作出初步分析和评估，对实施 MSC 治疗的可行性和技术方案提出建议，然后组织相关专家进行会诊。会诊的主要内容：第一，患者的全身状况及对 MSC 治疗的影响评估；第二，1 型糖尿病诊断依据及准确性；第三，主要并发症的诊断、疾病进展及对 MSC 治疗的影响；第四，1 型糖尿病的进展程度及进行 MSC 治疗的可行性；第五，MSC 治疗方案的可行性及建议；第六，安全性、存在问题、风险及预防措施；第七，其他需要特别注意的问题。

（四）知情同意书签定

对自愿申请进行 MSC 治疗的患者，在实施之前应按手术治疗要求，由患者或家属签定知情同意书。知情同意书应说明患者了解该治疗的技术方法及对疾病的作用，主要问题和风险，患者自愿申请进行该治疗并愿意承担风险等。可参照 MSC 治疗系统性红斑狼疮进行修改补充，注意强调对患者实施该治疗的风险和责任。

（五）间充质干细胞的准备

用于 1 型糖尿病治疗的 MSC 可以来源于自体或异体的骨髓、脂肪等组织，也可以来源于脐带、胎盘组织。由于 MSC 取材方便、来源丰富，可以实现大规模制备和储存，在临床上比其他来源的 MSC 更有优势。自体或成年人骨髓来源的 MSC 在数量和活性上有一定差异，受年龄等因素影响较大，在体外扩增耗时长，有时难以达到临床治疗的要求，但自体来源的 MSC 安全性最高，可以根据患者具体情况和临床要求选用。目前，国内一些干细胞生物技术公司和干细胞研究、治疗机构建立了 MSC 库并向提供临床使用，但缺乏全国统一的质量控制标准和安全保障措施，可能因为制备、储存、运输、复苏等环节的影响导致活性下降和污染等。建议由院外提供的 MSC 在临床应用前应再次进行质量监测，保证数量和活性，排除病原生物污染后再用于患者治疗。不论是自制还是院外提供的MSC，需要同时提供MSC质量报告，说明细胞种类、批号、数量、活性及相关检测数据，还需要说明保存条件和时间，避免由于环境因素导致细胞活性下降和死亡。细胞质量报告需由质量检测人员和负责人签字。院内自制MSC，必须建立符合GMP标准的专业实验室，由技术熟练的专业人员制备，同时要配备质量检验和监督人员，对材料来源、制备过程、细胞数量、活性和相关检测进行监督和验证。对于自制的MSC，建议由细胞制备实验室提供质量检测报告和使用说明书，在细胞质量报告中标明细胞来源、种类、制备方法、制备时间和细胞数量、活性、病原生物检测结果等，要有细胞制备技术员、质量监督员和负责人签字负责。使用说明书应标明细胞制备的时间、批号、保存条件、复苏方法、运输条件和方法、使用范围、使用方法和需要特别注意的事项等。在实验室制备好的间充质干细胞应置于透明专用保存管中密封保存，标明细胞种类、批号和制备日期等，在常温条件下不宜放置过长，建议不应超过2h，通常应制备完成后立即使用。在从实验室到临床的运送和转接过程应由专人负责，每一个环节均需遵照使用说明书的要求执行，要认真检查和核对并有交接人双方签字确认，避免出现由于运送环节的疏漏出现细胞污染、流失、错拿或放置时间过长而影响细胞活性等事故发生。在临床使用时，应注意检查保存管是否完好无损，标识是否与说明书一致，应震荡混匀细胞悬液，不得有浑浊和絮状物等，一旦发现问题，应停止使用并向实验室负责人报告。

（六）1型糖尿病的间充质干细胞治疗方法

胰岛细胞受免疫破坏而导致数量减少和胰岛素分泌不足是1型糖尿病发生发展的重要环节，在控制免疫反应的同时，促进胰岛修复和胰岛细胞再生至关重要。对于慢性1型糖尿病和胰腺功能严重受损的患者，MSC治疗的首选策略是将细胞通过介入方法移植于支配胰腺组织的血管内，使MSC有更多的机会进入受损伤组织去发挥作用。对于发病时间不长，胰岛细胞受损不十分严重的患者可选用系统性治疗（静脉输注）。这种方法在临床上简单易行，比介入治疗成本较低，对患者来讲，是一种无创治疗，容易被接受。对于有严重并发症的患者，应在系统治疗的同时，针对并发症进行严重受损组织或器官的血管介入治疗或组织定位移植治疗。比如，对于并发肾功能不全的糖尿病肾病患者可进行肾动脉介入治疗，对于下肢严重缺血的患者可经皮将MSC注入受损伤的肌肉组织中，也可通过介入方法移植到股动脉以下的受损伤组织附近的血管中。MSC治疗的临床操作方法属于临床常规技术，可以通过手术、介入、影像引导等方法移植到靶组织中。对1型糖尿病患者进行MSC治疗的重点是针对不同患者选择合适的治疗策略，探讨不同治疗途径的疗效差异和机制，逐步改进和完善技术方法。特别是靶器官介入与系统性静脉输注法的疗效差异以及移植细胞的量效关系等还值得深入探讨。

MSC经胰腺动脉介入治疗1型糖尿病需要在血管显影和影像学引导下进行。需要注意的是，支配胰腺的血管较细，应根据患者的个体差异选择相应粗细的介入导管。通常采用Seldinger方法，按常规进行血管造影术前准备，观察和排除患者对麻醉药、显影剂过敏，在局部麻醉下经股动脉穿刺插管，注入血管显影剂，流量为4～6ml，然后在影像引导下将导管置于脾动脉的胰动脉分支处。先观察了解血动脉血管的解剖情况及有无血管变异，明确胰腺供血动脉后，选择插管至胰腺动脉，尽可能接近胰腺组织后，灌注MSC悬液。灌注前要认真检查细胞悬液的状态，充分振荡，使细胞处于均匀分散状态，不可出现细胞聚团和沉底，再用生理盐水将MSC悬液稀释至50ml左右，然后缓慢注入靶血管。建议成人输入MSC 5×10^7个，灌注时间不应少于15～20min。输入细胞过程中应密切注意观察患者的异常反应，术后要注意止血和保持患者体位，按介入治疗常规要求防止血管出血，同时按介入治疗要求进行连续观察和24h特级护理，发现异常应迅速处理。

系统性静脉输入法治疗1型糖尿病的临床操作采用静脉点滴法，也可采用静脉推注法，建议采用静脉点滴法便于控制输入速度和观察细胞分散情况。输入MSC数量按1×10^6细胞/kg体重或每次（3～5）$\times10^7$细胞。MSC输注参照静脉点滴方法进行，为避免细胞聚团导致微血管栓塞，应采用带侧管和过滤网的静脉输液装置，先行静脉穿刺并连通生理盐水点滴，固定点滴速度 40 滴 /min 后，用注射器将预先准备好的 MSC 悬液通过侧管注入输液管内。为避免 MSC 在输液管内聚集，注入前应充分振荡混匀。为避免细胞黏附于注射器或输液管的管壁上，注完细胞后的注射器应直接抽吸输液管内的液体洗涤 3 次以上，细胞加入输液管后应注意不断弹动输液管，使细胞处于分散状态。为避免输液反应和防止过敏反应，点滴用的生理盐水应置于保温箱内预热至 37℃，点滴速度每分钟不宜超过 40 滴，可在输入细胞前先点滴或肌内注射地塞米松 3mg。MSC 输注过程中，应注意室内温度控制在 25℃左右，密切注意患者的反应，注意监控患者血压、心率、呼吸等生理指标，若发现异常，要立即停止输注，采取必要救治措施。个别患者输注 MSC 过程中有发冷、寒战等现象，应注意密切观察和采取必要防护措施。MSC 输注完成后，继续留观半小时后再转移至普通住院病房继续观察。在实施 MSC 治疗前，填写干细胞治疗单，主要记录患者基本信息、细胞治疗和治疗方法并分别由相关责任人签名后存档备查。具体做法可参照系统性红斑狼疮的 MSC 治疗。

（七）辅助治疗及护理

申请进行 MSC 治疗的自身免疫性肝病患者，通常已经进行其他相关治疗且疗效不显著，有一定心理负担，对该治疗的期望值较高。护理人员应向患者介绍脐带间充质干细胞治疗的原理、治疗方法和治疗效果，特别注意帮助患者分析这种治疗方法的特点和优势，同时又要说明不足和可能出现的问题，让患者对间充质干细胞治疗有充分了解和思想准备，还要从自身免疫性肝病的发生与发展，临床治疗进展和原因等方面减轻患者的心理压力。若有细菌、病毒等感染并发症，譬如流行性感冒等，应首先进行抗感染治疗，消除感染因素后再进行 MSC 治疗；不明原因的高热患者也不建议在发热期间实施该治疗。一些化学物质，特别是化疗药物或免疫抑制药可对 MSC 的活性产生影响，在治疗期间应尽量避免使用。对来源于正在进行抗生素治疗的患者的骨髓间充质干细胞进行体外培养发现，一些抗生素对间充质干细胞活性有明显抑制作用，在进行该治疗时，应尽可能减少抗生素使用。对进行 MSC 治疗的患者给予辅助治疗具有必要性，应适当补充复合维生素和营养物质，进行适当的对症治疗。可进行适当运动，但应避免剧烈运动和强体力劳动，注意保暖和休息。细胞治疗后应辅以营养饮食，1 周内避免饮酒和辛辣食品等刺激性食物，其中高浓度的乙醇对间充质干细胞的活性有抑制作用。对实施间充质干细胞治疗的患者应采用整体护理模式，包括对患者的心理护理，帮助患者减轻心情紧张、忧虑等精神因素对该治疗的影响。对正在进行环磷酰胺等免疫抑制药治疗的患者实施间充质干细胞治疗前应减少免疫抑制药的使用量，一般按逐渐递减的方式减量，即每周减少正在使用量的 1/4。在治疗期间应避免未使用免疫抑制药，有学者认为辅助进行中药治疗有一定益处。注意观察临床症状和客观检查结果的变化，及时向患者通报和解释治疗后的各种变化及注意事项以增强患者对该治疗的信心。

（八）疗效评估

在对于急性或对免疫抑制药敏感性低的 1 型糖尿病患者进行脐带间充质干细胞的临床研究发现，一般在一次性静脉输入 5×10^7 个间充质干细胞后 20d 左右，有明显的临床症状改善，血浆中的血糖浓度下降，胰岛素、C 肽含量升高和自身免疫性抗体含量降低。一般应在进行一次 MSC 治疗后 20 ~ 30d 进行检查并与治疗前的相关指标进行对照分析，综合检查结果和临床表现情况，初步判定该治疗的有效性。对有治疗成效的患者可每月一次连续进行 MSC，治疗次数视疾病变化情况决定，建议连续进行 2 ~ 3 次即可。对相关检测指标和临床症状无明显改善或病情继续恶化的患者，应终止治疗，改用其他方法。抗 DNA 抗体、抗核蛋白抗体含量和免疫细胞亚群比例变化对判断 MSC 的免疫调节作用有重要价值，应注意其动态变化，可根据免疫指标变化调整治疗次数和治疗细胞的用量。对自身免疫性抗体下降较快的患者，应减少治疗次数和治疗细胞的用量，注意防止感染并发症。并发症检查是评估 MSC 对 1 型糖尿病并发症的修复作用的客观依据，整个治疗过程中要密切注意观察胰腺功能变化，及时调整辅助治疗措施，其中包括药物治疗、饮食调节、体育运动等。

（九）治疗后随访

由于 MSC 治疗 1 型糖尿病的临床资料积累较少，技术方案还需要不断完善和补充，对进行脐带间充质干细胞治疗进行随访具有重大意义。在治疗之前，应对胰腺功能、胰腺的损伤程度及结构变化有详细的了解，对自身免疫反应水平有客观评估，治疗后应设法进行长期跟踪，动态观察疾病的变化规律。目前所获得的结果大多数是短期疗效，长期疗效和复发情况还不十分清楚，需要多中心紧密合作进行研究，同时也需要患者的积极配合。随访的目的是要了解 MSC 治疗 1 型糖尿病的疗效及疾病变化规律，观察长期疗效及复发情况和有无不良反应。自身免疫性疾病的发病机制相对复杂，间充质干细胞的体内生物学效应具有多重性，作用机制也具有复杂性，虽然已经通过动物疾病模型治疗实验和临床治疗研究获得了一些有参考价值的结果，但涉及临床治疗的关键技术和基本理论还有待于进一步探讨，所以治疗后的随访具有特别重要的意义。1 型糖尿病患者在进行间充质干细胞治疗前应对随访提出具体要求，强调随访对 1 型糖尿病治疗的指导作用和重要性，取得患者信任和支持。治疗后应定期进行随访，一般应在进行间充质干细胞治疗后 1、3、6、12 个月进行，随访主要内容应包括疾病的临床表现、免疫学、胰腺的结构与功能、相关并发症等的变化情况。要结合间充质干细胞治疗前后的资料进行分析总结，合理推断疾病变化的原因和机制，比较分析间充质干细胞治疗的有效性及与其他治疗的关系，对疾病的治疗提出调整建议。随访最好由患者住院期间的主管医师亲自实施，或者由相关医护人员专人负责，事先确定好随访的内容并设计制作随访表格，详细填写相关信息和疾病状态，辅助治疗情况和检查结果，统计分析不同疾病状态，不同疾病进展程度，不同药物治疗和生活习惯、工作状况等对间充质干细胞治疗的影响，不断总结经验，改进治疗方法，提高治疗效果。对有条件的患者最好回到实施脐带间充质干细胞治疗医院进行复查，外地患者应动员到驻地医院进行复查并提供相关检查结果，对治疗前发现的异常指标和影像学变化进行对比分析和总结。可选择一些典型病例和积极配合的患者进行长期随访，跟踪疾病的转归及治疗情况，及时为患者提供治疗指导意见和提出是否再进行 MSC 治疗的建议。对于一些间充质干细胞治疗效果明确，长期随访未痊愈且对其他治疗不敏感的患者，或者疾病复发的患者，可视具体情况建议再进行 MSC 治疗。某脐带间充质干细胞治疗中心自身免疫介导性糖尿病进行 MSC 后的随访参考记录（表 4-9）。

（十）注意事项

第一，脐带间充质干细胞用于 1 型糖尿病治疗首先要保证安全性，其中细胞质量是保证安全的基础。由于细胞制备、保存、运送、使用的每一环节都可能对脐带间充质干细胞的生物活性产生影响，需要在建立明确可行的质量控制标准和方法的前提下实施，高度重视各环节之间的协调、衔接与监控，避免人为差错，确保治疗安全。复苏或培养收集的间充质干细胞不宜在常温放置时间过长，细胞制备好之后应立即输注。治疗前应协调好实验室、病房和治疗室医护人员之间的关系，约定好时间、地点和责任人，间充质干细胞转接过程中的每一个环节必须有责任人签字。

第二，脐带间充质干细胞的免疫调节作用明确，促进损伤修复作用已经得到证实，但涉及临床治疗的关键技术问题还需要进一步完善，体内复杂的生物学行为、效应及机制尚不完全清楚，密切注意适应证选择和治疗过程中和治疗后患者的各种反应。

第三，涉及脐带间充质干细胞临床治疗的相关技术目前尚未见统一的标准，治疗机构应注意保护患者和医护人员的利益，严格参照现有生物制剂规范和细胞产品指导原则等制定技术规范，通过条件、技术和伦理等论证之后，按临床医疗三类技术报批。治疗过程应严密遵循治疗规范并详细登记和记录。

第四，在实施临床治疗前应组织会诊，明确诊断，充分论证，合理设计技术方案，按手术要求签定知情同意书和向主管部门上报治疗方案和计划。

第五，要特别关注并发症和患者的全身功能状况，对身体状况较差，并发重要器官功能障碍、恶性肿瘤、感染和不明原因的发热等的患者不要随意进行该治疗。

第六，治疗前应充分了解患者的药物等过敏

表 4-9 ××× 医院干细胞治疗随访记录表

<table>
<tr><td rowspan="6">基本信息</td><td>随访时间</td><td colspan="3">年 月 日</td><td>随访医师</td><td colspan="3"></td></tr>
<tr><td>患者姓名</td><td></td><td>性别</td><td></td><td>年龄</td><td></td><td>民族</td><td></td></tr>
<tr><td>通讯地址</td><td colspan="4"></td><td>邮政编码</td><td colspan="3"></td></tr>
<tr><td rowspan="2">联系电话</td><td>移动</td><td></td><td rowspan="2"></td><td>电子信箱</td><td colspan="3" rowspan="2"></td></tr>
<tr><td>固话</td><td></td><td></td></tr>
<tr><td>工作和生活状况</td><td colspan="7"></td></tr>
<tr><td rowspan="2">诊断与治疗</td><td>糖尿病诊断</td><td colspan="2"></td><td colspan="2">干细胞治疗时间</td><td colspan="3"></td></tr>
<tr><td>治疗效果</td><td colspan="7">□治愈 □明显好转 □部分缓解 □无效 □加重</td></tr>
<tr><td colspan="2">辅助治疗</td><td colspan="7"></td></tr>
<tr><td colspan="2">临床表现</td><td colspan="7"></td></tr>
<tr><td colspan="2">血糖</td><td colspan="7"></td></tr>
<tr><td colspan="2">C 肽</td><td colspan="7"></td></tr>
<tr><td colspan="2">胰岛素</td><td colspan="7"></td></tr>
<tr><td colspan="2">抗胰岛细胞抗体谱</td><td colspan="7"></td></tr>
<tr><td colspan="2">肾脏功能</td><td colspan="7"></td></tr>
<tr><td colspan="2">其他</td><td colspan="7"></td></tr>
<tr><td colspan="2">填表说明</td><td colspan="7">1. 了解干细胞治疗的长期疗效和为患者提供咨询服务
（1）治愈：无临床症状和并发症，血糖恢复正常，相关检查指标正常
（2）明显好转：临床症状明显改善，血糖浓度接近正常，胰岛功能明显恢复，血管、神经损伤并发症明显改善
（3）部分缓解：临床症状有所改善，血糖浓度部分下降，血管、神经损伤并发症轻度改善
（4）无效：病情稳定，无改善也未加重
（5）加重：临床症状加重，血糖浓度继续升高，神经、血管、肾脏并发症比治疗前明显
2. 辅助治疗 主要填写饮食、体育锻炼、其他药物治疗方法及疗效
3. 其他 主要填写相关并发症的发生及其变化情况</td></tr>
</table>

史，对有药物、异体蛋白等过敏史的患者应高度重视。个别患者进行间充质干细胞治疗后，可能出现寒战、体温轻度升高，一般在数小时内恢复，不需特殊处理，但对出现持续寒战、体温过度升高的患者，应采取必要的治疗措施。治疗过程中有不良反应时应立即停止，治疗后 24h 内要有医护人员密切监护，注意患者的各种反应。

第七，多次进行间充质干细胞治疗应密切关注疾病变化和密切监视免疫功能，预防感染和必要的支持辅助治疗。

第五节 细胞移植治疗自身免疫性肝病

一、概述

自身免疫性肝病(autoimmune liver disease, AILD)是一类以肝功能异常和肝脏病理损害为主要表现的非传染性肝炎。目前认为AILD与患者自身免疫反应过度造成肝组织损伤有关，是遗传易感性、分子模拟和自身抗原改变引起免疫平衡调节紊乱的结果。AILD在临床上表现为肝功能异常、肝细胞破坏及出现相应症状体征。该类疾病包括自身免疫性肝炎(autoimmune hepatitis, AIH)、原发性胆汁性肝硬化(primary biliary cirrhois, PBC)和原发性硬化性胆管炎(primary sclerosing cholangitis, PSC)。AIH主要表现为肝细胞损害，而PBC和PSC以胆管损害为主。AIH是一种累及肝脏实质的特发性疾病，以波动的黄疸、高γ-球蛋白血症、循环中存在自身抗体、女性易患等为特点。根据血清自身抗体的不同分为三种亚型：Ⅰ型，有抗核抗体(ANA)、抗平滑肌抗体(SMA)阳性；Ⅱ型，抗肝肾微粒体抗体1(抗-LKM-1)阳性；Ⅲ型，以抗肝脏可溶性抗原的抗体阳性为特征。肝脏病理学表现为界面性肝炎，且无胆管损害、肉芽肿或提示其他疾病的病变。AILD自然病程缓慢，但呈进行性发展，不及时控制，容易发展为肝硬化和肝功能衰竭。过去认为自身免疫性肝病比较罕见，近年来由于对此类疾病认识不断深入以及有关免疫学检查方法和相关检查方法的引进和提高，临床上发现我国人群中自身免疫性肝病的患者不断增多。该病与自身免疫机制和遗传易感性及病毒感染有关，具有发展成肝硬化的倾向。该病的临床治疗以抑制自身免疫反应和抗炎保肝为主，发展为肝衰竭和肝硬化后，只能进行肝移植治疗，目前临床尚无理想治疗措施。间充质干细胞具有调节免疫功能，抑制自身免疫反应和促进损伤修复的作用，在特定微环境和细胞因子诱导下，具有向肝样细胞分化的潜能。一些自身免疫性肝病的动物模型治疗研究和临床治疗观察结果显示，MSC可以控制自身免疫性肝病的发展和促进肝脏功能的恢复。虽然目前关于MSC移植治疗自身免疫性肝病的技术方法还不十分完善，主要是输入细胞的最佳剂量、不同治疗途径的差异和治疗次数及详细的机制还需要进一步探讨，但初步的临床治疗研究已经展示出良好应用前景，可以有效缓解临床症状，明显降低针对肝组织的自身免疫反应水平和改善肝功能。MSC的生物学特性正好满足拮抗自身免疫性反应及促进肝损伤修复的自身免疫性肝病治疗要求，是自身免疫性肝病治疗的新方法，是对现有治疗方法的有益补充和发展，值得深入探讨。

二、自身免疫性肝病的发病原因和机制

自身免疫性肝病的发病原因和机制目前尚不十分清楚，一般认为与遗传易感性和环境因素有关。其中存在遗传易感基因的人群不一定发生自身免疫性肝病，是否发病还起决于后天因素的诱导。自身免疫性肝病的发生发展是先天和后天因素综合作用的结果。后天因素是指病原体感染机体时，由于病原体的某些抗原表位与人体组织蛋白的抗原表位相同或相似，导致病原体刺激机体产生的激活淋巴细胞，或抗体与组织抗原发生交叉反应，导致组织、器官的损伤。病原体和化学物品可能通过分子模拟导致机体免疫耐受丧失，参与自身免疫性肝病的发病，而抗原特异性T细胞与自身抗原、病原体、化学物品发生交叉反应是分子模拟机制的核心。

(一)遗传易感性因素

自身免疫性肝病有一定遗传倾向，目前研究较多的是人类白细胞抗原(HLA)，HLA与自身免疫性肝病易感性之间的关系已得到公认。许多研究表明，AIH的遗传易感性存在地区及种族差异。在亚洲人群中，HLA-DR2、HLA-DR3、HLA-DR4、HLA-DR8等基因位点与PBC有关。我国PBC患者中HLA-DRB1*07最常见，其次为DRB1*09。有研究发现HLA Ⅱ类基因还可能与PBC预后有关，HLA-DRB1*08、DQA1*0401、DQB1*0402在晚期PBC患者中阳性率较高。TNF-α位于HLA Ⅲ类基因区，其

308 位点基因多态性（A → G）和 PBC 的易感性有关。非 MHC 基因也参与自身免疫性肝病的发病，其中 PBC 患者 X 单染色体率显著高于正常人，提示 X 染色体基因与女性 PBC 易感有关。IL-1 基因与 PBC 易感相关，T 淋巴细胞激活负性调节蛋白 B7CD28/CTLA-4 外显子 I 区 49 位点的多态性（A → G）与 PBC 发病相关，这种多态性也见于 AIH，CTLA-4 基因多态性可能是多种自身免疫性疾病的启动因素，但不具特异性。

（二）感染

某些病毒感染后可诱导 AIH 发生，如肝炎病毒和麻疹病毒等。其机制可能是模型病原成分与肝组织抗原具有相似性，可通过分子模拟机制诱导机体产生免疫应答，同时与肝脏组织发生自身免疫反应，导致肝脏的病理性损害。AIH 时的肝脏免疫病理损伤主要有 T 细胞和抗体依赖的细胞毒性作用介导。$CD4^{+}$T 细胞被抗原激活后可分化为细胞毒性 T 淋巴细胞，并通过释放毒性细胞因子直接破坏肝细胞。在 T 细胞的协同作用下，AIH 患者的浆细胞可分泌大量针对肝细胞抗原的自身抗体，它们与肝细胞膜上的蛋白成分反应形成免疫复合物。自然杀伤细胞通过 Fc 受体识别免疫复合物后引起肝细胞破坏。有研究发现，PBC 可能与大肠埃希菌、分枝杆菌等感染有关，因为 PBC 患者的血清能与大肠埃希菌的 PDC-E2 和分枝杆菌的热休克蛋白发生反应。最近的免疫组织化学发现，许多 PBC 和 PSC 患者血清对反转录病毒蛋白具反应性，提示病毒感染或人类内源性反转录病毒的激活可能是诱发 PBC 的机制之一。另外，肠道细菌可能从炎症肠道黏膜移位至胆管，引起胆管炎症，胆管树的细菌或病毒感染可能是 PSC 的病因之一。

（三）化学因素

一些化学物质也可能修饰自身蛋白或与自身蛋白结合，通过分子模拟机制诱发自身免疫性肝病。这种由化学修饰的自身蛋白诱导的免疫应答除了识别分子结构已变的自身蛋白，还识别分子结构未变的自身蛋白，从而导致交叉反应发生。PDC-E2 的内侧硫辛酰区有可能被外源化学物品修饰，引起分子结构改变，从而触发免疫应答。替尼酸、双肼屈嗪、氟烷、米诺环素、呋喃妥因等药物也可诱发自身免疫性肝病。

三、自身免疫性肝病的临床表现与诊断

（一）自身免疫性肝病的临床表现

自身免疫性肝病在临床上分急性、慢性两种形式，前者与急性肝炎相似，进展快，可出现肝衰竭；后者呈慢性肝炎症状，胆汁淤积，常有发热、皮疹、慢性关节炎、慢性甲状腺炎及干燥综合征等。原发性胆汁性肝硬化起病隐匿，瘙痒为常见症状，继之出现黄疸，严重者可出现门脉高压、腹膜炎、上消化道出血，可伴有其他自身免疫性疾病。特点为：①多发生于中年以上妇女；②皮肤明显瘙痒；③黄疸；④肝脾大；⑤ AMA 阳性，血清 IgM 明显升高，血清总胆固醇明显升高。原发性硬化性胆管炎为原因不明的胆管慢性、进行性及纤维增生性炎症。常累及肝内外胆管系统，最终导致胆汁性肝硬化和肝功能衰竭。病理以慢性进行性纤维增生性炎症为特点。有研究对 3 种自身免疫性肝病的患者临床症状作比较，结果表明，AIH、PBC 和 PSC 三组患者症状和体征比较均无明显差异。三组患者均伴发有其他疾病，尤以 PSC 伴发率较高。

（二）自身免疫性肝病的诊断

自身免疫性肝病的诊断及鉴别诊断可根据临床、病理、免疫学和病程进行综合分析作出判断。有研究表明抗核抗体（ANA）、抗线粒体抗体 M-亚型（AMA-M2）、抗可溶性肝抗原抗体 / 抗肝胰抗原抗体（SLA/LP）阳性率分别为 50%、27.8%、1.9%。原发性胆汁性肝硬化（PBC）及身免疫性肝炎(AIH)检出率分别为31.5%、5.5%，未检出原发性硬化性胆管炎（PSC）。PBC 患者 AMA-M2 阳性率显著高于其他患者。自身抗体是诊断 AIH 的重要条件，不是必备条件。即使自身抗体阴性，只要其他条件符合也可以诊断；反之，自身抗体阳性就不一定是 AIH，因为其他许多疾病包括病毒性肝炎也存在自身抗体阳性。肝脏活体组织病理学检查在肝病的诊断和治疗中有重要价值，是自身免疫性肝病的主要诊断条件之一，其病理改变有特征性，不仅是自身免疫性肝病诊断的重要手段，而且是鉴别诊断、病情分级、治疗方案选择和预后判断等的重要依据。自身免疫性肝病的基本病理学变化包括肝细

胞变性、肝细胞凋亡和坏死、胆管上皮损伤和增生、炎性细胞浸润、间质增生等。AIH 的病理特点是肝小叶界面炎症，浆细胞浸润。PBC 主要为免疫攻击肝内小胆管，淋巴滤泡的形成、肉芽肿性改变、胆管消失和新生胆管增生并纤维化。PSC 主要是以围绕胆管的纤维化为特点。在诊断中应注意不同病因的慢性肝炎组织学鉴别诊断和有上述共同特点的重叠综合征。自身免疫性肝病的主要特点见表 4-10。

1. 自身抗体的检测及诊断意义

(1) 抗核抗体（ANA）：ANA 不具有疾病特异性，在 10% ~ 20% 的慢性病毒性肝炎和其他患者如原发性胆汁性肝硬化、原发性硬化性胆管炎、药物性肝炎、酒精性肝病和非酒精性脂肪肝也可检测出该抗体，但高效价的 ANA 对 AIH 具有确诊意义。常规应用的 ENA 谱包括：抗双链 DNA 抗体（dsDNA）、抗干燥综合征抗原 A 抗体（SSA）、抗干燥综合征抗原 B 抗体（SSB）、抗核糖核蛋白抗体（nRNP）、抗组蛋白抗体（histones）、抗着丝点 B 蛋白抗体（CENPB）、抗 Jo-1 抗体、抗 Sm 抗体、抗硬皮病 70 抗体（Scl-70）、抗核糖体 P 蛋白抗体（Rib-P-Protine）。通过检测这些抗体，将有助于自身免疫性肝病的诊断、鉴别诊断和对合并自身免疫性疾病的确认。

(2) 抗平滑肌抗体（SMA）：抗平滑肌抗体无器官和种属特异性，最具诊断价值的靶抗原是 F 型肌动蛋白。SMA 的检测通常采用间接免疫荧光法。SMA 为 I 型自身免疫性肝炎的诊断特异性优于 ANA。高滴度的 SMA 对 AIH 的诊断率可达 100%。

(3) 抗线粒体抗体（AMA）和抗线粒体Ⅱ型抗体（AMA-M2）：抗线粒体抗体为 PBC 的标记性抗体。高效价的 AMA，尤其是 AMA-M2 对原发性胆汁性肝硬化的诊断阳性率 > 90%。在 PBC 患者血清中可检出 4 种不同类型的 AMA，即 M2、M4、M8 和 M9，但 PBC 患者的 AMA 主要识别线粒体的 M2 抗原组分。应用 ELISA 检测 M2 抗体可提高对诊断 PBC 的特异性和敏感性。M2 检测不仅可早期发现无症状患者，也可作为 PBC 患病率的流行病学筛查。ELISA 方法测定 AMA-M2，对 PBC 检测的敏感性达 95%，特异性几乎为 100%。

表 4-10 自身免疫性肝病的主要特点

项目	PSC	AIH	PBC
• 平均年龄（岁）	• 20 ~ 30	• 50 ~ 60	• 30 ~ 40
• 性别	• 女性为主	• 女性为主	• 男性>女性
• 自身抗体	• Ⅰ型：AMA（+）；Ⅱ型：LKM1（+）；Ⅲ：SLA（+）	• AMA（+）	• p-ANCA（+）
• HLA	• D8，DR3，DR4	• DR4	• ?
• 伴有其他自身免疫病	• 关节炎，甲状腺炎	• 干燥综合征	• 炎症性肠病
• 生化检测升高的项目	• ALT，γ 球蛋白，IgG	• IgG，ALP	• ALT，IgG，ALP
• 肝组织学	• 肝界面性炎以淋巴细胞浸润为主，特别是浆细胞浸润，小叶炎症第Ⅲ区坏死	• 肝内中小型胆管非化脓性、破坏性肉芽肿性胆管炎	• 纤维阻塞性胆管炎
• 治疗	• 类固醇类激素，硫嘌呤	• 熊去氧胆酸	• 熊去氧胆酸，胆管置支架

LKM1．抗肝肾微粒体Ⅰ型抗体；SLA．抗可溶性肝抗原抗体；AMA．抗线粒体抗体；p-ANCA．核周型抗中性粒细胞胞质抗体；ALP．碱性磷酸酶；ALT．谷丙转氨酶

（4）抗肝肾微粒体Ⅰ型抗体（LKM-1）：抗LKM-1抗体是Ⅱ型自身免疫性肝炎的血清标记。在成年人AIH患者中仅为1%，儿童中为4%。1%～2%丙型肝炎患者可检测出抗LKM-1抗体，然而在AIH中，抗肝肾微粒体的滴度要比病毒性丙型肝炎高得多。LKM通常采用间接免疫荧光法检测，但亚型的确认检测需采用ELISA法、蛋白印迹法和免疫条带法。

（5）抗肝细胞溶质抗原Ⅰ型抗体（LC-1）LC-1：Ⅱ型自身免疫性肝炎的另一血清学标记。LC-1抗体对自身免疫性肝炎的特异性较高，但出现率较低。间接免疫荧光法、ELISA、蛋白印迹和免疫条带法均可用于LC-1抗体检测。

（6）抗可溶性肝抗原／肝胰抗原抗体（SLA/LP）SLA/LP：Ⅲ型自身免疫性肝炎的血清标记物。SLA/LP虽然出现率低，但疾病特异性很高，几乎仅见于AIH，因此具有确诊意义。在自身抗体阴性的AIH患者中，大约有10%的患者可能仅抗SLA/LP抗体阳性。抗SLA/LP抗体只能应用ELISA、蛋白印迹和免疫条带法进行检测。

（7）抗中性粒细胞胞质抗体-核周型（p-ANCA）：p-ANCA是自身免疫性肝病相关自身抗体之一。部分原发性硬化性胆管炎可检测出该抗体，故p-ANCA有助于原发性硬化性胆管炎的诊断，但其不是疾病特异性抗体，p-ANCA还可见于自身免疫性肝炎、溃疡性结肠炎和其他疾病。

（8）抗去唾液酸糖蛋白受体抗体（ASGPR）：ASGPR的疾病特异性较好，可见于各型AIH患者，在其他肝病则阳性率很低。该抗体的效价随炎症活动度而波动，因而对观察疗效、评价病情有着重要价值。阳性时提示疾病处于进行性活动期，病情好转时该抗体水平下降乃至阴转。

（9）抗肝细胞膜抗原抗体（LMA）：LMA为器官特异性自身抗体，但不是疾病特异性抗体，除Ⅰ型AIH活动期阳性外，还可见于急性病毒性肝炎、慢性乙型肝炎和原发性胆汁性肝硬化等疾病。LMA的检测通常采用间接免疫荧光法。

（10）抗肝特异性蛋白抗体（LSP）：与LMA相似，LSP是肝特异性抗体，却不是疾病特异性抗体。LSP最常发生于自身免疫性肝炎，但也可见于急性病毒性肝炎，慢性病毒性乙型肝炎、慢性病毒性丙型肝炎、原发性胆汁性肝硬化等疾病。LSP的检测通常也采用间接免疫荧光法。

自身免疫性肝病的自身免疫性抗体确认检测是应用基因重组特异性抗原，采用ELISA、免疫印迹和免疫条带法进行检测。它可用于确认间接免疫荧光法的结果，弥补了间接免疫荧光法的某些检测盲点。自身免疫性肝病常用的确认检测有以下方法。①抗肝抗原谱检测：肝抗原谱检测包括抗线粒体Ⅱ型抗体（AMA-M2）、抗肝肾微粒体Ⅰ型抗体（LKM-1）、抗肝细胞溶质抗原Ⅰ型抗体（LC-1）和抗可溶性肝抗原／肝胰抗原抗体（SLA/LP）；②抗线粒体亚型抗体分型检测：常用的AMA亚型分型为M2、M4和M9。这3种亚型均用于对原发性胆汁性肝硬化的诊断；③ENA谱检测ENA谱：即抗可提取的核抗原抗体，常用的ENA谱检测包括：dsDNA、SS2A、SS2B、nRNP/Sm、Histones、CENPB、Jo-1、Sm、Scl-70、Rib-P-Protine；④其他自身抗体检测：如抗中性粒细胞胞质抗体（ANCA）、抗双链DNA（dsDNA）抗体和抗胰岛细胞抗体等。

2. *自身免疫性肝病的超声诊断* AIH、PBC及PSC在超声影像上有所不同。AIH与PBC超声多表现为肝脏增大，回声异常；PSC则以Glission's鞘膜回声改变为主要表现，肝脏增大，肝实质回声增强不明显，呈略增粗或细密样稍强回声而结节不明显。此与长期胆汁淤积，胆汁排泄不畅有关，肝血管走行相对正常。肝源性肝硬化超声表现为以肝纤维化为主，由于长期纤维增生，形成假小叶，肝脏缩小，超声图像表现为条索状或结节状，肝内管道扭曲、走行异常，门静脉多数增宽，血流速度减低或血流反向甚至管腔内未探及血流信号。肝脏由门静脉供血转为主要由肝动脉供血。当原发性PBC合并肝源性肝硬化时，超声影像改变可与后者相同。

四、干细胞移植治疗自身免疫性肝病的原理

MSC因其具有较好的免疫抑制能力和组织损伤修复能力，用于治疗自身免疫性肝病的基本原理与系统性红斑狼疮治疗的原理基本一致。自身免疫性肝损伤的主要机制是遗传易感因素和感

染、化学物质等多种因素综合作用，诱导针对肝脏组织的T细胞和抗体依赖的细胞毒性反应，导致肝组织破坏。针对自身免疫性肝病的发生原因和机制，在临床治疗上首先要抑制自身免疫反应，减轻或消除自身免疫反应对肝组织的损伤，及早控制疾病的发展。MSC的免疫调节作用正好可以有效拮抗肝脏的自身免疫反应，它的作用途径是通过分泌免疫细胞因子抑制过强的自身免疫反应，调节免疫细胞因子网络的平衡，同时也通过细胞因子调节免疫细胞的增殖、凋亡和免疫活性。其次是间充质干细胞通过与抗原提呈细胞的相互作用，可以减轻特异抗原对T细胞的活化程度，减少$CD4^+$ T细胞分化为细胞毒性T淋巴细胞。除此之外，MSC还可以抑制浆细胞活性，减少特异性自身抗体分泌，减轻抗体依赖性细胞毒性细胞对肝脏组织的损伤。

肝脏是胚胎发育早期的造血器官，含有丰富的干细胞，成年人和动物肝脏的再生能力极强，在正常情况下，手术切除2/3的肝脏组织，可以在2个月左右恢复正常。实验研究认为，这是肝脏细胞自身分裂增殖的结果，可能也有部分肝组织内的干细胞参与了肝细胞的再生。但在毒性物质诱导的大面积肝损伤或手术切除部分肝脏组织后再给予对肝脏有毒性作用的化学物质，肝细胞的再生能力受到限制，部分骨髓源性干细胞可进入肝组织，参与损伤修复。总体来讲，肝脏或机体自身的再生能力有限，对于一些严重或持续性损伤，补充外源性干细胞对损伤修复有积极意义。在自身免疫性肝病的情况下，如果自身免疫反应得不到有效控制，免疫损伤持续发展，肝组织细胞大量破坏甚至慢性发展，就会导致肝硬化，甚至肝衰竭。对于自身免疫性肝病的治疗，控制自身免疫反应是关键关节，但对已经造成的肝组织损伤进行修复治疗也具有至关重要的意义。MSC在抑制过强自身肝脏免疫反应的同时，还可通过分泌细胞生长因子、促进血管新生和改善血液循环促进损伤肝细胞的再生。异体MSC的免疫原性较低，对免疫排斥具有耐受性，移植后可部分进入肝组织，参与损伤修复。一些体内外实验研究证实，MSC具有向肝脏细胞分化的潜能，异体MSC移植入自身免疫性肝病患者体内后是否分化为肝脏细胞取决于微环境条件，对于已经受到严重破坏的肝组织，微环境同样受到严重破坏，再加之异体来源的MSC能否和受到损伤的肝组织良好整合和长期存活等还不十分清楚。MSC直接参与自身免疫性肝损伤修复的证据和机制还需要进一步研究。虽然MSC移植治疗自身免疫性肝病的机制还需要深入探讨，但其有效性和安全性已经初步得到证实，临床应用已经展示出良好前景，有可能成为临床自身免疫性肝病治疗的理想措施。

五、自身免疫性肝病的脐带间充质干细胞治疗

（一）自身免疫性肝病的临床治疗

目前临床治疗自身免疫性肝病的策略相对简单，主要方法有：第一，由于自身免疫性肝病的发病机制是自身免疫性损伤，常用糖皮质激素、环孢素等抑制免疫反应。第二，抗炎利胆：常用熊去氧胆酸（UDCA）等，主要功能是促进胆汁酸排泌，抑制炎症和调节免疫，同时还有促进氧自由基清除和保护肝细胞的作用。第三，抗纤维化治疗：对于PBC及其他慢性自身免疫性肝病，防止和抗纤维治疗具有必要性，秋水仙碱具有抗有丝分裂和干扰胶原分泌的作用，与UDCA联合有协同治疗作用。关于秋水仙碱抗纤维化治疗，目前尚无大样本研究结果，其治疗意义和详细机制还需要进一步探讨。第四，对症和辅助治疗：补充脂溶性维生素和食用低脂饮食对自身免疫性肝病治疗有一定帮助，根据临床实际给予保肝治疗和根据并发症情况进行对症治疗是自身免疫性肝病治疗的重要方面。第五，肝移植治疗：对于严重自身免疫性肝病导致肝功能衰竭和难以逆转的肝硬化患者，进行肝移植治疗可能是有效手段，甚至是唯一选择。同种异体肝移植手术技术已相对成熟，但材料来源是制约该技术临床应用的重要因素。术后原发病复发是有待解决的重要问题。

MSC治疗是最近几年来自身免疫性疾病治疗的新进展，但目前临床积累的资料较少。MSC具有抑制自身免疫反应和促进肝损伤修复的作用，从理论上讲是一种理想治疗选择，一些临床治疗研究也证实了MSC治疗自身免疫性疾病的有效性和安全性，但涉及临床治疗的实施方案和

间充质干细胞在自身免疫性肝病患者体内的生物学效应及详细机制还需要通过大量临床治疗研究进行补充和完善。这里仅根据笔者的一些了解和经验提供参考技术策略。

（二）脐带间充质干细胞治疗自身免疫性肝病的技术方案

在对自身免疫性肝病患者实施脐带 MSC 治疗之前，需要详细了解患者的相关基本情况，特别是了解疾病诊断依据是否充分、合理评估并发症的发生及疾病进程对选择治疗时机、治疗方法和辅助治疗手段具有重要参考意义。自身免疫性肝病的发病机制复杂，临床表现的特点和肝损伤模式有一定差异，即使是同一类型的自身免疫性肝病可能还由于疾病进展程度、并发症情况、药物治疗的敏感性和年龄、性别、精神状态等的差异而变化多样。主要咨询范围包括以下方面。

1. *基本情况* 需要了解和记录的基本资料包括患者的姓名、性别、年龄、民族、籍贯、工作和生活环境以及联系人的联系地址、联系方式等，以便随时主动向患者通报检查、诊断和治疗信息，了解疾病的变化情况，及时向患者提供咨询服务。干细胞治疗技术是现代医学研究的新进展，服务模式应从被动等待患者求医向主动服务模式转变，为患者主动提供咨询服务。因此，首先要了解掌握患者的基本信息资料，特别是外地患者要注意登记好患者及其亲属的详细地址，固定和移动电话，电子信箱和其他联系方式，以便长期随访和交流。

2. *自身免疫性肝病的发病史* 了解疾病的发病史，有助于分析判断疾病的发病原因和疾病进程，为疾病的诊断和间充质干细胞治疗提供依据。主要内容包括：与自身免疫性肝病直接相关的感染性疾病发生与治疗情况；发病前的饮食、药物、化学物质接触情况；工作和生活环境及接触有害物质情况；是否有肝脏相关疾病的发病史及治疗情况；过敏性疾病发生史；自身免疫性肝病的家族发病及遗传易感情况等。

3. *自身免疫性肝病的治疗史* 自身免疫性肝病的发病机制复杂，临床表现及肝损伤特点可能因疾病类型、进展程度和患者个体差异等不同而有较大差异，也可能由于发病时限和治疗历史的不同而千差万别。主要了解内容包括：自身免疫性肝病的发病时间及背景；发病后的主要表现及药物治疗情况，用药种类及其敏感性、耐药情况；治疗后的转归情况，包括治愈、好转、恶化、复发等；治疗过程中肝功能检查指标变化；其他辅助治疗方法及疗效；是否有误诊及相关治疗情况；输血治疗史等。

4. *自身免疫性肝病的并发症* 了解并发症的发生发展情况对是否实施间充质干细胞治疗至关重要。PSC、AIH 和 PBC 可能单独发病，也可能重叠并发，还可能与其他疾病同时并发。在实施间充质干细胞治疗前应充分了解并发症的发生情况，特别是重要器官的功能现状，对合理评估该治疗的可行性和疗效有重要参考价值。并发症的发生情况至少应了解：感染并发症的种类及进展、治疗情况；肝病自身免疫现象和免疫系统并发症及治疗情况，比如造血系统疾病及现状，过敏性疾病及治疗情况；心、肺、肾、脑等重要器官疾病发生及现状；多器官功能不全并发症及治疗进展情况；遗传性疾病诊断及发病情况；瘙痒、干燥综合征、代谢性骨病、肿瘤及肝硬化等并发症的发生与治疗情况。

5. *自身免疫性肝病的相关临床症状* 患者自述临床症状和表现是自身免疫肝病诊断、鉴别和治疗的重要参考依据，自身免疫性肝病相关的主要临床表现有：①全身乏力、食欲缺乏、体重减轻、关节痛等自觉症状；②皮肤瘙痒和皮肤、巩膜黄染现象；③消化道症状：呕吐、腹泻、腹痛、腹胀及消化道出血等。PSC、AIH 和 PBC 有共同的临床症状，但也各有特点，在临床实践中应注意区别，比如 AIH 早期可能不出现呕吐、腹泻、腹痛现象等。

6. *自身免疫性肝病的临床诊断及依据* 在进行自身免疫性肝病的间充质干细胞治疗咨询过程中，要了解其诊断是否准确无误，诊断依据是否充分，自身免疫性肝病的类型确定是否可靠。对已经确诊的患者确认诊断依据是否充分，对尚未确认或仅是疑似的患者应提出补充检查建议。在了解患者临床表现的同时，重点要考查实验室检查结果和病理组织学观察报告是否符合诊断要求。自身免疫性肝病的临床诊断根据自身免疫性肝病的临床特点，结合临床症状、肝酶谱、胆汁抑制谱检查结果作出初步判断。ALP/GGT 升高并伴随 ALT/AST 比值小于正常上限的 5 倍，临床表现符合自身免疫性肝病的主要特征者应考虑 PSC 和 PBC 的可能。ALT/AST 比值升高而 ALP 无显著升高者要考虑 AIH 的可能性。上述患者需要进一步排除病毒性、酒精性、药物性和代谢性肝病后再进一步进行免疫学、影像学和病理组织学检查。免疫学检查中的自身抗体 ANA/SMA 并不是特异性指标，但具有重要参考价值，与自身免疫性肝炎有关，在 PSC 和 PBC 中也可能出现。AMA（特别是 AMA-M2）在胆汁淤积存在的前提下，对 PBC 有特异性。IgG 升高与自身免疫性肝炎有关，IgG4 升高与硬化性胆管炎有关。在上述检测的前提下，还需要进一步进行肝脏的影像学检查。影像学检查需要排除胆管扩张，注意观察器质性疾病和门脉高压的征象，确认侧支循环开放。进行直接或间接胆管造影术观察胆管炎症和胆管病变的情况，对诊断硬化性胆管炎有帮助。肝穿刺活检能明确诊断、疾病分期和评估治疗效果。

7. *MSC 治疗自身免疫性肝病的可行性分析*　脐带 MSC 治疗自身免疫性肝病的临床可行性，首先需要保证其安全性，其次是要合理评估其疗效。安全性是涉及所有细胞治疗需要考虑的重要问题，其决定因素包括细胞质量和患者的自身状态两个方面。脐带 MSC 的质量应重点关注细胞纯度、活性和尽可能排除传播未知病原的风险，其次是要考虑对自身免疫性肝病患者并发症的影响。采用体外分离培养获得的间充质干细胞一般数量充足，纯度较高，在 95% 以上，但体外传带培养对细胞的影响较大，而且在不同实验室和采用不同培养方法可能有一定差异，建立严格的质量控制标准和评价方法具有极端重要性。目前国内尚未颁布可参照的质量标准，实施脐带 MSC 治疗的机构应建立相应的可行性评价指标和质量标准体系。应重点考虑的内容包括：①间充质干细胞的数量，获得满足临床治疗需要的足够数量的细胞是实施临床治疗的前提和基础；②均一性，细胞形态、亚细胞结构和生长特性要一致，采用免疫细胞化学、流式细胞术和相关基因 mRANA 表达等方法分析，间充质干细胞系列抗原标记的阳性表达率应在 95% 以上并且结果一致；③体外自动分化或诱导分化观察具有三种以上分化潜能；④除按国内输血标准排除重要病原污染，还要尽可能排除支原体、衣原体等其他病原污染的可能性；⑤建立排除致热原、过敏原和培养残留物的方法和标准；⑥建立标准化培养体系和细胞衰老评价方法，应使用人源化标准血清、血小板生长因子或临床标准添加因子，应尽可能使用无血清培养基，保持细胞的基本生物学特性和功能；⑦体外扩增传代不宜过多，应在标准培养条件下确定传代次数并进行染色体核型分析证实无遗传变异；⑧无/低免疫排斥反应；低温冻存的合格间充质干细胞应复苏并传代培养后再使用，直接使用应进行活性监测。

间充质干细胞治疗自身免疫性肝病的疗效和安全性分析还应考虑患者的自身状况，主要包括疾病并发症、重要器官的功能和自身免疫性肝病的发展进程。在评估间充质干细胞治疗的可行性是要排除急性感染并发症，一些慢性感染并发症，比如慢性乙肝等并发症应考虑肝功能状态，对并发肝功能衰竭患者的治疗应慎重，对于并发肝硬化的患者可能改善肝功能和提高生活质量，但是否提高长期存活率还有待于进一步考证。对于并发心、肺、肾等重要器官功能衰竭或多器官功能不全的患者一般不应考虑实施该治疗，对这类患者进行间充质干细胞治疗可能对控制自身免疫反应的进一步发展和防止肝脏的进一步损伤有积极意义，但对并发症的影响需要再进行深入研究，只有在确保安全的条件下才能实施。对并发恶性肿瘤的患者，可能由于免疫负调控带来负面作用，甚至在促进肝损伤修复的同时可能促进肿瘤生长，需要特别重视，一般不应考虑进行该治疗。对于使用糖皮质激素、环孢素等免疫抑制药有显著疗效的患者进行间充质干细胞治疗，可考虑减少药物使用量或减少间充质干细胞的输入数量，密切观察它们之间的协同作用和免疫功能变化。对免疫抑制药治疗抵抗的患者进行间充质干细胞治疗时应考虑停止免疫抑制药的使用。

8. *间充质干细胞治疗自身免疫性肝病技术咨询*　该治疗技术的临床应用对患者甚至是非专业临床医师属于新生事物。对于适于进行该治疗的患者，应事实求是地向患者介绍间充质干细胞治疗的特点，详细介绍脐带间充质干细胞治疗的基本原理，治疗过程，主要的方法步骤和可能出现的风险，让患者详细了解脐带间充质干细胞的性质、作用及机制，切不可夸大其作用和疗效，让患者对该治疗的期望值过高。需要向患者介绍现有治疗方法的优缺点和困难，让患者在充分了解该治疗的原理、方法、疗效和风险的基础上，综合分析申请进行该治疗的优缺点并决策是否自愿进行该治疗并提出治疗申请，不得主动诱导患者进行治疗。脐带间充质干细胞治疗自身免疫性肝病目前在国内属于临床治疗技术分级管理中的三类医疗技术，尚缺乏技术规范，具有疗效的不确定性和一定风险性，应注意强调该治疗的可行性、体内作用机制和疗效影响因素的复杂性，不应只看到该治疗的优越性和先进性。适应证选择是进行 MSC 治疗的关键环节，但对于有严重心、肝、肾等重要器官功能衰竭或严重肝性脑病、肝肾综合征的患者要慎用，需要综合分析疾病的进程和患者的综合状况，合理分析判断 MSC 治疗的可行性、效果和利弊（表 4–11）。

表 4-11　干细胞移植治疗自身免疫性肝病咨询评估表

患者姓名		性别		年龄	
籍贯		民族		联系人	
通讯地址				联系电话	
电子信箱			工作单位		
发病时间		发病原因			
临床表现					
检查结果					
发展史					
治疗史					
主要并发症					
诊断					
拟补充检查					
建议治疗细胞	□脐带 MSC　□自体 MSC　□亲缘 MSC　□其他 MSC				
治疗方式	□静脉输注　□介入治疗　□定位移植　□注入脑脊液　□其他				
治疗地点					
治疗时间	年　月　日				
治疗费用					
联系医师			医师电话		
患者或家属签名			咨询医师签名		
注意事项	（1）此表可作为间充质干细胞治疗可行性评估和实施治疗的依据 （2）患者提供资料应尽可能详实、具体 （3）发病原因主要说明感染、发病前服用药物及其他物质的情况 （4）发病史主要说明发病后疾病的变化情况 （5）已检查结果需提供检查报告 （6）实施间充质干细胞治疗需患者自愿申请并签订知情同意书 （7）其他				

六、间充质干细胞治疗自身免疫性肝病的实施

间充质干细胞用于自身免疫性肝病治疗的疗效明确，可以有效控制该病的发展和缓解症状，部分发病早期的患者甚至可以治愈，但不同类型的自身免疫性肝病或同类型但不同状态的患者疗效有较大差异。其疗效可能还与治疗时机、治疗途径、输入间充质干细胞的数量和辅助治疗有一定关系。因此，在实施间充质干细胞治疗过程中，确诊和正确评估自身免疫性肝病的发展进程，选择合理治疗方案极为重要。对于已前期进行咨询评估和具有治疗可行性的患者申请进行间充质干细胞治疗的具体治疗实施方案的建议如下。

（一）预约与登记

实施间充质干细胞治疗的首要工作是要进行细胞准备，需要一定时间和合理协调相关部门之间的关系，进行预约登记具有必要性。预约登记表格可参照 MSC 治疗系统性红斑狼疮部分。

（二）办理入院手续

对院外申请进行间充质干细胞治疗的患者，在进行相关检查和评估后，按常规入院程序办理入住手续后收住到干细胞治疗专科或肝病治疗科。

（三）补充检查

间充质干细胞治疗的临床积累资料相对较少，临床治疗方案和疗效评价标准需要进一步完善。本着对患者负责和完善科学资料的态度，应合理分析和设计并对自身免疫性肝病相关指标进行详细检查，以便进一步确诊和治疗前后对照分析。肝酶谱及肝代谢相关指标是评价自身免疫肝病过程中肝损伤程度和肝脏功能的基本依据，应进行动态观察。肝脏病变主要依赖肝穿刺活检和影像学检查，组织结构观察对正确评估间充质干细胞治疗后自身免疫损伤的修复作用具有重要参考价值，建议对肝组织的结构变化进行详细和连续检查观察。自身免疫反应相关指标是确诊和评价间充质干细胞的免疫调节作用的重要依据，应根据前期检查结果和疾病类型有针对性进行免疫细胞亚群、抗核抗体谱和其他相关免疫学检查。对有其他并发症的患者，应针对病发症相关的特异性指标进行检查，注意排除急性感染并发症和肿瘤等。

（四）会诊

在完成自身免疫性肝病相关检查后，应组织干细胞和肝病治疗专家，对有其他并发症的患者，还应组织相关专家一起进行会诊，对疾病诊断的准确性、肝免疫损伤水平、并发症及实施间充质干细胞治疗的可行性和治疗方案进行评估讨论，尽可能对间充质干细胞治疗的有效性进行评价，对治疗风险进行预测并提出切实可行的预防和应急方案。在会诊过程中，应对诊断、治疗和评价体系及方法等进行讨论，提出修改补充建议和确定治疗方案。

（五）签定知情同意书

知情同意书可参照脐带间充质干细胞治疗系统性红斑狼疮进行修改补充，注意强调对患者实施该治疗的风险和责任。

（六）间充质干细胞的制备

间充质干细胞的制备、质量标准要求等与用于系统性红斑狼疮的间充质干细胞相同。一般由符合 GMP 标准的专业实验室制备并提供，由外地提供的间充质干细胞最好在院内实验室再次进行质量监测。非治疗机构自制的间充质干细胞需要同时提供间充质干细胞质量检查报告，说明细胞种类、批号、数量、活性及相关检测数据，还需要说明保存条件和时间，避免由于环境因素导致细胞活性下降和死亡。细胞质量报告需由质量检测人员和负责人签字。治疗机构内实验室提供的间充质干细胞，建议由细胞制备实验室提供使用说明书，标明细胞保存条件、使用范围、使用方法和需要特别注意的事项。在细胞运送和转接的过程中，每一个环节均需要认真检查和核对并有交接人签字，避免出现细胞污染、流失、错拿等差错事故的发生。密闭保存的间充质干细胞在常温条件下放置过长，建议不应超过 2h，通常应制备完成后立即使用。建立实验室与治疗医师、护士的紧密配合机制是保证细胞在实验室外不受影响的关键环节，应强化细胞运送、交接和使用过程的严密性，明确每一环节的过程监控和责任人，不可有任何疏漏。

（七）间充质干细胞治疗自身免疫性肝病

间充质干细胞治疗自身免疫性肝病的策略有：系统性治疗（静脉输注）、肝动脉介入、经皮肝门静脉注射和肝内注射等。

临床可行性较强的是系统性治疗和肝动脉介入，经皮肝门静脉注射对治疗医师的技术要求较高，有引起门静脉出血的危险，但相比较而言，经该途径输入的间充质干细胞在肝内血管中停留时间相对长，进入肝组织中的机会更多，发挥疗效作用更强，值得深入研究。

肝内定位注射可有效使间充质干细胞定植于肝组织，甚至是特定的肝损伤组织，但这种方法植入肝组织的细胞是否集聚在特定部位，还是可以迁移和广泛分布，需要进一步观察。采用肝组织内注射间充质干细胞的方法治疗自身免疫性肝病，其技术方法、疗效及机制均还需要进一步探讨。还需要进一步研究间充质干细胞与受损伤的肝组织的微环境之间的关系，观察间充质干细胞在肝组织中的迁移、分布和分化规律，需要获得直接定位于肝组织中的间充质干细胞参与肝损伤修复和调节免疫平衡的证据。当然涉及临床治疗的技术方法也还需要进一步完善，比如注射位置，单点注射还是多位植入，注入细胞的数量等。

目前已有的临床治疗报道通常采用系统性治疗法。这种方法的特点是简单易行，临床可操作性强，患者容易接受。通过静脉输入患者体内的间充质干细胞可能进入肝损伤组织中的数量相对较少，但可随血液循环进入全身所有受损伤的组织，是一种整体治疗方案。与血液循环中的免疫细胞有广泛接触的机会，可能对免疫功能的调节作用更强，但与肝内移植和肝内血管介入相比较，其优越性和差异性目前尚缺乏可靠证据。

肝动脉介入法在临床上也具有较强的可操作性，比静脉输入法更具有针对性，但其免疫调节和肝损伤修复作用是否优于静脉输入法，目前尚缺乏大样本临床比较结果。这种方法成本相对较高，技术操作相对复杂，需要介入治疗室及专业人员密切合作。目前关于间充质干细胞治疗自身免疫性疾病的疗效明确，其作用机制已经有一定了解，但涉及临床治疗的技术方案还需要进一步补充和完善，其中包括细胞治疗剂量与疗效的关系，治疗时机的选择和辅助治疗方法等。关于间充质干细胞治疗剂量的确定仍按 1×10^6 细胞 / kg 体重计算，本中心推荐使用的成年人使用剂量为（3 ~ 5）$\times 10^7$ 细胞 / 人次。临床治疗方法参照系统性红斑狼疮的治疗方法执行。符合治疗条件的医疗机构应申报间充质干细胞治疗临床准入资质，在院内建立统一的专用细胞治疗室，治疗室按手术室标准建设，装备活动式病床和监护系统、空气消毒设施，如紫外线消毒灯、电子消毒装置等，配备必要的专用器具和急救器材、药品等。脐带间充质干细胞输注参照静脉点滴方法进行，为避免细胞聚团导致微血管栓塞，应采用带侧管和过滤网的静脉输液装置，先行静脉穿刺并连通生理盐水点滴，固定点滴速度每分钟 40 滴后，用注射器将预先准备好的脐带间充质干细胞悬液通过侧管注入输液管内。为避免间充质干细胞在输液管内聚集，注入前应充分振荡混匀。为避免细胞黏附于注射器或输液管的管壁上，注完细胞后的注射器应直接抽吸输液管内的液体洗涤三次以上，细胞加入输液管后应注意不断弹动输液管，使细胞处于分散状态。为避免输液反应和防止过敏反应，点滴用的生理盐水应置于保温箱内预热至 37℃，点滴速度每分钟不宜超过 40 滴，可在输入细胞前先点滴或肌内注射地塞米松 3mg。脐带间充质干细胞输注过程中，应注意室内温度控制在 25℃左右，密切注意患者的反应，注意监控患者血压、心率、呼吸等生理指标，若发现异常，要立即停止输注，采取必要救治措施。个别患者输注间充质干细胞过程中有发冷、寒战等现象，应注意密切观察和采取必要防护措施。间充质干细胞输注完成后，继续留观半小时后再转移至住院病房继续观察。某干细胞治疗中心在实施脐带间充质干细胞治疗前，填写干细胞治疗单，主要记录患者基本信息、细胞治疗和治疗方法并分别由相关责任人签名后存档备查。

（八）辅助治疗及护理

（1）在进行 MSC 治疗前，护理人员应再次向患者介绍 MSC 治疗自身免疫性肝病的基本原理、对自身免疫性肝病患者可能产生的治疗作用，对久治不愈或反复住院治疗的患者应分析治疗效果欠佳的原因，比较分析这种治疗方法与其他治疗的不同点，详细说明治疗的过程及可能出现的风险，让患者对 MSC 治疗有充分了解和思想准备，消除患者的心理负担。

（2）若有细菌、病毒等感染并发症，应注意先进行抗感染治疗，消除感染因素，特别是持续高热、体质虚弱的患者应在对症治疗后再进行

MSC治疗。

(3) 一些免疫抑制药、化疗药物、抗生素对脐带MSC的活性有明显影响，在实施MSC治疗过程中，应尽量避免同时使用免疫抑制药和化疗药物等，尽可能减少抗生素的使用。

(4) MSC治疗后应给予易于消化的营养食品，避免或减少饮酒和辛辣食品等刺激性食物，普通食物以清淡饮食为主，尽量减少油腻食物。

(5) 应适当补充复合维生素和进行适当的保肝、利胆药物治疗；应避免剧烈运动和强体力劳动，注意环境通风、保暖和静养休息；积极进行心理疏导，向患者介绍该病的发生原理和治疗对策，及时通报相关检查结果，治疗成效等，帮助患者缓解心情紧张、忧虑等精神状态，尽量降低心理应激对免疫、神经、内分泌和代谢功能的影响及对脐带MSC治疗的干扰。

(6) 进行MSC治疗后临床症状和实验室检查指标有明显改善的患者应减少免疫抑制药的使用量，一般按逐渐递减的方式减量，即每周减少正在使用量的1/4。未使用免疫抑制药的患者可辅助进行中药和非特异性免疫调节治疗。注意观察和收集治疗过程中和治疗后患者的临床表现和心理变化，结合相关复查结果分析治疗效果，及时向患者通报和解释治疗后的各种变化及配合治疗应注意的事项，争取患者对该治疗的支持与合作。

(九) 疗效评估

应及时进行疗效评估和依据疾病进程、疗效情况调整治疗方案。一般对自身免疫性肝病患者一次输入 (3 ~ 5) $\times 10^7$ 个MSC细胞后10 ~ 20d，临床症状和实验室检查指标会有明显改善，自身免疫性抗体含量降低，受累器官功能明显好转。至少在1个月左右应进行一次脐带MSC治疗的疗效评估，有针对性地对治疗前有明显变化的肝功能、自身免疫相关指标进行复检，结合临床检查和患者自述情况，对照分析治疗前后的变化，对治疗效果作出初步判定。对有治疗效果的患者可继续每20 ~ 30d进行一次治疗，可连续治疗3 ~ 5次，以后根据情况确定是否继续治疗。连续治疗过程中要注意监控细胞和体液免疫功能的变化情况，对于免疫细胞数量减少、亚群比例失调和严重免疫功能下降的患者应停止继续治疗和注意保护免疫功能。对相关检测指标和临床症状无明显改善或病情继续恶化的患者，应终止治疗，连续2次治疗无明显改善者，即使再进行该治疗亦无显著效果，应改用其他治疗措施。

(十) 治疗后随访

MSC治疗后的随访是实施该治疗的重要环节。随访的目的是观察了解MSC治疗的长期治疗效果，自身免疫性肝病的复发情况，分析MSC治疗的有无不良反应，为进一步改进和完善MSC治疗自身免疫性肝病的技术方法提供依据。随访应定期进行，建议一般在进行间充质干细胞治疗后3、6、12、24个月时进行随访，随访应主要了解疾病变化和相关治疗、检查结果，随访结果应结合MSC治疗前后的情况进行对比分析，合理推断疾病变化的原因和机制，比较分析MSC治疗的有效性及与其他治疗的关系，向患者提供进一步的治疗建议。随访最好根据实际设计相应的随访表格，最好由负责患者治疗的主管医师组织实施，以便医患沟通，把握和分析病情变化。随访要充分了解患者的前后疾病状态和临床表现的动态变化，其他药物治疗情况和治疗后的检查结果，统计分析不同疾病状态，不同疾病进展程度，不同药物治疗和生活习惯、工作状况等对MSC治疗的影响，不断总结经验，改进治疗方法，提高治疗效果。有条件的应邀请患者回院进行系统性复查，特别是肝脏功能、自身免疫指标和相关并发症等，对治疗前出现的异常指标和影像学变化进行对比分析。对于离MSC治疗医院较远的患者，应动员患者就近到驻地医院进行复查并提供相关检查结果。对拟进行随访的一些典型病例，应在实施MSC治疗前进行合理设计，充分论证，制定详细的检查、治疗方案和随访计划，签定随访同意书，尽可能向患者介绍清楚进行随访的重要性和对疾病治疗的指导意义，争取患者的支持和配合。应根据随访结果及时为患者提供治疗咨询建议和尽可能为患者提供方便和优惠。长期随访资料应归档和及时总结分析，统计分析不同疾病状态、不同治疗时机、不同治疗方法等之间的差异性，逐渐建立标准化、规范化的临床技术方案。干细胞移植治疗自身免疫性肝病咨询评估和干细胞治疗随访记录见表4-11，表4-12。

表 4-12　××× 医院干细胞治疗随访记录表

<table>
<tr><td>随访时间</td><td colspan="3">年　　月　　日</td><td colspan="2">随访医师</td><td colspan="3"></td></tr>
<tr><td>患者姓名</td><td colspan="2"></td><td>性别</td><td></td><td>年龄</td><td></td><td>民族</td><td></td></tr>
<tr><td>通讯地址</td><td colspan="5"></td><td>邮政编码</td><td colspan="2"></td></tr>
<tr><td rowspan="2">联系电话</td><td>移动</td><td colspan="2"></td><td colspan="2" rowspan="2">电子信箱</td><td colspan="3" rowspan="2"></td></tr>
<tr><td>固话</td><td colspan="2"></td></tr>
<tr><td>疾病诊断</td><td colspan="3"></td><td colspan="2">治疗时间</td><td colspan="3"></td></tr>
<tr><td>患者主诉</td><td colspan="8">□治愈　□明显好转　□部分缓解　□无效　□加重</td></tr>
<tr><td>工作状况</td><td colspan="8"></td></tr>
<tr><td>生活环境及习惯</td><td colspan="8"></td></tr>
<tr><td>药物治疗</td><td colspan="8"></td></tr>
<tr><td>肝功能</td><td colspan="8"></td></tr>
<tr><td>免疫细胞亚群</td><td colspan="8"></td></tr>
<tr><td>自身免疫抗体</td><td colspan="8"></td></tr>
<tr><td>肾功能</td><td colspan="8"></td></tr>
<tr><td>并发症</td><td colspan="8"></td></tr>
<tr><td>临床症状</td><td colspan="8"></td></tr>
<tr><td>其他</td><td colspan="8"></td></tr>
<tr><td>填表说明</td><td colspan="8">1. 随访的目的是了解干细胞治疗的长期疗效和为患者提供治疗指导和咨询服务。
2. 治愈：无临床症状和肝功能相关检查指标恢复正常；明显好转为临床症状明显改善，自身免疫抗体水平明显降低，肝功能指标明显恢复；部分缓解：临床症状有所改善，部分诊断指标有所恢复，病情无继续加重；无效：病情稳定，肝功能无改善也未加重；加重：临床症状加重，肝功能无改善或恶化。
3. 其他：主要填写并发症情况，其他相关情况。</td></tr>
</table>

（十一）注意事项

第一，脐带 MSC 的制备技术及质量控制等目前尚未见统一的标准颁布，治疗机构应严格参照现有生物制剂规范和细胞产品指导原则等制定技术规范，特别注意排除病原污染，确保治疗安全，需要通过条件、技术和伦理等论证之后，按临床医疗三类技术报批，在确保治疗安全的前提下实施。

第二，MSC 治疗自身免疫性肝病的临床积累经验和技术资料较少，在治疗过程中应高度民主重视治疗安全，虽然 MSC 治疗自身免疫性肝病的疗效已得到证实，但缺乏详细的技术规范，应注意建立相对合理的技术标准和严格技术操作，在充分论证，合理设计和知情同意的基础上实施，同时还应按要求向主管部门上报批准后方可进行治疗。

第三，适应证选择至关重要，需要对疾病的进程和全身状况进行认真检查和评估，对自身免疫反应严重，肝脏功能衰竭的患者应慎重。

第四，有严重心肺功能障碍，多器官功能不全，严重肾功能损伤和感染并发症的患者要慎用，要在有效对症治疗后和有可靠保障措施的前提下进行。伴发恶性肿瘤的自身免疫性肝病患者在作用机制尚未完全清楚和对肿瘤的影响还不明了的情况下，应禁止进行该治疗，因为 MSC 细胞的作用机制具有多样性，特别是其分泌的多种细胞因子有促进肿瘤生长的可能。

第五，注意输液和过敏反应，治疗前应充分了解患者的药物等过敏史，对有药物、异体蛋白等过敏史的患者应高度重视，需要有一定应急措施，可事先给予适当糖皮质激素类药物。个别患者输入MSC过程中或治疗后，可能出现寒战、体温轻度升高，一般在数小时内恢复。若出现持续寒战、心慌、呼吸困难等情况应立即停止治疗并采取急救措施。对持续体温过度升高者，应采取必要的对症治疗措施。

第六，有院外提供的MSC细胞应严格进行质量检查，特别是细胞数量和活性，需要提供使用说明书和质量检测报告，注意规范交接手续。一般应在治疗医院进行质量检查后使用。复苏或培养收集的MSC应现配现用，不宜在常温和普通条件下放置时间过长，以免细胞活性下降。制备好的细胞悬液应立即使用。治疗前应协调好实验室、病房和治疗室医护人员之间的关系，约定好治疗时间、地点和责任人，实施过程应严密可靠，细胞转接过程中的每一个环节必须有交接手续。

第七，在专门的细胞治疗室实施治疗的患者进行MSC治疗后，应在治疗室留观1h无异常后再转移至普通病房，治疗后24h内要严密监护心、肺功能，应有专门医护人员密切观察患者的异常情况，发现问题应及时报告和处置。

第六节 细胞移植治疗类风湿关节炎

一、概述

类风湿关节炎（rheumatoid arthritis，RA）是一类以慢性多关节滑膜炎、骨及软骨破坏为主要特征的全身性自身免疫性疾病。以慢性、对称性、多滑膜关节炎和关节外病变为主要临床表现。本病是慢性、进行性、侵袭性疾病，该病好发于手、腕、足等小关节，反复发作，呈对称分布。早期有关节红肿热痛和功能障碍，晚期关节可出现不同程度的僵硬畸形，并伴有骨和骨骼肌的萎缩，极易致残。目前，类风湿关节炎的治疗以免疫抑制、抗感染和对症治疗为主。MSC具有良好的抗感染、免疫调节、促进损伤修复和促血管再生作用，一些动物模型实验研究和少量临床研究报道认为，MSC对RA有一定治疗作用，在进行深入探讨其治疗机制、方法和规范技术的基础上，有可能成为RA治疗的有效手段。MSC治疗RA的机制与其他自身免疫性疾病，比如系统性红斑狼疮等相似，主要以免疫调节和促进损伤修复为主。一些初步的体内外实验研究和临床治疗观察发现，MSC可以有效控制自身免疫反应和缓解临床症状，改善患者的生存质量，特别是对RA患者的关节损伤修复也有一定帮助，可能成为RA治疗的理想措施。涉及MSC治疗RA的临床应用，虽然取得一些进展，还需要进一步探索和建立合适的临床技术方案，包括合理选择治疗时机、治疗途径，建立MSC的质量控制标准和疗效评估体系。对于严重关节损伤的患者，还需要建立MSC修复关节损伤的有效方法和辅助治疗技术。目前，MSC治疗对一些慢性和耐药的RA患者是一种新的治疗选择，甚至可能是唯一选择，值得深入研究。

二、类风湿关节炎的发病原因和机制

RA的发病原因和机制还不十分清楚，一些研究结果认为与机体的遗传易感性和后天的病原感染等环境因素有关。RA发病的主要机制可能是多种原因诱导的自身免疫反应导致关节损伤和炎症反应，同时也是一种可能涉及多器官组织的全身性自身免疫病。

（一）遗传因素

研究发现，人类同种白细胞抗原（HLA）D位点上的RA易感基因与免疫调节有关，其出现的频率越高，RA发病机会越大。一些RA患者HLA-DRwu抗原表达明显升高，类风湿关节炎在某些家族中发病率较高，这些证据提示RA可能与遗传易感因素有关。HLA-DR并不是直接

参与 RA 的发生与发展，而是通过编码 HLA-Ⅱ类分子影响机体免疫系统，导致 RA 发生并影响 RA 的预后和严重程度。HLA-DR 参与 RA 发病的具体方式有两种：第一，与 RA 相关的 DR 基因编码的分子可与致关节炎抗原肽结合，并呈递给 T 细胞，引发自身免疫反应的发生。第二，表达一个 DR_4 单倍型，而另一单倍型为非 RA 相关 DRB_1 等位基因的 RA 患者病情轻，并发关节外病变少。DR_4 纯合子患者几乎并发关节外病变及血管炎，这说明第二个单倍型决定了患者的临床表现和疾病的严重性。同时携带 DR_4 与 DR_5 两个易感基因 RA 患者临床症状重，多表现为侵袭性滑膜炎，说明两个危险基因在决定病情方面的协同作用，说明 RA 与基因剂量效应有关。

（二）感染因素

大量资料证明，RA 与病原感染有关，认为感染可能是引起发病或激发免疫反应启动的因素。感染致 RA 可能是慢性感染持续存在的刺激，也可能感染仅早期存在，激发免疫反应后被清除，但此免疫反应则持续存在并作用于关节内自身的抗原。主要证据有：第一，约 80%的 RA 患者血清中可检出高滴度的抗 EB 病毒抗体，EB 病毒（EBV）激活的 B 细胞增加，还发现对 EBV IgM 抗体与滑膜组织中的蛋白有交叉作用。莱姆病是由 B. burgdorferi 螺旋体引起的全身性疾病，晚期也有类风湿关节炎表现。第二，一些反应性关节炎滑膜内观察到有微生物抗原存在，应用抗生素治疗及摘除病灶性扁桃体，对类风湿的病程和发病率均有良好的治疗作用。以链球菌胞壁碎片水悬液注入鼠腹腔，可发生关节增殖性、炎性、糜烂性全滑膜炎。第三，RA 的发热、局部淋巴结肿大、关节肿胀、白细胞增多等炎症病理表现，与感染所引起的炎症十分相似。第四，EB 病毒糖蛋白 gp110 的抗体可与 DW_4 结合，诱导自身免疫反应。EB 病毒衣壳抗原（EB-VCA）的某些多糖成分和 HLA-DR_4 的第三多形区的结构相似，其致敏的 T 细胞可能与 HLA-DR_4 阳性细胞发生免疫反应。此外，EBV 还有与Ⅱ胶原蛋白质相似的抗原决定基，亦可通过抗胶原蛋白反应，造成关节软骨和骨的破坏。

（三）免疫功能紊乱

近年来认为类风湿关节炎是免疫系统调节功能紊乱所致的炎症反应性疾病，主要依据有：第一，在关节滑膜组织中有免疫球蛋白，补体及免疫复合物存在。关节滑膜液中存在沉淀素，滑液中补体活性降低。第二，滑膜及其附近组织有淋巴细胞及浆细胞浸润。第三，关节滑膜中有抗原变性和抗原抗体复合物形成，刺激关节滑膜中浆细胞产生类风湿因子，抗原抗体复合物能促进吞噬和引起溶酶中酶的释放，导致关节组织损伤和炎症反应。第四，细胞因子是引起关节慢性炎症和其他临床表现的重要因素。自身免疫反应可激活 T 细胞，随之巨噬细胞、单核细胞被激活，并分泌 TNF-α、IL-1 和 IL-17 等炎症因子，这些细胞因子进一步诱导 IL-6、IL-8 等细胞因子的生成，同时激活关节软骨周围的金属蛋白酶（MMP）、释放滑膜成纤维细胞和破骨细胞，后者分泌降解糖蛋白和胶原的多种酶，从而导致关节组织破坏。

（四）类风湿因子（RF）

是一种免疫球蛋白 IgG Fc 段的抗体，它能与自身的 IgG 结合（形成免疫复合物）。RF 尤其是 IgG 型可形成免疫复合物，引起关节局部或其他部位病损。RF 特异性 B 细胞亦可向 T 细胞呈递捕捉到的以免疫复合物形式出现的异抗原，或与软骨表面的免疫复合物（如胶原与抗胶原抗体结合的免疫复合物）结合而激活补体。

（五）内分泌因素

主要证据：第一，类风湿关节炎多发生于女性，妊娠期间关节炎症状常减轻；第二，应用肾上腺皮质激素能抑制本病；第三，类风湿关节炎存在皮质醇节律紊乱。

三、类风湿关节炎的诊断

（一）临床表现

RA 可见于任何年龄，多发于 20 ~ 45 岁青壮年，男女之比为 1：(2 ~ 4)。RA 是以对称性多关节炎为主要临床表现的异质性、系统性疾病。异质性指患者遗传背景不同，病因多样，发病机制可能不同。临床表现可有不同亚型（subsets），其病程、轻重、预后、结局都会有差异。RA 起病缓慢，先有疲倦乏力、体重减轻、胃纳不佳、低热和手足麻木刺痛等前驱症状。随后发生关节疼痛、僵硬，以后关节肿大日渐疼痛。开始时可能个别关节受累，呈游走性。以后发展为对称性多关节炎，关节的受累常从四肢远端的小关节开始，以后再累及其他关节。近侧的指间关节最常发病，呈梭状肿大；其次为掌指、趾、腕、膝、肘、踝、肩和髋关节等。晨间的关节僵硬，肌肉酸痛，适度活动后僵硬现象可减轻。僵硬程度和持续时间，常和疾病的活动程度一致。由于关节的肿痛和运动的限制，关节附近肌肉的僵硬和萎缩也日渐显著，即使急性炎变消散，由于关节内已有纤维组织增生，关节周围组织也变得僵硬。病变发展过程中，可见不规则发热，脉搏加快，显著贫血。病变关节最后变成僵硬而畸形，手指常在掌指关节处向外侧成半脱位，形成特征性的尺侧偏向畸形。有10%～30%患者在关节的隆突部位，如上肢的鹰嘴突、腕部及下肢的踝部等出现皮下小结，提示疾病处于严重活动阶段。此外少数患者在疾病活动期有淋巴结及脾大，眼部可有巩膜炎、角膜结膜炎。

对RA患者功能状态的评定，无统一标准，通常按下述分类。Ⅰ级：病人完成正常活动的能力无任何限制。Ⅱ级：虽有中度限制，但仍能适应。Ⅲ级：重度限制，不能完成大部分的日常工作或活动。Ⅳ级：失去活动能力卧床，或仅能应用轮椅活动。

（二）病理变化

RA主要累及关节滑膜，进一步发展可波及到关节软骨、骨组织、关节韧带和肌腱，其次为浆膜、心、肺及眼等结缔组织。RA除关节部位的炎症病变外，还包括全身的广泛性病变。全身性表现有发热、乏力、心包炎、皮下结节、胸膜炎、动脉炎、周围神经病变等。RA病变可因部位而略有变异，但基本变化相同。其特点有：第一，弥漫或局限性组织中的淋巴或浆细胞浸润，甚至淋巴滤泡形成。第二，血管炎，伴随内膜增生管腔狭小、阻塞，或管壁的纤维蛋白样坏死。第三，类风湿肉芽肿形成。关节腔早期变化是滑膜炎，滑膜充血、水肿及单核细胞、浆细胞、淋巴细胞浸润，有时有淋巴滤泡形成，常有小区浅表性滑膜细胞坏死而形成的糜烂，并覆有纤维素样沉积物。后者由含有少量γ球蛋白的补体复合物组成，关节腔内有包含中性粒细胞的渗出物积聚。滑膜炎的进一步变化是血管翳形成，其中除增生的纤维母细胞和毛细血管使滑膜绒毛变粗大外，并有淋巴滤泡形成，浆细胞和粒细胞浸润及不同程度的血管炎，滑膜细胞也随之增生。在这种增生滑膜细胞，或淋巴细胞、浆细胞中含有类风湿因子、γ球蛋白或抗原抗体原合物。血管翳可以自关节软骨边缘处的滑膜逐渐向软骨面伸延，被覆于关节软骨面上，一方面阻断软骨和滑液的接触，影响其营养。另外也由于血管翳中释放某些水解酶对关节软骨，软骨下骨，韧带和肌腱中的胶原基质的侵蚀作用，使关节腔破坏，上下面融合，发生纤维化性强硬、错位，甚至骨化，功能完全丧失，相近的骨组织也产生失用性的稀疏。在受压或摩擦部位的皮下或骨膜上出现类风湿肉芽肿结节，中央是一团由坏死组织、纤维素和含有IgG的免疫复合物沉积形成的无结构物质，边缘为栅状排列的成纤维细胞。再外则为浸润着单核细胞的纤维肉芽组织。少数病人肉芽肿结节出现在内脏器官中。

RA患者的时动脉各层有较广泛炎性细胞浸润。急性期用免疫荧光法可见免疫球蛋白及补体沉积于病变的血管壁。其表现形式有三种：第一，严重而广泛的大血管坏死性动脉炎，类似于结节性多动脉炎；第二，亚急性小动脉炎，常见于心肌、骨骼肌和神经鞘内小动脉，并引起相应症状。第三，末端动脉内膜增生和纤维化，常引起指（趾）动脉充盈不足，可致缺血性和血栓性病变。

肺部损害可见：慢性胸膜渗出，胸腔积液中所见"RA"细胞是含有IgG和IgM免疫复合物的上皮细胞；Caplan综合征是一种肺尘病，与类风湿关节炎肺内肉芽肿相互共存的疾病。已发现该肉芽肿有免疫球蛋白和补体的沉积，并在其邻近的浆细胞中查获RF；间质性肺纤维化，其病变周围可见淋巴样细胞的集聚，个别有抗体的形成。部分病例可见淋巴结大，淋巴滤泡增生和脾大。

（三）实验室检查

第一，一般都有轻度至中度贫血，如伴有缺铁，则可为低色素性小细胞性贫血。白细胞数正常或在活动期略增高，偶见嗜酸性粒细胞和血小板增多。贫血和血小板增多与疾病的活动相关。多数病例的红细胞沉降率在活动性病变中常增高，可为疾病活动的指标。血清铁、铁结合蛋白的水平常降低。

第二，血清白蛋白降低，球蛋白增高。免疫蛋白电泳显示 IgG、IgA 及 IgM 增多。C 反应蛋白活动期可升高。

第三，类风湿因子（RF）及其他血清学检查：RF 包括 IgG、IgM、IgA 和 IgE 型等。目前临床多限于检测 IgM-RF，成年 RA 患者阳性率 75%，高滴度阳性病人的病变重，进展快，不易缓解，预后差，有比较严重的关节外表现。此外，RF 也可见于多种自身免疫性疾病及与免疫有关的慢性感染。RA 患者亲属亦可发现 RF 阳性。正常人尤其是高龄人可有 5% 呈阳性，故 RF 阴性不能排除本病的可能，RF 阳性不一定就是 RA，须结合临床判断。RA 患者血清中抗类风湿关节炎协同核抗原抗体（抗 RANA 抗体）的阳性率为 93% ～ 95%。抗核抗体在 RA 的阳性率为 10% ～ 20%。血清补体水平多数正常或轻度升高，重症者及伴关节外病变者可下降。

第四，关节腔穿刺可见不透明草黄色渗出液，渗出液中 RF 阳性，其中的中性粒细胞可达（10 ～ 50）$\times 10^9$/L 或更高，细菌培养阴性。疾病活动可见白细胞质中含有 RF 和 IgG 补体复合物形成包涵体吞噬细胞，称类风湿细胞（regocyte）。

第五，X 线检查：早期一般只有软组织肿胀、关节腔渗液和关节部位骨质疏松。病程持续数月后，可见关节间隙减少和骨质受侵蚀。后期可发生关节半脱位，脱位和骨性强直。软骨损毁时可见两骨间的关节面融合。弥漫性骨质疏松和骨无菌性坏死的发生率在慢性病变中常见并因激素治疗而加重。

RA 易与风湿性关节炎相混淆，风湿性关节炎的下列特点可帮助鉴别：①起病急骤，有咽痛、发热和白细胞增高；②以四肢大关节受累多见，为游走性关节肿痛，关节症状消失后无永久性损害；③常同时发生心脏炎；④血清抗链球菌溶血素“O”、抗链球菌激酶及抗玻璃酸酶均为阳性，而 RF 阴性；⑤水杨酸制剂疗效迅速而显著。

四、类风湿关节炎的干细胞治疗

（一）类风湿关节炎的传统治疗

本病的用药目的和原则是早期进行合理治疗，防止骨破坏、关节畸形和功能丧失，主要有：第一，尽早应用抗风湿药。常用甲氨蝶呤（MTX）、来氟米特（LEF）、羟氯喹或氯喹（HCQ 或 CQ）、雷公藤多苷等抗风湿药（DMARDs）治疗，以控制关节炎症，避免出现不可修复的骨破坏，防止关节畸形和功能障碍。第二，免疫抑制药治疗。免疫抑制药可以阻止 RA 的病情发展，但无根治作用，可减轻 RA 的症状，有一定防止骨破坏的作用。第三，非甾体抗炎药用于减轻关节炎病人的关节痛、肿的症状，起效较快，改善其生活质量。但不能控制病情进展，故需与免疫抑制药同时应用。第四，糖皮质激素抗感染力强，可迅速控制关节肿痛症状。在某些关节炎病人可能起 DMARD 样作用。应用不当时有较大不良反应。第五，TNF 拮抗药（tumor necrosis factor antagonist）对炎性关节症状、炎症指标的控制有较好作用，也有一定阻止骨破坏进展、甚或修复作用，但不能根治 RA。

（二）类风湿关节炎的干细胞治疗

MSC 具有抑制自身免疫和炎症反应，参与和促进损伤修复，改善血液循环等功能，而类风湿关节炎发病的关键是多种原因引起的自身免疫反应及其诱发的全身性关节和组织损伤。从理论上讲，MSC 的生物学特性及治疗作用正好符合类风湿关节炎临床治疗的原则和需要，因此 MSC 可能是治疗类风湿关节炎的相对理想措施。虽然目前临床积累资料较少，其疗效机制和临床治疗研究还有待进一步探讨，但已在临床上显示出一定应用前景，对一些难治性类风湿关节炎可能是一种新的选择。MSC 的来源广泛，可从骨髓、脂肪和脐带等组织中获得，而且不同来源的 MSC 均具有相似的体内生物学效应。异体 MSC 用于临床治疗的免疫原性较低，一般不会引起明显的免疫排斥反应，因此，可依据临床治疗需要采用自体、有血缘关系的供者或无关供者的 MSC 进行治疗。相比较而言，脐带来源的 MSC 具有材料来源方便，MSC 数量丰富，细胞活性高，临床应用可行性强等特点，这里以脐带 MSC 为代表简述临床治疗类风湿关节炎的相关技术。

1．脐带 MSC 治疗的咨询与评估　类风湿关节炎的发病机制与其他自身免疫性疾病有相似性，但临床表现和主要病理变化有鲜明的特点，

临床诊断相对容易，但治疗有一定困难。在对类风湿关节炎进行MSC治疗评估时，应重点了解患者的基本情况，疾病的进程、并发症及治疗史，为治疗治疗时机、治疗方法选择提供依据。类风湿关节炎主要表现为自身免疫反应及其诱导的关节损伤，但也是一种累积全身多个组织器官的系统性疾病，尽早控制自身免疫反应具有特别重要性，一旦出现严重的关节病变，及时消除免疫损伤因素和控制损伤发展具有重要性，已经致残的病变仅依赖MSC治疗难以恢复，需要其他辅助治疗。因此，及早进行脐带MSC治疗至关重要。主要咨询内容包括方面。

(1) 基本信息：了解和记录患者的基本信息资料是为联系和沟通服务，同时也可能为分析疾病的发病原因和机制提供依据。了解基本信息资料的方法和其他自身免疫性疾病类似。应了解患者的姓名、性别、年龄、民族、籍贯、工作和生活环境以及联系人的联系地址、联系方式等，以便随时主动向患者通报检查、诊断和治疗信息，还要了解疾病的变化情况，及时向患者提供咨询服务等。还要对患者的饮食、生活习惯、家庭背景等作一定了解，从中获得一些与疾病发生发展和治疗相关的信息，为MSC治疗的可行性分析提供尽可能多的基础资料。

(2) 类风湿关节炎的发病史：类风湿关节炎的发病是一个由点到面、由轻到重、由个别关节损伤向系统发展的渐进性过程，依靠发病史、临床表现和适当的辅助检查，可以正确判断疾病的进展，但应注意临床表现与其他相关疾病的鉴别。主要内容包括：与类风湿关节炎相关的细菌、病毒等病原生物感染及治疗情况，类风湿关节炎的发生可能与病原生物抗原成分模拟或交叉自身抗原诱发自身免疫反应有关，了解病原生物感染史对疾病诊断有一定帮助；类风湿关节炎药物、化学物质、野生动植物及过敏原接触情况，为疾病诊断和脐带MSC治疗提供参考；相关自身免疫性疾病并发症、其他关节损伤性疾病及过敏性疾病发生史；家族发病及遗传易感情况。

(3) 类风湿关节炎的治疗史：类风湿关节炎的临床表现、进展程度和治疗历史可能在不同患者有较大差异，对药物的敏感性也可能有所不同。主要了解内容包括：类风湿关节炎发病时间及过程；免疫抑制药、抗类风湿关节炎及其他药物治疗情况及对药物的敏感性、耐药情况；药物治疗后的发展与转归情况，包括治愈、好转、恶化、复发等；治疗过程中相关检查指标的变化情况；其他辅助治疗方法及疗效；并发症及其治疗情况；输血治疗史及其他细胞治疗情况。

(4) 类风湿关节炎的并发症：并发症是决定是否实施脐带MSC治疗的关键因素。特别要重点了解不适于进行脐带MSC治疗的并发症。建议了解：急性感染并发症及其治疗情况，慢性感染性疾病及潜伏、活动情况；心、肺、肾、脑等重要器官疾病发生及现状；血液系统并发症及治疗进展情况；其他家族遗传性疾病诊断及发病情况；⑤肿瘤并发症的发生与治疗情况。

(5) 类风湿关节炎的临床表现：包括：前期症状：疲倦乏力、体重减轻、胃纳不佳、发热、全身酸痛和手足麻木刺痛等；关节症状：疼痛、僵硬，肿大及受累关节及变化；淋巴结及脾大、脉搏、贫血等；病变关节变形情况；关节活动分级；胸膜、血管及其他并发症的症状等。

(6) 类风湿关节炎的临床诊断依据：类风湿关节炎的临床表现有自身利益特点，根据发病情况、临床表现和检查结果，容易作出判断，但在咨询过程中，要了解其诊断依据是否充分，正确判断疾病的进展程度和分级。根据前期诊断依据补充进行影像学检查关节变化和实验室检查，以便合理制定治疗方案和评估治疗效果。

(7) 脐带间充质干细胞治疗类风湿关节炎的可行性评估：脐带MSC治疗类风湿关节炎的主要作用是调节自身免疫反应和促进修复，不论从理论还是从实验研究和临床观察结果分析均有临床可行性和治疗效果，应该是一种相对理想的新措施。在临床治疗过程中需要特别关注的问题，首先是治疗的安全性，需要合理评估疾病状态、并发症及相关因素与该治疗的关系及考虑个体因素对MSC的影响；其次才是评估MSC治疗的可行性和疗效。现有研究认为，脐带MSC治疗安全性较高，实施异体MSC治疗几乎无免疫排斥和过敏反应，但在细胞的来源和质量控制方面应高度重视，对患者的选择、治疗时机和配合治疗方案应充分论证。关于MSC的细胞质量控制可参照系统性红斑狼疮和自身免疫性肝病部分进行，除按输血要求排除重要病原生物污染外，还应尽可能排除其他病原生物污染的可能及遗传变异、实验室操作对细胞的影响。

进行 MSC 治疗类风湿关节炎时，还应充分考虑患者的自身状况，主要包括疾病并发症及适应证、重要器官的功能和全身状况、类风湿关节炎的进程等。MSC 细胞治疗可能对一些并发症同样产生积极的治疗效果，但也要注意排除急性感染并发症，对于慢性感染并发症，比如慢性乙肝并发症等应考虑疾病状态和全身状况，特别是重要器官的功能。对于并发心、肺、肾等重要器官功能衰竭或多器官功能不全的患者一般暂不应考虑实施该治疗，需要先进行对症治疗，待重要器官功能稳定后，对这类患者进行 MSC 治疗的可行性和技术方案进行反复论证和知情同意后，在确保安全的基础上实施。对并发恶性肿瘤的患者，目前缺乏可靠依据，可能由于免疫负调控有利于肿瘤生长，也可能在促进正常细胞生长的同时促进肿瘤生长，需要特别重视。糖皮质激素、环孢素等免疫抑制药可能对 MSC 治疗有协同治疗作用或导致免疫功能严重不足，因此在实施 MSC 治疗期间，应减少或停止使用免疫抑制类药物和密切关注免疫功能的变化。

(8) 脐带 MSC 治疗类风湿关节炎的技术评估：该治疗技术的临床应用对患者甚至是类风湿关节炎专业临床医师均属于新生事物。对于适于进行该治疗的患者，应事实求是地向患者介绍间充质干细胞治疗的特点，详细介绍脐带 MSC 治疗的基本原理、治疗过程、主要的方法步骤和可能出现的风险，让患者详细了解脐带 MSC 治疗的性质、作用及机制，切不可夸大其作用和疗效，让患者对该治疗的期望值过高。需要向患者介绍现有治疗方法的优缺点和困难，让患者在充分了解该治疗的原理、方法、疗效和风险的基础上，综合分析进行该治疗的优缺点并决策是否自愿进行该治疗并提出治疗申请，不得主动诱导患者进行治疗。脐带 MSC 治疗目前在国内属于临床治疗技术分级管理中的三类医疗技术，具有疗效的不确定性和风险性，应注意强调该治疗的可行性、体内作用机制和疗效影响因素的复杂性，不应只看到该治疗的优越性和先进性。

2. *脐带间充质干细胞治疗类风湿关节炎的实施方案*　现有报道认为，MSC 对类风湿关节炎治疗有积极意义，是对现有治疗的有益补充和发展，在临床上可以有效控制该病的发展和缓解症状，有效防止关节病变的发展和系统性损伤。MSC 的疗效与治疗时机选择、治疗途径、细胞数量和活性可能有一定关系。因此，在实施 MSC 治疗过程中，明确诊断和正确评估类风湿关节炎的发展进程和关节损伤水平对选择治疗方案具有特别的重要性。实施 MSC 的时机应尽可能早，对已经发展为关节严重受损和系统性疾病的患者应采取综合措施。具体治疗实施方案建议如下。

(1) 预约与登记：实施间充质干细胞治疗的首要工作是要进行细胞准备，需要一定时间和合理协调相关部门之间的关系，进行预约登记具有必要性。预约登记表格请参照系统性红斑狼疮治疗部分。

(2) 办理入院手续：对院外申请进行间充质干细胞治疗的患者，按常规入院程序办理入住手续后收住到干细胞治疗专科或免疫、类风湿病治疗专科。

(3) 补充检查和会诊：在间充质干细胞治疗前应进一步确诊，对一些有参考价值的客观指标进行复检或补充检查。自身免疫抗体和免疫学检查对确诊和治疗评估具有重要性。对发病时间长，病情重的患者应进行影像学检查。另外还要注意排除不适于间充质干细胞治疗的并发症。

在进行间充质干细胞治疗前，应组织相关专家对治疗的可行性、治疗方案、有效性和风险进行评估讨论，特别是对有并发症的患者，应提出具体的补充建议和确定治疗方案，还要在评估风险的基础上拟定预防措施。

(4) 签定知情同意书：知情同意书可参照脐带间充质干细胞治疗系统性红斑狼疮进行修改补充，注意强调对患者实施该治疗的风险和责任。

(5) 间充质干细胞的制备：参照系统性红斑狼疮和自身免疫性肝病治疗部分，严格控制细胞质量标准，按要求排除病原污染和遗传变异，注意检测细胞数量和活性，冻存复苏和外来细胞应进行培养观察和排除非细胞成分的残留，严格控制细胞贮存、运送和使用各个环节的条件和交接手续，避免各种可能影响细胞活性的因素和差错。

(6) 间充质干细胞治疗类风湿关节炎的方法：间充质干细胞治疗类风湿关节炎一般采用系统输入法，对严重关节损伤的患者可同时进行损伤部位定点移植，关节损伤创面移植最好用自体来源的MSC。系统治疗的具体实施方法可参照MSC治疗系统性红斑狼疮的方法进行，采用静脉系统输入途经。治疗用脐带MSC应在质量和活性检测的基础上进行准确计数，治疗前现配现用。一般用生理盐水稀释，静脉输注细胞密度控制在（1 ~ 5）$\times 10^6$ 细胞 /ml，密度太高容易引起细胞集聚成团。配制好的细胞不宜在常温和普通环境中放置时间过长，一般不超过2h，以免影响细胞活性。MSC细胞在使用前应充分混匀，防止出现细胞团块，输入过程中也应密切观察和注意分散细胞。关于输入MSC治疗类风湿关节炎的细胞数量目前尚没有统一的剂量标准，有一些报道认为，在一定范围内，MSC的使用量与疗效成正比，但是否越多越好尚没有定论，最大使用量应控制在多少也没有见到报道，还需要进一步探讨。细胞数量可参照每千克体重 1×10^6 细胞的标准进行，也可根据体重和类风湿关节炎病情发展程度选择输入数量。第一次输入MSC的数量最好达到 5×10^7 个细胞以上，也有报道每次使用高达 1×10^8 细胞，第二、三次可适当减少，但应在 3×10^7 个以上。对于严重关节损伤的患者，可在影像学引导下，进行关节腔内注射，也可将细胞和生物可吸收材料复合后注入关节损伤部位，但这种方法目前仅在个别治疗中实施，还需要进行更多临床治疗积累才能提出更合理的标准技术方案。

3．脐带间充质干细胞治疗类风湿关节炎的护理及辅助治疗

(1) 心理护理：心理活动对体内神经、内分泌和免疫功能有较大影响，特别是严重类风湿关节炎患者，由于疾病痛苦带来的心理压力较大，不利于类风湿关节炎的治疗和康复，需要对患者进行心理疏导，乐观的情绪、坚定的信心能够调动机体内部的巨大潜力，增强内分泌，加速代谢过程，改善机体的抗病能力，对类风湿关节炎治疗有积极意义。在对类风湿关节炎患者实施MSC治疗期间，应对该类患者进行整体护理，注意缓解患者的心理压力，使患者主动配合治疗。具体做法包括：向患者详细介绍类风湿关节炎的发病原因和机制，发病规律和症状；介绍该病的治疗方法和效果，治疗中应注意的事项；MSC治疗的原理、方法和作用；让患者正确对待疾病，保持良好的心情，介绍解除心理压力的方法及减少心理应激对该病治疗的重要意义。

(2) 治疗护理：治疗前应按护理要求充分准备治疗器材，核对患者信息资料，接收和准备好MSC，做好相关登记和记录工作。MSC输注应在专业医师指导下进行，在MSC细胞治疗过程中，密切注意患者的反应，不断询问患者的感受，遇有寒战、心慌、胸闷、呼吸困难或其他不适反应要及时报告和停止输注。治疗后24h内应密切观察患者的各种反应和注意检测心肺功能。

(3) 饮食调节：治疗后4d内应避免饮酒和辛辣等刺激性事物，避免影响细胞活性的饮食。脂肪在人体的氧化过程中能产生酮体，过多的酮体会刺激关节，使疼痛加重，对类风湿的康复极为不利，因此，要限制高脂肪食物的摄入。同时，还要控制蛋白质的摄入量，如牛肉、羊肉、鱼、鸡肉、瘦猪肉、鸡蛋、奶制品等含有较多的蛋白质，会加重类风湿关节炎。因此，应减少油腻食物，以清淡食物为主，合理搭配，加强营养和补充必要的免疫调节饮食。

(4) 运动锻炼：运动锻炼是防止肌肉萎缩和关节强直，保持和恢复关节功能的最基本、最积极、最有效的方法，也是其他任何治疗和康复方法无法代替的。生命在于运动，运动锻炼对类风湿患者更为重要。运动的方式可多种多样，如做体操、走路、打太极拳、跳舞、爬山等，均可因人而异选择进行，但以走路锻炼为最佳方式。此方法简单易行，长期坚持，循序渐进，对类风湿病人康复极为有利。

(5) 防护：注意环境保暖、防寒、防潮和通风，任何季节都要注意保护关节，注意防寒、防潮、保暖，可以用四季兼用的各种保暖护具来呵护关节部位，以防止病情加重，有效保护关节。

(6) 少数患者输入MSC后可能出现短暂低热、发冷症状，应在MSC治疗后24h密切注意观察，若持续高热应采取必要的治疗措施。

(7) 辅助治疗：应避免免疫抑制药、化疗

药物和抗生素等药物与MSC同时应用，但应注意补充维生素C和营养物质，注意观察类风湿关节炎相关的临床症状变化。对于MSC治疗1周后临床症状无缓解甚至加重的患者，可采用其他治疗方法。

4. *脐带间充质干细胞治疗类风湿关节炎的疗效评估与随访* 疗效评估是实施MSC治疗的重要方面，在治疗前应充分检查和了解类风湿关节炎的进程和客观诊断依据，从临床表现、病理变化、实验室检查、影响学等方面系统评价患者的疾病状态和相关指标的变化情况，在充分论证和严密设计的基础上实施治疗。治疗后应定期对治疗后类风湿关节炎的发展变化进行随访和评估。第一次治疗后1个月应对其疗效进行初步评估，连续多次治疗后应定期进行随访和评估。治疗后的评估疗效和随访的目的是为是否进一步实施该治疗和观察长期疗效及不良反应提供依据，为进一步完善该治疗的技术方法积累资料，因此这是一项有意义的重要工作。在通常情况下，对类风湿关节炎患者进行一次MSC治疗，至少临床症状应有所缓解或控制疾病的发展，能够控制疾病的发展应该认为是一种治疗效果，临床症状缓解或明显好转应该是一种良好的治疗成效，可建议进行继续治疗，一般可根据疾病的严重程度和疗效情况，间隔20～30d进行3～5次治疗，但在治疗期间和治疗后严密监控自身免疫反应水平的变化，特别是临床症状、自身免疫相关指标和RF、关节病变情况，注意防治感染并发症的发生。疗效评估要体现系统性、客观性和科学性，应从患者自述、临床检查、实验室检测、病理组织学和影像学观察等方面筛选有代表性和参考价值的指标进行复查，采用治疗前后自身对照的方法合理评估其疗效。长期随访建议在第一次治疗后1个月、3个月、5个月、12个月、24个月时进行，随访内容应包括患者实施MSC治疗后的临床症状变化，饮食和生活方式，工作情况，相关治疗方法，自身免疫相关实验室检测指标改变和关节病变的改善情况等，动态分析、观察和评估类风湿关节炎的发展与转归，比较分析和判断MSC治疗类风湿关节炎的疗效及相关因素对该治疗的影响。随访策略、方法和内容可参照MSC治疗系统性红斑狼疮的随访方案进行补充和修订。

（潘兴华　庞荣清　蔡学敏）

参考文献

[1] Alan T, Frederic AH. Mesenchymal stem cells in the treatment of autoimmune diseases in vitro. Ann Rheum Dis, 2010, 69 (8): 1413-1416

[2] Sara M, Tiziana V, Marianna E, et al. The therapeutic effect of mesenchymal stem cell transplantation in experimental autoimmune encephalomyelitis is mediated by peripheral and central mechanisms. Stem Cell Research & Therapy, 2012, 3(1):1186-1194

[3] Blanc KL, Ringde O. Immunomodulation by mesenchymal stem cells and linical experience. J Intern Med, 2007, 262: 509-525

[4] Paolo F, Mollie J, Andrea A, et al. Immunomodulatory Function of Bone Marrow-Derived Mesenchymal Stem Cells in Experimental Autoimmune Type 1 Diabetes. J Immunol, 2009, 183, 993-1004

[5] Tyndall A, Uccelli A. Multipotent mesenchymal stromal cells for autoimmune diseases: teaching new dogs old tricks. Bone Marrow Transplantation, 2009, 43: 821-828

[6] Mehboob AH, Neil DT. Stem-cell therapy for diabetes mellitus. Lancet, 2004, 364: 203-205

[7] Faye HC, Rocky ST. Mesenchymal stem cells in arthritic diseases. Arthritis Research & Therapy, 2008, 10: 223

[8] Rosa SB, Voltarelli JC, Chies JAB, et al. The use of stem cells for the treatment of autoimmune diseases. Use of stem cells in autoimmune diseases. Brazilian J Med Bio Res, 2007, 40: 1579-1597

[9] Alan T, Rahul GT, Geoff L et al. Clinical trials for stem cell therapies. BMC

Medicine, 2011, 9: 52-54

[10] Arianna M, Eugenia K, Maria P, et al. Bone marrow and umbilical cord blood human mesenchymal stem cells: state of the art. Int J Clin Exp Med, 2010, 3 (4) : 248-269

[11] Eyal BA, Sonia BA, Ariel M. Mesenchymal stem cells as an immunomodulatory therapeutic strategy for autoimmune diseases. Autoimmunity Reviews, 2011, 10 (7) : 410-415

[12] García-Bosch O, Ricart E, Panés J. Stem cell therapies for inflammatory bowel disease-efficacy and safety. Aliment Pharmacol Ther, 2010, 32: 939-952

[13] Müller I, Lymperi S, Dazzi F. Mesenchymal stem cell therapy for degenerative inflammatory disorders. Current Opinion in Organ Transplantation, 2008, 13 (6) : 639-644

[14] Paolo F, Mollie J, Andrea A, et al. Immunomodulatory Function of Bone Marrow-Derived Mesenchymal stem cells in experimental autoimmune type 1 diabetes. Immunology, 2009, 183: 993-1004

[15] Alan T, Frederic AH. Mesenchymal stem cells in the treatment of autoimmune diseases. Ann Rheum Dis, 2010, 69: 1413-1414

[16] van Laar JM, Tyndall A. Adult stem cells in the treatment of autoimmune diseases. Rheumatology, 2006, 45: 1187-1193

[17] Alan T, Rahul GT, Geoff L et al. Clinical trials for stem cell therapies. BMC Medicine, 2011, 9: 52

[18] Carlos EB, Júlio César V. Stem cell therapy for type 1 diabetes mellitus: a review of recent clinical trials. Diabetology & Metabolic Syndrome, 2009, 1: 19

[19] Hirofumi N. Stem cells for the treatment of diabetes. Endocrine J, 2007, 54: 7-16

[20] Snowden JA, Martin-Rendon E, Watt SM. Clinical stem cell therapies for severe autoimmune diseases. Transfusion Medicine, 2009, 19: 223-234

[21] Andrea A, Roberta T, Simone MN, et al. Cell Therapy using allogeneic bone marrow mesenchymal stem cells prevents tissue damage in collagen-induced arthritis. Arthritis & Rheumatism, 2007, 56 (4) : 1175-1186

[22] Manuel AG, Elena GR, Laura R, et al. Treatment of Experimental Arthritis by Inducing Immune Tolerance With Human Adipose-Derived Mesenchymal Stem Cells. Arthritis & Rheumatism, 2009, 60 (4) : 1006-1019

[23] Carine B, Farida D, Marc M, et al. Multipotent mesenchymal stromal cells and rheumatoid arthritis: risk or benefit? Rheumatology, 2009, 48: 1185-1189

[24] Faye HC, Rocky ST. Mesenchymal stem cells in arthritic diseases. Arthritis Research & Therapy, 2008, 10: 223

[25] Sindhu TM, Lucksy K, Alessandra G, et al. Alterations in the self-renewal and differentiation ability of bone marrow mesenchymal stem cells in a mouse model of rheumatoid arthritis. Arthritis Research & Therapy, 2010, 12: 149

[26] Vladislav VN, Mirodrag LL, Miodrag SC. Review: Mesenchymal Stem Cell Treatment of the Complications of Diabetes Mellitus. Stem Cells, 2011, 29: 5-10

[27] Carmen F, Camillo R, Vincenzo L, et al. Bone Marrow-Derived Stem Cell Transplantation for the Treatment of Insulin-Dependent Diabetes. The Review of Diabetic, 2010, 7 (2): 144-146

[28] Aggarwal S, Pittenger MF. Human mesenchymal stem cells modulate allogeneic immune cell responses. Blood, 2005, 105 (4): 1815-1822

[29] Nauta AJ, Fibbe WE. Immunomodulatory properties of mesenchymal stromal cells. Blood, 2007, 110: 3499-3506

[30] Djouad F, Bouffi C, Ghannam S, et al. Mesenchymal stem cells: innovative therapeutic tools for rheumatic diseases. Nat Rev Rheumatol, 2009, 5: 392-399

[31] Le Blanc K, Ringden O. Immunomodulation by mesenchymal stem cells and clinical experience. J Intern Med, 2007, 262: 509-525

[32] Choi EW, Shin IS, Park SY, et al. Reversal of serologic, immunologic, and histologic dysfunction in mice with systemic lupus erythematosus by long-term serial adipose tissue-derived mesenchymal stem cell transplantation. Arthritis Rheum, 2012, 64 (1) : 243-253

[33] Carrion F, Nova E, Ruiz C, et al. Autologous mesenchymal stem cell treatment increased T regulatory cells with no effect on disease activity in two systemic lupus erythematosus patients. Lupus, 2010, 19 (3) : 317-322

[34] van Laar JM, Tyndall A. Adult stem cells in the treatment of autoimmune diseases. Rheumatology, 2006, 45 (10) : 1187-1193

[35] Reddy BY, Xu DS, Hantash BM. Mesenchymal stem cells as immunomodulator therapies for immune-mediated systemic dermatoses. Stem Cells Dev, 2012, 21 (3) : 352-362

[36] Carrion FA, Figueroa FE. Mesenchymal stem cells for the treatment of systemic lupus erythematosus: is the cure for connective tissue diseases within connective tissue? Stem Cell Res Ther, 2011, 2 (3) : 23

[37] Tyndall A. Cellular therapy of systemic lupus erythematosus. Lupus, 2009, 18 (5) : 387-393

[38] Larghero J, Vija L, Lecourt S, et al. Mesenchymal stem cells and immunomodulation: toward new immunosuppressive strategies for the treatment of autoimmune diseases. Rev Med Interne, 2009, 30 (3) : 287-299

[39] Le BK. Mesenchymal stromal cells: Tissue repair and immune modulation. Cytotherapy, 2006, 8: 559-561

[40] Caplan AI, Dennis JE. Mesenchymal stem cells as trophic mediators. J Cell Biochem, 2006, 98: 1076-1084

[41] Alan T, Vito P. Mesenchymal stem cells combat sepsis. Nature Medicine, 2009, 15 (1): 42-49

[42] Kebriaei P, Robinson S. Treatment of graft-versus-host-disease with mesenchymal stromal cells. Cytotherapy, 2011, 13 (3) : 262-268

[43] Anzalone R, Lo Iacono M, Loria T, et al. Wharton's jelly mesenchymal stem cells as candidates for beta cells regeneration: extending the differentiative and immunomodulatory benefits of adult mesenchymal stem cells for the treatment of type 1 diabetes. Stem Cell Rev, 2011, 7 (2) : 342-363

[44] Aguayo-Mazzucato C, Bonner-Weir S. Stem cell therapy for type 1 diabetes mellitus. Nat Rev Endocrinol, 2010, 6 (3) : 139-148

第5章 细胞移植治疗神经系统疾病

5

第一节 概 述

神经系统疾病导致了一系列感觉运动功能及认知障碍，主要包括神经退行性疾病（如帕金森病、阿尔茨海默病、肌萎缩侧索硬化症等）、脊髓损伤、脑卒中、外周神经损伤等。神经系统疾病发生后，由于病变的神经细胞不能有效地进行再生修复，而使神经系统疾病成为致死率、致残率最高的疾病之一。神经组织作为高度分化的组织，一直被认为其再生仅限于胚胎时期和出生后不久，而成年时期中枢神经系统一旦发育成熟就很难在受到外伤和发生某些疾病时进行自我修复。干细胞的发现，改变了以往认为成年哺乳动物中枢神经系统的神经细胞不能再生的观念，这促使细胞移植尤其是干细胞移植治疗中枢神经系统疾病成为一种新治疗策略而备受关注。

一、具有神经系统疾病治疗作用的细胞种类

（一）胚胎干细胞

胚胎干细胞来源于早期胚胎内细胞团（inner cell mass），其主要特性是：第一，全能性。在适宜条件下，胚胎干细胞可被诱导分化为各种细胞组织，这一特性使其在基础研究、移植治疗和基因治疗中具有诱人的应用前景。第二，无限增殖性。在理论上，胚胎干细胞在体外适宜条件下，能在未分化状态下无限增殖，这为胚胎干细胞进行的研究和应用提供了用之不竭的细胞来源。第三，遗传可操作性。即可导入异源基因、报告基因或标志基因、诱导基因突变、基因打靶或导入额外的原有基因使之过度表达等，利用该特性可制作各种实验模型并进行各种基因功能分析。目前胚胎干细胞已成为研究胚胎发生发育、细胞分化和组织形成、基因表达调控及遗传病和癌症发生和治疗等工作的理想模型。胚胎干细胞神经分化的方法已经比较成熟，可以成功分化为多巴胺神经元、运动神经元、胆碱能神经元等各种神经元，是神经系统疾病细胞移植治疗的重要细胞来源。

（二）成体干细胞

成体干细胞可以从多种成人器官如骨髓、血液、肌肉、皮肤和脂肪组织等获得。不同组织和器官来源的成体干细胞具有不同的增殖和分化潜能及特征。成体干细胞移植治疗应用的一大优势是它没有如胚胎干细胞和胎儿干细胞引起的伦理争议，而且由于成体干细胞可以从病人自身获得，也避免了细胞移植治疗中面临的免疫抑制药的使用。例如间充质干细胞可以比较方便的从病人骨髓获得，这使其成为自体细胞移植的非常有前景的细胞来源。

1．*神经干细胞* 神经干细胞是指具有分化为神经元、星形胶质细胞和少突胶质细胞的能力，能够自我更新并能够分化形成新的脑组织细胞的细胞。它具有多种分化潜能和自我更新能力。神经干细胞在哺乳动物胚胎期中枢神经系统中的分布具有较大的普遍性，其可以从胚胎干细胞诱导分化而来，亦可从胎脑中直接分离出来。在中枢神经系统中，神经干细胞可以从多个区域分离获得，包括室下区（subventricular zone）、齿状回（dentate gyrus）、皮质、纹状体和脊髓。

与胚胎干细胞相比，其分化潜能较低，但其向神经元分化只需要简单的步骤就可实现。因此，神经干细胞在神经系统疾病治疗中比胚胎干细胞要更有优势。

2. *间充质干细胞* 间充质干细胞是指一群具有向成骨细胞、软骨细胞、脂肪细胞、骨髓基质，甚至肝脏细胞和神经细胞等多种分化潜能的多能干细胞。间充质干细胞不仅能够向多种组织和细胞类型分化，并且在体外易分离培养和扩增。这些特性使间充质干细胞成为在细胞治疗、基因治疗中有效发挥作用的理想工程细胞。许多报道显示间充质干细胞在合适的分化条件下可以分化为神经细胞。

3. *人脐带血干细胞* 指分娩后存在于脐带和胎盘中的血液，含有造血祖细胞、内皮祖细胞、间充质祖细胞、自体免疫 T 细胞、单核细胞、肥大细胞、巨噬细胞，还产生一些细胞因子和营养因子，脐血除有丰富的干细胞外，还具有较低病毒感染率和较少发生移植后急性排斥反应，甚至在人类白细胞抗原某种程度不匹配时，故适合于移植治疗。

4. *嗅神经髓鞘形成细胞* 嗅觉系统及嗅细胞作为一种新颖的移植材料正逐渐引起人们的重视。该细胞可以从人及大鼠的嗅球获得，嗅神经髓鞘形成细胞在体外可以促进轴索生长及髓鞘再生。但由于人的嗅觉不如大鼠发达，其嗅球与躯体体积之比明显小于大鼠，从人嗅球获得的嗅神经髓鞘形成细胞的数量较少。后来的研究发现在鼻黏膜上皮组织固有层内也有嗅神经髓鞘形成细胞，且其与嗅球来源的嗅神经髓鞘形成细胞有极大的相似性；将鼻黏膜上皮组织的嗅神经髓鞘形成细胞移植入脊髓横断性损伤后的大鼠脊髓中，移植后有明显的运动功能及脊髓下行抑制反射的恢复，移植组横断性损伤的部位有再生的轴索产生。证明了嗅神经髓鞘形成细胞可能会成为一种新的轴索损伤及脱髓鞘疾病的移植细胞来源。

5. *其他* 除上述几种干细胞外，胎儿干细胞在神经系统疾病尤其是帕金森病的治疗中应用也较多，胎儿干细胞是从胎儿器官分离而来具有一定分化潜能的干细胞，与胚胎干细胞相比，其分化潜能较低。目前，胚胎干细胞和胎儿干细胞移植治疗的临床应用都面临伦理道德和法律问题，这限制了其广泛应用。

神经膜细胞及少突胶质细胞均充当过非干细胞类移植供者细胞，多用于脊髓损伤等疾病的研究，以促进轴索生长及髓鞘再生。但神经膜细胞的移植会产生促使瘢痕形成的星形胶质细胞；而少突胶质细胞作为髓鞘再生基质，在一些脱髓鞘的动物模型中有成功的表现，但最近的实验证明少突胶质细胞在损伤的急性阶段会产生一种抑制基质，有潜在的抑制轴突再生的作用。因此这两种细胞已很少为人所用。

二、干细胞对神经系统疾病的治疗作用

（一）神经变性疾病

帕金森病、阿尔茨海默病及肌萎缩侧索硬化症等变性疾病主要病理特征是神经元的退行性病变。干细胞能分化为多巴胺能神经元、胆碱能神经元和运动神经元等相应的功能神经元。目前研究较多的是多巴胺神经元的分化和移植治疗帕金森病，其体内移植后能整合入宿主并产生功能：将人或小鼠的胚胎干细胞与骨髓基质细胞 PA6 共培养可促进多巴胺神经元的分化，将分化的多巴胺神经元移植入 6- 羟基多巴胺（6-OHDA）诱导的帕金森病小鼠模型纹状体内，移植 2 周后约 8% 的神经元存活并长出了突起；将未分化的小鼠胚胎干细胞单细胞悬液移植入野生型 6-OHDA 损害的大鼠脑中，其细胞不仅在宿主体内整合生存，而且自发分化成多巴胺能神经元，6-OHDA 损害的大鼠也出现了运动功能的恢复。为得到更多比例的多巴胺神经元，Wagner 等将具有促前向多巴胺神经元分化的以核受体 Nurr1 及细胞因子共同诱导多巴胺神经元高效率分化，然后移植治疗帕金森病动物模型，能有效地整合到宿主纹状体，显著的改善症状。运动神经元病是以脑干和脊髓运动神经元变性为主要特征的中枢神经系统疾病，其中以肌萎缩侧索硬化症最常见。有研究者对 SOD1 基因缺陷的肌萎缩侧索硬化症小鼠进行间充质干细胞移植，发现移植鼠脊髓前角有新的神经元产生，并延缓了运动缺失症状的出现。Garbuzova-Davis 等将人脐血干细胞经静脉注入脊髓侧索硬化症大鼠模型中，观察到

其具有分布、迁移、分化和明显的治疗作用。

（二）中枢神经系统损伤性疾病

当中枢神经系统遭受创伤、出血、缺血等损伤后，均会出现各种细胞的坏死及缺失，从而导致神经功能不全或丧失，严重危害人类的健康。干细胞移植治疗脑缺血疾病是目前细胞移植治疗研究中比较活跃的领域，有研究者将间充质干细胞经颈动脉、尾静脉或脑内等不同的途径移植入模型大鼠体内，发现间充质干细胞不仅在脑内存活，而且可迁移至缺血区，部分细胞表达神经细胞的特异性蛋白 NeuN，并改善了神经功能缺损，促进了疾病的恢复。Zhang 等将神经干细胞移植入小鼠中枢神经系统以评价神经干细胞移植治疗创伤性脑损伤的能力，结果发现移植 12 周后，神经干细胞移植组较对照组动物有明显运动功能的恢复。Ogawa 等将来自于胚胎脊髓的胚胎 14.5d 的干细胞系进行体外培养和扩增。移植入脊髓损伤大鼠模型的损伤部位，病理学分析表明移植细胞所分化的神经元与宿主发生了整合，且被治疗的大鼠出现了明显的运动功能的恢复。

（三）白质脱髓鞘性疾病

中枢神经系统许多疾病都会出现原发或继发的脱髓鞘改变，髓鞘脱失会影响神经传导功能，从而产生一系列神经功能紊乱。多发性硬化（multiple sclerosis）是一种原发的中枢神经系统自身免疫性脱髓鞘性疾病，病理表现为典型的中枢神经系统髓鞘脱失。干细胞移植是目前多发性硬化治疗比较有前景的方法。实验证实将间充质干细胞移植入出现症状前的多发性硬化动物模型中能阻止疾病的发生，而当移植入已有症状的动物模型时，能很好地控制疾病的进展。

（四）中枢神经系统遗传代谢疾病

干细胞移植治疗遗传代谢疾病亦日益引起重视。溶酶体蓄积病是一组基因紊乱性疾病，由于缺少水解酶、激动蛋白或转运蛋白等导致溶酶体细胞内蓄积。此病症状及体征多种多样，从新生儿期到成年期均有可能出现神经系统症状。动物实验证明：将神经干细胞移植入溶酶体蓄积病大鼠脑中，其能在体内迁移分化，并清除了细胞内蓄积物，有效地改善了溶酶体蓄积病大鼠的神经症状。Fabry 病是由于 α-半乳糖苷酶 A 型的缺乏引起神经酰胺二己糖及其后期代谢产物在细胞内蓄积，从而引起心、脑、肾等器官损害。Ohshina 等对患此病模型大鼠进行神经干细胞的移植，发现蓄积的 Gb3 已被清除，实验组较对照组大鼠的神经症状明显改善。

目前干细胞移植治疗中枢神经系统疾病已成为神经科学领域研究的热点，但大部分工作是基于动物实验研究，其临床治疗还处于不成熟阶段。另外，干细胞的可靠来源、调控条件、治疗时间、移植部位微环境的改变及免疫排斥的问题尚未完全解决，仍需研究者不断努力去寻求有效而肯定的临床应用方案。

第二节 细胞移植对神经系统疾病的治疗作用

一、神经干细胞的分离与鉴定

适用于神经系统疾病治疗的移植细胞主要有两种：第一种，神经组织来源的细胞，如神经干细胞和少突胶质细胞等成熟的神经细胞；第二种，可分化为神经细胞的干细胞，包括胚胎干细胞、骨髓间充质干细胞和脐带血干细胞等。第二种前面已经介绍了很多，以下主要介绍第一种。

神经干细胞是指分布于神经系统、具有自我更新和多分化潜能的干细胞，其主要功能是作为一种后备贮备，参与神经系统损伤修复或细胞正常死亡的更新。20 世纪最后十几年来神经生物学领域内最重要的进展之一，就是发现了成年脑组织内确实存在有多能干细胞（即神经干细胞不仅存在于胚胎时期，也存在于成年动物的中枢神经系统，它们有着类似于皮肤和造血系统内干细胞的功能）。巢蛋白（nestin）是目前作为识别神经干细胞的重要标志蛋白，巢蛋白阳性细胞具有干细胞的特征。

神经干细胞不仅存在于所有哺乳动物胚胎发

育期的脑内，而且在其成年之后也有，这已为神经科学界所普遍接受。神经干细胞能够增殖为包括神经祖细胞（progenitor）和神经元及胶质前体细胞（precursor）在内的更多的神经干细胞，神经前体细胞再分化成各类神经元；而胶质前体细胞则分化成星形胶质细胞和少突胶质细胞。由于神经干细胞在因损伤、衰老而丧失的神经元或胶质细胞等神经系统疾病的广泛应用前景，使其相关的研究倍受关注。

1．*神经干细胞的定义* 1989 年，Temple 等从 13d 大鼠胚胎脑隔区取出细胞进行培养，发现这些细胞发育成神经元和神经胶质细胞。其后从成年鼠纹状体、海马齿状回等处分离出能在体外不断增殖，并具有向神经元和星形胶质细胞分化潜能的细胞群。20 世纪 90 年代后，许多实验都证实，人脑内也同样存在神经干细胞。目前得到普遍认可的神经干细胞的概念是由 Mckay 在 1997 年提出的：神经干细胞是指具有分化为神经元、星形胶质细胞和少突胶质细胞的能力，能自我更新并能提供大量脑组织细胞的细胞群。

2．*神经干细胞的特点* 神经干细胞具有的特点主要有：第一，有增殖能力。第二，有自我维持和自我更新能力，对称分裂后形成的两个子细胞为干细胞，不对称分裂后形成的两个子细胞中的一个为干细胞，另一个为祖细胞，祖细胞在特定条件下可分化为多种神经细胞。第三，具有多向分化潜能，在不同因子下，可以分化成不同类型的神经细胞，损伤或疾病可以刺激神经干细胞分化。自我更新能力和多向分化潜能是神经干细胞的两个基本特征。

3．*神经干细胞的表面特征* 神经上皮干细胞依赖成纤维细胞生长因子（fibroblast growth factor，FGF）发育分化，而神经球干细胞依赖表皮生长因子（epidermal growth factor，EGF）发育分化，因此中枢神经系统神经干细胞从开始可能就有不同的发育特性。继而形成相应的各类前体细胞，从而决定了最终的分化方向和所要形成的靶细胞。两类神经干细胞各具特性如下表（表 5-1）所示。

此外，各类限制性前体细胞还具不同的表面抗原特性。

4．*神经干细胞的分布与定位* 哺乳动物胚胎脑中的神经干细胞主要位于 7 个部位：嗅球、侧脑室脑室带（室管膜上皮）、脑室下带、海马、脊髓、小脑（后脑的一部分）和大脑皮质。在不同物种之间，上述部位细胞的形态和数量颇有不同。位于不同部位的神经干细胞可能属于不同干细胞的群体，而非同一类干细胞分布在不同位置。因此脑的正常发育过程不仅取决于这些胚胎神经干细胞的增殖和分化，还决定于这些细胞中哪些会经受程序性死亡或凋亡。

现已证实，在脑和脊髓有限制性神经前体细胞分布，这些干细胞主要分布于海马、纹状体、脑室下区，嗅球、以及发育中的大脑皮质、脊髓及小脑皮质外颗粒层。迄今为止，在成年啮齿动物的中枢神经系统中，比较明确的有三组干

表 5-1 两类神经干细胞特征

	EGF 依赖神经球细胞	FGF 依赖神经上皮干细胞
生长方式	悬浮式生长	贴壁生长或悬浮生长
发生时间	出现在胚胎发育后期(E14，5d 后，小鼠)	出现在胚胎发育中期（大鼠 E10，5d；小鼠 E8，5d)
依赖生长因子	依赖 EGF 发育	依赖 FGF 发育
表达受体	表达 EGFR	不表达 EGFR
分布	脑区，在脊髓无 EGF 依赖神经球出现	发育期，整个发育期脊髓均有 FGF 依赖干细胞
产生细胞	不产生神经嵴和 PNS 细胞	产生 PNS 和神经嵴细胞
分化速率	慢	快

细胞，在人脑内的情况也基本如此：第一，位于邻近脑室的脑组织内：称为脑室带（ventricular zone），脑室带中室管膜上皮细胞本身就可能含有神经干细胞。室管膜上皮细胞衬在脑室壁的表面，具有纤毛，过去一直认为它不会分裂，功能与血脑屏障有关。近来有一些研究证明它们具有干细胞的特性。此外，在室管膜上皮细胞层的深层即是室管膜下带或脑室下带，此带细胞混杂，包括：神经母细胞（尚未成熟的神经元，可以迁移到嗅球）、前体细胞和星形胶质细胞。这一邻近脑室的脑组织在胚胎发育时期是细胞积极分裂的神经组织生发部位，到了成年时期，该部位体积大大缩小，但仍含有干细胞；第二，连接侧脑室和嗅球的条带区域又称喙嘴侧流：在啮齿类动物中，侧脑室的干细胞不断向嗅球迁移，使感受嗅觉信息的嗅球神经元不断得到更新，更新的途径就经过这个条带区域；第三，海马：人和鼠海马干细胞的部位都是在齿状回的颗粒下层。海马与记忆形成的功能有关。

FGF依赖干细胞的分布主要在脊髓，脊髓的神经干细胞主要源于神经管腹侧假复层神经上皮，之后，这些细胞从中央管向外线膜扩展至远端，这些神经干细胞表达神经上皮所特有的标志物nestin，但不表达其他与分化有关的标志物。以后神经上皮干细胞按照特异的时空程序、发育分化为神经元，少突胶质细胞和星形胶质细胞。在脑中则主要是EGF依赖神经干细胞，但同时也有少量FGF依赖神经干细胞。在中脑和皮质，两类干细胞共存。图5-1说明了神经干细胞的各种来源，体外培养成神经球（neurosphere）后分化成神经元（neuron）、星形胶质细胞（astrocyte）和少突胶质细胞（oligodendrocyte）。

5. 神经干细胞的培养方法

（1）成体组织及胚胎组织神经干细胞的培养方法：最先培养成功的成体神经干细胞是成年大鼠纹状体组织神经干细胞以及脊髓组织神经干细胞，两者所采用的培养方法基本一致：组织取材后酶解消化，然后转入含0.7mg/ml卵粘蛋白的DMEM/F12（1∶1）液中机械吹散，将细胞悬液4 000r/min高速冷冻离心5min，再将沉淀洗涤一次后用培养基悬浮细胞，调整活细胞浓度为5 000 ~ 10 000个/ml，置于未包被的培养皿中培养。培养基的配方为：DMEM/F12（1∶1）为基础培养基，包含5mmol/L HEPES、0.6%

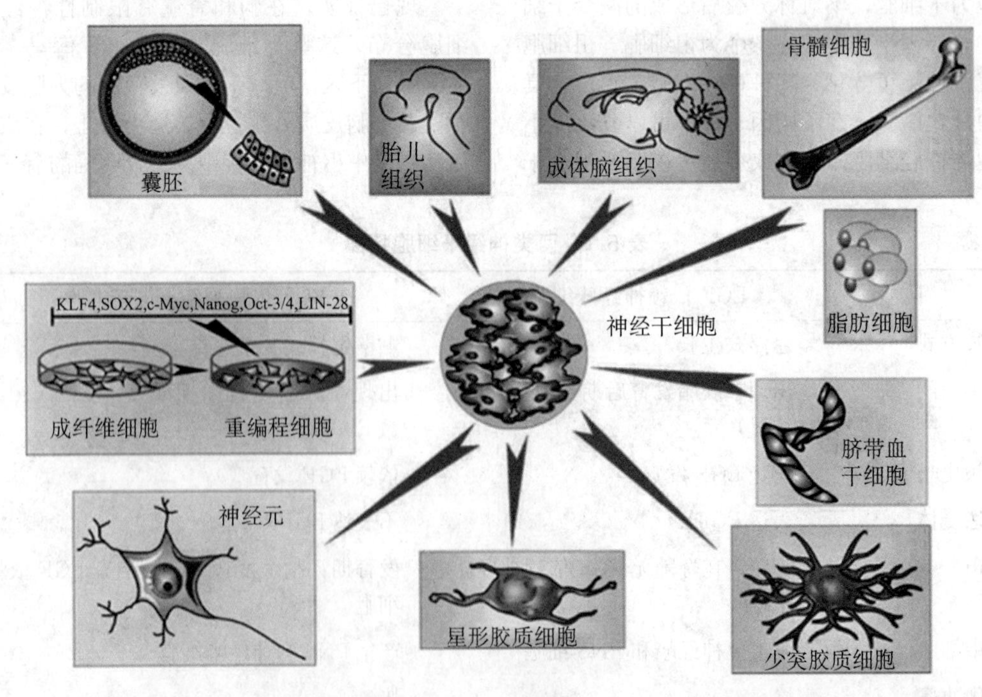

图5-1 神经干细胞来源（Titomanlio L，2011）（见书末彩图）

葡萄糖、3mmol/L 碳酸氢钠、以及 2mmol/L 谷氨酰胺；另加入 25μg/ml 胰岛素、100μg/ml 转铁蛋白、20nmol/L 孕酮、60μmol/L 腐胺以及 30nmol/L 亚硒酸钠代替血清；再加入人重组 EGF 和（或）bFGF 各 20ng/ml。悬浮培养在培养皿中的成年小鼠纹状体细胞大部分于 2d 后死亡，但有少量细胞可继续分裂、增殖，形成细胞集落球，并悬浮于培养液中。经免疫细胞化学检查，细胞球中几乎所有细胞都是巢蛋白阳性。

当这些细胞球被接种到涂有多聚左旋鸟氨酸的玻璃盖片后，细胞球贴壁后分化为神经元及胶质细胞。若在培养板底部涂敷具有抗贴壁作用的多聚 2- 羟乙基甲基丙烯酸酯，也能成功地分离出神经干细胞球。所以，悬浮培养是分离培养神经干细胞的前提。在培养基适合的情况下，神经干细胞可分裂增殖并维持其干细胞特性。

以上由 Reynolds 和 Weiss 所创立的“neurosphere 法”一直沿用至今。但为适应目前神经干细胞实验研究的需要，许多学者发展了众多效率更高的方法。Kallos 等提出接种神经干细胞的最佳 pH 是 7.1 ~ 7.5，细胞密度在 10^5/ml 以上。Sen 等创立了一种大规模扩增神经干细胞数量的方法。他们不把神经球打散，而是将神经球的平均直径控制在 150μm 左右，这样球中心的细胞就不会发生坏死。然后将神经球置于悬浮生物反应器中培养，12d 内传代 3 次，细胞数目就扩增了近 3 000 倍，细胞密度达到 10^6/ml，且活细胞比例达到 80% 以上。

此外，有许多学者将“neurosphere 法”加以发展，应用于鼠胚、人胚、成年人以及其他哺乳动物如犬、羊等的胚胎及成体组织的神经干细胞培养，并对这些不同来源神经干细胞培养方法的差异加以探讨。Carpenter 等提出分离和增殖人神经干细胞的条件是和啮齿类动物不同的，并指出了白血病抑制因子（leukemia inhibitory factor，LIF）对人神经干细胞增殖的重要性。他们发现在培养液中加入 EGF、bFGF 和 LIF 时，培养 50d 以内干细胞增殖的速度和不加 LIF 没有差别，但培养 50d 以后不加 LIF 的培养液中的干细胞的增殖明显缓慢下来，而加 LIF 的培养液中的干细胞的增殖速度每 7 ~ 10d 就增加 1 倍。另有实验研究了人胚与鼠胚神经干细胞体外培养的差异后认为：第一，使用单一生长因子即可从鼠胚分离神经干细胞，但不能从人胚皮质分离神经干细胞，而要加入 bFGF 和 EGF 等生长因子才能够从人胚皮质分离神经干细胞；第二，鼠胚神经干细胞的增殖能力明显高于人胚神经干细胞；第三，人胚神经干细胞分化为神经元的比例高于鼠胚神经干细胞。

（2）其他来源神经干细胞的培养方法：人胚胎干细胞的应用虽受限制，但仍有定向诱导胚胎干细胞向神经干细胞转化的报道。Tropepe 等将胚胎干细胞置于含有 FGF-2 10ng/ml、LIF 1 000U/ml 条件下低密度培养，约 0.3% 的细胞形成表达 nestin 的细胞团，证实为神经干细胞，且在传代培养中对 FGF2 和 LIF 具有依赖性。Fraichard 等在含有 1μmol/L 维甲酸（retinoic acid，RA）的培养液中培养胚胎干细胞 2d，第 3 天在单层细胞表面可鉴别出 nestin 阳性细胞。这些细胞在无 LIF 和 RA 的培养基中分化为星形细胞、少突胶质细胞、γ 氨基丁酸（GABA）能神经元和胆碱能神经元。电生理检查发现这些细胞具有电压依赖性 K^+、Na^+ 通道，并对电刺激产生冲动，说明胚胎干细胞能被 RA 定向诱导为神经干细胞。

此外，由于在体外状态很难维持原代神经干细胞生存或增殖达足够长的时间，以检测其特性或对外源性因子的反应，所以可通过基因转移技术得到永生化神经干细胞系，用于基因转移及神经再生方面的研究。比较经典的产生永生化神经干细胞系的方法是，用携带癌基因的反转录病毒转导发育中的脑细胞，使得细胞停留于细胞分化的某一时期，不能进行终末分化，并获得了长期传代的能力。常用基因是 myc、p53、腺病毒 EIA 等。

6. *神经干细胞分化的调控*　众多研究表明，神经干细胞的分化由内源性因素（基因）和外源性因素（细胞因子）的相互作用调控。

（1）内源性因素（基因）：研究表明，在脊椎动物体内，碱性螺旋 - 环 - 螺旋（bHLH）转录子，即 bHLH 基因，是决定神经细胞分化命运的功能基因。在 bHLH 基因家族中，Neurogenin 1（Ngn1）、Neurogenin 2（Ngn2）和 MASH-1 的功能在中枢和外周神经系统神经细胞谱系的调控决定中具有重要作用。在发育的哺乳动物大脑皮质，两个密切相关的bHLH基因（Ngn1和Ngn2）仅表达于皮质脑室带这一神经上皮前体细胞的存在部位，并仅在神经发生时期表达。Ngn1和Ngn2均与普遍存在的bHLH蛋白（如E12和E47）形成二聚体，然后此杂二聚体通过碱性区域与带正电的DNA序列结合，启动组织特异基因表达，促使干细胞向神经元方向分化。Ngn1在促进向神经元分化的同时抑制干细胞向胶质细胞分化。这一作用通过两种机制：第一，将CBP/p300/Smad1复合体与胶质启动子隔绝；第二，抑制Jak/STAT信号通路。即使在有诱导向胶质细胞分化的因子存在的环境中，Ngn1仍可抑制细胞因子诱导的皮质前体细胞和干细胞向胶质细胞分化，并诱导向神经元分化。Ngn2和MASH-1对不同的干细胞起作用，在促进向神经元分化的同时，抑制干细胞向胶质细胞分化，Ngn2在皮质前体细胞中的表达出现在细胞从高增殖、多分化能力的前体细胞向限制性的前体细胞（神经元性和胶质性）这一特定阶段。MASH-1的诱导与干细胞的初始分化同时发生，MASH-1的强烈表达导致nestin下调和Prox-1上调，从而正性调控细胞分化。与Ngn2相比，MASH-1的表达使干细胞更倾向于向神经元前体细胞分化。MASH-1缺失导致神经上皮细胞增殖减少，神经元分化标记Tuj-1表达减少。Ngn2和MASH-1的功能有互相补偿的作用，单一的Ngn2或MASH-1基因缺失对大脑皮质发育影响不大，但两基因均缺失可导致皮质发育不良。bHLH基因亚类主要调节神经元及胶质细胞命运的选择，错误表达后，可使分化的神经元减少，但对胶质分化无影响。

另一控制神经干细胞分化命运的通路为Notch信号，Notch基因是单向传递的跨膜受体，该受体蛋白的细胞外区域含有36个前后排列的EGF样重复序列和3个富含半胱氨酸的Notch/LIN-12重复序列，在胞内区有6个前后排列的锚蛋白重复序列，1个富含谷氨酰胺的区域，和1个PEST序列。Notch蛋白通过两种类型细胞间作用起局部调控功能：即所谓的侧方抑制信号和诱导性信号。Notch蛋白的胞内区（RAMIC）与一种DNA结合蛋白——RBP-J相作用、引起一系列蛋白水解，使信号由RAMIC传至胞核发挥调控作用。与bHLH信号作用相反，Notch蛋白的作用为抑制干细胞向神经元方向分化，同时促进向胶质方向分化。

也有研究表明，Notch的激活抑制少突胶质前体细胞分化发育为少突胶质细胞，并且抑制神经上皮细胞向神经元分化。在神经发生之前向小鼠前脑导入Notch-1（NTC），发现转染NTC的细胞变成放射状胶质细胞，提示Notch的激活在抑制向神经元分化的同时，可促进体内皮质干细胞向放射状分布的胶质细胞分化。在出生后，许多转染NTC的细胞变成脑室周围的星形细胞（一种存在于成年中枢神经系统的干细胞）。而正常表达于分化神经母细胞的Notch配体，可抑制神经巢干细胞的神经元产生，这一作用强于BMP-2的诱导作用。与预期的相反，即使一短暂的Notch激活，就足以引起神经巢干细胞神经发生能力的不可逆丧失，并伴以加速的胶质分化，而不是使它们维持未分化状态或促进它们自我更新。激活的Notch1和Notch3可促使成年大鼠海马的多能前体细胞（AHPs）分化为星形胶质，而且Notch信号的作用为指令性的，短暂的Notch激活可促使AHPs不可逆地转向星形胶质分化。Notch信号的星形胶质诱导机制不依赖STAT3通路（通过形成STAT3-Smad1复合体介导），这与LIF、CNTF和BMP2不同。

（2）外源性因素（细胞因子）：利用发育的小鼠端脑中的神经干细胞进行体外培养神经球分析来研究神经干细胞增殖发现，FGF反应性神经干细胞早在胚胎8.5d时就出现在前神经板，而EGF反应性干细胞在发育时出现较晚，并以特定的时空方式表达（FGF与EGF反应性干细胞为不同的干细胞群）。FGF反应性干细胞在胚胎11～14d时期通过对称分裂增殖，但在胚胎14d和17d期间转向原始的不对称分裂、且细胞周期延长。EGF反应性干细胞在胚胎11d后增加，是通过自身对称分裂和FGF反应性干细胞不对称分裂产生的，外源性BMP-4可模拟幼年皮质细胞抑制EGF反应性细胞发育的作用，而FGF-2可对抗BMP-4的作用。EGF反应性神经干细胞较多分化为星形细胞，而FGF反应性干细胞则较多分化为神经元。在发育过程中，伴随着表皮生长因子受体（epidermal growth factor receptor，EGFR）表达的增加，多能神经前体细胞逐渐向分化为胶质细胞命运转变。有研究表明，发育过程中的细胞向胶质分化不依赖于 EGFR 信号系统，因用 EGFR 特异的酪氨酸激酶抑制因子虽可阻断EGF的促细胞增殖作用，但胶质细胞分化不受影响。两栖类再生脊髓的体内实验显示，FGF-2 上调可诱导神经前体细胞增殖，而利用 FGF 基因缺陷小鼠的实验表明，内源性的 FGF-2 的合成为刺激损伤后（缺血或兴奋性）成年海马齿状核的神经前体细胞生成的充分和必要条件。转化生长因子（TGF-β）超家族暴露于 BMP-2 的端脑神经前体细胞可改变其分化命运，由神经元分化转向分化为星形细胞，BMPR 显著减少表达神经元标记和多能神经干细胞标记（微管相关蛋白 2 和 nestin）的细胞数，而表达星形细胞标记 S100-β 的细胞数增多。在体实验表明，BMP-2 上调负性 HLH 因子 Id1、Id3 和 Hes-5，抑制神经发生 HLH 转录因子 MASH-1 和 neurogenin 的转录启动。Id1 或 Id3 的异位表达抑制神经上皮细胞的发生。BMP-2 促进神经干细胞向神经元分化，其作用优于 GGF2 的促胶质分化作用，是通过诱导 bHLH 蛋白 MASH-1 产生起作用的。在发育的不同时期、BMP 信号对前体细胞的诱导作用不同。在胚胎 13d，BMP 促进室带前体细胞死亡，抑制细胞增殖；在大脑皮质发育的后胚胎时期（E16），低浓度的 BMP（1 ~ 10ng/ml）促进神经细胞和星形胶质细胞增加，高浓度（100ng/ml）则促进细胞死亡，在出生前的皮质胶质细胞形成时期、BMP 促进星形胶质细胞数增加，但在发育的所有时期、内源性 BMP 可有效抑制少突胶质细胞产生。其抑制少突胶质细胞分化，抗前体细胞增殖及促星形胶质细胞分化效应，可被另一种细胞因子［音猬因子（sonic hedgehog，Shh）］拮抗。激活素（actin）促进星形胶质细胞分化。但多能干细胞和单能星形前体细胞对激活素的反应能力不同，单能细胞可直接被激活素诱导生成星形胶质，而多能干细胞则不能被激活素直接诱导成胶质细胞，但经 LIF 预处理后的多能干细胞可被激活素诱导为星形胶质细胞。神经营养因子 3（NT3）、脑源性神经营养因子（brain-derived neurotrophic factor，BDNF）神经营养因子的主要作用是促进神经元存活及分化，不同的生长因子对神经细胞的分化有不同的调节作用，应用 BDNF、IGF-1、BMP-2、RA 并未诱导干细胞向神经元分化，而是促进 NRP 向胶质细胞分化。NT3 刺激鸟类神经管前体细胞分化为运动神经元，但对分化的离体运动神经元的存活总数则无明显影响。NT3 与 FGF-2 合用可促进神经巢干细胞向交感神经细胞分化。BDNF 可促进 EGF 反应性神经干细胞向神经元分化。但是神经营养因子对细胞分化的影响似乎是通过促进已分化的神经细胞的成熟，而不是使未分化的多能干细胞向神经元分化。维甲酸可能为促进多能干细胞向神经元或星形细胞分化的起始阶段的促进因子。

二、神经系统疾病动物模型构建

（一）帕金森病模型

1. *神经毒素模型*

（1）1- 甲基 -4- 苯基 -1,2,3,6- 四氢吡啶（MPTP）模型：MPTP 为高脂溶性且易透过血 - 脑脊液屏障，进入脑内后可在胶质细胞单胺氧化酶 B 作用下转化为甲基 2 苯基吡啶离子（MPP^+），MPP^+ 被多巴胺转运体主动摄取到多巴胺能神经元线粒体内，进而抑制线粒体复合物 I 活性，导致多巴胺能神经元变性、死亡。MPTP 毒性作用存在种属差异，人和灵长类动物最为敏感，小鼠次之，而大鼠、豚鼠对其耐受性较高。第一，灵长类模型：成年恒河猴麻醉后，第 1 周经隐静脉注射小剂量 MPTP 1 次，第 2 ~ 12 周每周给药 1 次用以制作慢性中重度帕金森病模型。第二，小鼠模型：一般选用 10 ~ 12 周、体质量 25 ~ 30g 成年 C57/BL6 雄性小鼠。共有两种制作方法：急性模型（按体质量 15 ~ 20mg/kg 腹腔注射 MPTP，1d 内注射 4 次，每次间隔 2h）和慢性模型（按体质量 30mg/kg 腹腔注射 MPTP，1/d，共 5d）。第三，大鼠模型：选用 280 ~ 320g 雄性 Wistar 大鼠，根据 Paxinos Watson 图谱确定双侧黑质坐标，采用大鼠立体定位仪将 MPTP 溶液微量注射于两侧靶部位。

利用 MPTP 制作的灵长类帕金森病模型，在症状、病理及生化方面均与人类帕金森病疾病表征相似且症状稳定，对治疗帕金森病药物的反应（包括不良反应）也同人类相同，是目前最合适的实验动物帕金森病模型之一，已被广泛用于帕金森病发病机制、诊断及治疗方面研究。灵长类帕金森病模型可稳定 7 ~ 9 个月，但模型制作周期较长，因而部分限制了其应用。MPTP 诱导的小鼠模型其病变通常是急性且可逆的，无法完全模拟帕金森病缓慢进展的发病特点，但因经济、方便而常被采用。

（2）6-OHDA 模型：神经毒素 6-OHDA 是最早用来选择性诱导多巴胺能神经元死亡的化合物，它可通过介导细胞氧化应激等反应致黑质细胞死亡，最终引发黑质 - 纹状体通路功能减退并产生类帕金森病症状。

大鼠模型制作方法：选用 8 ~ 9 周、体质量 200 ~ 250g 雄性 SD 或 Wistar 大鼠，根据 Paxinos Watson 图谱确定注射坐标，采用大鼠立体定位仪将 6-OHDA 微量注射于一侧靶部位。

经 6-OHDA 单侧损毁制备的模型是目前使用最多的帕金森病模型之一，其病理和生化表现与人类帕金森病有很多相似之处，如黑质多巴胺能神经元变性死亡，胶质细胞增生，黑质和纹状体酪氨酸羟化酶活性及多巴胺含量降低等。单侧纹状体注射 6-OHDA 致帕金森病模型不仅可通过阿扑吗啡或苯丙胺诱发的模型动物旋转行为使其损伤量化，还为药物干预提供了一个较长的时间窗，增加了筛选抗帕金森病药物的机会。

（3）鱼藤酮模型：鱼藤酮是一种天然有机杀虫剂，可选择性抑制细胞内线粒体复合物Ⅰ，造成线粒体功能障碍及能量供给不足并产生大量氧自由基，使对氧化应激具高敏感性的黑质 - 纹状体多巴胺系统变性损伤。

模型制作方法：选择体质量 300 ~ 350g Lewis 大鼠，麻醉后将渗透微泵埋入其背部皮下，从下颌角静脉插管并将插管与微泵相连接，每日按体质量 2 ~ 3mg/kg 灌注鱼藤酮（溶于 1∶1 的二甲亚砜 / 聚乙二醇溶液中），连用 5 周。

由于制备模型的神经毒素来源于自然环境，其慢性暴露的制作方式能较好地模拟帕金森病发病过程，在病理、生化、发病机制、行为改变等方面均能较好地模拟人类帕金森病的相关特征。此模型可产生类似路易小体的 α- 突触共核素阳性包涵体，已成为研究路易小体形成的分子机制的有效工具。其缺点是制作模型周期长，动物个体差异大易造成模型效果不同。

（4）除草剂模型：除草剂百草枯（paraquat）结构与 MPP^+ 相似，也是线粒体复合物Ⅰ抑制剂，但作用机制与 MPP^+ 不同。另一种除草剂代森猛（maneb）可增强 MPTP 毒性，与百草枯合用具协同作用。

制作方法：选成年 C57/BL6 小鼠，分别按体质量 8mg/kg 和 24mg/kg 将百草枯和代森猛经腹腔注入小鼠体内，每周各 2 次，连续 6 周。此模型可模拟帕金森病病理和行为方面的部分改变，在研究环境因素与帕金森病发病机制相互关系上有一定价值。因其除草剂暴露方式与实际环境因素作用方式仍有差距，故各方面特性尚待研究。

（5）脂多糖（lipopolysaccharide，LPS）模型：LPS 是一种强力炎症反应诱导剂，可激活小胶质细胞。活化的小胶质细胞可释放大量促炎细胞因子和氧自由基，诱导多巴胺能神经元损伤、凋亡。

制作方法：选 3 个月龄雄性 SD 大鼠，麻醉后以颅平位固定于立体定位仪上，根据 Paxinos Watson 图谱确定注射位点坐标（共 4 点，双侧各 2 点）将 LPS 微量注射于两侧的靶部位。

LPS 模型的注射部位可以是黑质或纹状体。其诱导的多巴胺能神经元毒性作用呈时间依赖性。与其他模型相比，此模型是研究小胶质细胞介导的炎症反应对帕金森病发病机制影响的理想模型，缺点是造模周期较长。

2. 蛋白酶体抑制剂模型 众所周知，泛素 - 蛋白酶体系统（Ubiquitin proteasome system，UPS）是真核细胞降解蛋白的两大通路之一，对于维持真核细胞的正常蛋白代谢至关重要。在一系列蛋白酶参与下，利用 ATP 供能，复杂有序地将多个泛素连接到蛋白底物，经 26S 蛋白酶体复合物降解。蛋白酶体复合物是大分子多肽酶，由调节亚单位和蛋白酶亚单位组成。前者将底物蛋白解折叠，去多泛素链，调节蛋白酶亚单位的活性。后者是环型桶状结构，所含 6 个蛋白酶活性位点位于 3 个不同部位，分别具有糜蛋白酶、胰蛋白酶、胱冬肽酶样活性，且所有 β 亚单位均有丝氨酸酶活性（图 5-2）。已有一

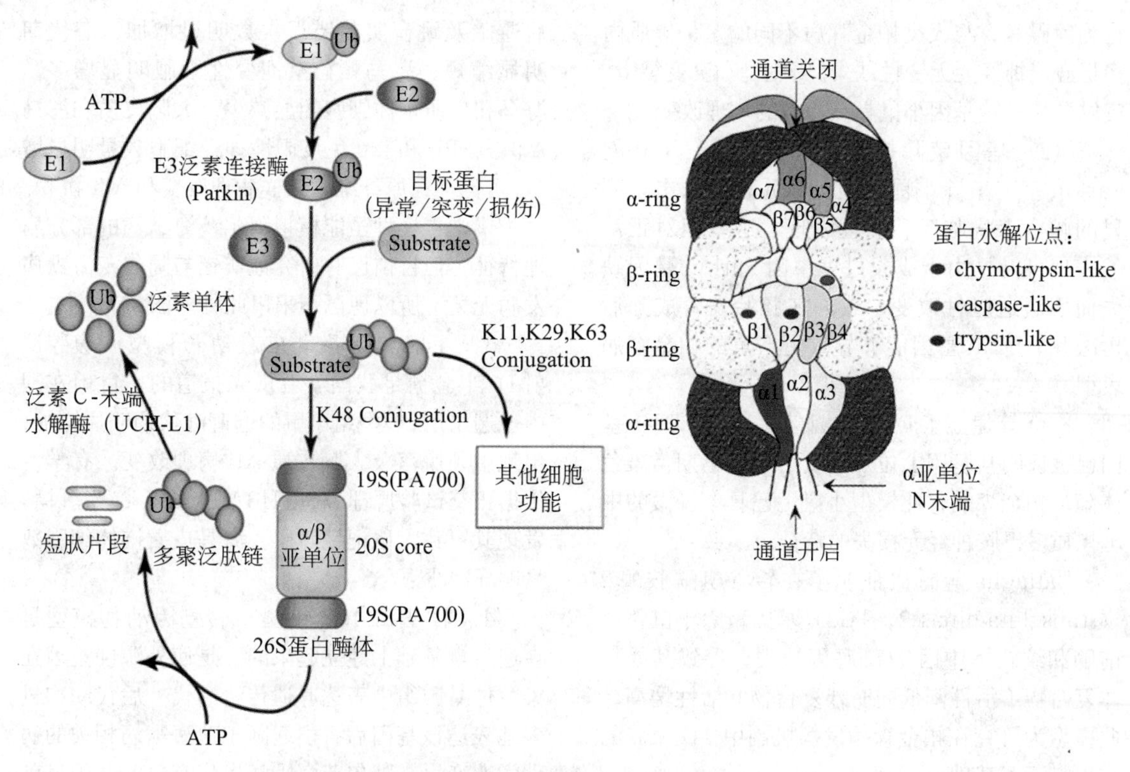

图 5-2　泛素 - 蛋白酶体系统和蛋白酶体 20S 的结构图（Betarbet R，2005）

些蛋白酶体抑制剂（如 lactacystin），能作用于上述酶位点，被广泛用于蛋白酶体和 UPS 障碍的研究。

近来的资料显示，UPS 缺陷可能是介导帕金森病病理的共同通路。证据主要有：第一，UPS 通路相关基因缺陷能引起遗传型帕金森病；第二，氧化应激、线粒体功能缺陷和蛋白异常聚集均能引起蛋白酶体功能损伤；第三，散发型帕金森病患者中脑黑质 20S 蛋白酶体活性下降 40%，20S 蛋白酶体 α 亚单位显著减少、黑质中 19S 调节亚单位 PA700 和 PA28 的蛋白表达量也明显低于其他脑区；第四，路易小体内含有多种 UPS 组分以及相关的降解底物，其中 α- 突触共核素是主要成分；第五，尽管外周给药蛋白酶体抑制剂建立的帕金森病大鼠模型还有争议，近来多量文献显示，黑质立体定向注射蛋白酶体抑制剂如 lactacystin 和 PSI 等，能在体外或在体模型上模拟 UPS 障碍后的病理事件，如多巴胺神经元损伤、包涵体形成、黑质 - 纹状体通路损害以及行为学改变。这些细胞和在体模型能展现帕金森病的病理生理特征，从而为研究 UPS 障碍引起的多巴胺神经元变性机制、筛选和评价治疗帕金森病有效药物的靶点提供了一个非常有价值的平台。

3．遗传基因模型　大多数帕金森病病例为散发，其发生有 5% 与基因突变有关。一些表达与帕金森病发病有关的野生或突变基因的转基因动物，可用于帕金森病相关基因的致病机制、环境因素与遗传因素相互作用等方面研究。

（1）转基因模型：Feany 等建立了一种新的帕金森病模型，在果蝇上表达突变型和野生型 α- 突触共核素。此模型具备帕金森病很多重要特征，包括出现与年龄相关的 TH 阳性神经元缺失，神经细胞内含类路易小体的包涵体出现，与年龄相关的运动功能障碍等。这一模型可用来研究某些未知蛋白在帕金森病发病机制中的作用。

Masliah 等建立的过表达人类野生型 α- 突触共核素转基因小鼠，具有帕金森病部分特征，如细胞胞质和核内与 α- 突触共核素、泛素相关的微包涵体形成，纹状体内 TH 活性减低及运动行为障碍等。与人类帕金森病不同的是，黑质内多巴胺能神经元无变性缺失。野生型和突变型 α-突触共核素转基因小鼠具有相似的病理改变。

（2）基因敲除模型：Goldberg 等建立的 Parkin 基因敲除小鼠模型，实验动物未出现明显的帕金森病临床和病理表现，这些相对正常的表现可能是由于成长过程中因 Parkin 基因缺失而引起适应性改变，或许在胚胎发育成熟后再敲除 Parkin 基因能够导致更严重的帕金森病表型。

Kim 等建立了 DJ-1 基因敲除小鼠，DJ-1 基因已被证明其基因上位点突变可引起早期常染色体隐形帕金森病，此模型小鼠上已具有轻微的中脑黑质多巴胺神经元损失的特征。

Battaglia 等首次证明了在转谷氨酰胺酶 2（transglutaminase2，TG2）基因敲除小鼠整个前脑和纹状体中因 TG2 基因缺失，导致其线粒体复合物 I 活性降低同时伴复合物 II 活性增高。此模型为研究在帕金森病发病机制中 TG 家族的作用打下了基础。

（二）阿尔茨海默病模型

1. *胆碱能损伤模型* 现已确认胆碱能系统的活性与人的学习记忆与认知活动过程密切相关。基底前脑胆碱能神经元、海马和皮质及它们之间的通路，是学习记忆功能的重要结构基础。

胆碱能损伤模型包括：第一，物理性胆碱能损伤模型。通过对动物进行手术，参照动物脑立体定位图谱，外科手术切断海马穹窿伞。手术后动物出现了学习和记忆功能障碍，但病理上未出现 SP 和 NFT，且这种方法损毁范围较大，目前已基本不采用。第二，化学性胆碱能损伤模型。大鼠腹腔注射胆碱能拮抗药，可阻断大脑皮质中的乙酰胆碱受体的结合位点，从而引起胆碱能系统功能障碍。代表药物有东莨菪碱和樟柳碱等。该类药能特异性阻滞信息由第一级向第二级的传递过程，从而干扰了获得新近信息的能力。该类模型可造成认知障碍，但缺乏阿尔茨海默病特殊病理特征，且主要是可逆性阻断突触后的乙酰胆碱 M 受体，而阿尔茨海默病是一种进行性的不可逆的神经性疾病，突触后的乙酰胆碱 M 受体并无明显减少。

2. *铝中毒模型* SD 大鼠鞘内注射 AlCl3 后避暗及跳台实验错误次数明显增加，潜伏期明显缩短。海马颗粒空泡变性细胞明显增多，海马和皮质锥体细胞明显减少。大脑皮质和海马 Aβ、APP 和 tau 免疫阳性神经细胞数量明显增多，可见神经原纤维缠结样病理改变和 Aβ 沉积。

铝中毒模型虽能模拟阿尔茨海默病的部分病理特征，但目前已有研究证实铝与阿尔茨海默病发病无关，所以现已不采用此种方法。

3. *半乳糖诱导氧应激动物模型* 腹腔注射 D- 半乳糖是我国学者最先报道的，目前在国内普遍采用。模型组小鼠的逃避潜伏期明显增加，出现触须脱落及大脑皮质 AP 病理改变。有学者依据正交试验原理、联用 I13A、AId 及 D- 半乳糖，发现其可致大鼠记忆障碍，海马皮质锥体细胞数量明显减少。

4. *转基因小鼠模型* 转基因动物模型是在遗传学基础上建立起来的，是使外源性基因在染色体基因组中表达并遗传给后代，后代动物过多地表达该基因后将引起阿尔茨海默病相关的病理学改变。与阿尔茨海默病发病有关的基因目前有位于 21 号染色体上的 APP 基因、位于 14 号染色体上的早老素 -1（PS-1）基因、位于 1 号染色体上的早老素 -2（PS-2）基因及位于 19 号染色体上的 Apo-E 基因等。APP 作为 Aβ 的前体蛋白，与阿尔茨海默病的神经退行性变密切相关。Moran 等报道，APP751，转基因小鼠（表达 APP751），尤其在海马可显示早期阿尔茨海默病样 Aβ 沉积和神经炎斑，且学习记忆能力明显减退。Tg（APP695SWE）转基因小鼠在 10 个月 Aβ 沉积，神经炎斑形成，且随年龄增长而加重，同时可见突触的丢失和小胶质细胞的增多。Kawarabayashi 等通过对比检测不同年龄段正常小鼠和 Tg（APP695SWE）小鼠不溶性和可溶性 Aβ 的变化，发现其与阿尔茨海默病的发生发展有相关性。Tomidokoro 等通过观察还发现 Tg（APP695SWE）小鼠的 Aβ 淀粉变性可致 tau 蛋白积蓄，迷宫实验中表现出空间记忆能力损伤，对移位物体分辨力降低等。老年的 Tg（APP695SWE）鼠模型为阿尔茨海默病睡眠障碍和胆碱能神经元缺失方面的研究提供了手段。转基因动物模型的最大优点是模拟了阿尔茨海默病样神经病理特征，但是转基因动物存在外源性基因表达不稳定，繁殖能力低，抗病能力差和成本昂贵等不足。迄今为止，没有一种转基因动物模型能模拟阿尔茨海默病的所有病理特征，且培育转基因动物模型是一项庞大的工程，对实验条件及研究者都有很高的要求。1999 年，Schenk 等首次发现用 Aβ42 疫苗接种阿尔茨海默病转基因鼠后，可以阻止幼年鼠（6 周龄）淀粉样沉积的形成以及神经性营养不良和星形胶质细胞增生，同时对老年鼠可以明显缩小阿尔茨海默病样病变的范围和缓解其类似阿尔茨海默病的病理进程。Janus 等的进一步研究发现，Aβ42 疫苗减少帕金森病 APP 脑内老年斑及 β 淀粉样沉积的同时还改善了帕金森病 APP 的认知、学习和记忆功能。Oddo 等则建立了一个全新的带有突变的 APPSWE、PSIM146V 和 TauP3011 基因的三转基因（3×Tg-AD）小鼠模型。3×Tg-AD 小鼠 Aβ 沉积具有年龄相关性和区域依赖性。

5. 非人灵长类动物模型　阿尔茨海默病是一个与年龄相关的疾病，衰老因素在阿尔茨海默病发病过程中扮演着重要角色，衰老所特有的病理生理变化及其他病变的影响，是用年轻动物制作的动物模型所不能替代的。通过行为筛选的方式，选择带有认知和记忆严重缺失的个体，它们的行为损害与老年人和阿尔茨海默病患者的认知损害相类似，同时还可出现某些相应的脑组织病理改变。在这些模型中，非人灵长类动物（nonhuman primate，NHP）模型较啮齿类更好地复制了阿尔茨海默病的病变，而且最重要的是，根据设计 NHP 可以训练用于完成特定的与记忆有关的任务，用于评价认知能力、情绪行为等的变化，这是啮齿类动物无法替代的。通常可以用来做阿尔茨海默病模型的非人灵长类动物有恒河猴、松鼠猴、猩猩和狐猴等。其中恒河猴（rhesus monkey）最为常见。它与阿尔茨海默病有关的病变包括认知功能障碍、神经元丢失和变性、血管淀粉样蛋白和老年斑沉积等，这些病理表现是确诊阿尔茨海默病的重要依据。

恒河猴最常发生的部位是额叶和顶叶，特别是主要位于躯体感觉皮质，而枕叶、内侧颞叶和海马旁回很少出现老年斑，海马中的老年斑即使有也非常少。老年恒河猴脑中 APP 淀粉蛋白出现于不同的结构中，包括神经元、近端树突和轴索，也出现于异常的轴突中，与老年斑中和血管周围的 β 淀粉肽沉积共同存在。β 淀粉样肽和 APP 可共同出现于非神经元细胞中，特别是当老年斑处于活跃状态时。实验证明，20 多岁的老年猕猴能呈现类似人类的老年化行为和机体的退变，例如行动迟缓、记忆力减退、血管硬化等。脑内则有神经元变性，造成神经突起和神经丛结构破坏，并生成淀粉样老年斑。东京大学的 Kimura 等人选用 4 ~ 36 岁的猕猴为研究对象，观察到 18 岁左右的猕猴老年斑开始增多，猴和人的 β 淀粉样蛋白和淀粉样蛋白前体的氨基酸序列有很大的同源性，翻译后的蛋白质序列也十分相似。自然衰老的恒河猴阿尔茨海默病模型能够全面模拟阿尔茨海默病患者的病理变化，同时种间差异小，对临床阿尔茨海默病诊断和治疗具有很大的指导意义。但是老年动物价格昂贵，健康状况较差，不易得到，因此在一定程度上制约了该模型的研究进展。

（三）肌萎缩侧索硬化症模型

1. 转基因动物模型　在肌萎缩侧索硬化症发病中，90% 以上为散发性肌萎缩侧索硬化（sporadic amyotmphic lateral sclerosis，sALS）患者，5% ~ 10% 为家族性肌萎缩侧索硬化（familial amyotmphi clateral sclemsis，fALS）患者，大多数的 fALS 为常染色体显性遗传病，如 SOD1、神经微丝缺陷等。SOD1 基因突变为最常见的致病基因位点，约 20% 的 fALS 的病人和 1% ~ 4% 的 sALS 病人可检测到 SOD1 基因的点突变或小段缺失。在 fALS 病人中，目前已明确的 SOD1 基因的突变类型超过 90 种以上，大部分突变均为常染色体显性遗传。SOD1 基因突变的肌萎缩侧索硬化症病人具有起病早、存活期短的特点。SOD 有三种同工酶，其中 SOD1 为胞质内的 Cu^{2+}-Zn^{2+}-SOD，主要功能是抗氧化、清除自由基，出现于所有有氧代谢的组织细胞中，在神经元中有高水平的表达。最初人们认为 SOD1 基因突变会导致酶表达降低、活性下降，使神经元遭受氧化损伤而致病。后来越来越多的实验不支持上述观点，实验中缺乏 SOD1 的小鼠不发生运动神经元疾病，而过度表达人突变的 SOD1 基因的转基因小鼠反而会发生肌萎缩侧索硬化症，进一步研究提示突变蛋白本身对运动神经元具有选择性毒性，异常表达的SOD-1有一种毒性功能，进而加速了氧化应激和氧化损害，影响了正常神经元的结构和功能。

目前，人突变SOD1转基因动物模型是肌萎缩侧索硬化症最为相似的实验动物模型，对探索新的治疗手段有重要意义；然而，这种动物模型也有一定的局限性，SOD1的突变仅存在于5%左右的病人，并且大部分存在于fALS之中，无法解释散发患者SOD1正常表达时肌萎缩侧索硬化症的发病机制。

2. *自然发病动物模型* Wobbler大鼠是在自然发病的动物模型中最常用的动物。Wobbler大鼠可以作为肌萎缩侧索硬化症的模型研究，是因为其常染色体隐性突变会导致脊髓神经元退行性改变，与肌萎缩侧索硬化症疾病的病理及临床表现具有相似性。染色体突变的Wobbler大鼠病理表现为选择性的脊髓运动神经元受损，内质网、核糖体减少，出现空泡样变性，线粒体功能障碍，肌肉出现失神经性萎缩，临床表现为大鼠的前肢肌肉受损为主，逐渐出现行走摇晃和前爪无力、瘫痪，电生理研究显示动物前肢失神经表现。Wobbler大鼠模型神经元变性的特点与肌萎缩侧索硬化症极其相似，所以适合于研究肌萎缩侧索硬化症疾病神经元变性的发病机制，在抗氧化治疗的作用机制上，也具有一定的价值。

3. *神经毒性动物模型* 1969年Olney等提出了兴奋性毒性的概念，即多种神经毒性物质可以产生慢性神经元损害，进而导致一些慢性神经系统退行性疾病，可通过干涉神经毒性的方法达到延缓疾病进展的目的。

铁树中的BMAA神经毒素可以产生神经毒性作用，中毒动物表现出肌萎缩侧索硬化症、帕金森病样体征和行为异常，病理检查显示前角运动神元变性、坏死。铝对神经元细胞具有慢性毒性作用，因此可用铝中毒复制肌萎缩侧索硬化症动物模型：在兔的脑室中，反复多次注射氯化铝，可产生慢性神经毒性作用，出现大量的神经微丝沉积，腰脊的前角运动神经元胞体和树突明显水肿，大量的游离核糖体和类脂质物质堆积，内质网断裂等病理反应。此类模型与肌萎缩侧索硬化症的神经微丝异常，轴突运输障碍及包涵体极其相似。神经毒性动物模型常用来研究金属离子代谢异常，以及兴奋性氨基酸代谢异常对肌萎缩侧索硬化症发病的影响。

4. *免疫介导的动物模型* Kwenthal等于1964年通过琼脂糖电泳发现肌萎缩侧索硬化症患者血清和脑脊液中的免疫球蛋白出现异常区带，于是开始研究肌萎缩侧索硬化症与自身免疫的关系。Appel、Engelhardt等分离小牛的运动神经元，加入福氏佐剂制成抗原，每月注射豚鼠1次，成功研制了免疫性运动神经元病模型。这种模型通过刺激机体产生抗运动神经元抗体，产生免疫应答，致使运动神经元坏死。结果表明，一半以上的动物产生免疫反应，表现为体重减轻、活动迟缓、肢体无力及爪下垂；病理上可见肌萎缩、脊髓的前角神经元缺失和吞噬神经元现象，肌电图可见运动单位数量减少；其程度与临床表现具有相关性；通过免疫组化染色显示，前角运动神经元及肌肉接头具有IgG沉积。此类模型部分阐明了免疫介导的神经元损伤机制，为免疫治疗肌萎缩侧索硬化症提供了依据，但是此种模型到底是否能真正反映肌萎缩侧索硬化症的病理机制及临床特征尚待进一步研究。

尽管目前供研究的肌萎缩侧索硬化症动物模型多种多样，但是SOD1模型是目前模拟人类肌萎缩侧索硬化症最好的动物模型，为明确肌萎缩侧索硬化症的发病机制及防治措施提供了重要的研究工具。

（四）脊髓损伤模型

1. *脊髓撞击损伤模型* 标准化的脊髓损伤动物模型的造模方法是通过固定实验动物的四肢、头部和尾部，手术显露实验动物的脊柱部分，在准备损伤的部位放置与脊髓外形相应的垫片，垫片的上方垂直固定一根中空的冲击通道。将一个恰能在冲击通道内自由滑动的标准重量的冲击杆置于冲击通道内，从规定的高度自由落下，撞击在实验动物脊柱背侧的垫片上，及时移走冲击杆或将冲击杆留置规定长的时间，造成一定程度的脊髓背侧损伤动物模型。与以往常用的脊髓损伤模型制备方法比较，此发明最突出的特点是实现了实验方法的标准化，有很好的重复性，并且造模的动物模型损伤程度可以调控，并能模拟外伤缓冲和压迫等情况,更接近于人类脊髓损伤情况。

2. *脊髓压迫损伤模型* Tralov 等在 1953 年首次报道了脊髓压迫损伤的动物模型，即用一连有小气囊的导气管置于椎管内，然后向气囊内充气造成脊髓压迫损伤。后来还有人采用水囊压迫制备脊髓压迫损伤模型。由于气囊或水囊在椎管内无法固定，所以这两种方法对动物脊髓造成的压迫程度不均。Von-Buler 等对上述方法进行了改进，用动脉夹夹持脊髓，通过控制夹持力的大小和持续时间可以得到不同损伤程度的模型。夹持压迫的优点在于可以模拟脊柱移位造成的脊髓损伤，并且能保持硬脊膜结构的完整性，可用于揭示神经功能损伤与压迫时间的对应关系，寻求最佳的解压迫时机。

3. *脊髓缺血及再灌注损伤模型* 该模型对研究脊髓缺血及再灌注损伤有重要的意义。具体的模型制作方法有血管结扎、灼闭、夹闭、栓塞等方式。兔是研究脊髓缺血及再灌注损伤最常用的动物模型，因为兔的脊髓血管呈明显节段性分布，侧支循环较差，易致缺血，且重复性好，缺血后病理变化较一致，并发症较少。Bungle 利用孟加拉玫瑰红激光束直接照射脊髓，造成脊髓缺血损伤，光镜和电镜观察显示组织细胞病变与缺血病变有较好的相关性。Chavlco 等在兔肾动脉上方夹闭腹主动脉造成脊髓缺血及再灌注损伤，病理结果显示以前角运动神经元损伤为主。有学者应用明胶海绵或碘油栓塞双侧供应胸椎的肋间动脉，造成了神经的变性、坏死。

4. *切割及吸除型脊髓损伤模型* 切割型脊髓损伤模型，即用显微剪或虹膜刀片横断或半横断脊髓。吸除型脊髓损伤模型，则是直接切除一段脊髓或负压吸除部分脊髓或切开后用玻璃针吸出已损毁的脊髓组织，造成脊髓完全或非完全的横断性损伤。该方法具有操作简单、继发反应轻、出血少等优点，适于放置移植物或药物等进行再生性实验研究，国内学者多采用此种方法。但此法所获得的模型重复性低,与临床相关性差,难以保证模型动物的一致性，而且由于硬脊膜的破裂，大量外来成分进入脊髓损伤部位，破坏了该部位的微环境，导致动物护理较难，死亡率高，得到大量数据较难。

5. *静压型脊髓损伤模型* 静压型脊髓损伤模型是用来模拟慢性出血、水肿或肿瘤等压迫性疾病常用的模型，即利用压迫物造成脊髓组织变形及脊髓结构改变。Tralov 最早进行了慢性脊髓压迫损伤模型的研究。他将一个可膨胀的气球放入硬脊膜与椎骨之间，以不同速率向气球内充气使其膨胀，导致脊髓受损。另外，人们陆续发展了螺钉、静物和移植肿瘤造成压迫损伤。将重物直接放在脊髓背面或逐渐旋紧固定在椎骨上的螺钉压迫脊髓组织，也可造成慢性分级压迫。Ushio 等将肿瘤细胞 W256 种植到大鼠椎体，肿瘤细胞通过椎间孔扩散，进入硬脊膜外腔，生长压迫脊髓，肿瘤细胞种植后，平均 16d 后观察到大鼠双后肢产生瘫痪。结果表明，此法制作的模型能够良好的模拟脊髓慢性压迫损伤的病理与临床表现。

三、干细胞移植治疗机制

近几年，越来越多的研究证明了干细胞移植对治疗神经系统疾病的作用，干细胞移植治疗可能通过多种途径促进神经功能的修复（图 5-3），总结分析如下：

1. *神经替代* 用于移植治疗神经系统疾病的几类细胞，不管是胚胎干细胞、间充质干细胞或者神经干细胞，已经有大量实验研究证明这些干细胞在体内、体外都能成功地分化为神经元和神经胶质细胞，替代损伤细胞，重建神经环路，从而达到恢复神经功能的目的。

2. *神经营养和神经保护* 移植人体内的干细胞在梗死区特殊微环境的作用下可以促进神

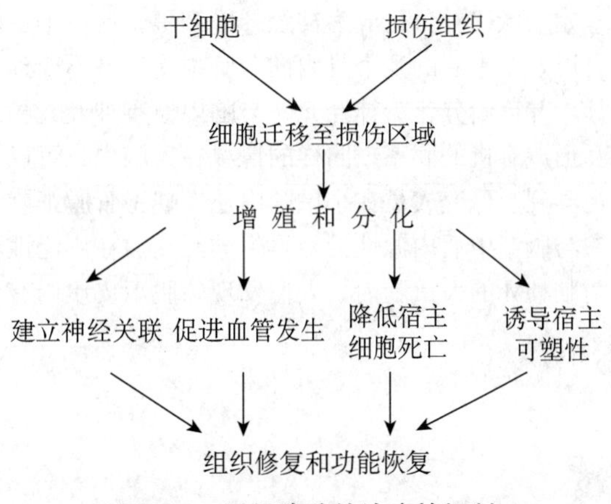

图 5-3 干细胞移植治疗的机制

经营养因子的表达，如FGF、神经生长因子(nerve growth factor，NGF）、VEGF 和 BDNF 等。其中 FGF 能促进移植后外源性干细胞向缺血区域迁移；NGF 能够促进中枢神经系统中特定神经元的存活和分化，并在神经退行性病变和脑损伤后的神经可塑性、再生潜能及神经凋亡的抑制中扮演重要角色。BDNF 促进轴突生长、提高神经存活及抗损伤能力，还能够减少细胞内钙超载从而对低血糖和兴奋性中毒具有神经保护作用。此外，外源性干细胞还能上调星形胶质细胞缝隙连接蛋白和突触素。

3. *促进内源性神经干细胞再生*　神经干细胞广泛存在于哺乳动物中，包括皮质、嗅球、纹状体、脑室区、脑室下区、海马、脊髓、中脑、视网膜、脊髓和后脑等区域。神经发生过程中，神经干细胞在神经管壁增殖，新生细胞沿放射状纤维迁移至脑特定部位，神经管腔形成成年脑室系统，产生神经干细胞的部位主要位于侧脑室下区和海马齿状回的颗粒下区。成年脑内的神经干细胞处于静息状态，当病变发生后（如脑梗死）或在某些因素的刺激下（如生长因子），静息状态下的神经干细胞被激活（或抑制因子失活），在损伤原位或异位增殖后，借助其他趋化因子的作用向损伤部位迁移并分化。外源性的干细胞可以激活在成年哺乳动物脑中存在的神经干细胞内源性神经干细胞，并促进其增殖分化，这提示成年大脑有自我修复潜能，当中枢神经系统受损，在环境信号变化的刺激下内源性神经干细胞会代偿性增殖、分化。在啮齿类动物的脑卒中实验中，研究人员发现脑卒中脑室下区的神经干细胞增殖开始活跃，并分化成为神经纤维细胞，这些细胞可以在卒中后的几个月内向着脑损伤区域不断迁移，并逐渐分化为神经元，与脑内原有神经元相互形成有机的联系，同样的情况在人脑中也可以观察到。研究人员在小鼠脑内还发现室管膜细胞参与脑卒中后内源性神经再生的活动。在广泛性前脑梗死的大鼠脑内，人们发现软膜下皮质内有神经前体细胞增殖，它们向深层的皮质迁移并分化为中间神经元。有研究者尝试在损伤局部应用某些激活因子以激活存在于该处的神经干细胞，诱导其增殖分化，但体内刺激自身神经干细胞的增殖和定向分化较干细胞移植更为困难，因为干细胞的增殖和定向分化需要多种生长因子协同作用，通过一系列信号转导途径来实现。而由外源性干细胞分泌的神经神经营养因子可能为缺血损伤的脑组织提供了一些促分化因子，促进宿主脑组织内源性神经干细胞增殖、迁移、分化和成熟，生成新的神经元和胶质细胞，修复受损脑组织，促进神经功能的改善。

4. *调节炎症反应*　越来越多的证据表明，在干细胞移植治疗神经系统疾病，外源性的干细胞起到了一定的炎症调节作用。在人的神经干细胞中过表达内皮生长因子或者抗凋亡因子 Akt1，可以分别促进血管生成和提高存活率，进一步提高卒中小鼠神经功能修复。神经干细胞分泌的内皮细胞生长因子在抑制炎症反应和促进神经血管新生中起到了重要了的作用。有研究表明，对脑卒中 3d 后的小鼠静脉注射小鼠神经干细胞，可以抑制炎症反应和胶质瘢痕的形成，并且这种保护机制移植延续到卒中发生后 18d，提示了干细胞移植治疗脑卒中的治疗时间窗相对较长。

5. *促进血管新生*　有报道显示，对脑卒中的大鼠移植人间充质干细胞，可以促进脑损伤局部血管新生，增加脑血流量，恢复脑损伤区域血供，改善预后。其机制为：人间充质干细胞可以分泌促血管新生蛋白因子或类似胶质细胞源性神经生长因子（glial cell-derived neurotrophic factor，GDNF）等生长因子，从而进一步发挥改善神经功能的作用。同时，在移植人胚胎干细胞来源的间充质干细胞的脑卒中小鼠脑内，可以看到干细胞向脑损伤区域迁移到过程中逐渐表达内皮细胞或神经元的标记分子。

第三节 细胞移植治疗神经系统疾病的临床应用

一、干细胞移植治疗帕金森病

（一）概述

帕金森病是发病率居第二位的重大神经退行性疾病，在国内 65 岁以上的老年人中发病率高达 2%，并且每年新增帕金森病患者近 100 万人，严重危害中老年人的健康。帕金森病患者的主要症状有运动迟缓，强直和静止性震颤等。帕金森病的发病机制主要是由于中脑黑质多巴胺能神经元进行性变性。目前针对多巴胺神经元退行性病变原因和帕金森病的发病机制有几种假说，如线粒体功能障碍氧化应激反应，外源性毒素，细胞内的有毒代谢产物的积累，兴奋性毒性作用和免疫机制；此外遗传因素可能会起到一定的作用。目前还没有治疗可以防止或延缓疾病的进展。

（二）帕金森病的病理特征和相关致病因素

帕金森病是一种慢性神经退行性老年病。James Parkinson 在他 1817 年的专著（An Essay on the Shaking Palsy）中首次对这种疾病作了详细的描述。19 世纪后叶，Charcot 进一步对此病的临床特点进行了较为详细的描述，如静止性震颤、僵直、运动迟缓和姿势不稳等。Brissaud 首次提示帕金森病的病理可能是源于黑质部位的损伤，后发现帕金森病患者脑内路易小体（Lewy body，LB，主要含 α- 突触共核素和泛素）这些改变被公认为是帕金森病的病理特点。

帕金森病研究的一个重要里程碑是发现纹状体多巴胺缺失以及多巴胺受体的下降。当纹状体多巴胺下降至 70% 以下时，帕金森病患者即出现临床运动障碍症状。随后的研究表明，黑质 - 纹状体通路损伤是多巴胺缺失的原因。这些研究确立了黑质致密部多巴胺神经元的丢失是帕金森病的病理基础，也为多巴胺替代治疗提供了有力支持。在这些病理和生化改变基础之上，研发出帕金森病的一些治疗措施，如多巴胺的前体左旋多巴的使用以及与其他药物结合使用，单胺氧化酶（MAO-B）抑制药 Selegiline，多巴胺受体激动药的使用等。

1. *环境因素* 流行病学调查研究资料表明，一些环境因素和帕金森病的发生有关。如接触井水、杀虫剂、除草剂、工业化学物质、纸浆作坊、农务和居住在农村环境。一些外源性毒素（如氰化物、油漆配液、有机溶剂、一氧化碳、二硫化碳等）和内源性毒素（如四羟 - 异喹啉和 β - 卟啉）也被认为和帕金森病的发生有关。支持这种观点的最直接证据为毒素 MPTP 的发现。此物质为哌替啶的衍生物，用此药物的吸毒者往往出现明显的帕金森病临床表现和病理改变。体外和动物实验已经证明，MPTP、鱼藤酮、百草枯等毒素能损伤中脑黑质多巴胺神经元。此外，颅内感染和产前感染等因素均被发现和帕金森病的发病有关，因此，炎症反应也被认为是一个引起帕金森病的易感因素。

2. *遗传因素* Polymeropoulos 等 1996 发现 α- 突触共核素（A53T）突变和显性遗传性帕金森病有关，Kruger 等在德国家系中发现 A30P 和帕金森病有关。随后一些与帕金森病有关的基因相继被发现，包括 Parkin、DJ-1、PINK1、LRRK2 等。这些家族显性遗传性帕金森病为患者的 5% ～ 10%。由于帕金森病患者黑质致密部线粒体复合物 I 存在缺陷，且线粒体缺陷能引起明显的帕金森病症状，研究者自然而然地想到线粒体基因组 DNA 突变可能和帕金森病发病有关。早期发现一些线粒体 DNA 缺陷（如缺失或 A3243G 突变）见于大多数病人。最近的研究则显示，帕金森病和老龄人群退行性病变的黑质多巴胺神经元内，线粒体 DNA 缺失突变沉积与细胞的死亡有关，一种线粒体 DNA 复制相关聚合酶的突变与此有关。这一发现，把线粒体功能缺陷、老龄和帕金森病统一起来。此外，一些基因的缺陷能增加帕金森病发病风险，如 SOD-1 基因缺陷小鼠中脑多巴胺神经元对小剂量的 MPTP 即可引起损伤，Nurr1 基因缺陷的杂合子小鼠对 MPTP 的毒性作用更敏感。这些发现表明，环境因素和基因缺陷两者均可引起帕金森病。

3. *其他因素* 还有一些因素如老龄化、性别、生活习惯（如吸烟、饮咖啡等可以降低其得病风险），脑外伤等因素也被认为和帕金森病的发病有关。然而，迄今为止无一因素被确认。因此，目前倾向于认为帕金森病的发病是多重致病因素间相互作用的结果。

（三）帕金森病发病机制

如前所述，尽管两种类型帕金森病病因不同，遗传性帕金森病只占总帕金森病患者的5%-10%，这些致病基因的发现却为研究帕金森病的病理机制提供了新的窗口。而且，两种类型帕金森病临床表型具有很多共性，如早期运动障碍均为震颤（主要是上肢）、且肢体的运动障碍呈现不对称性的特点，以及均有黑质致密部多巴胺系统损伤的表现，提示不同因素引发帕金森病的病理可能经由共同通路来介导。现将目前一些重要的病理机制假说简述如下。

1. *氧化应激学说* 帕金森病患者脑内存在氧化损伤的证据包括：第一，帕金森病患者黑质致密部的脂质过氧化物和脂质过氧化氢产物明显增高。引起多巴胺神经元损伤的脂质过氧化物4-Hydroxynonenal可见于残存的多巴胺神经元内。羰基蛋白和8-羟基-2-脱氧鸟嘌呤核苷在帕金森病患者黑质致密部以及其他一些脑区均存在，表明存在广泛的蛋白和DNA的氧化损伤。第二，帕金森病患者黑质内对抗氧化应激的酶和反应底物降低（如GSH）。在帕金森病其他脑区或其他神经退行病变无此现象。第三，帕金森病患者的病理解剖发现黑质致密部存在铁含量增加。第四，与氧化应激有关的DJ-1基因缺陷可致帕金森病。

2. *线粒体功能失常学说* 线粒体复合物I功能缺陷为帕金森病病理机制的证据有：第一，帕金森病患者黑质致密部线粒体复合物I功能下降了30%～40%，这种变化不出现在其他脑区，以及其他存在黑质多巴胺神经系统损伤的多发性硬化患者。第二，帕金森病患者黑质致密部线粒体复合物I功能下降明显，患者血小板和肌肉内复合物I的缺陷也存在。第三，含散发型帕金森病患者胞质的杂合细胞，其复合物I功能缺陷能稳定传代。第四，具有母系遗传特征的帕金森病患者，其线粒体复合物I存在缺陷。第五，NAPDH脱氢酶3中T/A多态性能降低帕金森病的发病风险。第六，作用于线粒体复合物I的毒素，如MPTP、百草枯、粉蝶霉素和鱼藤酮均能选择性损伤多巴胺神经元。第七，PINK1和线粒体功能。PINK1的研究表明，线粒体在散发性帕金森病中具有重要作用。PINK1蛋白含N-端含有线粒体定位的信号，它以前体蛋白的形式定位于线粒体上，而后经过剪切，与其他线粒体基质蛋白相似。PINK1的突变可能影响线粒体内膜复合物的相互作用或是导致PINK1被剪切。

3. *蛋白代谢异常学说* 神经退行病变常见异常蛋白积聚、损伤或错构蛋白处理异常。就帕金森病而言，这些事件引起α-突触共核素、一些突触或微管相关蛋白在多巴胺神经元内积聚，形成包涵体样物质，称为路易小体。引起的错构和结构异常蛋白积聚导致细胞损伤。

（1）蛋白异常聚集：α-突触共核素基因缺陷和帕金森病密切相关。α-突触共核素蛋白表达产物为140个氨基酸的未折叠蛋白，可通过自吞噬和泛素-蛋白酶体通路降解。此蛋白的二级结构易受细胞内环境的影响，在胞质中的单体呈未折叠状，结合到质膜上时呈螺旋状结构，中部靠近重复片段区域的疏水区易于自我缠结形成纤维前体，而β-折叠结构能形成稳定的聚集物。α-突触共核素的生理功能还不完全清楚，已知和突触功能和形态维持有关、具有调节突触囊泡对神经递质的回收和储备的作用、能抑制磷脂酶D2的活性、抑制脂肪水解而引起脂质积聚。

（2）泛素-蛋白酶体通路异常：泛素-蛋白酶体通路在帕金森病发病中可能起作用，来自Parkin基因和隐性早发型帕金森病有关的发现证实了这种论断。家族性和散发型帕金森病患者黑质致密部蛋白酶体20/26S亚单位蛋白表达量以及活力下降，说明蛋白酶体系统可能是散发型帕金森病和遗传型帕金森病中的共同病理通路。

4. *感染与免疫炎症* 多项资料显示，介导中枢免疫炎症反应的小胶质细胞和帕金森病这一老年神经变性疾病有关。证据如下：第一，在帕金森病患者脑中，伴随着中脑黑质致密部多巴胺神经元选择性丧失的是小胶质细胞大量激活。第二，抑制线粒体功能的毒素（MPTP和鱼藤酮）建立的帕金森病动物模型上，可观察与小胶质细胞激活相一致的多巴胺神经元的丧失，6-OHDA

诱导的处理的啮齿类动物也观察到此现象。在这些实验模型中，小胶质细胞激活先于多巴胺神经元损伤。第三，流行病学的资料显示，早期接触小胶质激活的毒素（脑损伤史、宫内病毒感染或内毒素暴露史）与后来帕金森病的发病呈正相关。第四，在老龄化人群或啮齿类动物，小胶质细胞的数量和其分泌前炎症细胞因子的能力增加。第五，帕金森病患者存在性别差异，而雌激素被能抑制小胶质细胞激活。

（四）帕金森病的治疗策略

研究帕金森病的致病因素和病理机制的目的之一是对寻找有效的预防和治疗策略。目前帕金森病的治疗主要针对患者多巴胺缺陷的运动障碍症状，集中在多巴胺神经元的保护、修复和替代治疗。其中前者的研究可分为以下几种。

1．*多巴胺能替代治疗* 如左旋多巴、左旋多巴结合脱羧酶抑制药、左旋多巴结合 COMT 抑制药。此外，多巴胺受体激动药能够提供持续多巴胺能刺激从而维持稳定的疗效。

2．*神经保护治疗* 目前的对症治疗对于晚期患者的症状无改善作用，不能改善多巴胺和非多巴胺神经元的退行性病程。寻找能延缓和阻断帕金森病病理进程的药物是临床研究中的热点。已有一些药物被认为能改善帕金森病的病理进程。包括：第一，MAO-B 抑制剂（selegiline 和 rasagiline）。其作用可能是通过阻断 GAPDH 硝基化、抑制 GAPDH 和 Siah（一种 E3 连接酶以辅助 GAPDH 进入细胞核）的结合，从而阻断细胞死亡级联。第二，线粒体功能修复药物。辅酶 Q10（1200mg/d）具有保护作用。此药物能改善复合物 I 的功能缺陷、而且 CoQ10 缺陷也见于帕金森病患者。原线粒体复合物肌酐、肉毒碱也被认为可能具有神经保护作用。第三，抗感染抗凋亡药物。美满霉素、CEP-1347、EGCG、神经免疫亲合素配基（FK506 和 GPI1485）和共聚物 1。第四，神经生长因子。GDNF 的临床治疗作用结果不一。有关 3 篇报道中有 1 篇没能证实其有效性，而且会引发病人产生 GDNF 抗体、在灵长类动物模型上出现了小脑毒性反应，而先前的 2 篇报道认为 GDNF 纹状内灌流能有效果。目前正在用其他给药方式（如胶囊置入、基因工程操作之细胞、以及病毒载体）来进一步观察 GDNF 或相似分子结构的疗效。其他神经营养因子还包括：BDNF、IGF、ADNF、bFGF 等。

3．*细胞替代治疗* 也被认为是有潜力的疗法，但还有很多问题要解决。比如，用胚胎中脑腹侧脑组织置入帕金森病病人的纹状体内，但细胞存活率低，且易引起运动障碍。如何解决手术操作流程、改善细胞存活率和存活细胞的功能完整性、减少组织排斥反应是这种移植方法必须面临的问题。此外，用胚胎干细胞诱导分化后，移植治疗也正在兴起。同样，此方法需要解决的问题除前述 3 点外，还包括：第一，规范优化和统一适宜的诱导方法，使胚胎干细胞出现稳定分化出多巴胺神经元表型，并使之标准化。第二，在诱导分化过程中，如何减少使用的外源性化学分子对胚胎干细胞长时程的影响。第三，如何使胚胎干细胞分化完全，减少成瘤的可能。第四，如何纯化出分化完全的胚胎干细胞。第五，细胞替代治疗如何尽量考虑非多巴胺神经损伤的病理因素。

4．*基因治疗* 包括转入治疗基因（如 Nurr1 和 parkin），或用某些方式调节目的基因（如 Nurr1 和热休克蛋白 70），以修复多巴胺系统的功能。

5．*其他治疗*

（1）手术治疗：此方法在左旋多巴治疗出现前即被证明能减少帕金森病的震颤和僵直症状。脑深部电刺激（deep brain stimulation，DBS）刺激苍白球内侧部（GPi）、丘脑低核（STN）等部位能有效控制强直等运动症状，同时改善药物治疗带来的运动并发症、减少左旋多巴的治疗剂量。脑桥脚核内单纯电极埋置主要用于改善帕金森病的姿势失衡。

（2）跨颅磁场刺激治疗（TMS）：帕金森病患者皮质的抑制控制存在明显的异常，而且存在运动域值的改变以及自主运动活动传入信号紊乱。有研究表明，重复性 TMS（rTMS）具有左旋多巴相似的症状改善。此疗法具有副作用少，被认为值得研究。

（3）其他：帕金森病的非多巴胺缺陷性症状包括精神症状（如抑郁、焦虑）、自主神经紊乱、睡眠障碍、视觉紊乱、认知缺陷等。这些症状和去甲肾上腺素能、5- 羟色胺能，以及胆碱能神经元的损伤有关。常用抗抑郁药物或胆碱酯酶抑制药来改善。

（五）帕金森病的干细胞治疗

由于帕金森病的主要病理特征之一是中脑黑质部位多巴胺神经元的特异性丢失，因此帕金森病已成为干细胞移植治疗领域应用比较多的疾病之一。自20世纪80年代以来，移植人胚胎中脑组织至病人纹状体内已经证明能减少左旋多巴的摄入量，对帕金森病患者有一定的治疗作用。虽然治疗结果不肯定，供体组织也很难得到，胚胎中脑组织移植仍是帕金森病的替代疗法之一。然而，胎儿组织移植涉及伦理和宗教问题以及移植的细胞在病人脑内存活较少等限制了其进一步发展。应用胚胎干细胞、神经干细胞和骨髓间充质干细胞分化而来的多巴胺神经元可以规避伦理、宗教以及细胞来源较少等问题。干细胞是未分化的细胞，没有组织特异性。它们既能不断增殖，也能在某种刺激下转变为祖细胞进而分化成各种细胞类型，也就是说，干细胞的主要特征是自我更新和多潜能分化。干细胞是理想的神经细胞移植来源。

干细胞移植对帕金森病的治疗主要是提供多巴胺能神经细胞来替代缺失细胞的功能。这些细胞是根据它们的来源分类的。胚胎干细胞来源于囊胚的内细胞团，而成体干细胞来源于胎儿、新生儿、少年和成年人的已分化组织。因此，治疗帕金森病常用的干细胞可分为三种：胚胎干细胞、神经干细胞和间充质干细胞（图5-4）。胚胎干细胞是多潜能干细胞，能够分化成所有细胞系。把胚胎干细胞诱导分化为神经干细胞和（或）神经前体细胞后可用于移植。神经干细胞和间充质干细胞属于成体干细胞，在成年人的中枢神经系统可分化为成熟的神经元。从胚胎或成年脑组织中分离出来的神经干细胞只能向神经系统细胞系分化，增殖潜力也小于胚胎干细胞。骨髓和胎盘

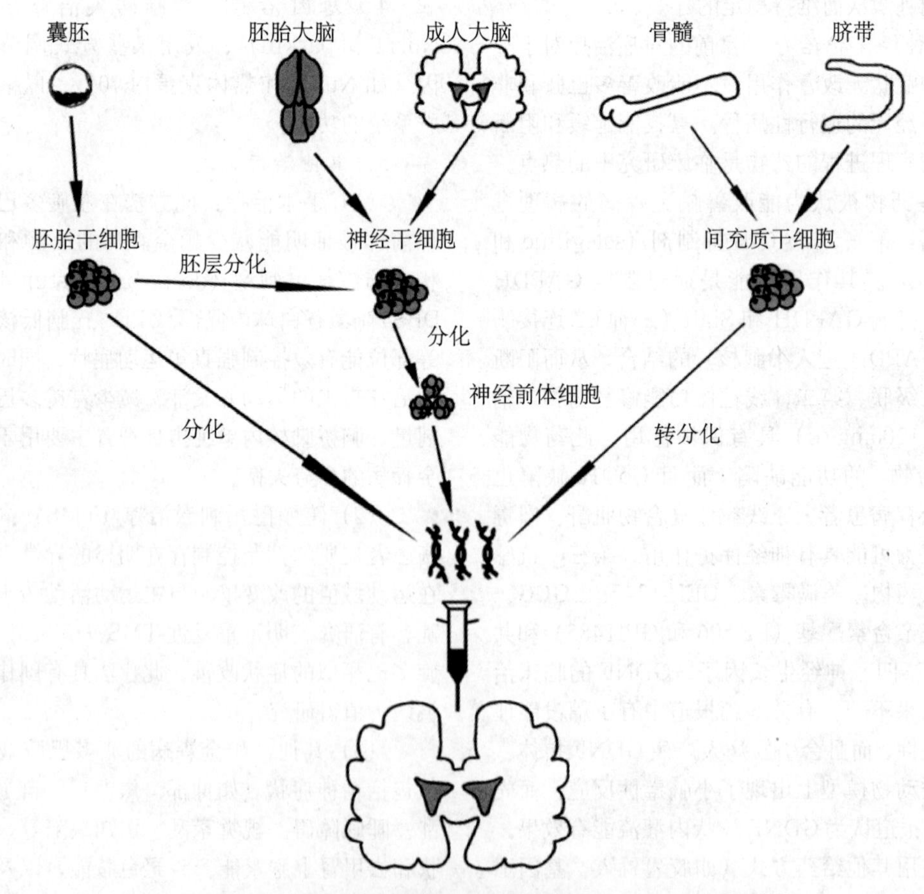

图5-4　治疗帕金森病常见的移植细胞来源（Wang Yi，2007）

内的间充质细胞能分化成神经细胞等多种细胞，有强大的扩增能力。以下将分别讨论三种多巴胺能干细胞的研究进展和在帕金森病治疗方面的应用。

1．胚胎干细胞　胚胎干细胞的独特之处在于它能在未分化的状态下增殖。与肿瘤细胞系不同，在反复传代后胚胎干细胞仍保持了正常的核型。胚胎干细胞另一个重要特性是能在体内分化成所有细胞系，在体外分化为许多细胞类型。因此胚胎干细胞被公认为干细胞移植的最佳来源。1998 年人类胚胎干细胞被成功分离出来，这引起了公众对胚胎干细胞治疗的极大兴趣。为了保持未分化的状态，胚胎干细胞需要与饲细胞共培养，再加白血病抑制因子处理。

中枢神经系统主要的三种细胞——神经元、星形胶质细胞和少突胶质细胞——都能在适当的条件下从胚胎干细胞诱导分离出来。体外诱导产生多巴胺能神经元可以从两个方面来进行：基因改造和改变培养条件。酪氨酸羟化酶（TH）是多巴胺合成的限速酶，是多巴胺神经元的标记。Nurr1 敲除的小鼠不能产生酪氨酸羟化酶中脑多巴胺神经元，而向小鼠胚胎干细胞转入 Nurr1 基因会促进干细胞向多巴胺能神经元分化。Pitx3 对中脑多巴胺神经元群的成熟和存活也很重要。在体外培养时，Nurr1 和 Pitx3 能共同促进小鼠和人类胚胎干细胞分化为成熟的中脑多巴胺神经元。

五步法是胚胎干细胞体外分化为多巴胺能神经元的经典方法。未分化的胚胎干细胞增殖和诱导形成拟胚体，拟胚体中 nestin 阳性的细胞能扩增分化为 TH 阳性细胞。与五步法相比，体细胞诱导法不仅快而容易，还能提高小鼠胚胎干细胞的分化效率。小鼠胚胎干细胞与 PA6 间质细胞共培养，再加上信号分子 Shh、成纤维细胞生长因子（fibroblast growth factor，FGF-8）和维生素 C，能产生很高比例（约 90%）的 TH 阳性神经元。移植实验证明，胚胎干细胞移植到小鼠中脑能大量产生酪氨酸羟化酶神经元。移植了在 PA6 细胞上分化的小鼠胚胎干细胞后，小鼠由注射苯丙胺引起的旋转行为得到了显著改善。除了 PA6 细胞，灵长类胚胎干细胞与睾丸支持细胞共培养三周后也能使 90% 的细胞转变为酪氨酸羟化酶。这些细胞移植到小鼠模型后还能存活 2 个月。人类胚胎干细胞也能在体外和体内分化为多巴胺能神经元。通过类似五步法的无饲细胞培养方法，数个人类胚胎干细胞系能分化为多巴胺能细胞，并在移植后显现出多巴胺的特性。成骨蛋白能促进细胞死亡，抑制早期心室区祖细胞的扩增。成骨蛋白的拮抗剂 Noggin 显著增加了人胚胎干细胞来源的神经上皮祖细胞的增殖，并通过体细胞诱导法在体外和体内产生多巴胺能神经元。用 Shh 和 FGF-8 处理人胚胎干细胞，与端粒酶永生化的人胎儿中脑星形胶质细胞共培养，能使胚胎干细胞分化为多巴胺能神经元。表 5-2 和表 5-3 分别总结了小鼠和灵长类动物胚胎干细胞分化为多巴胺神经元的主要方法。在帕金森病大鼠模型中，移植细胞能够显著的、实质的和长期的重建大鼠的运动功能。在小鼠胚胎干细胞中过表达神经细胞黏附分子 L1 能促进胚胎干细胞的分化和存活，改善帕金森小鼠的运动功能。神经球是漂浮的球体结构的异质细胞群，其中含有神经干细胞祖细胞和已分化的细胞。这些细胞最外层是复杂的细胞外基质，核心是神经胶质酸性蛋白（glial fibrillary acidic protein，GFAP）阳性和 Tubulin 阳性的分化细胞，两者之间是 Nestin 阳性、EGFR 阳性和 β1 Integrin 阳性的未分化细胞。小鼠胚胎干细胞和 PA6 细胞共培养，再加上 FGF-2 和 EGF，会分化为神经球。FGF-20 是 FGF 家族的新成员，在黑质致密区表达，能保护多巴胺神经元。在体外 FGF-20 能促进人胚胎干细胞想多巴胺能神经元分化。在 FGF-20 和 FGF-2 的协同作用下，猕猴胚胎干细胞形成的神经球中多巴胺能神经元的数量增多了。这些移植细胞在灵长类动物模型中发挥着多巴胺神经元的功能，减轻了 MPTP 引起的神经系统症状。

诱导多能干细胞（induced pluripotent stem cell，iPS）技术能将成体体细胞转化为胚胎干细胞，该细胞同样具有多潜能分化和自我更新的特点。这一技术开拓了胚胎干细胞的来源。iPS 细胞在体外也可分化为多巴胺能神经元，移植到帕金森大鼠体内可缓解运动症状。有趣的是，用从帕金森病人体细胞转化而来的 iPS 细胞也能起到类似的作用。

胚胎干细胞是最有用的移植细胞来源，然而

表 5-2 小鼠胚胎干细胞向多巴胺神经元分化方法

细胞来源	分化方法	神经谱系基因表达	神经谱系蛋白标记	多巴胺神经元标记	HPLC 检测	TH+ 比例
胚胎干细胞	五步分化法	Nestin, Otx1, Otx2	β-tubulin Ⅲ, Nestin	TH, DA, Nurr1, Pax3 Pax5, Wnt1, En1	Yes	33%
胚胎干细胞（转染 Nurr1）	五步分化法	En1	β-tubulin Ⅲ, En1, Pax2, Otx2	TH, DA, Nurr1, Pitx3, DAT, AADC	Yes	78%
胚胎干细胞（转染 Bcl-XL）	五步分化法	Pax2, Pax5, Wnt1	β-tubulin Ⅲ, Nestin, Calbindin, GFAP	En1, Nurr1, Pitx3, DAT, AADC, TH	Yes	31%
胚胎干细胞	PA6 细胞共培养		β-tubulin Ⅲ, Nestin, NCAM, synaptophysin	TH, Nurr1, Pitx3, DA	Yes	30%
胚胎干细胞	PA6 细胞共培养（加 BMP4 和 Shh）	NCAM	β-tubulin Ⅲ, NCAM	TH, En2	No	65%
胚胎干细胞（核移植）	FGF2, Shh, FG8 Ascorbic Acid (AA)		β-tubulin Ⅲ	TH	Yes	50%
胚胎干细胞（核移植）	PA6 细胞共培养（加入 Shh, FGF8, FGF2, AA 和 BDNF）	β-tubulin Ⅲ、Nestin、MAP2	β-tubulin Ⅲ, Nestin	TH, DAT, Pitx3, Nurr1, Lmx1b, En1	Yes	50%
胚胎干细胞	IL-1β, GDNF, TGF-β, NTN, cAMP		Nestin, synaptophysin, GFAP	TH, DAT, D2R, Nurr1, En1	Yes	40%
胚胎干细胞（转染 Nurr1 和 GFP）	Shh, FGF8, AA		β-tubulin Ⅲ, Nestin, GalC, GFAP	TH, AADC, DAT, Nurr1, calretinin, calbindin, Aldh2, Pitx3	Yes	62%

表 5-3 灵长类动物胚胎干细胞向多巴胺神经元分化方法

细胞来源	分化方法	神经谱系基因表达	神经谱系蛋白标记	多巴胺神经元标记	HPLC 检测	TH+
类胚体	RA 诱导 10d	NF-L	NF-H	DRD1，AADC	No	NT
类胚体	EGF,FGF2,PDGF,IGF,NT3,BDNF		β-tubulin Ⅲ，Nestin,NCAM,synaptophysin,MAP2,A2B5,GFAP	TH	No	3%
人胚胎干细胞球	RA 诱导（加入 PDGF，bFGF，EGF）	Nestin，MBP，GFAP，NSE，NF-M	β-tubulin Ⅲ，Nestin,NCAM,synaptophysin,MAP2,A2B5,GFAP,NF-L,NF-M,vimentin,O4	TH,Pax6	No	<1%
类胚体	N2,cAMP,BDNF		β-tubulin Ⅲ，Nestin,NCAM,musashil,NF-H，O4,GFAP	TH	No	<1%
人胚胎干细胞（MB03）	N2,FGF2,TGF-α		GFAP,NF-200,NF-M	TH	Yes	20%
人胚胎干细胞（BG01）	PA6 细胞共培养，加入 GDNF			TH,DAT,Pitx3,En1	No	30%
人胚胎干细(H1,H9,HES-3)	PA6 细胞共培养，加入 Shh,FGF8,等	MAP2	β-tubulin Ⅲ，Nestin	TH,VMAT2,AADC,Nurr1,Lmx1b,En1,Aldh1	Yes	79%
猕猴胚胎干细胞	PA6 细胞共培养		β-tubulin Ⅲ，NeuN,NCAM	TH,DAT,D2R,Nurr1，En1	Yes	35%
猕猴胚胎干细胞	PA6 细胞共培养，加入 BMP4,Shh		β-tubulin Ⅲ	TH,AADC,DAT,Nurr1,calretinin,Aldh2,calbindin,Pitx3	No	5%
猕猴胚胎干细胞	FGF2,Shh,FGF8,A		β-tubulin Ⅲ	TH,AADC,DAT,Nurr1,calretinin,Aldh2,calbindi,Pitx3	Yes	0.25
人胚胎瘤细胞系（NT2）	RA，加入 LiCl,GFG1,TEP,DA,IBMX 等		β-tubulin Ⅲ，tau,GAP-43		Yes	75%

它有可能导致肿瘤形成。将1 000～2 000胚胎干细胞稀释成单细胞悬液移植到脑内会导致20%动物体内出现肿瘤，尽管移植缓解了帕金森动物的症状。幼稚的胚胎干细胞混入移植细胞可能会引起畸胎瘤。另一个问题是反复传代体外培养的人胚胎干细胞会出现核型改变，有些看起来和癌细胞很相似。虽然绝大多数胚胎干细胞保持着正常的核型，在临床应用前仍需定期的核查。

对胚胎干细胞进行基因改造也许能减少肿瘤的发生。Cripto是EGF-CFC家族的成员，在多种癌细胞中表达。针对CFC结构域的抗体能够阻断Cripto的功能，减缓肿瘤细胞的生长。在体外分化Cripto-/-胚胎干细胞后移植到帕金森病大鼠模型，多巴胺能神经元分化效率得到提高，行为和解剖上得到部分恢复，并且未见肿瘤形成。另一个避免肿瘤的方法是在胚胎干细胞里表达一个“自杀”基因。在人胚胎干细胞中转入单纯疱疹病毒胸苷激酶基因，在更昔洛韦的诱导下移植的干细胞表达转入的自杀基因并死亡，但是不影响宿主细胞。将该自杀基因转入小鼠干细胞并移植到脑内，在更昔洛韦的作用下可不产生肿瘤。上海交通大学医学院附属瑞金医院乐卫东教授的最新研究结果证实，利用实验室建立的Geneswitch系统，将Caspase-1基因引入胚胎干细胞，在米非司酮诱导下可以诱导未分化的干细胞凋亡，而对已经分化的多巴胺神经元则无影响，该方法较好的解决了胚胎干细胞移植治疗帕金森病中的成瘤性问题。

为了避免未分化的细胞混入移植细胞，可以在移植前进行筛选。例如在Oct-4启动子后加上“自杀”基因杀死Oct4阳性的细胞；加入识别PCLP1抗原的细胞毒抗体；或利用荧光筛选表达神经前体细胞标志Sox1的细胞。经过纯化的移植细胞在体内均未产生肿瘤。

2．神经干细胞　神经干细胞存在于神经系统，能自新，只能够分化为属于神经系统的3个细胞系，即神经元、少突胶质细胞和星形胶质细胞。在胚胎大脑中，神经元通过两个阶段产生，通过两种方式细胞分裂。首先前体细胞在端脑脑室周围的狭窄区域形成，通过对称分裂这个脑室区域细胞呈指数增长。接着是不对称分裂，一个前体细胞产生另一个前体细胞和一个神经元（图5-5）。

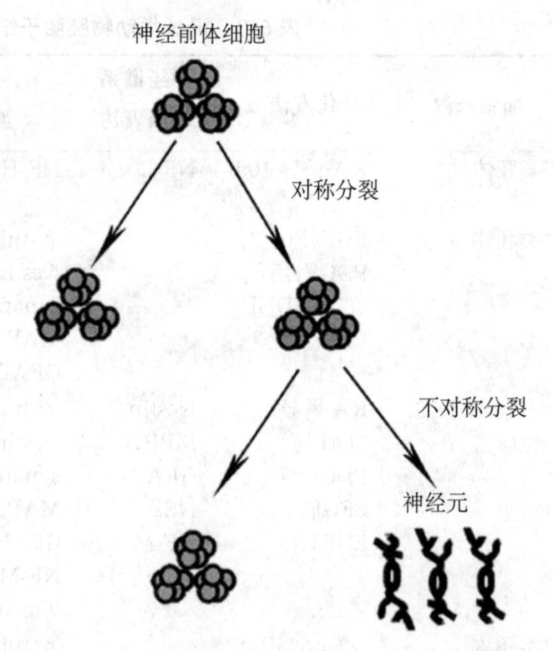

图5-5　神经细胞的增殖（Wang Yi et al，2007）

然后前体细胞从脑室移动到较远的位置形成外板。最近研究表明神经干细胞不仅存在于发育中的大脑，也存在于成年的大脑。然而，由于成年大脑内神经干细胞的增殖潜力有限，不能弥补帕金森病病人多巴胺能神经元的缺失，需要移植外源的神经干细胞。目前在体外得到足够移植的神经干细胞主要有两种方法：①加入促有丝分裂剂EGF和（或）FGF-2悬浮培养的单克隆细胞生成神经球；②贴壁培养的永生神经干细胞株，带有致癌基因以促进细胞不断增殖，再加上FGF-2和（或）EGF。

神经干细胞诱导形成神经球后分化为几种神经细胞，包括多巴胺能神经元。移植的神经干细胞能整合入大脑，重建黑质纹状体通路，减轻症状。这些细胞移植后能在受体体内存活多达5个月。调整培养条件和基因改造能够促进神经干细胞的分化。研究认为FGF-20能促进80%神经干细胞分化为TH阳性神经元。转录因子Nurr1能促进胚胎干细胞和神经干细胞分化为多巴胺能神经元。无论在体外体内，Bcl-XL过表达都能增加人神经干细胞自发向多巴胺能神经元分化的能力，还能增强人神经干细胞的增殖能力。神经干细胞分化为多巴胺神经元的方法总结于表5-4。

表 5-4 神经干细胞分化为多巴胺神经元的方法

细胞来源	分化方法	神经谱系基因表达	神经谱系蛋白标记	多巴胺神经元标记	HPLC 检测	TH+
大鼠海马	FGF2,RA,FBS,NGF,BDNF,NT3	trkA,trkB,trkC	β-tubulin Ⅲ,MAP2,calbindin,GFAP,GGal-C	TH	No	1%
大鼠海马	Nurr1,Pitx3,Shh,bFGF,RA,forskolin,FGF8	NT	MAP2	TH,AADC	No	2%
小鼠前脑侧脑室	bFGF，胶质细胞条件培养液	NT	NT	TH	No	0%
大鼠黑质前体细胞	N2,FGF8,bFGF	NT	β-tubulin Ⅲ,Nestin,A2B5,NG2,GFAP,RIP	NT	No	NT

此外，神经干细胞能通过释放营养因子拯救神经细胞。神经胶质细胞系源性神经营养因子 GDNF 在体外能促进中脑多巴胺能神经元存活，在体内能拯救退行性变的神经元。转入 GDNF 的神经干细胞移植到帕金森病小鼠模型后可以存活数月，并能显著改善运动行为。转入 v-Myc 基因的人神经干细胞在体内体外均显示出神经保护作用，能通过上调 Bcl-2 抑制凋亡来对抗多巴胺能神经元缺失。6-OHDA 注射到大鼠脑内产生帕金森病运动症状，人神经干细胞移植通过分泌营养因子和分化为神经细胞能显著改善症状。

神经干细胞移植后的神经保护作用也许和功能替代同样重要。神经干细胞与胚胎干细胞相比能迁移的范围更广，整合得也更好，而且也没有肿瘤形成的报道。但是，神经干细胞在体内的增殖潜力和存活能力不及胚胎干细胞。

3. *间充质干细胞* 骨髓干细胞具有很大的治疗应用前景，因为它们从病人身上容易分离，容易扩增，没有严重的伦理和技术问题。骨髓中有造血干细胞和间充质干细胞，其中间充质干细胞不仅能分化为中胚层来源的骨骼肌细胞和心肌细胞，也能分化为内胚层来源的肺和肝细胞。起初发育生物学家用转分化来形容细胞培养或外科手术切除邻近组织引起的，由特定组织中看似已经完全分化的细胞转变为另一种不同组织特性的细胞的现象。如今，转分化通常用来形容间充质干细胞的可塑性，它能分化为与原来所属的成体干细胞特性不同的组织细胞系，甚至是不同的胚层细胞系。间充质干细胞能够转分化为神经祖细胞用于自体干细胞移植，这是它在治疗帕金森病方面的优势。

大量研究表明大鼠和人的间充质干细胞能在体外分化为具有神经细胞特征的细胞，骨髓间充质干细胞分化为多巴胺神经元的方法统计于表 5-5。当然，更重要的是间充质干细胞有在体内分化为神经细胞的潜力。一些研究用不同方法证明，骨髓来源的干细胞能通过外周血液循环进入小鼠中枢神经系统并分化为神经细胞。直接向纹状体内移植小鼠间充质干细胞能大大提高小鼠旋转实验的表现，而且细胞存活了 4 个月以上。转入 TH 基因的间充质干细胞移植到帕金森病大鼠不对称旋转次数明显减少，酪氨酸羟化酶基因表达效率达到 75%。因此，间充质干细胞可以用作基因治疗的传送工具。与其他干细胞不同，间充质干细胞能迁移到需要修复的细胞和组织中去。

有大量证据证明间充质干细胞能制造多种神经营养因子，从而促进神经细胞存活、内皮细胞增殖和神经纤维再生。间充质干细胞能表达 BDNF 和 β-NGF26，幼稚的在体外能表达间充质干细胞 BDNF，NGF 和 GDNF。因此，间充质干细胞能通过释放神经营养因子对帕金森病能起到保护作用。脐带血过去被看作是生物废

表 5-5 骨髓间充质干细胞向多巴胺神经元分化的方法

细胞来源	分化方法	神经谱系基因表达	神经谱系蛋白标记	多巴胺神经元标记	HPLC检测	TH+
大鼠	BHA,Forskolin,DMSO,heparin,K252a,KCL,valproid acid,bFGF,PDGF	NF-M,tau,synaptophysin	β-tubulin Ⅲ、synaptophysin tau,	TH	No	few
大鼠/人(转入NICD)	bFGF,CNTF,forskolinBDNF,NGF,GDNF		β-tubulin Ⅲ、Nestin,MAP2,NF-LNF-M	TH,Nurr1,Lmx1b,Pitx3	Yes	41%
人	EGF,bFGF,BDFN,RA	Nestin,NeuroD1,Neurog2,musashi1,MBP,β-tubulin Ⅲ α-synuclein	β-tubulin Ⅲ,MAP2	TH	Yes	11%
人	EGF,bFGF,cAMP	NEGF2,NSE,glipican4,necdin,NF-H,NF-MCD90,nestin	β-tubulin Ⅲ,NSE,NF-H,NeuN α-synuclein	TH,AADC,D2DR,VMAT2,Nurr1,Pitx3,Aldh1,En1	Yes	60%

品，如今却是移植用造血干细胞的充足来源。它含有的干细胞量相当于骨髓的1/10。人脐带血中CD133阳性造血干细胞用反式维甲酸处理后能转分化为神经细胞类型如类神经细胞、星形胶质细胞和少突胶质细胞。En1、En2、Nurr1、Ptx3、Pax2、Wnt1和Wnt3是与发育和（或）存活的多巴胺能神经元相关的基因，通过表达这些基因人脐带血中分离出的间充质细胞能在无血清培养液中向神经细胞分化。人脐带胶质来源的干细胞叫做脐带基质干细胞，它也是一种间充质干细胞的来源。人脐带基质干细胞顺序经过神经元条件培养液、Shh和FGF-8，在体外被诱导分化为多巴胺能神经元，约12%的细胞呈TH阳性。未分化人脐带基质干细胞移植到单侧帕金森病大鼠的大脑，在没有免疫抑制的情况下能缓解阿扑吗啡引起的旋转。

间充质干细胞作为干细胞移植的细胞来源有数量大、安全、伦理上可接受的优点。间充质干细胞自体移植能够避免免疫排斥，是很理想的方案。它们能从外周循环迁移到大脑，聚集到受损的部位，这对细胞移植来说非常简便。脐带血有个重要的优势，绝大多数病人找不到配型相同的骨髓细胞捐献者，但是很可能有一个匹配的脐带血。但是，间充质干细胞不及胚胎干细胞有效和存活多。未来在纯化和培养方面的提高可能帮助解决这些问题。

4. **其他细胞来源** 其他干细胞来源包括胚胎生殖细胞和羊水干细胞等，一般认为它们都是多能干细胞。人胚胎生殖细胞体外能诱导为酪氨酸羟化酶细胞，分化的人胚胎生殖细胞在小鼠体内也能代替损伤的神经元。这些数据显示人胚胎生殖细胞也能作为细胞移植的来源。人羊水干细胞在体外稳定表达多巴胺标志，如 Pitx3 和 Nurr1。这两个基因都是中脑多巴胺能神经元诱导和存活的必需基因。用高效液相色谱法分析向多巴胺能诱导的羊水干细胞提取物，结果证实有多巴胺的释放。

5．*干细胞治疗帕金森病的临床应用* 最初的干细胞移植治疗帕金森病是使用流产胚胎的中脑组织块，虽然结果并不确定，但是开启了帕金森病临床治疗的新方向。目前，临床试验多使用胚胎中脑细胞移植到药物治疗效果差的病人大脑。在没有使用免疫抑制药的情况下，无论什么年龄的病人接受胚胎多巴胺干细胞移植后移植细胞都能存活（图 5-6）。干细胞移植能够改善帕金森病病人“关”时的症状，效果等同于术前使用 L-DOPA 能达到的最佳效果，但是不能提高“开”时的最佳效果。移植术后的生存期个体差异很大，10% ~ 15% 病人移植后完全停用 L-DOPA 也能达到术前使用 L-DOPA 时运动障碍的缓解程度。如果在帕金森病临床治疗初期进行胚胎多巴胺能细胞移植，就可以观察更早进行干预能不能阻止病情的发展，能够与 L-DOPA 长期治疗的效果相比较。

免疫排斥是干细胞治疗的棘手问题。大脑虽然被认为是免疫不全的部位，但成体来源的同种异体移植仍然会出现排斥。目前有大量免疫抑制药物和方法来应对异体移植。环孢霉素等免疫抑制药病人难以耐受，而且会削弱移植细胞的作用。寻找匹配的细胞来源很困难，但移植受体体细胞核到卵母细胞得到的胚胎干细胞能避免免疫反应。另一种避免排斥的方法是将异体细胞包裹在微粒体内。虽然这种方法避免排斥的效果仍需检验，但被包裹的胚胎干细胞分化与未包裹的并无不同。

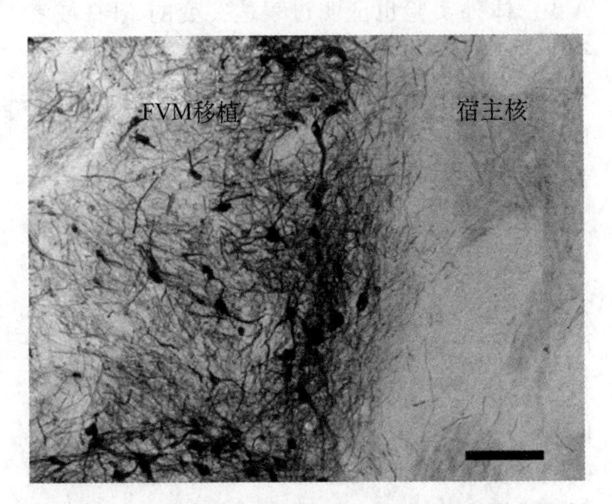

图 5-6 胚胎中脑腹侧细胞移植入帕金森病病人后与宿主细胞整合（Kordower et al，1995）（见书末彩图）

6．*展望* 虽然干细胞治疗颇有希望，在帕金森病人身上试验之前仍需解决许多科学、临床和伦理问题。干细胞移植应当符合下面所列出的几项条件。胚胎干细胞是最佳的细胞来源，但利用流产胚胎的伦理争议和形成肿瘤的风险阻碍了细胞的应用。神经干细胞和间充质干细胞来自病人自身，且不存在免疫排斥问题。但对细胞的基因改造可能产生细胞恶变，干细胞分化为多巴胺能神经元的效率也需提高。干细胞移植的安全性还需更多研究来肯定。

干细胞应用于临床移植的必须条件：第一，能在体外单克隆扩增来保证同质性。第二，在多次传代后基因保持稳定。第三，移植后能整合到受体大脑。第四，能联通受体的回路。第五，迁移和移植到受损的部位。第六，准确的分化为所需的神经细胞类型。第七，改善功能。第八，无副作用。

二、干细胞移植治疗阿尔茨海默病

（一）概述

阿尔茨海默病是一种由于大脑皮质的神经细胞死亡而造成的进行性神经系统退行性疾病。记忆减退通常是最初的症状。随着病情的发展，认知能力，包括决策能力和日常活动能力，将逐渐丧失，同时可能出现性情改变以及行为困难的情况。病人大脑萎缩，脑室变大，神经元尤其是海马区与学习记忆相关的神经元大量死亡。在晚期，阿尔茨海默病会导致失智，患者最终死于并发症。据统计 2006 年全球有 2.66 千万阿尔茨海默病患者。预计到 2050 年全球每 85 人就有一人受阿尔茨海默病影响。

1．*阿尔茨海默病的发病症状* 阿尔茨海默病的病程发展分为早期、中期、晚期。早期阿尔茨海默病表现为健忘，学习记忆能力下降；中期行为异常，如易怒多疑、空间方位辨别能力丧失等；后期病人学习记忆能力完全丧失，痴呆。

随着阿尔茨海默病症状加重，对看护者的要求也相应提高。护理变得更费时费力。在美国，直接或间接用于护理阿尔茨海默病患者的费用已高达 1 000 亿美元。根据阿尔茨海默病协会统计，平均每个阿尔茨海默病患者一生的开支约为 174 000 美元。

2. *阿尔茨海默病的发病机制* 阿尔茨海默病发病的分子机制包括：

第一，Aβ 异常沉积。Aβ 是由淀粉样蛋白前体 APP 产生的。APP 有两种剪切方式：一是由 α-secretase 和 γ-secretase 剪切，剪切产物是可溶性分泌型的 sAPP 和 88 个氨基酸的碳末端 C88；二是由 β-secreatase 和 γ-secretase 剪切，剪切产物是 99 个氨基酸的碳末端 C99 和 Aβ40/42。通常 Aβ 的产生和降解是处于平衡状态的，当发生基因突变或神经毒素时会导致 Aβ 的异常聚集，从而产生斑块，影响突触连接，神经元之间信号传导。并且 Aβ 本身具有毒性，它的聚集会进一步加重神经损伤，如此恶性循环，最后神经元发生退变，死亡，引发阿尔茨海默病。

第二，Tau 蛋白异常磷酸化。微管相关蛋白 Tau 的异常磷酸化会破坏神经纤维结构，导致纤维破碎，破坏神经元的运输系统，从而在神经细胞胞体内产生神经纤维缠结。微管的变形、断裂使得信号和各种神经营养因子无法正常传输，进而导致神经元末端的轴突和树突营养不良、萎缩、神经元退行性病变死亡，引发阿尔茨海默病。

第三，阿尔茨海默病与 ApoE 载脂蛋白。ApoE 有 299 个氨基酸与神经系统密切相关，它有三种亚型 ApoE2、ApoE3、ApoE4。阿尔茨海默病患者的神经元纤维缠结和老年斑中 ApoE 的表达都是明显升高的。ApoE4 会与 Aβ 结合形成稳定的复合物，该复合物抗水解抗变性。ApoE 的高表达会进一步加速 Aβ 的沉积。ApoE4 也会引起 Tau 蛋白的过度磷酸化，最终促使神经纤维的聚集。且 ApoE4 与晚发性家族性阿尔茨海默病和散发性阿尔茨海默病密切相关。

阿尔茨海默病发病机制的各种学说有：

第一，胆碱能学说。胆碱能损伤假说是较早提出的阿尔茨海默病发病假说。阿尔茨海默病病人认知和运动功能逐渐丧失，与胆碱能神经元死亡有直接关系。在中枢神经系统中，释放乙酰胆碱神经递质的胆碱能神经元有两类：一是基底前脑胆碱能神经元，发布在大脑腹侧，主要控制学习、记忆、空间认知、语言以及情绪控制等；二是运动神经元，散布在中枢神经系统各部分，投射到身体各部分肌肉控制运动，一部分分布在脊髓的前脚控制躯体运动。基底前脑的胆碱能神经元分为中间神经元和投射神经元。中间神经元主要分布在纹状体，与 GABA 神经元形成神经回路，控制协调运动。前脑胆碱能神经元的投射神经元在基底核 4 个部分有分布：中隔 Ch1、斜角带垂直支 Ch2、斜角带水平支 Ch3、Meynert 基底核。Meynert 基底核是中枢神经系统中胆碱能神经元最丰富的区域。这些胆碱能神经元分别投射到大脑的不同部位。其中 Ch1 和 Ch2 的胆碱能神经元投射到海马，称为中隔内侧核斜角带 - 海马通路；Ch2 的胆碱能神经元投射到嗅球，称为斜角带 - 嗅球通路；Meynert 基底核的胆碱能神经元投射到大脑皮质。因此，胆碱能神经元的退变死亡与阿尔茨海默病病人大脑皮质萎缩，脑室变大，海马神经元丢失有直接关系，是造成阿尔茨海默病病人痴呆的主要原因。

第二，Aβ 级联学说。APP 的异常剪切造成的 Aβ 聚集，该假说认为淀粉样斑块沉积是造成阿尔茨海默病病人神经元丢失的早期重要因素。家族性阿尔茨海默病病人会生成更多的 Aβ。体外实验也证明过表达突变的 APP 或者突变的 PS1、PS2 也会导致 Aβ 增多。而且 Aβ 本身也具有生化活性，会对神经元产生毒性，造成神经元凋亡。Aβ 级联假说也是目前大家比较公认的阿尔茨海默病机制之一。

第三，自由基损伤学说。阿尔茨海默病患者的超氧化物歧化酶及葡萄糖磷酸脱氢酶等酶活性增强，导致氧化应激增加，自由基淤积，造成膜损伤，细胞内环境紊乱，细胞老化死亡。过度氧化是核糖核酸酶，DNA 和 RNA 交联，引起 DNA 突变。过氧化脂质分解产生丙烯醛等，与磷酸及蛋白结合形成脂褐素，脂褐素会在大脑沉积造成智力障碍。

第四，兴奋性氨基酸毒性学说。兴奋性氨基

酸尤其是谷氨酸的神经毒性在阿尔茨海默病发病机制中的作用也有大量的研究。兴奋性突触递质谷氨酸及其受体参与大脑中很多重要生理功能，在调节学习和记忆等功能中有重要作用。谷氨酸的快速兴奋作用，引起去极化，氯离子钠离子及水内流，导致细胞渗透性溶解。因去极化激活膜电位依赖的谷氨酸受体导致钙离子大量内流，细胞内钙离子超载，激活磷酸肌醇环路，破坏细胞的超微结构，使神经元溃变死亡。

第五，炎症反应学说。小胶质细胞是存在于中枢神经系统的具有免疫活性的巨噬样细胞，是脑内免疫监视的关键成分，支持和保护神经元及其功能，以及作为免疫活性细胞发挥内源性免疫防御作用。在成熟脑，静息的小胶质细胞主要起营养支持作用，通过细胞外基质成分、可溶性因子的释放和细胞与细胞间的联系促进神经元亚单位的迁移、轴突的生长及其终末的分化。而当脑受到感染、炎症、外伤、缺血和神经退变等刺激时，小胶质细胞被激活并执行天然免疫功能，包括炎症的诱导、细胞毒性作用以及通过抗原提呈作用对 T 细胞反应的调节。适当激活的小胶质细胞对损伤修复有利，然而，小胶质细胞的过度激活导致损伤进一步恶化。激活的小胶质细胞通过自分泌或旁分泌方式分泌多种生物活性因子，如白细胞介素、干扰素、肿瘤坏死因子、集落刺激因子、诱导型一氧化氮合酶和一氧化氮、环氧化酶 2 和前列腺素以及活性氧等，这些因子对神经元产生强烈的毒性作用。Aβ 或神经毒素会激活胶质细胞，引起炎症反应。

3．*阿尔茨海默病的诊断* 阿尔茨海默病有家族遗传性和散发性两种。家族遗传性阿尔茨海默病携带基因突变，通常发病比较早，也可称为早老性阿尔茨海默病。与阿尔茨海默病发病相关的基因有 APP、PS1、PS2、ApoE 等。散发性阿尔茨海默病与很多因素有关，如神经毒素等环境因素和衰老等。

（1）临床症状诊断标准：临床诊断标准主要检查是否存在主述记忆力障碍。客观认知方面与同年龄和同等教育程度者比较是否存在记忆损害。

（2）神经精神量表检查：临床上广泛应用简易精神状态量表（MMSE）、韦氏承认智力量表（WAIS RC）长谷川痴呆量表（HDS）等作为认知功能障碍的筛选工具。

（3）神经影像学检查

①磁共振：近年来对有认知功能障碍的患者进行了大量影像学研究。应用 MRI 定量技术测定大脑主要是海马 - 海马周围和内嗅皮质区容积。同正常老年人相比，阿尔茨海默病患者海马部位明显萎缩。早期阿尔茨海默病最特异和灵敏的指标就是海马和内嗅区萎缩，特别是颞叶新皮质区体积减小。此萎缩率早期阿尔茨海默病。海马结构容积越小，阿尔茨海默病发病率越高，连接海马的颞叶新皮质区或前扣带回萎缩是阿尔茨海默病最早征兆。轻度认知障碍定量技术测定大脑萎缩评分的预测价值较神经心理测量评分高。海马定量测量虽然很难在个体水平区别轻度认知障碍和正常老化，但是可以动态观察轻度认知障碍患者是否发展，有助于早期阿尔茨海默病的诊断。

②断层显像术：单光子放射计算机断层显像术（SPECT）和正电子发射断层摄影术（PET）可以发现阿尔茨海默病患者颞顶部明显的区域性血流量低灌注和葡萄糖代谢降低，并存在着两侧半球不对称。血流量和葡萄糖代谢减少是认知功能进行性降低的高危因素，所以 SPECT 和 PET 是诊断早期阿尔茨海默病的有用工具。

（4）生物学指标检查

①血液指标：近年的研究表明早期阿尔茨海默病患者血液中有一些生物指标异常，主要有：淀粉样前体蛋白；炎症因子，阿尔茨海默病的发病机制同炎症反应有关，用抗炎症药物有助于改善阿尔茨海默病症状；氧化因子，已有研究表明，氧化应激反应是导致阿尔茨海默病的一个重要因素，在阿尔茨海默病的早期就有氧化反应增强，抗氧化剂（如维生素 A、维生素 C、维生素 E）减少。Isoprostane8，12-iso-iPF（2α）-VI 是体内脂质过氧化的特异指标，在阿尔茨海默病病人的血浆中升高。在前瞻性研究中发现血浆中高半胱氨酸水平在痴呆发病以前就已升高（正常 < 14mmol/L），升高到 2 倍以上就可认为是发展为阿尔茨海默病的危险因素。

②脑脊液指标：研究表明脑脊液中的生化指标也有助于阿尔茨海默病的早期诊断，特别是在临床痴呆出现以前，如 MCI 的发生。这类指标

主要有胆固醇和Tau蛋白和Aβ。用气相-色谱分析-物质光谱测定法发现早期阿尔茨海默病和MCI病人脑脊液中24-羟基胆固醇水平升高，这是神经元变性过程中胆固醇转化为24-羟基胆固醇过程加速的结果。24-羟基胆固醇可以作为认知障碍发生和发展的指标。Tau蛋白磷酸化和Aβ神经毒性是阿尔茨海默病发生的两个最重要的原因，检测脑脊液中Tau和Aβ含量对于早期诊断阿尔茨海默病具有特异性。近来，分析脑脊液中同阿尔茨海默病的发展相关的3个生物指标已成为全球研究的热点。Tau总量作为神经元变性指标，磷酸化Tau作为Tau蛋白高磷酸化和神经纤维缠结形成的指标，Aβ42作为Aβ代谢和老年斑形成的指标。

4. 阿尔茨海默病的治疗

(1) 抑制Aβ生成和聚集的药物：Aβ形成过程中的分泌酶是新药开发的重要靶点。通过加强α分泌酶的活性，抑制β和γ分泌酶的活性能减少Aβ的生成。目前已经有多种γ分泌酶的抑制药，能有效减少Aβ的生成。另外，抑制β分泌酶活性的药物也是很好的靶点，但这些均为动物实验的结果，尚需在临床上试用进一步验证。

免疫干预治疗是治疗阿尔茨海默病的一个重要方法，应用多肽疫苗，刺激机体产生抗体，启动吞噬细胞清除抗原，从而达到清除斑块的目的。

利用Aβ抗体治疗阿尔茨海默病也具有很好的应用前景。直接给阿尔茨海默病患者注射Aβ抗体可以避免老年人因免疫力降低影响治疗效果，且可控性很好。临床前期试验已经取得阳性结果，多克隆Aβ抗体治疗6个月，患者认知功能有明显改善，但最终的临床试用结果尚待公布。

(2) 抑制Tau蛋白过度磷酸化的药物：糖原合成酶3可导致Tau蛋白过度磷酸化，与记忆和认知功能衰退有明显相关性，Tau蛋白磷酸化酶抑制药是此类药物的研究要点。有多家制药公司如葛兰素史克和强生在开发这类药物。

(3) 胆碱能系统改善药物：主要有补充乙酰胆碱前体的药物：乙酰胆碱前体药物主要有卵磷脂和胆碱。乙酰胆碱酯酶抑制药（AchEI）：乙酰胆碱酯酶是乙酰胆碱的降解酶。AchEI是迄今为唯一获许用于阿尔茨海默病治疗的主要药物。近年上市的第二代AchEI如多奈哌齐、利伐司的明取代了肝毒性较大的他克林。天然提取物石杉碱甲具有较强的乙酰胆碱酯酶抑制作用，可增强病人的记忆力。乙酰胆碱M1受体激动药物：乙酰胆碱M1受体激动药对神经元具有营养和保护作用，能逆转Aβ诱导的细胞凋亡，延缓阿尔茨海默病的病情发展恶化。作用于非胆碱递质和受体的药物：这类药物通过改善其他的神经递质达到改善阿尔茨海默病症状的目的。目前主要有：单胺氧化酶抑制药、腺苷受体拮抗药、NMDA受体拮抗药。如金刚胺（memantine）是一种NMDA受体拮抗药，可以抑制兴奋性氨基酸神经毒性而不干扰学习、记忆所需的短暂的谷氨酸生理性释放，在欧洲和美国被批准用于治疗中、后期的阿尔茨海默病。

(4) 抗氧化药物：抗氧化药物通过清除活性氧和抑制它的形成来阻止神经细胞退化。研究表明长期使用褪黑素可以改善阿尔茨海默病转基因小鼠行为学障碍，显著抑制Aβ的沉积和胶质细胞的异常激活；银杏提取物Egb，可减少氧自由基的生成，抑制氧自由基所致的神经细胞损伤和死亡。

(5) 抗炎药物：流行病学研究表明，经常服用阿司匹林或消炎镇痛药的老年人患阿尔茨海默病和认知障碍的危险性明显降低。这说明抗炎药物具有治疗阿尔茨海默病的潜在应用价值。

(6) 神经营养因子药物：神经生长因子NGF对中枢胆碱能神经元有营养作用，实验表明NGF能改善老年动物的认知障碍。

(7) 钙离子拮抗药：细胞钙离子失衡是阿尔茨海默病的病理假说之一。钙离子的大量内流会造成神经细胞的损伤和凋亡。钙离子拮抗药可以抑制细胞内钙离子超载，对细胞起一定的保护作用。目前应用较多的有尼莫地平、氟桂利嗪等药物。

(8) 代谢增强药物：大脑供血不足和缺失营养导致脑老化是阿尔茨海默病患者普遍存在的临床症状。因此改善脑代谢补充营养是缓解阿尔茨海默病症状的重要治疗手段之一。代谢增强剂如氢麦角碱有至少40年的应用经验，是比较受到认可的阿尔茨海默病治疗药物。如脑复康等主要通过促进能耐了代谢加强神经递质的传递来治疗阿尔茨海默病。

然而上述治疗方法都是治标不治本，只能缓解阿尔茨海默病的症状，延缓病情恶化。但是无法补充已经死亡的神经元。对于中、晚期的阿尔茨海默病患者，用药的效果并不是很理想。并且，当发现病人的症状开始用药时，可能已经错过的最佳治疗时间，用药也无法逆转皮质和海马的神经元将会进行性退变死亡这一结局。细胞移植，用健康的神经元来替代和补充病变死亡的神经元，这种治疗方法给中、晚期的阿尔茨海默病患者带来一个希望，理论上讲细胞移植是治疗阿尔茨海默病的一个更为有效的方法。早在20世纪，就有很多科学家开始了细胞移植方面的研究，在过去的二三十年里，这方面的研究也取得了很大进展。

（二）细胞移植治疗阿尔茨海默病

随着科技的发展，细胞移植这种治疗方法在很多疾病中得到临床应用。如用细胞移植治疗血液病，肝病和帕金森病。目前，细胞移植对于阿尔茨海默病的治疗，尚没有临床报道。细胞移植在阿尔茨海默病上的进展不如帕金森病快，主要是因为较帕金森病而言，阿尔茨海默病病人大脑受损失的范围更大，受到影响的神经元种类更多。帕金森病主要是中脑多巴胺能神经元退行性病变，而阿尔茨海默病病人基底前脑和海马大量神经元死亡，继而引起大脑皮质萎缩，多种神经元受损。

但是在阿尔茨海默病疾病模型上，细胞移植的研究已经进行了多年。早在1985年FlneA等人将富含胆碱能的前脑组织移植阿尔茨海默病的大鼠模型的大脑皮质中，能够有效改善这些大鼠的记忆。外周胆碱能神经元移植到阿尔茨海默病大鼠模型也能有同样地效果。2001年Norman等人证明在阿尔茨海默病转基因小鼠人源APP 695SWE中移植人脐带血血细胞能够有效延长这些小鼠的寿命。也有科学家将基因修饰过的骨髓基质细胞移植如阿尔茨海默病动物模型的的海马中，该动物模型也有明显的记忆和学习能力的改善。近几年，随着干细胞技术的发展，干细胞移植治疗阿尔茨海默病也越来越受关注。将干细胞，或干细胞分化的神经前体，或神经干细胞移植到转基因小鼠中能够改善记忆和学习功能。这些都为将来细胞移植治疗阿尔茨海默病的临床应用提供了理论基础。目前，细胞移植治疗阿尔茨海默病还需要在阿尔茨海默病动物模型上做更多的尝试。研究过程中还有很多问题需要考虑，包括：如何选择移植供体细胞；如何获得足够数量的神经元；移植入的细胞能否形成突触连接；移植后的细胞能否长期稳定地与受体融合，能否定向迁移、融入受体的神经网络；移植的细胞能否有效的发挥功能等。

阿尔茨海默病人主要是中枢胆碱能神经元受损，基底核和海马区的神经元有大量的丢失。而且成熟的神经元不会再进行分裂增殖。在很长一段时间里，人们认为成年人大脑中不会有新生神经元，直到20世纪60年代，Altman等提出成年哺乳动物的大脑神经系统中会有新生的神经元，在1992年Reynolds和Weiss从成年小鼠脑内成功分离出了神经干细胞，证明这些细胞能够生成神经元补充死亡的神经元。现在普遍认为大脑的齿状回的下颗粒区和下脑室区存在神经干细胞，它们能够增殖，分化。通常情况下，大脑内神经元处于数目恒定状态，当有些细胞进入程序性死亡时或受到急性损伤死亡了一部分神经元时，神经干细胞能够分化为神经元补充已经死亡的神经元。所以说正常情况下成人大脑内的神经元是处于一个动态平衡的状态。研究表明小鼠的齿状回每天有0.1%的新生神经元，每6周有近80%的嗅球神经元被新生神经元取代。新生成的神经元非常稳定，能取代发育时期形成的神经元。新生神经元与学习记忆等认知功能、神经元长时程增强效应等密切相关。神经元的增生对中枢神经系统损伤后修复有重要用于。随着年龄的增长，尤其在病理情况下，细胞活性会降低，神经干细胞的增殖和分化能力都会降低。这时，增生的细胞不能完全补充死亡的神经元。也可能不能发育成相对应的神经元病形成神经环路。或者，无法到达病灶中心。此时脑内的微环境也很可能限制神经干细胞的分化，或者存在毒素损伤神经干细胞。

阿尔茨海默病病人是很难通过自身神经干细胞的分化来补充死亡的神经元的。通常用于移植的细胞也要具有一定增殖和分化能力，所以移植成熟神经元也是不理想的。具有增殖和分化能力的干细胞是细胞移植较为理想的来源。近几年，干细胞技术有飞速的发展，这方面的研究也一直是热门领域。通过干细胞技术研究阿尔茨海默病发病机制和治疗阿尔茨海默病具有光明的前景。

1. *胚胎干细胞与阿尔茨海默病* 由于胚胎干细胞具有分化为任何组织细胞的能力，因此它在分子机制研究和再生医学等领域备受关注。目前常用的胚胎干细胞分化方法是先形成类胚体。类胚体包含3个胚层的细胞，然后通过特定因子的诱导再分化为特定的成熟细胞。胚胎干细胞的全能型也是一把双刃剑，理论上能通过胚胎干细胞分化为任何我们需要的细胞，但定向分化为胆碱能神经元比较的困难，通常分化得到的神经元会掺杂着很多别的细胞，也可能带有未分化的细胞。移植胚胎干细胞很容易形成肿瘤，将分化后的细胞由于细胞种类较多，也有可能形成肿瘤。因为神经退行性疾病有很多小鼠模型，所以能得到一些疾病特异性的胚胎干细胞，而且小鼠的胚胎干细胞相对容易进行基因操作，所以用小鼠的胚胎干细胞研究阿尔茨海默病会相对简单。但是小鼠与人毕竟不同，如果将来要移植到阿尔茨海默病病人脑中，还是需要用人的胚胎干细胞进行研究，而对人的胚胎干细胞进行基因操作还是有很大困难。病人特异的胚胎干细胞目前还没见到报道。胚胎干细胞用于研究早期神经发育还是很好的材料。

人的胚胎干细胞分化为神经前体，定向分化为胶质细胞和多巴胺能神经元都有很成熟的分化方案。对于阿尔茨海默病的研究，已经有实验室成功地将人的胚胎干细胞成功分化为胆碱能神经元和星形胶质细胞。与胶质细胞共培养，能得到更成熟的神经元。移植到小鼠脑内，这些神经元能迁移到特定部位，具有生理功能。分化方案和移植方法还需要进一步的探索。

还有一种常用的方法是将人的胚胎干细胞分化为神经前体，再将神经前体移植到动物模型中。神经前体能够分化为神经元、星形胶质细胞和少突胶质细胞。有研究表明，将人胚胎干细胞分化得到的神经前体细胞移植入新生鼠大脑后，发现这些神经前体能整合到大鼠脑内，并能分化为全部3种神经细胞。将神经前体植到出生后24个月的大鼠侧脑室，4周后这些细胞能有序地迁移到大脑皮质和海马，并分化为神经细胞和星形胶质细胞，部分细胞可和宿主细胞生成突触、建立突触联系，并能显著改善衰老大鼠的学习记忆等认知功能。

2. *神经干细胞和阿尔茨海默病* 神经干细胞是成体干细胞的一种，能够分化为神经元，星形胶质细胞和少突胶质细胞。自1992年成功分离出神经干细胞后，对神经干细胞的研究进行得如火如荼。通过神经干细胞治疗阿尔茨海默病主要有两种途径。第一条途径是，诱导内源性的神经干细胞增殖和分化。有研究表明，阿尔茨海默病大鼠脑室内连续注射bFGF、EGF 14d后，再连续注射NGF 14d，内源性的神经干细胞显著增生，动物的认知功能得到明显改善。第二条途径是，移植外源性的神经干细胞或神经干细胞分化成的神经元。从新生的小鼠脑内能分离出神经干细胞，将这种干细胞注入兴奋性毒素破坏了前脑胆碱能神经元的小鼠模型内或很多老年的阿尔茨海默病鼠科模型中，能够发现移植的干细胞分化为神经元和胶质，并且改善了鼠的学习记忆等认知功能。并且这些研究还证明移植的神经干细胞能够被特异牵引到脑内神经退行性病变区。在阿尔茨海默病转基因小鼠中发现，神经干细胞能够迁移到Aβ聚集的区域，能够分化为胆碱能神经元并与小鼠的神经网络整合形成神经环路。诱导神经干细胞迁移的信号可能是Aβ也可能是神经损伤区域的炎症因子，具体原因和机制还有待进一步的研究。

研究发现，神经干细胞的迁移能力对分化能力有影响，当迁移受到抑制时分化能力也受抑制。神经干细胞需要迁移到特定部位才能表现出它的可塑性，分化成特定的神经元，这也说明，微环境对神经干细胞的定向分化能力有很重要的影响。

NGF等神经营养因子对胆碱能神经元的分化和维持非常重要。通过基因工程改造神经干细胞使其能够特异的诱导特定的基因表达能够提高移植的治疗效果。移植能够分泌NGF的神经元的大鼠神经功能和空间认知能力明显优于移植不能分泌NGF的神经元的对照组。

大脑虽然是免疫不全，但是移植异体来源的组织时仍然会发生免疫排斥。用胚胎干细胞作为移植细胞很难避免免疫排斥这一问题。如果用病人自身的神经干细胞则能有效避免。不过阿尔茨海默病病人通常年事已高，自身神经干细胞的增殖和分化能力已经显著降低。并且分离胚胎干细胞和神经干细胞并建成细胞系就比较困难，而且提取胚胎干细胞还有伦理方面的争议。

寻找更合适的细胞来源——没有伦理问题、取材方便、避免免疫排斥等一直是科学家们努力的方向。

传统观念认为，胚胎干细胞有全能性，具有分化为任一组织的细胞，而且在分化的过程中会随着微环境的变化随时有可能发生命运的改变，细胞的命运具有极大地可塑性。但是一旦分化成熟后，也就将失去这种全能性和可塑性。分化成熟的组织细胞会表达特定的一些基因，其他的基因是丢失了还是只是处于未激活的状态。1962年，第 1 例两栖动物体细胞重编程实验的成功证明了特定的组织细胞内保存了其他任一组织所需用的所有基因。如果将已经分化的细胞重新编程，则能取病人本身的细胞重新转换为具有全能性的细胞用于细胞移植。从 20 世纪 60 年代开始，就有很多这方面的探索，体细胞重编程之路也得到了很大的拓展。要实现体细胞的重编程主要有 3 个方法：第一个方法是细胞核移植，将体细胞的细胞核移植到去核的卵母细胞中，通过一定手段激活这个卵母细胞，这能发育为体细胞来源的个体遗传性状一致的个体，也称为克隆。第二种方法是细胞融合。细胞融合是两种或多种种类的体细胞与胚胎干细胞融合，形成一个整体。细胞融合可以形成杂合细胞和异核体。细胞融合形成稳定的异核体证明终末分化的细胞仍然具有可塑性，分化状态能被反转。细胞融合能用于研究基因组之间的相互作用以及用于转录蛋白肿瘤抑制蛋白的发现。随着现代分子技术的成熟，细胞融合也是用于研究细胞核重编程的好方法。第三种方法是转导转录因子。通过向分化成熟的体细胞转入一定的转录因子，可将体细胞重新诱导为干细胞状态，即细胞能在体外无限增殖，具有多能性，这种细胞也称为 iPS 细胞。与前两种方法相比，第三种方法不需要异体的卵母细胞或胚胎干细胞。也是如今最为广泛使用，发展迅速的一个体细胞重编程方法。

3．*iPS 细胞与阿尔茨海默病*　2006 年日本科学家 Yamanaka 在著名杂志 Cell 上发表了他们研究组的成果：通过表达 4 个转录因子 Oct4、Sox2、c-Myc、KLF4 将小鼠的胚胎成纤维细胞和成体体细胞诱导为了具有胚胎干细胞特性的细胞——能自我更新，具有全能性，可以分化为 3 个胚层的各种组织细胞。这种细胞定义为诱导多能干细胞（iPS 细胞）。这一发现和诱导技术引起了学术界的广泛关注，越来越多的研究组进行 iPS 的研究。2007 年，就先后有两个实验室成功将人的体细胞诱导为了多能干细胞。建立 iPS 细胞系的流程大体是：第一，将转录因子转到成纤维细胞中去。持续观察细胞，待成纤维细胞的形态发生变化，当细胞变为像胚胎干细胞那样一呈克隆状生长，核质比很大的形态时，将这些细胞挑出。第二，挑出的细胞用胚胎干细胞的培养条件培养扩大，进行下一步鉴定。首先看这些细胞能否维持胚胎干细胞的形态无限增殖、检测其全能性基因的表达情况，以及甲基化水平是否与 ES 相似。第三，检测这些细胞是否具有分化为各个胚层细胞的能力。第四，打畸胎瘤，观察体内分化情况。第五，检测核型是否正常。第六，如果是小鼠的 iPS 细胞还要做嵌合体小鼠，人的 iPS 细胞由于伦理方面原因目前还不能做这一步。

在短短的几年时间里，iPS 细胞的技术有突飞猛进的发展。从供体细胞的选择方面，已经有人、小鼠、大鼠、猪、猴的体细胞被诱导为了 iPS 细胞。在诱导方式方面，最早 Yamanaka 等是通过病毒载体像体细胞转入 4 个转录因子，之后则不断有技术更新的报道。到目前为止诱导方式主要有：通过转入外源转录因子；通过多肽诱导；添加小分子化合物；转入 MicroRNA。转录方法上有通过慢病毒介导的转录因子转录，通过腺病毒介导的转录因子转入，以及瞬时转录。在诱导方法上最终的目标是纯粹通过添加小分子化合物就能成功诱导 iPS 细胞。这主要是想减少外源基因的转录，避免使用病毒，以减少病毒插入基因组导致基因突变或者诱导癌变的风险。除了诱导方式，有很多实验室正致力于提高诱导效率的研究。通过添加一些化学分子可以提高成纤维细胞转化为诱导多能干细胞的效率。组蛋白甲基化转移酶抑制药 BIX-0129 通过抑制 G9a 的甲基化能提高 5 倍的诱导效率；DNA 甲基化转移酶抑制药RG108，AZA能提高3～40倍的诱导效率；组蛋白去乙酰化酶抑制药VPA，TAS，SAHA能提高2～20倍的诱导效率。此外还有其他一些通路的抑制药如TGF-β的抑制药A83-01和GSK3的抑制药PD0325901+CHIR99021等，都能在不同程度上提高成纤维细胞转化为诱导多能干细胞的效率。

优化诱导方式和提高诱导效率只是为了更有效地获得iPS细胞，iPS技术的最终目的用于研究人类疾病。因此病人特异性的iPS细胞模型才是关注的焦点。

iPS细胞之所以引起如此广泛的关注是因为它在研究疾病发病机制和药物筛选以及细胞治疗上有其他疾病模型不可替代的优点。首先iPS细胞遗传背景清楚，它是病人体细胞命运的转换，用它做细胞治疗可以规避伦理问题。其次，病人的iPS细胞携带了导致病人发病的基因，能通过分化来重现疾病的发生过程。同时还能研究疾病模型在早期发育过程中是否出现异常。iPS细胞模型是研究疾病发病机制的优秀模型。再次，由于细胞来自病人，因此可以解决免疫排斥的问题，是细胞移植的良好来源。同时是用于疾病个性治疗的极佳材料。图5-7总结了诱导多能干细胞的细胞系鉴定方法和细胞系的应用前景。

疾病和病人特异的多能干细胞的来源主要有：第一，从已经鉴定携带致病突变基因的胚胎中分离胚胎干细胞，但是这种供体细胞是很有限的。第二，获取病人的成纤维细胞诱导iPS细胞。第三，体外扩增多能干细胞，并分化为疾病相关的细胞类型。第四，对于神经退行性疾病，分化出的神经元可以体外培养，根据疾病病程研究神经元的生成、迁移、形态、突触联系、存活能力等方面的功能。从多方面来模拟疾病过程。第五，细胞模型建立之后可以用于药物筛选和其他临床应用。

目前已经有很多疾病建立了病人的iPS细胞模型，在神经和精神系统疾病方面有帕金森病、肌萎缩侧索硬化症、脊肌萎缩症、精神分裂症、唐氏综合征等。

表5-6是目前已经建立的疾病iPS细胞模型。这些疾病iPS细胞模型的建立对iPS技术有很大推动作用，同时iPS技术为这些疾病的研究提供了一种新的思路和方法，为疾病的治疗提供了很好的材料。

阿尔茨海默病为世界第一大类神经退行性疾病，自然有很多研究者致力于阿尔茨海默病-iPS的研究。Human Molecular Gentic报道了第一个阿尔茨海默病-iPS细胞模型，但这并不意味

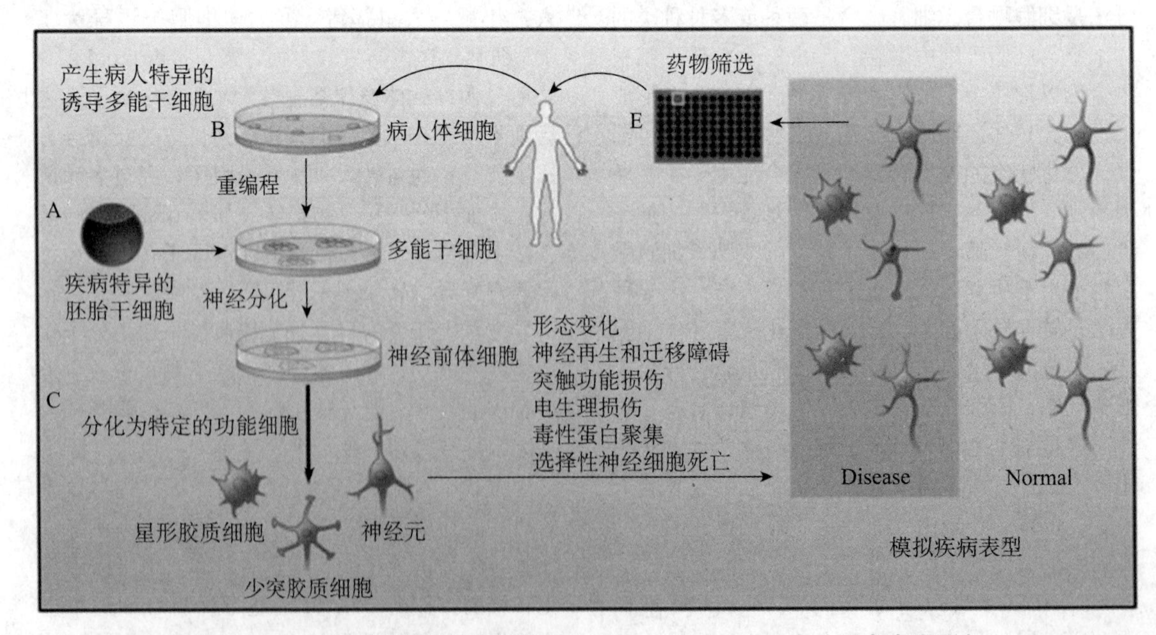

图5-7 诱导多能干细胞的应用前景（Park. et al. 2008）（见书末彩图）

表 5-6 已发表的神经系统疾病相关的病人特异 iPS 细胞系

疾病	基因（突变）	供体细胞	诱导方法
帕金森病	Idiopathic	Fb	LV:Cre-excisable; K,S,O or K,S,O,M
帕金森病	LRRK2(G2019S)	Fb	RV:K,S,O
帕金森病	PINK1(Q456X;V170G)	Fb	RV:K,S,O,M
Huntington 舞蹈病	HTT(72CAG repeats)	Fb	RV:K,S,O,M
肌萎缩侧索硬化	SOD1(L144F)	Fb	RV:K,S,O,M
肌萎缩侧索硬化	SOD1(L144F,G85S)	Fb	RV:K,S,O
共济失调	FXN	Fb	RV:K,S,O,M
脊髓性肌萎缩	SMN1 deletion	Fb	LV:S,O,N,L
家族性 dysautonmia	IKBKAP	Fb	LV:K,S,O,M
Duchenne 型肌营养不良症	DMD	Fb	RV:K,S,O,M
Duchenne 型肌营养不良症	DMD	Fb	LV:Cre-excisable; K,S,O,M
Becker 型肌营养不良症	unidentified	Fb	RV:K,S,O,M
瑞特综合征	MeCP2	Fb	RV:K,S,O,M
高雪症	GBA	Fb	RV:K,S,O,M
Lesch-Nyhan 综合征	HPRT1	Fb	LV:K,S,O,M,N
唐氏综合征	Trisomy 21	Fb	RV:K,S,O,M
Fragile-X 综合征	FMR1	Fb	RV:K,S,O,M
Angelman 综合征	maternally inherited deletions of chr.15q11-q13	Fb	RV:K,S,O,M,L
普瑞德威利症	paternal deletion of chr. 15q11-q13	Fb	RV:K,S,O,M,L
精神分裂症	unidentified	Fb	LV:K,S,O,M,L
精神分裂症	DISC1	Fb	Episomal,nonintegrating, DNA plasmids
阿尔茨海默病	PS1(A246E),PS2(N141I)	Fb	RV:K,S,O,M

成纤维细胞(Fb),KLF4(K),SOX2(S),OCT4(O),c-MYC(M),NANOG(N),LIN28(L),反转录病毒(RV),慢病毒(LV)

着阿尔茨海默病 -iPS 研究的结束，相反只是个开始，在研究疾病发病机制和细胞治疗方面都还有长的路要走。我们相信会有越来越多和越来越深入的研究。

对于阿尔茨海默病这种神经退行性疾病，发病机制和原因都十分的复杂，家族性阿尔茨海默病病人只有大约 5%，有 95% 是散发性的，与环境有莫大关系。目前是认为由基因因素和环境因素共同导致发病。因此只建立一株该疾病的 iPS 细胞模型是不足以说明问题。当下诱导多能干细胞的技术已经比较成熟时，尽可能多的诱导不同基因突变类型的阿尔茨海默病 -iPS 细胞系和散发性的阿尔茨海默病 -iPS 细胞系，建立阿尔茨海默病 -iPS 细胞库，通过体外分化可以研究与正常人的相比观测早期神经发育是否有差异，早期的功能差异是否会是老年发病的"定时炸弹"。各种阿尔茨海默病 -iPS 细胞分化得神经元是否存在功能或发育进程方面的差异？这有利于进一步研究各相关基因的功能和各种环境因素对阿尔茨海默病发病的影响。这也有利于药物的筛选和阿尔茨海默病特异性治疗。

目前，神经分化已经在小鼠和人的胚胎干细胞上有过很多研究，分化方法和研究方案都比较成熟，这也为 iPS 细胞神经分化打下了很好的基础。iPS 细胞与胚胎干细胞很相似，可以用 ES 的分化方法将 iPS 细胞分化为神经元和其他细胞。细胞移植方面在小鼠模型上也有了一定的成果。当然细胞系之间还是有差异，也需要进行适当的调整才能找到一套稳定的分化方案和细胞移植方案。

三、干细胞移植治疗肌萎缩侧索硬化症

（一）概述

肌萎缩侧索硬化症是最常见的成年人运动神经元病。以选择性和进行性运动神经元死亡为主要特征，主要累及脊髓前角细胞、脑干运动神经核及锥体束，是上下运动神经元损害并存的慢性进行性神经系统变性疾病。

肌萎缩侧索硬化症多中年发病，临床表现为进行性骨骼肌无力和萎缩、延髓麻痹及锥体束征。常见的首发症状为一侧或双侧手指活动无力，随后出现鱼际肌、骨间肌、蚓状肌等手部小肌肉的萎缩，之后逐渐延及颈部和躯干，通常在 3 ~ 5 年因呼吸麻痹而死亡。通常感觉系统不受累，患者一般无客观的感觉障碍。病理表现为脊髓前角细胞及其他受累区域锥体细胞的变性、脱失，光镜下可见神经元细胞胞质内有一种泛素化包涵体。

关于肌萎缩侧索硬化症的病因和发病机制，目前有多种假说，如遗传机制、氧化应激、兴奋性毒性、神经营养因子障碍、自身免疫机制、病毒感染及环境因素等。虽然确切的致病机制迄今未明，但目前公认的是，在遗传背景的基础上，氧化损伤和氨基酸兴奋性毒性通过影响线粒体和细胞骨架的结构和功能共同造成了运动神经元的损伤。

（二）肌萎缩侧索硬化症的治疗现状

肌萎缩侧索硬化症致病因素多样且相互影响，且肌萎缩侧索硬化症发生后病变部位从延髓到腰髓不定，运动神经元损伤的多少和病情发生的速度不一，使临床症状和体征表现多元化。因此决定了肌萎缩侧索硬化症的治疗方法也呈多样化，主要包括对症治疗和病因治疗，目前尚无有效方法阻止神经变性性疾病的发展。但是人们仍在不断地探索新的方法，以期改变肌萎缩侧索硬化症不可治愈的现状。迄今为止，关于肌萎缩侧索硬化症的治疗有如下方面。

1．*一般治疗*　肌萎缩侧索硬化症是慢性致残性神经变性疾病。如双手致残，吞咽障碍则易出现营养不良。主要为对症支持治疗。对症治疗主要包括针对吞咽、呼吸、疼痛等并发症的治疗。吞咽困难者可给予鼻饲，呼吸衰竭者可行气管切开并机械通气。对病人的心理支持也很重要。截瘫病人要注意皮肤及膀胱的护理。适度锻炼有利于抑制肌张力和减轻阵挛。后期因球麻痹而吞咽困难者应进行物理治疗，随时调整饮食。严重呛咳者应进行鼻饲或经皮内镜胃造口术以保证饮食入量。应用抗胆碱药减少流涎。肌肉痉挛可给予安定、氯苯氨丁酸、盐酸乙哌立松等。

2．*抑制兴奋性氨基酸*　谷氨酸释放抑制药力鲁唑（riluzole）是目前唯一一个获美国食品及药品管理局（FDA）批准用于治疗肌萎缩侧索硬化症的药物。研究显示，它能延缓肌萎缩侧

索硬化症的进展，并改善患者生存状态，平均延长生存时间 3 ~ 4 个月。力鲁唑对肌萎缩侧索硬化症的作用方式不明，其主要药理学性质是抑制中枢神经系统的谷氨酸能神经传导，力鲁唑的抗谷氨酸性质涉及数个突触前和突触后过程。通过突触前抑制谷氨酸释放和突触后干扰兴奋性氨基酸的效能，其还可以通过使电压依赖性钠通道及和第二信使相关的鸟嘌呤核苷酸环化酶失活而起作用。其他谷氨酸抑制药如右甲喃、拉莫三嗪等疗效不佳，抗惊厥药物加巴喷丁（gabapentin）作用与力鲁唑相似。但它不是一种治愈性药物，不能改善症状或逆转进行性恶化的趋势。

3．抗氧化剂与自由基清除剂　有人在表达部分肌萎缩侧索硬化症存在的 SODl 基因突变的转基因鼠实验中，研究发现维生素 E 可推迟症状的出现与瘫痪的进行性加重。Desnulle 等观察了接受力鲁唑治疗的 289 例病程不到 5 年的肌萎缩侧索硬化症病人，随机分为维生素 E 治疗组与安慰剂对照组治疗 1 年，结果发现与对照组比较，维生素 E 与力鲁唑合用治疗 3 个月，氧化应激指标血浆谷胱甘肽过氧化物酶活性升高，血浆硫巴比妥酸反应物下降，但患者的生存与运动功能不受影响。

4．神经营养因子　Derby 等用 G93A 转基因鼠建立的体外运动神经元培养模型，发现重组人脑源性神经营养因子（BDNF）（100ng/ml）明显促进胆碱乙酰转移酶免疫反应性运动神经元的成活，使运动神经元胞体增大 315 倍，轴突增长 10 倍。

来自美国的初步研究结果提示 IGF-1 可减慢肌萎缩侧索硬化症恶化的速度（以 Appel 肌萎缩侧索硬化症评分标准为依据）。在观察期间，达到 20 分的病人数减少，一般认为评分 20 分者多伴有明显的生活能力改变。此外，IGF-1 对疾病影响程度也有明显影响。疾病影响程度被认为能反映病人生活质量。所有上述结果均有统计学意义，并且与剂量相关，提示该结果的可靠性。

SR57746A 是目前 Sanofi Recherche 正在研究的第一个用于肌萎缩侧索硬化症病人治疗的口服有活性的神经营养因子。该药对 5-HTlA 受体有亲和力，在啮齿类和灵长类神经变性疾病动物模型中，它有神经营养作用。已进行 77 例肌萎缩侧索硬化症患者双盲实验（SR57746A 2mg/d）表明，32 周时治疗组较安慰剂对照组功能评分下降。目前正在对 2 000 例肌萎缩侧索硬化症病人（包括服或未服力鲁唑）进行疗效观察，希望尽快得出结果。

5．肌酸　线粒体是细胞能量的主要来源，它的功能下降可引起细胞代谢的变化，最终导致细胞死亡。Klivenyi 等用 G93A 转基因鼠研究了肌酸的神经保护作用，与未给肌酸的转基因鼠比较，口服 1% ~ 2%肌酸的转基因鼠可引起剂量依赖性和有统计意义的生存增加。肌酸对前角运动神经元的生存有明显作用，服 1%肌酸的转基因鼠无神经元丧失，而未服肌酸的转基因鼠较正常鼠神经元丧失 50%。氧化应激指标硝基酪氨酸在后者中增高，在前者中不增高。作者认为肌酸可能有助于缓冲细胞间能量的储备，抑制线粒体转运孔的开放或刺激线粒体的呼吸。

6．基因治疗　第 21 对染色体上的 SODl 基因突变与肌萎缩侧索硬化症的发生有密切关系，而且随着研究的不断深入，一些新的基因位点将被发现，那么对肌萎缩侧索硬化症进行基因治疗也有望实现。Finiels 等研究发现特异高产的生长因子基因可以通过肌注重组腺病毒转染而到达运动神经元，然后经轴突逆向传输至神经元胞体，并通过注射肌肉的选择来决定基因转至脊髓的特定部位。这种转染成功率较高，58% ~ 100%的支配运动神经元均有目的基因产物的表达，且没有副作用，此法动物实验已取得明显效果，但是与临床应用还有一定的距离。

（三）肌萎缩侧索硬化症的干细胞替代治疗

各种药物及非药物治疗肌萎缩侧索硬化症均未表现出明显效果，亦不能阻止其进一步恶化，于是干细胞治疗肌萎缩侧索硬化症应运而生。近年来，国内外陆续发表了有关胚胎干细胞、间充质干细胞和神经干细胞移植治疗肌萎缩侧索硬化症的报道，为目前尚无有效治疗的肌萎缩侧索硬化症的治疗带来了新的希望。

干细胞是一类具有自我更新与多向分化的细胞，分为全能干细胞、多能干细胞和单能干细胞。肌萎缩侧索硬化症的干细胞替代治疗是指用干细胞产生新的神经细胞以替代那些在肌萎缩侧索硬化症变性过程中丢失的神经细胞，从而使疾病得到缓解。肌萎缩侧索硬化症是最适合细胞替代治疗的疾病之一，因为它病因不清、病程短、病死率高，选择性损伤运动神经元，并缺乏有效地药物治疗，而干细胞治疗可能是一种能够彻底治愈肌萎缩侧索硬化症的方法。

1．*胚胎干细胞移植治疗肌萎缩侧索硬化症* 作为肌萎缩侧索硬化症疾病干细胞治疗的供体细胞应具有易获得、能够迅速扩增、在宿主体内能够长期存活和表达外源基因等特点以外，还应该能够整合入现存的神经环路，其轴突应该可以与周围神经或肌细胞建立突触联系。

胚胎干细胞是指从动物早起胚胎的内细胞团分离出来的多潜能性细胞，可在体外大规模培养，而且其具有多向分化的潜能，在一定条件的诱导下，可定向分化为多种细胞系，包括神经干细胞、星形胶质细胞、少突胶质细胞和神经元，由于胚胎干细胞具有多潜能性，可发育成三胚层的各种组织和器官，而且其免疫原性比较低，因此为神经移植治疗提供了细胞来源，可将其用于移植治疗。Evans 和 Kaufman 首先成功分离并培养了小鼠的胚胎干细胞，以后又有人陆续提取并培养了其他多种动物的胚胎干细胞。而后，Thomson 等第一次从人类的囊胚中提取了胚胎干细胞，经过 4 ~ 5 个月的培养后细胞仍可保持未分化状态，从而建立了人胚胎干细胞系。将胚胎干细胞进行体外扩增后，可在体内或体外诱导分化为各种所需的组织或器官。Brustle 等将胚胎干细胞在体外诱导分化为少突胶质细胞和星形胶质细胞的前体细胞，然后将其植入有脱髓鞘病变的大鼠体内。结果发现植入的细胞可以与宿主神经元建立联系并形成轴突髓鞘。这一研究结果为利用胚胎干细胞进行神经移植治疗中枢神经系统疾病提供了直接证据。

2003 年，Kerr 等报道了应用人胚胎干细胞移植治疗肌萎缩侧索硬化症的动物实验结果。他们将人胚胎干细胞经腰穿刺注入肌萎缩侧索硬化症大鼠模型的脑脊液中，12 周后发现 55% 的模型大鼠运动功能得到改善，后肢恢复了部分运动功能。通过形态学观察到约 6% 的人胚胎干细胞迁入脊髓并达到良好的融合，表现出了运动神经元的形态，并表达运动神经元的特异分子标志。其机制可能是由于人类胚胎干细胞可以释放转化生长因子和脑源性神经生长因子，保护濒临死亡的运动神经元，从而使运动神经元疾病模型大鼠的运动功能得到恢复。

有人将胚胎的中枢神经组织试用于临床，发现患者的神经症状有一定程度的改善，其根本原因在于其所含有的干细胞成分，但是应用胚胎组织必然要面对的伦理道德和法律问题，限制了对其更为深入的研究，而神经干细胞移植治疗肌萎缩侧索硬化症似乎成为更有希望的方法。

2．*神经干细胞移植治疗肌萎缩侧索硬化症* 神经干细胞属于单能干细胞的一种，能够有效地自我更新，具有分化为神经元和神经胶质细胞的潜能。神经干细胞有强大的迁徙能力，使经脑脊液或血液移植成为可能。研究表明，神经干细胞移植已经在神经变性疾病如老年性痴呆、帕金森综合征和中枢神经系统损伤等疾病中取得较满意的结果，但神经干细胞治疗肌萎缩侧索硬化症的研究刚刚起步。

（1）神经干细胞治疗肌萎缩侧索硬化症的可行性：神经干细胞治疗肌萎缩侧索硬化症并非针对病因。在病因尚不完全明了的情况下，干细胞避开了对发病因素治疗的尖锐问题，而去修复因致病因子损伤造成的神经功能损伤，修复和替代变性的运动神经元。人们已经证明了发育期和成年哺乳动物体内存在着具有自我更新和多向分化潜能的神经干细胞，这些细胞可以在体外增殖、克隆和基因操作，并可由生长因子诱导分化为某一特定的神经细胞，神经干细胞的这种可塑性决定了它可用于肌萎缩侧索硬化症患者神经功能缺失的修复与重建。神经干细胞在哺乳动物体内终身存在，在胚胎期存在于全脑，在成年个体中存在于海马齿状回颗粒细胞层和侧脑室室管膜下区等部位，具有维持神经内环境的稳定性和自我修复的功能。神经干细胞在中枢神经系统内可以广泛播散，并根据其所处的局部微环境进行分化增殖。肌萎缩侧索硬化症可发生于中枢神经系统的任何部位，因此，神经干细胞移植对肌萎缩侧索硬化症的治疗有良好的应用价值。与以往治疗方法不同，神经干细胞移植不是对抗神经病变的病理过程，而是通过其潜在的自我修复功能使受损组织得以新生。Klein 等将人神经干细胞移植到肌萎缩侧索硬化症模型鼠，发现可使小鼠发病时间延迟，延长生存时间数周，而且可见到大量长时间存活的神经干细胞，不但可以分泌神经营养因子而且可以与肌萎缩侧索硬化症小鼠残存神经细胞融合。神经干细胞是未分化的原始细胞，其细胞表面无显著的组织相容性复合体 MHC Ⅰ和 MHC Ⅱ类抗原表达，移植后与宿主发生的免疫排斥反应较小，有利于植入的细胞的长期存活并与宿主细胞更好的融合。神经干细胞的自身特性决定了它不仅是胚胎组织移植的替代物，也是很好的基因载体，而且更重要的是它在移植后能够重建神经环路，并在此基础上释放人为调控的基因产物。以往的目的基因表达及其产物功能的发挥多依赖于现存的神经环路，而实际上这些神经环路在肌萎缩侧索硬化症病变中已经退变或丧失功能，而神经干细胞作为目的基因载体可在运载目的基因的同时重塑退变的神经环路，从而增强目的基因的功能。

（2）内源性神经干细胞治疗肌萎缩侧索硬化症：传统观念认为，神经细胞为终末分化细胞，成年哺乳动物的中枢神经系统不能再生，一旦细胞死亡则无法逆转。近期研究发现，在哺乳动物大脑室下带、间脑、海马、纹状体、室下核、海马颗粒下层等均存在有神经干细胞，可以发生神经生成。

对于正常成年脊髓，一般认为神经干细胞存在于靠近中央管的室管膜、室管膜下区和白质实质。成年脊髓干细胞增殖和迁移成为祖细胞有 2 种方式：第一种方式认为，缓慢增殖的干细胞位于中央管的室管膜层，这些细胞在一定条件下对称分裂为子细胞，迁移到脊髓外层并分化为可增殖的为胶质细胞祖细胞或成熟的脊髓胶质细胞。第二种方式认为，干细胞和胶质祖细胞独立存在于可增殖的室管膜外的脊髓实质区，这些细胞一部分为多潜能干细胞，其他为胶质祖细胞并可分化为少突胶质细胞。

成年哺乳动物脊髓被认为是不能神经生成的区域，而在海马粒状细胞下区具有在体神经生成的能力。在非病理条件下，可分化的脊髓祖细胞是胶质源性祖细胞，可以产生少突胶质细胞和星形胶质细胞但是不能产生神经元。

Ohta 等选用正常和肌萎缩侧索硬化症疾病模型小鼠，腰段脊髓鞘内注射 EGF 和 FGF-2。注射后，与正常小鼠相比 SOD1 转基因小鼠脊髓 BrdU 和 Nestin 双标阳性的神经前体细胞明显增加。因为在正常情况下神经前体细胞存在于中央管室管膜附近，该实验结果显示在有症状的 SOD1 转基因小鼠，疾病本身很大程度上激活了神经前提细胞的增殖及其迁移到脊髓前角，而应用了生长因子之后，这种效应更加明显。

（3）神经干细胞移植治疗肌萎缩侧索硬化症：神经干细胞移植治疗神经系统疾病的优点：第一，易于在体外大量增殖并建立细胞株。第二，免疫原性小，免疫排斥反应较轻。第三，相对于永生化细胞而言，肿瘤发生率明显较小。第四，体内移植后可以向病变部位做长距离的定向迁移。第五，损伤或应激等微环境可以有效刺激神经干细胞的增殖和分化。第六，避免了应用胚胎干细胞的社会伦理道德问题。神经干细胞的上述特性，决定了它在神经系统疾病治疗中的广阔前景。

以前的研究一直认为脊髓不支持神经干细胞向神经元方向分化，而是优先向胶质细胞系选择性分化。Yan 等将来源于人类胎儿脊髓的单细胞层移植到正常或受损伤成体裸大鼠腰髓，观察到这些细胞大规模向神经元分化，并且形成突触和轴突，与宿主运动神经元建立了广泛联系。这些都提示脊髓微环境影响神经干细胞的分化方向。在中心部位的细胞主要分化为神经元，位于软脑脊膜下的细胞保持为神经干细胞或以星形胶质细胞表型出现，只有不到 10% 的移植细胞分化为少突胶质细胞。在白质，由于病灶的存在会增加星形胶质细胞表型出现的频率。该实验结果提示，神经干细胞移植到正常或受损伤成体脊髓后，会表现出实质上的神经元分化，有与宿主神经回路整合的良好潜能。

目前神经干细胞移植治疗肌萎缩侧索硬化症集中在动物实验研究，而且大多是对啮齿类动物模型的研究。影响临床应用的一些问题还需要解决，如干细胞来源问题、治疗的安全性及副作用、疗效的确切机制等，以上问题还需要进一步探索。

（4）间充质干细胞移植治疗肌萎缩侧索硬化症：胚胎干细胞及成体干细胞移植面临着细胞来源缺乏、免疫排斥和伦理道德等问题。间充质干细胞是各种间充质干细胞的前体细胞，占骨髓中有核细胞的 10% 左右，具有很强的增殖和分化潜神经干细胞能。

与其他干细胞相比，间充质干细胞有很多优点，如来源广泛、易于体外扩增、免疫原性低等。从目前已有的研究成果考虑，自体间充质干细胞可能是较理想的供体来源。间充质干细胞在体内外可以分化为神经元和星形胶质细胞。在利用经体外诱导分化后的间充质干细胞进行脑内移植的研究也证实其可分化为新的神经细胞，并且可以延缓小鼠和人的某些神经系统疾病。

Corti 等将来源于绿色荧光蛋白转基因小鼠的骨髓细胞经静脉移植到肌萎缩侧索硬化症模型鼠体内可使小鼠的发病时间明显延后，生存期延长。经检测，这些细胞能分布到脑、脊髓和心脏以及骨骼肌等脏器组织中，而且不同程度地分化为定位组织的细胞；除了受体脑和脊髓内有标记阳性的小胶质细胞外，在受体的心肌和骨骼肌内也出现了标记细胞。但是免疫组化发现分布到脊髓的移植细胞很少表达未成熟和成熟神经元的标记（Tuj1、NF 和 NeuN 等）。另外，这些移植细胞很少表现为运动神经元样的形态，也很少有细胞伸出的突起能达到脊髓之外。Huang 等参考 Corti 的方法，同样证明经尾静脉移植的正常小鼠骨髓干细胞能在转基因阳性鼠体内长期存活，并可改善模型鼠的生存期、发病时间和运动功能。

将干细胞治疗应用于临床肌萎缩侧索硬化症患者研究的文献报道及患者数量不多，多不以临床疗效研究为目标，主要研究机制及安全性。Mazzini 等将自体骨髓源性细胞在体外扩增后，注射到 7 例经外科手术暴露的肌萎缩侧索硬化症患者脊髓胸 7 至胸 9 段，患者有轻微不良反应，出现可恢复的腰痛及下肢感觉麻木，移植后 3 ~ 6 个月的 MRI 复查并未显示脊髓结构或细胞增殖的异常。虽然临床效果不是该研究的目标，但移植 3 个月后 4 例患者的某些肌肉肌力线性下降的速度减慢，还有 2 例患者肌力有所改善。这些初步的研究结果虽然未发现有显著的功能恢复，但是该实验显示了此移植方法的安全性，为干细胞替代治疗应用于临床提供了很好的借鉴。Gong 等观察自体骨髓干细胞移植治疗运动神经元病 72 例，认为改善功能障碍的近期疗效确切，且无任何并发症出现。

为了评估干细胞移植治疗肌萎缩侧索硬化症的可行性、安全性和免疫效应，以色列 Hadassah 医学研究中心于 2010 年对 19 个肌萎缩侧索硬化症病人进行了间充质干细胞移植治疗。为了观察疗效，研究者对病人移植前 2 个月、移植时、移植后 1 个月、3 个月、6 个月分别进行了功能评估，结果显示，移植前 2 个月到移植时这段时间内患者功能有轻微下降，移植后 6 个月以内患者功能保持平稳。所有患者均未发生严重的副作用，只有轻微的不良反应，发生的不良反应及其发生比例如表 5-7。

3．肌萎缩侧索硬化症的干细胞保护治疗

肌萎缩侧索硬化症的干细胞替代治疗虽然取得了一些进展，但要使这种方法获得成功，仍需重大突破。目前更有实际意义的方法是利用干细胞来保护那些濒临死亡的运动神经元，从而延缓疾病的发展。肌萎缩侧索硬化症的治疗以前以运动神经元为中心，目前已转变为以运动神经元和非神经元之间的相互作用为重心。

正常的胶质细胞对运动神经元的存活至关重要。由正常细胞和 Cu/Zn SODl 基因突变的细胞所组成的嵌合体小鼠中，正常胶质细胞对周围的 SODl 基因突变运动神经元有显著的保护作用。生长因子的不足也和运动神经元的死亡密切相关。而多种营养因子，如 GDNF、VEGF 等通过基因治疗则可推迟 SODl 基因突变小鼠发病时间或延长其生命周期。人类胚状体来源细胞（EBD 细胞，来源于人类胚胎生殖细胞）自身可释放转化生长因子 - α 和脑源性神经生长因子，保护濒临死亡的运动神经元，从而使运动神经元疾病模型大鼠的运动功能得到部分恢复。Sandra 等分

表 5-7 移植治疗的不良反应

不良事件	病人数量（n=19）	发生比例
发热	11	57.89%
头痛	5	26.32%
腿痛	2	10.53%
消化不良	1	5.26%

离、扩增人类神经祖细胞后，体外进行基因修饰，使其可释放对运动神经元有支持保护作用的 GDNF。这种神经祖细胞经移植后，可在 SOD1 G93A 大鼠脊髓内存活，不但可以分泌 GDNF，保护运动神经元，本身还可以分化为可重建运动神经元微环境的胶质细胞，且未见明显副作用。

成纤维细胞也可经基因修饰而表达营养因子，但成纤维细胞在脑内倾向于形成小而薄的移植物，不能广泛迁移。而神经祖细胞则可通过迁移而扩大影响范围。

肌萎缩侧索硬化症的治疗方法中，基因治疗也非常有前景。和基因治疗相比，利用干细胞的优点在于：第一，无活病毒注入脊髓，故较安全。将病毒颗粒直接注入脊髓是基因治疗的常用方法，它可能将病毒带入中枢神经系统其他部位而产生副作用，也可能使中枢神经系统内的细胞因病毒的整合而发生转化。第二，无须神经肌接头的摄取和轴突逆转运。也有些基因治疗采用肌内注射病毒颗粒的方法，这要求轴突和神经肌肉接头的相对完好，但肌萎缩侧索硬化症病人已有轴突和神经肌肉接头的破坏，尤其是晚期病人。第三，不会为已呈病态的宿主细胞增加药物分泌和病毒转染的额外负担。第四，选择合适的干细胞，如神经干细胞或神经祖细胞，能为微环境增加正常胶质细胞，从而改善运动神经元的微环境。另外，有些干细胞经蛛网膜下隙注射后，可向脊髓全长扩散，并可侵入受损脊髓。这非常适合于肌萎缩侧索硬化症这种运动神经元广泛丢失的疾病。而且，侵入的干细胞和宿主神经元距离很近，能更有效传递营养因子。选择合适的干细胞，经基因修饰后释放其他营养因子（如 VEGF）也可能对肌萎缩侧索硬化症模型动物产生保护作用，但需进一步证实。需要注意的是，干细胞直接释放生长因子可能会产生副作用，故应长期监测，每应用一种新的生长因子。都应仔细考虑其副作用。

近年来，很多研究中心都进行了干细胞移植治疗肌萎缩侧索硬化症的临床试验，治疗效果如下表（表 5-8）。虽然干细胞移植治疗肌萎缩侧索硬化症的基础研究和动物实验已取得可喜的进展，但仍存在一些问题尚待解决。目前干细胞定向诱导分化的调控机制不明，干细胞在特定微环境中的迁移机制不明，诱导分化后细胞的获能状态不明，干细胞的来源何者最优，如何选择适当的移植途径使移植的细胞顺利地通过血脑屏障到达特异的中枢神经系统受损区，如何提高移植后细胞的存活率及存活时间，移植后的临床疗效如何，移植后的安全性、成瘤性，移植后线粒体的异质性、遗传性及后生效应等还有待进一步研究。尽管如此，我们相信在不久的将来细胞替代治疗必将从实验室走入临床，并为肌萎缩侧索硬化症的治疗开拓广阔的前景。

干细胞移植治疗肌萎缩侧索硬化症，已呈现出诱人前景，但应用于临床治疗还要走很长的路。相信随着对干细胞研究的不断深入，干细胞移植将成为治疗脊髓损伤的有效手段。

四、干细胞移植治疗脊髓损伤

（一）概述

脊髓损伤是交通事故、工伤及运动意外中常见的损伤，伤者多为青壮年，损伤所致截瘫给患者的生活带来诸多不便，严重影响患者的生理和心理健康。

脊髓的直接损伤临床并不多见，常见的是脊柱骨折、脱位后造成的间接损伤。哺乳动物脊髓损伤后一般数分钟之内损伤部位就可见斑片状出血，数天之内损伤脊髓就可出现广泛坏死，伴有大量巨噬细胞浸润，14d 左右损伤脊髓内可出现巨大囊肿，严重破坏脊髓的完整性。在这个病理过程中，胶质细胞大量增殖，形成了瘢痕组织，阻碍神经纤维的再生；神经元和神经纤维的变性坏死是最主要的病理过程，能否有效保护神经细胞是神经功能是否恢复的决定性因素，也是急性期脊髓损伤治疗主要的理论基础。脊髓损伤后，损伤区会出现继发炎症反应，局部血管痉挛、凝血及血栓形成，加重脊髓缺血，这不仅会损伤残存的神经细胞，还会对创伤区边缘正常的脊髓组织造成损伤。预防继发损伤是早期治疗的关键。

1. *脊髓损伤的发病机制*　目前较为公认的学说包括：第一，血管学说。脊髓损伤后，血管直接损伤或痉挛，血供能力降低，使得局部组织缺血缺氧、变性坏死。第二，自由基学说。脊髓神经细胞膜上不饱和脂肪酸含量很高，容易受自由基的攻击，脊髓损伤后对自由基的抵抗能力

表 5-8 干细胞移植治疗肌萎缩侧索硬化症的临床试验

国家	研究中心	时间	样本数量	细胞来源	细胞类型	移植部位	试验阶段	结果
意大利	Eastern Piedmont 大学	2010 年	10	自体骨髓	间充质干细胞	上段胸髓	Ⅰ期临床试验	安全
土耳其	Akay 医院	2009 年	13	自体骨髓	间充质干细胞	颈$_1$-颈$_2$节段	Ⅰ期临床试验	安全，有效
西班牙	Universitario 医院	2007 年	11	自体骨髓	间充质干细胞	胸$_5$-胸$_6$节段	Ⅰ期临床试验	安全，有效
西班牙	Universitario 医院	2010 年	63	自体骨髓	间充质干细胞	胸$_5$-胸$_6$节段	Ⅱ期临床试验	
西班牙	巴塞罗那大学	2010 年	20	自体鼻黏膜／骨髓	OEC／间充质干细胞	胸段脊髓	Ⅰ期临床试验	安全，无效
以色列	Hadassah 医学研究中心	2010 年	12	自体骨髓	间充质干细胞-NTF	肌肉	Ⅰ期临床试验	资料收集中
以色列	Hadassah 医学研究中心	2010 年	12	自体骨髓	间充质干细胞-NTF	脑脊液（腰穿）	Ⅱ期临床试验	资料收集中
美国	TCA 细胞治疗公司	2010 年	6	自体骨髓	间充质干细胞	脑脊液（腰穿）	Ⅰ期临床试验	资料收集中
美国	埃默里大学	2009 年	12	胚胎脊髓	神经干细胞	颈段和腰段	Ⅰ期临床试验	资料收集中
美国	未知	计划中	—	人胚胎干细胞	胶质细胞	—	—	—

显著减弱，在自由基的攻击下发生脂质过氧化，引起组织损伤。第三，儿茶酚胺学说。脊髓损伤后组织内会积聚大量的神经递质如儿茶酚胺、组胺等，此类递质作用于脊髓血管平滑肌受体，引起血管痉挛，造成组织缺血缺氧、变性坏死。第四，脊髓神经细胞水肿（钙离子蓄积）学说。脊髓损伤后组织水肿，使组织的血供能力下降，由此引起组织进一步水肿，如此恶性循环最终造成神经细胞的变性坏死。

2. *脊髓损伤的分类和临床表现* 脊髓损伤分为原发性损伤和继发性损伤。损伤发生时，脊髓组织受到压迫或刺激，引起神经系统的直接损伤称为原发性损伤。原发性损伤会造成受损处大批神经元死亡以及传导的中断，同时脊髓内环境失衡，损伤局部膜稳定性丧失，使得细胞内外离子浓度发生改变。细胞外液钾离子浓度升高，可以使轴突传导功能下降。钠离子进入细胞造成细胞水肿、酸中毒等。细胞内钙负荷增加也会启动一系列的损伤过程。原发性损伤发生后会导致一个复杂的自我破坏的级联反应，即继发性损伤。继发性损伤的机制有缺血缺氧机制、兴奋性氨基酸毒性机制、钙离子超载、细胞因子及凋亡假说、自由基损伤与脂质过氧化反应等。继发性损伤会进一步损伤邻近正常的神经纤维和神经元，导致细胞凋亡、脱髓鞘等，加剧了原发性损伤的范围和程度。脊髓损伤后远端轴突 Waller 变性，近端萎缩坏死或凋亡，损伤部位还会形成炎症反应，导致空洞和胶质瘢痕的形成，这些均不利于脊髓再生。脊髓损伤按照受损的程度，可分为脊髓震荡、脊髓挫伤与出血、脊髓受压和脊髓断裂。各种较重的脊髓损伤后均可立即发生损伤平面以下的迟缓性瘫痪，这是由于脊髓失去了高级中枢的控制而产生的一种病理生理现象，称为脊休克。2 ~ 4 周或之后，损伤平面以下会出现不同程度的痉挛性瘫痪。由于损伤部位的不同，临床可表现为脊髓半切征、脊髓前综合征、脊髓中央管周围综合征等症状。脊髓损伤还可以并发呼吸衰竭、呼吸道感染、泌尿生殖道感染、压疮等严重并发症。

（二）脊髓损伤的治疗现状

脊髓损伤后传统的治疗方法主要包括手术治疗和非手术治疗。手术治疗的主要目的在于阻止和减少继发性损伤，因为脊柱损伤后常有骨折块压迫脊髓，可导致神经细胞进一步坏死，而手术治疗不仅可以解除对神经细胞的压迫还可以恢复脊柱的稳定性。而药物、高压氧等非手术治疗的主要目的是促进神经细胞的再生及其功能的恢复。

1. *手术治疗* 手术治疗脊髓损伤应根据适应证、受伤部位选择合适的方法。目前常用的手术方法是早期脊髓内外减压，结合牵引、过伸等方法使骨折复位。颈髓损伤根据脊髓腹侧或背侧受压以及椎管储备间隙分别选择“颈椎前路单节段椎间盘摘除 + 椎体间植骨融合内固定术”“颈后路椎管扩大成形术”等。胸腰段脊髓损伤的外科治疗多采用后路手术，具有创伤小、出血小、容易操作等优点，但是大部分脊柱脊髓损伤的压迫来自于前方，所以采用前路减压、植骨内固定术可以直视下将椎体后移的骨折块及破碎的椎间盘彻底清除，从而使椎管前方达到直接减压，而且通过植骨内固定使脊柱的前中柱达到良好的固定，远期效果比较好，但是这种手术方式创伤大、出血多、解剖结构复杂，需要采取控制性的降压来减少术中及术后并发症。若 MRI 提示椎间盘突出压迫脊髓或神经根，胸椎椎管前方压迫 > 40%，腰椎椎管的前方压迫 > 50%，无论有无神经压迫症状均应给予预防性减压，经受伤椎管后方咬除椎弓根行椎管后外侧减压、半环状减压或环状减压，但同时应行有效的植骨以维持脊柱的稳定性。近年来。有大量的学者在探索采用同一体位前后联合入路手术来处理严重而复杂的胸腰椎骨折和脱位，但是这样大大增加了手术风险，所以更要严格把握适应证。

2. *药物治疗* 治疗脊髓损伤最常用的药物是激素，其中最具代表性的是甲泼尼龙。在伤后 8h 内应用超大剂量甲泼尼龙冲击治疗可以减轻脊髓损伤后继发性水肿，抑制脂质过氧化反应，改善微循环，减轻钙内流，减少氧自由基生成，维持神经元兴奋性，促进神经功能恢复。激素通过影响继发性损伤的多种发生机制来阻止继发性损伤的发生和发展，其作用主要有：①防止损伤脊髓组织钾离子丢失，促进细胞外钙离子恢复，逆转细胞内钙离子聚集；②抑制血管活性、抑制前列腺素活性，增加脊髓血流量，改善创伤后脊髓缺血；③促进脊髓冲动的产生和传导，增强脊髓神经元兴奋性，稳定溶酶体膜和细胞膜。

另外，治疗脊髓损伤的药物还有：①神经营养因子。脊髓损伤后损伤局部神经营养素的浓度增高，这被认为是一种自身保护机制，因此外源性神经营养素常被用来缓解疾病进程。结果表明，神经营养因子不仅可以减轻神经元损伤，还可以促进神经功能的恢复。②腺苷。近年来，钙离子超载已被认为是导致细胞死亡的“最后通道”。研究发现腺苷受体激动药 2- 氯腺苷能明显抑制脊髓损伤 I 期钙离子的内流，阻止钙超载引起的恶性循环，进而起到神经保护作用。③神经节苷脂。主要通过稳定膜的结构与功能，减少神经元发生凋亡，促进脊髓损伤后神经功能恢复来发挥作用。

3. *高压氧治疗* 高压氧治疗能够提高血氧饱和度，增强血中物理溶解氧量，提高血氧弥散距离，清除氧自由基，增加脊髓组织、脑脊液的氧含量，从而减轻脊髓水肿，同时高压氧还具有增加受损脊髓的胶原纤维，恢复神经轴突再生的功能，从而达到提高肌力，恢复肢体功能的作用。

上述传统的治疗方法只能避免脊髓的继发性损伤，而不能从根本上使最先受损的脊髓恢复功能，因此许多患者都遗留了终生残疾。近年来，细胞移植成为治疗脊髓损伤的研究热点之一。

干细胞治疗脊髓损伤的机制主要包括：①诱导分化为神经元，在宿主受体和干细胞分化的神经元之间形成突触中继或替代缺失的神经元，以取代补充受损后缺失的细胞，重建神经组织。研究中将干细胞移植入新生哺乳动物的中枢神经系统内，已观察到有外源性神经元产生，并能与宿主的神经系统相整合，形成功能性突触。然而移植到成年哺乳动物脊髓内情况就没有那么理想。大概是因为成年哺乳动物脊髓内环境不支持干细胞向神经元分化，所以这方面的研究还有待深入。②分泌神经营养因子，改善脊髓局部微环境，并启动再生相关基因，以促进受损组织的修复。NGF是神经营养因子（NTF）的成员之一，广泛存在于神经系统中，对周围交感神经和感觉神经的生长发育具有重要作用。在中枢神经系统的许多部位已发现神经生长因子受体（NGFR），NGF与其受体结合后，会形成NGF/NGFR，然后被逆行转运到神经细胞内，促进能量合成、蛋白质合成，发挥神经趋化作用。当脊髓受损后，植入的干细胞能分泌必需的生长因子，诱导NGFR表达，保护神经元和促进轴突的再生。③分泌多种细胞外基质，为轴突生长提供必需的营养物质，促进受损的神经元轴索再生和神经环路重建，填充组织受损后遗留的空腔。因此，经过体外分离、增殖、诱导的干细胞移植入损伤的动物脊髓内后能从结构上与宿主细胞整合。同时，在生长因子、微环境等信号作用下，迁移分化成特定的神经细胞，分泌细胞因子。一方面上调与轴突生长相关的基因，促进受损的神经元轴突再生，达到脊髓损伤的组织性修复；另一方面，与其他的神经元建立突触联系，重建神经环路，达到脊髓损伤的功能性修复。④帮助无髓鞘或新生的轴突形成髓鞘，使残存的脱髓鞘的神经纤维和新生的神经纤维形成新的髓鞘，保持神经纤维结构和功能的完整性。干细胞主要通过分化成少突胶质细胞，进而产生MBP蛋白，在动物脊髓内使受损的神经轴突再髓鞘化，而干细胞的这项潜能已经在实验中被证实。

（三）胚胎干细胞移植治疗脊髓损伤

1．*胚胎干细胞的特点* 胚胎干细胞是从动物早期胚胎的内细胞团分离出来的多能干细胞，具有发育成各类细胞的潜能，可在体外培养并保持未分化状态。在一定条件下，胚胎干细胞可以诱导分化为神经前体细胞，将此种细胞移植到受损脊髓组织后，可与宿主细胞有效整合，修复重建损伤组织。

胚胎组织作为移植物修复脊髓损伤有很多优点：首先，它是一种分化很低的组织，将其植入到受损脊髓后可继续生长分化成神经母细胞，与其靶组织形成纤维投射进而与宿主的残存组织发生联系。其次，胚胎组织中含有丰富的营养物质，这些物质不仅可以促进移植物的生长还可以被宿主组织所利用，促进宿主神经组织再生。

2．*胚胎干细胞的应用* Mcdonald等首次通过胚胎干细胞移植治疗脊髓损伤。他们将小鼠胚胎干细胞诱导分化成神经前体细胞，然后将其注入到脊髓损伤的小鼠脊髓中，一个月后发现植入的细胞散布到脊髓后向头端和尾端迁移了约8mm，并分化为了神经元、少突胶质细胞和星形胶质细胞，小鼠本已瘫痪的后肢重新可以活动。这一研究结果为脊髓损伤的干细胞移植治疗提供了直接依据。有学者将胚胎细胞混悬液植入小鼠脊髓受伤处，经免疫电镜观察发现有突触样结构形成，因此直接证实了植入的胚胎组织有神经再生的作用。进一步研究发现，在成鼠体内植入胚胎组织后，可以阻止宿主神经元胞体的退行性变，并在损伤处建立新的回路，从而有利于局部功能的恢复。Diener等将胚胎脊髓移植到小鼠脊髓受损处发现小鼠运动能力、姿势调节能力等都有所恢复。考虑这些作用产生的原因在于胚胎移植物促进了宿主神经元轴突的再生。Yang等将胚胎干细胞行3～4次传代后利用全反式维甲酸进行诱导并培养，然后对所诱导细胞行Nestin等神经前体细胞特异标志物检测，证实诱导出的细胞正是神经前体细胞。将上述细胞植入小鼠脊髓受损处发现，小鼠后肢运动功能明显改善，X-Gal染色示阳性细胞向脊髓损伤远端迁移5mm以上，而且X-Gal染色阳性的细胞还可以表达神经营养因子。

目前，对胚胎干细胞的移植治疗多是在体外分化为神经前体细胞再进行移植，但是由于存在伦理道德上的争议，使其临床应用受到了限制。

（四）神经干细胞移植治疗脊髓损伤

1．*神经干细胞的特点* 神经干细胞由更原始的胚胎干细胞产生，它不仅具有一般干细胞的特征，可以自我更新并分化为神经元或神经胶质细胞，还具有其他一些特点：①神经干细胞来源于神经系统或其他组织，能产生神经系统的各类细胞。②具有“去分化”和“横向分化”的能力，即能够转变为更原始的细胞，或其他非神经细胞。③移植入体内之后能够向病变部位做长距离的定向迁移。④损伤或疾病刺激、细胞因子等局部微环境可刺激神经干细胞的增殖和分化。

相对于其他干细胞移植而言，神经干细胞移植有其独特的优势：①神经干细胞易于在体外大量扩增，冷冻保存，克隆培养并建立细胞株；②神经干细胞存在活跃的有丝分裂，容易通过病毒载体介导稳定转染的目的基因，移植后能长期存活，稳定表达，与宿主整合且发挥功能，对宿主无害；③相对于永生化细胞系而言，神经干细胞移植导致肿瘤的风险远远降低；具有定向迁移的特性，因此特别适合作为基因治疗的载体；④神经干细胞免疫原性低，不易诱发免疫排斥反应；另外，避免了应用胚胎干细胞所带来的社会伦理道德问题。因此可以用适当的方法把神经干细胞细胞提取出来，体外扩增并诱导分化后再植入患者体内。若细胞在损伤的脊髓内可以存活、迁移并分化为神经元和神经胶质细胞，那么脊髓损伤的细胞移植治疗则成为可能。Guo 等的研究为上述设想提供了强有力的依据。他们用免疫组织化学的方法证明植入的神经干细胞不仅可以分化为神经元和神经胶质，而且可以向脊髓横断处的两端迁移，减轻受损脊髓组织的空泡化。这些研究成果使研究神经干细胞移植治疗的学者受到了极大鼓舞。

2. *神经干细胞的应用*

(1) 内源性神经干细胞治疗脊髓损伤：近年来大量实验表明成年哺乳动物纹状体、海马齿状回颗粒下层、小脑大脑皮质等组织内都存在有神经干细胞，这些干细胞一般处于静止状态，在一定条件下，这些静止的细胞可以增殖分化以取代受损细胞。Johansson 等观察到脊髓损伤后，损伤周围的室管膜细胞可以增殖分化为星形胶质细胞，参与瘢痕组织的形成。这一研究结果提示，在室管膜细胞中存在有一种可以分化为神经元或神经胶质的细胞。

研究表明，脊髓损伤能诱发内源性神经干细胞反应。用 BrdU 标记损伤后第 1 周的分裂细胞，5 周后发现部分分裂细胞可以分化成成熟的少突胶质细胞和星形胶质细胞。成年啮齿类动物脊髓损伤后可以诱导 NG2 阳性细胞增殖，3d 时达到高峰，并可以持续增长 2 周以上，损伤 4 周下降到基数水平。而且，NG2 阳性细胞增殖程度与脱髓鞘和在髓鞘化的时间相平行。根据损伤的严重程度，少突胶质细胞的再髓鞘化一般在伤后 2 周开始，伤后 1 个月大多数轴突已经再髓鞘化，但是新生的髓鞘比伤前更薄更短。在颈髓半切损伤实验中，大部分新生分裂细胞分化成再髓鞘化的少突胶质细胞和星形胶质细胞，而没有发现 BrdU 阳性细胞共表达神经元的标志物。这些研究结果提示脊髓干细胞通过支持和参与再髓鞘化和替代丢失的神经元等方式参与脊髓修复。

虽然存在内源性神经干细胞，但是哺乳动物中枢神经系统受损后，其内源性修复能力却十分有限。这可能与一些因素限制了内源性干细胞、前体细胞及成熟神经元的再生功能有关，这些因素包括神经营养因子缺乏、胶质瘢痕形成、轴突生长的抑制因子的表达等。因此，受损的中枢神经系统很难产生新的神经元，也不能启动有功能的轴突再生。尽管从理论上说，诱导中枢神经系统的神经干细胞原位增殖、分化为神经元是可行的，但是由于内源性神经干细胞的局限性，神经干细胞移植似乎是更有希望的治疗方法。

(2) 神经干细胞的体外扩增及诱导分化：有学者从癫痫或脑外伤病人手术切除的脑组织中提取出人的神经干细胞，应用培养大鼠神经干细胞相似的方案成功培养了人类的神经干细胞，但是人类的神经干细胞对生长因子的依赖性更强，需要合用 EGF 和 bFGF。近年来，有大量文献报道神经前体细胞可以由骨髓间充质细胞分化而来，Sanchez Romos 等用维甲酸、脑源性神经营养因子等孵育间充质干细胞 7 ~ 14d 或以后，发现细胞形态由大而扁平变为梭形或椭圆形，并有短突起，免疫组化发现其主要表达 Nestin，证实其主要为神经前体细胞。因为脑组织很难获取，而且存在社会伦理问题，所以骨髓来源的神经干细胞的研究具有更好的前景。

神经干细胞的定向分化是其应用于临床治疗的前提。定向分化是指通过改变条件，对神经干细胞的增殖和分化进行调控使之向着指定的方向分化。局部微环境对神经干细胞的分化方向起着决定性作用。微环境包括：神经因子、细胞黏附分子、细胞外基质等。体外培养发现脑源性神经生长因子、血小板源性生长因子、胰岛素等可以促进神经干细胞向神经元方向分化。胶质生长因子则强烈抑制神经干细胞向神经元分化，而促进其向胶质细胞分化。很多体外试验证实某些神经因子可以促进神经干细胞向神经元分化，但是在体内试验则发现即使加入这种神经因子，植入的神经干细胞仍多数分化为星形胶质细胞，这提示损伤处为环境中会产生抑制神经干细胞向神经元分化的因子。

体外培养的神经干细胞寿命较短，一般扩增7～8代或之后扩增速度即逐渐减慢直至无法继续增殖。为了克服这一问题，有学者尝试导入外源性癌基因myc、bcl等，使细胞可以连续增殖，这种细胞不仅可以自我更新而且还保持多向分化的潜能。通过这种方法建立起来的永生化神经干细胞系使其研究更加方便，并可以通过病毒载体转染功能基因，使神经干细胞具有更多功能。但是经过基因操作的干细胞由于反转录病毒的随机整合可能激活原癌基因，这种永生化细胞系有潜在的致癌性，因此考虑到医疗安全问题，有必要探索新的手段使神经干细胞可以应用于临床治疗。

(3) 神经干细胞移植治疗脊髓损伤的疗效评估：每一种新的治疗方案正式应用于临床的时候都应该进行安全性评估和有效性评估。干细胞移植用于脊髓损伤的安全性评估至少包括三个方面：第一，致瘤性实验。目前最常用的建立神经干细胞系的方法就是导入外源性癌基因，因此在医疗安全日益受到关注的今天，有必要在神经干细胞移植前应进行体外软琼脂克隆实验、裸鼠皮下接种等实验用以确定待移植细胞不会导致肿瘤。第二，免疫实验。因为神经干细胞是原始的未分化细胞，体外培养的时候不表达MHC-Ⅱ分子，免疫原性很低，但是神经干细胞终会分化成终末细胞并表达大量的细胞膜抗原，因此可能诱发免疫排斥反应。所以，应观察人类神经干细胞在动物体内的存活时间，移植部位有无淋巴细胞浸润和活化等。第三，毒性实验。把神经干细胞移植入裸鼠体内观察有无毒性反应、局部刺激反应等。

与一般的器官移植不同，神经细胞本身并不能执行生理功能，而是必须要分化为适当的终末细胞，才能修复或替代病变或受损组织，达到治疗目的。神经干细胞移植后能否发挥功能受到多种因素的影响，这些因素既包括细胞自身的因素，如细胞来源、细胞所处的发育阶段等，又包括宿主因素，其中以局部微环境最为重要。这些因素共同决定了细胞是凋亡或坏死还是存活并分化。神经干细胞的有效性评估主要包括：第一，通过高压液相递质测定等方法检测神经干细胞递质的分泌状态。第二，在体外进一步诱导神经元的形成，以确定神经干细胞潜在的分化潜能。第三，用膜片钳技术测定神经元兴奋性。第四，参考前期的动物实验，确定神经干细胞对脊髓损伤模型的修复功能。为了最终确定移植效果，还需要观察病人神经功能的恢复情况，结合体感诱发电位、CT、MRI等辅助检查的结果。

神经干细胞移植治疗脊髓损伤具有可行性，但是损伤处植入的神经干细胞若要发挥功能，首先要能够存活并增殖分化，其次要能够与周围的组织建立联系。研究发现损伤灶移植的神经干细胞存活率低、分化更倾向于胶质细胞而非神经元另外还有免疫抑制、组织重建等问题需要克服，因此与广泛的临床应用还有很大距离。

（五）间充质干细胞移植治疗脊髓损伤

1. 间充质干细胞的特点 间充质干细胞是一种非造血组织干细胞，有自我更新能力和多向分化的潜能。不仅能分化出中胚层的骨、软骨、脂肪、肌腱、血管内皮等组织，还可以跨胚层横向分化出内胚层的肝细胞、肺泡上皮细胞和外胚层的神经细胞。间充质干细胞取材方便、容易培养和扩增、易于基因转染和表达，而且来源于自体，因此可以避免异体移植带来的免疫排斥反应，同时可以避免伦理问题。间充质干细胞的众多优点使其受到学术界的青睐，为脊髓损伤患者的治疗带来了新的希望。

2. 间充质干细胞移植治疗脊髓损伤的可行性 Himes等从人血液系统中提取、分离、

纯化出骨髓干细胞，通过静脉植入脊髓损伤的小鼠模型中，2 周后小鼠运动功能明显恢复，温度觉也有所改善，小鼠体感诱发电位潜伏期也明显缩短。间充质干细胞在活体内不仅可以分化成神经元和神经胶质细胞，减少神经细胞凋亡，还可以分泌多种神经营养因子，如神经生长因子、血管内皮生长因子、成纤维细胞生长因子等。除此之外，还有学者报道，间充质干细胞可以合成胶原蛋白、纤维蛋白和层粘连蛋白等。很多研究都表明移植间充质干细胞能够促进机体功能的恢复，但其作用机制到目前还没有统一的观点。有学者认为其对神经系统的修复作用是由于间充质干细胞移植后可以存活并迁移，自分泌和旁分泌多种神经保护性营养因子，激活损伤处的内源性修复反应，减少神经细胞凋亡。而 Harvey 等发现，将间充质干细胞移植入中枢神经系统之后有助于血管神经再生和神经网络的重建，从而使损伤组织得以修复。另外，间充质干细胞具有损伤部位靶点归巢作用，经静脉注入后可以自行迁移到受损伤部位。对于这种定向迁移作用，有研究认为是由炎症趋化因子导致的。间充质干细胞植入脑内不仅可以产生神经元样细胞、神经胶质细胞，而且可以产生神经干细胞，而且脊髓间充质干细胞可以通过分泌可溶性因子提高神经干细胞分化的神经元的存活率。

3. 间充质干细胞移植治疗的最佳时间和方式的选择　如果治疗时间过早，脊髓损伤后急性期由于血 - 脊髓屏障破坏，损伤区域有严重的免疫炎症反应，可以对脊髓间充质干细胞产生毒性作用，不利于其存活；而治疗时间过晚，免疫反应减弱，多种炎症因子表达下调，对间充质干细胞的趋化作用减弱，同时损伤区域胶质细胞增生形成的瘢痕也不利于间充质干细胞的迁移。目前间充质干细胞治疗脊髓损伤的方式比较多，主要包括靶点直接注射、经蛛网膜下腔注射、经静脉注射以及通过腺病毒载体及转基因细胞移植等方法。靶点直接注射即在损伤部位直视下直接注射细胞悬浮液或固定覆有间充质干细胞的生物工程材料；经蛛网膜下腔注射即将细胞悬浮液通过腰穿注入脑脊液；而经静脉途径即将细胞悬浮液静脉输注。间充质干细胞经这些治疗方式植入体内均可迁移到损伤节段，并在该部位存活聚集。但何种方式是最佳治疗方式，目前尚无明确的证据证实。

4. 间充质干细胞联合细胞因子治疗　神经生长因子具有神经元营养和促进轴突生长的作用，与间充质干细胞联合应用可以减少脊髓损伤处的空洞面积，促进受损轴突的再生和运动功能的恢复，起到协同治疗的作用。

BDNF 可以调节神经元的存活、轴突生长和神经递质的产生等。脊髓间充质干细胞自身分泌的 BDNF 少，与 BDNF 联合应用时，BDNF 可以诱导脊髓间充质干细胞分化形成神经元样细胞，抑制细胞凋亡及促进脊髓受损神经元轴突再生。另外，诱生性一氧化氮合酶所产生的一氧化氮是脊髓继发性损伤的病理基础，可抑制轴突再生，而氨基胍是诱生性一氧化氮合酶的选择性抑制剂，间充质干细胞与氨基胍联合应用可以明显提高治疗效果。

间充质干细胞治疗脊髓损伤，在临床上的应用仍处于起步阶段，同时其作用机制并不十分明确，最佳治疗时间及治疗途径仍需进一步探讨。相信随着研究的不断深入，脊髓损伤的治疗手段会得到重大突破，从而改善患者的生活质量。

（六）问题和挑战

随着对神经生物学研究的不断深入，干细胞移植治疗脊髓损伤已表现出广阔的应用前景，移植的干细胞能根据宿主微环境转化为所需的神经细胞以替代因损伤缺失的细胞，促进神经环路重建，可成为损伤部位上下神经通路的中继站。虽然干细胞治疗脊髓损伤已取得了一定成果，但是尚存在一些关键问题需要突破。

首先，干细胞移植治疗脊髓损伤面临的最大的问题是致瘤性问题。干细胞移植治疗脊髓损伤在以下三种情况下会发生恶性转变：①体外扩增。如果要将干细胞移植应用于临床，首先要进行干细胞的体外扩增，这就增加了干细胞恶性变的可能。②干细胞与细胞基质相互作用后发生恶性变。植入的干细胞可以通过分泌细胞因子来调节肿瘤细胞的增殖和迁移。这些细胞因子主要有抗凋亡作用、药物抵抗作用、免疫抑制作用等，这些作用都会增加干细胞恶变的可能。③基因操作之后干细胞发生恶性变。为了使植入的细胞长期存活，很多研究中都使用了基因操作的方法，用病毒或非病毒载体，使特定基因转染干细胞，而转入的基因很可能使干细胞发生癌变。

其次，干细胞移植还面临来源问题。现有的干细胞移植治疗脊髓损伤取得的成果，多是来自动物实验，但是对于干细胞的来源问题，我们不得不考虑动物和人的区别。干细胞虽然资源丰富，但是可用于临床的却很有限。利用胚胎干细胞，会不可避免地遇到伦理和道德问题；利用动物的神经干细胞，会出现免疫排斥反应和一些不安全因素，如感染动物疾病等，况且人的心理也很难接受；理论上讲，利用自体干细胞移植最为理想，但是由于取材困难容易造成损伤等，限制了其应用。已有文献提示给成年人神经干细胞一定的预处理，使之在体外能分化为神经元或神经胶质限定性的祖细胞再进行移植，可望取得理想疗效。由于宿主中枢神经系统内有调控干细胞分化的机制，可因部位和宿主发育阶段的不同而变化，只有对脊髓损伤局部的这种机制取得充分认识后，干细胞移植治疗脊髓损伤才能逐步进入临床治疗阶段。

再次，损伤处反应性胶质细胞大量增殖，会形成致密的胶质层，这虽然有利于维持髓内离子平衡，但是胶质瘢痕会阻碍轴突的再生及相互联系。发育成熟的脊髓在损伤后也会表达一些分子，这些分子虽然有助于维持神经系统的稳定性，但是却不利于轴突的生长。比如，星形胶质细胞在参与脊髓损伤修复的同时就会产生抑制轴突生长的硫酸软骨素糖蛋白。

脊髓损伤的修复涉及医学及生物学领域诸多前沿问题，而干细胞的研究尚处于起步阶段，前期研究虽已取得许多进展，在体外培养、定向诱导与分化等方面积累了不少经验，但是仍有许多悬而未决的问题需要解决。干细胞移植治疗脊髓损伤与临床应用还有一定距离，有待深入研究和解决，相信在不远的将来可以取得突破性进展。

五、干细胞移植治疗多发性硬化

多发性硬化是一种获得性，自身免疫性疾病，以中枢神经系统白质髓鞘损伤为主要病理特征，表现为脱髓鞘及瘢痕形成，病变累及脑和脊髓。

（一）流行病学

多发性硬化在全球各地广泛分布，基于详细的人口研究，目前普遍认为该疾病的流行率随纬度的增加而增加，温带地区的患病风险比热带和亚热带高。而从种群来说，高加索人的发病风险最高，同纬度的黑种人其发病危险性为白种人的一半；相对来说，多发性硬化在女性中的发病率高于男性 1.2 ~ 2.0 倍，而这种性别差异在 40 岁以前发病的患者中表现尤为显著；此外，女性的平均发病年龄早于男性，但是女性患者的预后也比男性患者好。

（二）病因及发病机制

多发性硬化的发生是各种因素互相作用引发的中枢神经系统自身免疫性疾病，涉及遗传因素、维生素 D 生成、病毒感染、紫外线及等环境因素。

1. *病毒感染*　生命早期 EB 病毒感染对疾病的发生中具有不可或缺的地位，并且可能在青年期和成年早期产生影响。患者体内抗 EB 病毒抗体可在发病前 5 年或更早的时间就升高，隐性感染的患者抗 EB 病毒核抗体（EBNA 复合体以及 EBNA 1）滴度增加，而抗病毒衣壳抗体水平很低或缺如，该结果提示 EB 病毒感染可能与个体对多发性硬化的易感风险增加有关。2007 年研究者发现大部分多发性硬化患者脑内有大量 EB 病毒感染的 B 淋巴细胞，但是 Willis 等对 EB 病毒的直接检测却未能找到中枢神经系统中存在 EB 病毒感染的证据，因此对 EB 病毒感染是否直接参与了多发性硬化发病仍然存在争议。研究者用 Theiler 病毒或鼠肝炎病毒感染大鼠后均可建立类似人类多发性硬化的疾病特征，称之为实验性变态反应性脑脊髓炎（EAE），表现为脱髓鞘病变，炎症，轴索损伤以及进行性功能障碍。

2. *纬度*　Meta 分析提示纬度与多发性硬化的发病密切相关，这也符合多发性硬化在全球地域性分布的特征。纬度对多发性硬化的影响可能是通过光照 / 紫外线照射造成免疫抑制，以及维生素 D 生成等方面，而且这两个因素可能是相互独立的。维生素 D 在个体发育与免疫功能的形成与维持中有重要作用，因此维生素 D 不足，尤其是出生前或者幼年时期不足，个体的免疫系统将不能得到正常发育，因而更容易罹患自身免疫性疾病。另一方面，对多发性硬化模型动物给予 1,25D3 治疗可控制 EAE 症状，其机制可能涉及调节性 T 细胞的诱导生成和 Th1，Th17 细胞的抑制。

3．*自身免疫反应*　通过 3 个步骤：① 外周自身反应性 $CD4^+$ Th1 细胞活化；② 活化的 $CD4^+$T 细胞与单核细胞及其他血细胞迁移进入血脑屏障，发生局部炎症反应；③ 中枢神经系统损伤。即活化——迁移与局部炎症——损伤。

4．*遗传因素*　遗传因素在多发性硬化的发生中的作用也值得探讨，但这个作用并不直接引起疾病，而是改变个体的遗传易感性或对疾病的耐受性。有数据显示多发性硬化在一个家族中重复出现的概率为 20%，其中一级亲属的发病率为 3%，而二级亲属为 1%。在对编码人白细胞相关抗原（HLA）、T 细胞受体（TCR）、免疫球蛋白（Ig）、髓鞘蛋白（MBP）、补体、细胞因子如肿瘤坏死因子（TNF-α）γ 干扰素、少突胶质细胞生长因子、细胞内粘连分子（ICAM-1）、共激分子等的相关基因的研究中发现，多发性硬化与 MHC 关系密切，HLA-DR15、DR16 在北欧人群中尤其明显，而在撒丁人和地中海种群中则以 DR4 多见。之后又发现其他的易感性位点如具有保护性作用的 HLA-C5、HLA-DRB1*11，以及增加易感性的 IL-2 与 IL-7Ra 单核苷酸多态性。

（三）病理学

多发性硬化是中枢神经系统白质炎症性脱髓鞘和轴索相对完好的免疫介导的器官特异性的疾病。根据脱髓鞘斑块及周围炎性浸润情况可将多发性硬化在病理上分为三型：急性 / 活动型、慢性活动型及慢性非活动型 / 经典型。

1．*慢性非活动性 / 经典型*　慢性斑块是多发性硬化最常见的病损，质实，浅棕灰色，边界清楚，常多发，偶见单个病灶，大小不等，多发于大脑白质和胼胝体，以及小脑白质的脑室周围区域。此外，脊髓和脑干的白质，视神经和视交叉等组织也可累及。脱髓鞘是主要的病理特征，斑块中几乎没有髓鞘保留甚至再生。少突胶质细胞数目减少，斑块边缘该类细胞增多，与髓鞘再生有关。星形胶质细胞增生常见。斑块的超微结构显示为典型的髓鞘脱失，轴索不同程度减少，被大量星形胶质细胞分隔开。

2．*急性或活动型*　与经典型比较，活动型的病灶，即急性斑块，呈粉红色、柔软、肿胀、面积大且具有融合性。髓鞘大量丢失，同时可见一些薄的有髓鞘纤维，可能是部分脱髓鞘或者髓鞘再生的纤维；严重水肿导致细胞间隙增大，细胞与神经纤维间距离增加；血脑屏障破坏，血管周围淋巴细胞浸润，并可见大量泡沫细胞和吞噬细胞。早期星形胶质细胞肥大，其嗜酸性胞质肿胀；急性期过后，胞质反应缓解，纤维性星形胶质细胞增多。超微结构显示为髓鞘囊泡状变形，巨噬细胞吞噬髓磷脂。

（四）临床诊断和治疗

1．*临床诊断*

（1）诊断标准：1968 年 Charcot 首次提出将眼震、意向性震颤和断续语言作为多发性硬化的诊断标准，此后新的多发性硬化的诊断标准不断推出。1983 年 Poser 标准的诞生产生了重要而深远的意义，迅速取代了其他诊断标准。2000 年多发性硬化专家组在英国伦敦提出了 McDonald 标准，成为新的国际公认的标准，该诊断标准在 2010 年得到修订和完善，增加了时间上多发性（DIS）和空间多发性（DIT）的 MRI 标准，修正原发进展型多发性硬化（PPMS）的诊断标准。

（2）诊断工具

① MRI：是最有效的辅助诊断手段，阳性率较高。多发性硬化的 MRI 表现为室旁区，近皮质区，幕下区，脊髓颈胸段中散在分布的长 T_1，长 T_2 异常信号，呈椭圆形或线条形，长轴与头颅矢状位垂直。

②脑脊液检查：脑脊液对于多发性硬化最重要的项目是 IgG 寡克隆带的检测，是诊断多发性硬化的一项重要指标。寡克隆带的出现源于鞘内 IgG 合成增多，可存在于 90% 多发性硬化患者中。但是寡克隆带并非多发性硬化的特异性病征，30% ~ 50% 的中枢神经系统感染可检出。另外，CSF 中髓鞘碱性蛋白（MBP）水平升高是髓磷脂损伤的指征，多发性硬化复发时，CSF MBP 在临床发作后很快升高，10 ~ 14d 或以后降低至测不到，MBP 对于判断多发性硬化的活动性有帮助，对疾病恶化时静脉予以大剂量糖皮质激素的有益反应有预测价值。

③电生理检查：视觉诱发电位（VEP）对

早期发现亚临床病灶有帮助，对临床缺乏多个病灶征象的多发性硬化有一定的辅助诊断意义，主要表现为各波峰潜伏期延长；脑干听觉诱发电位（BAEP）典型异常表现为Ⅲ到Ⅴ波的延长，Ⅴ波波幅降低及Ⅴ波消失。

2. *常用治疗方法* 多发性硬化的治疗包括药物治疗，非药物治疗，精神社会管理以及患者教育等几方面。其中，药物治疗包括免疫调节、免疫抑制以及对症治疗。

（1）免疫调节药物：β-干扰素是第一个经FDA认证用于多发性硬化治疗的药物（1993），其作用机制未完全阐明，可能抑制干扰素γ的合成及发挥生物效应，增强抑制性T细胞的活性，诱导抗感染的细胞因子如IL-10，下调TNF-α或其他细胞因子如黏附分子，减少单核细胞向血管外的穿透，调节机体免疫功能。包括IFN-β1a和IFN-β1b。研究表明，干扰素长期应用也能够保持其疗效及安全性。

（2）格拉默（Glatiramer）醋酸盐：是由4种氨基酸随机形成的聚合物，包括L-谷氨酸、L-赖氨酸、L-酪氨酸、L-丙氨酸。可能通过脱敏，诱导产生髓鞘碱性蛋白从而抑制T细胞，增加抗原特异性淋巴细胞的增殖，以及竞争性结合主要组织相容性复合物Ⅱ的分子肽结合位点等途径调节免疫。格拉默的副作用轻微，常见为注射部位反应，疼痛、恶心、关节疼痛、焦虑以及高血压等。

（3）皮质类固醇：是多发性硬化急性发作和缓解复发的主要治疗药物。皮质类固醇激素可促进血脑屏障修复和减轻脑水肿，改善轴索传导，诱导淋巴细胞凋亡，降低细胞因子的合成，可有效缩短急性期和复发期病程，但对于最终结果（缓解程度）和长期预后并没有显著效果。

（4）静脉注射免疫球蛋白G（IVIg）：能够封闭髓磷脂碱性蛋白特异性反应的抗体；结合B细胞表面受体，减少抗体的产生；还可以抑制巨噬细胞对髓鞘的吞噬作用，从而达到治疗多发性硬化的目的。适用于复发缓解型多发性硬化，推荐为大剂量冲击治疗。

（5）免疫抑制药物：能减轻多发性硬化的症状，但对于已发生的病灶无修复作用，药物不良反应大，是用于糖皮质激素治疗无效的患者。包括盐酸米托蒽醌、硫唑嘌呤、环磷酰胺、甲氨蝶呤等，应用过程中应严密监测，注意各种药物的不良反应。盐酸米托蒽醌可用于病情恶化的多发性硬化，能够降低进展型多发性硬化的复发和致残进程，该药物具有潜在的心脏毒性。硫唑嘌呤同时抑制细胞免疫和体液免疫，联合应用β-干扰素可减缓SP-多发性硬化的病情进展。环磷酰胺通常用于爆发性和迅速进展型多发性硬化，主张小剂量长期治疗，常见的不良反应为出血性膀胱炎与白细胞减少，用药过程中须进行监测。

（6）血浆置换：严重的多发性硬化复发病例，使用大剂量糖皮质激素无效时，可采用血浆置换。血浆置换可非选择性地清除血浆中的可能的致病因子，包括自身抗体、免疫复合物和补体。血浆治疗后仍需继续服用皮质类固醇激素。

（五）干细胞移植治疗多发性硬化

脊髓多发性硬化症的治疗仍是一个难题，现在尚无法预防或治愈脑脊髓多发性硬化症，但某些症状是可以治疗的。针对不同类型的病症应采用相应的治疗方案和措施。其治疗目的是防止急性期的进展恶化和缓解期的疾病复发，缩短复发持续时间，减轻病残程度，防止和延缓残疾发生。最主要的治疗方式可以分为两种：①调控相关免疫过程。②促进髓鞘再生。这两种方式都被称为“神经保护”治疗，以保护髓鞘包被的神经纤维不再缺失。当前治疗多发性硬化的药物大部分旨在通过免疫干预和免疫抑制，从而抑制炎症细胞的激活，减少中枢神经系统的T细胞侵袭。遗憾的是目前还没有切之可行的治疗方式用以促进髓鞘再生。在病人脑内，髓鞘再生程度往往是不完整的、有限而多变的。很多研究显示，促进重髓鞘可以保护已经去髓鞘的神经元，有效减缓疾病的发生，提示重髓鞘对于治疗多发性硬化的重要性。因此，开发相关促髓鞘再生的治疗方式，对于保护神经元，重塑神经通路以及减少治疗长期失能方面有举足轻重的作用。

细胞治疗尤其是干细胞移植治疗，是一种被日渐关注的新型治疗手段，可以在体内分化为神经细胞，并可以激活内源性的修复机制，替代并修复病态的细胞群，恢复系统功能，同时可以发挥免疫抑制功能，很好的弥补单一炎症抑制治疗的缺陷，使临床症状缓解，病人的生命延长，生存质量可以得到明显的提高。在成年人中枢神经系统内具有很多内源性神经干细胞和祖细胞。中枢神经系统干细胞有无限的自我更新和增殖能力，也有向不同中枢神经系统神经外胚层细胞分化的多能发展等特征。干细胞可以直接或者经分化形成终端神经元后再移植到体内，既可以直接注射到损伤部位也可以注射到其附近，待其迁移。后者可以实现在体外进行基因操作，改变相关转录因子水平，以富集目的神经元，或者分泌生长因子，使病灶微环境更有利于髓鞘再生。

1．不同来源的干细胞移植治疗多发性硬化　目前有很多种细胞都是潜在的可移植细胞，包括胚胎干细胞、造血干细胞、神经干细胞、间充质干细胞，以及诱导多能干细胞等。不同的干细胞类群对于多发性硬化修复具有不一样的治疗效果，作用各有优劣。

（1）胚胎干细胞移植治疗多发性硬化：胚胎干细胞是从体外受精发育而成的囊胚期细胞的内细胞团分离出来的，它几乎具有全部的全能性，以及近乎无限的自我更新能力。研究发现小鼠胚胎干细胞体外在模拟正常胚胎发育所需一系列生长因子如FGF-2、血小板衍生生长因子（PDGF）等的诱导下，已能成功分化成神经胶质前体。然而，为了实现多发性硬化修复治疗，胚胎干细胞的移植最终依赖于分化生成的髓鞘化少突胶质细胞。而由小鼠胚胎干细胞诱导生成的少突胶质前体细胞（OPCs）具有髓鞘再生的潜能，在体外扩增后移入化学诱导的啮齿类动物模型脑内以及Shiverer小鼠的脊柱内，可以分化为成熟胶质细胞，使脱髓鞘神经元髓鞘再生。

随着人胚胎干细胞细胞的成功分离，生产用于移植的人胚胎干细胞来源的神经前体也越来越成为关注的焦点。之前已有报道显示，移植的人源神经前体在注射到新生小鼠体内后，能够分化生成所有3种神经发育谱系下的细胞，其中就包括少突胶质细胞。最近又有相关研究表明，人的胚胎干细胞在特定的培养基条件下，可生成高纯度大批量的少突胶质细胞谱系，在移植到Shiverer小鼠脊椎后，可整合分化成少突胶质细胞，同时形成致密髓鞘质。人源胚胎干细胞分化的神经前体细胞在大鼠体内移植后可以分化成大量神经元诸如多巴胺神经元以及胶质细胞，可以部分有效的回复大鼠模型导致的行为障碍。另外，胶质细胞前体细胞还有少突胶质前体细胞也都具有体内分化成熟，缓解疾病的作用。

但是，直接向病人体内植入胚胎干细胞是不太可行，因为这容易引起生成畸胎瘤。这些畸胎瘤包含了所有3个胚层的细胞，当然也有胶质和神经元在内。显而易见的是，在细胞移植之前预先定向分化到某个神经谱系可以有效的解决畸胎瘤的问题。事实上，已有研究证明，不管是人的还是小鼠的胚胎干细胞在体外经多次传代，并经生长因子诱导形成神经前体后再移植，最终没有生成畸胎瘤。况且当前多倾向于在细胞移植前将胚胎干细胞体外分化成神经前体，胶质细胞前体，或者是少突胶质前体细胞。这些预分化的细胞已经证明能够体内分化成熟，然而现在仍不清楚具体在时间段内移植入这些细胞能得到最大量的成熟细胞。干细胞移植的另外一个问题是可能导致移植物排异反应。虽然在许多研究中，异种移植人源细胞到啮齿类动物时并没有强烈的排异反应，但是他们并没有对已移植细胞的生存状态做出长期系统的观察。如何有效降低移植物排异反应将是胚胎干细胞移植的关键所在和技术瓶颈。

（2）诱导多能干细胞移植治疗多发性硬化：近年来iPS细胞成为了干细胞移植治疗的炙手可热研究领域。通过向人源或者鼠源的体细胞转入几个关键转录因子，使体细胞重编程为具有多能性的类似胚胎干细胞状态的“诱导多能干细胞”。研究证明，由小鼠成纤维细胞诱导生成的iPS细胞在体外可以增殖分化成成熟神经元以及胶质细胞。iPS细胞在细胞移植治疗多发性硬化将发挥越来越重要的作用，由于iPS细胞可以由病人特异性体细胞诱导，这大大降低了移植后自身免疫排斥的影响。然而，不可忽视的是，因为病毒随机插入基因组后，易导致肿瘤生成，因此现在有更多的研究已经在转变诱导方式，如通过蛋白或者小分子，以减少基因插入带来的风险。另外，诱导生成iPS细胞本身是一个缓慢而低效的过程，提高iPS生成效率也是一个亟待解决的难题。与胚胎干细胞细胞移植一样，iPS细胞移植前需分化成神经前体或者胶质前体。多发性硬化病人的成纤维细胞同样可以体外诱导成iPS细胞，并进一步分化为前体细胞，通过注射进入病灶达到治疗的效果。

（3）造血干细胞移植治疗多发性硬化：造血干细胞是源于全能干细胞，同时又是造血系统各细胞的祖细胞，是人体内最独特的体细胞群，具有高度的自我更新能力、多向分化及重建造血和免疫的潜能，此外还具有广泛的迁移和特异的定向特性，动员和归巢特性，能优先定位于适应的微环境，并以非增殖的状态和缺乏系相关抗原的方式存在。造血干细胞移植治疗的原理是进行免疫重建，使其对中枢神经系统免疫耐受，以达到治疗目的。

造血干细胞移植分为自体骨髓移植（autologous bone marrow transplantation，ABMT）和自体外周血干细胞移植（autologous peripheral blood stem cell transplantation，APBSCT），两者干细胞的来源不同，但是原理和疗效基本相同。ABMT 先是在临床上应用，然而 APBSCT 的操作更简单，也无须麻醉及或手术，容易被患者接受，而且造血和免疫恢复快，并发症少，已成为目前的首选方法。从目前全世界 HSCT 治疗自身免疫病的状况来看，HSCT 在难治性自身免疫病患者有很强的耐受性而且大多数患者能得到明显的缓解。有相关研究报道了对 10 个继发进展期多发性硬化患者进行 APBSCT，移植后根据发作次数、MRI 检查、EDSS 评分以及免疫抑制药物的需求指标评定疗效。结果显示，APBSCT 治疗对于进展型多发性硬化患者近期有明显的治疗效果以及可靠的安全性，然而长期疗效仍需进一步的观察分析。而且，研究发现移植相关的病死率在 7%左右并且可能会导致严重的周围性神经炎，以及移植后疾病有复发的情况。由于国际上开展本工作的时间并不长，远期效果仍有待更多的临床观察。而在基础研究方面，移植后免疫重建是当前研究的热点，这对于探讨移植后复发的机制、HSCT 治疗自身免疫性疾病的机制甚至自身免疫性疾病的发病机制都具有深远的意义。

相关实验以及临床研究也发现，造血干细胞移植在治疗血液病的同时，其合并的自身免疫性疾病也可得到缓解，因此提出采用该方法治疗多发性硬化。首先，细胞移植前应用大剂量免疫抑制药预处理可使多发性硬化短期缓解。多发性硬化病人发病需要多种成熟血细胞介导抗原识别、释放炎性介质。而化疗药物的应用使血细胞功能发生严重障碍，甚至凋亡，从而达到抑制炎症反应的目的，但是这种方法会导致缓解期维持时间较短。第二，在干细胞移植后免疫重建一般发生在移植后半年左右，包括细胞免疫和体液免疫的重建，如自然杀伤细胞增多、T 细胞池改变以及 CD4/CD8 淋巴细胞数目比例倒置等。免疫重建可能是实现有效长期缓解的机制。Burt 等用干细胞移植治疗 3 例进展型多发性硬化患者，平均随访 8 ~ 10 个月，结果显示，3 例患者临床症状得到明显改善，MRI 检测显示原有脑白质内的病灶范围大大减少并且没有新病灶的出现，随访期间也没有复发和恶化的情况，然而令人遗憾的是，另外一个研究组的同样研究却以失败告终，该方法的广泛推行仍有许多问题有待解决。

这种治疗方式其作用机制可能是因为干细胞能进入中枢神经系统，分化生成神经元及小神经胶质，从而促进髓鞘再生和神经元修复。另一项临床试验观察表明，顽固原发性或继发性多发性硬化患者，与其他自身免疫性疾病比如系统性红斑狼疮合并白血病相似，在接受自体或同种异体造血干细胞移植后，病情大多数得到减轻，有的则减轻长达几年。与目前的干扰素免疫调节治疗、间断大剂量激素冲击治疗、免疫抑制剂化疗、小剂量激素维持治疗等诸多方法相比，造血干细胞移植显示出良好的疗效优势。

当然造血干细胞移植治疗也存在很多的不足之处，大致可分为以下几个方面：①在细胞移植治疗的手术期病死率较高，主要是因为在对患者进行免疫细胞减灭时，所用药物剂量大、毒性高，致使敏感个体组织器官功能性衰竭，而免疫系统重建的过程仍需要一定时间，这使得患者容易受到细菌、病毒、真菌等的感染，而且一旦发生感染则治疗非常困难；同种异体骨髓造血干细胞移植虽然可以降低感染的机会，但同时又会增加排异反应的概率；②短期内复发率高，可能是因为患者体内的免疫活性细胞清除不完全、成熟免疫细胞污染，使得提取的干细胞不纯；又因反复注射 G-CSF，使部分干细胞在捕获前已趋于成熟等；③部分患者在实施 G-CSF 动员时，免疫活性细胞功能增强诱发病情波动，有的甚至出现严重且不可逆的神经系统损害；④不能修复严重破坏的髓鞘，也不能遏制神经轴突的进行性溃变，最终导致神经功能难以完全恢复。

(4) 神经干细胞移植治疗多发性硬化：神经干细胞是指具有分化为神经元和神经胶质细胞的潜能，并且有自我更新能力的一组细胞群。主要存在于哺乳动物的海马齿状回颗粒下层、侧脑室室管附近的脑室下区、纹状体和脊髓。神经干细胞的特性可概括为：①可生成神经组织或来源于神经系统；②具有自我更新能力；③可通过不对称细胞分裂产生新细胞。胚胎和成年中枢神经系统中已成功分离培养神经干细胞，正常状态下处于相对静止状态，在有诱导信号存在时则可发生增殖、迁移和分化。神经干细胞可在体外培养中保持非常稳定的功能和更新能力。神经干细胞的建系也已获得成功，将外源性的癌基因 v-Myc 和 large-T 导入神经干细胞，可使之获得不断增殖能力，细胞周期不断循环，从而获得神经干细胞的细胞系。神经干细胞的发现打破了神经元不会再生的传统观念，是神经生物学研究领域最重要的进展之一。神经干细胞的存在并成功分离培养，为干细胞移植治疗提供了强有力的技术支持。

在动物体内可观察到移植的干细胞不仅有炎性抑制、免疫干预的作用，而且能够成为髓鞘恢复和轴突再生的潜在来源。因神经干细胞免疫原性低，无明显致瘤性，自我更新的能力使得神经干细胞在体外有分裂素存在的情况下以对称分裂方式扩增产生新的神经干细胞，多分化潜能使神经干细胞移植后在脑脊髓可分化产生神经元和多种胶质细胞包括星形胶质细胞和少突胶质细胞，这也是细胞替代治疗多发性硬化策略的基础，故有可能通过细胞替代、髓鞘再生来治疗多发性硬化。

移植神经干细胞主要来源有两类：一是胚胎干细胞，直接移植胚胎干细胞有成瘤性危险，可将胚胎干细胞选择性诱导分化为神经干细胞或神经前体细胞后再进行移植。二是胚胎和成体中枢神经系统的神经干细胞和 OPCs，人类胚胎干细胞和胚胎神经干细胞无法回避伦理道德问题，成体神经干细胞则不同，可用于实施自体和同种异体移植。自体治疗分为原位激活内源性神经干细胞和患者体内神经干细胞体外扩增后移植回病变部位两种，其优点是无免疫原性。神经干细胞的低免疫原性和免疫抑制剂亦使异体移植成为可能。可以直接移植神经干细胞或将神经干细胞体外诱导分化为 OPCs 后再行移植。

神经干细胞移植治疗多发性硬化的可能机制包括：①研究发现在 EAE 中未分化的神经前体细胞可继续发挥免疫干预作用，加强长效神经保护，神经干细胞可通过旁观者机制保护中枢神经系统免受炎症损伤，可能通过其内在神经保护能力促进中枢神经系统修复，这主要依靠未分化的神经干细胞在组织损伤部位释放神经保护分子（干细胞调控因子、免疫调节物质、神经营养生长因子等），在发育和成体期神经干细胞组成性表达这些分子维持组织内环境稳定。神经干细胞能通过外周免疫抑制改善 EAE。②释放生物活性物质。研究表明小鼠克隆神经干细胞可分泌神经营养因子（神经生长因子 NGF、脑源性神经营养因子 BDNF 等），人类胚胎干细胞来源的 OPCs 可表达 BDNF 等神经营养因子，都能够挽救发病中受损的神经元、轴突以及少突胶质细胞等。神经干细胞也可以作为生产生物活性物质的载体（可移植 NGF、BDNF 等基因修饰的神经干细胞），持续性地在局部产生神经营养因子，从而提供神经保护作用。另外，神经营养因子、细胞信号亦有可能激活内源性神经干细胞，或改善局部微环境，促进移植的神经干细胞存活、定向分化。③移植后神经干细胞分化、细胞替代（少突胶质细胞 / 神经膜细胞）。多发性硬化轴突和神经元受到损伤时，神经干细胞亦有潜力分化为神经元，与宿主功能整合，形成有功能的神经环路，替代受损的轴突与神经元。

国内外有关神经干细胞的基础和临床研究都已取得长足的进步。研究发现在未成熟和成熟的小鼠，以及人类的大脑皮质、海马、室管膜下、纹状体、中脑以及脊髓等区域都存在并已分离得到神经干细胞。应用流式细胞术可从成年小鼠的脑室分离到高纯度的神经干细胞。如果给予不同的条件培养，可使神经干细胞定向分化为中枢神经系统的神经元、星形胶质细胞和少突胶质细胞。虽然目前尚未见到有关用神经干细胞移植治疗多发性硬化的临床报道，但是研究表明将神经干细胞经静脉注射或脑室注射到 EAE 小鼠体内，发病和病理状况都得到了明显的改善。EAE临床最大评分和累加评分大大降低，脱髓鞘和轴突损伤面积缩小，淋巴细胞浸润数量减少，动作电位传递时间缩短。在中枢神经系统发现神经干细胞迁移到脱髓鞘区域，分化为成熟的神经元、少突胶质细胞和星形胶质细胞，特别在损伤的轴突周围，观察到较多血小板衍生生长因子受体仅阳性的少突胶质细胞前体。此外，还检测到神经干细胞移植小鼠神经生长因子的mRNA水平有明显的的增加，体外实验发现这些增加的生长因子来源于神经干细胞。另有研究组分别将有活性和无活性的神经干细胞和星形胶质细胞注入脑室，发现神经干细胞能够穿过血脑屏障，进入大脑胼胝体和小脑，而星形胶质细胞却不能。这种位置关系也间接证明神经干细胞确实有神经保护的作用。然而，另一研究组将表达新生绿色荧光蛋白（GFP）的神经干细胞在发病前经静脉注射到EAE小鼠中，分别在注入后的2h、8h、1d、3d、7d、40d后取材，包括脑、肺、肾、肝、心、脊髓、脾、淋巴结，观察到绿色荧光蛋白标记的神经干细胞出现在淋巴结和脾，而中枢神经系统并未观察到神经干细胞，这可能是因为发病前的小鼠细胞中相关黏附分子和VLA4表达过低，不能介导神经干细胞穿过血脑屏障，进入中枢神经系统，而是先经体液循环进入淋巴结，再进入脾，然而这些淋巴器官中缺乏神经细胞存活所必需的神经生长因子等微环境，因此神经干细胞在此不能存活。对于神经干细胞究竟能否进入中枢神经系统行使神经修复和保护功能，目前还存在争议。

当然，在临床上应用胎脑神经干细胞移植治疗多发性硬化，也同时存在着明显的不足之处，即：①来源有限，而且分离到的神经干细胞也存在个体差异；②移植后可能发生移植排异反应；③移植分化较成熟的神经干细胞具有很高的致瘤性；④有可能引发伦理、法律和道德问题。

（5）间充质干细胞移植治疗多发性硬化：间充质干细胞是属于中胚层的一类多能干细胞，主要存在于结缔组织和器官间质中，以骨髓组织中含量最为丰富，由于骨髓是其主要来源，因此统称为骨髓间充质干细胞。骨髓间充质干细胞具有很强的增殖能力和分化潜能，在适宜的体内或体外环境下不仅可分化为同源于中胚层的间质组织细胞，还可以突破胚层界限，分化为非中胚层组织，如脂肪细胞、骨细胞、心肌细胞、软骨细胞、神经元细胞及星形胶质细胞等。由于骨髓间充质干细胞比其他成体干细胞更易获得，来源方便，易于分离、培养、扩增和纯化，连续传代培养和冷冻保存后仍具有多向分化潜能，易于外源基因的导入和表达。此外，骨髓间充质干细胞还具有免疫调节功能，通过细胞间的相互作用及产生细胞因子抑制T细胞的增殖及其免疫反应，从而发挥免疫重建的功能。正是由于间充质干细胞所具备的这些免疫学特性，使其在自身免疫性疾病以及各种替代治疗等方面具有广阔的临床应用前景。

骨髓间充质干细胞移植具有以下优势：①骨髓间充质干细胞移植病程短，从采集到干细胞培养、纯化，再回输到患者体内，只需要很短时间；②移植痛苦小，副作用小，不易引起感染；③骨髓间充质干细胞移植费用低；④骨髓间充质干细胞移植疗效较好，短时间内就可以改善皮肤硬化、肌肉无力等症状，是治疗免疫系统疾病很有前途的一种手段。

2006年，我国在胎盘和脐带组织中分离出间充质干细胞，这种组织来源的间充质干细胞不仅保持了间充质干细胞的生物学特性，而且还具备如下优点：①胎盘和脐带中的干/祖细胞更原始，有更强的增殖分化能力。②免疫细胞不够成熟，功能活性较低，不会引发免疫反应及引起移植物抗宿主病。③干细胞易于分离，纯度高，无肿瘤细胞污染。④扩增时培养体系能统一，便于质控。⑤可制成种子细胞冷冻，多次使用，冷冻后细胞损失小。⑥潜伏性病毒和病原微生物的感染及传播概率比较低。⑦采集时对产妇及新生儿无任何危害及损伤。⑧采集方便，易于保存和运输，伦理学争议少。这种胎盘和脐带来源的间充质干细胞有可能成为骨髓间充质干细胞的理想替代物，并具有更大的应用潜能。

随着间充质干细胞及其相关技术的日益成熟，临床研究已经在许多国家开展。作为种子细胞，临床上主要用于治疗机体无法自然修复的组织细胞和器官损伤的多种难治性疾病；作为免疫调节细胞，治疗免疫排斥和自身免疫性疾病。然而自体间充质干细胞的应用过程中逐渐暴露了不便之处：例如扩增能力个体差异很大、潜在的肿瘤细胞污染风险、培养需要一定的时间、不能及时适应病情的需要等。这些制约了自体间充质干细胞的使用。间充质干细胞给未来的再生医学带来了新希望，对间充质干细胞更深入的研究和临床应用必将在不远的将来造福人类。其中，胎盘和脐带来源的间充质干细胞具有分化潜力大、增殖能力强、免疫原性低、取材方便、无道德伦理问题的限制、易于工业化制备等特征，有可能成为最具临床应用前景的多能干细胞。

移植造血干细胞治疗多发性硬化的机制主要是通过免疫抑制和免疫重建实现；胎脑神经干细胞和其他组织诱导的神经干细胞移植治疗多发性硬化的机制侧重于组织修复。从多发性硬化的发生机制和病理过程上说，造血干细胞和神经干细胞的联合互补或许是较完美的治疗方案。随着对多发性硬化发病机制的深入研究和对各种干细胞治疗方法的逐步完善，治愈多发性硬化，完全恢复患者受损的神经功能将成为现实。

每种细胞类型分别从促再生能力、免疫干预能力以及营养作用几方面进行衡量。图 5-8 中箭头显示研究已证实的作用机制。尽管各种机制的治疗效应已研究得比较深入，但仍有很多方面并不清楚，而这也同时指明了未来研究的重要方向。

2. *细胞移植途径* 对于像多发性硬化这种慢性渐进式发生的疾病，细胞治疗的移植途径主要有两方面的考虑和问题：第一，细胞治疗作用的解剖生理学上的靶点是什么。这其中最主要的两个靶点值得关注，包括白质束（通过作用到白质束，炎症介导的脱髓鞘化得到抑制，细胞修复机制重新激活）以及炎症细胞迁移运输发生所在的血管周围壁龛区域。第二，由于到达这些作用的靶点离不开细胞的有效迁移，因此需要进一步探寻能够有效定向诱导移植细胞迁移到特定区域的细胞和环境因子。实际上，细胞迁移是内源性髓鞘再生的主要限制影响因素。实验研究发现，在遗传性髓鞘异常的动物模型如 shi 小鼠和 md 大鼠中，向脑室中移植各种啮齿类神经前体细胞后，能导致广泛的髓鞘再生。而人源的少突胶质前体细胞移植后也具有相似的作用，能扩散到整个大脑的白质中。然而，在损伤的成体中枢神经系统中，内源性髓鞘再生细胞的迁移能力却十分有限，这导致局部的髓鞘再生并不能有效的传播到整个的受损区域（图 5-8）。

在 EAE 动物模型中，炎症的发生过程可以强烈的刺激室下 PSA-NCAM+ 细胞，招募定向

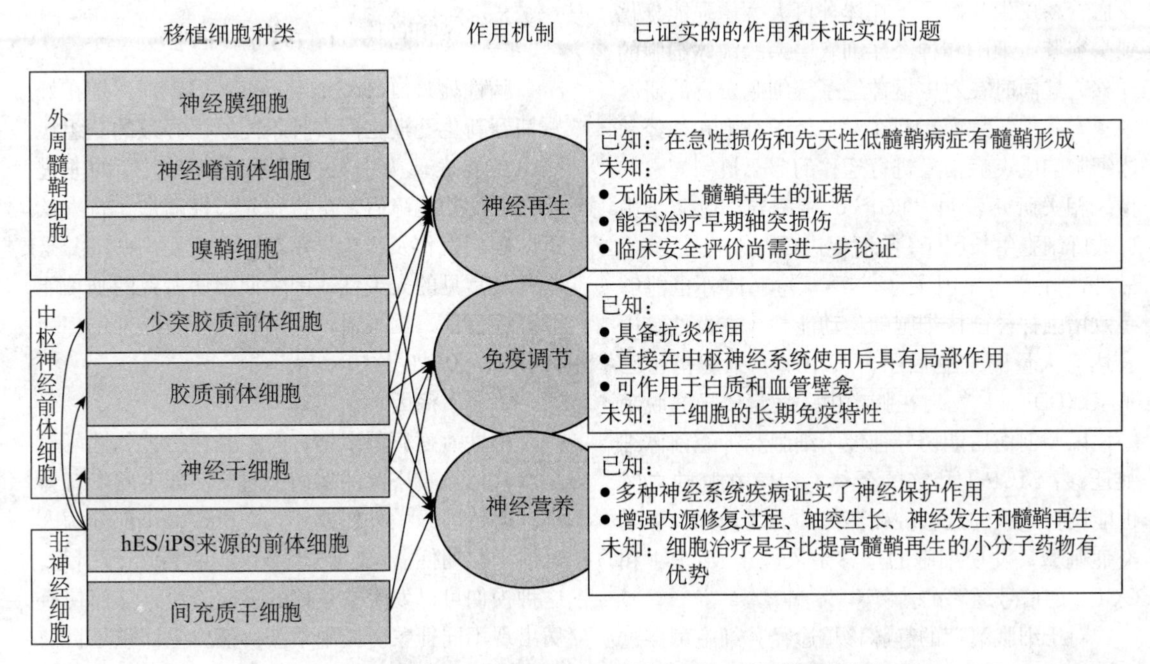

图 5-8 干细胞和髓鞘形成细胞用于治疗多发性硬化作用机制比较

迁移的移植后神经前体细胞和少突胶质前体细胞。通过脑室内移植神经球后，细胞能迁移到炎性血管周白质束，同时主要分化成为胶质类细胞。细胞迁移发生的最高峰往往在疾病的早期，这提示我们在急性脱髓鞘发生后选择一个合适的时间窗口进行细胞移植可能是提高移植效果的关键。同时更重要的是，研究显示移植后的前体细胞具有比内源性前体细胞更强的迁移能力。因此，ICV途径作为细胞治疗的细胞传输方法，其主要的原理在于参与多发性硬化发病的大部分白质束是与脑室和脊髓蛛网膜下隙空间紧邻的。ICV注射细胞以后，移植的神经前体细胞可能迁移扩散到脑室以及蛛网膜下隙间。从而脑室内及鞘膜内移植后的髓鞘再生细胞无须克服各种屏障直接作用到多发性硬化发病的多种病灶。另外值得注意的是，人源胚胎干细胞来源的神经前体细胞经ICV移植后，还能响应炎症的信号，迁移到疾病发生相关的白质束内。而且研究发现，这种人源神经前体细胞在多发性硬化动物模型中的响应作用与啮齿类神经前体细胞移植作用一致，这提示我们细胞治疗在转化到临床研究中的潜在应用。各种细胞因子和生长因子，比如血小板衍生生长因子，成纤维细胞生长因子，趋化因子基质细胞衍生因子-12（CXCL12），表皮生长因子，以及血管内皮生长因子等在体外可大大增强能分化到少突胶质细胞和神经元细胞谱系的前体细胞的迁移，这同时在对中枢神经系统细胞发育的研究中也有发现。然而，现在对神经干细胞和神经前体细胞响应炎症信号进行迁移的分子机制知之甚少。相关研究表明，TGF-β能诱导小胶质细胞释放肝细胞生长因子，从而促进OPC细胞迁移。另外，肿瘤坏死因子（TNF-α）在体外也能够有效增强神经前体细胞的运动能力。在炎性脑内表达有大量的细胞因子，其中基质细胞衍生因子-1（SDF-1）发现在脑卒中，病毒诱导的脱髓鞘化以及创伤后能诱导神经干细胞和神经前体细胞迁移；MCP-1和它的受体CCR2在脑缺血时也能调控细胞的迁移，在离体的海马切片上引入炎症刺激，发现细胞的迁移是依赖于MCP-1和CCR2的信号通路的。

对于细胞治疗的静脉移植途径，细胞可穿过血脑屏障，作用到血管周壁龛区域。神经干细胞细胞的特异归巢时，持续表达一系列的细胞黏附因子如整联蛋白，选择素等，同时移植细胞表达化学因子受体。整联蛋白通过与移植细胞和位于病灶周围表达整联蛋白受体的活化内皮及室管膜细胞，从而促进中枢神经系统细胞的选择性归巢。另外，细胞跨内皮质迁移中依赖于神经前体细胞表达的很晚期抗原-4（VLA-4）和CD44分别与血管细胞黏附分子-1（VCAM-1）和玻璃酸的作用。这在急性EAE模型中特定的时间窗口中也有发现。

近来研究显示，ICV移植神经前体细胞也能作用靶定到血管周壁龛。尽管细胞迁移大部分明显的发生在白质束内，但是也有细胞能以极性方式沿血管转移到大脑皮质。因此，移植的神经前体细胞可能兼具在白质束内进行免疫干预，营养支持和再生促进，同时在血管周壁龛内促进炎性细胞迁移的作用。对于骨髓间充质干细胞移植的临床方面的应用，由于其神经营养和炎症干预的特性，它与神经前体细胞移植具有相似的作用靶点。同时与炎症细胞相似的是，骨髓间充质干细胞能够以细胞黏附因子依赖性的方式溢出血管。从而静脉移植的骨髓间充质干细胞能够到达疾病发生的炎性病灶内，同时也能到达脑室和脊髓蛛网膜下腔，并抑制EAE的发生。

六、细胞移植治疗脑性瘫痪

脑性瘫痪（cerebral palsy，CP），是在妊娠期到新生儿期之间多种不同原因导致的一组疾病，主要表现为中枢神经系统损害引起的非进行性运动功能障碍，常合并先天性畸形、智力低下、癫痫发作及行为异常等。本病发病率高，是小儿最常见的先天性或围生期损伤所致的脑功能障碍综合征，据报道，我国脑性瘫痪的发生率为0.18%～0.4%。

（一）病因

脑性瘫痪病因多样，大部分获得性脑性瘫痪是由其他比较广泛的疾病引起，例如大脑发育异常、遗传因素、外伤或者感染所致，小部分病人是由于孕期低氧-缺血（hypoxic-ischemic）引起，这种损伤可以发生在孕期的不同阶段，从而使疾病出现不同征象。其中早产、低出生体重是目前公认的最主要的小儿脑性瘫痪致病因素，且年龄越小、出生体重越低，脑性瘫痪患病率越高。具体病因可分为产前、产时、产后因素。

1. *产前因素* 遗传因素；胚胎期大脑发育异常；孕妇妊娠期外伤、重症感染等影响胎儿大脑发育。

2. *产时因素* 早产儿神经系统发育不全；胎盘早剥、前置胎盘、分娩时间过长等导致胎儿脑缺氧；产伤、急产等引起颅内出血。

3. *产后因素* 新生儿高胆红素血症引起的核黄疸、颅内感染或全身重症感染等所致中毒性脑病。

（二）临床表现及分类

脑性瘫痪临床表现主要包括早期性、非进行性和障碍多重性 3 个特点。依据运动障碍类型，大脑功能异常部位（锥体系和锥体外系）和躯体受影响部位（单侧肢体、四肢、上肢等）等可将脑性瘫痪分成不同分类。国内对脑性瘫痪的分型主要根据运动障碍的性质来划分，具体可分为：痉挛型、手足徐动型、共济失调型、强直型、震颤型、肌张力不全型、混合型等。临床上锥体系受损病人通常伴随着不同程度的瘫痪，肌张力增高，腱反射亢进和病理征阳性。非锥体系受损伴随着手足徐动，运动障碍，姿势异常和协调功能紊乱等。患者通常伴有癫痫发作、视力障碍、听力障碍及认知行为异常等症状。该病多于婴幼儿期起病，病情轻重不一，多数患儿于出生后数月被家人试图扶起时才发现，表现为不同程度锥体系受损体征，症状随着年龄增长可能会有所改善。

（三）诊断

脑性瘫痪的诊断主要依据病史和体格检查。病史包括：出生前或出生后是否存在脑损伤的高危因素；是否存在脑损伤的早期症状及伴随症状。体格检查是否存在脑损伤引起的神经功能异常，如锥体系异常和锥体外系异常；有无精神发育迟滞等伴随症状等。为进一步确诊可行影像学检查，MRI 检查能提供协助诊断的证据，对脑室改变及脑室周围白质软化的诊断由于 CT。有研究报告指出，超过 80% 的脑性瘫痪儿童出现神经影像异常，大部分病变主要表现为白质异常，该损伤临床上通常伴随双侧强直和共济失调，而白质和灰质同时异常的患儿通常伴随着偏瘫，很少有灰质单独受累，约有 17% 的脑性瘫痪患儿没有影像学异常。在鉴别诊断方面需要排除遗传性痉挛性截瘫、先天性肌张力不全及小脑退行性变等疾病。

（四）基本治疗

本病目前并无特殊的治疗方法，主要采取医疗康复与教育康复相结合的方法来改善患者功能，包括加强护理，积极的康复训练，必要时运用脑神经营养药物。近年来，随着干细胞技术及理论研究进展，运用细胞移植治疗脑性瘫痪将成为可能。现已有大量临床前期动物实验用于验证细胞移植治疗脑性瘫痪的可能性，但仍缺乏大规模临床试验来论证细胞移植的有效性与安全性。本章后续内容我们将通过最新具体的动物实验来阐述细胞移植在脑性瘫痪的运用，并简要介绍细胞移植的临床试验进展情况。

（五）细胞移植治疗

1. *脑性瘫痪动物模型* 脑性瘫痪动物模型可表现为不同类型的脑损伤，因此评估治疗手段的有效性主要以脑损伤恢复程度来衡量。理想的动物模型应该能够诱导运动功能受损，同时是一种慢性损伤而非急性损伤。目前研究的模型大部分是急性损伤模型，并不能很好模拟大脑发育异常导致的小儿脑瘫，尽管细胞移植治疗在急性损伤模型往往能够取得很好的效果。现阶段使用较多的脑性瘫痪模型主要有：①新生 7d 大鼠单侧颈动脉结扎联合低氧模型，该模型应用广泛，属于急性损伤模型；② LPS 注射、单侧颈动脉结扎和低氧处理三者联合运用，即孕 17d 大鼠每 12h 腹腔注射 LPS 到孕期结束，24h 后新生鼠实施单侧颈动脉结扎联合低氧处理，该模型能模拟早产儿脑性瘫痪的运动行为受损和神经病理损害；③大型动物模型。室周脑白质软化是早产儿脑性瘫痪的主要病理变化，由于鼠模型白质相对较少，并不能很好模拟该种病理变化，相比而言，大型动物如羊、狒狒等能很好模拟人类的病理变化。

2. *脑性瘫痪细胞移植种类* 目前用于临床前期动物实验的移植细胞种类主要有：间充质干细胞移植、脐带血干细胞、多能成体祖细胞（multipotent adult progenitor cells, MAPCs）、iPS 细胞、OPCs、胚胎干细胞等，这些细胞是否都能运用于临床治疗，尚需对其生物学特性和实验操作手段做深入的研究。

3．*脑性瘫痪细胞移植临床前期动物实验举例*

（1）胎儿和新生儿期遭受缺血缺氧性脑损害是脑性瘫痪的重要原因，虽然降低机体体温能够减少出生后6h内的缺血缺氧性脑病的发生，但是对围生期宫内慢性低氧造成的脑损害目前并没有很好的改善措施。新生7d缺血缺氧性脑病大鼠造模24h显微注射人神经干细胞，4周后模型大鼠行为改善，移植区小胶质细胞增多，脑组织神经形成及营养因子等相关基因表达水平增高，提示神经干细胞移植增强脑修复。

（2）脑白质对缺血缺氧相对敏感，解剖学上侧脑室周围的白质区是由大脑前、中、后3支动脉的深穿支终末端供血，有报道儿童脑性瘫痪最主要的MRI异常是白质受累，其中，室周白质损伤是先天性脑瘫的一种主要脑损伤类型。据报道，脑内注射Ibotenic Acid诱导新生5d大鼠出现脑白质损伤，来源于新生大鼠的间充质干细胞在体外培养和标志后，移植致Ibotenic Acid注射区。MRI检查发现间充质干细胞从注射部位向损伤区域迁移，同时促进脑细胞增殖，提示移植细胞具有神经保护和间接促进脑修复作用。

（3）在灵长类脑缺血模型中，移植间充质干细胞与缺血区周围脑组织，2周后观察发现缺血灶边缘组织IL-10表达增加，神经元凋亡减少和星形胶质细胞活性降低，室管膜下区增殖细胞增多。

（六）脑性瘫痪细胞移植研究进展

1．*移植时间* 临床前期研究中，大部分实验都在损伤早期行细胞移植，很少有实验观察损伤后期细胞移植的效果，目前最晚移植为损伤后1个月。Zheng等将间充质干细胞运用于治疗大鼠广泛性脑缺血，实验通过对大鼠采取停止通气、抽出大量血液和右心房注射KCl等措施使心脏停止跳动6min来模拟脑广泛性缺血模型。将人髂后上棘骨髓的细胞体外培养扩增，经流式仪分选出间充质干细胞，于心脏停搏3h后经静脉注入大鼠体内（1.0×10^6个细胞悬浮于1ml培养基）。3d后发现间充质干细胞移植能够减少脑神经元丢失，增加海马BDNF含量增高，同时改善大鼠学习功能。Katsuya等将大鼠源性的间充质干细胞经静脉移植到大脑中动脉闭塞大鼠模型，实验分4个小鼠：闭塞未移植组，闭塞7d后移植组，闭塞14d后移植组和闭塞28d后移植组，损伤后7d、14d、28d、56d和84d分别进行MRI观察，与闭塞未移植组对比，只有闭塞7d后移植组脑缺血面积减少，早期移植具有更好的疗效，然而，所有移植组在脑缺血边缘区均有明显的血管生成，提示脑缺血后期进行间充质干细胞移植可能通过增加血管生成而起到疗效。

2．*影响移植效果因素* 经外周血管移植的干细胞需穿过血管内皮细胞进而进入受损脑组织，研究表明细胞因子CCL2及其受体CCR2在这种迁移过程起着重要作用。从CCR2缺失的转基因小鼠中提取的神经干细胞向缺血梗死灶迁移能力比正常鼠神经干细胞低，同样，CCL2基因敲除小鼠也能影响移植正常干细胞的迁移能力。此外，移植前间充质干细胞经丙戊酸钠或者锂处理后，能明显增强间充质干细胞的迁移能力，促进缺血损伤区修复。

3．*在体观察移植效果* 细胞移植后需要观察其体内情况，干细胞体外标记后移植入体内，利用MRI示踪是一种有效的研究手段。Andre等用Feridex标记鼠神经干细胞后，将标记好的干细胞移植到单侧缺血缺氧性脑病模型的健侧大脑，MRI观察发现移植的干细胞能够迅速迁移到对侧受损区（100μm/d），移植4周后鼠神经干细胞体积为正常鼠的2.73倍，58周后体积减少，但仍有大量的干细胞停留在脑组织受损区。

4．*不同移植方式影响干细胞的分布* 干细胞移植不论是外周注射还是经颅纤维注射，在动物模型中均能取得很好的效果。但最新研究提示外周采取不同移植方式可能会影响干细胞的体内分布。成年裸鼠缺血缺氧性脑病造模24h后，分别经静脉和动脉移植小鼠神经干细胞，移植前干细胞转入荧光报告基因载体，移植小鼠经处理（D-luciferin腹腔注射）后可在发光检测仪下观察到体内移植的干细胞。移植后随即观察，发现动脉组大脑荧光量是静脉组的12倍，其中大脑荧光量占总荧光量得69%，1周后该比值为93%，而静脉组移植后94%的荧光量存在于肺部，1周后含量降低了94%，提示干细胞在脑外不易存活。此外，经鼻移植干细胞在新生大鼠 HI 模型中也能得到疗效。

5. *细胞移植次数* 在研究干细胞移植效果时，大部分动物实验都是采取一次细胞移植的方式，但多次移植可能会得到更好的效果。新生 9d 小鼠缺血缺氧性脑病造模后，第 3 天经脑移植间充质干细胞，第 10 天再次给予间充质干细胞。与单次移植相比，多次移植能更有效恢复小鼠感觉运动功能，且能进一步减少受损面积，尽管重复移植并不能增加新生神经元和少突胶质细胞数目，但干细胞多次移植在恢复大脑完整性和功能具有更好的效果。

6. *细胞移植后作用* 大量的临床前期动物实验提示细胞移植在治疗脑性瘫痪中能取得一定疗效，移植的细胞在体内发挥作用比较复杂，但可能通过的方式是：第一，取代中枢神经系统受损细胞。第二，移植的细胞分化为星形胶质细胞或小胶质细胞。第三，移植的细胞参与血管的生成。第四，增加内源性细胞的寿命。第五，改变脾脏功能，细胞移植能够减少脾脏释放炎症细胞的数量。

7. *脑性瘫痪细胞移植临床试验* 早在 2005 年，俄罗斯研究人员对脑性瘫痪患儿行细胞移植治疗，移植细胞由人 16 ~ 20 周胚胎经消化处理后得到，移植细胞平均剂量为 1×10^8 个，其中神经细胞和造血肝脏细胞比例为 10∶1，细胞经腰椎穿刺注入蛛网膜下腔，患儿接受多次细胞移植，移植后未发生自身免疫反应不良作用。移植 1 年后患儿精神和运动功能得到显著恢复，提示细胞移植临床上用于脑性瘫痪的可能性。目前，美国临床上并无细胞移植用于治疗脑性瘫痪，但已有两个研究中心正在招募脑性瘫痪患者进行自身脐带血细胞移植，用于评估脐带血细胞移植治疗脑性瘫痪的安全性与有效性。

近几年来，国内已有部分医院运用细胞移植手段治疗脑性瘫痪患者。解放军海军总医院采取人神经前体细胞移植治疗新生儿获得性脑损伤。移植对象为出生前后窒息缺氧导致中毒缺血缺氧性脑病患儿，患儿于出生后第 4 ~ 20 天行经侧脑室穿刺移植，移植细胞为人神经前体细胞，细胞来源于孕 12 周自然流产胚胎前脑组织。患儿经细胞移植治疗后，术后 2d 吸允、吞咽放射逐渐恢复，术后 12 个月随访部分患儿恢复正常，提示人神经前体细胞移植能降低重度新生儿获得性脑损伤致残率，预防脑性瘫痪的发生。该医院同时对诊断明确的脑性瘫痪患儿行超声引导脑室内神经干细胞移植治疗，移植后近期临床表现有不同程度好转，但是否能改善患儿症状还有待长时间的随访。

目前并没有证据表明细胞移植在脑性瘫痪的慢性损伤模型中起到明显疗效，可能于脑性瘫痪并非单一性疾病，临床前期实验缺乏理想的动物模型有关。临床前期实验提示细胞移植在急性模型中能起得良好效果，而这往往让人产生不实际的预想。因此，我们需要一种在慢性脑损伤模型中起得疗效的细胞，在充分评估细胞移植安全性与有效性之前进行大量临床试验并不合适。总的来说，细胞移植用于治疗脑性瘫痪仍有待于生命科学技术及理论的进一步发展。

（乐卫东 杨德华 宋 林 杨 娟 刘 会 陈 晟 李丽喜 唐 宇 章素芳 张晓洁）

参 考 文 献

[1] 吴 江. 神经病学. 2 版. 北京：人民卫生出版社，2005

[2] Titomanlio L，Kavelaars A，Dalous J，et al. Stem cell therapy for neonatal brain injury：perspectives and challenges. Ann Neurol，2011，70（5）：698-712

[3] Reynolds BA，Weiss S. Generation of neurons and astrocytes from isolated cells of the adult mammalian central nervous system. Science，1992，255（5052）：1707-1710

[4] Kallos MS，Behie LA. Inoculation and growth conditions for high-cell-density expansion of mammalian neural stem cells in suspension bioreactors. Biotechnol Bioeng，1999，63（4）：473-483

[5] Sen A，Kallos MS，Behie LA. New tissue

dissociation protocol for scaled-up production of neural stem cells in suspension bioreactors. Tissue Eng, 2004, 10 (5-6) : 904-913
[6] Carpenter MK, Cui X, Hu ZY, et al. In vitro expansion of a multipotent population of human neural progenitor cells. Exp Neurol, 1999, 158 (2) : 265-278
[7] Tropepe V, Hitoshi S, Sirard C, et al. Direct neural fate specification from embryonic stem cells: a primitive mammalian neural stem cell stage acquired through a default mechanism. Neuron, 2001, 30 (1) : 65-78
[8] Fraichard A, Chassande O, Bilbaut G, et al. In vitro differentiation of embryonic stem cells into glial cells and functional neurons. J Cell Sci, 1995, 108 (10) : 3181-3188
[9] Slinskey A, Barnes D, Pipas JM. Simian virus 40 large T antigen J domain and Rb-binding motif are sufficient to block apoptosis induced by growth factor withdrawal in a neural stem cell line. J Virol, 1999, 73 (8) : 6791-6799
[10] Betarbet R, Sherer TB, Greenamyre JT. Ubiquitin-proteasome system and Parkinson's diseases. Exp Neurol, 2005, 191 Suppl (1) : S17-27
[11] Feany MB, Bender WW. A Drosophila model of Parkinson's disease. Nature, 2000, 404 (6776) : 394-398
[12] Masliah E, Rockenstein E, Veinbergs I, et al. Dopaminergic loss and inclusion body formation in alpha-synuclein mice: implications for neurodegenerative disorders. Science, 2000, 287 (5456) : 1265-1269
[13] Goldberg MS, Fleming SM, Palacino JJ, et al. Parkin-deficient mice exhibit nigrostriatal deficits but not loss of dopaminergic neurons. J Biol Chem, 2003, 278 (44) : 43628-43635
[14] Kim RH, Smith PD, Aleyasin H, et al. Hypersensitivity of DJ-1-deficient mice to 1-methyl-4-phenyl-1,2,3,6-tetrahydropyrindine (MPTP) and oxidative stress. Proc Natl Acad Sci USA, 2005, 102 (14) : 5215-5220
[15] Battaglia G, Farrace MG, Mastroberardino PG, et al. Transglutaminase 2 ablation leads to defective function of mitochondrial respiratory complex I affecting neuronal vulnerability in experimental models of extrapyramidal disorders. J Neurochem, 2007, 100 (1) : 36-49
[16] Moran PM, Higgins LS, Cordell B, et al. Age-related learning deficits in transgenic mice expressing the 751-amino acid isoform of human beta-amyloid precursor protein. Proc Natl Acad Sci USA, 1995, 92 (12) : 5341-5345
[17] Kawarabayashi T, Shoji M, Younkin LH, et al. Dimeric amyloid beta protein rapidly accumulates in lipid rafts followed by apolipoprotein E and phosphorylated tau accumulation in the Tg2576 mouse model of Alzheimer's disease. J Neurosci, 2004, 24 (15): 3801-3809
[18] Tomidokoro Y, Ishiguro K, Harigaya Y, et al. Abeta amyloidosis induces the initial stage of tau accumulation in APP (Sw) mice. Neurosci Lett, 2001, 299 (3) : 169-172
[19] Schenk D, Barbour R, Dunn W, et al. Immunization with amyloid-beta attenuates Alzheimer-disease-like pathology in the PDAPP mouse. Nature, 1999, 400 (6740) : 173-177
[20] Janus C, Pearson J, McLaurin J, et al. A beta peptide immunization reduces behavioural impairment and plaques in a model of Alzheimer's disease. Nature, 2000, 408 (6815) : 979-982
[21] Oddo S, Caccamo A, Shepherd JD, et al. Triple-transgenic model of Alzheimer's disease with plaques and tangles: intracellular Abeta and synaptic dysfunction. Neuron, 2003, 39(3): 409-421
[22] Kimura N, Tanemura K, Nakamura S, et al. Age-related changes of Alzheimer's disease-associated proteins in cynomolgus monkey brains. Biochem Biophys Res Commun, 2003, 310 (2) : 303-311
[23] Olanow CW, Tatton WG. Etiology and pathogenesis of Parkinson's disease. Annu Rev Neurosci, 1999, 22: 123-144
[24] Rao J. Neurochemistry of nigral degeneration. Handbook of Parkinson's disease. Third Edition (Neurological Disease and Therapy) . New York: Marcel Dekker, Inc, 2003, 221-

248

[25] Savitt JM, Dawson VL, Dawson TM, et al. Diagnosis and treatment of Parkinson disease: molecules to medicine. J Clin. Invest, 2006, 7 (116) : 1744-1754

[26] von Bohlen, Halbach O, Schober A, et al. Genes, proteins, and neurotoxins involved in Parkinson's disease. Progress in Neurobiology, 2004, 73: 151-177

[27] 李锐，杜芳，乐卫东 . 小胶质细胞介导的免疫损伤在在帕金森病中的作用 . 国外医学：神经病学 · 神经外科学分册，2003，30（5）：486-489

[28] Krack P, Van Blercom N, Chabardes S, et al. Five-year follow-up of bilateral stimulation of the subthalamic nucleus in advanced Parkinson's disease. N Engl J Med, 2003, 349 (20) : 1925-1934

[29] Dawson TM, Dawson VL. Molecular pathways of neurodegeneration in Parkinson's disease. Science, 2003, 302 (5646) : 819-822

[30] Ellen W, Li C, Madura K, et al. Alpha-synuclein and parkin contribute to the assembly of ubiquitin lysine 63-linked multiubiquitin chains. J Biol Chem, 2005, 280 (17) : 16619-16624

[31] Giasson BI, John E, Ian VJ Murray, et al. Oxidative damage linked to neurodegeneration by selective alpha-synuclein nitration in synucleinopathy lesions. Science, 2000, 290: 985-989

[32] Jankovic J, Chen S, Le WD. The role of Nurr1 in the development of dopaminergic neurons and Parkinson's disease. Prog Neurobiol, 2005, 77 (1-2) : 128-138

[33] Darren J, Dawson VL. Molecular patho-physiology of Parkinson's disease. Annu Rev Neurosci, 2005, 28: 57-87

[34] Martinat C, Bacci JJ, Leete T, et al. Cooperative transcription activation by Nurr1 and Pitx3 induces embryonic stem cell maturation to the midbrain dopamine neuron phenotype. Proc Natl Acad Sci USA, 2006, 103 (8) : 2874-2879

[35] Cui YF, Hargus G, Xu JC, et al. Embryonic stem cell-derived L1 overexpressing neural aggregates enhance recovery in Parkinsonian mice. Brain, 2010, 133 (1) : 189-204

[36] Takagi Y, Takahashi J, Saiki H, et al. Dopaminergic neurons generated from monkey embryonic stem cells function in a Parkinson primate model. J Clin Invest, 2005, 115 (1) : 102-109

[37] Kordower JH, Freeman TP, Snow BJ, et al. Neuropathological evidence of graft survival and striatal reinnervation after the transplantation of fetal mesencephalic tissue in a patient with Parkinson's disease. N Eng J Med, 1995, 332: 1118-1124

[38] Fukuda H, Takahashi J, Watanabe K, et al. Fluorescence-activated cell sorting-based purification of embryonic stem cell-derived neural precursors averts tumor formation after transplantation. Stem Cells, 2006, 24 (3): 763-771

[39] Orlic D, Kajstura J, Chimenti S, et al. Mobilized bone marrow cells repair the infarcted heart, improving function and survival. Proc Natl Acad Sci USA, 2001, 98 (18) : 10344-10349

[40] Park HJ, Lee PH, Bang OY, et al. Mesenchymal stem cells therapy exerts neuroprotection in a progressive animal model of Parkinson's disease. J Neurochem, 2008, 107 (1) : 141-151

[41] Piccini P, Brooks DJ, Björklund A, et al. Dopamine release from nigral transplants visualized in vivo in a Parkinson's patient. Nat Neurosci, 1999, 2 (12) : 1137-1140

[42] Clarkson ED. Fetal tissue transplantation for patients with Parkinson's disease: a database of published clinical results. Drugs Aging, 2001, 18 (10) : 773-785

[43] Vetrivel KS, Thinakaran G. Amyloidogenic processing of beta-amyloid precursor protein in intracellular compartments. Neurology, 2006, 66: S69-S73

[44] Kim DW, Chung S, Hwang M, et al. Stromal cell-derived inducing activity, Nurr1, and signaling molecules synergistically induce dopaminergic neurons from mouse embryonic stem cells. Stem Cells, 2006, 24 (3): 557-567

[45] Schuldiner M, Itskovitz-Eldor J, Benvenisty N. Selective ablation of human embryonic stem

cells expressing a "suicide" gene. Stem Cells, 2003, 21 (3) : 257-265
[46] Jung J, Hackett NR, Pergolizzi RG, et al. Ablation of tumor-derived stem cells transplanted to the central nervous system by genetic modification of embryonic stem cells with a suicide gene. Hum Gene Ther, 2007, 18 (12) : 1182-1192
[47] Vetrivel KS, Thinakaran G. Amyloidogenic processing of beta-amyloid precursor protein in intracellular compartments. Neurology, 2006, 66: S69-S73
[48] Thinakaran G, Koo EH. Amyloid precursor protein trafficking, processing, and function. J Biol Chem, 2008, 283: 29615-29619
[49] Tanzi RE, Bertram L. Twenty years of the Alzheimer's disease amyloid hypothesis: a genetic perspective. Cell, 2005, 120: 545-555
[50] Sherrington R, Rogaev EI, Liang Y, et al. Cloning of a gene bearing missense mutations in early-onset familial Alzheimer's disease. Nature, 1995, 375: 754-760
[51] Jayadev S, Leverenz JB, Steinbart E, et al. Alzheimer's disease phenotypes and genotypes associated with mutations in presenilin 2. Brain, 2010, 133: 1143-1154
[52] Takahashi K, Tanabe K, Ohnuki M. Induction of pluripotent stem cells from adult human fibroblasts by defined factors. Cell, 2007, 131: 861-872
[53] Yu J, Vodyanik MA, Smuga-Otto, et al. Induced pluripotent stem cell lines derived from human somatic cells. Science, 2007, 318: 1917-1920
[54] Dimos JT, Rodolfa KT, Niakan KK, et al. Induced pluripotent stem cells generated from patients with ALS can be differentiated into motor neurons. Science, 2008, 321: 1218-1221
[55] Park IH, Arora N, Huo H, et al. Disease-specific induced pluripotent stem cells. Cell, 2008, 134: 877-886
[56] Soldner F, Hockemeyer D, Beard C, et al. Parkinson's disease patient-derived induced pluripotent stem cells free of viral reprogramming factors. Cell, 2009, 136: 964-977
[57] Ebert AD, Yu J, Rose FF, et al. Induced pluripotent stem cells from a spinal muscular atrophy patient. Nature, 2009, 457: 277-280
[58] Lee G, Papapetrou EP, Kim H, et al. Modelling pathogenesis and treatment of familial dysautonomia using patient-specific iPSCs. Nature, 2009, 461: 402-406
[59] Ku S, Soragni E, Campau E, et al. Friedreich's ataxia induced pluripotent stem cells model intergenerational GAA TTC triplet repeat instability. Cell Stem Cell, 2009, 7: 631-637
[60] Chamberlain SJ, Chen PF, Ng KY, et al. Induced pluripotent stem cell models of the genomic imprinting disorders Angelman and Prader-Willi syndromes. Proc Natl Acad Sci USA, 2010, 107: 17668-17673
[61] Nguyen HN, Byers B, Cord B, et al. LRRK2 mutant iPSC-derived DA neurons demonstrate increased susceptibility to oxidative stress. Cell Stem Cell, 2011, 8: 267-280
[62] Marchetto MC, Carromeu C, Acab A, et al. A model for neural development and treatment of Rett syndrome using human induced pluripotent stem cells. Cell, 2010, 143: 527-539
[63] Okada Y, Matsumoto A, Shimazaki T, et al. Spatiotemporal recapitulation of central nervous system development by murine embryonic stem cell-derived neural stem/ progenitor cells. Stem Cells, 2008, 26: 3086-3098
[64] Miura K, Okada Y, Aoi T, et al. Variation in the safety of induced pluripotent stem cell lines. Nat Biotechnol, 2009, 27: 743-745
[65] Liu GH, Barkho BZ, Ruiz S, et al. Recapitulation of premature ageing with iPSCs from Hutchinson-Gilford progeria syndrome. Nature, 2011, 472: 221-225
[66] Zhang J, Lian Q, Zhu G, et al. A human iPSC model of Hutchinson Gilford progeria reveals vascular smooth muscle and mesenchymal stem cell defects. Cell Stem Cell, 2011, 8: 31-45
[67] Yazawa M, Hsueh B, Jia X, et al. Using induced pluripotent stem cells to investigate cardiac phenotypes in Timothy syndrome.

Nature, 2011, 471: 230-234

[68] Takuya Y, Daisuke I, Yohei O, et al. Modeling familial Alzheimer's disease with induced pluripotent stem cells. Hum Mol Genet, 2011, 20 (23) : 4530-4539

[69] Dimos JT, Rodolfa KT, Niakan KK, et al. Induced pluripotent stem cells generated from patients with ALS can be differentiated into motor neurons. Science, 2008, 321 (5893) : 1218-1221

[70] Angelov DN, Waibel S, Guntinas-Lichius O, et al. Therapeutic vaccine for acute and chronic motor neuron diseases: implications for amyotrophic lateral sclerosis. Proc Natl Acad Sci USA, 2003, 100 (8) : 4790-4795

[71] Appel SH, Engelhardt JI, Henkel JS, et al. Hematopoietic stem cell transplantation in patients with sporadic amyotrophic lateral sclerosis. Neurology, 2008, 71 (17) : 1326-1334

[72] Corti S, Locatelli F, Papadimitriou D, et al. Neural stem cells LewisX+CXCR4^{+}modify disease progression in an amyotrophic lateral sclerosis model. Brain, 2007, 130 (5) : 1289-1305

[73] Baffour R, Achanta K, Kaufman J, et al. Synergistic effect of basic fibroblast growth factor and methylprednisolone on neurological function after experimental spinal cord injury. J Neurosurg, 1995, 83 (1) : 105-110

[74] Bambakidis NC, Butler J, Horn EM, et al. Stem cell biology and its therapeutic applications in the setting of spinal cord injury. Neurosurg Focus, 2008, 24 (3-4) : E20

[75] Bracken MB, Shepard MJ, Hellenbrand KG, et al. Methylprednisolone and neurological function 1 year after spinal cord injury. Results of the National Acute Spinal Cord Injury Study. J Neurosurg, 1985, 63 (5): 704-713

[76] Carvalho KA, Cunha RC, Vialle EN, et al. Functional outcome of bone marrow stem cells ($CD45^{+}/CD34^{-}$) after cell therapy in acute spinal cord injury: in exercise training and in sedentary rats. Transplant Proc, 2008, 40 (3) : 847-849

[77] Cho SR, Kim YR, Kang HS, et al. Functional recovery after the transplantation of neurally differentiated mesenchymal stem cells derived from bone barrow in a rat model of spinal cord injury. Cell Transplant, 2009, 18 (12) : 1359-1368

[78] Ebert AD, Yu J, Rose FF, et al. Induced pluripotent stem cells from a spinal muscular atrophy patient. Nature, 2009, 457 (7227) : 277-280

[79] Karussis D, Karageorgiou C, Vaknin-Dembinsky A, et al. Safety and immunological effects of mesenchymal stem cell transplantation in patients with multiple sclerosis and amyotrophic lateral sclerosis. Arch Neurol, 2007, 67 (10) : 1187-1194

[80] Kumagai G, Okada Y, Yamane J, et al. Roles of ES cell-derived gliogenic neural stem/progenitor cells in functional recovery after spinal cord injury. Plos One, 2009, 4 (11) : e7706

[81] Mazzini L, Ferrero I, Luparello V, et al. Mesenchymal stem cell transplantation in amyotrophic lateral sclerosis: A Phase I clinical trial. Exp Neurol, 2009, 223 (1) : 229-237

[82] Owens J. Stem-cell treatments for spinal-cord injury may be worth the risk. Nature, 2009, 458 (7242) : 1101

[83] Papadeas ST, Maragakis NJ. Advances in stem cell research for Amyotrophic Lateral Sclerosis. Curr Opin Biotechnol, 2009, 20 (5): 545-551

[84] Ronaghi M, Erceg S, Moreno-Manzano V, et al. Challenges of stem cell therapy for spinal cord injury: human embryonic stem cells, endogenous neural stem cells, or induced pluripotent stem cells? Stem Cells, 2009, 28 (1) : 93-99

[85] Sahni V, Kessler JA. Stem cell therapies for spinal cord injury. Nat Rev Neurol, 2007, 6 (7): 363-372

[86] Sharp J, Frame J, Siegenthaler M, et al. Human embryonic stem cell-derived oligodendrocyte progenitor cell transplants improve recovery after cervical spinal cord injury. Stem Cells, 2005, 28 (1) : 152-163

[87] Silani V, Cova L, Corbo M, et al. Stem-cell therapy for amyotrophic lateral sclerosis. Lancet, 2004, 364 (9429) : 200-202
[88] Suzuki M, Svendsen CN. Combining growth factor and stem cell therapy for amyotrophic lateral sclerosis. Trends Neurosci, 2008, 31 (4): 192-198
[89] Thonhoff JR, Ojeda L, Wu P. Stem cell-derived motor neurons: applications and challenges in amyotrophic lateral sclerosis. Curr Stem Cell Res Ther, 2009, 4 (3) : 178-199
[90] Vallier L, Pedersen R. Differentiation of human embryonic stem cells in adherent and in chemically defined culture conditions. Curr Protoc Stem Cell Biol, 2008, 1: 141-147
[91] Xu M, Yip GW, Gan LT, et al. Distinct roles of oxidative stress and antioxidants in the nucleus dorsalis and red nucleus following spinal cord hemisection. Brain Res, 2005, 1055 (1-2) : 137-142
[92] Ascherio A, Munger KL, Lennette ET, et al. Epstein-Barr virus antibodies and risk of multiple sclerosis: a prospective study. JAMA, 2001, 286 (24) : 3083-3088
[93] Sundstrom P, Juto P, Wadell G, et al. An altered immune response to Epstein-Barr virus in multiple sclerosis: a prospective study. Neurology, 2004, 62 (12) : 2277-2282
[94] Levin LI, Munger KL, Rubertone MV, et al. Temporal relationship between elevation of epstein-barr virus antibody titers and initial onset of neurological symptoms in multiple sclerosis. JAMA, 2005, 293 (20) : 2496-2500
[95] DeLorenze GN, Munger KL, Lennette ET, et al. Epstein-Barr virus and multiple sclerosis: evidence of association from a prospective study with long-term follow-up. Arch Neurol, 2006, 63 (6) : 839-844
[96] Pachner AR. Experimental models of multiple sclerosis. Curr Opin Neurol, 2011, 24 (3) : 291-299
[97] Compston A, Coles A. Multiple sclerosis. Lancet, 2008, 372 (9648) : 1502-1517
[98] Lucchinetti C, Brück W, Parisi J, et al. A quantitative analysis of oligodendrocytes in multiple sclerosis lesions. A study of 113 cases. Brain, 1999, 122 (12) : 2279-2295
[99] Polman CH, Reingold SC, Banwell B, et al. Diagnostic criteria for multiple sclerosis: 2010 revisions to the McDonald criteria. Ann Neurol, 2010, 69 (2) : 292-302
[100] Swanton JK, Rovira A, Tintore M, et al. MRI criteria for multiple sclerosis in patients presenting with clinically isolated syndromes: a multicentre retrospective study. Lancet Neurol, 2007, 6 (8) : 677-686
[101] Ben-Hur T. Cell Therapy for Multiple Sclerosis. Neurotherapeutics, 2011, 8 (4) : 625-642
[102] Sykes M, Nikolic B. Treatment of severe autoimmune disease by stem-cell transplantation. Nature, 2005, 435 (7042) : 620-627
[103] Carroll JE, Mays RW. Update on stem cell therapy for cerebral palsy. Expert Opin Biol Ther, 2011, 11 (4) : 463-471
[104] Chen A, Siow B, Blamire AM, et al. Transplantation of magnetically labeled mesenchymal stem cells in a model of perinatal brain injury. Stem Cell Res, 2010, 5 (3) : 255-266
[105] Daadi MM, Davis AS, Arac A, et al. Human neural stem cell grafts modify microglial response and enhance axonal sprouting in neonatal hypoxic-ischemic brain injury. Stroke, 2010, 41 (3) : 516-523
[106] Girard S, Kadhim H, Beaudet N, et al. Developmental motor deficits induced by combined fetal exposure to lipopolysaccharide and early neonatal hypoxia/ischemia: a novel animal model for cerebral palsy in very premature infants. Neuroscience, 2009, 158 (2) : 673-682
[107] Inder T, Neil J, Yoder B, et al. Patterns of cerebral injury in a primate model of preterm birth and neonatal intensive care. J Child Neurol, 2005, 20 (12) : 965-967
[108] Johnston MV, Ferriero DM, Vannucci SJ, et al. Models of cerebral palsy: which ones are best? J Child Neurol, 2005, 20 (12) : 984-987
[109] Komatsu K, Honmou O, Suzuki J, et al. Therapeutic time window of mesenchymal

stem cells derived from bone marrow after cerebral ischemia. Brain Res, 2009, 1334: 84-92

[110] Kopen GC, Prockop DJ, Phinney DG. Marrow stromal cells migrate throughout forebrain and cerebellum, and they differentiate into astrocytes after injection into neonatal mouse brains. Proc Natl Acad Sci USA, 1999, 96 (19) : 10711-10716

[111] Li J, Zhu H, Liu Y, et al. Human mesenchymal stem cell transplantation protects against cerebral ischemic injury and upregulates interleukin-10 expression in Macacafascicularis. Brain Re, 2010, 1334: 65-72

[112] Lotgering FK, Bishai JM, Struijk PC, et al. Ten-minute umbilical cord occlusion markedly reduces cerebral blood flow and heat production in fetal sheep. Am J Obstet Gyneco, 2003, 189 (1) : 233-238

[113] Mahmood A, Lu D, Chopp M. Intravenous administration of marrow stromal cells (MSCs) increases the expression of growth factors in rat brain after traumatic brain injury. J Neurotrauma, 2004, 21 (1) : 33-39

[114] Obenaus A, Dilmac N, Tone B, et al. Long-term magnetic resonance imaging of stem cells in neonatal ischemic injury. Ann Neurol, 2011, 69 (2) : 282-291

[115] Pendharkar AV, Chua JY, Andres RH, et al. Biodistribution of neural stem cells after intravascular therapy for hypoxic-ischemia. Stroke, 2010, 41 (9) : 2064-2070

[116] Tsai LK, Wang Z, Munasinghe J, et al. Mesenchymal stem cells primed with valproate and lithium robustly migrate to infarcted regions and facilitate recovery in a stroke model. Stroke, 2011, 42 (10) : 2932-2939

[117] van Velthoven CT, Kavelaars A, van Bel F, et al. Repeated mesenchymal stem cell treatment after neonatal hypoxia-ischemia has distinct effects on formation and maturation of new neurons and oligodendrocytes leading to restoration of damage, corticospinal motor tract activity, and sensorimotor function. J Neurosci, 2010, 30 (28) : 9603-9611

[118] van Velthoven CT, Kavelaars A, van Bel F, et al. Nasal administration of stem cells: a promising novel route to treat neonatal ischemic brain damage. Pediatr Res, 2010, 68 (5) : 419-422

[119] Vendrame M, Gemma C, Pennypacker KR, et al. Cord blood rescues stroke-induced changes in splenocyte phenotype and function. Exp Neurol, 2006, 199 (1) : 191-200

[120] Walker PA, Shah SK, Jimenez F, et al. Intravenous multipotent adult progenitor cell therapy for traumatic brain injury: preserving the blood brain barrier via an interaction with splenocytes. Exp Neurol, 2010, 225 (2) : 341-352

[121] Zheng W, Honmou O, Miyata K, et al. Therapeutic benefits of human mesenchymal stem cells derived from bone marrow after global cerebral ischemia. Brain Res, 2009, 1310: 8-16

[122] 栾 佐，刘卫鹏，屈素清，等 . 人神经前体细胞移植治疗新生儿获得性脑损伤的临床观察 . 中华儿科杂志，2011，49 (6) : 445-450

[123] 贺 声，栾 佐，屈素清，等 . 超声引导脑室内神经干细胞移植治疗小儿脑瘫 . 中国介入影像学与治疗学，2011，8 (2) : 94-97

第 6 章 细胞移植治疗心脑血管疾病

6

第一节 概 述

心脑血管相关疾病是导致死亡和残疾的首要因素。一份来自美国心脏协会统计委员会关于卒中和心脏疾病的报道指出：2007 年有 7 900 万 20 岁以上的美国人患有各种类型的心血管疾病，而在 2004 年大约有 90 万人死于心脏疾病，并花费了 4 300 亿美元的医疗费用。在全球范围内，每年估计有 1 700 万人死于卒中和心脏疾病；其中，中低收入人群在死亡数中占到了 80%。预计在未来 20 年里，在拉丁美洲，中东和撒哈拉以南非洲地区预期将有 3 倍于此的人死于心脑血管疾病。世界卫生组织估计：到 2030 年，每年由心脑血管疾病所导致的死亡人数将达到 2 300 万。而在亚洲，心脑血管疾病发生发展的态势也越来越严重，越来越对人群健康产生威胁。亚太群组协作研究组织（APCSC）通过长达 10 年、针对逾 65.9 万亚洲人口，对血压、肥胖、胆固醇、糖尿病和吸烟之间的关系进行了调查研究，结果表明：心脏病的大规模流行，正开始对中国及其他许多亚洲国家造成严重影响。中华医学会 2010 年的报告则指出，目前中国包括冠心病、脑卒中、心力衰竭和高血压在内的心血管病患者预计近 2.3 亿，每年有 300 万人死于心血管病，约占总死亡病例的 1/3。专家预计：2010 ~ 2030 年，由于人口老龄化与人口增长，中国心血管疾病发生数上升幅度将超过 50%。若不加以控制，到 2030 年中国心血管病患者将增加 2 130 万，心血管病死亡人数将增加 770 万。

如何应对和治疗这些疾病成为了人们迫切需要考虑的问题。预防医学就是其中一种方法，它通过合理饮食、积极锻炼以及预防性的药物治疗来阻止这些疾病的进程。虽然这些方法很有效，但是总体上来说是延缓而非阻止疾病的发生。一旦疾病发生，在临床上只能采用药物、介入或手术等方法进行治疗，以期望能缓解症状，改善功能，减缓进展。但是，预后大多不良，且伴随而来的经济负担巨大，患者依从性不能得到保证。所以，随着机体老化的到来，心脑血管疾病将不可避免的发生并最终导致患者的残疾和死亡。在这些疾病所导致的器官衰竭终末期，最有效的治疗方法是器官移植。比如心脏移植，就是治疗各种原发疾病（如心肌梗死、心肌炎、各种心肌病）导致的心力衰竭终末期的最终方法。但是这一方法存在着很多目前难以解决的问题：第一，由手术过程、免疫排斥、免疫抑制药导致的死亡率很高；第二，器官提供者非常有限，使得这一治疗方法只能局限于很小一部分人群；第三，仅器官中一部分结构功能的受损而采取整个器官的移植似乎存在过度治疗。与这些方法相比，细胞移植治疗，特别是干细胞治疗，对于心脑血管疾病导致的器官结构功能受损是一个更为有效的治疗方法。因为通过干细胞移植治疗能重建受损组织，而不是像器官移植那样通过手术方法来替换器官。而且细胞治疗方法简单，损伤程度小，免疫排斥反应几乎没有，细胞的来源也非常丰富方便，费用较低，这些都利于其在临床的应用以及易于为患者所接受。

一、治疗心脑血管疾病的细胞

干细胞是一类具有克隆源性的细胞，能不断进行自我更新并可以分化成多种细胞系。其中来源于受精卵的全能干细胞具有发育成整个机体的的能力。多能干细胞（pluripotent stem cell）能发育为任何类型的组织，但不具备全能干细胞形成整个机体的能力。专能干细胞（multipotent stem cell）相较前两者则属于更进一步分化的细胞，它们能分化成多种类型的细胞，但是只局限于一个器官之内，所以其可塑性比全能和多能干细胞低。寡能干细胞和单能干细胞的分化能力更加有限，前者能产生同种类型的几种细胞，而后者则只能形成一种成熟细胞。

以心血管疾病治疗为例，研究已发现干细胞一方面能分化为心肌细胞、血管内皮细胞等，从而重建受损心肌、新生血管，改善缺血组织血液循环，另一方面能通过旁分泌作用促进缺血组织修复。而目前几乎所有干细胞类型，包括胚胎干细胞、诱导多能干细胞、心脏干细胞、间充质干细胞等均已在缺血性心肌梗死动物模型中进行了临床前实验，大部分动物实验结果表明移植的干细胞可分化为心肌细胞，改善脑梗死动物神经功能。

根据细胞来源，治疗心脑血管疾病的干细胞可以分为两个大类：胚胎干细胞和成体干细胞。

（一）胚胎干细胞

人类胚胎干细胞具有多能性，我们能从发育5d左右的人囊胚中将其分离出来。胚胎干细胞能分化成三胚层的所有细胞，但作为再生医学的候选细胞存在着最大的争议。争议之一就是胚胎干细胞的应用存在着严重的伦理学问题。胚胎干细胞来源于囊胚的内细胞团。在基础实验研究中，胚胎干细胞已被大量的应用，并被证明在合适的条件下能够分化成机体的任何组织类型的细胞。已经有人在体外培养条件下发现胚胎干细胞能够分化成完整心肌细胞并且具有其全部功能。在小鼠模型中，由胚胎干细胞分化而来的心肌细胞注入小鼠缺血心肌部位后，能稳定地移植入小鼠心脏，并且能和周围的心肌细胞同步收缩舒张。但是，一旦移植胚胎干细胞就有可能形成畸胎瘤，这就使其应用受到了限制。因此，先将胚胎干细胞诱导分化再进行移植可能是一种有效的方法。事实上，已经有学者在动物实验中进行了这方面的研究。

（二）成体干细胞

成体干细胞是一类专能干细胞，他们存在于人体的组织器官中，起着替换死亡细胞和修复组织功能的作用。在不同年龄段的人体中都存在着成体干细胞，可以进一步根据组织来源的不同对成体干细胞进行分类，如：存在于骨髓的成体干细胞、存在于心脏的成体干细胞以及存在于脑中的成体干细胞等。

1．*骨髓来源干细胞* 骨髓中存在着许许多多功能各异的前体细胞，除造血干细胞之外还包括内皮干细胞、间充质干细胞、上皮干细胞以及纤维干细胞等。研究人员证实，在自我平衡的条件下，这些细胞从骨髓中释放出来进入血液循环并在组织器官常规老化的过程中起着修复的作用。而在炎症情况下，它们会被动员并激活，促进组织重塑和纤维化，从而刺激组织的修复。内皮干细胞能促进血管新生，间充质干细胞具有免疫抑制作用及对组织修复的直接作用，纤维干细胞则可以促进组织的纤维化。

（1）间充质干细胞（MSC）：间充质干细胞是一类专能性的基质干细胞，能从许多类型的组织中分离出来，包括骨髓、骨骼肌、羊水以及脂肪组织。在合适的条件下间充质干细胞能分化成三系细胞，包括脂肪细胞、成骨细胞以及成软骨细胞。但是一些研究还表明，间充质干细胞除了分化成上述3种细胞外，还可以分化成神经、心肌和骨骼肌细胞。一种比较简单的MSC获取方法是通过全骨髓细胞贴壁培养来获得间充质干细胞，这些间充质干细胞会表现出一些间叶细胞的表面标记（CD105、CD90、CD13、CD166、CD44、CD29、PDGFR等）。人间充质干细胞表达CD73和CD13但不表达Sca-1。间充质干细胞相较于其他干细胞的特点在于其具有免疫抑制作用。这可能与它们能够分泌一系列具有免疫调节功能的因子（TGF-β、PGE2、IL-10等）有关。间充质干细胞的另一个特点是能够迁移到损伤或炎症区发挥治疗作用，根据这一点，可应用基因工程的一些方法改造间充质干细胞，通过间充质干细胞迁移到损伤／炎症区来提高治疗效果。目前，已经有一些临床研究应用 MSC 来治疗某些疾病，包括克罗恩病、多发性硬化症、糖尿病等，而且收到了比较满意的效果。

间充质干细胞能够提高移植区心脏的室壁运动，抑制心肌梗死区和非心肌梗死区心脏重塑，还能分泌促进血管新生的细胞因子，改善受损区功能。间充质干细胞能够在体外大量扩增，且其免疫原性较低，临床应用的前景非常广阔。关于间充质干细胞的临床研究开展较早，但是比起骨髓单个核细胞其研究数量仍然不多。2004 年中国的陈绍良及其同事最早在国内进行了间充质干细胞治疗心肌梗死的临床随机对照研究：在 69 名 PCI 术后的急性心肌梗患者中，他们随机选择了 34 位经冠状动脉移植骨髓间充质干细胞。经过 3 个月的随访，他们发现移植组患者心功能的损伤程度较对照组明显下降。其心肌梗死区室壁运动速率提高，左心室射血分数提高，舒张末容积和收缩末容积下降，而两者比值则显著上升。2009 年迈阿密大学的 Hare 及其同事发表的临床研究结果同样表明了间充质干细胞治疗急性心肌梗死是安全的，不会出现明显不良反应，而且相较于对照组，其室性心动过速减少，心脏射血分数增加，且能够逆转心室重构。

间充质干细胞经不同的途径（静脉、动脉、颅内），于不同时间点如脑梗死后 1d 或 1 个月移植均能促进 MCAO 大鼠神经功能恢复。I 期临床试验入选了 30 名 MCA 区脑梗死伴有严重神经功能障碍的患者，其中 5 名患者接受骨髓穿刺并体外扩增 1×10^8 骨髓间充质干细胞，然后经静脉自体回输，移植后并未观察到任何与细胞相关的不良反应。Bang 等认为移植组患者功能改善可能更好，但巴氏指数评分和改良 Rankin 评分较对照组无显著性差异，梗死体积也无明显差异。最近 Honmou 等报道的临床试验发现自体骨髓间充质干细胞移植 1 周后可以缩小约 20% 的的病灶体积，移植组患者不同程度神经功能恢复，但由于该临床试验并非双盲设计，缺乏安慰剂对照，可能存在较多偏倚。

到目前为止，关于间充质干细胞治疗心肌梗死、脑梗死的临床研究数量仍然较少，病例数也不多，所以对于其治疗心肌梗死的效果仍不是很明确。而且间充质干细胞在移植前需要在体外培养 7 ~ 10d，这也大大限制了其临床应用。希望在不久的将来能有新的方法和技术来解决其中存在的问题，从而更好地为心肌梗死患者服务。

（2）内皮祖细胞（EPC）：内皮祖细胞最早有由 Asahara 及其同事在 1997 年发现，他们从外周血的单核细胞中分离出了一群能够在体外合适的条件下分化成为内皮细胞的细胞群，其表面特异性表达造血干细胞标志 CD133、CD34 以及内皮细胞标志 VEGFR-2。它们能够进入损伤区域，促进血管新生并分化成内皮细胞。目前有研究证明存在着两类不同的内皮祖细胞：第一，起源于造血细胞系，也被认为是早期 EPC（EOG-EPCs）；第二，起源于内皮细胞系，被认为是晚期 EPC（LOG-EPC）。EOG-EPC 一般在培养后 5d 得到，成纺锤形，同时带有内皮细胞和单核细胞的特性。EOG-EPCs 并不直接形成新生血管，通常分泌许多关键的促血管新生的因子，如 VEGF-α，CXCL-12 等，所以其很可能就是通过旁分泌的途径来参与促血管新生作用。LOG-EPC 一般在培养 21d 后得到，成卵石状，表现出成熟内皮细胞的特性，带有内皮细胞的表面标志（VEGFR2，vWF，CD34，CD31）。与 EOG-EPC 不同的是，LOG-EPC 无论在体内还是体外都直接参与新生血管的形成。来自中国的一项研究曾使用 EPC 对先天性肺动脉高压的患者进行细胞治疗，发现与对照组相比，患者症状确实得到了改善。这些临床研究为我们将来开展细胞治疗奠定了良好的基础。但是内皮干细胞的缺点在于心肌梗死后其数量和促血管新生能力会下降，这可能限制了其在细胞治疗中的应用。

（3）$CD133^+$ 细胞：CD133 表达于早期造血干细胞和内皮干细胞，这两种细胞都可以促进缺血组织的血管新生。$CD133^+$ 细胞能够进入损伤区促进血管新生并分化成为成熟的内皮细胞。2011 年发表在《Journal of Cardiovascular Medicine》的一篇文章中 Alessandro Colombo 及其同事从患者外周血和骨髓中分离出 $CD133^+$ 细胞并通过冠脉内注射的方法移植入患者体内，一年之后随访发现移植组患者心肌梗死区血流量明显升高，提示该细胞可能在心肌梗死中发挥治疗作用。但 $CD133^+$ 细胞在骨髓单个核细胞中的比例仅占不到 1%，且不能在体外扩增，因此限制了其在临床上的应用。

2. *心脏干细胞* 传统的观念认为心脏已经是一个终末分化的器官，所以其损伤后修复的能力是非常有限的。但是最近的研究显示，在心脏中存在着心脏干细胞，它们能进行自我更新和修复，而且人们正在深入研究支持这一假说的相关证据。

最早关于心脏干细胞的报道中，研究人员用以前发现骨髓干细胞的方法发现了在心脏中有一群能将 Hoechst 染料快速泵出细胞外的边缘细胞。有关研究人员证明大约 1% 的心肌细胞是这种边缘细胞并且具有自我更新和分化的能力。Martin 以及他的同事在 2004 年又进一步证明存在于小鼠心肌细胞中的边缘细胞能够表达 Abcg2（Abcg2 是一个转运分子，能将 Hoechst 染料泵出细胞）。这些细胞具有增值能力，并且能够表达 α-肌动蛋白，这就提示了其可能具有分化能力。

另一项寻找心脏干细胞的研究是探索其形成自我黏附的集落的能力。这一方法被 Messina 及其同事们用从人的心房、心室标本以及鼠的心脏组织中分离出能形成集落的未分化心肌细胞（cardiacsphere，CS）。这些细胞（CS）在特定的培养条件下能发育成具有周期搏动能力的细胞。而且，这些细胞能够表达 CD34、C-Kit、Sca-1 这些存在于造血干细胞表面的细胞表面标记。将 CS 细胞移植入被诱导心肌梗死的免疫缺陷小鼠体内之后，这些细胞能够与心肌细胞发生融合并发生直接分化。这也是人们较早发现人类的心肌组织中存在着干细胞，并能在体外大量获取和增殖，为将来的心肌干细胞移植治疗奠定了基础。

如何将心肌组织中的干细胞鉴别分离出来是一个关键环节。借鉴造血系统的干细胞表面标记，研究人员尝试用类似的细胞分选技术结合体外和体内的培养技术从心脏中分离出心脏干细胞。人们在成年鼠的心肌细胞中发现了 0.3% Sca-1 阳性细胞，而这一标志存在于鼠的干细胞表面，当用缩宫素来处理这些细胞，它们能够在体外分化成具有搏动能力的心肌细胞。这一研究第一次揭示了成体心肌干细胞具有增殖能力，并且能够分化成为包括心肌细胞在内的不同类型的细胞。

研究鼠胚胎的发育也对研究心脏干细胞起到了推动作用。最近两项研究工作表明，鼠胚胎心外膜前体细胞表达 WT1 或 TbX18，能够分化成为心肌细胞系细胞。随着对心肌发育过程研究的不断深入，我们将更细致地了解心肌发育的生物学特征，并鉴别出成体心脏中所存在的干细胞，这对以后实现心脏的再生修复至关重要。

目前已经有许多研究成果能够证明心脏中存在着前体细胞，并能够分化成有功能的心肌细胞。但是这些研究并没有证明那些我们假定的心肌前体细胞能够修复组织并且在移植进入其他个体之后能帮助其修复组织。与骨髓造血干细胞的研究不同，实质器官中干细胞的研究更加麻烦，制定一个明确自我更新能力的金标准相当困难。但相信在不久的将来，随着研究技术的不断进步，我们能用更先进的方法来证明心脏干细胞的自我更新和修复能力，从而为心脏的再生修复寻找到更合适的方法。

3. *脐血干细胞* 当胎儿娩出而胎盘还没有娩出之前，我们可以从子宫中收集脐带血样本。或者在自然分娩或剖宫产后，也可以在子宫外采用不损伤母体和胎儿的方式获得脐带血标本。

1974 年 Knuddtzon 第一次在体外证明了脐血中存在造血干细胞。现在大量研究证明其具有干细胞的自我更新及分化能力。除造血干细胞外，脐带血中还有其他不同类型的，具有不同表面分子标记的干细胞。Buzanska 及其同事们通过免疫磁珠细胞分选的方法发现了 CD34 和 CD45 阴性的非造血干细胞。在 Buzanska 之后，许许多多其他的工作团队都在致力于利用 FACS 和免疫磁珠的方法从脐带血单核细胞群中分离出干细胞，并研究其各自的特性。2005 年 McGuckin 及其同事们根据其类似胚胎干细胞的特性将这些脐带血来源的细胞定义为胚胎样干细胞（embryonic-like stem cells，CBEs）。另外的一些研究人员从脐带血中分离出了性状相似的更小的细胞群，并将之命名为极小胚胎样干细胞（very small embryonic-like stem cells VSEL）。这些未成熟干细胞能够表达细胞多能标志如 Oct-4，Soc-2 和 Nanog，且 SSEA-3/SSEA-4 也呈阳性（都属于胚胎干细胞的标记）。同样地，这些细胞也能够像其他多能干细胞一样分化成多种不同类型的组织细胞。脐带血中还含有间充质干细胞。这些间充质干细胞在细胞学和形态学上都和骨髓中的间充质干细胞类似。脐血中的间充质干细胞具有较强的分化成为神经细胞的潜能。除此之外，它还能够分化成肝细胞、成骨细胞、脂肪细胞、软骨细胞等。

总得来说，脐带血中含有丰富的非造血干细胞，具有很强的分化潜能。它们很少表达HLA Ⅱ型抗原且免疫原性很低，大大减少了其移植注射风险，使之在细胞治疗中有很好的潜力。在动物实验中，急性心肌梗死动物心肌内注射人脐血干细胞能显著的减少其心肌梗死面积。现在已有临床实验开始研究人脐血干细胞治疗扩张性心肌病和难治性心绞痛的效果。脐带血易于获取，这就使其成为一个良好的干细胞来源仓库。在临床应用中前景广阔。

4．iPS 细胞　日本科学家 Takahashi 及其同事们发现将 4 个基因（Oct3/4，SOX2，cMyc 和 Klf4）转换之后鼠和人的成纤维细胞能够表现出类似胚胎干细胞的特性，称之为诱导多能干细胞。经过合适条件的培养，iPS 细胞同样能够分化为功能性心肌细胞，也已用于动物实验治疗大鼠缺血性脑梗死。这一意义非凡的发现为我们提供了一些重要的方法来避开许多围绕在人胚胎干细胞周围的伦理学问题。这一方法还处于极早期阶段，诱导多能干细胞存在基因组 DNA、线粒体 DNA 突变，其致瘤性安全性等尚待进一步研究，但使我们能够从患者体细胞获取组织相容性的干细胞，达到修复和再生组织的目的。目前科学家们正在研究和开发各种不同的重编技术来诱导更有效和更安全的 iPS 细胞。所以，即使依然存在着种种问题，iPS 细胞也可能成为干细胞治疗心脑血管疾病的一类候选细胞。

5．其他来源干细胞

（1）脂肪干细胞：最近研究表明，由于脂肪组织非常容易取得，而且存在着干细胞，所以脂肪组织相较于机体其他组织是一个更具优势的干细胞库。在体外脂肪干细胞具有稳定的生长速度和扩增能力并且能够分化成成骨细胞、成软骨细胞、脂肪细胞、肌细胞、神经细胞等。而且在单细胞水平，脂肪干细胞具有多向分化能力。由于有着这些优势，最近的研究开始探索脂肪干细胞在多种动物模型中的移植治疗效果以及安全性。而且脂肪干细胞的临床实验在一些地方已经开始进行。Bai 等首次在临床上用脂肪干细胞治疗心血管疾病并证明其没有心脏方面的不良反应。2009 年 Sanz-Ruiz 等开展的临床随机对照实验将脂肪干细胞用于治疗急性心肌梗死，并且在另一项临床随机对照实验中用于治疗慢性心肌缺血，都收到了一定的成效。

（2）骨骼肌干细胞：骨骼肌干细胞因其具有一些特殊的性能已被广泛研究。骨骼肌干细胞易于从患者体内获取并加以培养，避免了伦理学问题和免疫排斥问题。动物研究表明，心肌梗死后骨骼肌干细胞的移植能够帮助心脏血管的形成并改善心功能。另有人体研究表明在冠状动脉旁路移植手术后移植骨骼肌干细胞能够起到保护作用。骨骼肌干细胞移植的主要问题是其骨骼肌细胞源性和致心律失常作用，这些机制方面的问题还有待进一步研究。

目前，关于干细胞移植的治疗方法已经在基础研究以及部分临床研究中大量开展，并取得了许多意义重大的成果，具有非常重要的指导意义。而在临床上，移植应用最多和最早的就是造血干细胞。

二、干细胞移植

通过细胞表面标记可以对干细胞进行鉴别和分离。利用这一技术，临床上已经大量开展了自体的或异体的干细胞移植来治疗血液系统肿瘤或者其他先天性的血液以及代谢性疾病。利用冷冻保存技术保存自体的造血干细胞，并在患者接受高剂量化疗之后重新移植进入体内已经成为了治疗某些血液肿瘤疾病的标准疗法，如淋巴瘤、多发性骨髓瘤、一些类型的白血病等。而异体干细胞移植则为那些患有急性粒细胞白血病、慢性粒细胞白血病、再生障碍性贫血的患者提供了治疗方法。自体造血干细胞的移植主要目的在于提高化疗效果避免或减弱化疗毒性作用，因为化疗的毒性作用可能会引起骨髓抑制从而导致发生致命性的贫血、血小板减少以及严重的感染。相对于自体干细胞移植，异体干细胞移植除了上述作用，在移植之后对免疫细胞（T 细胞和 NK 细胞）是有利的，能够产生移植抗白血病作用（graft-versus-leukamia），更进一步提高了治疗效果。只有对于再生障碍性贫血，造血干细胞的自我更新能力才在治疗中发挥了主要的作用。

目前的研究证明心脏中同样存在着干细胞，使我们利用特定组织来源的干细胞来重建受损的和退化的组织就成为了可能。但是目前对于实质器官干细胞的研究还远远比不上对造血干细胞的研究，我们还很难像用造血干细胞那样在临床上直接进行移植治疗。因此，直接从病人自己的心脏或脑组织中取得干细胞，对其扩增培养继而对病人进行移植治疗，超出了目前医学的能力范围。所以，现在医学研究和临床上就开始寻找许多其他来源的细胞，如其他类型的干细胞、前体细胞以及一些已经分化的细胞来替代这些难以获取的干细胞，从而达到改善或修复受损组织器官的功能。

（一）自体干细胞

与胚胎干细胞不同，自体的成体干细胞移植能免除受体发生畸胎瘤和免疫排斥的危险，且其分化潜能也很强。目前研究的成体干细胞包括循环血中的内皮干细胞、心脏干细胞、骨骼肌干细胞和一些骨髓来源的干细胞。

（二）异体来源干细胞

异体干细胞来源于自身机体之外，包括胚胎干细胞、胎心干细胞以及脐血干细胞等。由于来源于自身机体外，所以相较于自体干细胞可能存在一定程度的免疫排斥。其中的胚胎干细胞及胎心干细胞还存在着伦理学问题，所以在将来的应用上仍有许多问题需要解决。前面描述过的间充质干细胞因为其免疫原性较低、而且能够在体外大量扩增，是目前最为广泛研究和应用的异体来源干细胞。不同来源的间充质干细胞在临床应用上的前景非常广阔。我们期待不久的将来临床医生可以像注射抗生素一样，随时从药房领取一支无免疫原性的干细胞为病人注入，进行细胞治疗。

（三）基因修饰或药物改进过的干细胞

研究者通过基因修饰或药物改进过的干细胞用于心血管疾病的治疗，以提高干细胞功能和疗效。

一些临床前实验已经开始研究基因修饰过的MSC结合药物来进行心脏修复。在急性心肌梗死的猪的模型中，研究人员将直接进行手术移植自体MSC或者结合口服辛伐他汀与安慰剂注射或安慰剂结合口服辛伐他汀进行比较。在移植后6周，SPECT评估心脏灌流显示MSC结合或不结合口服辛伐他汀都能改善心肌梗死后心脏灌流量的减少，但是MSC结合口服辛伐他汀相较于MSC并没有更好的治疗效果。心脏MRI显示MSC（结合辛伐他汀）治疗组能够提高EF值。各组之间的EDV并没有显著差别。MSC（结合辛伐他汀）治疗组的收缩末容积相较于对照组明显减小。DE-MRI显示MSC（结合或不结合辛伐他汀）两治疗组的梗死瘢痕面积明显减少，但两组之间并没有差别。组织学检查表明结合辛伐他汀能够增加移植后MSC的数量，这就提示他汀类可能能够提高心肌梗死后心脏中MSC的滞留和存活。

在缺血性心肌病的猪模型中，研究人员探索了在BM-MSC治疗中增加HGF后的治疗效果。在左冠脉永久结扎后4周，研究人员分别移植自体的MSC和HGF-MSC并与安慰剂对比。最后发现HGF-MSC相较于MSC在治疗能力上并没有什么提高。在另一项实验中，研究人员通过病毒转染的方法让MSC高表达HO-1并将之移植进入心脏缺血再灌注损伤的猪模型中。3个月后心脏MRI检查发现与单纯MSC移植组和对照组相比，HO-1高表达MSC组EDV并没有明显差异，反之，其收缩末容积则明显减小。Western-blot显示HO-1高表达移植组其心肌表达的VEGF增加而TGF和IL-6表达减少。组织学检查表明HO-1高表达移植组毛细血管密度增加。总的来说HO-1高表达MSC移植能够减少炎症因子表达并促进血管新生。在另一项MSC基因修饰的研究中，用Akt（是一种能够保护心肌细胞抗凋亡的酶）转染BM-MSC，并移植进入心肌梗死后3d的动物体内。4周后SPECT检查显示高表达Akt的MSC移植组相较于单纯MSC移植组和安慰剂组其EF显著提高。而且高表达Akt组其心肌梗死面积也显著减小，这提示Akt-MSC能够更进一步的减少瘢痕面积。

第二节 细胞移植治疗心脏疾病的种类及治疗情况

一、细胞移植治疗心肌梗死

在全球范围内，心血管疾病在人群中的发病率及病死率都处于首位，每年造成720万患者死亡，占所有死亡人数的12%。在英国，每年大约有25万人罹患急性心肌梗死（AMI），而年龄45岁以上的人群中大约有3%的人患有左心室收缩功能障碍。在中国，每年有超过100万人被急性心肌梗死夺去生命。心肌梗死及随之发生的心力衰竭与心肌细胞的死亡密切相关。过去认为心脏是一个终末分化的器官，心肌细胞的死亡是不可逆转和再生的。但是最近在心脏中发现的心脏干细胞以及一系列骨髓来源的干细胞都被证明能分化成心肌细胞，对以前的观念提出了挑战。基于这些发现，研究人员又进行了一系列的基础和临床研究，希望通过干细胞来修复受损的心肌，提高心功能从而降低心肌梗死的死亡率和患者的存活率。这一节将对影响细胞移植治疗心肌梗死的几方面因素进行总结：细胞来源，细胞的作用机制、注入途经、移植数量和时间和效果评价。

（一）移植细胞来源

1．*胎儿心肌细胞* 胎儿心肌细胞是首个被发现具有心肌修复作用的细胞。在动物实验中已被证明其移植之后能够改善心肌梗死后缺血心脏的功能。但是与胚胎干细胞一样，胎儿心肌细胞的应用也牵涉到伦理问题、免疫排斥问题、适用性问题等。所以目前已被其他类型的干细胞取代。

2．*心脏干细胞* 过去认为心脏是终末分化器官，缺乏自我修复能力，这一观点现已受到极大的挑战：已经发现在心脏损伤后（包括心肌梗死），依然存在细胞分裂的现象。一些研究人员已经分离出和鉴定出了能够分化发育成多种心脏细胞类型的心脏干细胞。在动物模型中，心脏干细胞已经被用来治疗心肌梗死，并发现这些细胞能够减少心肌梗死的面积，改善左心室的功能。虽然收集心脏干细胞的技术还存在一些困难，且无法很好地评价其安全性，但是其作为移植细胞的前景还是相当的广阔。

3．*人脐血干细胞* 人脐血中有大量的非造血干细胞，它们很少表达HLA Ⅱ型抗原并且免疫源性很低，这减少了它们的移植注射风险使它们在细胞治疗中有很好的潜力。在动物实验中，急性心肌梗死动物心肌内注射人脐血干细胞能显著的减少其心肌梗死面积。现在已经开始进行临床实验来研究人脐血干细胞治疗扩张性心肌病和难治性心绞痛的效果。

4．*骨骼肌干细胞* 因为一些非常有意思的特性，骨骼肌干细胞已经被广泛的研究了。骨骼肌干细胞能很容易的从患者身上获得和培养，避免了伦理学问题和免疫排斥问题。动物研究表明，心肌梗死后骨骼肌干细胞的移植能够帮助心脏血管的形成并改善心功能。人体研究表明在冠状动脉旁路移植手术后移植骨骼肌干细胞能够起到保护作用。骨骼肌干细胞移植的主要问题是其骨骼肌细胞源性和致心律失常作用，这些机制方面的问题还有待进一步研究。

5．*骨髓来源的干细胞* 骨髓单个核细胞包含造血干细胞、间充质干细胞、内皮祖细胞等多种干细胞，其优点在于可快速从骨髓中分离，无须培养扩增，适于自体移植，是干细胞临床试验应用最广泛的干细胞之一。骨髓$CD34^+$细胞即骨髓造血干细胞，有动物实验证实该细胞能修复其他非造血系统组织，比如心脏和骨骼肌，造血干细胞治疗非造血系统疾病的临床应用技术也已经非常成熟。

在动物实验中，通过结扎冠状动脉诱导实验动物发生急性心肌梗死后移植骨髓单个核细胞，9d之后就发现这些细胞能够分化成心肌细胞形成新的心肌，减少了心肌梗死面积并提高了左心室功能。但也有很多研究人员认为移植进入的单个核细胞并不分化为心肌细胞而是分化为造血系细胞。因此有人认为成体干细胞的分化潜能被高估了。目前关于骨髓单个核细胞治疗心肌梗死的机制还在深入研究中，很有可能是通过其促进血管新生作用、旁分泌作用以及细胞融合作用实现保护受损后心脏的疗效的。到目前为止，在临床上关于骨髓来源单个核细胞治疗心肌梗死的临床研究已大量开展。早在2002年Assmus B及其同事们已经在临床上进行关于骨髓来源干细胞治疗急性心肌梗死的随机对照研究。他们随机选取了 20 位急性心肌梗死的患者通过冠状动脉内注射的方法将骨髓来源或外周血来源的干细胞移植进入心肌梗死区域。通过 4 个月的跟踪随访，与对照组相比接受干细胞移植的患者其心肌梗死取得了明显的改善，包括左心室射血分数、梗死区心肌室壁运动都显著提高，而左心室收缩末容积则明显下降。这让人们认识到，骨髓干细胞可能对于治疗急性心肌梗死有作用。此后，又有大量的临床随机对照研究在不同层面评估骨髓单个核细胞治疗心肌梗死的作用及其安全性。Trzos E 及其同事在 2009 年进行的临床研究中发现骨髓单个核细胞移植后不会引起室性心动过速。2010 年，Silcia Charwat 及其同事通过临床研究发现在心肌内注射骨髓单个核细胞的部位心肌灌流明显提高，并且心脏的机械和电生理功能也明显改善。但并不是所有的结果都支持 BMC 的保护功能：Stefan Grajek 及其同事选取了 45 位心肌梗死患者进行随机对照研究，发现经冠状动脉内移植骨髓单个核细胞的患者心脏射血分数并没有显著的提高，而心肌灌流量相较于对照组也只是有微小的改善；Beitnes 及其同事在 100 位前壁心肌梗死的患者中进行长期随机对照研究发现经冠状动脉内干细胞移植的患者其左心室收缩功能并没有明显的改善，只是在运动耐量测试中发现移植组较对照组有较大的提高。总的来说，关于 BMCs 移植的临床研究依然存在着样本数太少、治疗组和对照组分配不平衡等种种问题。所以，对于其是否真正具有治疗效果以及治疗效果的大小和伴随的风险等问题仍然没有完全得到回答，仍然需要研究人员花费大量的时间和精力来进行研究，相信在不久的将来，随着科学技术的进步，最终将会给我们一个明确的答案。

在脑梗死治疗领域，骨髓单个核细胞与骨髓 $CD34^+$ 细胞均在进行临床试验（骨髓单个核细胞：NCT00859014，NCT00473057，CTRI/2008/091/000046；骨髓 $CD34^+$ 细胞，Clinical Trials，gov Identifier：NCT00535197，NCT00761982，NCT00950521），试验设计包括了脑梗死后不同时间点，不同移植途径，期待试验结果的公布。

6．*细胞株* 细胞株同样有可能成为移植用细胞的来源，但是绝大多数细胞株都是永久的恶性的细胞株，很多都有可能将恶性肿瘤带给接受移植的患者。畸胎瘤的细胞株已经在卒中的动物模型试验中应用，且并没有在体内发展成为肿瘤。与未接受移植的模型对照还起到了一定的治疗作用。这一方法已在人体中得到了应用。

7．*NT2 细胞系* 该细胞系来源于人畸胎瘤，在维 A 酸和有丝分裂抑制剂的作用下会分化为有丝分裂后神经元样细胞，称为 NT2N，具有多种神经细胞特征，可在体外和体内环境下持续至少 1 年而无致瘤性。NT2N 是首次应用于临床试验的细胞，Ⅰ期临床试验入选了 12 名基底核梗死 6 个月至 6 年的患者进行立体定向移植并给予环孢素 A 8 周以抑制免疫排斥。尽管随访显示移植后患者神经功能有改善的倾向，但由于样本数过少最终没有统计学差异。值得一提的是其中 1 名患者在移植后 27 个月死于心肌梗死，脑活检发现有存活的 NT2N。另外，移植后 6 个月 18FDG PET 扫描发现移植后梗死部位代谢活性升高，而 MRI 未发现炎症迹象，这些均提示移植细胞存活。Ⅱ期临床试验再次入选 18 名基底核梗死伴有实质性运动障碍的患者，包括缺血性脑梗死（n=9）和出血性脑梗死（n=9），其中 14 名患者接受立体定向 NT2N 移植，4 名患者接受为期 2 个月的康复训练。移植组有 6 名患者标准脑梗死评分有所改善，但和对照组患者相比仍然没有统计学差异。

（二）干细胞治疗心肌梗死的作用机制

干细胞治疗心肌梗死的机制相当复杂。首先必须进入受损的组织器官，然后通过不同机制发挥治疗作用（图 6-1）。

1．*干细胞可能直接分化成为心肌细胞从而起到改善心功能的作用* 2001 年 Orlic 及其同事们在 Nature 发表的文章中提到，在小鼠体内心肌局部移植的骨髓干细胞能够分化成为新的心肌细胞。此后，越来越多的研究表明多种不同类型的干细胞能够分化成为心肌细胞，间充质干细胞就是其中重要的一种。有研究证明，不管是在体外培养还是体内移植，骨髓中的间充质干细胞都能够被诱导分化成为心肌细胞，而且移植入梗死区的间充质干细胞能够表达心肌标志物如肌

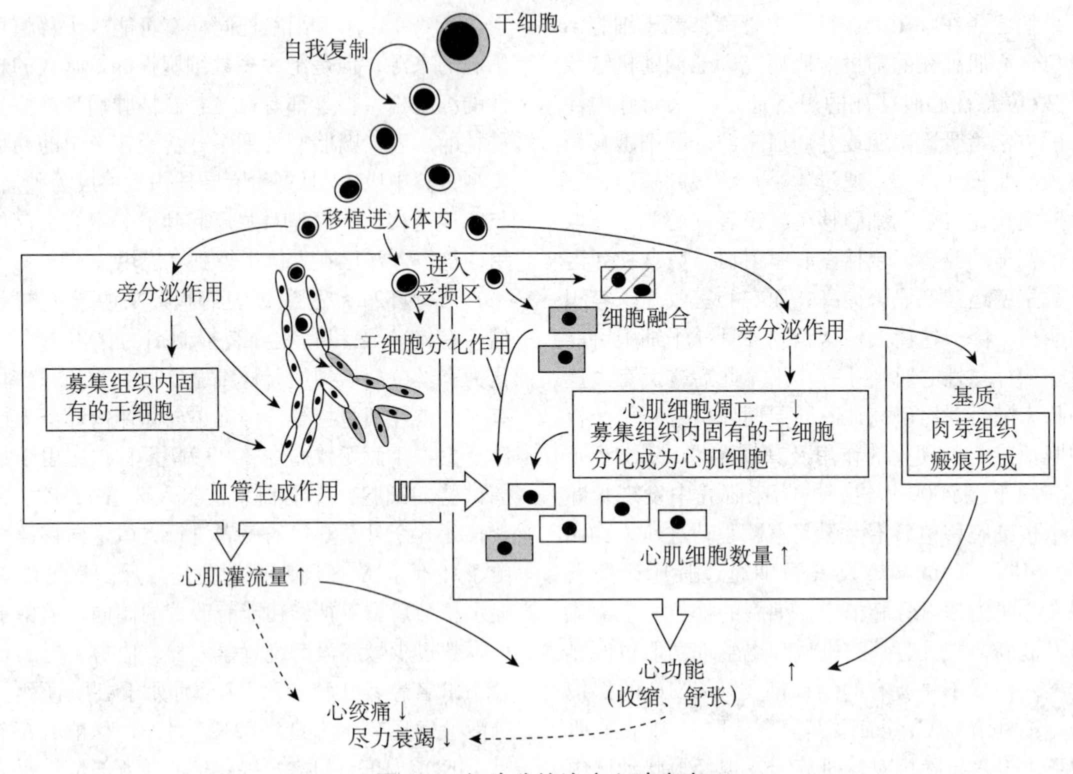

图 6-1 细胞移植治疗心脏疾病

干细胞移植进入梗死心脏后，通过旁分泌以及直接分化的作用，募集组织内固有的干细胞（cKit+ CPC），促进血管新生和促进心肌形成，抑制免疫反应，减少瘢痕形成，改善心肌组织灌流、提高心肌收缩能力，促进心功能恢复，从而达到缓解症状，治疗心肌梗死的目的

线蛋白、肌钙蛋白T、α-肌动蛋白以及连接蛋白。

2．干细胞与心肌细胞融合　干细胞与成体细胞，包括心肌细胞融合被认为可能是其治疗的一个机制。将表达 Cre 重组酶的 BM-MSC 移植进入表达 Cre 报告基因的小鼠心脏中，通过 Lac Z 基因的表达能够发现 MSC 直接和小鼠细胞发生融合。早在移植后 3d，少量的细胞融合就已经发生，这一现象一直持续到移植后 28d。这些发现都支持 MSC 能够和心肌细胞发生融合，但是能观察到的发生融合的细胞数量相当少，所以在治疗心肌梗死方面，它可能就不是起到主要的作用。

3．干细胞分化成血管源性细胞　干细胞可以分化成血管细胞（包括内皮细胞和血管平滑肌细胞），从而促进毛细血管网和大血管的形成，为缺血的心肌提供更多的氧和营养物质，从而起到保护心肌的作用。研究显示，移植进入体内的干细胞能够高表达内皮细胞标记蛋白（CD31、vWF）和血管平滑肌细胞标记蛋白 SMα-actin，并且增加毛细血管密度从而改善心功能。Dai 及其同事在研究中也证明异体间充质干细胞在移植入体内后能够在心肌梗死区存活 6 个月并且表达肌细胞和内皮细胞特有的标记。在体外，干细胞分化成为内皮细胞和血管平滑肌细胞的现象在很多实验中也得到了证实。如 Oswald 等的研究表明在体外能够诱导人间充质干细胞分化为具有内皮细胞性质的一类细胞。

4．干细胞的旁分泌作用　最近的许多研究都表明移植干细胞能够分泌多种细胞因子从而起到保护心功能的作用。如间充质干细胞，近年来的研究表明在缺氧的条件下该细胞能够分泌生长因子和其他的一些细胞因子，如：VEGF，FGF-2，FGF-7，HGF，IGF-1，TGF-1β，Sfrp2，Ang-1，SDF-1，MMP-9，IL-6，IL-1，TNF-α 等，从而通过旁分泌的方式来达到心脏修复的作用。这些由干细胞释放的生长因子和细胞因子能够促进心脏的内源性修复以及血管再生，通过分子信号机制抑制凋亡，抑制炎症反应、抑制梗死后心脏重塑。旁分泌作用主要通过以下几个方面发挥作用。

(1) 通过旁分泌作用促进内源性心肌修复：有证据表明心脏中存在干细胞，而且经外源移植入损伤区的干细胞能够通过多水平的细胞 - 细胞间接触作用激活心脏固有的干细胞来达到修复心肌的目的。心脏干细胞包括边缘群细胞、$c\text{-}kit^+$ 细胞，$Sca\text{-}1^+$ 细胞、心肌球细胞和 $Isl1^+$ 细胞，且这些细胞能够被诱导分化成为心肌细胞。最近 Hatzistergos 及其同事证实移植干细胞能够刺激内源性的心脏干细胞（包括 $c\text{-}kit^+$ 细胞和 $GATA^+$ 细胞增殖分化为成体成心肌细胞并且表达 Nkx2-5 和肌钙蛋白 I。而且近来还发现干细胞分泌的一些细胞因子，如 VEGF、HGF 和 IGF-1 能够通过其受体系统激活心脏干细胞从而重建受损的心肌组织并恢复心功能。

(2) 干细胞的抗炎作用：最近研究证明，干细胞移植能够调节炎症因子，从而促进受损心肌的存活，起到保护心脏的作用。越来越多的证据表明，干细胞移植能够在蛋白和基因水平减少炎症因子如 TNF-α、IL-6、IL-1 等的表达，这可能是通过释放一些抗炎因子来调节免疫细胞的功能而实现的。Aggarwal 和 Pittenger 的研究发现在体外将人间充质干细胞和纯化过的免疫细胞共培养，能够改变免疫细胞释放的细胞因子，诱导更多抗炎因子的释放。这一研究表明，间充质干细胞会诱导免疫细胞减少 TNF-α 和 IFN-γ 的释放，而增加 IL-10 和 IL-4 的释放。另一项研究也证明间充质干细胞可能通过 IL-10 影响调节性 T 细胞的活性从而起到治疗作用。干细胞还能释放血红素氧化酶 -1（HO-1），而后者是心肌缺血区重要的抗氧化应激蛋白，能够提高移植干细胞和心肌的存活能力，并在心肌梗死早期改善心功能。但是，干细胞到底是如何影响免疫细胞从而诱导它们产生更多的抗炎物质的，这还需要研究人员进行更深入的研究来阐释。

(3) 干细胞改善心脏重构的作用：急性心肌梗死之后伴随的左心室重构是导致心力衰竭和死亡的重要原因。最近的一系列研究表明，进行干细胞移植能够通过调节 MMPs 和 TIMP 的产生以及增加抗纤维化因子的表达来影响细胞外基质的形成从而改善心肌梗死后心脏重构。Mias 等证明干细胞能表现出抗纤维化的作用，增强心脏成纤维细胞 MMP 的释放并减少心肌梗死后心室纤维化的形成。间充质干细胞移植进入心肌梗死区后能够改变胶原的活性及表达，并在 mRNA 和蛋白水平改变 TIMP-1 和 TGF-1β 的表达，减轻心肌梗死后心室重构。另外，由干细胞释放的很多细胞因子，比如肾上腺髓质素（ADM）、HGF、bFGF、IGF-1 等也同样在干细胞介导的减轻心室重构和改善心肌收缩功能中发挥重要的作用。

(4) 干细胞改善心肌收缩功能：越来越多的证据证明心肌梗死后干细胞移植能够改善心肌收缩功能。发生心肌梗死后，心肌细胞最大收缩度、收缩和舒张的最大速率以及细胞内静息 Ca 和细胞内 Ca 升高下降速率都会有显著的减弱，而干细胞移植治疗对这些方面会有所改善。在心肌梗死的动物模型中，心肌梗死区会发生严重的心肌收缩功能障碍，在经过干细胞移植之后能明显提高其收缩功能。研究人员认为这很可能是干细胞的旁分泌机制发挥了作用。Boomsma 及其同事证实，静脉注射间充质干细胞能够富集到心肌中保护其收缩功能，而心肌梗死区形态并未改变，移植进入心肌梗死区的间充质干细胞在特性上和移植之前也没有改变，所以很有可能是通过旁分泌来发挥保护作用的。目前研究人员推测干细胞可能是通过增加 TGF-1β，减少 TNF-α 和 IL-1β 的表达来起到改善心肌收缩的作用的。因为在体外实验发现 TGF-1β 能够减轻心肌细胞收缩功能障碍，而 TNF-α 和 IL-1β 能诱导收缩功能障碍的发生。

(5) 干细胞能够调节心肌代谢：心肌梗死后心肌能量代谢发生障碍会导致心功能障碍的发生。而移植入心脏的干细胞能够对受损心肌的代谢能起调节作用。有研究表明移植干细胞进入梗死周边区之后能够通过旁分泌的机制影响 ATP、磷酸肌酸 /ATP 的比例以及线粒体 ATP 酶，从而改善梗死周边区心肌的能量代谢，提高其收缩功能，减轻室壁压力。

（三）干细胞移植方法

关于干细胞移植的方法多种多样，其基本的

目的是将自体或异体干细胞移植进入体内，并尽可能多的到达受损区域发挥治疗作用。以下罗列了目前应用中的各种干细胞移植方法及其各自的效果。

1. *静脉注射细胞移植法* 通过静脉注射干细胞到体内，属于间接移植法。由于将干细胞直接注入血液循环，受损心肌发出的某些信号会吸引干细胞募集到心脏从而发挥治疗作用。这一方法的缺点是大量的细胞会滞留在肺、肝脏以及一些淋巴组织的微血管中而没有足够量的干细胞从循环血中迁移到心脏，从而大大降低了其治疗效果。所以到目前为止，临床上仅有一项实验用这种方法进行细胞移植。在动物实验中，研究人员在猪的急性心肌梗死模型中，在心肌梗死后15min通过静脉移植法将不同浓度的自体干细胞（1，3，10×10^6/kg）和安慰剂移植进入猪体内。心肌梗死后12周，左心室造影显示干细胞移植组其射血分数并没有提高。而收缩末容积相较于对照组则明显改善。组织学检查显示干细胞移植组心脏vWF阳性血管密度增加且EGF表达上升。稳定冠状动脉血量储备各组没有差异，但是腺苷招募冠状动脉血流储备在干细胞移植组中明显增加。在另一项关于猪的动物实验中，研究人员在猪心肌梗死模型中移植自体MSC并通过血流动力学和电生理学的方法观察治疗效果。移植后3个月发现干细胞移植组EF提高，心肌肥大减轻。并且通过Confocal方法证实在肺部和心脏中都存在Dil荧光阳性的MSC。而在干细胞移植组，其心外膜有效不应期缩短，这就提示干细胞可能会诱导心律失常。

2. *细胞动员法* 皮下注射粒细胞集落刺激因子（G-CSF）动员自体骨髓中的干细胞进入血循环并到达受损心脏发挥治疗作用。这一方法的优点在于它是一种非侵入性的移植方法，且在血液系统疾病中已被广泛应用，其安全性也相当可靠。动物实验和临床实验都已证明G-CSF动员法能提高左心室功能且安全可靠。但最近的Meta分析研究显示，用G-CSF激动之后，急性心肌梗死患者的心功能并没有得到改善，其中一些子集分析研究显示只有患有严重的心收缩功能不全的患者早期接受G-CSF治疗才有效果。所以，这一方法的治疗效果还有待深入研究，可能将来细胞移植结合G-CSF动员能起到更好的效果。

3. *冠脉内细胞移植法* 冠脉内细胞移植是现在应用最多的干细胞移植方法。这一方法和冠状动脉血管成形术有些类似，先将球囊送入冠状动脉，接着使球囊膨胀阻断血流同时将干细胞注射进入冠状动脉，2～4min恢复血流。大量的临床研究都表明和肯定了这一方法的安全性。最近的Meta分析也显示经冠脉干细胞移植后，患者再梗死、再狭窄以及心律失常的发生率并不升高，进一步表明了其安全性。关于冠脉内移植干细胞的临床前研究主要集中于心肌梗死模型。在猪的心肌梗死模型中研究人员利用铁离子标记的MSC通过MRI的方法来研究冠脉内移植干细胞的效果。结果显示移植后5d干细胞移植组心肌梗死面积较对照组减小了8%，EF值提高了15%。移植后8周铁蓝染色证明在心肌梗死周边区存在铁离子阳性的MSC。另一项研究，在狗的心肌梗死模型中，研究人员将冠脉内移植与穿心内膜移植进行了比较。其中2个实验动物在冠脉移植后死亡，1个是由于微血管堵塞另1个则是由于肠缺血死亡。移植21d后，超声心动图检查显示冠脉移植组EF和左心室容积相较于安慰剂组没有明显改善，而穿心内膜移植组其EF、舒张末容积、收缩末容积相较于安慰剂组都有明显的改善。组织学检查表明冠脉内移植组其MSC分布更加有规律，主要集中在梗死周边区和正常心肌中，而穿心内膜移植组相较于冠脉移植组其每立方微米MSC浓度更高。

4. *心肌内注射干细胞法* 用这一方法治疗急性心肌梗死并不常见，主要用于治疗慢性心力衰竭。临床上可通过经皮导管技术或通过开胸手术穿透心内膜直接将干细胞注射入心肌。心肌内注射干细胞移植将贯穿心肌，有可能造成心脏压塞从而导致心律失常，但是它能直接将细胞移植进入梗死区和梗死周边区，这就使得它成为了一个很有吸引力的移植方法。在猪的心肌梗死模型中，研究人员证明了心肌内移植干细胞的方法能够提高心功能并且减少心肌梗死面积。心肌梗死后3d自体MSC通过心肌内移植方法移植进入梗死区。移植后8周，MRI显示相较于对照组，移植组心肌梗死面积减少了将近50%。病理学检查表明移植组心脏的心肌梗死主要局限于心肌中层，在心内膜下还有可见的存活心肌，而对照组则没有这一现象。8 周后心脏 MRI 检查显示移植组 EF 从 25% 提高到 42%，反之对照组 EF 则仅有轻微改变。在另一项研究中，研究人员将 3 种不同浓度 MSC（2.4×10^7、2.4×10^8、4.4×10^8）通过心肌内移植途径移植进入心肌梗死后心脏。移植后 12 周 MRI 检查显示所有浓度 MSC 移植组梗死面积都减小了，而注射安慰剂的对照组梗死面积反而增大。但有意思的是，梗死面积的大小和干细胞浓度并没有关系，而各组的 EF 值也基本相近。另外还有研究表明，与冠脉细胞移植法相比，心肌内干细胞移植能使更多的干细胞进入心脏受损区域，从而能够用更少的细胞达到更好的疗效。

5. *经心外膜细胞移植法* 经心外膜细胞移植法常作为冠状动脉旁路手术后的一种辅助疗法开展。在开胸手术中，心脏能充分显露，穿过心外膜直接将干细胞注入能够很好的将细胞注射进入损伤区。但是由于这种移植方式创伤较大，所以很大程度上限制了其在临床上的应用。

6. *其他* 上述的方法虽然能够将干细胞移植进入体内，但是进入心脏梗死区的数量仍然很少（包括冠脉内移植和心肌内移植）。一项研究表明，经传统方法移植后，只有不到 15% 的干细胞能进入心肌梗死区，其他的细胞会经移植注射部位流走或进入血液循环。而且患者个体间的差异也很大，同样方法同样数量的干细胞进入不同患者损伤区的数量各不相同。所以，新型移植方法正在研究开发。比如，将干细胞植入黏性的生物聚合物中，再将聚合物移植进入心肌梗死区域，或利用组织工程的方法在体外构建具有收缩功能的心脏组织，再将其移植进入机体等。相信在不久的将来一定会有更有效更安全的方法来帮助我们进行干细胞移植治疗。

由于临床研究中所采用的干细胞移植方法多种多样，于是有的研究人员希望通过一些方法比较各种不同的方法之间的效果。2009 年发表在 European Journal of Heart Failure 的一篇文章中，Susan J. Brunskill 和他的同事们通过 Meta 分析的方法比较了经冠脉移植和心肌内注射移植方法对于治疗效果的影响，发现心肌内注射移植组左心室射血分数要高于经冠脉移植组，所以其治疗效果可能更好。但是直到目前为止，临床研究的数量仍然不多，而且各种移植方法应用的比例相差很大（在临床上主要应用的还是经冠脉移植），所以仍然很难系统评价各种方法的效果差异。

（四）细胞移植数量和时间

干细胞治疗的细胞数量和移植时间点的选择会直接影响治疗效果。在国外一项大动物研究中，研究人员制造羊心肌梗死模型后，分别将 25×10^6、75×10^6、225×10^6、450×10^6 间充质干细胞移植进入动物体内。移植后 4 周和 8 周检查发现各组的 EF 均有提高，但在小剂量组（25，75×10^6）其心肌梗死面积明显减小，左心室舒张末和收缩末容积明显减小，而且梗死周边区血管密度明显增加。在人体临床研究中干细胞移植的浓度一般是（2 ~ 10）$\times10^8$。但是不同浓度干细胞对治疗效果的影响如何，以及移植安全性如何都没有做过系统的研究，很难下定论，所以还有待后续的一系列探索。

在一项关于大鼠心肌梗死的细胞移植研究中，研究人员探索了心肌梗死后不同时间移植干细胞对于治疗效果的影响，最后发现梗死后 7d 移植干细胞效果最好。目前在临床研究中，干细胞移植时间一般也都选择在 3 周之内。心肌梗死后急性期局部严重的炎症反应可能严重影响移植的干细胞的存活率，所以可能在度过急性期达到稳定状态时移植细胞效果更佳。但是一旦过于延迟，局部形成的大量胶质瘢痕就会影响干细胞进入病灶进行功能性的修复。但是关于这部分的研究也不是很系统很明确，所以依然有大量的工作需要进行。

（五）干细胞治疗心肌梗死效果

如前所述，在动物模型中不同干细胞对于心肌梗死都有不同程度的疗效。目前，不同类型的干细胞已经在临床上进行实验和应用。一些人认为干细胞在目前这个阶段直接进入临床试验应用是不妥当的，因为很多机制尚未阐明，另一些人则指出，细胞治疗疗效明显，所以临床试验非常有必要且前景光明。所有临床上经干细胞治疗的患者必须首先接受血管成形术的治疗，且梗死相关血管都已再通，这和动物模型实验有所区别。

下文列举了一些相关的临床研究。

1．*骨髓单核细胞移植* 临床研究表明经冠脉移植骨髓单个核细胞的短期和中期疗效相当安全。患者抽取骨髓后无出血并发症，冠脉移植骨髓来源细胞后并不增加额外的心肌缺血性损伤，也不产生明显的炎症反应（血清肌钙蛋白或CRP并不升高）；术后冠脉再狭窄率也未升高（但有一项临床研究报道1名患者在移植后3d发生了移植血管血栓形成，2d之后非移植冠脉也发生了血栓栓塞，终致致死性心源性休克。可能该患者自身有血栓形成的倾向，但也不能排除干细胞治疗的影响）。临床观察、动态心电图监测以及心脏电生理检查都表明冠脉内非选择性骨髓单个核细胞移植与室性心律失常没有相关性，直接注射干细胞也没有引起心肌钙化。排除了那些病例数少和缺乏对照组的临床研究后，几乎所有临床研究都表明冠脉内移植骨髓单个核细胞能够增强心脏梗死区室壁运动。三项较大的临床研究还显示它能提高左心室射血分数。BOOST试验显示，移植6个月后与对照组相比移植组左心室射血分数提高了6%，而单纯只接受血管成形术治疗的患者左心室射血分数只提高了3%～4%。更重要的是，与介入和药物治疗相比，骨髓单个核细胞移植对于心肌梗死后心功能的恢复效果更好。在最近的一些RCT临床研究中也发现骨髓单核细胞移植对心功能的影响可能并不明显，如2010年发表的一篇文章，Jay H Traverse等对骨髓单核细胞治疗心肌梗死进行了随机对照实验，发现经过治疗6个月后，细胞移植组患者左心室射血分数从49.0%±9.5%提高到了55.2%±9.8%，而未经单核细胞移植组患者左心射血分数也从48.6%±8.5%上升到57.0%±13.4%，两者并没有区别，这表明骨髓单核细胞移植对于心功能可能并无影响。还有一些类似的临床研究也同样支持这一观点，如上文提及的Stefan Grajek和J O Beitnes等进行的临床研究。另一方面，到目前为止，大部分临床研究都表明骨髓单个核细胞移植后左心室舒张末容积没有改变，表明骨髓单个核细胞对于左心室重构意义可能不大。但仍有其他结果支持其对心室重构的改善作用。如上文提及的Jay H Traverse等进行的临床实验，发现虽然骨髓单核细胞对于左心室射血分数没有影响，但是经过骨髓单核细胞移植后，移植组患者左心室舒张末容积缩小到4ml/m^2，而对照组则扩大到了17ml/m^2。2010年Lan Sun及其同事对干细胞（主要是骨髓单个核细胞）治疗心肌梗死的临床研究进行Meta分析发现，干细胞能够改善心肌收缩功能，但对于左心室重构没有影响，由此推论，可能不仅是骨髓单核细胞，包括其他类型的干细胞对于左心室重构都不具有意义。综合目前临床研究的结果可以发现，大部分临床研究支持骨髓单核细胞对于急性心肌梗死具有治疗作用，但仍然有许多研究认为其对心功能并没有影响，因此，在该领域还需要我们去深入挖掘。

2．*选择性干细胞移植* 将血循环中的干细胞（主要是内皮干细胞）移植与前文提及的非选择性骨髓单个核细胞移植比较发现，两者的安全性和治疗效果都比较相似。

心肌梗死后间充质干细胞移植的临床研究表明，间充质干细胞并不会引起心律失常和其他的不良反应。但不幸的是，没有临床研究能够明确冠脉内间充质干细胞移植是否会加重心肌的缺血性损伤（这一损伤现象在狗模型实验中曾被发现）。间充质干细胞移植6个月后，缺血区室壁运动和左心室射血分数都有所增高，而左心室舒张末容积则有下降。陈绍良以及Hare J的临床研究都证实了间充质干细胞移植能促进心肌梗死患者的心功能并改善左心室重构。

另有临床研究将骨髓中CD133$^+$细胞进行分离并移植入心肌梗死区。CD133$^+$细胞移植之后，左心室射血分数、损伤区室壁运动以及组织灌流量都有改善。但曾有一项临床研究报道经CD133$^+$细胞移植4个月后，14名患者中有6名出现了移植血管再狭窄和梗阻。因关于CD133$^+$细胞移植的临床试验较少，所以其疗效很难有明确的结论，还有大量研究有待进行。

3．*干细胞动员* 用干细胞因子（SCF）或是粒细胞集落刺激因子（G-CSF）来动员干细胞以促进心肌梗死区心肌再生和血管形成的方法曾在动物模型中广泛研究。最近这方面实验已在临床上开展。在一项临床研究中，10名心肌梗死后患者连续接受G-CSF治疗4d（10μg/kg），然后接受血管成形术和支架移植。7名患者在接受介入治疗之前收集其外周血白细胞（经过

G-CSF 诱导后产生），并在支架置入后被移植入了心肌梗死相关冠脉。经过 6 个月的连续观察，并没有发现接受 G-CSF 治疗的患者出现死亡、心律失常、心力衰竭程度加重或心绞痛，但发现细胞移植组血清肌酸激酶 -MB 量升高了 65%，提示心肌受到了轻微的损伤，更为严重的是 7 名患者在 6 个月后都出现了血管再梗死的现象，使得这一研究被迫终止。需要指出的是，这项临床研究中球囊扩张和支架置入都会导致白细胞升高，而 G-CSF 能够促进中性粒细胞的黏附，这很可能是导致再狭窄的原因。

另一项临床研究中，15 名患者在血管成形术和支架置入 80min 后接受 G-CSF（10 μg/kg）治疗 6d。G-CSF 治疗并没有增加患者再狭窄的概率，也没有发现其他严重副作用。4 个月后，患者左心室射血分数有了明显的提高。

近来，有越来越多关于 G-CSF 动员干细胞治疗心肌梗死方面的临床研究正在进行。2010 年发表的一项临床研究中，Felice Achilli 等选取了 60 名心肌梗死患者，每天 2 次注射 5 μg/kg G-CSF 连续 5d，发现 G-CSF 能够减轻左心室重构但对心功能的作用并不明显。而 Lezo 等进行的临床随机对照研究则将 G-CSF 和骨髓单核细胞移植效果进行了比较，发现骨髓单核细胞能够提高左心室功能而 G-CSF 对于心功能的恢复则没有明显作用。

一些干细胞治疗心肌梗死的临床研究效果总结于表 6-1 中。

（六）展望

迄今为止，关于干细胞移植治疗安全性和适用性的研究已在临床上广泛开展。这些研究采用了大量不同类型的干细胞进行治疗。归纳总结这些临床研究之后能够发现，干细胞治疗的效果是明确的，这为我们将来治疗心肌梗死带来了希望。与此同时，我们需要更进一步阐明干细胞治疗的作用机制，以此明确移植治疗的最佳细胞类型、最佳细胞剂量以及最佳移植方式和移植时间。

二、干细胞移植治疗慢性心力衰竭

慢性心力衰竭常继发于心肌梗死和扩张性心肌病等心脏疾病，引起心肌收缩能力减弱，从而使心脏的血液排出量减少，不足以满足机体的需要，并由此产生一系列症状和体征。

成肌细胞（skeletal myoblasts）和骨髓间充质干细胞是临床上用于治疗慢性心力衰竭的两类主要干细胞。成肌细胞最开始是用于治疗开胸手术的患者，在 2005 发表的一篇临床研究文章中，研究人员选取了 30 名患有缺血性心力衰竭并接受冠状动脉旁路移植的患者，在手术的同时进行自体成肌细胞的移植。所有患者都成功进行了细胞移植且并未出现近期或远期的不良反应，而通过 PET 观察发现移植患者心功能得到了提高。1 年之后，心脏超声显示患者的左心室射血分数从 28% 提高到了 35%，2 年之后则提高到了 36%。但此后的一项临床随机对照研究同样是开胸手术后注射成肌细胞，却发现左心室功能并未提高反而心律失常的情况增多了。

最近，一项临床实验通过心肌内注射将成肌细胞移植进入严重缺血性心力衰竭患者心肌内，发现与对照组相比其 NYHA 心功能等级提高了，生活质量提高了，而且心室重构减轻了。同时，一项类似的临床实验通过心肌内注射移植成肌细胞的安全性和可行性，结果发现患者的症状有一定程度的减轻，但其左心室射血分数并无提高。因此，关于成肌细胞治疗慢性心力衰竭还存在很大的争议，也不断有越来越多的临床研究开展起来。近来，一项大型临床随机对照研究（MARVEL Trial-ClinicalTrials. gov Identifier：NCT00526253）正在进行，这项研究从 2007 年 10 月开始，涉及 330 名北美和欧洲心功能Ⅱ级或Ⅲ级的患者，并将进一步探究心肌内注射移植成肌细胞的安全性及其有效性。

骨髓间充质干细胞同样也在临床上被用来治疗慢性心力衰竭。最初的一项临床研究在冠状动脉旁路移植手术时直接将从胸骨取得的骨髓移植进入心肌，并发现接受移植的患者移植区心肌收缩功能得到了提高。但是，随后的一项随机对照研究选取了 63 名患者进行骨髓间充质干细胞移植，并未发现移植组心功能有所改善。最近，德国的一项临床双盲随机对照研究（NCT00950274）正在进行，并计划入选 142 名患者进行骨髓间充质干细胞的移植并对其移植效果进行研究。

迄今为止，关于骨髓间充质干细胞治疗心力衰竭的临床研究仍然较少。TOPCARE-CHD 研

表 6-1 干细胞治疗心肌梗死的临床研究总结

研究名称及时间	病例数	细胞类型	剂量	移植方式	移植时间（心肌梗死后）	移植结果
Stauer, et al.2002	10 例处理 10 例对照	MNC	$(2.8\pm2.2)\times10^{7}$	IC	5 ~ 9d	梗死面积↓ 室壁活动↑ 心肌灌流量↑
TOPCARE-AMI. 2002、2003、2004	29 例 MNC 30 例 CPC 11 例对照	MNC CPC	$(2.1\pm0.8)\times10^{8}$ $(1.6\pm1.2)\times10^{7}$	IC	5±2d	室壁活动↑ 左心室射血分数↑ 梗死面积↓ 冠脉流量↑
Femandez-Aviles, et al.2004	20 例处理 13 例对照	MNC	$(7.8\pm4.1)\times10^{7}$	IC	14±6d	室壁活动↑ 左心室射血分数↑
BOOST.2004	30 例处理 30 例对照	NC	$(2.5\pm0.9)\times10^{9}$	IC	6±1d	室壁活动↑ 左心室射血分数↑
Chen, et al.2004	34 例处理 35 例对照	MSC	$(4.8\sim6.0)\times10^{10}$	IC	18d	室壁活动↑ 左心室射血分数↑ 梗死面积↓ 左心室舒张末容积↓
Joshua M. Hare, et al.2009	39 例处理 21 例对照	MSC	(0.5, 1.6, and 5×10^{6} cells/kg	IV	1 ~ 10d	左心室射血分数↑ 心室重构↓ 室性心动过速↓
Alessandro Colombo, et al.2011	5BM-CD133^{+} 5PB-CD133^{+} 5 对照	BM-CD133^{+} PB-CD133^{+}	BM-CD133： $(4.9\sim13.5)\times10^{6}$ PB-CD133 $(13\sim355.9)\times10^{6}$	IC	10 ~ 14d	接 BM-CD133^{+} 移植组：梗死区心肌血液灌流量↑ 接受 PB-CD133^{+} 移植组：梗死区心肌血液灌流量↓
Vandeheyden, et al	12 例处理 10 例对照	CD133^{+}	$(6.6\pm1.4)\times10^{6}$	IC	14±6d	室壁活动↑ 左心室射血分数↑ 心肌灌流量↑

（续　表）

研究名称及时间	病例数	细胞类型	剂量	移植方式	移植时间（心肌梗死后）	移植结果
S-A Chang, et al. 2008	20 例处理 20 例对照	（1）G-CSF 10 μg/kg 连续处理 3d （2）收集外周血干细胞	$(1 \sim 2) \times 10^9$	IC		Ts-SD ↑ 左心室射血分数↑ 病人运动能力↑
Felice Achilli, et al. 2010	29 例处理 27 例对照	G-CSF	5μg/kg 2/d 连续处理 5d	皮下注射	PCI 术后 ＜12h	心室重构↓
Hüseyin Ince, et al. 2005	25 例处理 25 例对照	G-CSF	10μg/kg 2/d 连续处理 6d	皮下注射	PCI 术后 89±35 min	梗死区室壁厚度↑ 室壁运动↑ 左心室射血分数↑ 左心室舒张末容积↓
Dietlind Zohlnhofer, et al.2006	56 例处理 58 例对照	G-CSF	10μg/kg 4/d 连续处理 5d	皮下注射	5d	左心室梗死区面积以及左心室射血分数均没有明显改变
Rasmus Sejersten Ripa, et al.2006	39 例处理 39 例对照	G-CSF	10μg/kg 4/d 连续处理 6d	皮下注射	PCI 术后 ＜12h	梗死区和梗死周边区室壁厚度以及左心室射血分数均没有明显改变
José Suárez de Lezo, et al.2007	10 例 BMNC 10 例 G-CSF 10 例对照	(1) BMNC (2) G-CSF	1．9×10^8 2．5μg/kg 3/d 连续处理 10d	(1) IC (2) 皮下注射	1．5 ~ 12d 2．5d	BMNC 移植组 LVEF ↑ G-CSF 处理组 LVEF 无明显改变
Jay H Traverse, et al.2010	30 例处理 10 例对照	BMC	1×10^8	IC	PCI 术后 3 ~ 10d	左心室舒张末容积↓ 左心室射血分数无明显改变
Lieven Herbots, et al.2009	33 例处理 34 例对照	BMPC	$(304 \pm 128) \times 10^6$ 有核细胞 + $(172 \pm 72) \times 10^6$ 单核细胞	IC	心肌梗死＞2h	梗死区和梗死周边区心功能↑

（续　表）

研究名称及时间	病例数	细胞类型	剂量	移植方式	移植时间（心肌梗死后）	移植结果
M.B. Britten，et al. 2004	14 例 BMC 14 例 CPC	(1) BMC (2) CPC	$(1.238\pm79)\times10^6$ $(2.13\pm12)\times10^6$	IC	4.7±1.7 d	左心室射血分数↑ 左心收缩末容积↓ 舒张末容积无明显改变 心肌梗死区面积↓
Stefan Grajek，et al. 2010	31 例处理 14 例对照	BMSC	$(0.410\pm0.18)\times10^9$	IC	PCI 术后 4 ~ 6d	左心室射血分数无明显改变 心肌灌流量↑
Volker Schachinger，et al.2006	101 例处理 103 例对照	BMC	$(178\sim193)\times10^6$	IC	PCI 术后 3 ~ 7d	左心室射血分数↑
JanOtto Beitnes，et al. 2011	50 例处理 50 例对照	BMC	$(54\sim130)\times10^6$	IC	4 ~ 8d	左心室射血分数、左心室容积、心脏收缩和舒张功能无明显改善
Silvia Charwat，et al. 2010	30 例处理 30 例对照	BM-MNC	30ml 干细胞悬液（具体不详）	IM	68±34d	心肌梗死面积↓ 左心室射血分数↑ 心肌灌流量↑
Birgit Assmus，et al. 2002	9 例 BMPC 11 例 CPC	BMPC CPC	具体数量未说明	IC	4.3±1.5d	左心室射血分数↑ 梗死区室壁运动↑ 左心室收缩末容积↓ 梗死冠脉血流储备↑

注：MNC. 骨髓来源单个核细胞；CPC. 血循环中干细胞；NC. 骨髓来源有核细胞；IC. 冠脉内注射；LVEF. 左心室射血分数

究发现冠状动脉移植骨髓间充质干细胞能够提高左心室射血分数（2.9%）且无其他不良反应。而在一项大型的临床研究中，391 名病人入选（其中 191 名接受冠脉内间充质干细胞移植），通过 5 年的随访发现，移植组病人左心室射血分数和运动能力都得到了显著的提高，而且移植组的死亡率也较对照组降低。

综上所述，干细胞治疗慢性心力衰竭的方法前景非常广阔，但基于临床研究的数量和病人样本量的不足，其疗效和安全性还很难有一个明确的评价，仍然需要我们不断的探究。

三、干细胞移植治疗扩张型心肌病

扩张型心肌病大多有遗传因素或继发于心肌炎。目前部分学者认为扩张型心肌病的发生主要是因为与心肌收缩、细胞骨架、核蛋白以及调节心脏离子平衡的基因出现了变异。扩张型心肌病与缺血性心力衰竭的治疗方法类似，但有很大一部分的年轻病人需要接受心脏移植，但是心脏移植的死亡率很高，且供体严重不足。所以临床上就设想应用干细胞来治疗扩张型心肌病从而延缓甚至阻止病人心功能不全的发生，提高病人预后和生活质量。

2006 年发表的一篇文章中，Seth S 等第一次在临床上应用骨髓干细胞治疗扩张型心肌病：他们选取了 24 名病人，经冠脉内将干细胞移植进入心脏内，通过 6 个月随访观察发现移植组病人的左心室射血分数提高了 5.4%，且 NYHA 心功能分级得到了改善。另一项大型临床研究的结果在 2009 年由 Fischer-Rasokat 发表在 Circ Heart Fail 杂志上，他们选取了 33 名扩张型心肌病患者，通过气囊导管将骨髓干细胞移植进入患者心脏，经 3 个月随访后同样发现患者左心室射血分数得到了提高，心功能得到了改善。这些开拓性的干细胞临床实验为接下来的临床随机对照实验作了充分的铺垫。

2011 年，迈阿密大学的 HareJ 及其同事开始了一项大型干细胞治疗扩张型心肌病的临床随机对照实验：他们预计选取 36 名 21 ~ 94 岁的扩张型心肌病患者，通过心内膜内注射的方法将自体或异体的骨髓间充质干细胞移植进入患者心脏，从而研究其治疗扩张型心肌病的效果以及差异。

目前干细胞治疗扩张型心肌心病的临床实验仍然较少，而且开展得比较晚，还很难系统评价其治疗的效果和安全性，不过可喜的是有越来越多的实验正在开展，必将为将来的治疗打下坚实的基础。

四、临床干细胞移植治疗心肌梗死

例一　临床间充质干细胞治疗心肌梗死

1. 入选临床实验的心肌梗死病人必须告知其骨髓间充质干细胞移植的意义以及详细的程序，签订患者知情同意书，而且此次研究的计划和方案需要经伦理委员会讨论通过。入选的病人要＜ 70 岁，无心源性休克和传导阻滞，无严重的伴随疾病。

2. 在 PCI 术后，经过局部麻醉，从病人骨髓中抽取自体骨髓（含有大量骨髓细胞）。人骨髓间充质干细胞的培养根据 Jaiswal　et　al 的方法，培养 7 ~ 10d，并且控制在 15 代之内。

3. 进行移植的间充质干细胞需要进行表面标记 $CD105^+$、$CD166^+$ 和 $CD45^-$ 检查纯度，检测支原体、细菌、内毒素检测以及人类染色体和性分析来排除染色体异常。最后需要进行活力检测（用 trypan blue 方法），保证至少有 70% 人间充质干细胞是存活的。

4. 收集人骨髓间充质干细胞，用肝素化的生理盐水洗 3 ~ 4 次，并在移植前 2h 准备好干细胞悬液（肝素化），每毫升悬液含有超过 8×10^9 骨髓间充质干细胞。

5. 每毫升含有（8 ~ 10）$\times 10^9$ 间充质干细胞的细胞悬液经 OTW 球囊导管中心管腔在较高的压力下（1　MPa）移植进入目标冠脉（在移植前，球囊至少连续膨胀 2min 来阻断血流）。

6. 对照组病人按照上述的方法注射标准生理盐水。

7. 在移植当天检测各项心肌活力和心功能的指标，并在几个月后（比如 3 个月、6 个月）复查各项指标，观察干细胞治疗对于心肌梗死是否有治疗作用。

例二　骨髓单个核细胞治疗急性心肌梗死

1. 病人麻醉后在髂后上棘抽取 50 ~ 70ml 骨髓，加入 5 000　U 肝素抗凝。

2. 采用Ficoll密度梯度离心法分离骨髓单个核细胞，弃上清，沉淀细胞经5%人血清清蛋白重悬后用细胞计数板计数，并将骨髓单个核细胞量调节至1×10^6/20ml。收集到的细胞需要在8h内移植完毕。

3. 检测支原体、细菌、内毒素以及病毒（包括HIV、HCV、HBV）。最后需要进行活力检测（用trypan blue方法），保证至少有90%骨髓单个核细胞是存活的。在移植前序检测细胞表面标记如CD34、CD45、CD133。

4. 病人经肝素化后在冠状动脉左主干放入导管，将制备的细胞通过导管以1ml/min的速度注射进入冠脉内（持续注射20min）。

5. 对照组病人按照上述的方法注射标准生理盐水。

6. 在移植当天检测各项心肌活力和心功能的指标，并在3个月和6个月后复查各项指标，观察干细胞治疗对于心肌梗死是否有治疗作用。

第三节　细胞移植治疗脑血管疾病

一、干细胞治疗缺血性脑梗死

脑梗死是世界第二号杀手（仅次于缺血性心脏病），是成年人丧失劳动能力的最常见疾病，其中缺血性脑梗死约占85%，出血性脑卒中占15%。在我国，脑梗死的发病率为53.39/10万～182.60/10万，每年新发病人数约100万，患病人数也在400万以上。随着医学的进步，脑梗死的治疗手段有了长足发展，但治疗效果仍然不理想。虽然溶栓治疗、微创介入可快速恢复血供、挽救缺血半暗带的神经组织，但缺血中心的神经元坏死仍然不可避免，约有3/4的脑梗死患者由于神经功能损害而不同程度地丧失劳动能力。因此，如何促进坏死的神经组织修复，使其在结构和功能上重建，已成为当前的研究重点。

既往认为中枢神经系统是终末分化的器官，不具备再生能力，然而近10年来的研究逐渐打破这一观念。研究人员证实了成人海马齿状核和侧脑室下层有神经发生现象，近来Jin等在缺血性脑梗死患者的缺血半暗带发现新生的神经细胞。这些现象均提示大脑受损后有内源性干细胞参与代偿性的神经再生以修复神经中枢的结构和功能，极大的促进了干细胞治疗缺血性脑梗死的研究。

二、干细胞治疗缺血性脑梗死的机制

干细胞治疗的机制非常复杂且互有交叉，有较多争议，目前尚未统一。对治疗机制的研究是以后广泛临床应用的重要环节，只有这样才能在临床过程中取长补短，最大程度发挥治疗作用，避免不良反应。动物实验的研究结果提示主要有如下几种机制。

1. *神经分化重整宿主神经环路*　多数动物实验均报道移植的干细胞可以迁移到大脑缺血区，呈现神经元和胶质细胞表型，甚至和宿主神经元之间形成突触连接整合入宿主大脑神经环路。这些证据强烈提示干细胞向神经细胞分化可以重整入宿主神经改善动物受损的神经功能。然而必须注意的是，神经分化并非是功能改善的必须条件。事实上，近年来越来越多的证据表明神经分化可能不是最主要的机制。首先，无论是颅内局部移植或是经血管途径，最终迁移到并存活在病灶内的干细胞数量不多，表达神经元标志的少，和宿主神经元形成突触连接的更少，因此，很难解释为什么如此低水平的整合率会明显地改善神经功能；其次，移植后早期即出现功能改善梗死面积缩小，这也很难用神经分化机制来解释。Borlongan等曾经报道移植细胞甚至不能通过血脑屏障，治疗效果是通过神经保护作用实现的。这些实验结果提示应该还有一种急性的但是持续的神经保护机制参与干细胞的治疗效应。

2. *神经保护/营养作用*　脑梗死急性期移植干细胞可以明显缩小梗死面积减少缺血半暗带区的细胞凋亡，其原因可能是因为移植的干细胞分泌大量的细胞因子，如VEGF、b-FGF、

GDNF、BDNF、IGF、TGF、NGF 等，这些因子已被证明有明显的抑制凋亡、增强神经萌芽、突触发生、神经传递等作用，用这些基因修饰的干细胞移植可明显增强治疗的效果。

3．血管新生　有证据表明干细胞能促进梗死灶周围血管新生增加局部脑灌注。这一方面和移植的干细胞分泌大量促进血管新生的细胞因子，如 VEGF、SDF-1、GDNF 等有关；另一方面某些类型干细胞可分化为内皮细胞直接参与形成新生血管。

4．调节炎症反应　脑梗死后，坏死的细胞释放大量趋化因子，趋化并活化机体的炎症细胞，如中性粒细胞、单核细胞、淋巴细胞等迁移到病灶，又释放大量的炎症因子进一步放大炎症反应，加重对脑组织的损伤。研究发现骨髓间充质干细胞可以延长中性粒细胞凋亡过程，减少炎症因子的释放；可促进巨噬细胞 IL-10、IL-6 表达，降低 IL-12、TNF-α 表达，调整机体抗炎因子与促炎因子平衡，减轻炎症反应对脑组织损伤。但是，应该注意到脑梗死后炎症反应具有两面性，急性期的炎症反应对机体是不利的，因为严重的炎症反应会加速脑组织的变形坏死；但恢复期的炎症反应对机体是有利的，因为炎症细胞可吞噬降解坏死组织，同时形成的炎性肉芽组织是血管再生神经修复的基础。

5．动员内源性干细胞　脑梗死后脑室下区神经干细胞会产生新的神经元，这些不成熟的神经元迁移到受损纹状体去并表达该区神经元标志，可能分化成了因缺血坏死的神经组织。这一现象可被移植的干细胞进一步加强，研究表明骨髓间充质干细胞经静脉移植可促进内源性干细胞迁移、增殖，可保护神经元并促进内源性神经再生。

三、移植细胞数量

关于干细胞治疗的细胞数量问题已有大量动物实验，其中 Chen 等的研究认为经静脉途径移植 3×10^6 的骨髓间充质干细胞可见到脑梗死大鼠有明显的神经功能改善，而 1×10^6 则跟对照组无显著性差异。目前根据动物体型大小不同，骨髓间充质干细胞比较认同的数量是 $(1 \sim 3) \times 10^6$，如按动物和人类有效血药浓度换算公式换算后人类的有效细胞数量为 $10^7 \sim 10^8$，但是这样的换算是不可靠的，而且细胞数量也和细胞类型有关，今后临床试验的设计需要考虑这个问题。

四、最佳移植时间点

首先，移植时间点的选择应考虑脑梗死后脑组织的病理变化。部分学者认为脑梗死急性期局部严重的炎症反应可能严重影响移植的干细胞的存活率，建议在脑梗死症状稳定后再进行细胞移植可能疗效更好，但是如过于延迟，局部形成的大量胶质瘢痕会影响干细胞进入病灶进行功能性的修复。其次，移植时间点还应考虑到干细胞治疗的机制，如某些干细胞类型可分泌多种可调节炎症反应、保护神经元的细胞因子，在脑梗死急性期移植可产生明显的神经保护效应，缩小梗死面积。

动物实验对最佳移植时间进行了大量的研究，从脑梗死后即刻到 2 个月均观察到获益。Correa 等和 Bang 等的临床试验分别在脑梗死后 9d 及脑梗死 1 年后进行细胞移植，他们均观察到神经功能的恢复，但由于病例数少，临床试验的最佳移植时间点尚未达成共识，还需进行大量的临床研究。

五、移植的途径

临床上可供选择的途径主要有立体定向和血管途径。

（一）立体定向途径

优点是可以将干细胞直接注射到病灶区，与血管途径相比，可以适当减少干细胞数量；缺点是侵入性操作对正常脑组织造成直接创伤，移植的细胞悬液的容积效应对周围组织造成挤压损伤。

（二）静脉途径

优点是创伤小，操作简单；缺点是移植细胞大多分布到其他器官，进入病灶区的非常少，需增加细胞数量，并且移植细胞可能相互粘连成团形成微栓子引起肺栓塞。

（三）动脉途径

优点同样是创伤小，操作简单，较静脉途径相比，移植的干细胞较少分布到该动脉血供以外的器官；缺点是干细胞形成的微栓子仍可能导致脑动脉栓塞，少数患者可能对血管造影剂过敏。目前普遍认为该途径最适合临床应用。

（四）脑池或脑室内移植途径

操作过于复杂，有颅内高压等并发症，同立体定位途径相比优势不明显，临床应用价值不大。

以上每种途径都各有优点，临床上应根据具体情况综合考虑：如干细胞数量较少时可选择立体定向或动脉途径；如患者处于脑梗死急性期，病灶局部释放大量趋化因子、炎症因子，血脑屏障不完整，选择血管途径干细胞仍可迁移到病灶区；如患者处于脑梗死慢性期，炎症消退瘢痕形成，立体定向途径优于血管途径；如脑梗死面积较小时，立体定向途径也优于血管途径。另外，最近的 Lee 等提出静脉途径移植骨髓间充质干细胞的疗效可能和患者血清中 SDF-1 水平相关。

六、治疗效果评价

脑梗死的临床表现复杂多变，受梗死部位、梗死面积、患者年龄、性别等多因素影响，因此无法建立一个完全客观、准确的疗效判定标准。目前临床使用的脑梗死综合评定量表评估治疗效果并不能完全代表神经功能状况，如评估神经功能缺失的 NHISS，European stroke Scale（欧洲脑梗死评分量表，ESS）。不同神经功能在不同阶段恢复速度和好转程度都存在差异，如脑梗死后 30d 内运动功能恢复最快，而失语则需数月后才开始出现好转。综合临床评定量表的缺点在于不能准确反映具体是哪部分功能变化，故可能因某一优势功能变化而掩盖另一功能的变化。如用 NHISS 评分量表评估一个伴有运动功能障碍和严重适于的脑梗死患者，早期可能因为运动功能的较快恢复使得 NHISS 评分短期内显著降低而使试验结果看起来非常理想，而实际上患者语言功能并没有变化。因此应强调对不同临床症状的患者使用具体化的评分量表。如运动障碍患者应选用具体的运动评分量表如 the Fugl Meyer，失语患者应选用具体的失语评分量表，这样才能准确客观的反应实验结果。

七、移植适应证、禁忌证及安全问题

（一）适应证

Barbosa 等（186）拟定了干细胞治疗缺血性脑梗死的适应证。

1．年龄 18 ～ 75 岁。

2．CT 或 MRI 证实的 90d 内 MCA 区的缺血性脑梗死。

3．经 TCD 检测 MCA 血运重建。

4．NIHSS 脑梗死评分：4 ～ 17 分。

（二）禁忌证

非适应证或禁忌证：

1．脑梗死同侧颈动脉狭窄程度＞ 50%。

2．继发脑水肿或出血导致恶化，移植前 NIHSS 评分＞ 4 分。

3. 有血栓形成倾向或原发性血液系统疾病。

4．既往脑梗死改良 Rankin 评分＞ 2 分。

5．神经退行性疾病。

6．自身免疫性疾病。

7．心内血栓。

8．败血症。

9．肿瘤或者其他可能降低患者短期存活率的疾病。

10．可能增加骨髓穿刺风险的各种疾病。

11．肾衰竭（肌酐＞ 2mg/ml）。

12．肝功能不全。

13．腔隙性梗死。

14．依赖生命支持。

15．妊娠或参加过其他临床试验。

16．经皮血管途径手术操作困难。

17．其他可能存在风险的临床情况。

（三）安全性

其他安全问题显而易见，如过敏反应、感染、血栓栓塞、肿瘤形成等。

八、展望

虽然大量动物实验证实干细胞移植治疗缺血性脑梗死具有广泛的临床应用前景，但临床试验仍有许多问题亟待解决。总之，笔者认为干细胞移植应该综合看待，不必强求最佳移植细胞类型、最佳时间点或者是最佳移植途径，应根据不同类型干细胞的不同治疗机制，选择相应干细胞在脑梗死后不同时间点通过相应的途径进行移植。例如在脑梗死急性期移植骨髓间充质干细胞起到抗炎、营养、保护的作用，减少缺血损害；在慢性恢复期移植神经干细胞起到神经组织再生的作用，恢复神经功能，方能达到最佳治疗效果。

第四节　细胞移植治疗周围血管疾病

周围血管疾病主要包括下肢缺血、动脉瘤等，尤其是严重肢体缺血（CLI），其临床表现包括静息痛、缺血性溃疡伴或不伴坏疽。该病常常由动脉粥样硬化引起，其他较少见的病因也包括 Buerger 病、血栓闭塞性脉管炎以及其他形式的动脉炎。加重因素包括高脂血症、高血压、吸烟、糖尿病等。由该疾病引起的并发症相当严重，美国心脏协会最近的一项研究显示，1 年内 30% 的 CLI 患者会接受截肢，25% 的患者会死亡。目前传统的治疗方式包括外科手术及血管重建，但这也仅限于对 70% 的患者有效。鉴于上述治疗方法的局限性以及大量证据所支持的干细胞移植促血管新生的有效性，干细胞治疗在这一领域中的应用愈来愈受到重视，本章节将就干细胞治疗严重肢体缺血进展作一综述。

一、干细胞治疗严重肢体缺血的原理

CLI 由于其特殊的病理生理发生过程使得血管新生成为治疗的重点。目前大量的研究集中于骨髓干细胞与血管新生关系方面。细胞治疗基于能促进血管新生的优势可适用于下肢缺血患者。临床上采用全骨髓细胞、骨髓单个核细胞及外周血单个核细胞移植策略以达到成功的血管新生。这些报告显示：经肌肉途径将骨髓细胞移植入缺血区可明显改善组织的氧供。尽管细胞移植疗法促血管新生的策略在一些临床试验中已见诸报端，但骨髓细胞治疗的有效性尚未正式确立，这主要源于其中的机制尚未明了。

新生血管的形成是一复杂的过程，包括蛋白酶介导的基底膜降解、内皮祖细胞的增殖和迁移、管腔形成、基底膜聚集、角细胞或血管平滑肌细胞的募集、血管成熟及最终的血流形成。干细胞治疗针对上述某几个阶段进行特定的干预。

（一）干细胞被动员至缺血组织参与血管新生

干细胞归巢至缺血组织是血管新生发生的前提，大量的研究已经证实 SDF-1/CXCR4 通路在该过程中扮演重要的角色，除了该经典通路外，最近的研究亦发现几个重要分子参与了归巢的发生。Aicher 小组及 de Resende 小组分别利用一氧化氮合酶（eNOS）敲除小鼠阐明了该分子在干细胞动员中存在的必要性，此外 β2 整合素、LFA-1、VLA-4、血红素加氧酶、激肽 B2 受体信号途径也参与其中。

（二）干细胞直接分化为内皮细胞

CLI 最理想的治疗效果莫过于以健康的血管内皮细胞代替已损害的内皮细胞，从而重建完整的血管结构。有研究表明，骨髓来源的内皮祖细胞能够分化为内皮细胞，但最近的研究却发现骨髓来源的内皮祖细胞并不能直接成为血管内皮，而有代替角细胞的作用。该发现为局部内皮细胞直接参与血管新生的信息来源是移植细胞这一论断提供了证据，实验的争议来自于一些方法学上的问题，如标记的使用、组织样本的数量、研究的时间窗设置、显微镜拍照计数以及不同的靶目标和动物模型等。此外，Asahara 等在国际上首次发现外周血中存在内皮祖细胞，该类型细胞能够完全分化为有功能的内皮细胞，虽然干细胞的分化尚无法定论，但干细胞治疗的确能在血管再生领域带来福音。

（三）移植干细胞对原位内皮细胞的旁分泌作用

有研究表明：骨髓细胞在迁移至缺血组织后，能分泌促血管新生因子，如 VEGF、b-FGF、MCP-1、PDGF、CXCL8、SDF-1、G-CSF、angiopoietin-1 和 -2 等。在移植骨髓单个核细胞后，局部上述细胞因子的浓度增加。这些因子能够促进原位内皮细胞的增殖、迁移或管腔形成及整合前体细胞以达到结构修复的功效。

（四）促进炎症细胞归巢至缺血组织

免疫反应对血管新生也发挥了重要的作用。目前发现，免疫反应能受到移植细胞所分泌的炎症及血管新生因子的调节。上调的促血管新生因子，如 SDF-1 有利于修复部位 $CD11b^+$ myelo-monocytic 细胞的潴留。被募集的白细胞能分泌酶，如基质金属蛋白酶、弹性蛋白酶和胶原酶以消化细胞外基质，重构血管结构，以便于前体细胞的浸润或相邻内皮细胞迁移至新生管腔中。但是，骨髓来源白细胞的存在也是一把双刃剑。中性粒细胞的浸润能通过分泌 MMP9 促进血管新生，从另一方面讲，中性粒细胞亦能通过释放弹性蛋白酶移植血管新生。到目前为止，有关中性粒细胞对血管新生的作用尚无法定论。但无论如何，干细胞归巢是个一由组织缺血应激所激发、各种信号分子各司其职所综合产生的复杂过程。

二、干细胞治疗严重肢体缺血临床试验

鉴于干细胞移植在严重肢体缺血治疗中的潜在应用价值，大量的初步研究及病例报告正开展并且显示干细胞治疗后患者在 ABI 指数、溃疡修复、肢体存活方面的改善，表 6-2 显示的是已开展的干细胞治疗严重肢体缺血的相关临床试验。

三、影响干细胞治疗严重肢体缺血效果的因素

表 6-2 显示，干细胞移植治疗 CLI 是安全的，并且在 ABI、溃疡修复、截肢率等几个指标上有不同程度的改善，但尽管如此，依然缺少大型的多中心、随机对照双盲试验的结果支持。此外，不同的因素制约着干细胞治疗 CLI 的效果。

（一）细胞供体及移植受体本身的状态

细胞治疗的疗效与细胞供体和受体本身的状态直接相关。年龄就是一个重要因素。衰老不仅会减少祖细胞的数量，还会损害其功能和活性，从而使干细胞对损伤血管的修复作用发生衰退。我们的研究表明，老年小鼠缺血部位血管新生能力、血运重建功能较其年轻对照明显降低。其机制与干细胞表面 CXCR4 的表达量有关。来自老年小鼠的 BMC 表面 CXCR4 表达明显低于年轻小鼠来源的 BMC。Zhuo Y 等发现以年轻供体

表 6-2 干细胞治疗严重肢体缺血的相关临床试验

试验名称、时间	入选人数、疾病、所用细胞	临床预后
Dubsk M 2011	14 CLI BMMSC	$TcPO_2$ 显著增加、静息痛降低
Powell RJ 2011	46 CLI BMMSC	截肢率显著降低、生存率显著升高
Subrammaniyan R 2011	6 CLI BMMNC	患肢存活率显著升高、无并发症发生
Ruiz-Salmeron R 2011	20 CLI BMMNC	患者存活显著升高
Lu D 2011	41 CLI BMMSC/BMMSC	静息痛显著降低、截肢率显著降低、无并发症发生
Walter DH 2011	40 CLI BMMNC	溃疡修复改善，无截肢、坏疽发生
Onodera R 2011	74 TAO BMMNC	截肢率显著降低、生存率显著升高
Prohazka 2009	37 CLIBMMNC	静息痛显著降低、截肢率显著降低
Amann 2009	51 CLI BMMNC	静息痛显著降低、截肢率显著降低
De Vriese 2008	16 PAD BMMNC	静息痛显著降低、截肢率显著降低
Van Tongeren 2008	27 PAD BMMNC	静息痛显著降低、截肢率显著降低
Wester 2008	8 CLI BMMNC	静息痛显著降低、截肢率显著降低

（续 表）

试验名称、时间	入选人数、疾病、所用细胞	临床预后
Chochola 2008	28 CLI BMMNC	静息痛显著降低、截肢率显著降低
Gu 2008	16 CLI BMMNC	静息痛显著降低、截肢率显著降低
Hernandez 2007	12 PAD BMMNC	静息痛显著降低、截肢率显著降低
Huang 2007	74 PAD BMMNC	静息痛显著降低、截肢率显著降低
Kajiiguchi 2007	7 CLI/TAO BMMNC	静息痛显著降低、截肢率显著降低
Miyamoto 2006	8 CLI/TAO BMMNC	静息痛显著降低、截肢率显著降低
Bartsch 2006	10 PAD/CLI BMMNC	静息痛显著降低、截肢率显著降低
Durdu 2006	28 TAO BMMNC	静息痛显著降低、截肢率显著降低
Nizankowski 2005	10 TAO/CLI BMMNC	静息痛显著降低、截肢率显著降低
Miyamoto 2004	12 PAD/CLI BMMNC	静息痛显著降低、截肢率显著降低
Higashi 2004	8 PAD BMMNC	静息痛显著降低、截肢率显著降低
Saigawa 2004	8 PAD BMMNC	静息痛显著降低、截肢率显著降低
Esato 2002	8 PAD/TAO BMMNC	静息痛显著降低、截肢率显著降低
Tateishi-Yuyama 2002	45 PAD BMMNC	静息痛显著降低、截肢率显著降低

的细胞进行移植或者将细胞移植至年轻的受体相比对照组而言在血管新生上可获得更多的收益。此外，细胞治疗单纯 CLI 所获得的效果要比 CLI 伴糖尿病患者更好，综上可见，选择合适的移植人群在干细胞治疗中有重要的意义。

（二）合适细胞类型的选择

目前最常用的细胞类型包括骨髓来源的间充质干细胞。单个核细胞、外周血单个核细胞。虽然临床前期试验显示这些类型的细胞用于治疗是安全并且有效的，但必须强调的是到目前为止所有的临床试验都基于这样一个概念，即认为治疗 CLI 有效的修复细胞类型是内皮祖细胞。但事实上内皮祖细胞这个概念是存在争议的，因为我们尚缺乏特定的内皮祖细胞表面标记，以及对内皮祖细胞、造血干细胞、成熟内皮细胞在表型及功能上的相似点知之尚少。随着流式分选技术、磁珠分选技术的日趋成熟，使得细胞亚群的分析成为可能，故当前大量的研究工作将焦点集中于究竟是何种细胞类型真正起到了治疗 CLI 的作用。Friedrich 等发现内皮祖细胞中存在 $CD34^-$/$CD133^+$/$VEGFR\text{-}2^+$ 亚群，该群细胞具有强大的分化为内皮细胞、归巢至缺血组织的能力，显示了可观的促血管新生功能。Kim 及其同事发现 CD31 是外周循环血液中促进血管形成细胞的表面标记，该标记阳性的细胞群能从外周血中易得，在兔下肢缺血模型中显示出良好的治疗效果。Awad 等也比较了 $CD34^+$ 细胞与 $CD14^+$ 细胞不同的治疗效应，其结果显示：在急性缺血状态或糖尿病患者中，$CD14^+$ 细胞移植能获得更大的效果。此外，有更多的研究者将目光转向其他组织来源的干细胞，诸如胚胎干细胞来源的内皮祖细胞、胎膜来源的内皮祖细胞、脐带来源的干细胞、IPS 细胞来源的干细胞等的应用也显示了不同程度的治疗效果。综上可见，治疗细胞选择的合理性不仅与种子细胞本身的生理状态有关，亦与被治疗个体所处的状态有关，需要在不同的条件下进行个性化移植治疗。

（三）移植细胞剂量的选择

在开展的临床试验中，治疗外周血管疾病所移植的单个核细胞数少至 0.1×10^9，高达 50×10^9，但尽管差异明显，但在血流再灌注方面均取得了改善。Saigawa T 等比较了骨髓干细胞治疗血栓闭塞性脉管炎疗效与移植骨髓细胞数之间的关系，结果发现，移植的 $CD34^+$ 细胞数是影响临床预后的一个重要因素，但由于该研究在样本量（样本量只有8个）的局限性，尚无法作出移植细胞量影响治疗效应肯定的结论。

（四）细胞移植途径的选择

目前常用的移植途径包括经动脉途径及经肌肉途径。虽然在大鼠下肢缺血模型中的研究报道两种移植方式在促血管新生方面具有相同的效果，但前者属于有创性操作，需要利用动脉造影技术，具有较高并发症发生率及肾功能不全患者禁用的劣势。有鉴于此，经肌肉途径由于其操作简单，安全有效成为细胞移植治疗CLI的首选移植途径。

四、增加干细胞治疗严重肢体缺血疗效的探索

尽管干细胞移植治疗CLI证实有效，但效果温和，故很多工作致力于如何提高干细胞治疗疗效的研究上，现总结如下。

（一）物理刺激

Aicher及其同事采用低能量体外冲击波刺激下肢缺血大鼠内收肌群，发现该处理能显著增加内皮祖细胞归巢至缺血区及非缺血区，增加MCP-1的表达，从而更好的发挥血管重建的作用。Rosava等采用对人骨髓间充质干细胞进行缺氧预处理，同样在下肢缺血模型中获得良好的收益。将祖细胞动员与气动压缩物理治疗相结合的新疗法经证明能有效促进血管生成，避免了用传统手术干预来保全肢体。

（二）药物处理

Zhang Y等采用辛伐他汀处理骨髓来源的间充质干细胞，发现其能增强MSC治疗性的促血管新生效应。Zhang D等也发现在骨髓间充质干细胞培养中添加锌元素，能够抑制细胞凋亡，增加其在缺血下肢中的存活率，改善组织再生能力。此外，血管紧张素受体抑制药、伐地那非、葛根素、PPAR-γ抑制药、雌激素、伊洛前列素、促红细胞生成素等都具有相同的效果。

（三）基因工程

将特定因子的基因转入内皮祖细胞中使其携带有更强促血管新生的潜能被广泛应用于疗效增强中。无论体内、体外实验，携带有VEGF基因的内皮祖细胞在增殖、黏附、与内皮细胞层整合方面的能力均明显增强，此外，Jiang将HIF-1基因导入内皮细胞中也获得相同的收益。

五、结语

干细胞移植对于治疗严重肢体缺血是一值得期待的武器，临床前的大量证据也已显示对于某些重要终点指标来讲，该疗法是安全、可行、有效的，未来需要更大规模的随机对照双盲多中心的临床研究来指导干细胞类型选择、移植剂量、移植途径等问题的解决方案。

（余 红 王力涵 蒋 智 徐银川 徐其渊 谢小洁 王建安）

参 考 文 献

[1] Bartosh TJ, Wang Z, Rosales AA, et al. 3D-model of adult cardiac stem cells promotes cardiac differentiation and resistance to oxidative stress. J Cell Biochem, 2008, 105: 612-623

[2] Li K, Li SZ, Zhang Y L, et al. The effects of dan-shen root on cardiomyogenic differentiation of human placenta-derived mesenchymal stem cells. Biochem Biophys Res Commun, 2011, 415: 147-151

[3] Odorico JS, Kaufman DS, Thomson JA. Multilineage differentiation from human embryonic stem cell lines. Stem Cells, 2001, 19: 193-204

[4] Xu C, Police S, Rao N, et al. Characterization and enrichment of cardiomyocytes derived from human embryonic stem cells. Circ Res, 2002, 91: 501-508

[5] Reubinoff BE, Pera MF, Fong CY, et al. Embryonic stem cell lines from human blastocysts: somatic differentiation in vitro. Nat Biotechno, 2000, 18: 399-404

[6] Kehat I, Khimovich L, Caspi O, et al. Electromechanical integration of cardiomyo-

cytes derived from human embryonic stem cells. Nat Biotechno, 2004, 122: 1282-1289
[7] Yang Y, Min JY, Rana JS, et al. VEGF enhances functional improvement of postin-farcted hearts by transplantation of ESC-differentiated cells. J Appl Physio, 2002, 93: 1140-1151
[8] Makino S, Fukuda K, Miyoshi S, et al. Cardiomyocytes can be generated from marrow stromal cells in vitro. J Clin Invest, 1999, 103: 697-705
[9] Toma C, Pittenger MF, Cahill KS, et al. Human mesenchymal stem cells differentiate to a cardiomyocyte phenotype in the adult murine heart. Circulation, 2002, 105: 93-98
[10] Mangi AA, Noiseux N, Kong D, et al. Mesenchymal stem cells modified with Akt prevent remodeling and restore performance of infarcted hearts. Nat Med, 2003, 9: 1195-1201
[11] Shake JG, Gruber PJ, Baumgartner WA, et al. Mesenchymal stem cell implantation in a swine myocardial infarct model: engraftment and functional effects. Ann Thorac Surg, 2002, 73: 1919-1925
[12] Hare JM, Traverse JH, Henry TD, et al. A randomized, double-blind, placebo-controlled, dose-escalation study of intravenous adult human mesenchymal stem cells (prochymal) after acute myocardial infarction. J Am Coll Cardiol, 2009, 54: 2277-2286
[13] Bang OY, Lee JS, Lee PH, et al. Autologous mesenchymal stem cell transplantation in stroke patients. Ann Neurol, 2005, 57: 874-882
[14] Honmou O, Houkin K, Matsunaga T, et al. Intravenous administration of auto serum-expanded autologous mesenchymal stem cells in stroke. Brainl, 2011, 34: 1790-1807
[15] Asahara T, Kawamoto A. Endothelial progenitor cells for postnatal vasculogenesis. Am J Physiol Cell Physio, 2004, l287: C572-579
[16] Vasa M, Fichtlscherer S, Aicher A, et al. Number and migratory activity of circulating endothelial progenitor cells inversely correlate with risk factors for coronary artery disease. Circ Res, 2001, 89: E1-7
[17] Hill JM, Zalos G, Halcox JP, et al. Circulating endothelial progenitor cells, vascular function, and cardiovascular risk. N Engl J Med, 2003, 348: 593-600
[18] Rafii S, Lyden D. Therapeutic stem and progenitor cell transplantation for organ vascularization and regeneration. Nat Med, 2003, 9: 702-712
[19] Colombo A, Castellani M, Piccaluga E, et al. Myocardial blood flow and infarct size after CD133+ cell injection in large myocardial infarction with good recanalization and poor reperfusion: results from a randomized controlled trial. J Cardiovasc Med (Hagerstown), 2011, 12: 239-248
[20] Agah R, Kirshenbaum LA, Abdellatif M, et al. Adenoviral delivery of E2F-1 directs cell cycle reentry and p53-independent apoptosis in postmitotic adult myocardium in vivo. J Clin Invest, 1997, 100: 2722-2728
[21] Chien KR, Olson EN. Converging pathways and principles in heart development and disease: CV@CSH. Cell, 2002, 110: 153-162
[22] MacLellan WR, Schneider MD. Genetic dissection of cardiac growth control pathways. Annu Rev Physio, 2000, l62: 289-319
[23] Zhou B, Ma Q, Rajagopal S, et al. Epicardial progenitors contribute to the cardiomyocyte lineage in the developing heart. Nature, 2008, 454: 109-113
[24] Cai CL, Martin JC, Sun Y, et al. A myocardial lineage derives from Tbx18 epicardial cells. Nature, 2008, 454: 104-108
[25] Kucia M, Halasa M, Wysoczynski M, et al. Morphological and molecular characterization of novel population of CXCR4+ SSEA-4+ Oct-4+ very small embryonic-like cells purified from human cord blood: preliminary report. Leukemia, 2007, 21: 297-303
[26] Denner L, Bodenburg Y, Zhao JG, et al. Directed engineering of umbilical cord blood stem cells to produce C-peptide and insulin. Cell Prolif, 2007, 40: 367-380
[27] Narsinh K, Narsinh KH, Wu JC. Derivation of human induced pluripotent stem cells for cardiovascular disease modeling. Circ Res,

2011, 108: 1146-1156

[28] Schaffler A, Buchler C. Concise review: adipose tissue-derived stromal cells--basic and clinical implications for novel cell-based therapies. Stem Cells, 2007, 25: 818-827

[29] Cashin K, Roche M, Sterjovski J, et al. Alternative coreceptor requirements for efficient CCR5- and CXCR4-mediated HIV-1 entry into macrophages. J Viro, 2011, 185: 10699-10709

[30] Beitnes JO, Hopp E, Lunde K, et al. Long-term results after intracoronary injection of autologous mononuclear bone marrow cells in acute myocardial infarction: the ASTAMI randomised, controlled study.Heart, 2009, 95: 1983-1989

[31] Brunskill SJ, Hyde CJ, Doree CJ, et al. Route of delivery and baseline left ventricular ejection fraction, key factors of bone-marrow-derived cell therapy for ischaemic heart disease. Eur J Heart Fail, 2009, 11: 887-896

[32] Hamamoto H, Gorman JH, Ryan LP, et al. Allogeneic mesenchymal precursor cell therapy to limit remodeling after myocardial infarction: the effect of cell dosage. Ann Thorac Surg, 2009, 87: 794-801

[33] Traverse JH, McKenna DH, Harvey K, et al. Results of a phase 1, randomized, double-blind, placebo-controlled trial of bone marrow mononuclear stem cell administration in patients following ST-elevation myocardial infarction. Am Heart J, 2010, 160: 428-434

[34] Sun L, Zhang T, Lan X, et al. Effects of stem cell therapy on left ventricular remodeling after acute myocardial infarction: a meta-analysis. Clin Cardiol, 2010, 33: 296-302

[35] Dib N, Dinsmore J, Lababidi Z, et al. One-year follow-up of feasibility and safety of the first U.S., randomized, controlled study using 3-dimensional guided catheter-based delivery of autologous skeletal myoblasts for ischemic cardiomyopathy (CAuSMIC study). JACC Cardiovasc Interv, 2009, 2: 9-16

[36] Ang KL, Chin D, Leyva F, et al. Rand–omized, controlled trial of intramuscular or intracoronary injection of autologous bone marrow cells into scarred myocardium during CABG versus CABG alone. Nat Clin Pract Cardiovasc Med, 2008, 5: 663-670

[37] Fischer-Rasokat U, Assmus B, Seeger FH, et al. A pilot trial to assess potential effects of selective intracoronary bone marrow-derived progenitor cell infusion in patients with nonischemic dilated cardiomyopathy: final 1-year results of the transplantation of progenitor cells and functional regeneration enhancement pilot trial in patients with nonischemic dilated cardiomyopathy. Circ Heart Fail, 2009, 2: 417-423

第7章

细胞移植治疗消化系统疾病

第一节 概 述

经过十余年努力，细胞移植治疗的概念已经深入人心。细胞移植治疗也被应用于消化系统多个脏器的疾病治疗，如肝、胰腺和肠道的功能性或遗传性疾病的治疗，有些细胞移植治疗已经进入Ⅲ期临床研究阶段。根据干细胞治疗消化系统疾病的机制，可将细胞治疗分为三类：以细胞功能替代为目的的细胞输入替代治疗；以调控免疫为目的的免疫细胞治疗；以基因治疗为目的的细胞基因载体治疗。根据细胞治疗所用来源细胞的性质可分为体细胞治疗和干细胞治疗。来源于成体肝脏的肝细胞曾被用来治疗各种原因引起的肝功能衰竭和代谢性肝病。胰腺胰岛细胞也被移植到肾包膜、肝脏、腹腔等部位治疗糖尿病。然而，由于消化系统的各个脏器体积大、功能复杂，在获得和储存足够量的成体细胞以及移植后细胞大量丢失等方面的问题，限制了体细胞治疗在消化系统中的应用潜力。一个丰富而可靠的治疗细胞来源是必须解决的问题。

干细胞研究是近年来科学研究领域的一大重要突破。它是一类具有自我复制能力的多潜能细胞，在一定条件下可以分化成多种功能细胞。随着对干细胞生物学行为认识的深入以及干细胞研究技术的成熟，使临床应用干细胞来治疗疾病的愿望得以实现。已有大量关于胚胎干细胞、造血干细胞、骨髓间充质干细胞、脂肪干细胞以及骨骼肌干细胞移植的动物实验及临床研究报道。干细胞移植最早用于治疗心肌缺血，近年来国内外陆续有文献报道干细胞移植治疗消化系统疾病。

首先，干细胞移植在肝脏疾病治疗方面具有巨大的应用潜力。临床前研究已经表明，一定范围的肝脏内源性修复过程可以通过利用干细胞治疗得以实现。初期的转化研究结果一直很令人鼓舞，可以改善进展期慢性肝病的肝功能，并增强肝再生。已有的研究提示干细胞治疗存在两种主要机制：第一，胚胎干细胞、诱导的多潜能干细胞或成体干细胞移植治疗肝病时，均显示干细胞可以直接转变为功能性肝细胞；第二，骨髓衍生的干细胞治疗主要是促进内源性的再生修复过程。生物人工肝支持系统可利用体外由干细胞分化的肝细胞作为急性肝功能衰竭的桥接治疗。输注骨髓来源的干细胞可增强门静脉栓塞后的肝再生，还能够促进部分肝切除后的肝再生。随着干细胞参与肝脏损伤修复机制的进一步阐明，最适合肝干细胞治疗的肝脏疾病将变得越来越明确。

胰腺炎分为急性胰腺炎和慢性胰腺炎。急性胰腺炎（acute pancreatits，AP）是常见的外科急腹症之一，在其病理生理过程中，过度激活的白细胞及瀑布样反应的炎性因子加速了病情的恶化，增加了治疗的难度。到目前为止，对于重症AP还没有彻底根治的方法可供选择，仅限于一般的支持治疗，如补液、营养支持，对感染坏死灶的处理，以及利用内镜逆行胰胆管造影术治疗胆石性胰腺炎等。慢性胰腺炎（chronic pancreatitis，CP）是指由于各种不同病因引起的胰腺组织结构和功能持续性损害、胰腺组织节段性或弥漫性地发生慢性进行性炎症，最终导致胰腺泡和胰岛组织萎缩，胰腺实质广泛纤维化、钙化及胰腺导管串珠样改变等不可逆的胰腺实质破坏。CP 病因复杂，包括胆管疾病、乙醇中毒、胰管梗阻、吸烟、遗传、自身免疫、营养不良、高钙、高脂、急性胰腺炎等。其病理特征为胰腺纤维化。CP 时弥漫性胰腺病变常可导致 B 细胞广泛破坏引起胰源性糖尿病；CP 的增生性改变也是潜在的癌变基础，CP 患者患胰腺癌的危险性是正常人群的 5 ～ 15 倍。研究表明，胰腺炎症和坏死的程度及其诱发的多器官功能衰竭的强度决定了 AP 的预后。重症 AP 病人存在炎症细胞因子释放和限制炎症因子扩散入血液循环的抗炎反应系统之间的不平衡，限制胰腺坏死、减轻炎症反应、促进损伤修复的免疫调节治疗策略，可能在改进胰腺炎患者的预后方面更具有应用潜力。各种干细胞具有多向分化潜能和免疫调节作用，在胰腺炎的治疗研究中正在逐步受到重视。

炎症性肠病是一种常见的慢性胃肠道病，其病因和确切的发病机制目前仍不清楚。目前普遍认为它是由于遗传缺陷和环境因素导致的遗传易感宿主对肠道菌丛的免疫应答异常，以肠道炎症为主要表现的慢性自身性免疫疾病。间充质干细胞具有低免疫原性和较强的免疫调节功能，从而成为治疗自身免疫疾病和炎症的新策略。MSC 的治疗作用已经在许多的自身性免疫疾病的动物模型中得到了证实。目前应用异体 MSC 移植治疗重度急性 GvHD 患者已经进入了临床试验。鉴于免疫调节异常是炎症性肠病的重要表现，因此，应用 MSC 细胞治疗可能是一条治疗炎症性肠病崭新的、有前途的策略。本章就各种干细胞移植治疗肝脏疾病、急慢性胰腺炎和炎性肠病的基础和临床研究进展分别进行介绍。

第二节　细胞移植治疗肝脏疾病

肝脏虽然能够自我更新，但是在许多急性和慢性肝病情况下，肝脏自我修复失败常导致肝衰竭。在英国，由于终末期肝硬化导致肝衰竭而死亡的病例数不断增加，苏格兰 1997 ～ 2001 年男性因肝硬化死亡的人数比 1987 ～ 1991 年增加 104%。目前肝移植是治疗肝衰竭的唯一方法，但是由于供肝短缺，限制了其应用。近年来，干细胞移植疗法为改革肝脏疾病的治疗方式提供了机会。虽然目前的药物治疗已经可以针对特定的途径或受体，但是干细胞治疗可以提供一种能够影响一定范围生物学过程的“活”药物，而且细胞移植侵袭性小，可以重复移植。动物实验及初步的临床研究均显示干细胞移植在肝脏疾病治疗方面具有巨大的应用潜力。

一、干细胞分化为肝细胞

在适合的环境或条件刺激下，干细胞和某些祖细胞能够分化为肝细胞。支持肝再生的理想细胞来源须能够被可靠地识别、有效地生成肝细胞，同时能够逃避免疫防御并具备行为可预测性和安全性。

（一）诱导胚胎干细胞向肝细胞分化

胚胎干细胞（embryonic stem cell，ES 细胞）是从早期胚胎（原肠胚期之前）分离出来的一类细胞，它具有体外培养无限增殖、自我更新和多向分化的特性。无论在体外还是体内环境，ES 细胞都能被诱导分化为机体几乎所有的细胞类型。理论上由于 ES 细胞具备自我更新能力，可以无限制地提供肝细胞，以支持受损肝脏的再生。体外培养诱导胚胎干细胞向肝细胞分化已有大量文献报道，现有方法可使 ES 向肝细胞序惯发育，产生有一定肝细胞功能但并未完全成熟的肝细胞。

肝脏特定的微环境也可以诱导 ES 细胞在体内分化为肝细胞样细胞。当 ES 细胞被植入药物肝损伤合并部分肝切除大鼠模型时，移植的 ES 细胞可以定植到肝内并分化为肝细胞样细胞，且有助于肝再生。但是分化的肝细胞数量较少且功能不足。随着诱导分化方法的改进，胎肝干／祖细胞肝内定植分化的效率明显提高，但是与成体肝细胞移植比较，目前由胎肝祖细胞或 ES 衍生的肝前体细胞在体内生成功能肝组织的总体效率还很低。仍需继续努力提高生成、纯化和扩增

ES 源性肝细胞样细胞的能力，某些特定的信号蛋白，如激活素 A 和无翅型 -MMTV 整合位点家庭成员 3a（Wnt3a）已被证明可以改善胚胎干细胞向肝细胞的分化效率。

胚胎干细胞的优点是生长迅速，分化能力强。由于其处于分化早期，许多细胞特异性抗原还没有表达，所以胚胎干细胞还具有较强的免疫耐受性。这些特点使胚胎干细胞成为一种很好的候选治疗细胞，因为一种胚胎干细胞产品可以适用于一个较大的患者群体。目前限制胚胎干细胞应用除了伦理问题，还有形成畸胎瘤的潜在可能性，除非长期试验可以提供胚胎干细胞表型稳定和安全的证据。

（二）诱导成体干细胞向肝细胞分化

成体干细胞（adult stem cell，AS）是从成体器官里提取出来的干细胞，是一类成熟较慢，自我维持增殖的未分化细胞，可以是多能或单能干细胞，也称为组织特异性干细胞，包括骨髓造血干细胞、骨髓间充质干细胞、脂肪干细胞、以及来自于脐带血、脐带、胎盘、羊膜和羊水的干细胞等。成体干细胞也可以分化为肝细胞样细胞，而且避免了 ES 的伦理问题，并且没有形成畸胎瘤的风险。使用自体干细胞还可以免除使用免疫抑制药的需要。多宗体外研究已证明，从不同组织收获的间充质干细胞均可转分化为肝细胞样细胞。骨髓干细胞可以分化为肝实质细胞，并储存糖原、合成尿素和表达磷酸烯醇丙酮酸羧激酶（PCK1）。有研究发现肝脏卵圆细胞是成体肝脏干细胞，在严重肝损伤或肝细胞再生受到抑制时，肝脏干细胞则被激活，进而增殖、分化为肝实质细胞。肝脏卵圆细胞与骨髓干细胞的部分表面标记如 CD34、Thy-1、c-kit、flt-3、Sca-1 相同，提示二者有共同起源或者关系。Petersen 等的研究也证明成体骨髓干细胞可以分化为肝实质细胞，这对于利用自体骨髓干细胞移植治疗危害性极大的终末期肝病具有划时代的意义。这些研究中均采用肝细胞生长因子（HGF）培养骨髓干细胞，诱导其向肝实质细胞转化。Aurich 等报道体外人类骨髓间充质干细胞（MSC）分化的肝细胞样细胞，移植入免疫缺陷的小鼠体内后，可定植到肝小叶的门脉周围，并储存糖原、表达 PCK1、间隙连接蛋白 32、白蛋白和肝细胞特异性的 HepPar1 抗原，对肝功能有修复作用。其他动物实验研究也证明 MSC 在体内分化为肝细胞的潜力。虽然成体干细胞移植后观察到功能性肝细胞样细胞的产生，但是移植的细胞在肝损伤区域形成肌成纤维细胞样细胞也成为一种担心。

二、骨髓源性干细胞移植治疗肝脏疾病

（一）骨髓源性干细胞的获取及植入

骨髓中含有造血干细胞（HSCs）和间充质干细胞（MSC），前者负责更新血液循环中的成分，后者有助于广泛的间叶组织。自从发现骨髓移植的患者肝内存在骨髓源性细胞后，骨髓干细胞（BMSCs）长期以来被认为具有支持肝再生的潜力。特别是在部分肝切除或肝移植等诱导的强大的肝再生需求刺激下，骨髓动员更加显著。

1．*骨髓干细胞获取* 获取骨髓干细胞（BMSCs）的关键是直接骨髓穿刺吸取或先用粒细胞集落刺激因子（G-CSF）动员后收集外周血。收获骨髓或外周血后，可利用经典的造血干细胞表面抗原 CD34 和 CD133，以流式细胞仪或磁珠分选进行造血干细胞富集。必须指出的是，这些细胞表面标记并不代表均一的细胞群，而是代表了未成熟造血和内皮细胞的混合，这些细胞可以连续的或可逆的根据活化状态而改变表型。因此开发新的可靠的细胞鉴定技术是未来研究的趋势，如根据代谢指标、G_0 期相关蛋白或干细胞运输过程中的相关分子进行干细胞分离。骨髓间充质干细胞的获取一般是将骨髓单个核细胞进行体外培养扩增，传代培养的同时也起到了纯化的目的，许多动物实验研究利用 3 ～ 5 代的细胞进行体内移植。

2．*细胞输入途径* 最利于骨髓干细胞定植于肝脏的输入途径主要集中于外周静脉、门静脉和肝动脉。由于这些途径常在化疗栓塞时使用，已经取得了不少临床应用经验，因此更容易被接受，尽管将细胞直接输送入损伤的肝脏似乎是更好的方法。对于患有肝肾综合征的患者在使用造影剂以可视化肝动脉或门静脉时应谨慎。动物实验研究发现，最初的肝再生发生于肝小叶内门静脉周围。外周输入的干细胞也被发现定植于汇

管区域，门静脉输入的干细胞一过性定植效率最高。因此门静脉输入可能是最合适的起点。当然加剧门静脉高压症的风险应当考虑，然而可以通过调整剂量来控制。外周静脉输注骨髓干细胞避免了许多与门静脉或肝动脉输注相关的风险，并已被证明在啮齿类慢性肝衰竭模型可有效地减轻纤维化、提高存活率。

（二）骨髓源性干细胞治疗遗传代谢性肝病

对于遗传代谢性肝病的研究主要利用几种啮齿类动物模型，如患有威尔逊病（Wilson's disease）的长埃文斯肉桂大鼠（Long-Evans Cinnamon rats）模型，患有克里格勒-纳贾尔综合征（Crigler-Najjar syndrome）的Gunn大鼠模型，患有遗传性高酪氨酸血症I型（hereditary tyrosinemia type I）的$FAH^{-/-}$小鼠，以及患有家族性进展性肝内胆汁淤积症的$spgp^{-/-}$小鼠。对于骨髓细胞移植引起的免疫反应，一般采用环孢霉素免疫抑制药，或者将移植骨髓中的T细胞去除，或者仅仅是使用同基因小鼠。研究中多采用修饰细胞表面糖蛋白或实施缺血/再灌注损伤，以提高细胞归巢到肝脏的效率。$FAH^{-/-}$ I型遗传性高酪氨酸血症大鼠是研究骨髓细胞移植能否改善肝脏代谢疾病的很好模型，但是与临床实际情况比较，可能其选择性压力和移植治疗效果会扩大。然而即使植入效率低，临床上也可能出现显著的功能改善。因为在Long-Evans Cinnamon大鼠模型中，虽然只有2.4%的全肝细胞被骨髓衍生的细胞置换，但是却能够使血浆铜蓝蛋白增加至21%～24%。澳大利亚学者报道通过增加饮食中铜的摄入量制造大鼠Wilson's疾病模型，将模型鼠进行亚致死剂量的放射线照射，然后将同系正常大鼠的骨髓干细胞静脉内或脾内移植入模型鼠，结果46只移植鼠中有11只肝内检出供体源性肝细胞，同时这11只大鼠血清中铜水平明显低于无肝细胞再生者，表明骨髓干细胞移植可以部分纠正Wilson's疾病模型鼠的临床表现，两种移植方法的效果无明显差别。将正常大鼠骨髓细胞移植到无白蛋白模型大鼠，可导致肝内产生表达白蛋白的细胞，而且血清清蛋白水平可保持8周，与肝细胞输入效果类似。但是，骨髓来源的细胞定植于肝内似乎是短暂的现象，超过150d后白蛋白表达水平明显下降。Lagasse等采用纯化的骨髓造血干细胞移植来治疗延胡索酰乙酰乙酸水解酶缺乏症小鼠，结果发现移植细胞组小鼠存活率明显提高，并且受体鼠肝脏几乎被正常的具有功能的肝细胞完全取代。

（三）骨髓源性干细胞移植治疗急性肝损伤/肝衰竭

急性肝衰竭（acute liver failure，ALF）病情凶险，死亡率高达80%。肝移植是目前治疗ALF的有效方法，但是由于肝源短缺、费用昂贵以及终生服用免疫抑制药限制了其临床应用。ALF主要的病理机制是短时间内肝细胞大量死亡，引起急性肝功能的失代偿。致力于抑制肝细胞死亡和刺激内源性修复机制是治疗ALF的关键。骨髓干细胞移植用于治疗急性肝损伤/肝衰竭的研究虽不如治疗慢性肝损伤那么多，近年也有多篇动物实验研究的报道。

2008年，Van Poll D等利用D-半乳糖胺诱导的大鼠急性肝损伤/肝衰竭模型，证实骨髓间充质干细胞条件培养液可明显提高大鼠存活率，减少肝损伤因子的释放，使凋亡肝细胞减少90%，增生肝细胞增加3倍。肝细胞复制相关基因的表达也显著上调。其体外实验也证明MSC-CM的抗凋亡和促进肝细胞分裂的作用。

Zhang等的研究证明在治疗急性肝损伤方面骨髓干细胞移植与成熟肝细胞移植一样有效，甚至更好。他们利用无白蛋白F344alb大鼠为模型，首先以倒千里光碱抑制肝细胞复制，然后实施70%肝切除，并立即给予骨髓细胞或肝细胞移植，所用骨髓为淋巴细胞分离液纯化的6周龄大鼠骨髓。结果表明，骨髓细胞移植组大鼠存活率由35%提高到70%～75%，肝细胞移植组大鼠存活率为50%。骨髓细胞移植和肝细胞移植均能够减轻大鼠部分肝切除后的急性肝损伤。骨髓细胞移植组在肝内可产生很少量的白蛋白阳性的肝细胞，然而肝细胞移植组则存在大量的可表达白蛋白的肝细胞，并且伴随血清白蛋白水平的显著提高。骨髓细胞移植组所表现的改善的肝功能和降低的死亡率证实了其旁分泌治疗效应，因为骨髓细胞移植减轻肝损伤并不需要移植细胞在肝内再生或增殖（repopulation）。该研究中骨髓细胞经门静脉和阴茎背静脉的移植输入效果是一样的，也证明了这一点。这与成熟肝细胞移植不同。RT-PCR 结果也证实非突变白蛋白基因只在骨髓细胞移植后 2d 可以检测到，表明超过该时间点后大部分移植的骨髓细胞并没有定植在肝内。移植后 2d 的肝脏组织病理学分析表明，肝细胞移植组和骨髓细胞移植组的肝损伤与对照组比较明显有改善，但是骨髓细胞移植组的肝脏再生率并无明显提高。因此对于倒千里光碱合并肝切除诱导的肝损伤并不需要骨髓细胞持续定植于肝内。然而在该研究中只检测白蛋白并不能排除移植的骨髓细胞没有定植于肝内，只是确定移植的骨髓细胞没有分化为肝细胞。

Kuo 等报道，将骨髓干细胞在体外诱导分化为肝细胞样细胞，再进行脾内或静脉内移植，治疗 CCl_4 诱导的急性肝损伤免疫缺陷小鼠，发现移植的细胞可在肝脏内分化为功能性肝细胞并挽救肝功能衰竭小鼠，同时证明静脉内移植效果优于脾内移植。

（四）骨髓源性干细胞移植治疗慢性肝损伤 / 肝纤维化

2003 年日本 Terai 等首先通过体内实验证明，持续肝损伤可有效地诱导骨髓干细胞转分化为功能性肝细胞：给予无白蛋白大鼠腹腔注射四氯化碳（0.5ml/kg），每周 2 次制作慢性肝损伤模型。4 周后经尾静脉注射来自 GFP 转基因小鼠的全骨髓细胞，然后继续给予四氯化碳 4 周。免疫组化和免疫荧光检测发现，移植后 24h 骨髓细胞即可移行至肝小叶外周，在移植后 4 周时移植细胞可以替代受体鼠肝脏的 25%，但是在无肝损伤的小鼠即使接受骨髓细胞输入，肝脏中也未检测到 GFP 阳性的细胞。研究还发现骨髓细胞是经过未成熟的肝母细胞分化为有功能的成熟肝细胞的，而且受体鼠血清清蛋白由 1.62g/dl 升高至 2.08g/dl。此研究模型中骨髓细胞能够非常有效地分化为功能性肝细胞，骨髓移植后持续的肝损伤起了非常关键的作用。然而，是持续肝损伤的微环境促进了移植骨髓细胞向肝细胞的分化？还是移植的骨髓细胞在持续损伤的选择性压力下而增生？这可能涉及干细胞增殖分化的复杂机制而有待于深入研究。在该研究小组的另一篇研究报道中，骨髓干细胞输入后继续给予 CCl_4 4 周，发现细胞治疗组小鼠的肝纤维化程度明显低于未给予细胞治疗组，肝脏羟脯氨酸含量减少了 1/3；移植的细胞主要分布于纤维化间隔带周围，并且表达较高水平的 MMP-9 等纤维分解酶。另外，埃及学者也报道将大鼠骨髓 MSC 诱导分化为肝细胞样细胞后移植，不仅可以改善大鼠肝功能，还具有抗肝纤维化作用。

将人骨髓间充质干细胞（hMSCs）静脉输入 NOD/SCID（nonobese diabetic severe combined immuno-deficient）小鼠，发现移植的 hMSCs 能够迁移到正常或损伤的肝实质内。定植于肝内的细胞数量在慢性肝损伤时明显高于正常和急性肝损伤小鼠，但是分化为肝细胞的人源细胞很少（只有 0.1% ~ 0.23%）。而且部分人源细胞显示了肌成纤维细胞样细胞形态。但是，该研究并没有诱导持续的肝损伤，对于肝损伤的程度也未进行详细分析，而且移植 hMSCs 细胞前给予了非致死剂量的照射，照射引起的免疫问题对 hMSCs 的肝内定植可能也会有影响。这些关于骨髓来源细胞不通过定植于肝脏而能够改进动物存活和肝损伤的看似矛盾的发现，在另一大鼠急性肝损伤模型研究中获得一定的解释。大鼠以 D-半乳糖胺诱导急性肝损伤，然后输入浓缩 MSC 培养液，结果发现也能够减轻肝损伤，提高动物存活率，降低炎症细胞因子浓度，减少淋巴细胞浸润，肝细胞凋亡减低 90%，肝细胞增殖增强。此研究支持骨髓干细胞的旁分泌效应或者免疫调节效应在肝脏损伤中的治疗作用。

（五）骨髓源性干细胞促进部分肝切除后的肝再生

肝切除术是肝脏外科治疗各种肝脏、良恶性疾病的主要手段，是目前治疗肝脏原发和继发肿瘤的最有效方式。虽然正常肝脏在部分肝切除后具有强大的再生能力，但是临床上大部分需要外科手术切除肿瘤的病肝常伴有不同程度的肝炎、肝硬化、脂肪肝的比例也在不断增加。而硬化肝、脂肪肝等伴有基础病的肝脏肝切除后再生能力差。因此，促进肝脏再生的药物或技术一直是研究的热点。

日本 Miyazaki 等在体外建立了一株源自大鼠骨髓、可长期扩增的间质细胞株——rBM25/S3。该株细胞生长速度快（倍增时间约为 24h），连续传代 300d 无明显特性改变，仍保持正常二倍体核型。细胞表达 CD29、CD44、CD49b、CD90、vimentin 和 fibronectin，但不表达 CD45，表明是间质起源细胞。将细胞培养于 Matrigel，并加入 HGF 和 FGF-4 时，可有效的分化为肝细胞样细胞，表达白蛋白、细胞色素 P450（CYP）1A1、CYP1A2、葡萄糖-6-磷酸酶 phosphatase、tryptophane-2,3-dioxygenase、酪氨酸氨基转移酶、肝细胞核因子 1α（hepatocyte nuclear factor，HNF）和 HNF4α。将分化的肝细胞样细胞移植入大鼠脾内，1 周后行 90% 肝叶切除，结果大鼠存活率由 0 上升至 33%。若于 90% 肝切除前 1d 或术后立即移植细胞，则无明显的保护作用。未分化的 rBM25/S3 细胞即使于肝切除前 7d 移植，也不能提高大鼠存活率。白蛋白与 GFP 免疫双染确定移植后 7d 肝内和脾内存在双阳性的细胞团，证明由骨髓干细胞分化的肝细胞在一定条件下可以促进肝切除后肝再生，提高生存率。美国 Oh 等在另一动物实验研究中也证明了这一点。他们利用二肽基肽酶Ⅳ（dipeptidyl peptidase Ⅳ，DPPIV）基因缺陷的 DPPIV（-）F344 大鼠，制作鼠醋乙酰氨基酚（2-acetylaminofluorene，2-AAF）肝损伤或合并 70% 部分肝切除模型，然后移植 DPPIV（+）大鼠的骨髓干细胞。A 组大鼠只接受 70% 肝切除（PHx），B 组大鼠接受 2-AAF/PHx 以活化卵圆细胞，这些大鼠在接受细胞移植后均以野百合碱处理；C 组大鼠只接受野百合碱处理作为对照。结果发现，A 组大鼠肝内可见 DPPIV（+）的肝细胞；B 组大鼠肝中 20% 的卵圆细胞表达供体细胞标记 DPPIV 和 AFP，有些细胞已分化为肝细胞；相反，C 组大鼠则检测不到 DPPIV 阳性的卵圆细胞。X/Y 染色体分析证明供体源性卵圆细胞并未与受体细胞发生细胞融合。这些结果提示在某些生理条件下，一部分肝干细胞可能起源于骨髓，并能够分化为肝细胞。

（六）骨髓源性干细胞改善肝脏缺血 / 再灌注损伤

正如细胞移植治疗心肌梗死所证明的那样，对于干细胞的归巢和组织损伤的修复，缺血 / 再灌注（I/R）是一个强有力的刺激因素。临床上很多情况下肝组织都会经历 I/R 损伤，包括部分肝切除（Pringle 手法）、肝移植和失血性休克及复苏。肝细胞对于缺氧损伤非常敏感，一旦受伤，大约半数细胞将发生坏死或凋亡。已有研究证明 I/R 损伤可诱导骨髓衍生的细胞在肝实质内定植并分化为肝细胞样细胞。肝右叶缺血 60min，再灌注 24h 后门静脉注射骨髓 2-Microglobulin（2m）-/Thy-1^{+} 细胞。激光共聚焦显微镜检测荧光标记的细胞，免疫组织化检测 2-Microglubulin。细胞移植后 72h，发现经历 I/R 损伤的大鼠肝实质内存在移植的细胞，虽然非常少，只有 0.4%，但对照组和非损伤大鼠肝内则未见移植细胞。1 个月后经历 I/R 的肝叶中 GFP 阳性的肝细胞可高达 20%，而且肝再生率与移植细胞的数量成正比。将 GFP 阴性的骨髓细胞输注到 GFP 转基因大鼠中，肝脏中则出现 GFP 阴性的肝细胞，这表明移植细胞在肝实质的再生机制是分化而不是细胞融合。移植野生型骨髓衍生的细胞到经历 I/R 损伤的高胆红素 Gunn 大鼠，可使血清胆红素减少 30%，胆汁中出现胆红素的结合物，通过聚合酶链反应可检测到正常的 UDP 葡萄糖醛酰基转移酶（glucuronyltransferase）的表达。

（七）间充质干细胞治疗脂肪肝

代谢综合征常继发于肥胖，以血脂异常、胰岛素抵抗和高血压为特征。非酒精性脂肪肝病是其主要肝表现，其进展的限速步骤是非酒精性脂肪性肝炎（NASH）。后者的特点是脂质堆积，肝细胞损伤，淋巴细胞浸润和纤维化。NASH 是肝硬化和肝癌的高危因素。多潜能间充质干细胞（MSC）已被证明具有免疫调节功能，并有助于在急性肝衰竭情况下的肝再生。Ezquer 等的最新研究证明给代谢综合征的胖小鼠注射 MSC 可以防止 NASH 的发生。C57BL/6 小鼠长期饲喂高脂肪饮食。在第 33 周时给小鼠静脉注射空载体或 2 剂 0.5×10^{6} 个同基因小鼠的 MSC。4 个月后，对肝功能和结构及代谢综合征标志进行评估，17 周时检测 GFP 阳性的 MSC 供体细胞在肥胖小鼠中的存活情况。结果表明移植空载体的对照组小鼠呈现高血浆肝酶水平、肝大、肝纤维化、炎性细胞浸润和肝三酰甘油堆积。此外，纤维化指标和促炎性细胞因子的表达水平也明显较高。与此相反，MSC 治疗组的肥胖小鼠只呈现脂肪变性，MSC 的摄入阻止了肥胖小鼠发生 NASH。小鼠肝脏、骨髓、心脏和肾脏中发现 GFP 阳性的供体源性细胞。因此，其肝保护效应不是对于代谢综合征的逆转，而是对于炎症过程的阻止。

三、干细胞治疗肝脏疾病的机制

骨髓干细胞疗法的潜在适应证是多样的，从急性肝损伤时的支持治疗到硬化肝脏的重塑。肝脏中发现骨髓源性细胞，最早发现于交叉性别的肝移植研究中。目前大量的研究资料证明肝外的细胞库对于肝再生是有显著贡献的，但是对其作用机制并没有完全阐明，关于骨髓干细胞促进肝脏损伤修复和肝再生的机制目前主要有三种假说：转分化为肝细胞；通过细胞融合产生肝细胞杂交体；旁分效应。这种不一致性可能与研究所用的肝损伤模型不同，所涉及的生物学过程不同有关。一般认为，在肝损伤程度较轻时，骨髓衍生的细胞对肝细胞的增殖和再生作用轻微，然而，肝外干细胞库保持者驱动肝再生反应的能力。

（一）分化或转分化为肝细胞

胚胎干细胞由于其多潜能和无限增殖能力而更适合向肝细胞诱导分化。ES 细胞过继转移给 CCl_4 诱导的肝损伤小鼠受体，能够分化为肝细胞，减轻肝损伤。2×10^6 ES 细胞大概可分化为 3×10^7 细胞。诱导分化的肝细胞在体外克隆样增殖，较长时间保持肝细胞特异的形态和功能，但是具有有限的分裂能力。体内移植后 3 个月成肿块样生长，但未发现肿瘤形成，其核型正常，并不是通过与正常肝细胞融合形成的。但是在没有肝损伤的受体小鼠肝中，无 ES 细胞肿块样生长或肝分化。因此 CCl_4 诱导的损伤肝脏微环境，启动或刺激了移植的胚胎干细胞的生长与分化。

给 I 型高酪氨酸血症小鼠 $FAH^{-/-}$ 静脉注射成体骨髓细胞，可部分纠正小鼠的代谢缺陷并恢复其肝功能。而且骨髓中只有严格纯化的造血干细胞可以诱导供体衍生的造血和肝再生，提示造血干细胞具有转分化为肝细胞的能力。当造血干细胞与损伤肝脏隔离共培养时，染色体和组织特异性基因或蛋白表达分析表明，微环境对于细胞表型的转变起主要作用。当造血干细胞被移植到肝损伤小鼠时，随着损伤程度的增加，转变为活的肝细胞的数量也增加。而且移植后 2 ~ 7d 肝功能也恢复，证明骨髓干细胞是通过转分化为功能性肝细胞，而不是通过细胞融合促进损伤肝脏再生的。虽然造血干细胞已被证明可以治疗代谢性肝病模型，但是应该指出的是，由于该模型（延胡索酰乙酰乙酸水解酶缺乏症模型）存在非常高的选择压力，可能与临床不相关或不能被完全重复。

大多数研究并没有获得造血干细胞直接转分化为肝细胞的证据，可能有一种或多种类型的造血细胞可以获得肝细胞的表型，但是频率极低（$\leqslant 10^{-4}$）。而且有关造血干细胞的特征和转变机制的研究存在许多矛盾。总之，在生理或病理条件下，造血细胞对于肝细胞的形成贡献很少，虽然他们可能提供细胞因子和生长因子通过旁分泌机制促进肝脏功能。虽然也有关于造血干细胞转分化为肝细胞的报道，但是这样的事件并没有在临床类似情况中发现。

目前间充质干细胞（MSC）在体外分化表达肝细胞表型，如清蛋白、HepPar-1 和甲胎蛋白是可以实现的。干细胞所处的微环境是其定向分化的决定因素。细胞局部的微环境包括多种生长因子、细胞因子、激素、基质细胞和细胞外基质等。生长因子的作用尤为重要。在不同的生长因子作用下，MSC 可分化为不同的细胞类型。肝损伤局部微环境的改变，可产生多种生长因子和细胞因子，促进和增强 MSC 的分化。其中，由非肝实质细胞或间充质细胞分泌的 HGF 是向肝细胞诱导分化的关键因子，它通过与 MSC 膜表面特异性受体 c-Met 结合，促进多种细胞的有丝分裂。此外，FGFs、EGF、TNF-α、IL-3、IGF、干细胞因子（stemcell factor，SCF）、制瘤素 M（oncostatin，OSM）、曲古菌素 A、内毒素、糖皮质激素、胰岛素 - 转铁蛋白 - 亚硒酸钠（insulin-transferrin-sodium selenite，ITS）、烟酰胺等也参与了 MSC 向肝系的分化，与 HGF 起协同作用。其中，HGF、FGFs 在肝细胞的发育和增殖中具有不可替代的作用。另一方面，MSC 在损伤肝脏中可反应性分泌 HGF、FGFs、TGF-β、EGF 和 IL-10 等多种因子以促进损伤肝组织的修复。

（二）细胞融合假说

少数研究提示移植的骨髓细胞可与受体细胞发生融合而获得肝细胞，而不是通过造血干细胞的分化。Vassilopoulos G 等研究证明，由于延胡索酰乙酰乙酸水解酶（fumarylacetoacetate hydrolase，Fah）基因突变而导致的 I 型酪氨酸血症的（$FAH^{-/-}$）小鼠，移植 $FAH^{+/+}$ 小鼠骨髓细胞后获得正常的肝功能，形成可表达 FAH 的再生肝结节。对这一实验的进一步分析表明，治疗效果是由于骨髓来源的单核细胞与病变的肝细胞融合，融合细胞分裂增殖重新填充肝脏。这些肝结节含有比野生型 FAH 等位基因更多的突变，其中的肝细胞即表达供体基因也表达受体基因，与宿主和供体细胞融合形成多倍体基因组相一致。当利用整合了表达 GFP 的泡沫病毒载体转染标记骨髓细胞后，可以在肝结节和造血细胞中检测到原病毒接头。当将雌性小鼠骨髓细胞移植到雄性小鼠进行细胞起源分析时，发现 XXXY（二倍体与二倍体融合）和 XXXXYY（二倍体与四倍体融合）染色体核型。这些实验证据均表明供体细胞与受体细胞发生了融合。

（三）旁分泌机制假说

各种干细胞除了具有多向分化潜能，更重要的是可以分泌一系列营养因子。越来越多的研究支持骨髓干细胞通过旁分泌机制发挥有益的作用。在啮齿类动物模型中，动员或摄入骨髓干细胞的益处已被广泛报道。动员造血干细胞可以通过促进血管重塑降低急性肝损伤的死亡率，或者通过诱导内源性损伤修复机制加速慢性肝损伤的恢复。MSC 通过调节免疫、减轻炎症反应、抗肝细胞凋亡、抗肝纤维化、促进内源性肝干细胞分化和刺激内源性肝细胞增殖、促进血管增生等作用修复肝组织，均被归结为骨髓衍生的 MSC 的旁分泌效应，故 MSC 的旁分泌机制是其治疗肝病的主要机制。

大量动物及临床实验证明，MSC 移植能够抑制肝细胞内 TGF-β1、平滑肌肌动蛋白（α-SMA）表达，减轻肝纤维化程度。目前多数认为 MSC 移植抗肝纤维化的机制是通过旁分泌机制调节肝星状细胞（hepatic stellatecell，HSC）的功能。MSC 分泌的抗纤维化物质如 HGF 可直接诱导 HSC 凋亡，分泌的 IL-10 和 TNF-α 可抑制 HSC 增殖及基质合成。移植的 MSC 表达高水平的基质金属蛋白酶 -9（matrix metalloproteinase，MMP）可直接降解细胞外基质，从而抑制肝纤维化的形成。但是，MSC 移植抗纤维化的作用尚存在争议，有实验证实，移植入肝纤维化患者或小鼠体内的 MSC 倾向于分化为 HSC 和肌纤维母细胞，可能发挥促肝纤维化的作用。MSC 移植与肝纤维化的关系仍需进一步研究探索。

理想的干细胞移植治疗可以修复或重建肝内管道系统，即接近于正常肝脏功能需求的动脉、门静脉和胆道系统。MSC 具有跨胚层多向分化潜能，在合适的分化条件下，可以跨胚层分化为内胚层的肝细胞样细胞、胆管细胞和血管内皮样细胞。对于再生肝来说有效的血管生成是非常重要的。大多数骨髓基质干细胞迁移到肝脏掺入到肝窦内皮细胞中，在协同血管生成中起到关键作用。MSC 还可为新生血管及其侧支形成提供营养支持。实验证实 MSC 分泌的 IGF-1、HGF、IL-6、I-L8、IL-11、VEGF、FGF、单核细胞趋化蛋白（monocyte chemoattractant protein，MCP-1）和骨形态发生蛋白（bone morphogenetic protein，BMP）-2 等均能够促进新生血管形成并改善器官缺血状况。

四、内皮祖细胞与肝脏损伤修复

内皮祖细胞(endothelial progenitor cells，EPCs）是一种能直接分化为血管内皮细胞（endothelial cells，ECs）的前体细胞，也称为成血管细胞（angioblast）。目前发现除存在于脂肪、心肌、血管内膜、脾脏和肝脏等组织中，认为其主要来源于骨髓。1997 年，Asahara 等首次在循环外周血中分离出能分化为血管内皮细胞的前体细胞并命名为血管内皮祖细胞。近年来的研究表明，EPCs 在心脑血管疾病、外周血管疾病、肾脏疾病、肿瘤血管形成及创伤愈合等方面均发挥重要作用，与肝脏疾病相关的 EPCs 研究仍处于起步阶段。

生理条件下，循环系统中 EPCs 含量极少。局部的血管损伤、缺血、烧伤、创伤及细胞因子等均能刺激 EPCs 从骨髓中动员进入血液循环系统，并归巢到损伤内皮处。整个过程包括动员、迁移、归巢和分化 4 个步骤。另外，它还分泌多种促进血管新生的因子，如血管内皮生长因子（VEGF）、表皮生长因子（EGF）、肝细胞生长因子（HGF）、白介素 -28（IL-28）等。未分化的 EPCs 呈圆形，已分化的 EPCs 呈梭形或纺锤形，单从形态学角度很难与其他细胞相区别，目前主要依靠细胞表面标记来加以鉴定，迄今尚无统一的鉴定标准。一般认为 EPCs 的表型特征为 $CD34^+/CD133^+/VEGFR\text{-}2^+$，根据这些表型特征可以鉴定 EPCs。近年来有研究表明，起源于脐血单核细胞的 $CD34^+/CD14^-$ 或 $CD34^-/CD14^+$ 细胞也可分化为血管内皮细胞。

（一）EPCs 参与肝再生

早期研究骨髓细胞在部分肝切除中的作用，发现肝再生肝窦中 GFP 阳性的骨髓源性细胞明显多于假手术小鼠，这些细胞表达 CD31，但不表达清蛋白。这些细胞中掺入乙酰化低密度脂蛋白但不掺入微球的占 69.5%±3.4%，只有 28.3%±2.6% 的细胞两者都掺入，前者主要为窦内皮细胞，后者主要为 Kupffer 细胞。而且，再生肝组织、骨髓和外周血中 VEGF 浓度、CD34 和 FLK-1 表达均提示内皮祖细胞的动员。因此，骨髓细胞参与了部分肝切除后的肝再生，但是其机制可能通过内皮祖细胞动员促进窦内皮细胞的恢复，而不是分化为肝细胞。

（二）EPCs 移植治疗肝纤维化

骨髓源性的 EPCs 移植首先被用于肝纤维化的治疗研究。Taniguchi E 等研究发现将人或鼠的 EPC 输入肝脏功能受损的大鼠体内，EPC 在肝细胞凋亡的病灶处异常聚集从而形成血管状结构，结果表明 EPC 回输可明显提高大鼠存活率。Nakamura T 等的研究结果显示，单一或重复的骨髓来源的 EPC 移植可通过抑制肝星状细胞活化，增加基质金属蛋白酶活性，促进肝细胞增殖，减轻四氯化碳诱导的大鼠肝纤维化进程。Liu 等在大鼠肝纤维化模型中发现，移植骨髓来源的 EPCs 可降低 α-SMA，Collagen Ⅲ与 TGF-β 的表达水平，而将四氯化碳处理后降低的 Albumin 以及 Ki67 恢复至正常水平。现有的研究结果显示，VEGF 通过作用于 EPCs 表面的两种受体 VEGF-R1、VEGF-R2，诱导 EPCs 的增殖、调节黏附分子的表达而实现对 EPCs 的动员；同时，VEGF 也可通过诱导造血因子，如粒细胞 - 巨噬细胞集落刺激因子（G-CSF）的释放发挥动员作用。PDGF 可通过作用于 VEGF-R1 动员 EPCs，促进缺血肢体的血管新生。此外，血管生成素 -1（angiogenin-1）、成纤维细胞生长因子（fibmblast growth factor，FGF）和干细胞因了（stem ccll factor，SCF）等也有促进 EPCs 动员的作用。以上证据表明，EPC 移植可通过诱导生成促进肝再生或细胞外基质的降解和（或）抑制细胞外基质生成的多种生长因子，进而促进肝细胞增殖并减缓肝纤维化进程，从而为肝脏疾病的治疗提供一种前景光明的新手段。

（三）EPCs 与肝脏缺血性损伤

肝脏组织细胞缺血损伤后，在恢复其血液灌流时会导致组织损伤进一步加重。在肝脏外科和肝脏移植过程中都不可避免的要遇到这种损伤。目前为止，肝脏移植物功能丧失和小肝综合征仍然是移植医生所面临的两大难题，其发生和发展与肝脏缺血性损伤的关系极为密切。EPCs 有望成为改善肝脏缺血性损伤的潜在手段。外源性 EPCs 或扩增自体 EPCs 移植的研究，目前主要集中在心血管疾病、缺血组织内新生血管形成和组织工程方面。给缺血动物模型静脉注射这种细胞可以使这些细胞归巢到缺血组织并增加新生血管形成，而注射成熟的内皮细胞没有这种效应。Kawamoto A 等将健康人外周血分离获得的 EPCs 经静脉途径移植至裸鼠急性心肌梗死模型，4 周后发现心脏功能改善，毛细血管密度明显增加。在结扎大鼠大脑中动脉（MCA）的卒中模型中，将绿色荧光蛋白（GFP）标记的骨髓源性内皮祖细胞移植入大鼠中，结果表明 EPCs 在 MCA 阻塞 3 ~ 7d 后可整合入缺血区的血管组织。这也表明新生的血管生成可发生在脑梗死患者的缺血区，骨髓源性 EPCs 参与了脑缺血内皮细胞的再生。EPCs 还能显著改善肢体缺血，在后肢缺血裸鼠动物模型中，局部注射体外扩增的人内皮祖细胞，能显著增加缺血区毛细血管密度，提高组织的血流供应，缺血肢体成活率显著提高。另外，把 EPCs 接种于组织工程化微血管可以改善微血管的生物学特性，使其更接近于生理状态，减少凝血和栓塞的发生率。其机制可能是通过移植的 EPCs 恢复血管生成级联，不仅产生新的血管，还促进了新血管的成熟和稳定。因此，EPCs不仅可直接分化成内皮细胞，还可通过自分泌或旁分泌方式参与血管修复，而单纯给予任何血管生成因子都不能达到这种血管修复效果。因此，在脑卒中、皮肤缺损、肢体缺血及心脏缺血等多种动物模型的研究中均已证实EPCs积极参与了新生血管的生成。但是对于肝脏缺血再灌注损伤的治疗研究还未见报道，然而可预期在多种肝脏疾病模型、肝移植中，骨髓源EPCs能够通过其病变区趋化性及分泌血管生成因子等特性参与血管内皮的修复，改善肝组织损伤。

（四）结合基因修饰的EPCs移植治疗

有研究将EPC作为基因治疗载体进行创伤修复，如VEGF可通过增强EPCs的新生血管特性促进创伤后的血管修复，而eNOS和血红素加氧酶-1（HO-1）均可通过促进EPC动员修复血管内皮的损伤，从而减少内膜的异常增生。过表达VEGF的EPCs在体外可以增加EPCs的数目和功能，也可以促进后肢缺血动物模型的新生血管形成。可通过基因修饰改变细胞表型来改善EPCs的生物学性状，使其更能抵抗患者机体内高糖、高低密度脂蛋白等不利环境，从而增强其治疗活性。表达肾上腺髓质素的EPCs移植到野百合碱诱发的肺动脉高压大鼠比单纯EPCs移植有更好的改善作用。基因治疗也避免了使用药物动员EPCs时的全身不良反应，如用表达VEGF164基因的腺病毒载体转染EPCs后，其增殖、黏附等能力增强，缺血局部分泌VEGF量明显增加并可持续2～4周，两者发挥协同作用促进血管新生。FGF1基因转染EPCs使其原有的迁移活性、成血管能力和存活力得到加强，在猪慢性心肌缺血模型中，更好的改善了缺血区血液灌流。这些基因修饰的EPCs理论上在各种肝损伤及肝病治疗中也具有很好的应用价值，有待于研究证实。

五、脂肪干细胞在肝脏疾病治疗研究中的应用

（一）脂肪干细胞

脂肪组织是人类身体内以脂肪形式作储存能源的松散结缔组织，主要由脂肪细胞所组成。2001年，Zuk等从脂肪抽吸术吸出的脂肪组织中第一次分离得到了具有多向分化潜能的脂肪干细胞，称为ADSCs（adipose-derived stem cells，ADSCs）。脂肪干细胞能够分化为脂肪、骨、软骨、肌肉、血管内皮、肝、胰、神经等细胞类型。脂肪组织与骨髓一样在发育过程中都来自于胚胎中胚层，并且都含有支持成熟组织的基质成分。也许是因为来源相同，ADSCs与BMSCs具有许多相似的生物学性质，它们在细胞形态、生长动力学、细胞衰老性、表面标记、多向分化潜能以及外源基因的导入效率等方面没有明显区别。但相比较而言，ADSCs具有以下优点：①取材方便，对供体影响小，并发症少；②分离培养简单，容易获得，增殖能力强，细胞移植不需在体外长期培养扩增；③来源相对充足；④在诱导因子作用下具有定向分化能力；⑤组织相容性好，能适应体内环境，保持良好的生物学特性。

干细胞移植时选用自体ADSCs还可以避免排斥反应。但有时要求患者自身提供所需的细胞有很大难度，因此，异体ADSCs移植备受关注。Puissant B等报道脂肪来源的ADSCs同骨髓来源的BM-MSC一样有免疫调节作用，传代以后的人ADSCs减少了表面组织相容性抗原的表达。ADSCs细胞体外不能诱导同种异体淋巴细胞反应，但是能够抑制有丝分裂原诱导的混合淋巴细胞反应（MLR）和淋巴细胞增殖，此抑制效应需要完全的细胞接触。ADSCs也分泌肝细胞生长因子，但是在混合淋巴细胞培养的上清液中，检测不到IL-10和TGF-β，似乎这两个因子没有直接参与其抑制效应。这些研究结果支持ADSCs细胞与BM-MSC一样具有免疫抑制特性。因此，以ADSCs细胞为基础的重建治疗可以采用同种异体细胞。不过人体免疫排斥反应的机制比这复杂的多，需要有更多的实验研究明确同种异基因ADSCs移植的免疫排斥反应状况。

（二）脂肪干细胞诱导分化为肝细胞

脂肪干细胞具有多向分化潜能，体内、外实验均证明脂肪干细胞可分化为肝细胞样细胞，并具有一定的肝细胞功能。Zemel R等研究发现新分离培养的原始ADSCs除表达MSC表面标记物外，本身也表达一些早期肝脏表达的基因，如甲胎蛋白、CK18、CK19和HNF4。有趣的是，未分化的原始ADSCs也低水平表达成年人肝细

胞中表达的蛋白基因，如清蛋白、G-6-P 和 α-1-抗胰蛋白酶（AAT）。表明这些细胞具备自然分化为肝细胞的潜力。如果以肝细胞分化培养基处理，可使白蛋白、G-6-P 和 AAT 表达上调，获得肝细胞特有的表型和功能。此外，诱导分化后的细胞还具备产生尿素、糖原储备和吲哚青绿吸收能力，这些功能在诱导分化前的基础状态则没有。这些研究证明从人体脂肪组织中分离的具有肝细胞样特性的细胞可以很容易地获得肝细胞样功能，因此，可以作为肝脏细胞移植的来源细胞。

但是也有研究认为，目前利用添加生长因子的培养基诱导脂肪干细胞向肝细胞分化的效率较低，这样诱导的肝细胞样细胞被称为“iHeps”，其功能与真正的肝细胞相比还是低很多。转录因子（TFs），如 Foxa1、Foxa2 和 Gata4 可以调节肝细胞分化，是肝脏正常发育所需要的。可能由于 ADSCs 是间质来源，不表达这些内胚层的转录因子，对这些关键肝细胞发育信号不能完全应答，通过细胞转染补充这些转录因子有可能诱导 ADSCs 的感受性以及分化为功能更强的肝细胞的能力。

（三）脂肪干细胞作为肝脏基因治疗的工具

成年人脂肪组织来源丰富、易于获得，而且能够补充，在再生医学研究中是成体干细胞的很好来源。脂肪组织来源的间质干细胞（ADSC）在形态、免疫表型和多分化潜能方面与骨髓来源间质干细胞（BM-MSC）相似。最近 Li 等研究了以脂肪间充质干细胞（AT-MSC）作为肝脏基因运送工具治疗 α-1- 抗胰蛋白酶缺乏症的可行性。以重组腺相关病毒载体血清 1 型（rAAV1-CBhAAT）转染小鼠 AT-MSC，所用模型为野百合碱预处理的 70% 肝切除模型，细胞输入途径为脾内注射。结果发现，移植的 AT-MSC 可表达人 α_1- 抗胰蛋白酶（hAAT）。免疫组化检测发现移植后 8 周约有 20% 的肝细胞表达 hAAT，其中大部分细胞形态类似肝细胞，90% 的细胞同时表达小鼠清蛋白。更重要的是，每个受体血清中均可持续检测到 hAAT，但是检测不到抗 hAAT 抗体。这些结果表明，AT-MSC 可以体外接受 rAAV 载体转导，移植到受体肝内，并且促进肝再生，作为一种转基因表达的平台，但不激发明显的免疫反应。当检测移植后其他组织的分布时，发现脾、肺和骨髓中也有少量脂肪间质干细胞，表明 AT-MSC 的多器官归巢潜力，但是除肝、脾、肺和骨髓外其他组织器官未发现。这一研究证明以 AT-MSC 为基础的基因治疗可以作为治疗肝脏疾病的新方法。

（四）脂肪干细胞治疗暴发性肝炎

暴发性肝炎主要是由于过度的免疫反应、病毒感染或化学药物反应介导的肝损伤，其最终的治疗方式是肝移植。刀豆蛋白 A（ConA）诱导的小鼠肝损伤是一种由于过度免疫反应而导致的暴发性肝炎的经典实验动物模型。T 细胞和 NKT 细胞在 ConA 诱导的肝炎和细胞因子产生中发挥重要作用，包括 TNF-α 和 IFN-γ。Kubo N 等的最新研究调查了脂肪组织来源的间质干细胞对 ConA 诱导的暴发性肝炎的治疗效果。从 BALB/c 小鼠的脂肪组织中分离 AT-MSC，并通过检测细胞表面标记及诱导多谱系分化进行证实。BALB/c 小鼠腹腔注射 ConA，30min 后以 AT-MSC、磷酸盐缓冲液（PBS）或脾细胞静脉输入进行治疗。然后检测存活率、血清肝酶、血清细胞因子滴度和组织病理学变化。研究结果发现，与 PBS 或脾细胞注射小鼠相比，注射 AT-MSC 小鼠的存活率显著提高，这种治疗效果是剂量和时间依赖的。另外，注射 AT-MSC 组小鼠的肝酶水平降低、组织病理学改善、炎性细胞因子的产生也降低。免疫荧光染色可在炎症肝脏中检测到 AT-MSC，但在正常肝脏中检测不到。这些结果提示，AT-MSC 细胞治疗可作为暴发性肝炎治疗的一种新方法。

此外，分析脂肪间质干细胞治疗暴发性肝炎的机制，认为 AT-MSC 本身似乎是作为治疗的直接效应分子，而不是通过触发宿主本身的治疗反应，因为低剂量 AT-MSC 治疗组的生存率没有明显改善。而且在注射刀豆蛋白 A 3h 后再给予 AT-MSC 也失去治疗效果。这一结果表明 AT-MSC 的治疗效果可能是由于预防肝细胞破坏，而不是修复受伤组织。据报道，AT-MSC 在体外需要 7 ~ 21d 才能分化成肝细胞。ConA 诱导的肝炎主要是由于激活了 NKT 细胞和 T 细胞，这些细胞产生 TNF-α 和 IFN-γ 造成肝损伤。AT-MSC 治疗小鼠的肝损伤减轻，可能是抑制了肝组织中 TNF-α 和 IFN-γ 的产生，因此，可能存在 ADSC 与 NKT 或 T 细胞之间的相互作用。

（五）体外快速分化的人脂肪干细胞治疗肝损伤

Banas A 等尝试一种在体外快速诱导 ADSC 分化为功能性肝细胞的方法，只需 13d 就可以达到原代人肝细胞所具有的功能。以四氯化碳（CCl_4）诱导裸鼠急性肝损伤（0.5ml/kg），24h 后尾静脉注射移植 1.5×10^6（0.2ml）ADSC 衍生的肝细胞。移植后 24h 评价血清生化指标和肝损伤程度。CCl_4 可导致肝细胞产生氧化应激和坏死。CCl_4 注射 24h 后，对照组小鼠发生严重的肝损伤，与非损伤小鼠相比，生化指标，如尿酸（UA）、氨、ALT、AST 显著增加。移植 ADSC 衍生的肝细胞后，ALT 和 AST 与对照组小鼠相比均显著下降 50%以上。同样，氨的浓度也显著下降。UA 是氧化应激标记物，显著下降到接近正常水平。苏木精伊红染色显示，四氯化碳诱导的肝损伤水平在移植组和非移植组类似，都有明显的肝细胞坏死区域，但是在非坏死区域，移植细胞组肝细胞形态明显好于非细胞移植组。ADSC 对于在体外向肝细胞分化以及在体内促进肝再生具有特殊的亲和力，因此，ADSC 可作为肝损伤治疗的更好选择。

然而在另一项类似的研究中，采用同样的小鼠四氯化碳肝损伤模型和移植方案，但是给小鼠移植的是未经诱导分化的 ADSC，肝脏生化指标 ALT、AST、UA 和氨，与未移植组比较也有显著下降。研究者推测未分化的 ADSC 的治疗潜力可能主要靠其营养活性。因为检测 ADSC 体外产生的细胞因子和生长因子，并与骨髓间重质干细胞（BM-MSC）和皮肤成纤维细胞（NHDF）进行比较，发现 ADSC 可分泌 IL-1R、IL-6、IL-8、粒细胞集落刺激因子（G-CSF），粒细胞-巨噬细胞集落刺激因子（GM-CSF），单核细胞趋化蛋白 MCP-1、神经生长因子和肝细胞生长因子（HGF）等，而且分泌量高于 BM-MSC 和 NHDF。总之，AT-MSC 可能对各种肝脏疾病动物模型具有广泛的治疗效果和临床应用前景。此外，由于外周静脉移植脂肪间充质干细胞容易发生肺栓塞并发症，有研究发现，移植细胞时结合肝素治疗，可以明显减少肺栓塞的发生，同时不影响干细胞移植治疗肝损伤的效果。

六、肝细胞移植治疗肝脏疾病时移植部位的选择

如果由各种干细胞诱导分化产生肝细胞的方法可行，还需寻找最适当的移植部位，使移植细胞在此可以有效地发挥作用。当然，直接地摄入肝细胞已经在治疗代谢性疾病得到验证，即使较低的细胞定植率仍然可以获得可检测到的临床指标的改善。急性肝衰竭时，强大的肝再生需求可能提供了有利的外源细胞定居条件。然而肝硬化时，严重破坏了的肝脏结构可能成为细胞有效植入、分化和发挥功能的障碍。利用其他位点进行肝细胞治疗也可能更利于肝细胞发挥功能。脾脏、腹腔和皮下都被作为人工肝细胞植入的潜在部位。在啮齿类动物模型脾脏红髓内只接注入肝细胞证明可以支持肝再生，但主要是因为肝细胞经脾静脉转位到肝内。腹腔容量大、便于操作；以微载体或水凝胶包裹的肝细胞可以选择腹腔作为植入位点。如果移植肝细胞到皮下，需要足够的基质支持来促进定植，还需要各种因子以促进新生血管形成，在啮齿类动物模型应用时获得有限的肝细胞功能。然而，肝细胞如若有效地履行多种功能需要复杂的结构，这些肝外植入位点是否可以提供临床相关的解决方案仍具有一定的挑战性。

第三节 细胞移植治疗胰腺炎

目前对干细胞在胰腺组织结构及功能修复的研究主要集中在建立糖尿病模型、探讨各种干细胞分化为胰岛素分泌细胞方面，而通过建立胰腺炎模型，探讨干细胞修复胰腺外分泌功能的研究较少。最近关于干细胞治疗胰腺炎的初步实验研究表明，在各种胰腺炎的发病过程中，间充质干细胞能够抑制 T、B 淋巴细胞及多种炎性因子，并能归巢至损伤胰腺，促进损伤胰腺组织修复，参与了胰腺炎的病理生理过程。

一、干细胞向胰腺细胞分化

成体胰腺发生损伤后进行自我修复的机制尚不清楚。目前认为胰腺成体干细胞和骨髓来源的干细胞是重要因素。Bonner-Weir 等将大鼠 90%的胰腺切除后残存的胰腺外分泌组织可见明显的增殖，形成新的胰岛和胰腺外分泌组织，提示胰腺存在干细胞或前体细胞。这些细胞在特定因素的诱导下能分化成具有特异功能的细胞。Ishiwata 等观察了 L- 精氨酸诱导胰腺炎后巢蛋白（nestin）阳性细胞的表达情况，结果发现在胰腺炎修复的增殖期检测到巢蛋白阳性的细胞，提示胰腺成体干细胞参与了胰腺的再生。但是因迄今为止尚未鉴定出明确的人胰腺成体干细胞，且缺乏特异性表面标记物，分离纯化获得人胰腺成体干细胞的困难限制了其在治疗方面的应用。相比之下，骨髓间充质干细胞具有取材方便、创伤性小、不受伦理道德和移植免疫排斥的影响等优点，并具有可体外大量培养扩增的特点，可在多种器官的病理损伤修复中发挥作用。

最早获得成功的是将各种干细胞诱导分化为胰腺内分泌细胞。如 Choi 等将大鼠胰腺 60% 部分切除，2d 后处死并取出胰腺，取胰腺匀浆后的上清液，加入到融合生长的骨髓间充质干细胞培养基中，培养 1 周后获得表达胰岛素、胰高血糖素、生长抑素、胰多肽的胰岛内分泌细胞，并能感受葡萄糖刺激而分泌胰岛素。

最近诱导干细胞分化为胰腺外分泌细胞也获得成功。腺泡细胞构成胰腺上皮细胞的 90%，是极化的能够分泌消化酶的细胞。这些细胞也在胰腺炎和胰腺癌的发生中起重要作用。不过，很少有模型来研究正常胰腺细胞在体外的分化。Rovira 等研究了胚胎干细胞（ES 细胞）向胰腺腺泡细胞的分化和特征。首先构建稳定表达弹性蛋白酶启动子控制的 β - 半乳糖苷酶和嘌呤霉素抗性基因的 ES 细胞（Ela-pur），在条件培养基中培养进行定向分化诱导。所用条件培养基来自胎儿胰腺的雏形，并用共表达 p48/Ptf1a 和 Mist1 这 2 个对于正常胰腺发育和分化至关重要的基本螺旋 - 环 - 螺旋转录因子的腺病毒转染。结果表明经过分化选择的细胞可以表达多种腺泡细胞标记物，如消化酶和分泌通道蛋白，提示激活了腺细胞的协同分化程序。由于编码消化酶的基因不能被单独调节，这些消化酶的表达体现的是体内胰腺发育过程的启动。分化的腺细胞可对激动剂诱导的 Ca^{2+} 动员、生理浓度促分泌素的刺激作出反应，包括酶的合成和分泌。这一研究实现了由胚胎干细胞获得较纯的腺泡样细胞的目标，同时提供了一种以正常细胞为基础的在体外研究胰腺腺泡分化程序的模型。

二、骨髓干细胞移植治疗急性胰腺炎

早在 2003 年中国 Cui 等就评价了动员和移植骨髓干细胞对重症急性胰腺炎（SAP）小鼠的保护作用。Balb/c 小鼠腹腔注射 L- 精氨酸（2g/kg，间隔 1h 连续 2 次）诱导小鼠 SAP 模型，随机分为 3 组：A 组于诱导 SAP 前 4d 注射 G-CSF 动员骨髓干细胞；B 组于诱导 SAP 前 4d 经尾静脉移植经淋巴细胞分离液纯化的小鼠骨髓单个核细胞；C 组为模型对照，只诱导 SAP，不进行骨髓动员或移植。在诱导 SAP 后 24h、48h 和 72h 处死动物，检测血清淀粉酶，观察腹腔脏器病理变化。结果显示诱导 SAP 后 72h 时，C 组、A 组和 B 组小鼠的死亡率分别为 34%、8%和 10%。与模型对照组相比，在所有时间点，移植骨髓干细胞或注射 G-CSF 进行干细胞动员的小鼠血清淀粉酶水平均显著降低（$P < 0.05 \sim 0.01$），病理损伤也明显减轻。因此，无论是自体骨髓干

细胞动员，还是移植异体骨髓细胞均对重症急性胰腺炎小鼠有明显的保护作用。然而该研究并没有探讨骨髓细胞动员或移植治疗急性胰腺炎的作用机制。

2011 年韩国 Jung 等首次利用大鼠 AP 模型，证明了骨髓间充质干细胞（MSC）对于急性胰腺炎的治疗效果。由于传统的 MSC 分离方法常导致混合的细胞群，包括不同大小、形态、增殖和分化能力的细胞。虽然清楚这些细胞群里包含干细胞，但是细胞的不均一性可能在临床试验导致矛盾的结果。为了克服这一问题，Jung 等开发了一种称为亚组分培养的新技术来分离志愿者骨髓 MSC，并建立了人类骨髓间充质克隆干细胞（hcMSC）库。其中的一个细胞克隆表达典型的 MSC 标记，具有较强的多向分化潜能，称为 hcMSC，被用于水肿和坏死性大鼠 AP 模型的治疗研究。在制造 AP 模型后 24h 输入 hcMSC，结果表明干细胞治疗组在组织形态学、水肿程度、消化酶的激活以及炎性细胞浸润程度等不同层次均证明炎症反应的减轻。体内示踪技术显示，hcMSC 可主动归位到受损伤的胰腺，而胰腺炎的严重程度与所需 hcMSC 的移植数量直接相关。为了破译 hcMSC 在 AP 治疗中的作用模式，研究者进一步对炎症反应的程度进行了检测。与组织病理学的改善相一致，hcMSC 治疗显著降低炎性细胞因子产生，如 TNF-α、IL-1 和 IL-6，同时增加抗炎细胞因子，如 IL-4 和 IL-10 的产生，而且胰腺局部和全身细胞因子的变化一致。

有研究证明 MSC 能够控制 $Foxp^{3+}$ 调节性 T 细胞（Tregs），而 Tregs 可以抑制效应 T 细胞的增殖和细胞因子产生。因此，Jung 等还分析了 hcMSC 与 T 细胞和调节性 T 细胞之间的相互作用，结果表明在体外将 hcMSC 与 $CD4^{+}$ 淋巴细胞共培养，可以增加 $Foxp^{3+}$ 调节性 T 细胞的数量。更重要的是，在诱导大鼠 AP 并输入 hcMSC 后 $Foxp^{3+}$ 调节性 T 细胞被专门募集到损伤的胰腺。因此，$Foxp^{3+}$ 调节性 T 细胞在 hcMSC 诱导的免疫调节作用中是关键成分。图 7-1 示人克隆间充质干细胞治疗胰腺炎的可能作用机制。治疗性输入的 hMSC 被特异性地募集到发炎的胰腺，在那里它们作为调节细胞，控制

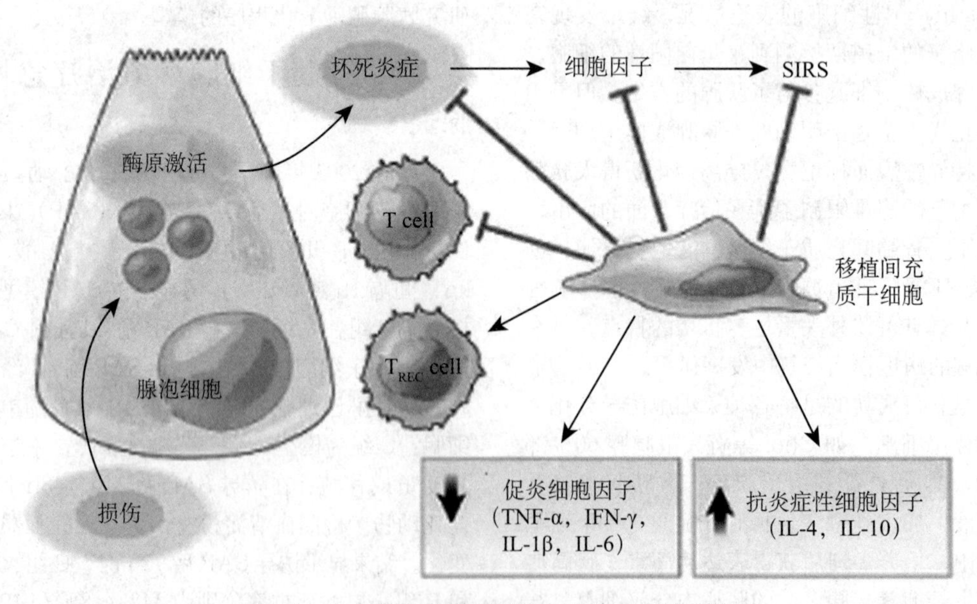

图 7-1 人克隆间充质干细胞移植治疗急性胰腺炎

胰腺腺泡细胞损害导致过度的酶原激活、自身消化和急性坏死性炎症。促炎细胞因子的产生和全身抗炎反应系统的不平衡导致过多的细胞因子产生、全身炎症反应综合征（SIRS）和多器官功能衰竭。诱导大鼠 AP 24h 后移植 hcMSCs 能够通过降低 T 细胞浸润和增强 Treg 募集阻断胰腺坏死、炎症和促炎性细胞因子的产生，减轻胰腺损伤。（Jung KH，et al．Gastroenterology，2011；140：998-1008）

细胞死亡、炎症、免疫反应和组织再生。

Jung 等研究的一个重要发现是证明 hMSC 被募集到发炎的胰腺依赖于组织损伤的严重程度。研究认为 hcMSCs 输入后 $Foxp^{3+}$Tregs 被大量募集到发炎的胰腺，其关键是 MSC 和 $Foxp^{3+}$ 调节性 T 细胞之间的相互作用。然而，由于 MSC 本身就具有抑制不同免疫细胞的潜力，因此，在 AP 中 Tregs 作为 MSC 效应细胞的作用还需在后续实验中进一步验证。对于可溶性因子的变化也存在类似的问题，由于 hcMSC 本身能够分泌大量免疫调节因子，对于这些因子的功能的破译将是非常重要的。还需要更多的实验研究来阐明移植的 MSC 和宿主免疫细胞、星状细胞、成纤维细胞和腺泡细胞之间的相互作用，以改进和评价 MSC 治疗 AP 的应用潜力。此外，hcMSC 是否可被重复应用而不损失有效性以及耐受性问题在进入临床实验前都需要研究确定。然而，由于目前对于重症 AP 还没有明确有效的治疗方案，以 hcMSC 为基础的细胞治疗具有巨大的临床应用前景，应进一步进行动物实验和临床转化研究。

三、骨髓干细胞与慢性胰腺炎

在证明外源输入的干细胞有显著治疗效果的同时，会使人想到这样一个问题，内源性干细胞是否控制 AP 的严重性。这一点尤其重要，最近有研究证明慢性胰腺炎时骨髓来源的细胞可被募集到胰腺内。Marrache 等利用小鼠模型研究了骨髓来源细胞（BMDC）在慢性胰腺炎中的作用。通过尾静脉移植 5×10^6 绿色荧光蛋白（GFP）阳性的性别不匹配的骨髓细胞（采用裂解红细胞后的全骨髓细胞），通过跟踪这两个不同的标记（GFP 和 Y 染色体）以及胰腺特异性标记，确定胰腺炎时骨髓细胞是否在胰腺中定植。骨髓移植后 4 周给小鼠注射雨蛙肽（cerulein）制造慢性胰腺炎模型，观察周期达 45 周。结果发现小鼠虽发生严重的慢性胰腺炎：炎症细胞浸润、纤维化、腺泡萎缩、管状复合体等典型病理学特征，但无癌前病变和肿瘤发生。然而胰腺中定植的骨髓来源细胞很少，大多数 GFP 和 Y 染色体阳性的骨髓来源细胞结蛋白也阳性，占胰腺星状细胞的 5.12% ±1.12%。骨髓衍生的胰腺星状细胞可以被激活而表达 α-SMA，提示这些细胞在组织修复中发挥作用。BMDC 也被发现存在于胰管，因为，BMDC 双花扁豆凝集素（dolichos biflorus agglutinin）和细胞角蛋白 CK19 染色双阳性，但是比率非常低，仅占 0.62% ± 0.11%。BMDC 可分化为胰腺星状细胞，表明这些细胞在胰腺组织修复和上皮微环境调节中发挥作用。在无癌前病变的情况下，BMDC 分化为胰腺导管上皮的频率也非常低。

四、干细胞治疗急性胰腺炎的机制

MSC 作为一种新兴的干细胞，具有重要的免疫调节功能，这也是它发挥多种治疗作用的重要基础。

（一）MSC 能够抑制 AP 过激的全身炎性反应

在 AP 病理生理过程中，白细胞过度激活、炎性因子级联瀑布反应起着重要作用。由于 MSC 免疫原性极低，能够抑制多种免疫细胞的活性，并能够分泌多种抑制性细胞因子，因而在 AP 过度激活的全身炎性反应中能够发挥免疫抑制作用。

树突状细胞（dentritic cell，DC）是激活初始 T 细胞最重要的抗原递呈细胞，介导细胞免疫反应的第一步。将未成熟髓系 DC 与 MSC 共培养，MSC 能够下调 DC 的 MHC- Ⅱ类分子表达，并能抑制 DC 将抗原肽 -MHC Ⅱ类分子复合物表达于细胞表面，从而抑制 DC 的成熟。在 DC 迁移至外周淋巴结的过程中，MSC 可通过抑制 DC 表达 CCR7、DC 向 CCL 迁移以及 DC 表达钙黏蛋白等途径而抑制 DC 向外周迁移。

在 AP 病程中，T 细胞大量过度激活加剧了病情恶化，MSC 不能提供 T 细胞激活的“双识别”信号，不能激活 T 淋巴细胞免疫反应，反而有抑制 T 淋巴细胞增殖的作用，而且可以抑制和逃避 CTL 细胞的杀伤作用。大量实验证明，MSC 在体内、外对 T 细胞均有免疫抑制作用。MSC 能够抑制由异体抗原或非特异性丝裂原植物血凝素、葡萄球菌蛋白 A 及刀豆蛋白 A 引起的 T 细胞增殖反应。自体 MSC 输注治疗女性系统红斑狼疮过程中，MSC 能够提高调节性 T 细胞的水平，未发现不良反应。体外实验证明，MSC 也通过调节 Th1/Th2 平衡而发挥免疫调节作用。MSC 对 B 淋巴细胞也有抑制作用，将 BALB/c 小鼠的骨髓 MSC 和 BXSB 小鼠的 B 细胞共培养，MSC 可以抑制 LPS 诱导的 B 细胞增殖、活化及 IgG 分泌，并能抑制 B 细胞 CD40L 的异位表达。将人骨髓 MSC 与 B 淋巴细胞共培养，MSC 能够通过物理性接触抑制和非接触抑制作用而抑制 B 细胞的增殖，同时还抑制 B 细胞分泌 IgG、IgM 和 IgA。MSC 亦能够对 TNF-α 作出反应，抑制 IFN-γ、IL-12、TNF-α 等的产生，分泌 IL-4、IL-10 等抑制性炎性介质，而后者通过抑制巨噬细胞和 T 细胞功能，对抗 IL-1、IL-6、IL-8 等参与 SAP 全身炎性反应综合征最初启动的炎性介质。

（二）MSC 能够促进坏死胰腺的组织修复

当组织损伤后，骨髓 MSC 被迅速动员迁移至病变处，而通过各种途径引入体内的外源性 MSC 也会定向迁移至损伤处。一般认为，MSC 是在趋化性细胞因子的介导下通过受体 - 配体作用定向迁移至损伤组织的。SDF-1 是只对 CXCR4 作出移动反应的一种趋化因子，血管损伤后平滑肌细胞分泌 SDF-1，MSC 细胞表面表达 CXCR4，在 SDF-1 作用下，MSC 向损伤组织迁移。IGF-1 能够提高 CXCR4 的表达水平，并能提高 MSC 对 SDF-1 的反应。MSC 到达局部组织后，通过细胞的变形作用迁移出血管，定位于损伤组织，并能够促进新生血管的生成，从而促进组织细胞的增殖。在 MSC 离开骨髓定位至损伤部位的过程中，基质金属蛋白酶（matrix metalloproteinase，MMP）起着降解 I 型胶原的作用。

MSC 对胰腺外分泌功能有一定的修复作用。在大鼠 AP 模型中，将 MSC 标记并跟踪测定，在坏死胰腺区能够检测到 MSC，主要集中于炎性反应损伤较重的腺泡及导管部位，并可分化为成熟的胰腺细胞，同时可以观察到胰腺组织结构的再生修复、胰岛素的表达和血淀粉酶的降低。将 MSC 体外诱导后原位移植到胰腺坏死大鼠的胰腺坏死区，2 周后取胰腺组织显示，坏死的胰腺组织外观基本恢复，组织病理学切片可见组织细胞结构完整，实验组大鼠存活率分别达 80% 和 75%，而对照组仅为 20%。

第四节　细胞移植治疗炎性肠病

炎性肠病（inflammatory bowel disease，IBD），包括溃疡性结肠炎（Ulcerative colitis，UC）和克罗恩病（Crohn's disease，CD），是一族自发的慢性非特异性肠道炎症性疾病，以黏膜 T 细胞功能障碍和改变的细胞炎性反应为特征，最终导致远端小肠和结肠黏膜的损害。IBD 重症患者迁延不愈，预后很差。近年来 IBD 病例在我国逐年增加，呈明显上升趋势。但是 IBD 的病因和发病机制尚不清楚，研究认为遗传、环境、免疫三者相互作用参与 IBD 的发病，并可能决定临床表型。

传统的 IBD 治疗主要着眼于控制活动性炎症和调节免疫紊乱。常用药物有 5- 氨基水杨酸（ASA）类制剂、糖皮质激素、免疫抑制药等，对 CD 和 UC 的短期缓解率为 70%～80%，对危重病例疗效有限。无法缩短 IBD 的长期自然病程，长期治疗易致较多不良反应、效果欠佳。虽然生物制剂，如肿瘤坏死因子 TNF-α 单克隆抗体对难治性 IBD 显现出良好的疗效，但目前仍难广泛应用于临床。干细胞（MSC）具有多向分化潜能和免疫调节作用，成为治疗 IBD 的新型治疗方法，是近年来 IBD 治疗领域的研究热点之一。

一、造血干细胞移植治疗炎性肠病

造血干细胞移植（hematopoietic stem cell transplantation，HSCT）用于治疗炎性肠病，最早是因为在由于血液系统疾病而进行造血干细胞移植的患者中，发现炎性肠道疾病也得到明显缓解。后来在专门针对难治性克罗恩病而进行的造血干细胞移植研究中，证明患者临床症状也可以获得长期缓解，而且肠道炎性损伤发生愈合。同时研究也表明，应用自体非清髓方案，在具有丰富经验的医学中心进行治疗，是降低造血干细胞治疗相关死亡率的关键。由于患有难治性溃疡性结肠炎的病例主要还是以外科治疗为主，造血干细胞移植主要被用来治疗克罗恩病。造血干细胞移植可改变克罗恩病的自然进程，可能成为不能手术的顽固性 CD 患者的重要治疗选择。

首宗报道自体骨髓造血干细胞移植治疗克罗恩病有效的临床病例来自于美国芝加哥西北大学医学中心。最初 4 例患者对干细胞治疗的反应非常好，均获得了临床症状的缓解，未见明显不良反应。随后进行了 I 期临床研究，包括 12 例中重度 CD 患者（CDAI 为 250 ~ 358）。这些患者对于包括抗 TNF 的传统疗法不敏感，而且大部分接受过外科治疗。外周血干细胞动员采用环磷酰胺 $2g/m^2$ 和 G-CSF 10μg/（kg·d），以环磷酰胺 200mg/kg 和马的 ATG 90mg/kg 进行预处理。外周血以免疫磁珠分选去除 T 细胞，收获以 $CD34^+$ 为主的干细胞，然后冷冻保存，直至给患者移植。患者随访时间最初为 6 个月和 12 个月，然后每年 1 次。随访检查包括小肠放射检查和结肠镜检查。至中位随访时间 18.5 个月时，12 例患者中有 11 例获得早期和持续症状缓解（CDAI < 150）。放射和结肠镜检查所见在数月后逐渐改善，1 例患者移植后 15 个月复发。所有患者耐受良好，无移植相关死亡。1 例患者于术后 37 个月意外死亡，但当时无证据表明该患者 CD 处于活动期。

第二宗来自米兰的自体骨髓造血干细胞移植治疗克罗恩病的 I ~ II 期临床研究发表于 2008 年。该项研究包括 4 例临床症状类似的 CD 患者，均为采用免疫抑制和抗 TNF 治疗失败，其中 2 例还经历多次外科手术治疗。患者 CD 病情在细胞移植时均为活动期（CDAI 258 ~ 404）。外周血干细胞动员采用环磷酰胺 $1.5g/m^2$ 和 G-CSF 10μg/（kg·d），以环磷酰胺 200mg/kg 和兔 ATG 7.5mg/kg 进行预处理。自体外周血干细胞移植时未经任何免疫选择，全部回输。移植后 3 个月，所有患者均获得了临床症状的缓解，2 例患者内镜检查所见也明显改善。中位随访时间 16.5 个月时，3 例患者症状持续缓解。该宗报道也无死亡病例发生。

但是对于上述临床研究报道有分析认为，造血干细胞动员所用药物的免疫抑制作用可能对 CD 症状的改善也有作用。随后的两项研究表明造血干细胞移植所获得的持续临床症状缓解不只是环磷酰胺和 G-CSF 的作用。Scimc R 等报道 1 位 55 岁患者在外周血干细胞动员 1 个月后结肠损伤无明显改善，但是在自体外周血干细胞移植后获得了明显的内镜和组织学改善，而且持续至少 5 个月。Kreisel 等亦报道 1 位 36 岁患者在以环磷酰胺和 G-CSF 动员后虽然有持续的组织学改善，但 9 个月后复发。然而在经造血干细胞移植后 10 个月临床症状明显改善。

目前造血干细胞移植治疗 CD 的有效机制仍然不很明确。最初其有效性可能是由于预处理药物的直接淋巴细胞清除效应，清除了自身反应性 T 细胞和记忆细胞。这一过程是非特异性的，其限制炎症细胞募集的作用至少可以持续 2 ~ 3 个月，直至骨髓重建。随后移植干细胞的免疫调节效应可能发挥作用。为了进一步确定其作用机制，目前欧洲骨髓移植（European Bone Marrow Transplantation，EBMT）组织与欧洲克罗恩病和结肠炎组织（European Crohn's and Colitis Organization，ECCO）正在进行一项Ⅲ期多中心前瞻性随机对照临床研究，进一步比较造血干细胞动员、高剂量免疫清除与造血干细胞移植合用，与造血干细胞动员配以最好的临床管理，这两种治疗方案的有效性。

二、人脐带间充质干细胞治疗实验性结肠炎

间充质干细胞具有较低的免疫原性，同时具有强大的免疫抑制活性，因此被用来治疗各种由于免疫反应失调而引起的疾病。Liang 等利用动物实验评价人脐带间充质干细胞（hUC-MSC）是否可以改善三硝基苯磺酸（TNBS）诱导的小鼠结肠炎。给 TNBS 处理的结肠炎小鼠输入 hUC-MSC。输注后第 1 天、第 3 天和第 5 天处死小鼠，检测体重、结肠长度，并行组织病理学评估。结果发现 hUC-MSC 可以迁移到发炎的结肠，并可以改善临床和病理症状，表现出较好

的治疗效果。细胞因子检测发现，与对照组小鼠比较，hUC-MSC 治疗组小鼠的结肠组织中 IL-17、IL-23 以及 IFN-γ、IL-6 水平均显著降低。体外共培养实验表明，hUC-MSC 不但能够抑制 IFN-γ 的表达，还能够显著抑制结肠炎小鼠的固有层单个核细胞（LPMC）及脾细胞的 IL-17 产生。因此，hUC-MSC 除了已知的对于 Th1 型免疫反应的抑制外，对于 IL-23/IL-17 介导的炎性反应也具有调节作用，在结肠炎的治疗中也发挥重要作用。因此，这项实验性结肠炎的治疗研究表明，静脉输入的 hUC-MSC 能够归巢到炎症结肠并有效地改善结肠炎症状。

另外，有研究发现以干扰素 -γ 预处理可以增强骨髓衍生的 MSC 的治疗效果。以葡聚糖硫酸钠（DSS）- 三硝基苯磺酸（TNBS）诱导小鼠结肠炎，研究 IFN-γ 预处理的 MSC（IMSC）的免疫抑制特性。结果发现 IMSC 治疗的小鼠与未经 IFN-γ 处理的 MSC 治疗的小鼠比较，体重增加，结肠炎评分降低，生存率明显提高。此外，结肠组织中血清淀粉样蛋白 A 水平和局部促炎细胞因子水平也显著降低。研究还观察到 IMSC 比未经 IFN-γ 刺激的 MSC 表现出更强的向炎性肠道趋化迁移的能力。总之，该研究证明以 IFN-γ 预刺激 MSC，可增强其抑制 Th1 炎性反应的能力，导致实验性结肠炎的黏膜损害减轻。因此 IFN-γ 激活的骨髓 MSC 具有更强的免疫抑制能力和体内治疗效果。

三、脂肪干细胞治疗肠道炎性疾病

临床应用 BM-MSC 治疗相关疾病遇到的一个至关重要的问题就是需要输入大量细胞，在大多数情况下靠抽取骨髓是不能满足的。最近从皮下脂肪组织中获得的人脂肪干细胞（hASC），成为一个有很吸引力的细胞来源。大量 hASC 可以轻松地从健康脂肪抽吸术者获得，并在体外迅速扩增至临床应用级细胞数量。此外，hASC 与 BM-MSC 的免疫调节特性一致，可以冷冻保存而不会丢失表型或分化潜力。已有研究证明小鼠脂肪干细胞（mASC）可以有效防止移植物抗宿主病。人脂肪干细胞（hASC）也被用来治疗各种肠道炎性疾病和脓毒症，小鼠以葡聚糖硫酸钠诱导急性和慢性结肠炎，以盲肠结扎穿孔或内毒素注射诱导脓毒症模型。结肠炎或脓毒症小鼠腹腔注射 hASCs 或 mASCS 进行治疗，然后检测疾病临床症状、生存率、各种炎性细胞因子和趋化因子表达、T 辅助细胞 1（Th1）型反应和调节性 T 细胞（Treg）的生成等指标。结果表明，腹腔注射 mASCs 显著改善结肠炎的临床和组织病理学严重程度，小鼠没有发生体重减轻、腹泻和炎症症状，并且生存率提高。其作用机制与 Th1 介导的炎症反应的下调有关，mASCs 移植使多种炎性细胞因子和趋化因子表达降低，并使 IL-10 的产生增加。hASC 也降低小鼠结肠黏膜和引流淋巴结 Th1 细胞的活化，其中部分治疗效果是由于诱导了分泌 IL-10 的 Treg 细胞。这些结果提示脂肪干细胞可在体内作为免疫 / 炎症反应的关键调节子，而用于炎性肠道疾病和脓毒症的细胞治疗。脂肪组织中获得的 MSC 还可以诱导克罗恩病患者肛周瘘管的愈合，接受脂肪衍生的干细胞和纤维蛋白胶治疗的患者中 71% 的患者发生瘘愈合，而在只接受纤维蛋白胶治疗的患者中只有 16% 发生愈合，在伴有克罗恩病和不伴有克罗恩病的肛周瘘患者中治疗效果是一致的。

四、抗体修饰的间充质干细胞治疗炎性肠病

间充质干细胞具有一定的向炎性部位趋化迁移的能力，但是经特异抗体修饰后，其靶向趋化能力和对炎性肠病的治疗效果均进一步增强。Ko IK 等将小鼠骨髓间充质细胞系 -9 以抗地址素［选择蛋白（selectin）的寡糖配体，与淋巴细胞归巢有关］抗体包被，以增强细胞向炎性结肠的靶向迁移能力。体内生物发光成像研究证明，抗血管细胞黏附分子（vascular cell adhesion molecule，VCAM）抗体包被的 MSC（AbVCAM-1-MSC），以及抗黏膜地址素细胞黏附分子（mucosal addressin cell adhesion molecule，MAdCAM）-1 抗体包被的 MSC（AbMAdCAM-MSC），向炎症肠系膜淋巴结迁移的效率均明显高于未包被的 MSC 及同型抗体包被的 MSC（Abisotype-MSC）。给炎性肠病小鼠注射地址素抗体包被的 MSC 后，与未包被或同型抗体包被的 MSC 比较，小鼠的存活率

提高，体重增加，IBD 治疗评分更高，证明抗黏膜地址素抗体包被可以增加干细胞向炎性部位的迁移能力，并提高治疗 IBD 的效力。

五、干细胞治疗炎性肠病的机制

在克罗恩病和实验性结肠炎发病机制研究中发现，激活的 T 辅助细胞 1 型细胞（Th1 细胞）能够促进巨噬细胞活化和中性粒细胞浸润，从而使肠黏膜发炎红肿溃疡，导致长期的和不受控制的炎症细胞因子和趋化因子产生。浸润细胞和局部巨噬细胞产生的细胞因子和自由基在结肠组织破坏中发挥关键作用。最近还有证据支持，效应 T 细胞和 Treg 细胞之间存在不平衡，可能 Treg 细胞库发生缺陷，导致自身反应性 T 细胞和炎症扩大。

以造血干细胞和各种间充质干细胞治疗炎性肠病，主要是利用其免疫调节作用，来特异性的抑制炎症反应和 T 细胞驱动的反应，并尝试通过恢复 Treg 细胞库重新建立免疫耐受（图 7-2）。

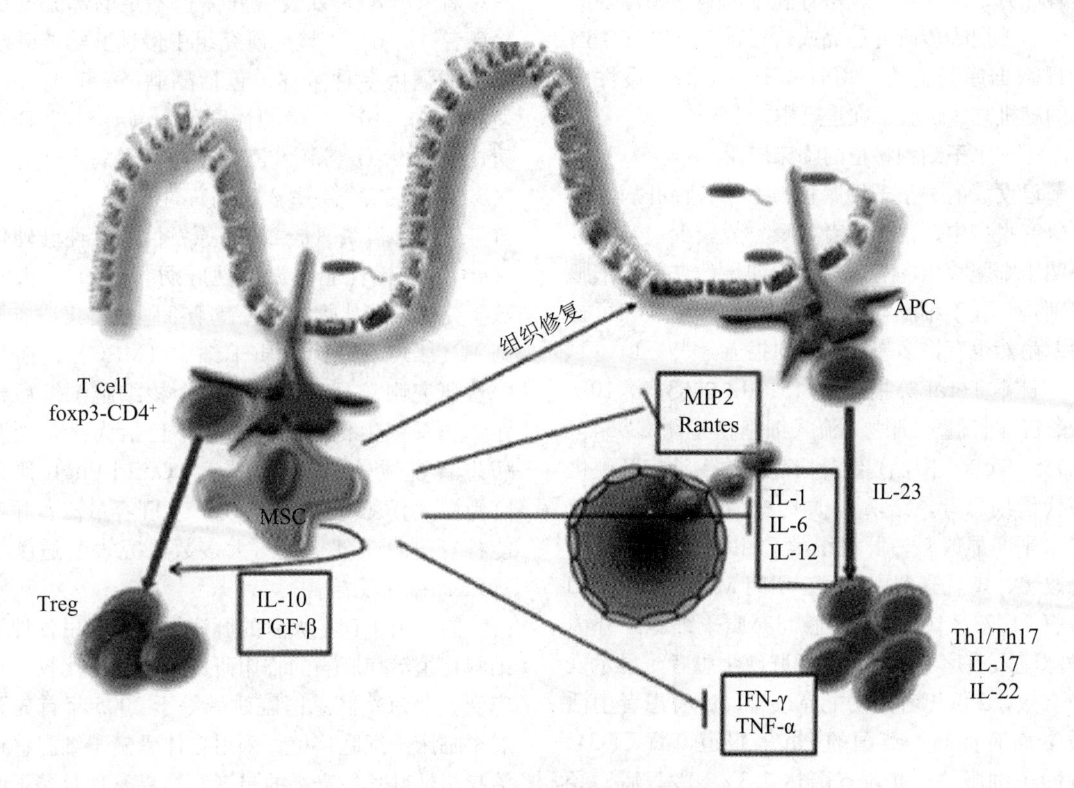

图 7-2　间充质干细胞治疗炎性肠病的作用机制

在活动性克罗恩病时（图右半部分），上皮破坏或上皮细胞抗微生物防御能力的降低导致肠道细菌的暴露增加，活化固有层的先天免疫细胞，活化的成熟抗原提呈细胞（APC）驱动 T 细胞分化和活化成为效应细胞（根据反应的性质不同，IFN-γ 促进产生 Th1 或产生 IL-17 的 Th17 细胞）。具有 Th1 或 Th17 表型的炎性浸润细胞积聚在固有层，促进 APC 和巨噬细胞产生促炎细胞因子，并诱导淋巴管和血管的黏附分子表达上调，继而刺激肠黏膜产生趋化因子。这些趋化黏附因子进一步募集淋巴细胞，从而级联放大炎症反应。移植的间充质干细胞迁移到发炎组织，促进上皮再生及组织愈合，并发挥免疫调节功能（图左半部分）。MSC 可抑制 APC 成熟、T 细胞增殖和 IFN-γ 产生。移植的脂肪来源的 MSC 能够降低固有层单核细胞产生促炎细胞因子，如 IL-6、TNF-α 和 IL-12。此外，间充质干细胞还可以产生 IL-10 和 TGF-β，从而抑制 Th1 细胞分化，同时促进 Treg 细胞分化，恢复免疫耐受（引自 Panes J, Salas A．Gut，2009，58：898-900）

第五节 临床研究应用实例

一、干细胞移植治疗肝脏疾病

骨髓干细胞移植治疗肝脏疾病已经从动物实验进入临床，目前国内外均有大量临床试验的研究报道。自体骨髓干细胞治疗是最早被批准进行临床研究的干细胞类型。这一细胞来源的自体特性使其在伦理方面、过敏和细胞免疫排斥方面具有优势。国外几个应用骨髓干细胞移植增强肝再生的Ⅰ期临床研究已完成，目前有6个在美国NIH数据库登记的应用骨髓干细胞治疗慢性肝病的随机临床试验正在进行中。

（一）干细胞移植的临床应用

已发表的关于干细胞移植治疗各种肝病的临床研究报道中，由于患者数量一般较少，与其是证明干细胞移植的有效性，不如说建立了干细胞特别是骨髓干细胞移植治疗肝病的安全性和可行性，虽然也有许多患者获益的报道（表7-1）。

日本Terai等报道用（5.20±0.63）×10^9/L个自体骨髓干细胞（流式细胞仪检测CD34、CD45和c-kit阳性）经外周静脉输入治疗肝硬化失代偿期患者，结果24周时血清清蛋白和胆红素水平明显改善，肝组织学Child-Pugh评分明显改善，未观察到副作用。伊朗Mohamadnejad等将31.73×10^6/L个骨髓间充质干细胞经外周静脉输入治疗4例失代偿期肝硬化患者，显示安全有效，2例患者肝功能有改善，所有患者生活质量均有提高。英国的Pai等报道，将$CD34^+$骨髓干细胞体外扩增5倍达2.3×10^8/L后，经肝动脉移植入肝内治疗酒精性肝硬化患者，观察6个月未发现副作用，患者胆红素水平于治疗后4周、8周、12周时有明显下降，ALT、AST水平在6个月内均有改善，9例患者中7例Child-Pugh评分有明显改善，5例腹水有吸收，CT检查和AFP检查无异常，表明骨髓干细胞治疗酒精性肝硬化患者安全有效。英国Levicar等报道将G-CSF动员的外周血$CD34^+$骨髓干细胞分别通过肝动脉（1×10^6/L）和门静脉（2×10^8/L）移植入慢性肝病患者体内，移植后监测6～18个月，术后未观察到明显副作用，4位患者6个月内胆红素水平改善，CT检查和AFP检查无异常，表明干细胞治疗安全性好。其他一些研究也得出类似的结论（表7-1）。这些报道使用了各种骨髓干细胞分离和选择方法，范围从高选择性的方法到基本不分离纯化的方法都有，反映了目前在选择合适细胞亚型的不确定性和困难。

Cohorts一项临床研究纳入了慢性肝功能衰竭患者（*n*=47）以及残肝体积不足的部分肝切除患者（*n*=6）。整个研究组中慢性肝功能衰竭患者的病因多种多样，包括酗酒（*n*=15）、丙型肝炎（*n*=10）、隐源性肝硬化（*n*=8）、B型病毒性肝炎（*n*=7）、乙醇合并丙型病毒性肝炎（*n*=2）、乙醇合并B型病毒性肝炎（*n*=1）、自身免疫性肝炎（*n*=2）、原发性胆汁性肝硬化（*n*=1）、慢性胆汁淤积性肝病（*n*=1）。大多数研究都试图从收获的骨髓干细胞中富集造血干细胞（HSC）或间充质干细胞（MSC），而另一些研究则只是简单地将单个核细胞浓缩后输注。一系列生化和临床参数，包括为终末期肝病患者模型（MELD）评分、Child-Pugh评分（为慢性肝衰竭的预后评分）、肝容量法和肝功能检查进行了评估，与大多数研究表明适度的Modest临床受益。

国内由于存在大量的肝病患者，利用各种干细胞移植治疗肝病的临床研究也开展得比较早且广泛。北京军区总医院姚鹏等于2005年首先开展了临床干细胞移植，采用自体骨髓干细胞移植治疗慢性肝功能衰竭的患者，结果发现骨髓干细胞移植组在症状改善和降低死亡率方面均明显优于对照组。

我国是各种肝病尤其是肝炎肝硬化的高发区，顽固性腹水是肝硬化常见并发症之一。常规治疗无效的患者，不得不进行肝移植。干细胞移植为肝硬化顽固性腹水及其他难治性肝病的治疗提供了一个新思路。来自国内的一项最新临床研究观察了干细胞移植治疗肝硬化顽固性腹水的疗效。将39例肝硬化顽固性腹水患者分为对照组16例，行常规治疗；治疗组23例，在常规治疗基础上行干细胞移植。常规治疗：两组患者均采

表 7-1 国外自体骨髓干细胞移植治疗肝病临床研究

作者（年）	病症	细胞来源	干细胞类型	干细胞输入方式	治疗组 (n)	对照组 (n)	主要预后指标	随访（个月）	是否改善
Yannaki et al.84 (2006)	慢性肝病	G-CSF 动员的外周血	单核细胞，富集的 $CD34^+$ 细胞	外周静脉	2	0	Child-Pugh/MELD	12	是
Terai et al.85 (2006)	慢性肝病	髂骨骨髓	$CD34^+$/$CD45^-$/C-kit+	外周静脉	9	0	Child-Pugh	6	是
Fürst et al.86 (2007)	肝切除后	G-CSF 动员的外周血	$CD34^+$	门静脉	6	7	肝每日生长率	围术期	是
Mohamadnejad et al.87 (2007)	慢性肝病	髂骨骨髓	$CD34^+$	肝动脉	4	0	MELD	6	否
Mohamadnejad et al.88 (2007)	慢性肝病	髂骨骨髓	MSC	外周静脉	4	0	MELD	12	是
Lyra et al.89 (2007)	慢性肝病	髂骨骨髓	浓缩单核细胞	肝动脉	10	0	血胆红素、白蛋白及 INR	4	是
Levicar et al.90 (2008)	慢性肝病	G-CSF 动员的外周血	$CD34^+$	肝动脉 (n = 2) 门静脉 (n = 3)	5	0	血胆红素和白蛋白	6 ~ 18	是
Pai et al.91 (2008)	慢性肝病	G-CSF 动员的外周血	$CD34^+$	肝动脉	9	0	Child-Pugh	3	是
Khan et al.92 (2008)	慢性肝病	G-CSF 动员的外周血	$CD34^+$	肝动脉	4	0	血胆红素和清蛋白	6	是

用限钠限水、护肝、利尿及对症支持治疗（乙肝患者常规抗病毒），必要时行腹水浓缩回输术；治疗组在常规治疗基础上行干细胞移植术（自体骨髓或脐血密度梯度离心纯化后回输），术后未补充清蛋白。结果表明，两组在治疗后 3 个月腹水均有一定程度缓解，治疗组干细胞移植患者腹水增长速度放缓；治疗组清蛋白合成及肾功能的好转均优于对照组（$P < 0.05$），胆碱酯酶和凝血酶原活动度变化不明显（$P > 0.05$）。根据卡诺夫斯基健康状况量化（KPS）评分，两组健康状况均较治疗前好转（$P < 0.05$），治疗组健康状况好转优于对照组（$P < 0.05$）。因此，干细胞移植治疗肝硬化顽固性腹水有较好近期疗效，其价格低廉、技术风险小，可进一步推广使用。

（二）干细胞移植的产业化开发研究

2008 年，由于研究干细胞而成为诺贝尔奖得主的 James Thomson 授权的美国 Geron 公司在开展了一系列的小鼠实验后，向美国食品与药品管理局（FDA）提交临床试验申请并开始了临床一期实验，但是却因为在另外一些动物实验中出现了不可控制的疑是肿瘤的囊泡而遭到 FDA 中止。但是已经在胚胎干细胞研发中投入了十几年时间和上亿美元的 Geron 公司并没有放弃胚胎干细胞的研究。目前 Geron 公司的大多数产品还处于研发和一期临床阶段，这些产品大多数是将胚胎干细胞在体外利用各种细胞因子向一种特定的组织定向诱导发育后，再注入特定的组织中，期待它能转化成相应的组织细胞，发挥对这种组织的修复功能。Geron 公司首先关注的组织修复是神经、心血管和骨科中一些传统疗法难以治愈的疾病。同时，它还进行了肿瘤的细胞治疗等产品的开发。

美国 Osiris 公司所用的间充质干细胞为精心挑选出来的，低免疫排斥反应的 18 ~ 30 岁的成年人骨髓间充质干细胞。因为基本不会引发炎症反应等不良症状，Osiris 的两款间充质干细胞药物——Prochymal 和 Chondrogen 都已经设计成了通用产品，可以批量生产和销售，而不必为每个患者量身定做，大大节省了成本并且扩大了市场应用潜力。目前，Osiris 公司干细胞药物针对的重点疾病有：心脏病（二期临床）、1 型糖尿病（二期临床）、克罗恩病（三期临床）和急性移植物抗宿主病（GvHD）（二、三期临床）。

美国 Baxter 公司开发了 ISOLEX 专门技术系统来收集患者的成体干细胞，用于该公司开展的试验性治疗。该公司于 2007 年开展了这项临床工作，使用 ISOLEX 技术系统从慢性心肌缺血（CMI）患者中提取成体干细胞，然后再重新注入其心脏以尝试恢复血流。类似的二期临床试验已经启动，以研究使用此技术治疗下肢缺血。2008 年，Baxter 公司完成了用自体成体干细胞治疗慢性心肌缺血的二期临床试验。Baxter 科学家宣称，之前的所有技术都是用药物提取干细胞，并且靠静脉注射的方式将细胞送到治疗部位，而 Baxter 的疗法是用 ISOLEX 技术提取干细胞，并用直接注入治疗部位的方法送药。期待这种新方法扩增的干细胞能带来令人惊喜的临床效果。

目前，国外这几家大公司的干细胞产品还没有应用到肝病治疗研究领域。近年来，国内也出现了多家以干细胞研究和临床应用为主的公司。例如北科生物与具备良好资质的医疗机构合作建立了多家干细胞研究中心，提供干细胞技术支持。北科生物参照 FDA 等发布的关于体细胞治疗的指南，按照 ICH、GCP 药物法规要求开展了多项临床研究，取得良好的结果。已完成或正在进行的单中心和多中心临床研究项目主要包括：干细胞治疗儿童孤独症、脐带间充质干细胞移植治疗难治性系统红斑狼疮、脐带间充质干细胞治疗多发性硬化、干细胞治疗遗传性共济失调以及脐带间充质干细胞治疗失代偿期肝硬化、心肌梗死等。

（三）干细胞移植治疗肝病的临床试验注册实例

在美国临床试验中心（ClinicalTrials.gov）注册的关于应用干细胞治疗肝脏疾病的临床试验来自中国的项目比较多，目前有两项正在招募患者，其中一项的临床试验注册资料见表 7-2。

（四）干细胞移植治疗肝病临床应用中存在的问题

目前干细胞移植研究中，仍然有许多问题悬而未决：①干细胞在体外大量扩增，并诱导其分化是干细胞在医学临床上应用的关键。②肝脏提供的良好生长环境有利于移植细胞的生长，而其分泌的细胞因子更可以促使肝干细胞发育为成熟的功能性肝细胞，但由卵圆细胞、骨髓干细胞或胚胎干细胞获得的肝干细胞，在其发育成熟的哪一个阶段移植可以达到最佳效果尚无明确定论，在细胞分化早期移植，细胞未具备肝干细胞重要标记或功能。在细胞分化晚期移植，其增殖能力已大为降低，移植入肝内难以改善肝脏功能。③在动物实验中，肝干细胞移植数量级别一般在 10^6 ~ 10^7，数量太少，在肝内难以发挥作用；数量太大，又面临血管阻塞等危险，而适合人体肝内移植的细胞数量尚无报道，需要大量临床前研究来摸索最适合人类肝内移植的细胞数量。

在世界范围内注册的干细胞临床研究多是临床Ⅰ期或Ⅱ期试验，尚没有大样本的Ⅲ期临床试验。由于关于任何新技术的研究在发表时存在一定偏倚，因此对于这些Ⅰ期临床研究数据的解释

表 7-2 人脐带间充质干细胞移植治疗失代偿肝硬化患者

试验名称	人脐带间充质干细胞移植治疗失代偿肝硬化
官方全称	一项人脐带间充质干细胞移植治疗失代偿肝硬化的Ⅰ／Ⅱ期临床研究
试验信息	试验起始时间为 2010 年 10 月，预计患者募集结束时间为 2012 年 10 月，试验结束日期为 2013 年 12 月。中国深圳市北科生物科技有限公司注册申请
项目主要描述	虽然肝移植是失代偿肝硬化患者治愈的最好选择，但是缺少供肝、手术后并发症、特别是免疫排斥和较高的费用限制了其应用。骨髓衍生的间充质细胞可以替代损伤肝脏的肝细胞，有效防止实验性肝衰竭，促进肝再生，提示是一种新的很有希望的治疗战略。本研究评估人脐带间充质干细胞移植治疗失代偿肝硬化患者的安全性和有效性
预期目标	治疗后 1 年的生存率，肝功能改善情况，肝脏大小，门静脉宽度，肝癌发生情况，Child-Pugh 评分，MELD 评分，SF36 生活质量量表（SF36-QOL），以及临床症状的改善情况，包括食欲、乏力、腹胀和下肢水肿等
试验设计	干预性Ⅰ、Ⅱ期临床研究，共纳入 50 例患者，采用开放式随机对照研究，平行入组。
患者纳入原则	入组标准： • 年龄 18 ～ 70 岁男性或女性患者 • 书面知情同意书 • 失代偿肝硬化，Child-Pugh B/C（7 ～ 12 分）；Meld 评分 ≤ 21 • 预期生存期超过 2 个月 • 乙肝失代偿肝硬化患者需要抗病毒治疗 排除标准： • 严重的药物过敏史或过敏体质 • 其他生命器官（如心脏、肾和肺）有严重问题 • 患有严重精神疾病，如精神分裂症等 • 严重细菌感染 • 恶性肿瘤 • 酗酒或吸毒 • 计划 3 个月内行肝移植 • 怀孕 • 正在参加其他临床研究
治疗方式	对肝硬化患者给予传统治疗和不同剂量人脐带间充质干细胞（hUC-MSC）
观察终点	安全性和有效性
治疗中心	中国上海、南京等地多家医院

应该谨慎。目前由于需要侵袭性的获取和输入骨髓干细胞，进行双盲随机对照试验似乎从伦理上还存在问题。在确定真实功效方面随机试验最终还是需要的，虽然招募足够数量的患者以建立足够病例数的研究，可能由于合适的患者人群的不均一性而比较困难。初步证据支持肝脏疾病患者摄入骨髓干细胞的可行性，但在干细胞治疗肝脏疾病的步骤方法上仍存在许多问题。事实上，确定注入细胞的命运仍然是一个主要的屏障，需要发展能够监测细胞分布的成像方式。

目前无法示踪细胞移植或输入人体的细胞，妨碍进一步发展和认识干细胞疗法，因而代表着一个重大的挑战。目前，超磁氧化铁标记细胞的磁共振成像，似乎是能够提供的最佳的细胞示踪技术。但是，随着细胞的分裂标记物会被稀释，而且有可能转移到其他细胞限制了其应用。正电子发射断层扫描术（PET）可能有一定的应用前途，尽管目前需要遗传修饰来标记细胞，而这种操作有改变细胞特性的风险。

总之，干细胞在治疗肝脏疾病方面的作用大概可归为两类：直接贡献于肝细胞群或履行支持作用。肝损伤的类型和严重程度可能会影响干细胞干预的疗效，晚期肝硬化也许是最具挑战性的治疗目标。能否在体内示踪干细胞并准确监测其功能在未来的肝病干细胞疗法中将是至关重要的。最终，随着肝再生过程中干细胞作用机制的进一步阐明，最适合干细胞治疗的肝脏疾病将变得更明确。

二、干细胞治疗胰腺炎

目前利用干细胞治疗胰腺炎的临床研究还未见报道。关于MSC在胰腺组织结构及功能修复中作用的研究主要集中于糖尿病治疗方面，对于急性胰腺炎的治疗研究只局限于动物实验，还非常缺乏对于慢性胰腺炎的治疗研究。但CP的细胞学基础实质上就是胰腺泡细胞、胰管上皮细胞、内分泌细胞的大量丧失，并且被大量增生的胰腺星形细胞（PSC）和结缔组织替代为特征，因此，利用MSC对慢性胰腺炎受损的胰腺组织进行治疗和修复是非常有应用前景的一种治疗手段。由于MSC的生物免疫学特性与慢性胰腺炎的主要发病机制之间的针对性非常强，可以利用MSC的生物免疫学特性针对性地对抗CP的致病因素。因此，正如利用各种干细胞治疗肝炎肝纤维化的研究一样，利用干细胞治疗胰腺炎期待临床实践的验证。

三、骨髓间充质干细胞治疗克罗恩病

骨髓间充质干细胞（BM-MSC）是非造血基质细胞，除了能够分化为各种组织细胞，具有组织修复能力，还能够介导免疫抑制和抗炎效应，成为免疫反应的强有力的调解者。BM-MSC已被证明可抑制效应T细胞活化、B细胞功能和树突状细胞（DC）成熟，有效防止同种异体移植免疫排斥反应和实验性自身免疫病。对于炎性肠病尽管在引进抗肿瘤坏死因子（TNF）治疗后有所改善，但是症状缓解往往仍然难以维持。许多患者由于疾病复发、反复手术、肠外表现和药物副作用等而生活质量很差。MSC在调节免疫反应和组织再生方面的作用，提示可以作为治疗克罗恩病的一种新型的细胞疗法。

最近一项I期临床研究评估了自体BM-MSC移植治疗难治性克罗恩病的安全性和可行性。该研究共纳入10例难治性克罗恩病成年人患者（8名女性和2名男性）。在局麻下行骨髓穿刺抽取骨髓，体外分离和扩增骨髓MSC，并进行表型和功能鉴定。9例患者接受了2次静脉细胞输入，每次（1 ~ 2）$\times 10^6$细胞 /kg体重，间隔7d。随访时监测可能的不良反应和克罗恩病活动指数（CDAI）变化。移植前和移植后6周进行结肠镜检查，以克罗恩病内镜严重性指数评估黏膜炎症情况。结果显示，从克罗恩病患者骨髓中分离的间充质干细胞，与从健康献血者骨髓获得的MSC具有相似的形态、表型和生长潜力。更重要的是，其免疫调节能力是完整的，因为克罗恩患者的MSC可在体外显著降低外周血单个核细胞增殖，并呈现剂量依赖性。另外还可降低TNF-α产生，但是能够增加IL-1β、IL-6和IL-10的产生。BM-MSC的体外增殖不受英夫利昔单抗（infliximab）、阿达木单抗（adalimumab）、地塞米松、硫唑嘌呤（azathioprine）、6-巯基嘌呤（6-mercaptopurine）和甲氨蝶呤（methotrexate）等药物单独或组合应用的影响。除一位患者可能由于对细胞冷冻保存所用的二甲基亚砜发生轻度过敏反应外，BM-MSC移植无明显副作用。治疗前患者基线中位克罗恩病活动指数为326（224 ~ 378），治疗后6周有3名患者出现症状缓解（CDAI从基线下降至70以下），但也有3名患者因病情恶化需要手术治疗。该项I期临床研究初步表明，自体骨髓衍生的间充质干细胞治疗难治性克罗恩病是安全和可行的，在骨髓收获和回输过程中未检测到严重不良事件。但是自体BM-MSC移植治疗难治性克罗恩病的有效性仍需进一步研究。

四、商品化干细胞药物治疗克罗恩病

近年，美国奥西里斯公司（Osiris Thera-peutics，Inc.）来自骨髓的成体干细胞和StemCyte公司来自脐带血的干细胞都已在临床获得应用。2011年5月，美国FDA以孤儿药方式核准Osiris公司的干细胞药物Prochymal用于1型糖尿病的治疗。此外，该产品的其他适应证，如治疗克罗恩病、修复梗死心脏组织、胰岛细胞再生等也处于临床研究阶段。

目前美国奥西里斯公司已有两个候选干细胞药物进入临床试验。一个是静脉注射的间充质干细胞制剂Prochymal，目前针对相关适应证正在进行第三期临床试验，包括急性移植物抗宿主病（GvHD）和克罗恩病。它是唯一被FDA指定为孤儿药和快速跟踪产品的干细胞药物。奥西里斯公司的另一个干细胞制剂称为Chondrogen，是用来治疗膝关节炎的。Prochymal来自成年人骨髓，按照美国FDA关于血液和组织产品的要求进行筛选和检测，并按照GMP要求进行操作。细胞最后生长为均匀的成纤维细胞样克隆，产生均一的细胞群。鉴定阳性的表面抗原有：CD105（SH-2）、CD73（SH-3、SH-4）、CD29、CD44、CD71、CD90、CD106、CD120a、CD124和CD166，造血细胞标记CD14、CD34和CD45为阴性。细胞最后悬浮于15ml含有5%人血清清蛋白和10% DMSO的PlasmaLyte A液体中，冷冻保存直至移植。

Prochymal在Ⅱ期临床试验中，除了被用来诱导心肌组织修复、1型糖尿患者的胰腺胰岛细胞保护以及慢性阻滞性肺病的肺组织修复外，还用来治疗对激素和免疫抑制药治疗不敏感的中重度克罗恩病患者，并评价其安全性和有效性。该项临床试验为前瞻性随机开放研究，间隔1周给予2次Prochymal输入治疗；共纳入了10例患者，男女各半，年龄18～70岁，平均CDAI为350，平均病程为14年，均为对类固醇激素、甲氨蝶呤（methotrxate）和英妥利昔单抗（remicade）治疗不敏感的中重度克罗恩病患者。治疗后28d所有患者疾病严重度均有减轻，CDAI降低105（P=0.004）。患者耐受良好，未见严重不良事件发生。

目前Prochymal治疗克罗恩病已启动Ⅲ期临床研究。奥西里斯公司在美国临床试验中心（Clinical Trials. gov）注册的关于应用Prochymal治疗克罗恩病的Ⅲ期临床试验资料如下。

（一）背景资料

克罗恩病是一种慢性、可终身反复发作的内脏和胃肠道炎性疾病。其根本发病原因还不清楚，但怀疑与由于个体的遗传易感性，对环境、饮食和感染等的过度免疫反应有关。重症克罗恩病可引起疼痛、影响生活质量、需住院治疗，药物治疗引起的不良反应也比较大。克罗恩病的发病年龄多为20～30岁，但也发生于儿童或任何其他年龄的人群。大多数患者至少需要一次手术治疗。在美国超过50万人因患有克罗恩病而饱受病痛折磨，而且每年约有20 000新发病例被确诊。

（二）试验名称

评价PROCHYMAL人成体干细胞治疗对传统治疗不敏感的中、重度克罗恩病。

（三）官方全称

一项Ⅲ期多中心安慰剂对照随机双盲研究，以评价PROCHYMAL™（体外培养的人成体干细胞）静脉输入治疗对传统治疗不敏感的中、重度克罗恩病患者的安全性和有效性。

（四）试验信息

试验起始时间为2007年5月30日，预计患者募集结束时间为2011年12月，试验结束日期为2013年12月。美国Osiris Therapeutics公司注册申请。

（五）项目描述

目前有相当比例的克罗恩病患者对现有的激素、免疫抑制药或生物治疗不敏感，需要外科或其他更激烈的方法治疗。PROCHYMAL™人成体干细胞来自于健康志愿者骨髓，经过详细的检测，液氮冻存备用。人体和动物实验已证明该细胞不需要任何供受体配型。该细胞对于克罗恩病患者可能具有免疫抑制和促进愈合的效果。细胞可自发迁移到炎症部位，其效应为局部的和自限性的，而不是全身的。Osiris 603方案招募对传统治疗不敏感的中、重度克罗恩病患者（CDAI 250～450），评价PROCHYMAL™治疗的安全性和有效性。

（六）预期目标

首要治疗目标为治疗后28d症状缓解（CDAI达到或低于150）；次要治疗目标为治疗后28d病情改善（CDAI降低至少100点），生活质量改善，瘘管引流次数减少。

（七）试验设计

干预性Ⅲ期临床研究，共纳入270例患者，采用随机双盲安慰剂平行对照研究，高剂量Prochymal组、低剂量Prochymal组及安慰剂对照组患者数量比为1∶1∶1。

（八）患者纳入原则

1. 入组标准 ①年龄18～70岁男性或女性患者；②2年内至少1次激素治疗、1次免疫抑制治疗和1次生物治疗失败或不耐受；③CDAI介于250和450之间，包括250和450；④内镜和放射检查诊断为结肠克罗恩病或梗阻，或二者都有；⑤CRP≥5mg/L（0.5mg/dl）或CDAI≥300；⑥体重40～150kg，包括40kg和150kg；⑦无明显肾功能不足；⑧结核PPD检查阴性（或结核复发风险低）。

2. 排除标准 ①HIV或肝炎感染者；②对CT对比增强剂过敏者，对牛或猪产品过敏者；③有症状的发生纤维化狭窄的克罗恩病患者；④已行永久造口术者；⑤90d内接受过生物治疗者；⑥过去1个月内用过泼尼松（≥20mg/d）治疗者；⑦短肠综合征患者；⑧全静脉营养患者；⑨肝功能不正常者；⑩5年内发生恶性肿瘤（完全切除的基底细胞或鳞状细胞，皮肤癌除外）；⑪肠道致病菌包括艰难梭状芽胞杆菌（C. difficile）阳性者；⑫结肠黏膜发育不良患者；⑬结核病患者（除非证明复发的危险性极低）。

（九）给药剂量和方式

高剂量治疗组：2周1个疗程，前2次剂量为400×10^6人成体间充质干细胞悬液（hMSCs），后2次剂量为200×10^6 hMSCs；低剂量治疗组：2周1个疗程，前2次剂量为200×10^6 hMSCs，后2次剂量为100×10^6 hMSCs；安慰剂组：等体积液体。通过前臂静脉输入给药，2周内共给药4次，每次约1h。

（十）观察终点

治疗后28d时CDAI＜150的患者比例；治疗后28d时CDAI降低100或80点的患者比例。

（十一）治疗中心

60家美国和加拿大的一流医学中心。越来越多的证据表明克罗恩病对于干细胞治疗是具有高度反应性的。目前最重要的是对干细胞移植治疗与可接受的最好的非细胞移植治疗方案进行科学的评价比较，同时也需要对不同形式的干细胞治疗进行随机对照研究，以进一步明确干细胞治疗炎性肠病的效果。

（李崇辉）

参考文献

[1] Oertel M, Menthena A, Chen YQ, et al. Purification of fetal liver stem/progenitor cells containing all the repopulation potential for normal adult rat liver. Gastroenterology, 2008, 134: 823-832

[2] Haridass D, Yuan Q, Becker PD, et al. Repopulation efficiencies of adult hepatocytes, fetal liver progenitor cells, and embryonic stem cell-derived hepatic cells in albumin-promotor-enhancer urokinase-type plasminogen activator mice. Am J Pathol, 2009, 175: 1483-1492

[3] Hay DC, Fletcher J, Payne C, et al. Highly efficient differentiation of hESCs to functional hepatic endoderm requires ActivinA and Wnt3a signalling. Proc Natl Acad Sci USA, 2008, 105: 12301-12306

[4] Campard D, Lysy PA, Najimi M, et al. Native umbilical cord matrix stem cells express hepatic markers and differentiate into hepatocyte-like cells. Gastroenterology, 2008, 134: 833-848

[5] Zheng YB, Gao ZL, Xie C, et al. Characterization and hepatogenic differentiation of mesenchymal stem cells from human amniotic fluid and human bone marrow: a comparative study. Cell Biol Int, 2008, 32: 1439-1448

[6] Ikeda E, Yagi K, Kojima M, et al. Multipotent cells from the human third molar: feasibility of cell-based therapy for liver disease. Differentiation, 2008, 76: 495-505

[7] Petersen BE, Bowen WC, Patrene KD, et al. Bone marrow as a potential source of

hepatic oval cells. Science, 1999, 284 (5417): 1168-1170

[8] Aurich I, Mueller LP, Aurich H, et al. Functional integration of hepatocytes derived from human mesenchymal stem cells into mouse livers. Gut, 2007, 56 (3) : 405-415

[9] Najimi M, Khuu DN, Lysy PA, et al. Adult-derived human liver mesenchymal-like cells as a potential progenitor reservoir of hepatocytes? Cell Transplant, 2007, 16: 717-728

[10] Sato Y, Araki H, Kato J. Human mesenchymal stem cells xenografted directly to rat liver and differentiated into human hepatocytes without fusion. Transplantation, 2005, 106: 756-763

[11] di Bonzo LV, Ferrero I, Cravanzola C, et al. Human mesenchymal stem cells as a two-edged sword in hepatic regenerative medicine: engraftment and hepatocyte differentiation versus profibrogenic potential. Gut, 2008, 57: 223-231

[12] Gehling UM, Willems M, Dandri M, et al. Partial hepatectomy induces mobilization of a unique population of haematopoietic progenitor cells in human healthy liver donors. J Hepatol, 2005, 43: 845-853

[13] Lemoli RM, Catani L, Talarico S, et al. Mobilization of bone marrow-derived hematopoietic and endothelial stem cells after orthotopic liver transplantation and liver resection. Stem Cells, 2006, 24: 2817-2825

[14] Quesenberry PJ, Dooner G, Colvin G, et al. Stem cell biology and the plasticity polemic. Exp Hematol, 2005, 33: 389-394

[15] Bonde J, Hess DA, Nolta JA. Recent advances in hematopoietic stem cell biology. Curr Opin Hematol, 2004, 11: 392-398

[16] Taub R. Liver regeneration: from myth to mechanism. Nat Rev Mol Cell Biol, 2004, 5: 836-847

[17] Newsome PN, Johannessen I, Boyle S, et al. Human cord blood-derived cells can differentiate into hepatocytes in the mouse liver with no evidence of cellular fusion. Gastroenterology, 2003, 124: 1891-1900

[18] Sakaida I, Terai S, Yamamoto N, et al. Transplantation of bone marrow cells reduces CCl4 induced liver fibrosis in mice. Hepatology, 2004, 40: 1304-1311

[19] Zhao DC, Lei JX, Chen R, et al. Bone-marrow derived mesenchymal stem cells protect against experimental liver fibrosis in rats. World J Gastroenterol, 2005, 11: 3431-3440

[20] Allen KJ, Cheah DM, Lee XL, et al. The potential of bone marrow stem cells to correct liver dysfunction in a mouse model of Wilson's disease. Cell Transplant, 2004, 13 (7-8) : 765-773

[21] Hua L, Aoki T, Jin Z, et al. Elevation of serum albumin levels in nagase analbuminemic rats by allogeneic bone marrow cell transplantation. Eur Surg Res, 2005, 37: 111-114

[22] Lagasse E, Connors H, Al-Dhalimy M, et al. Purified hematopoietic stem cells can differentiate into hepatocytes in vivo. Nat Med, 2000, 6 (11) : 1229-1234

[23] Van Poll D, Parekkadan B, Cho CH, et al. Mesenchymal stem cell-derived molecules directly modulate hepatocellular death and regeneration in vitro and in vivo. Hepatology, 2008, 47 (5) : 1634-1643

[24] Zhang B, Inagaki M, Jiang B, et al. Effects of bone marrow and hepatocyte transplantation on liver injury. J Surg Res, 2009, 157: 71-80

[25] Kuo TK, Hung SP, Chuang CH, et al. Stem cell therapy for liver disease: parameters governing the success of using bone marrow mesenchymal stem cells. Gastroenterology, 2008, 134 (7) : 2111-2121

[26] Terai S, Sakaida I, Yamamoto N, et al. An in vivo model for monitoring trans differentiation of bone marrow cells into functional hepatocytes. J Biochem, 2003, 134 (4) : 551-558

[27] AbdelAziz MT, Atta HM, Mahfouz S, et al. Therapeutic potential of bone marrow-derived mesenchymal stem cells on experimental liver fibrosis. Clin Biochem, 2007, 40 (12) : 893-899

[28] Di Bonzo LV, Ferrero I, Cravanzola C,

et al. Human mesenchymal stem cells as a two-edged sword in hepatic regenerative medicine: engraftment and hepatocyte differentiation versus profibrogenic potential. Gut, 2008, 57: 223-231

[29] Van PD, Parekkadan B, Cho CH, et al. Mesenchymal stem cell-derived molecules directly modulate hepatocellular death and regeneration in vitro and in vivo. Hepatology, 2008, 47: 1634-1643

[30] Miyazaki M, Hardjo M, Masaka T, et al. Isolation of a bone marrow-derived stem cell line with high proliferation potential and its application for preventing acute fatal liver failure. Stem Cells, 2007, 25 (11) : 2855-2863

[31] Oh SH, Witek RP, Bae SH, et al. Bone marrow-derived hepatic oval cells differentiate into hepatocytes in 2-acetyl-aminofluorene/partial hepatectomy-induced liver regeneration. Gastroenterology, 2007, 132 (3) : 1077-1087

[32] Muraca M, Ferraresso C, Vilei MT, et al. Liver repopulation with bone marrow derived cells improves the metabolic disorder in the Gunn rat. Gut, 2007, 56: 1725-1735

[33] Ellor S, Shupe T, Petersen B. Stem cell therapy for inherited metabolic disorders of the liver. Exp Hematol, 2008, 36: 716-725

[34] Ezquer M, Ezquer F, Ricca M, et al. Intravenous administration of multipotent stromal cells prevents the onset of non-alcoholic steatohepatitis in obese mice with metabolic syndrome. J Hepatol, 2011, 55 (5): 1112-1120

[35] Lagasse E, Connors H, Al-Dhalimy M, et al. Purified hematopoietic stem cells can differentiate into hepatocytes in vivo. Nat Med, 2000, 6: 1229-1234

[36] Vassilopoulos G, Wang PR, Russel DW. Transplanted bone marrow regenerates liver by cell fusion. Nature, 2003, 422: 901-904

[37] Parekkadan B, van Poll D, Megeed Z, et al. Immunomodulation of activated hepatic stellate cells by mesenchymal stem cells. Biochem Biophys Res Commun, 2007, 363: 247-252

[38] Yamamoto H, Quinn G, Asari A, et al. Differentiation of embryonic stem cells into hepatocytes: biological functions and therapeutic application. Hepatology, 2003, 37: 983-993

[39] Jang YY, Collector MI, Baylin SB, et al. Hematopoietic stem cells convert into liver cells within days without fusion. Nat Cell Biol, 2004, 6: 532-539

[40] Thorgeirsson SS, Grisham JW. Hematopoietic cells as hepatocyte stem cells: a critical review of the evidence. Hepatology, 2006, 43: 2-8

[41] Chivu M, Dima SO, Stancu CI, et al. In vitro hepatic differentiation of human bone marrow mesenchymal stem cells under differential exposure to liver-specific factors. Transl Res, 2009, 154: 122-132

[42] Yannaki E, Athanasiou E, Xagorari A, et al. G-CSF-primed hematopoietic stem cells or G-CSF per se accelerate recovery and improve survival after liver injury, predominantly by promoting endogenous repair programs. Exp Hematol, 2005, 33: 108-119

[43] Kienstra KA, Jackson KA, Hirschi KK. Injury mechanism dictates contribution of bone marrow-derived cells to murine hepatic vascular regeneration. Pediatr Res, 2008, 63: 131-136

[44] Kuo TK, Hung SP, Chuang CH, et al. Stem cell therapy for liver disease: parameters governing the success of using bone marrow mesenchymal stem cells. Gastroenterology, 2008, 134: 2111-2121

[45] Parekkadan B, Poll D, Suganuma K, et al. Mesenchymal stem cell-derived molecules reverse fulminant hepatic failure. PLoS One, 2007, 2: e941

[46] Aldeguer X, Debonera F, Shaked A, et al. Interleukin-6 from intrahepatic cells of bone marrow origin is required for normal murine regeneration. Hepatology, 2002, 35: 40-48

[47] Oyagi S, Hirose M, Kojima M, et al. Therapeutic effect of transplanting HGF-treated bone marrow mesenchymal cells. J Hepatol, 2006, 44: 742-748

[48] Mohamadnejad M, Alimoghaddam K, Mohyeddin-Bonab M, et al. Phase I trial of autologous bone marrow mesenchymal stem cell transplantation in patients with decompensated cirrhosis. Arch Iran Med, 2007, 10 (4): 459-466

[49] Tsai PC, Fu TW, Chen YM, et al. The therapeutic potential of human umbilical mesenchymal stem cells from Wharton's jelly in the treatment of rat liver fibrosis. Liver Transpl, 2009, 15 (5): 484-495

[50] Parekkadan B, van Poll D, Megeed Z, et al. Immunomodulation of activated hepatic stellate cells by mesenchymal stem cells. Biochem Biophys Res Commun, 2007, 363: 247-252

[51] Higashiyama R, Inagaki Y, Hong YY, et al. Bone marrow-derived cells express matrix metalloproteinases and contribute to regression of liver fibrosis in mice. Hepatology, 2007, 45 (1): 213-222

[52] Carvalho AB, Quintanilha LF, Dias JV, et al. Bone marrow multipotent mesenchymal stromal cells donot reduce fibrosis or improve function in a rat modelof severe chronic liver injury. Stem Cells, 2008, 26 (5): 1307-1314

[53] Greene AK, Wiener S, Puder M, et al. Endothelial-directed hepatic regeneration after partial hepatectomy. Ann Surg, 2003, 237: 530-535

[54] Potapova IA, Gaudette GR, Brink PR, et al. Mesenchymal stem cells support migration, extracellular matrix invasion, proliferation and survival of endothelialcells in vitro. Stem Cells, 2007, 25 (7): 1761-1768

[55] Sadat S, Gehmert S, Song YH, et al. The cardioprotective effect of mesenchymal stem cells is mediated by IGF-I and VEGF. Biochem Biophys Res Commun, 2007, 363 (3): 674-679

[56] Fujii H, Hirose T, Oe S, et al. Contribution of bone marrow derived cells to liver regeneration after partial hepatectomy in mice. J Hepatol, 2002, 36: 653-659

[57] Taniguchi E, Kin M, Torimura T, et al. Endothelial progenitor cell transplantation improves the survival following liver injury in mice. Gastroenterology, 2006, 130 (2): 521-531

[58] Liu F, Liu ZD, Wu N, et al. Transplanted endothelial progenitor cells ameliorate carbon tetrachloride-induced liver cirrhosis in rats. Liver Transpl, 2009, 15 (9): 1092-1100

[59] Nakamura T, Torimura T, Sakamoto M, et al. Significance and therapeutic potential of endothelial progenitor cell transplantation in a cirrhotic liver rat model. Gastroenterology, 2007, 133 (1): 91-107

[60] Kawamoto A, Gwon HC, Iwaguro H, et al. Therapeutic potential of ex vivo expanded endothelial progenitor cells for myocardial ischemia. Circulation, 2001, 103 (5): 634-637

[61] Zuk PA, Zhu M, Ashjian P, et al. Human adipose tissue is a source of multipotent stem cells. Mol Biol Cell, 2002, 13 (12): 4279-4295

[62] De Ugarte DA, Morizono K, Elbarbary A, et al. Comparison of multi-lineage cells from human adipose tissue and bone marrow. Cells Cells Tissues Organs, 2003, 174 (3): 101-109

[63] Puissant B, Barreau C, Bourin P, et al. Immunomodulatory effect of human adipose tissue-derived adult stem cells: Comparison with bone marrow mesenchymal stem cells. Br J Haematol, 2005, 129: 118-129

[64] Zemel R, Bachmetov L, Ad-El D, et al. Expression of liver-specific markers in native adipose-derived mesenchymal stem cells. Liver Int, 2009, 29 (9): 1326-1337

[65] Aurich H, Sgodda M, Kaltwasser P, et al. Hepatocyte differentiation of mesenchymal stem cells from human adipose tissue in vitro promotes hepatic integration in vivo. Gut, 2009, 58 (4): 570-581

[66] Bonora-Centelles A, Jover R, Mirabet V, et al. Sequential hepatogenic transdifferentiation of adipose tissue-derived stem cells: relevance of different extracellular signaling molecules, transcription factors involved and expression of new key marker genes. Cell Transplant, 2009, 18 (12):

1319-1340

[67] Lue J, Lin G, Ning H, et al. Transdiffrentiation of adipose-derived stem cells into hepatocytes: a new approach. Liver Int, 2010, 30 (6): 913-922

[68] Hong Li, Bin Zhang, Yuanqing Lu, et al. Adipose tissue-derived mesenchymal stem cell-based liver gene delivery. Journal of Hepatology, 2011, 54: 930-938

[69] Banas A, Teratani T, Yamamoto Y, et al. Rapid hepatic fate specification of adipose-derived stem cells and their therapeutic potential for liver failure. J Gastroenterol Hepatol, 2009, 24 (1): 70-77

[70] Banas A, Teratani T, Yamamoto Y, et al. IFATS collection: in vivo therapeutic potential of human adipose tissue mesenchymal stem cells after transplantation into mice with liver injury. Stem Cells, 2008, 26: 2705-2712

[71] Yukawa H, Noguchi H, Oishi K, et al. Cell transplantation of adipose tissue-derived stem cells in combination with heparin attenuated acute liver failure in mice. Cell Transplant, 2009, 18 (5): 611-618

[72] Fisher RA, Strom SC. Human hepatocyte transplantation: worldwide results. Transplantation, 2006, 82: 441-449

[73] Yu CH, Chen HL, Chen YH, et al. Impaired hepatocyte regeneration in acute severe hepatic injury enhances effective repopulation by transplanted hepatocytes. Cell Transplant, 2009, 18: 1081-1092

[74] Kobayashi N, Ito M, Nakamura J, et al. Hepatocyte transplantation in rats with decompensated cirrhosis. Hepatology, 2000, 31: 851-857

[75] Fox IJ, Chowdhury JR. Hepatocyte transplantation. Am J Transplant, 2004, 4 (suppl 6): 7-13

[76] Yokoyama T, Ohashi K, Kuge H, et al. In vivo engineering of metabolically active hepatic tissues in a neovascularized subcutaneous cavity. Am J Transplant, 2005, 6: 50-59

[77] Yannaki E, Anagnostopoulos A, Kapetanos D, et al. Lasting amelioration in the clinical course of decompensated alcoholic cirrhosis with boost infusions of mobilized peripheral blood stem cells. Exp Hematol, 2006, 34: 1583-1587

[78] Terai S, Ishikawa T, Omori K, et al. Improved liver function in patients with liver cirrhosis after autologous bone marrow cell infusion therapy. Stem Cells, 2006, 24 (10): 2292-2298

[79] Fürst G, Schulte am Esch J, Poll LW, et al. Portal vein embolisation and autologous $CD133^+$bone marrow stem cells for liver regeneration: initial experience. Radiology, 2007, 243: 171-179

[80] Mohamadnejad M, Namiri M, Bagheri M, et al. Phase 1 human trial of autologous bone marrow-hematopoietic stem cell transplantation in patients with decompensated cirrhosis. World J Gastroenterol, 2007, 13: 3359-3363

[81] Mohamadnejad M, Alimoghaddam K, Mohyeddin-Bonab M, et al. Phase 1 trial of autologous bone marrow mesenchymal stem cell transplantation in patients with decompensated liver cirrhosis. Arch Iran Med, 2007, 10: 459-466

[82] Lyra AC, Soares MB, da Silva LF, et al. Feasibility and safety of autologous bone marrow mononuclear cell transplantation in patients with advanced chronic liver disease. World J Gastroenterol, 2007, 13: 1067-1073

[83] Levicar N, Pai M, Habib NA, et al. Long-term clinical results of autologous infusion of mobilized adult bone marrow derived $CD34^+$cells in patients with chronic liver disease. Cell Prolif, 2008, 41 (suppl 1): 115-125

[84] Pai M, Zacharoulis D, Milicevic MN, et al. Autologous infusion of expanded mobilized adult bone marrow-derived $CD34^+$cells into patients with alcoholic liver cirrhosis. Am J Gastroenterol, 2008, 103 (8): 1952-1958

[85] Khan AA, Parveen N, Mahaboob VS, et al. Safety and efficacy of autologous bone marrow stem cell transplantation through hepatic artery for the treatment of chronic liver failure: a preliminary study. Transplant

Proc, 2008, 40: 1140-1144
[86] Schroeder T. Imaging stem-cell-driven regeneration in mammals. Nature, 2008, 453: 345-351
[87] Bonner-Weir S, Taneja M, Weir GC, et al. In vitro cultivation of human islets from expanded ductal tissue. Proc Natl Acad Sci USA, 2000, 97 (14) : 7999-8004
[88] Ishiwata T, Kudo M, Onda M, et al. Defined localization of nestin expressing cells in L-arginine induced acute. pancreatitis. Pancreas, 2006, 32 (4) : 360-368
[89] Choi KS, Shin JS, Lee JJ, et al. In vitro trans-differentiation of rat mesenchymal cells into insulin-producing cells by rat pancreatic extract. Biochem Biophys Res Commun, 2005, 330 (4) : 1299-1305
[90] Rovira M, Delaspre F, Massumi M, et al. Murine embryonic stem cell-derived pancreatic acinar cells recapitulate features of early pancreatic differentiation. Gastroenterology, 2008, 135 (4) : 1301-1310
[91] Hui-Fei Cui, Zeng-Liang Bai. Protective effects of transplanted and mobilized bone marrow stem cells on mice with severe acute pancreatitis. World J Gastroenterol, 2003, 9 (10) : 2274-2277
[92] Jung KH, Song SU, Yi T, et al. Human Bone Marrow-Derived Clonal Mesenchymal Stem Cells Inhibit Inflammation and Reduce Acute Pancreatitis in Rats. Gastroenterology, 2011, 140: 998-1008
[93] Marrache F, Pendyala S, Bhagat G, et al. Role of bone marrow-derived cells in experimental chronic pancreatitis. Gut, 2008, 57 (8) : 1113-1120
[94] English K, Barry FP, Mahon BP. Murine mesenchymal stem cells suppress dendritic cell migration, maturation and antigen presentation. Immunol Lett, 2008, 115: 50-58
[95] Carrion F, Nova E, Ruiz C, et al. Autologous mesenchymal stem cell treatment increased T regulatory cells with no effect on disease activity in two systemic lupus erythematosus patients. Lupus, 2010, 19: 317-322
[96] vanden Berk LC, Jansen BJ, SiebersVermeulen KG, et al. Mesenchymal stem cells respond to TNF but do not produce TNF. J Leukoc Biol, 2010, 87: 283-289
[97] Li Y, Yu X, Lin S, et al. Insulin like growth factor 1 enhances the migratory capacity of mesenchymal stem cells. Biochem Biophys Res Commun, 2007, 356: 780-784
[98] Lu C, Li XY, Hu Y, et al. MT1-MMP controls human mesenchymal stem cell trafficking and differentiation. Blood, 2010, 115: 221-229
[99] Craig RM, Traynor A, Oyama Y, et al. Hematopoietic stem cell transplantation for severe Crohn's disease. Bone Marrow Transplant, 2003, 32 (Suppl 1) : S57-59
[100] Oyama Y, Craig RM, Traynor AE, et al. Autologous hematopoietic stem cell transplantation in patients with refractory Crohn's disease. Gastroenterology, 2005, 128: 552-563
[101] Cassinotti A, Annaloro C, Ardizzone S, et al. Autologous haematopoietic stem cell transplantation without $CD34^+$cell selection in refractory Crohn's disease. Gut, 2008, 57: 211-217
[102] Scime R, Cavallaro AM, Tringali S, et al. Complete clinical remission after high-dose immune suppression and autologous hematopoietic stem cell transplantation in severe Crohn's disease refractory to immunosuppressive and immunomodulator therapy. Inflamm Bowel Dis, 2004, 10: 892-894
[103] Kreisel W, Potthoff K, Bertz H, et al. Complete remission of Crohn's disease after high-dose cyclophosphamide and autologous stem cell transplantation. Bone Marrow Transplant, 2003, 32: 337-340
[104] Duijvestein M, Vos AC, Roelofs H, et al. Autologous bone marrow-derived mesenchymal stromal cell treatment for refractory luminal Crohn's disease: results of a phase I study. Gut, 2010, 59 (12) : 1662-1669
[105] Duijvestein M, Wildenberg ME, Welling MM, et al. Pretreatment with interferon-γ

enhances the therapeutic activity of mesenchymal stromal cells in animal models of colitis. Stem Cells, 2011, 29 (10) : 1549-1558

[106] Gonzalez MA, Gonzalez-Rey E, Rico L, et al. Adipose-derived mesenchymal stem cells alleviate experimental colitis by inhibiting inflammatory and autoimmune responses. Gastroenterology, 2009, 136: 978-989

[107] Gonzalez-Rey E, Anderson P, Gonzalez MA, et al. Human adult stem cells derived from adipose tissue protect against experimental colitis and sepsis. Gut, 2009, 58: 929-939

[108] Garcia-Olmo D, Garcia-Arranz M, Herreros D. Expanded adipose-derived stem cells for the treatment of complex perianal fistula including Crohn's disease. Expert Opin Biol Ther, 2008, 8 (9) : 1417-1423

[109] Garcia-Olmo D, Herreros D, Pascual I, et al. Expanded adipose-derived stem cells for the treatment of complex perianal fistula: a phase II clinical trial. Dis Colon Rectum, 2009 Jan, 52 (1) : 79-86

[110] Ko IK, Kim BG, Awadallah A, et al. Targeting improves MSC treatment of inflammatory bowel disease. Molecular Therapy, 2010, 18 (7) : 1365-1372

第8章 细胞移植治疗其他系统疾病

细胞移植治疗是通过静脉或肌内注射或其他方式，使自己或他人的成熟细胞或干细胞达到某一组织，进行替代或修复损伤组织的治疗技术。

近年来随着细胞生物学尤其是干细胞生物学的飞速发展，细胞治疗在基础研究领域取得了很大的进展。在生理条件下，表皮细胞和血细胞不断更新，肌纤维、肝细胞和骨细胞的更新率极低，大多数神经细胞没有再生能力，而再生的根源是干细胞。无论组织再生能力的强弱，机体所有组织都含有干细胞。近年来，干细胞研究已经成为生物学领域中的重点内容，部分基础研究成果已开始在呼吸系统疾病、泌尿生殖系统疾病、皮肤性疾病、口腔等多种疾病的临床试验中得到应用，并取得了令人振奋的初步研究成果，展示了广阔的临床应用前景。

目前，最成熟的干细胞治疗方式是造血干细胞移植，也称骨髓移植，在20世纪80年代即用于临床，目前已经是多家医院开展的医疗技术。间充质干细胞是最有可能成为继造血干细胞之后，进入广泛临床应用的成体干细胞。美国FDA已批准了近百余项有关间充质干细胞的临床试验。另外，胚胎干细胞虽然不能直接用于干细胞治疗，但是因为其全能性及无限增殖的特性，可源源不断地分化成熟为神经细胞、心肌细胞、胰腺细胞、肝细胞等功能细胞用于移植，具有重大的临床应用价值。近5年来，诱导全能干细胞（iPS）的出现更显得意义重大，这意味着人们可以利用易于获得的自体来源的正常细胞，通过导入重编程因子制造出全能干细胞，为自身的组织器官修复提供细胞来源，具有广阔的应用前景。

第一节 细胞移植治疗呼吸系统疾病

呼吸系统疾病（不包括肺癌）在城市的死亡病因中占第4位（13.1%），在农村占第3位（16.4%）。由于大气污染、吸烟、工业经济发展导致的理化因子、生物因子以及人口年龄老化等因素，使近年来呼吸系统疾病居高不下。

一、细胞移植治疗肺脏疾病的可行性

干细胞是一类具有自我更新和分化潜能的细胞。它包括胚胎干细胞和成体干细胞。干细胞的发育受多种内在机制和微环境因素的影响。目前人类胚胎干细胞已可成功地在体外培养。最新研究发现，成体干细胞可以横向分化为其他类型的细胞和组织，为干细胞的广泛应用提供了基础。

在胚胎的发生发育中，单个受精卵可以分裂发育为多细胞的组织或器官。在成年动物中，正常的生理代谢或病理损伤也会引起组织或器官的修复再生。胚胎的分化形成和成年组织的再生是干细胞进一步分化的结果。胚胎干细胞是全能的，具有分化为几乎全部组织和器官的能力。而成年组织或器官内的干细胞一般认为具有组织特异性，只能分化成特定的细胞或组织。

然而，这个观点目前受到了挑战。最新的研究表明，组织特异性干细胞同样具有分化成其他

细胞或组织的潜能。如近年来研究发现成体干细胞具有跨胚层“横向分化”的机制，比如造血干细胞除分化为血细胞外，还可分化为神经细胞、肝细胞和心肌细胞等。由于成体干细胞可取材于自身，从而避免了免疫排斥反应以及伦理道德等问题，故其研究和和应用得到更多的重视，发展较快。这为干细胞的应用开创了更广泛的空间。

呼吸系统疾病约占内科疾病的1/4，近几十年来，由于生存环境恶化、吸烟等不良生活习惯的滋长，社会人群结构的老化，呼吸系统疾病的流行病学和临床诊治经历着巨大变化，非结核性肺病已居主导地位。慢性阻塞性肺病、间质性肺病、职业性肺病等常常导致慢性肺功能损害，甚至致残，发展到终末期甚至无药可救。目前的常规治疗措施尚无法从根本上阻止病情的发展。在已知的疗法中，要达到彻底根治的手段唯有进行“肺移植手术”。由于众所周知的原因，肺移植手术的应用范围较窄，在年龄超过50岁，以及合并重要脏器损害的患者中不适用，所以能够受益于肺移植的病人相当有限。更重要的是目前严重缺乏肺移植的供体，而且受HLA配型、手术技术难度和经济等方面原因的限制，肺移植手术在世界范围内开展得很少。绝大多数病人最终仍不能摆脱死亡的威胁。而近年来兴起的干细胞治疗技术有望实现这方面的突破。肺部多种疾病(如间质性肺病、肺气肿、肺囊肿、急性呼吸窘迫综合征等）可出现肺泡上皮细胞的损伤，造成肺实质结构的破坏，影响肺的通气和换气功能，进而导致呼吸衰竭。以往认为，完全修复损伤的上皮细胞，恢复其功能几乎是不可能的，但随着干细胞研究的深入，给这些疾病的治疗带来了希望。

胚胎干细胞、造血干细胞（HCS）和骨髓间充质干细胞（MSC）等在一定条件下均可分化为支气管上皮细胞、肺泡上皮细胞、肺血管内皮细胞等多个胚层来源的细胞，可用于肺损伤的预防和治疗。

澳大利亚科学家于2003年8月中旬在世界上首次利用胚胎干细胞培养出肺细胞。

这一研究是由墨尔本澳大利亚国家干细胞中心的研究小组完成的。该成果将引导科学家找到使被破坏的肺部组织进行自我修复的方法，有可能找到对付目前困扰人类的肺部囊性纤维化、肺气肿、慢性支气管炎、间皮瘤、肺癌等肺部顽疾的方法。

由于HCS和MSC具有取材容易，可体外大量扩增，免疫原性弱和移植费用低廉等特点，采用HCS和MSC治疗急性肺损伤/急性呼吸窘迫综合征（ALI/ARDS）、间质性肺部疾病及肺气肿等多种肺部疾病是目前的研究热点。已有资料证实，给肺损伤的动物或患者移植自体HCS或MSC后，HCS或MSC可在肺内分化为Ⅱ型肺泡上皮细胞，后者可进一步分化为Ⅰ型肺泡上皮细胞，也有人发现干细胞可直接分化为Ⅰ型肺泡上皮细胞。

有研究人员采用大鼠肺损伤模型进行研究，他们将4′,6-二脒基-2-苯基吲哚（4′,6-diamidino-2-phenylindole，DAPI）（一种荧光染料）标记的MSC植入肺损伤的大鼠体内，结果显示，MSC可在损伤的大鼠肺组织中存活，并可表达上皮细胞特有的角蛋白，表明植入的MSC可分化为上皮细胞。通过进一步的病理学观察发现，植入MSC的肺损伤大鼠肺间质及成纤维细胞的增生明显减轻，基质成分及胶原的生成显著减少，表明MSC的植入明显减轻了肺部的纤维化病变，减缓了疾病的进展。

研究还显示，植入MSC后，在肺纤维化中起重要促进作用的细胞因子（如转化生长因子β_1、血小板源性生长因子A、B及胰岛素样生长因子等）的mRNA在肺损伤大鼠肺组织中的表达均有不同程度的减少，表明MSC还可通过调节细胞因子的表达来减轻肺纤维化的形成。此外，还有报道显示，Ⅱ型肺泡上皮细胞本身也是一种内源性干细胞，可用来修复肺损伤。研究证明，MSC是一种具有多向分化潜能的多能干细胞，在适当条件下，可向包括内皮祖细胞在内的多系细胞分化。而内皮祖细胞移植可促进梗死的肺动脉、心肌、动脉粥样硬化或下肢血管闭塞血管新生，改善局部血流。

与其他器官相比，干细胞移植治疗肺部疾病起步较晚，应用于临床之前尚有许多问题亟待解决，如干细胞进入肺脏后如何归巢？如何与局部微环境发生关系并进行恰当的分化？如何对移入的干细胞生存和分化进行控制？相信在不久的将来干细胞移植一定会为ALI/ARDS等肺部疾病的预防和治疗带来革命性的方法。

二、细胞参与肺损伤修复的机制

干细胞是如何参与肺损伤修复的呢？其机制不外乎是各种干细胞移植到肺循环后可定植且向支气管上皮细胞、肺泡上皮细胞、肺血管内皮细胞等多个胚层来源的细胞分化。重建肺的某些结构，如呼吸性细支气管、肺泡，形成了众多侧支循环等，改善了肺通气、肺灌流。从而恢复了肺的正常功能。二是通过旁分泌机制分泌促血管生成的物质，如 VEGF、肝细胞生长因子（HGF）、胰岛素样生长因子（IGF-1）、G-CSF 等，从而促进血管新生。

研究显示，在组织受到损伤后，骨髓来源的干细胞流入靶组织并分化成为该组织的结构细胞包括成纤维细胞，其机制之一是干细胞转分化即横向分化（trans-differentiation），其为来源于供者骨髓的细胞在受者的多种实质器官组织中会被检出提供了有利证据；另一种可能的机制是干细胞分化过程中存在细胞融合现象，即与相应组织细胞的直接接触可能是影响干细胞定向分化的关键因素。在干细胞参与组织修复过程中，这两种机制都有可能或者两者同时存在。其具体机制在于干细胞应用的基础——调控。干细胞的调控是指给出适当的因子条件，对干细胞的增殖和分化进行调控，使之向指定的方向发展。

（一）内源性调控

干细胞自身有许多调控因子可对外界信号起反应从而调节其增殖和分化，包括调节细胞不对称分裂的蛋白、控制基因表达的核因子等。另外，干细胞在终末分化之前所进行的分裂次数也受到细胞内调控因子的制约。

1. *细胞内蛋白对干细胞分裂的调控* 干细胞分裂可能产生新的干细胞或分化的功能细胞。这种分化的不对称是由于细胞本身成分的不均等分配和周围环境的作用造成的。细胞的结构蛋白，特别是细胞骨架成分对细胞的发育非常重要。如在果蝇卵巢中，调控干细胞不对称分裂的是一种称为收缩体的细胞器，包含有许多调节蛋白，如膜收缩蛋白和细胞周期素 A。收缩体与纺锤体的结合决定了干细胞分裂的部位，从而把维持干细胞性状所必需的成分保留在子代干细胞中。

2. *转录因子的调控* 在脊椎动物中，转录因子对干细胞分化的调节非常重要。比如在胚胎干细胞的发生中，转录因子 Oct-4 是必需的。Oct-4 是一种哺乳动物早期胚胎细胞表达的转录因子，它诱导表达的靶基因产物是 FGF-4 等生长因子，能够通过生长因子的旁分泌作用调节干细胞以及周围滋养层的进一步分化。Oct-4 缺失突变的胚胎只能发育到囊胚期，其内部细胞不能发育成内层细胞团。另外，白血病抑制因子（LIF）对培养的小鼠 ES 细胞的自我更新有促进作用，而对人的成体干细胞无作用，说明不同种属间的转录调控是不完全一致的。又如 Tcf/Lef 转录因子家族对上皮干细胞的分化非常重要，Tcf/Lef 是 Wnt 信号通路的中间介质，当与 β-Catenin 形成转录复合物后，促使角质细胞转化为多能状态并分化为毛囊。

（二）外源性调控

除内源性调控外，干细胞的分化还可受到其周围组织及细胞外基质等外源性因素的影响。

1. *分泌因子* 间充质干细胞能够分泌许多因子，维持干细胞的增殖、分化和存活。有两类因子在不同组织甚至不同种属中都发挥重要作用，它们是 TGF-β 家族和 Wnt 信号通路。比如 TGF 家族中至少有两个成员能够调节神经嵴干细胞的分化。最近研究发现，胶质细胞衍生的神经营养因子（GDNF）不仅能够促进多种神经元的存活和分化，还对精原细胞的再生和分化有决定作用。GDNF 缺失的小鼠表现为干细胞数量的减少，而 GDNF 的过度表达导致未分化的精原细胞的累积。Wnt 的作用机制是通过阻止 β-Catenin 分解从而激活 Tcf/Lef 介导的转录，促进干细胞的分化。比如在线虫卵裂球的分裂中，邻近细胞诱导的 Wnt 信号通路能够控制纺锤体的起始点和内胚层的分化。

2. *膜蛋白介导的细胞间的相互作用* 有些信号是通过细胞 - 细胞的直接接触起作用的。β-Catenin 就是一种介导细胞黏附连接的结构成分。除此之外，穿膜蛋白 Notch 及其配体 Delta 或 Jagged 也对干细胞分化有重要影响。在果蝇的感觉器官前体细胞，脊椎动物的胚胎及成年组织包括视网膜神经上皮、骨骼肌和血液系统中，

Notch 信号都起着非常重要的作用。当 Notch 与其配体结合时，干细胞进行非分化性增殖；当 Notch 活性被抑制时，干细胞进入分化程序，发育为功能细胞。

3. 整合素（integrin）与细胞外基质　整合素家族是介导干细胞与细胞外基质黏附的最主要的分子。整合素与其配体的相互作用为干细胞的非分化增殖提供了适当的微环境。比如当 β_1 整合素丧失功能时，上皮干细胞逃脱了微环境的制约，分化成角质细胞。此外，细胞外基质通过调节 β_1 整合素的表达和激活，从而影响干细胞的分布和分化方向。

（三）干细胞的可塑性

越来越多的证据表明，当成体干细胞被移植入受体时，它们表现出很强的可塑性。通常情况下，供体的干细胞在受体中分化为与其组织来源一致的细胞。而在某些情况下干细胞的分化并不遵循这种规律。1999 年 Goodell 等分离出小鼠的肌肉干细胞，体外培养 5d 后，与少量的骨髓间充质细胞一起移植入接受致死量辐射的小鼠中，结果发现肌肉干细胞会分化为各种血细胞系。这种现象被称为干细胞的横向分化。关于横向分化的调控机制目前还不清楚，大多数观点认为干细胞的分化与微环境密切相关。可能的机制是，干细胞进入新的微环境后，对分化信号的反应受到周围正在进行分化的细胞的影响，从而对新的微环境中的调节信号做出反应。

三、细胞移植治疗肺损伤的证据

早在 20 世纪 50 年代，医生已经开始在临床治疗中应用干细胞了，这就是人们所熟知的利用骨髓移植来治疗血液系统疾病，其主要成分就是干细胞大家族中的一份子——造血干细胞。到 20 世纪 80 年代末，外周血干细胞移植（PBSCT）技术也逐渐推广开来，其中绝大多数为自体外周血干细胞移植（APBSCT），而其主要用途仍然是白血病等血液系统疾病的治疗。

自 20 世纪 90 年代以来，干细胞技术逐步成熟，开始向血液系统以外的治疗领域渗透，并在基础研究及一些临床应用中相继取得了可喜的进展。应用 APBSCT 技术治疗难治性自身免疫病自 1997 年美国实施了临床第 1 例起，目前全球已经积累了 500 多个病例资料，总体效果比较令人满意。根据协和医院的经验，在接受治疗的 30 多位患者中，无论是移植相关死亡率、还是复发率等指标都比较理想，为不少重症系统性红斑狼疮、风湿性关节炎、多发性硬化病患者提供了新的治疗选择。

干细胞能否应用于肺脏疾病的治疗，最关键的是要找到干细胞是否具有分化为支气管上皮细胞、肺泡上皮细胞、肺血管内皮细胞等多个胚层来源的细胞，且能重建肺脏的通气换气功能。其临床应用的结果是肯定的。

EPCs 是一种多能干细胞，能循环、增殖并分化为血管内皮细胞，但尚未表达成熟血管内皮细胞表型特征。EPCs 与造血干细胞共同起源于胚胎期胚外中胚层的血岛，造血干细胞位于血岛中心，内皮前体细胞位于边缘部，二者还具有很多共同的细胞表面抗原，因此，推测它们起源于共同的前体细胞造血／成血管细胞。个体出生后，EPCs 定居于骨髓，它可以从骨髓释放，并在外周循环中运行，在损伤信号的诱导下迁移到损伤局部，分化为成熟内皮细胞，参与血管新生和修复。

使用骨髓体外培养的贴壁细胞，主要表达 CD13、SH2、SH3、CD29、CD90、CD100、CD166 和 CD49 b 抗原，属间充质干细胞，经绿色荧光蛋白标记后注射给急性心肌梗死的裸鼠，心肌梗死区域有大量表达绿色荧光的新生血管生成，能显著减轻残留心肌细胞的凋亡和胶原形成，明显改善心脏功能。临床研究亦证实，分离急性心肌梗死患者自体骨髓间充质干细胞（MMSC），用心导管经梗死区的供血动脉移植到心肌梗死部位，能减少心肌梗死范围并提高心功能，其原理是因为 MMSC 在坏死区域分化形成心肌细胞和血管内皮细胞及血管平滑肌细胞，后两者参与构建形成了新生血管。一些临床研究为减少创伤以及增加治疗局部 MMSC 的浓度，采用动脉导管，将采集到的骨髓制备单个核细胞后直接经冠状动脉注射到梗死区域，起到了更好的修复心肌细胞和促进血管新生的效果。导管治疗与开胸直接心肌注射相比，无疑是一个更为简便而安全有效的新途径。除心肌梗死的治疗实验证实 MMSC 能够分化为血管内皮细胞及平滑肌细胞外，MMSC

用于肢体缺血性血管疾病的治疗将更为直接地证明其具有修复损伤血管和重建新生血管的能力。以往对于血栓闭塞性脉管炎等病例，主要应用一些血管活性药物和溶栓疗法，但大部分患者仍面临肢体坏死和截肢的危险。以后人们又采用从外周血或骨髓干细胞群中分离出的“内皮干细胞”进行治疗。但纯化的内皮干细胞治疗效果不如骨髓干细胞更能促进血管生成。而 MMSC 的应用能够有效地在缺血坏死区域形成新生血管网，使坏死组织获得新生。此外，大量实验还显示 MMSC 在皮肤创伤、烧伤中也具有明显促进伤口愈合的作用，其中增加新生血管生成是发挥疗效的重要原因。此外，MMSC 还可能通过释放 VEGF 等血管生长因子来促进新生血管生成。因此，上述众多实验结果证实，MMSC 具有分化生成内皮细胞和新生血管的能力，而这一功能十分有利于肺部疾病如肺动脉高压的治疗。

肺动脉高压（pulmonary artery hyper-tension，PAH）是一个严重危害生命健康的肺心血管疾病，分为原发性和继发性两种，原发性少见，而继发性 PAH 常见于因各种慢性阻塞性肺疾病导致的缺氧或高原低氧环境，又称为低氧性 PAH，是肺心病发生的核心环节；继发性 PAH 还常见于先天性心脏病大量血液分流，严重者成为器质性梗阻性 PAH 丧失外科手术的机会，预后不良。

近十几年来人们对 PAH 的发病机制进行了大量的研究，结果显示肺血管重构是 PAH 持续发展的主要病理基础，因此，如何阻止及逆转肺血管重建是有效防治 PAH 的关键环节。既往针对PAH 的常见治疗措施，如吸入一氧化氮（NO）及使用钙拮抗药、前列环素等血管舒张药物，往往偏重于适度扩张肺血管的作用，这类药物如果不具备抗增殖效应，则不能从根本上逆转肺血管的重建，治标不治本，从而无法阻止 PAH 的继续发展。因此，要想从根本上解决肺动脉高压的问题，必须从其病理发生机制入手，采取逆转肺血管重建和扩大血管床横切面积的方法来解决。但目前研究较多的是各种药理学干预途径，着眼于对抗各种促增殖因子的作用，或抑制调节和诱导平滑肌增殖、迁移、基质蛋白酶类的活性，诱导细胞凋亡。这些措施虽然对 PAH 起到了一定的治疗和缓解作用，但尚不能有效地逆转 PAH 发生的病理生理基础。而近年来兴起的干细胞基因治疗技术有可能从根本上解决 PAH 的病理基础，实现 PAH 治疗效果上的重大突破。

贵阳医学院组织工程与干细胞实验中心 VEGF 基因转染骨髓间充质干细胞移植治疗实验性肺动脉高压的实验在这一领域进行了有益的探索。在前期的研究中曾使用骨髓间充质干细胞治疗野百合碱所致的急性肺损伤大鼠模型，治疗后 1 个月，MSC 移植组（M 组）大鼠肺动脉压力较单纯肺动脉高压组（H 组）显著减低。肺动脉重构得到有效逆转且右心室收缩压、右心指数、血气及肺小动脉的微观结构和超微结构的改变均得到显著改善。初步研究结果显示，使用干细胞治疗肺脏疾病是极其具有前景的一种新的治疗方法。

肺纤维化（pulmonary fibrosis，PF）是一种病因不明、发病机制不清的弥漫性肺间质疾病，以逐渐加重的肺部损伤导致肺泡结构紊乱和肺组织纤维化为特征，最终导致呼吸功能丧失，预后极差。以皮质类固醇激素、免疫抑制药和细胞毒药物为主导的传统抗炎治疗效果欠佳，且有潜在的严重副作用，因此寻找治疗 PF 的其他有效方法是当务之急。未来的治疗新方向是阻断 PF 病理过程中的关键环节—即异常的上皮细胞与基质间的相互作用，成纤维细胞的产生和增殖，细胞外基质和胶原的过度沉积。最新的研究结果表明，骨髓干细胞可能在 PF 中发挥重要作用，因此，运用干细胞疗法可能成为今后 PF 治疗的发展趋势。

传统观念认为 PF 中的成纤维细胞来源于肺组织内部的细胞，但最新的研究发现骨髓祖细胞在 PF 中的作用不能排除。Phan 先给小鼠移植表达增强型绿色荧光蛋白（EGFP）转基因小鼠的骨髓细胞，然后用博来霉素（bleomycon，BLM）诱导部分小鼠产生 PF，同时另一部分小鼠作为对照。结果发现博来霉素诱导的小鼠纤维化的肺中绿色荧光蛋白（GFP）阳性细胞占 27.5% 以上，并且表达代表成纤维细胞的 I 型胶原（Col-I），而在对照组小鼠肺中 GFP 阳性细胞只有 5%，这说明 PF 中产胶原的成纤维细胞有一部分可能来源于骨髓祖细胞。实验表明，骨髓祖细胞之所以汇集并流入受损伤的肺组织，可能是由于损伤肺中产生了一些特殊的信号。来源于骨髓祖细胞的成纤维细胞上表达有趋化因子受体 CCR7 和 CXCR4，其配体为基质细胞源性因子（stroma-cell derivative factor，SDF）-1a 和第二淋巴化学因子（slcmrnas，SLC）。而在博来霉素诱导的纤维化小鼠肺中，检测到 SDF-1a 和 SLC 的水平显著高于对照组。因此推测，这些配体在纤维化肺中的高度表达可能是使骨髓祖细胞趋向于损伤肺组织的原因。另外，在一对放射性 PF 的研究中发现，在骨髓祖细胞进入损伤肺组织形成成纤维细胞之前，有大量源于骨髓的巨噬细胞先流入肺，因此，极有可能是这些巨噬细胞产生了 SDF-1a 和 SLC 或其他使骨髓祖细胞趋化的物质。

实验发现，MSC 上的主要黏附分子 CD44 的配体透明质烷（hyalcuronan，HA）和骨桥蛋白在 BLM 诱导的纤维化肺组织中较正常肺含量显著升高，推测其可能是导致 MSC 对纤维化的肺组织有明显趋化迁移倾向的机制之一。早期 MSC 的移入可明显减轻 PF，暴露于 BLM 7d 后才注入 MSC 的雌鼠和暴露后未注入 MSC 的雌鼠其肺组织纤维化程度和损伤均较严重，且两者无明显差别。而暴露后立即注入 MSC 的雌鼠解剖后发现仍有大片未破坏的具有正常肺泡结构的肺组织，且肺部损伤轻微，甚至未发现明显的纤维化。由此推断，MSC 的迁移对 BLM 诱导的纤维化的肺组织的确有保护作用，并且其减少胶原沉积、降低 MMP 活性、减轻肺部损伤及纤维化程度的效应发生在 PF 病理过程的早期。

由于骨髓中存在多种干细胞，Phan 等的研究证实导致 PF 的一种成纤维细胞亚群来源于骨髓祖细胞，因此，应首先阻止骨髓中这些对纤维化有促进作用的干细胞流入。而与骨髓中其他干细胞不同的是，MSC 对纤维化的肺组织有明显的修复作用，因此，采用干细胞疗法应首先将 MSC 从骨髓中分离提纯出来。由于骨髓 MSC 在体外培养时有贴壁生长的特点，因此，可以较容易地通过换液使之与悬浮集落生长的造血干细胞分离开，并进行分选培养，而且 MSC 在体外经长期的连续培养和冷冻保存后均不会改变其分化潜能。因此，从 PF 患者的骨髓中分离培养扩增 MSC，并将其纯化后重新输入患者体内，采用有效的方法进行体内诱导，使之定向分化产生新的正常的肺上皮细胞，修复损伤的肺组织，将从根本上阻止 PF 的发生。

PF 的传统疗法效果甚微，确诊后平均存活期为 2 ~ 4 年，5 年生存率为 30% ~ 50%。随着对其研究的深入，在细胞和分子水平上更加倾向于 PF 的本质是一种异常的损伤修复过程，进一步治疗的目的应是保护肺泡上皮细胞，并促进损伤肺泡上皮细胞的正常修复；防止并抑制肺成纤维细胞的增殖及其向肌成纤维细胞的转型，并诱导成纤维细胞凋亡。Luis 等在用 BLM 诱导小鼠产生 PF 的实验表明，MSC 有明显趋向纤维化的肺组织的倾向，并且在早期，它可以迅速增殖更新和修复损伤的肺泡上皮细胞，并抑制成纤维细胞的增殖和胶原的沉积。MSC 的这一特性恰恰针对 PF 病程中上述两个关键的病理环节，因而，可以从根本上治疗 PF，是以往任何药物都不可及的。

Kocher 等研究发现干细胞疗法在治疗肺脏疾病中有其独特的优势。首先，干细胞可以主动迁移寄居至损伤部位，这一特征使之可以用简单的静脉注射方式进入体内难以接近的地方，尤其在肺中显示出一个相当高水平的摄取量，然后用以组织修复；其次，干细胞的中心作用是维持组织的正常活动，介导自身调节过程，较其他细胞类型和治疗模式更为安全有效。如果组织微环境受到严重破坏或发生器质性病变（纤维化、硬化）时，可将干细胞在体外进行加工处理（诱导、基因修饰）后再移殖到病变组织，如应用于肝硬化、心肌梗死等的治疗。

干细胞治疗肺部疾病的研究结果大多数还都是来自于动物体内实验，缺乏足够的临床实验依据，机制尚不十分明确，而且多数动物实验的后期观察不超过 1 年，所以干细胞治疗的长期效应尚未完全明了。另外，一些干细胞如 MSC 等数量极少且在体外扩增比较困难，如何在体外获得充足的可供移植的干细胞是一个关键问题。许多实验均提示 MSC 的横向分化机制及最终分化趋向取决于其所处的微环境，而目前我们尚缺乏有效的方法对其进行体内诱导，因此，在治疗过程中，有可能不能控制细胞的某些特征，使它们向人们所不希望的方向分化而出现非正常的组织结构修复。虽然在干细胞治疗方面我们仍面临巨大挑战，但相信随着研究的的深入，这些问题都将得到解决，运用干细胞进行治疗将成为肺部疾病的最有效的治疗方法而给肺部疾病患者带来福音。

四、细胞移植治疗肺部疾病的实例

（一）慢性阻塞性肺疾病

慢性阻塞性肺疾病（chronic obstuructive pulmonary disease，COPD）是一组以气流受限为特征的肺部疾病，气流受限不完全可逆，呈进行性发展，但是COPD可以预防和治疗的疾病。COPD 主要累及肺部，但也可以引起肺外各器官的损害。COPD 是全世界死亡率的第 5 位因素，而且 COPD 的患病率和死亡率有逐年上升的趋势。

1. *发病机制*　目前对 COPD 发病机制的观点是香烟刺激物诱导炎性细胞的聚集，炎性细胞释放活性氧和蛋白水解酶，引起肺基质的毁损和结构细胞的死亡。最近的研究认为肺组织结构细胞的凋亡可能在 COPD 的发病机制中有很重要的作用。对 COPD 患者肺组织切片的研究发现肺泡上皮细胞和内皮细胞的凋亡增加，而这些结构细胞的增殖并没有均衡的增加，因而可促进肺组织的毁损和肺气肿的发生。而且在严重的 COPD 动物模型中发现，在肺气肿的发展中显著缺乏炎性细胞。

2. *病理*　COPD 特征性的病理学改变存在于中央气道、外周气道、肺实质和肺的血管系统。在中央气道（气管、支气管以及内径＞2～4mm 的细支气管），炎症细胞浸润表层上皮，黏液分泌腺增大和杯状细胞增多使黏液分泌增加。在外周气道(内径＜2mm的小支气管和细支气管)内，慢性炎症导致气道壁损伤和修复过程反复循环发生。修复过程导致气道壁结构重塑、胶原含量增加及瘢痕组织形成，这些病理改变造成气腔狭窄，引起固定性气道阻塞。

COPD 患者典型的肺实质破坏表现为小叶中央型肺气肿，涉及呼吸性细支气管的扩张和破坏。病情较轻时这些破坏常发生于肺的上部区域，但随着病情发展，可弥漫分布于全肺，并有肺毛细血管床的破坏。

COPD 肺血管的改变以血管壁的增厚为特征，这种增厚始于疾病的早期。COPD 晚期继发肺心病时，部分患者可见多发性肺细小动脉原位血栓形成。

3. *治疗*　动物实验证明即使没有炎性细胞的聚集，肺泡壁细胞或内皮细胞凋亡也足够引起肺气肿的发生。越来越多的证据证明了炎症、蛋白酶／抗蛋白酶失衡、氧化应激与凋亡相互作用导致 COPD 发病的复杂性。因此，有待于进一步研究在 COPD 发病过程中凋亡的途径，以及进一步评估是否抗凋亡或再生可以成为阻止疾病进一步恶化的靶点。在健康肺组织的毁损过程中凋亡和再生失衡现象也提示应用干细胞治疗肺气肿疾病的可能。

最近的干细胞的研究给组织损伤和再生的传统治疗观点带来了新的希望。实验发现骨髓间充质干细胞（MSC）有迅速增殖的潜能，但是由于呼吸系统结构和功能的复杂性，呼吸系统干细胞的研究发展很慢。Ortiz 报道了骨髓来源干细胞可能减轻博来霉素诱导的肺纤维化，第一次提出骨髓来源的干细胞对肺组织疾病具有显著效果。近年来关于干细胞对肺损伤的研究逐渐开展起来，争议众多，焦点在于 MSC 是否对损伤的肺组织有修复作用以及分化为哪种类型的肺组织细胞。Mauricio Rojas 应用博来霉素和白消安处理的肺损伤模型，在 GFP-MSC 移植后，发现肺内 GFP 阳性细胞可以分化为 I 型肺泡上皮细胞、II 型肺泡上皮细胞、成纤维细胞、肌纤维母细胞和内皮细胞。但是由于试验方法和技术的不同，如骨髓干细胞的提取、肺损伤的方法、移植物在组织中的检测方法不同，众多实验小组的研究结果不同，检测到 HSC/MSC 在肺内分化为不同类型的细胞。目前肺损伤后移植干细胞的量、时机以及干细胞在肺内的修复作用还没有明确的肯定。

骨髓 MSC 不仅具有分化能力还有分泌功能，能够分泌多种细胞因子，例如 IL-6、IL-7、IL-8、IL-11、IL-12、IL-14、IL-15 以及白血病抑制因子（LIF）、粒 - 巨噬细胞集落刺激因子（GM-CSF）、干细胞因子、血管内皮生长因子（VEGF）、碱性成纤维细胞生长因子（bFGF）、神经生长因子（NGF）、脑源性神经营养因子（BDNF）等。

实验研究发现，大鼠肺泡壁细胞特别是Ⅱ型肺泡上皮细胞凋亡参与肺气肿的形成，Bax蛋白的表达上调可能是导致肺气肿大鼠肺泡壁细胞的凋亡的原因之一。大鼠骨髓间充质干细胞移植对大鼠肺气肿有修复作用，骨髓MSC移植能够减轻木瓜蛋白酶和^{60}钴照射所致肺气肿改变，可能与骨髓MSC移植抑制肺气肿大鼠肺泡壁细胞的凋亡，移植的MSC在受体肺组织中的植入和分化为Ⅱ型肺泡上皮细胞有关。

（二）急性肺损伤和急性呼吸窘迫综合征

急性肺损伤（acute lung injury，ALI）和急性呼吸窘迫综合征（acute respiratory distresssyndrome，ARDS）主要由于感染、创伤、中毒、失血等病因使肺泡-毛细血管膜损伤、通透性增加而导致大量蛋白和炎症细胞因子的渗出，其特征是广泛的肺微血管内皮细胞及肺泡上皮的坏死、凋亡及功能失调。

1．*病理生理与发病机制*　ALI/ARDS的基本病理生理改变是肺泡上皮和肺毛细血管内皮通透性增加所致的非心源性肺水肿。由于肺泡水肿、肺泡塌陷导致严重通气／血流比例失调，特别是肺内分流明显增加，从而产生严重的低氧血症。肺血管痉挛和肺微小血栓形成引发肺动脉高压。

ARDS早期的特征性表现为肺毛细血管内皮细胞与肺泡上皮细胞屏障的通透性增高，肺泡与肺间质内积聚大量的水肿液，其中富含蛋白及以中性粒细胞为主的多种炎症细胞。中性粒细胞黏附在受损的血管内皮细胞表面，进一步向间质和肺泡腔移行，释放大量促炎介质，如炎症性细胞因子、过氧化物、白三烯、蛋白酶、血小板活化因子等，参与中性粒细胞介导的肺损伤。除炎症细胞外，肺泡上皮细胞以及成纤维细胞也能产生多种细胞因子，从而加剧炎症反应过程。凝血和纤溶紊乱也参与ARDS的病程，ARDS早期促凝机制增强，而纤溶过程受到抑制，引起广泛血栓形成和纤维蛋白的大量沉积，导致血管堵塞以及微循环结构受损。ARDS早期在病理学上可见弥漫性肺损伤，透明膜形成及Ⅰ型肺泡上皮或内皮细胞坏死、水肿，Ⅱ型肺泡上皮细胞增生和间质纤维化等表现。

少数ALI/ARDS患者在发病第1周内可缓解，但多数患者在发病的5～7d后病情仍然进展，进入亚急性期。在ALI/ARDS的亚急性期，病理上可见肺间质和肺泡纤维化，Ⅱ型肺泡上皮细胞增生，部分微血管破坏并出现大量新生血管。部分患者呼吸衰竭持续超过14d，病理上常表现为严重的肺纤维化，肺泡结构破坏和重建。

2．*细胞治疗*　近年来研究发现EPCs参与了炎症疾病的修复，各种炎症损伤的刺激，可使骨髓中的EPCs释放到外周血中。内皮祖细胞是一类可以分化为成熟内皮细胞的前体细胞，不仅参与人胚胎血管的形成，同时也参与出生后血管的形成、再内皮化和机体损伤后的修复过程。EPCs在正常状态下定居于骨髓；在缺氧、缺血、炎症、外伤等因素刺激下，从骨髓基质脱离，移行到外周血中，逐渐迁移、定居于缺血组织，并分化、嵌合入新的血管。

研究显示患者外周血EPCs的数量在脓毒症（sepsis）发生48h内显著升高，并且高于无脓毒症发生的患者及正常对照组。在LPS所致ALI的小鼠模型中观察到，LPS给药后促进大量骨髓来源的祖细胞的快速动员、归巢到炎症部位，并分化为上皮细胞和内皮细胞；说明炎症促进炎症细胞释放的同时也促进祖细胞的释放，并且这些祖细胞能嵌合到损伤组织，参与损伤组织的修复；提示EPCs在肺组织血管修复，维持器官结构中起重要作用。研究证明急性社区获得性肺炎患者外周循环中的EPCs数量增加（正常成年人外周的EPCs细胞数仅2～3个／ml），而低水平的EPCs患者肺组织中可见瘢痕样的纤维化样改变，提示EPCs在肺修复中起重要作用。研究了中、重度肺炎所致的内皮系统破坏，通过肺的DSA体层数字减影血管造影分析发现在急性阶段EPCs数量远远超过恢复期，并且低数量EPCs患者在恢复期有持续的纤维化改变，该研究提供了强有力的证据：EPCs从骨髓中释放到炎症部位，并可以分化为内皮表型，说明EPCs参与肺的修复。

收集了ALI患者的外周血，体外诱导培养7d后发现EPCs的数量比健康组高2倍，集落数<35个单位数的患者的死亡率显著增加。

在左肺移植所致 ALI 的大鼠模型中，经静脉给予体外培养的 EPCs，研究发现外源性的内皮祖细胞归巢到受损伤的左肺，在移植左肺可见到 EPCs 整合到血管状结构中，但在大的肺血管仅有少量的免疫荧光信号，在肺泡的血管间隔及增厚的肺泡隔内也可见到 Dil 标记的 EPCs，但在肺泡和血管腔内没有发现 EPCs，在正常的右肺组织及其他器官也没有发现外源性的 EPCs，提示 EPCs 仅参与损伤血管的修复，对正常血管无作用，对维持炎症组织、损伤血管的完整和重建具有重要意义。

这些研究为 EPC 移植防治 ALI 提供了理论依据，同时也为 ALI 的靶向治疗提供了新的思路：①可利用药物或细胞因子刺激内源性的干细胞，或募集外源性的干细胞促进组织再生和修复；②利用外源性的干细胞移植以助于组织或器官的再生和修复；③引入外源性的基因材料以修复细胞功能。相信随着干细胞生物学研究的不断深入，将为 ALI 和其他肺部疾病提供新的有效的临床治疗手段，EPCs 作为一个潜在的 ALI 的细胞治疗方法是令人期待的。

（三）肺动脉高压

肺动脉高压（pulmonary artery hypertension，PAH）是难治性疾病，是一种少见疾病，因其病因不明，而分为原发性肺动脉高压和继发性肺动脉高压。其中原发性肺动脉高压是肺动脉的内皮肿瘤，相当于内皮细胞恶变后快速在肺动脉血管腔中生长并填充，所有静脉血因此都被肺动脉挡在一侧。如无正确治疗，患者很快会死于难以纠正的右心衰竭，常见的初始症状如下：呼吸困难（60%），疲乏（73%），胸痛（47%），眩晕（41%），水肿（37%），晕厥（36%），心悸（33%）。常见的引起继发性肺动脉高压的先天性心脏病包括：主动脉狭窄、主肺动脉窗、房间隔缺损、完全性房室间隔缺损、动脉缩窄、扩张性心肺动脉高压肌病、右心室双出口、肥厚性心肌病、二尖瓣狭窄、动脉导管未闭、单心室、永存动脉干、室间隔缺损，其肺动脉高压的程度取决于相关的心脏畸形。

1. *发病机制*　PAH 的发病机制比较复杂，几年来有研究表明环境因素可以引起遗传易感人群肺内皮细胞凋亡，而导致血管退行性变闭塞，或者一些对凋亡不敏感，具有高度增殖能力的内皮细胞过度增生，使血管狭窄闭塞，不管血管阻塞的机制如何，设法生成毛细微血管的可能是恢复 PAH 病人血流动力学的一个新的有效的治疗手段，而具有生成血管能力的内皮前体细胞（EPCs）的发现无疑为重建 PAH 患者毛细微血管床提供了希望，

2. *病理改变*　主要累及肺动脉和右心，表现为右心室肥厚、右心房扩张；肺动脉主干扩张，周围肺小动脉稀疏；肺小动脉内皮细胞、平滑肌细胞增生肥大，血管内膜纤维化增厚，中膜肥厚，管腔狭窄、闭塞，扭曲变形，呈丛状改变。肺小静脉也可以出现内膜纤维增生和管腔阻塞。

原发性肺动脉高压常见的肺小动脉的病理改变：

（1）小动脉中膜肥厚和细动脉肌化：是早期的血管改变，以显著的小动脉中膜增厚和无肌层的泡内动脉肌化为特征。

（2）内膜增生：①内膜细胞性增生，此时疾病处于较早的阶段，病变具有可逆性；②向心性板层性（洋葱皮样）内膜纤维化，由肌成纤维细胞和弹力纤维组成，被丰富的无细胞结缔组织基质分隔，多属于不可逆性改变，反映病情进展到了较严重的阶段。内膜增生导致肺血管床减少。

（3）原位血栓形成：偏心性内膜板层样纤维化于肺血管随机分布，是局部血栓形成和再通的结果，尽管有人认为这可能是肺内微血栓栓塞，然而至今尚未发现 PAH 患者有微栓子来源。

（4）丛样病变：丛样病变是由成肌纤维细胞、平滑肌细胞和结缔组织基质作为骨架的内皮管道局灶性增生，局限于小肺动脉和泡内肺动脉，并有动脉壁扩张和部分破坏，病变内有纤维蛋白血栓和血小板，病变可进入血管周围结缔组织。多发生在动脉分叉或新生动脉发源处。特发性肺动脉高压易发生在血管外径＜ 100 μm 的动脉。丛样病变并非是特发性肺动脉高压所特有的病理改变，其实也见于其他疾病，如先天性心脏病左向右分流性肺动脉高压。

3. *细胞治疗*　在 20 世纪 90 年代以前，医学界对这种疾病确实缺少治疗手段。但此后一些新的药物陆续被研发出来，患者 5 年或 10 年平均生存率可提高数倍。除药物之外，活体肺移

植、房间隔造瘘等新疗法也不断出现，也就是说，对于肺动脉高压，现在已经有了多种治疗手段。近年来，再生手段和基因治疗用于PAH的治疗已有报道。再生健康的内皮细胞，如内皮祖细胞、内皮样祖细胞、骨髓细胞和骨髓间充质干细胞可用于此治疗，转染肾上腺髓质素（Adrenomedulin，AM）或一氧化氮合酶增加内皮细胞分泌也得到应用。

1997年，Asahara等首次在Science上报道了骨髓中存在内皮祖细胞（endothelial progenitor cell，EPC）。当组织缺血或损伤的时候，EPC从骨髓中动员到外周血中，再局部分化为成熟的内皮细胞。这一发现转变了人们关于血管发生（vasculognesis）仅存在于胚胎发育阶段的观点。血管发生不同于血管再生（angiogenesis），新生血管是由EPC或血管祖细胞（angioblasts）形成而来的，而血管再生则是由已存在的成熟的内皮细胞移行形成新生的血管。由于EPC并没有一个单一独特的标记物，所以EPC的定义比较复杂。Uebich等将EPC定义为能够分化为内皮细胞的具有克隆形成能力和干细胞特征的非内皮细胞。然而，由于实际操作的原因大家更习惯将其定义为外周血或骨髓中能够附着到基质分子（如纤维连接素，fibronectin）上并表现出acLDL和UA-lectin双阳性的单核细胞。流式细胞术是分离高纯度EPC的一个重要的手段，内皮细胞的标记物KDR和造血细胞标志物CD34及CD133往往被联合应用。EPC可以从不同来源的组织细胞中分离出来，如骨髓、脐血、外周血及培养的单核细胞等。包括有特异性抗体的磁珠可以用来EPC的纯化。进一步的研究表明，EPC可以再分化为两个具有不同细胞生长和分泌促血管生成因子特征的亚群，分别为早期EPC和晚期EPC。早期EPC大多从CD14阳性细胞衍生而来，为梭形，培养2～3周达到生长高峰，大约4周后死亡，它们进行增殖和分化为内皮细胞的潜能较差，其治疗作用多由其分泌的生长因子介导完成。晚期EPC形似卵石，全部为CD14阴性，通常在培养2～3周后出现，4～8周达到对数生长期，可以在体外持续培养到12周，一些研究提示晚期EPC其实是从循环中的血管祖细胞衍生而来。与早期EPC相比它们分泌的细胞因子较少，但是能够分泌较多的sNOS及VEGF受体KDR，在体外形成新生血管的能力更强，因此可能具有更好的治疗作用，目前通过不断的改进培养技术，最早可在5～8d从纤维链接素包被的培养板上分离出晚期EPC。

国内外研究干细胞治疗PAH的效果已受到人们的关注，并逐渐成为研究的热点，干细胞移植治疗PAH的途径主要为经静脉注入循环再到肺组织，也有经气道移植和经气道直接注射肺组织的途径。Sachiko等实验证实经静脉注射一氧化氮合成酶（eNOS）基因转导的MSC细胞可改善MCT诱导的PAH引起的右心室功能减退。MCT诱导的PAH模型与原发性PAH相似，由肺动脉内皮损伤至基质增厚。Takahashi等第一次以气道注射治疗MCT诱导PAH的实验，通过支气管镜用改良的27号针注射EPC到狗气管周围的肺实质，移植的EPC取自自体外周血并进行体外扩增。试验组n-4；对照组注射细胞培养基n-3；EPC移植组肺动脉压力、心排血量和肺血管阻力明显改善，组织学观察显示，小动脉中层血管厚度和新生血管形成得到改善。Baber等研究，对MCT诱导PAH的大鼠气管内注射MSC的效果及其损伤的内皮依赖反应。注射MCT 2周后气管内注射3×10^6个MSC减轻了肺动脉压力和肺血管阻力的上升，修复了肺血管对乙酰胆碱的反应，同时减轻了右心室的肥厚程度。免疫组织化学染色显示气道周围的肺实质中广泛分布着标记的MSC，并提示移植的MSC保留vWF因子和平滑肌肌动蛋白。

虽然研究中都有证据显示EPC可以进入肺组织中，对于细胞移植治疗PAH的一个担心仍然是输入的EPC绝大部分并不停留在肺部，而是经循环后重新回到骨髓或滞留于肝、脾等部位。法国图尔（Tours）市Francois Rabelais大学的Veronique Eder及其同事的一篇评论骨髓间充质干细胞（MCS）治疗缺氧诱发的PAH文章中侧面回答了这个问题，MCS具有更强的多向分化能力，可以分化成骨、软骨、结缔组织以及血管平滑肌等，所以也具有治疗血管疾病的潜力。作者将6周龄的大鼠暴露于缺氧状态3周，引发肺动脉壁重建和PAH然后输入经过标记的

MSC，在 4d 之后 6 个不同时间点检测各脏器的放射活性，结果显示肺部可以稳定的滞留 30% 的放射活性，但是缺氧组和对照组之间没有差别，此研究虽不能说明 MSC 能够改善肺动脉重建，但却非常准确直观地说明了有相当比例（30%）的输入 EPC 等细胞可以滞留在肺实质中从而为其参与肺部血管床再生提供了解剖学证据。

4．干细胞治疗肺动脉高压的临床应用

（1）患者选择

①适应证包括：第一，年龄 18 ~ 70 岁；第二，临床及实验室检查确诊为原发性肺动脉高压或继发性肺动脉高压的患者（以中重度为主）；第三，自愿参加本研究，并签署知情同意书。②禁忌证包括：第一，全身出血性疾病或有出血倾向者；第二，最近的脑血管意外；第三，严重感染和高血压（≥ 199/120mmHg）；第四，出凝血功能障碍；第五，妊娠或哺乳期妇女；第六，严重的心功能不全和肾功能不全的患者；第七，近期（2 周内）有活动性出血、严重的外伤或外科手术史；第八，依从性差。

（2）超选择性肺动脉自体骨髓干细胞移植治疗肺动脉高压

第一，患者准备。治疗前所有病例常规行 3 次动脉血气分析（连续 3d）、血常规检查，胸片、心电图、超声心动图、肺功能检查，可能情况下应作介入肺动脉压测定及肺动脉造影，无创方法可考虑使用 MRI 技术。签署知情同意书的同时向患者解释手术目的、意义、可能的结果及手术后处理等相关问题。

第二，细胞的来源与制备。在骨髓干细胞采集前 3d，给予重组人粒细胞集落刺激因子（G-CSF），按 5 ~ 12 μg/（kg · d），皮下注射，分 2 次，进行骨髓干细胞动员。在骨髓采集室内，严格按照无菌操作，选择患者双侧髂后上棘为穿刺点，2% 盐酸利多卡因注射液局部麻醉后，用多孔骨髓采集针（Biomid 骨髓穿刺骨髓移植专用针北京德迈特贸易有限公司）连接 20ml 注射器（其内装有 25U/ml 的肝素盐水 2m1）缓慢抽取骨髓 180 ~ 300ml，然后装入事先肝素化的干袋中，经 Ficoll 分离液密度梯度离心法进一步分离单个核细胞，用流式细胞仪检测 $CD34^+$ 和 $CDl33^+$ 细胞在所分离出的干细胞悬液中的含量，将单个核细胞用生理盐水制备成干细胞悬液 10ml 待用。

第三，干细胞移植的方法、步骤。应用数字减影血管造影技术（digital subtraction angiography，DSA），采用 Seldinger 法，经右股静脉穿刺，留置 4F 鞘，用泥鳅导丝将导管经右心室送入肺动脉主干，造影明确后，压力测定仪测肺动脉压力后，将干细胞悬液 10ml 缓慢注入肺动脉内，拔除导管，压迫穿刺点约 5min，局部加压包扎。术后常规青霉素抗感染治疗，3d 后患者出院。

第四，干细胞移植术后不良反应与处理。干细胞动员期间可能出现周身酸痛、乏力、骨痛等情况，还可能因“高白细胞血症”引起头晕、头痛、胸闷、气短等症状；个别情况出现发热，恶心呕吐等，可以给予止吐、退热等对症处理。为防止白细胞升高后引起的血液黏滞度增高的不良反应，必要时可采用低分子肝素钙 4 100U/d，皮下注射，进行抗凝，随着动员药物的停用，症状会逐渐消失。干细胞治疗过程中可能出现穿刺点出血，可给予术后按压。

（3）人脐血干细胞静脉输注治疗肺动脉高压

第一，患者准备。治疗前所有病例常规行 3 次动脉血气分析（连续 3d）、血常规检查、胸片、心电图、超声心动图、肺功能检查、可能情况下应做介入肺动脉压测定及肺动脉造影，无创方法可考虑使用 MRI 技术。签署知情同意书的同时向患者解释手术目的、意义、可能的结果及手术后处理等相关问题。

第二，人脐血干细胞的来源与制备。人脐血干细胞的采集分离：以无菌塑料采血袋按密闭式方法采集足月新生脐带血 80 ~ 140ml，无菌条件下将脐带血液采集到含有 AC D-B 保养液的无菌采血袋内，并按照卫生部检测血液的标准检测每一份脐带血液。人脐血干细胞分离：按照样本的体积以 1∶1 的比例，先将 Ficoll-H ypaque 混合溶液加入四联袋的主袋内，利用无菌接口机将盛有 Ficoll-H ypaque 混合溶液的四联袋与脐带血收集袋相连，再将样本血液沿袋壁缓慢加入四联袋主袋内液面上，保持血液和淋巴细胞分离液的界面清晰。将四联袋平衡后置入大型低温离心机内，22℃ 1500r/min 离心 30min。离心后轻轻取出四联袋，将主袋放在分浆夹上，此时袋内的液体自上而下分为5层：血浆血小板层、单个核细胞层、淋巴细胞分离液层、多核细胞层、红细胞层。将血浆血小板层的上2/3液体挤压入四联袋的一空袋内，将剩余的血浆血小板层、单个核细胞层、淋巴细胞分离液层的上部，挤压入四联袋另一空袋内，即为富含单个核细胞的液体。打开0.9%的无菌生理盐水袋与富含单个核细胞／间质干细胞袋的通道，将0.9%的无菌生理盐水加入单个核细胞／间质干细胞袋内，平衡后22℃ 2500r/min 离心 7min，弃去上清液，再重复洗涤1次，根据临床要求用0.9%的无菌生理盐水或脐带血血浆调整悬浮单个核细胞终浓度为 10^9/L。

第三，干细胞移植的方法和步骤。通过手背浅静脉将分离获得的人脐血干细胞输注入肺动脉高压患者体内，细胞数≥ 1×10^8/份，一次2份，间隔7～10d后再次输注，共3次。

第四，干细胞移植术后不良反应与处理。

未见明显不良反应。

5．细胞移植治疗肺动脉高压存在的问题及解决措施　国内外许多基础实验研究与前期临床研究表明：干细胞治疗肺动脉高压有很大的临床应用潜力，临床试验也已经逐渐开展。随着肺血管疾病的病理生理学以及分子生物学和细胞生物学的迅速发展，干细胞治疗肺动脉高压的研究也将会更加深入。由于此项技术临床应用时间短，目前尚不十分成熟，如何保证病变部位干细胞的定植并按需要进行定向分化发育，均有待于进一步研究。

6．干细胞治疗肺动脉高压的前景预测　PAH是一种发病机制复杂、预后差的疾病，早期诊断与合理治疗对改善预后非常重要。近几年，PAH基础研究取得的进展与EPCs的发现促进了细胞治疗的发展。肺血管重构是PAH的主要发病机制，如何阻止及逆转肺血管重构是有效防治PAH的关键环节，目前使用药物治疗血管重构尚无明确进展，而干细胞修复损伤肺血管或者新生肺血管网有可能从根本解决PAH的病理基础问题。初步的实验研究结果与临床治疗取得了令人鼓舞的效果，给PAH患者带来新的希望，但有关EPC治疗PAH的远期效果和应用前景还有待于更多基础与临床研究进行评估。

第二节　细胞移植治疗血液病

一、造血干细胞移植治疗再生障碍性贫血

再生障碍性贫血（aplastic anemia，简称再障）是一种与免疫密切相关、主要由T淋巴细胞介导、具有器官特异性自身免疫病特征的血液系统疾病，多数为特发性。在理化、生物等各种诱因下，引起骨髓造血干细胞及造血微环境的损害，是一种获得性骨髓造血功能衰竭症。其临床特征为全血细胞减少，主要表现为贫血、出血、感染。我国平均年发病率0.74/10万。重型再障指外周血中性粒细胞＜ 0.5×10^9/L、血小板＜ 20×10^9/L、网织红细胞比率＜1%、若网织红细胞百分比高或正常，其绝对值低于正常（15×10^9/L），骨髓造血细胞＜30%的再障，其病情凶险，病死率高，须采取积极有效的治疗，方可获得长期生存。对于新诊断的重型再障患者，标准的针对性治疗包括免疫抑制治疗或异基因造血干细胞移植（allogeneic hematopoietic stem cell transplantation，allo-HSCT）。相对于免疫抑制治疗，allo-HSCT的优势在于：长期存活率高（70%～80%），造血重建快；完全缓解，一般不需要维持治疗；治疗反应稳定；较少发生克隆性疾病；生存质量高。国际移植登记（IBMT R）最近的一项Cohort分析显示，SAA患者行同胞间Allo-HSCT的5年的生存率达到77%。随着预处理方案的改进、组织配型技术的发展、免疫抑制药的应用，支持治疗的改进，再障患者移植后生存率得到明显改善，对于儿童重型和极重型再障，如有HLA相合的同胞供者，异基因HSC

移植，长期生存率达 90%。

（一）allo-HSCT 指征

对于新诊断的再障患者，是首选以抗胸腺细胞球蛋白（antithymocyte globulin，ATG）及环孢素为主的免疫抑制治疗还是选择 allo-HSCT 治疗，主要依据患者的年龄、临床分型及是否有合适供者等因素综合权衡，目前较为公认的认识是：对于年龄≤ 40 岁的重型再障患者，首选 HLA 配型完全相合的同胞供者 allo-HSCT，一般主张一旦确诊，应尽早进行移植治疗，争取在确诊后 3 周内进行；对于依靠输血的非重型再障患者，首选 ATG、环孢素的免疫抑制治疗。2006 年美国血液学会建议，对于年龄≤ 40 岁的重型再障患者，HLA 相合的同胞供者 allo-HSCT 后长期存活率高于免疫抑制治疗，应首选 allo-HSCT，没有同胞供者的则选择免疫抑制治疗；而＞ 40 岁的重型再障患者，allo-HSCT 后长期存活率低于免疫抑制治疗，故应首选免疫抑制治疗，免疫抑制治疗无效或复发的患者可再次使用 ATG，仍无效的如果有无关供者，可行无关供者 allo-HSCT，否则可维持治疗、第 3 次使用 ATG 或改用新的免疫抑制药。

（二）allo-HSCT 治疗预处理方案

预处理的目的是杀灭患者（受体）体内的免疫活性细胞，抑制机体的免疫功能，使患者失去对移植入体内的供者细胞排斥反应的能力，并为供者骨髓提供“空间”，而让供者造血干细胞在受者体内植入成活，从而达到重建患者骨髓造血功能的目的。常用的预处理有免疫抑制药和大剂量放射线照射，欧洲骨髓移植小组（European Bone Marrow Transplant Group，EBMT）SAA 协作组赞成凡年龄 40 岁以下者，应以 CTX+ATG 联合应用为主。

1．常用免疫抑制药

（1）环磷酰胺（CTX）：是最常用的造血干细胞移植前预处理治疗的免疫抑制药，其免疫抑制作用强而迅速，在移植前应用可抑制机体对异体造血干细胞的排斥反应，有利于造血干细胞植活。常用量为 50mg/kg×4d，于移植前 6 ～ 3d，在加用氟达拉滨（Flu）的预处理方案中，环磷酰胺剂量可减小为 120mg/kg。环磷酰胺（CTX）的主要不良反应有出血性膀胱炎、心脏及肝脏损害，应用过程中需加强脏器保护，运用美司钠预防出血性膀胱炎。

（2）马利兰（BU）：4mg/kg×2d，于移植前 10 ～ 9d。可加重环磷酰胺的出血性膀胱炎不良反应，其余不良反应为肾、肺、皮肤损害。

（3）氟达拉滨（Flu）：90 ～ 125mg/m^2（30mg/m^2×3 ～ 5d）。其应用能增加免疫抑制强度，减少移植排斥，不少学者认为可用其取代放疗，减少远期影响。

（4）兔抗人胸腺细胞球蛋白（ATG）：2.5mg/kg×4d，移植前 4 ～ 1d 使用。ATG 常见不良反应有：发热、血清病、骨髓抑制、过敏性休克以及长期随访所见的复发、克隆性病变，甚至继发第二肿瘤等。对于其近期不良反应，可通过延长 ATG 静脉滴注时间至 12h 以上，并在 ATG 静脉滴注前、中、后辅以甲泼尼龙可有效减少 ATG 静脉滴注过程中严重急性过敏反应的发生。

2．大剂量射线照射　机体的淋巴组织对射线高度敏感，大剂量照射后可引起淋巴细胞数量减少，功能严重损伤，使机体免疫功能处于低下状态，失去对移植物的排斥能力，有利于移植的造血干细胞在受者体内存活。目前多采用 ^{60}Co γ 射线或直线加速器，照射剂量按照照射方式而定。照射方式为：一次性全身照射（STBI）、分次全身照射（FTBI）、全淋巴照射（TLI）。一次性全身照射（STBI）免疫抑制作用强，移植后 HVGR 发生率低，但对机体损伤严重，并发症多，早期支持治疗困难，目前较少使用。分次全身照射（FTBI）更适合于白血病移植前的预处理，目前对于再障患者，较常采用的照射方式为全淋巴照射（TLI）。

预处理方案中是否加用放疗是一个值得商榷的问题，在早期的再障移植预处理方案中，较常采用环磷酰胺＋照射治疗，因照射治疗毒副反应及继发肿瘤的风险较大，目前主要采用 CTX+ATG 为主的预处理方案，但含放疗的预处理虽增加了预处理毒性及远期第二肿瘤的风险，其较强的免疫抑制能增加植入机会，目前仍被国际上 1/3 的移植中心所采用。对于年龄超过 40 岁、耐受性差的再障患者，有些中心尝试采用减低强度的预处理方案，以减少预处理相关毒性，同时增加免疫抑制，一般包括氟达拉滨 90 ~ 125mg/m^2，低剂量的环磷酰胺，用或不用 ATG。

3. *常用方案* ① CTX+ATG+BU；② CTX+ATG+Flu； ③ CTX+TBI 10Gy； ④ CTX+TLI 7.5 ~ 8Gy。

（三）移植物抗宿主病（GVHD）的预防

GVHD 预防采用联合使用免疫抑制药的方法。常用免疫抑制药有环孢素（CsA）、甲氨蝶呤（MTX）和霉酚酸酯（MMF，骁悉）。环孢素（CsA）3mg/kg，从移植前 1d 开始，维持环孢素血药谷浓度在 200 ~ 400mg/L，甲氨蝶呤（MTX）15mg/kg（移植后 1d），10mg/kg（移植后 3d、6d、11d）。考虑到再障患者晚期植入失败的风险，建议 CsA 对 GVHD 的预防治疗维持 12 个月，足量治疗 9 个月之后开始逐渐减量。对有慢性 GVHD 高危因素的患者，如先前发生过急性 GVHD、女供者男受者、年龄大等情况时，应适当延长环孢素治疗时间，超过 1 年，可减少慢性 GVHD 的发生。阿仑珠单抗可大大降低 GVHD 的风险，未增加移植失败或严重感染的风险。研究表明，FLU 也可减少慢性 GVHD 的发生。近年采用阿仑珠单抗、FLU、CTX 联用进行预处理，可减少 GVHD 的发生及严重性。

（四）影响移植效果的因素

1. *年龄* 2000 年 EBMT 报告，将接受 HLA 相合同胞供者骨髓移植的重型再障患者按年龄分为≤ 16 岁、17 ~ 40 岁、＞ 40 岁 3 组，结果显示 3 组的实际存活率分别是 77%、68%、54%，儿童的长期存活率明显高于成年人。因此，年龄是影响预后的重要因素，年轻且有 HLA 相合同胞供者的重型再障患者应首选骨髓移植。

2. *移植前输血次数* 多次输血，使机体处于致敏状态，移植后容易发生排斥反应。

3. *疾病严重程度* 病情越严重的患者，机体的基础状态越差，对预处理的耐受性越差，再经免疫抑制药治疗后，发生感染、出血等合并症概率高，移植相关死亡率高。

4. *供者及受者的性别* 女性供者男性受者容易排斥。

5. GVHD 其程度越重，植入机会越小。

6. *感染* 移植后易于发生各种感染，包括各种细菌、病毒、真菌感染，常为致死原因。

7. *诊断至移植的时间* 时间间隔短，功能状态好，致敏机会少，成功率高。

8. *预处理方案* 采用不含照射的预处理方案，对患者的免疫抑制较低，成功率高。

移植失败的主要原因是移植物排斥反应、GVHD 及感染等，随着预处理方案和支持治疗的改善，慢性 GVHD 成为影响患者生存质量的主要问题。

（五）移植种类的选择

再障患者首选 HLA 配型完全相合的同胞供者 allo-HSCT，EBMT 推荐首选骨髓移植，并建议输注的骨髓有核细胞数≥ 3×10^8/kg，外周血干细胞移植比传统的骨髓移植植入快，可降低感染率及早期死亡率，但移植后慢性 GVHD 发生率明显增加，长期存活率低于骨髓移植，故不作为首选干细胞来源。

在既往的研究中，无关供者 allo-HSCT 效果差，移植排斥、GVHD 发生率高，感染机会多；但随着 HLA 配型技术和移植技术的发展，低剂量的全身照射和氟达拉滨为基础的预处理方案的应用，减少了移植后排斥反应的发生，GVHD 的发生率也得到降低，无关供者 allo-HSCT 的长期存活率也明显提高，其目前在重型再障的应用仍有争议，基于我国目前现行的独生子女政策，能获得 HLA 配型完全相合的同胞供者概率低，无关供者或不全相合同胞供者 allo-HSCT 为发展方向，可在今后的研究中继续改善预处理、GVHD 预防方案，提高其移植效果。

脐血移植：因其较低的 GVHD 发生率，可以允许供受者 HLA 配型不相合，随着我国脐血库的发展，目前越来越多的家庭留存脐血，给配型带来较多的机会，但一份脐血的有核细胞数有限，再障患者需要足量的造血干细胞来克服移植后排斥反应，一般认为，脐血有效移植量应达到 4×10^7/kg，故一份脐血一般仅满足 20 ~ 40kg 以下的患者，对成年人是否足够尚有争议。

有些学者为了增加移植的成功率，开展了联合间充质干细胞共移植的研究，结论为联合应用间充质造血干细胞者患者造血恢复快，移植并发症少。

造血干细胞移植目前已成为重型再障的主要

治疗手段之一，且获得了良好的治疗效果，改善了患者的生存时间及生存质量，随着移植技术的发展、完善，造血干细胞移植治疗再障的疗效将进一步得到提高。

二、造血干细胞移植中的其他细胞疗法

造血干细胞（hematopoietic stem cell，HSC）是一类组织特异性干细胞，是一群存在于造血组织中的原始造血细胞，有高度自我更新、多向分化、跨系分化与重建长期造血的潜能，以及损伤后具有再生能力的细胞，除此之外，还具有广泛的迁移和特异性归巢的特性，能优先定位于相应的造血微环境，定向分化、增殖为不同的血细胞系，最终能形成完整的造血系统。造血干细胞移植（hematopoietic stem cell transplantation，HSCT）是将供者骨髓、外周血或脐血中分离的 HSC 移植给受者，通过 HSC 重建或恢复受者造血和免疫功能达到治疗目的的一种现代治疗技术，该技术已经逐渐成熟并且得到广泛的应用，可用其治疗各种恶性血液病、肿瘤、遗传性疾病、重度放射病及重症联合免疫缺陷等疾病。

（一）HSCT 概述及存在问题

目前，造血干细胞移植根据移植物不同主要分为骨髓移植（bone marrow transplanta-tion，BMT）、外周血干细胞移植（peripheral blood stem cell transplantation，PBSCT）、脐血干细胞移植（cord blood stem cell trans-plantation，CBSCT）及 $CD34^+$ 细胞移植等。骨髓移植包括异基因骨髓移植（allogeneic BMT）、同基因骨髓移植（isogeneie BMT）和自体骨髓移植（autologous BMT）。外周血干细胞移植包括异基因外周血干细胞移植（al-logeneic PBSCT），同基因外周血干细胞移植（isogeneic PBSCT）和自体外周血干细胞移植（autologous PBSCT）。异基因移植根据移植物来源不同可分为亲缘供者和无关供者移植，根据预处理强度不同可分为系髓性和非系髓性移植，根据 HLA 表型分为 HLA 表型相合和 HLA 表型不完全相合移植。

异基因骨髓和外周血 HSCT 已广泛应用于临床治疗多种恶性血液系统疾病，但因 HSC 供者来源日益缺乏，约有 30% 需要骨髓移植的患者无法找到与之相配的供者。异基因 BMT 重建造血快，移植物抗白血病（graft-versus-leukemia，GVL）作用强，在造血重建后患者较快的获得缓解，但急性移植物抗宿主病（acute graft-versus-host disease，aGVHD）发生率和移植相关病死率较高。PBSCT 移植时，HSC 在受体内植入率高，造血重建快，恢复免疫功能快，GVL 较强，辐射敏感性低，患者白细胞回升快，感染轻、出血少、减少了大剂量化疗、放疗的危险性，有利于肿瘤患者治疗方案的完成；同时，外周血 HSC 来源方便、移植痛苦少，缩短了住院时间，降低了患者的经济负担。CBSCT 由于其来源可靠且丰富、价格低廉、配型要求不如骨髓移植严格等特点，成为 HSC 的重要来源。自 1988 年首例脐带血移植成功以来，迄今为止已有超过 5 000 例儿童及成年人接受了同胞或无关脐带血移植。而且非亲缘供者不全相合甚至半相合的却占脐带血移植的大部分，HSC 植入率高，aGVHD 发生率也低，但单份脐带血中 HSC 数量有限，移植后重建造血时间长，免疫重建延迟，遂 GVL 弱。

为了解决在 HSCT 后出现的造血重建慢、GVHD 严重和免疫重建迟等问题，近年来在 HSCT 中联合骨髓间充质干细胞、树突状细胞、T 细胞和 NK 细胞等其他细胞疗法日益受到重视。

（二）HSCT 中的其他细胞疗法

1. 间充质干细胞（MSC） 骨髓间充质干细胞是造血微环境的主要组成成分之一，是成纤维细胞、内皮细胞、成骨细胞等造血微环境中多种基质细胞的前体细胞，通过表达多种黏附分子和分泌细胞外基质将 HSC 定位在适合其生长的环境中，使之易于接受环境中高浓度细胞因子的作用而增殖、分化和凋亡，同时造血微环境还可以为细胞间相互沟通提供场所，对造血干／祖细胞的增殖和分化起重要调控作用。

造血干细胞的成功植入是 HSCT 发挥治疗作用的前提。HLA 不全相合、输注造血干细胞数量不足、移植前大剂量化疗致骨髓基质损伤严重及 GVHD 发生均会导致 HSC 植入失败或

植入延迟，从而使移植相关死亡率增加。骨髓造血微环境的完整对于HSCT后造血重建至关重要。由于MSC具有明显的造血支持作用和免疫调节作用，MSC在HSCT中的作用日益受到关注。MSC的促造血重建作用并不依赖于MSC归巢至骨髓，而可能是通过分泌释放促造血干细胞归巢和增殖的相关细胞因子而发挥作用，这些相关因子可能包括SDF-1、GM-CSF、IL-6、IL-11和SCF等，并表达造血干细胞归巢相关抗原。MSC的促造血重建作用在移植剂量相对较低的CD34细胞时表现得更为明显。近年来研究还显示MSC具有强大的免疫调节作用，在动物GVHD模型中表现出较强的免疫抑制作用。MSC免疫原性较弱，仅表达极少量的MHC-Ⅱ和FasL，不表达与MHC识别有关的共刺激因子，可以抑制同种异体的淋巴细胞增殖，包括抑制初始（Naive）T细胞和记忆T细胞，从而下调免疫反应。Ⅰ、Ⅱ期临床试验表明，MSC可以促进HLA相符的造血干细胞植入，加快造血重建，调节GVHD。同时MSC来源广泛、免疫原性低等特点使其在各种移植中存在巨大的应用潜力。HSC和MSC的联合移植将是HLA单倍体移植研究的又一方向。

MSC可抑制IL-2或IL-15对NK细胞的增殖作用，Sotiropoulou等还报道MSC对NK细胞的细胞毒作用具有可调节性，但MSC对NK细胞的细胞毒作用的确切机制至今尚不明确，这在造血干细胞移植后控制GVHD和提高GVL作用方面有重要意义。原代NK细胞对同种异基因HLA-Ⅰ类分子的阳性或阴性靶分子的作用不受MSC影响；但在IL-2作用下，将NK细胞体外培养4～5d后，再加入MSC，可观察到NK细胞对K562细胞的杀伤作用受到抑制；由于MSC的HLA-Ⅰ类分子表达水平较低，无论自体或异体MSC均可被IL-2活化的NK细胞识别而损伤，这与活化的NK细胞表面的NKp30、NKG2D和DNAM-1等受体的表达有密切关系。经IFN-γ作用后，MSC可上调HLA-Ⅰ类分子的表达，从而可避免NK细胞对其的损伤。这就提示在HSCT后进行MSC和NK细胞输注时，为防止MSC被破坏，应尽量避免与NK细胞同时输注或二者间隔时间过短，最好在MSC输注一段时间后再进行NK细胞输注，以有足够时间使得MSC表达HLA-Ⅰ类分子或分化为骨髓基质细胞，这样更有利于HSCT后造血系统的成功建立。

2. 树突状细胞（DC） 树突状细胞是重要的抗原递呈细胞（antigen-presenting cell，APC）之一，在移植免疫中，DC启动免疫排斥还是维持免疫耐受取决于它们的起源以及成熟状态，成熟DC可以启动免疫排斥及GVHD反应，未成熟树突状细胞（immature dendritic cell，iDC）及淋系DC（LDC）主要诱导免疫耐受。造血干细胞移植（HSCT）中，可以通过调控不同来源、不同分化状态的DC来预防和治疗GVHD，促进造血干细胞的植入。

人类的DC主要由骨髓CD34^{+}细胞、外周血单核细胞和淋巴样DC祖细胞（lymphoid DC progenitor，pLDC）三类细胞分化而来，可分为髓系DC（myeloid dendritic cell，MDC）和淋系DC（lymphoid dendritic cell，LDC）两大类，国内外学者相应地分为DC1和DC2。人血中的iDC可表达CD2、CD4、CD13、CD16、CD32、CD33、CD123、CD303和CD304，但随着发育成熟逐渐消失。成熟DC可高表达HLA-Ⅰ和HLA-Ⅱ类分子，特征性标记CD1a、CD11c和CD83，协同刺激分子CD80和CD86，黏附分子CD40、CD44、CD50、CD54、CD58和CD102，整合素B1、132，以及淋巴细胞功能相关抗原LFA1、LFA3。正常情况下，体内绝大多数DCs处于非成熟状态，在摄取抗原和受到LPS、IL-1、TNF-α刺激后可以分化为成熟状态，其MHC分子、共刺激分子、黏附分子的表达显著增强，体外激发混合淋巴细胞反应（mixed lymphocyte reaction，MLR）能力增强，但抗原摄取加工能力大大低于非成熟状态。

1992年首次发现细胞嵌合可引起免疫耐受和移植物长期存活，后来发现DC是嵌合细胞的主要成分，iDC在嵌合体形成的耐受中起主要作用。在混合嵌合（mixed chimerism，MC）时，受体产生特异性免疫耐受，自身免疫功能保留，GVHD轻，可能是因为同基因或自身成分携带受体MHC分子的APC，改善了受体免疫缺陷状态，而异基因成分提供诱导受体特异移植耐受的条件。完全嵌合（complete chimera，CC）时受体往往有不同程度的免疫缺陷，这是因为受体内成熟的供体T细胞只能与表达受体MHC分子的APC相互作用而发挥作用，而CC时无法提供相应的APC，当同基因和异基因成分同时植入时，其中异基因成分生成具有供体MHC抗原的淋巴系祖细胞，在胸腺中发育、分化过程中接受受体MHC的“教育”，因而，这些成熟的T细胞对抗原的识别受到MHC的限制，而同基因成分的存在可以提供携带受者型MHC分子的APC。尽管在aGVHD的早期必需有宿主APC的存在，在减低强度的移植中，完全供者DC的嵌合似乎是慢性GVHD（chronic GVHD，cGVHD）发生和GVL活性的重要条件。Pihusch等还研究发现，在DC1/DC2 MC患者中aGVHD较常见，DC2 MC的患者中cGVHD较常见。

综上所述，DC既可以激活T细胞刺激强烈的免疫应答，又可诱导免疫耐受。在异基因HSCT中，可以通过靶向去除宿主DC、诱导DC不成熟状态、阻断DC与T细胞之间活化信号的传递、体外去除宿主DC活化的供者淋巴细胞，以及过继免疫等方法，在保证GVL效应的前提下，有效预防GVHD、移植后复发、感染等并发症的发生，提高移植成功率。DC抗原提呈功能的良好控制，无疑为HSCT后的治疗提供了新的方向。

3. *T细胞* 采用经G-CSF动员的供者骨髓（不去除T细胞）不仅增加了CD34细胞和粒细胞巨噬细胞集落生成单位（colony-forming unit-granulocyte macrophage CFU-GM），利于植入，重要的是动员后的骨髓淋巴细胞减少，CD4/CD8比值降低，可降低GVHD发病率及严重程度。同时，让受者接受包括环孢菌素、甲氨蝶呤、霉酚酸酯、ATG及抗CD25单抗等连续的免疫抑制药治疗，特别是CD25单抗的应用，有效抑制了供者淋巴细胞的活化增殖，起到很好预防GVHD的作用。

国外有学者主张广泛去除移植物中的T细胞（T cell depletion，TcD），由于移植物中的T细胞是引起GVHD的主要效应细胞，许多研究者在进行HLA单倍体移植时采取TcD策略来预防GVHD，使急性aGVHD的发病率显著降低。虽然TcD策略可有效预防GVHD的发生，但过度的TcD导致免疫功能恢复迟缓及GVL作用减弱，移植后严重感染和复发率均增加，这样的移植同样是失败的。

近年来，特异性免疫中调节性T细胞的作用引起了广泛的重视，其中$CD4^+CD25^+$调控T细胞（Tregs）是一群表型和功能特异的T细胞，在体内能诱导免疫耐受，在特异性免疫应答和免疫耐受的调节中起着主要作用。有学者发现Tregs是维系移植免疫耐受的重要细胞，Tregs可以参与GVHD的预防以及调控恢复淋巴细胞的免疫重建。Hanash等研究发现，供者$CD4^+CD25^+$ Tregs能明显促进MHC不合的HSC植入，通过观察粒细胞/巨核细胞集落形成单位等发现，$CD4^+CD25^+$ Treg能明显提高移植后粒巨噬细胞集落形成单位，造血前体细胞集落形成单位的数量，通过检测嵌合体MHC的表达等发现，$CD4^+CD25^+$ Treg能促进供者HSC在宿主体内的长期存活。阐明$CD4^+CD25^+$ Treg在单倍型骨髓移植的作用，这些问题的解决对降低移植物抗宿主反应的发生，促进免疫重建，提高单倍型造血干细胞移植的疗效奠定了基础。

4. *NK细胞* 最近的研究表明，供者自然杀伤细胞（natural killer cell，NK细胞）在HSCT后的GVL效应中起了重要的作用。实验发现，NK细胞的免疫球蛋白样受体（killer cell immunoglobulin-like receptors，KIR）分子与靶细胞的HLA分子特异性的识别机制参与GVHD和GVL效应。在异基因造血干细胞移植（allo-HSCT）中，如果受者细胞不表达供者HLA-Ⅰ类分子，则供者NK细胞的杀伤作用不能被抑制，供者NK细胞就可通过供受体KIR配体不相容来促使供者NK细胞产生对受者细胞的异源反应活性，从而导致相应靶细胞（肿瘤细胞、白血病细胞等）被清除，即GVL效应；同时也可以清除宿主APC，从而降低GVHD的发生，即所谓的“丢失自我”效应。异源反应性NK细胞活性是T细胞异源反应活性以外的具有显著的抗肿瘤/白血病活性的重要免疫现象。供、受者之间KIR不相容性引发的异源反应性NK细胞活性（移植物抗宿主方向）对于HLA单倍体移植具有诸多有利影响，NK细胞可能通过特异性杀伤宿主APC，识别和攻击宿主白血病细胞等，起到促进植入、降低GVHD发病率和移植后白血病复发率的作用。Ruggeri等在75例高危急性髓系白血病患者的单倍体移植，28例有异源反应性NK细胞活性的移植患者，仅有1例复发，相反无异源反应性NK细胞活性的47例患者，有14例复发。NK异源反应性在单倍体相合造血干细胞移植中的策略主要是增加GVL效应，减少移植相关死亡率和感染相关死亡率。采用NK细胞介导的预处理，对于不相合的非去T细胞移植，既可以预防GVHD，又降低了移植后感染死亡率。这将有助于白血病及恶性肿瘤的免疫治疗，让人们看到移植免疫治疗的新前景。因此，有学者建议，在HLA不相容时移植，供、受者间的KIR不相容性可以作为选择供者的一个重要标准。HLA单倍体造血干细胞联合NK细胞移植也成为目前研究的热点之一。

5．小结　在HSCT移植中，有多种因素影响移植结果，如疾病类型、患者年龄、移植HSC的来源、其他细胞的联合植入以及移植方案中是否使用免疫抑制药等。成功的单倍体allo-HSCT可以联合的关键因素有：①大剂量HSC移植，保证植入细胞数量。②联合MSC共同植入，有利于HSC归巢，可以促进造血重建和免疫重建。③采用经G-CSF动员的供者骨髓（不去除T细胞）刺激了$CD34^+$细胞的增加，利于植入。④高强度的处理方案，可以最大限度地减少白血病造成的负担，并发挥最大的免疫抑制作用。⑤联合iDC和$CD4^+CD25^+$ Tregs细胞的植入，可以降低GVHD的发生率。或者移植物中广泛的T细胞去除，可防止GVHD的发生。⑥联合NK细胞植入，激活NK异源反应活性，将加速HSC植入，防止GVHD发生，并发挥GVL效应；若NK异源反应性供者携带活化型KIRs，可以保护受者免于受致死性感染并有助于提高生存率。

第三节　细胞移植治疗眼科疾病

角膜位于眼球表面，角膜上皮的完整性和无血管状态在维持角膜生理功能和透明性中起着关键作用。全身性疾病、比邻组织的炎症，如：结膜炎的蔓延和眼部外伤等引起的反复上皮缺损、糜烂、溃疡以及新生血管长入等均可导致角膜上皮病变。角膜上皮病变已逐渐成为角膜病致盲的主要因素，究其根本原因为角膜缘干细胞功能缺陷或数量不足（表8-1），解决该问题的有效措施是通过角膜缘干细胞组织移植术重建角膜上皮。

角膜缘是角膜和结膜移行区域，它含有角膜上皮干细胞，能够不断地分裂增殖，最终产生终末分化细胞，以补充脱落的角膜上皮，维持眼表的平衡；同时完整的角膜缘作为一种屏障阻止结膜血管的侵入，对角膜透明状态及其视功能的维持有着重要的意义。然而，严重的化学伤、热烧伤等常破坏角膜缘，使其功能下降，导致角膜上皮失去再生和修复的能力，甚至引起角膜新生血管，假性胬肉以及角膜的自溶及溃疡，严重者失明。随着干细胞理论的建立，人们已将注意力集中到角膜缘干细胞移植这一焦点上。近年来，不少学者围绕着自体和异体角膜缘干细胞移植重建眼表面展开了大量研究工作，并取得一定疗效。

一、角膜缘干细胞的生物学特性

角膜缘干细胞（limbal stem cell，LSC）是一种具有极大增殖潜力，细胞周期长，进行不对称细胞分裂的细胞。干细胞分裂产生的2个子细胞中，一个保持母细胞表型，继续成为干细胞，另一个则转变为短暂扩充细胞（transient amplifying cell，TAC）可以移行到角膜上皮层成为柱状基底细胞，干细胞和TAC细胞属于有增殖能力的细胞，所以角膜上皮层的柱状细胞是可以分裂增殖的。无增殖能力的细胞是一些分裂后细胞（post mitotic cells，PMC），有定型的细胞分化，角膜上皮层的翼状细胞即属此种。在组织成熟的过程中，不同分化期的分裂后细胞可被鉴别，最终发展为表达这种组织功能的终末分化细胞（terminally differentiated cell，TDC），角膜上皮细胞中表层鳞状上皮即为此种细胞（图 8-1）。

角膜上皮干细胞定位于角膜缘的观点广泛被接受，较多的实验和临床观察支持这一假设。角膜缘作为联系透明角膜与不透明角膜的移行区，为宽约 1.0mm 绕角膜的环行区域，与角膜的鉴别标记为 Bowman 膜的终止处，与结膜的鉴别标记是不含杯状细胞。角膜缘由角膜上皮层（包括上皮细胞与基底膜）和基质层组成。该处的细胞密集，超过 10 层，排列不规则，基底部形成特殊乳头状结构的“Vogt 栅栏”区，其中含有色素（是从大体上识别角膜缘基底细胞带的标记）和丰富的血管网、淋巴管网，呈放射状排列，并与基底膜以锚状原纤维紧密连接。角膜缘基底膜主要由Ⅳ型胶原的 α_1、α_2和 α_5多肽链和层粘连蛋白的 α_2、β_2多肽链构成，是构成干细胞增生分化局部微环境的重要组成部分。角膜缘的显著特点是具有丰富的血液供应，角膜缘基底细胞和血管网形成的特殊微环境促进了干细胞贴附，保证其免受不利环境的侵害，更有利于干细胞的营养供应和增殖调节。

与其他干细胞相似，角膜缘干细胞体积小，核／质比大，电镜下核内常染色质较多，异染色质散在分布，未凝集成块，胞质内细胞器少，细胞间可见缝隙连接丰富。具有慢周期性及自我更

表 8-1　以角膜缘功能障碍为特征的人角膜疾病

角膜缘干细胞群破坏性丢失	角膜缘基质微环境功能障碍
• 化学或热损伤	• 无虹膜症（先天性）
• Stevens-Joneson 综合征或中毒使表皮坏死溶解	• 复合内分泌缺陷相关性角膜炎、神经营养性角膜病（神经元性或缺血性）
• 角膜缘的复合外科手术或冷冻治疗	• 放射性角膜病、芥子气诱导性角膜病
• 5- 氟尿嘧啶中毒	• 周围角膜或角膜缘的炎症和溃疡
• 接触镜诱导性角膜病	• 翼状胬肉和假性翼状胬肉
• 严重微生物感染	• 原发性基质微环境功能障碍

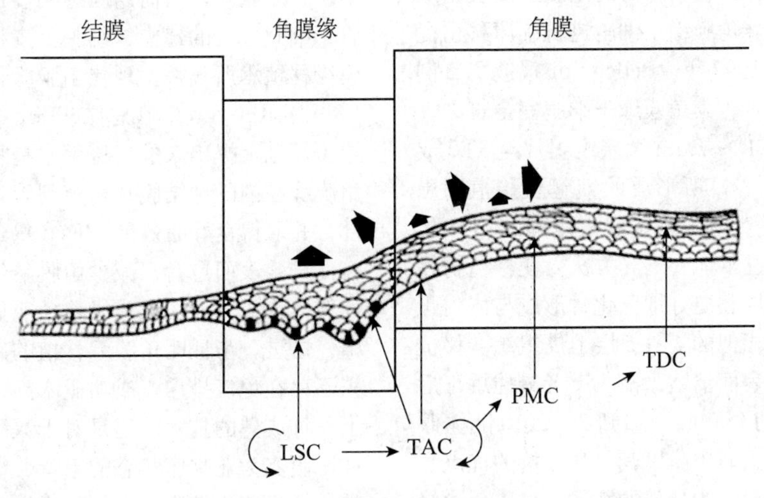

图 8-1　LSC 和 TAC 的定位

引自：Ursula Schlötzer-Schrehardt．Identification and characterization of limbal stem cells．Experimental Eye Research，2005，81：247-264

新能力，其有丝分裂度低，且非对称DNA分离，是一种延缓标记细胞。角膜缘干细胞还具有可塑性已被证实，可分化为多种上皮细胞和神经细胞系。如角膜细胞在胚胎真皮的环境下，能分化为毛囊细胞；LSC可分化为视网膜视杆细胞的前体细胞，提示可作为视网膜退行性变的一种来源；LSC在维甲酸等的诱导下可分化为神经元性细胞。LSC在体外培养中表现出明显的可塑性，这一特点使这些细胞成为神经退行性变和其他疾病的一种有前途的治疗手段。

与已分化的角膜上皮相比，包含干细胞的角膜缘基底部细胞体积小，阳性表达角蛋白19和角蛋白15，在不同的培养基中有高增殖能力，该细胞缺乏角膜特有的分化标记角蛋白3和角蛋白12的表达、缝隙连接蛋白CX43。重要的是，使用标记保留研究兔角膜缘干细胞表明，角膜缘上皮基底部不全是干细胞，说明干细胞与它们的短暂扩充细胞混杂在角膜缘基底部。通过波形蛋白，p63的同分异构体ΔNp63α、ABCG-2、整合素α9和N-钙黏蛋白在角膜缘上皮基底的不均匀表达，进一步表明角膜缘上皮基底细胞不全是干细胞。在角膜缘区域表达波形蛋白的上皮细胞被认为是干细胞向角膜分化的过渡。

二、角膜缘干细胞移植治疗角膜病

1993年，Lindberg等将培养的人角膜上皮移植到裸鼠皮下，得到了正常的角膜上皮及基底膜成分。这为培养角膜缘干细胞进行临床移植提供了理论依据。1997年，Pellegrini报道了2例严重碱烧伤的患者，其角膜缘干细胞完全丧失，用取自健眼角膜1～2mm全层组织片与3T3成纤维细胞共同培养，所形成的细胞层移植到患眼角膜表面，成功地实现了眼表重建。2004年Nakamura等改进了体外培养方法，使移植物在羊膜上能充分分层和更好地分化，形成与体内正常角膜上皮极其相似的4～5层上皮组织。移植后，接受治疗眼表面清洁平滑，患者最佳矫正后视力由移植前的8/200增加到20/20，供体眼无明显的并发症。而羊膜以其自身独特的优点，被认为是极有可能成为最佳的载体。自体角膜缘干细胞体外培养移植术既解决了自体干细胞来源有限的问题，又避免了异体间的排斥反应，故该技术目前被认为是较理想的角膜缘干细胞移植术（表8-2）。但自体角膜缘组织移植不适合双眼角膜缘病变的患者，由此人们联想到异体角膜缘干细胞体外培养移植。Koizumi等以羊膜为载体体外培养异体角膜缘组织移植治疗11例患者的13只角膜缘干细胞完全缺失的患眼，术后应用免疫抑制药，并进行11个月的随访，发现只有3例发生了上皮排斥反应。

在过去的10年中，Pellegrini等的先驱工作后，离体培养角膜缘上皮细胞的移植越来越广泛地被用于角膜缘干细胞缺乏的治疗上。体外无载体培养的LSC形成的上皮细胞膜张力低，无法直接用于临床移植，需要借助一定的载体才能移植至受体角膜。合适的载体应既可以促进体外LSC的生长，又便于培养的细胞移植。成纤维细胞饲养层或人羊膜均可作载体使用。针对临床应用而言，为了避免动物来源的抗原或病毒性疾病的传递，所有的动物来源的产品均需从培养媒介中排除。

（一）自体角膜缘干细胞移植

为了修复由于化学伤、热烧伤等引起的持续性角膜上皮缺损，Thor等于1977年设计了自体结膜移植术，并取得一定疗效。然而角膜上皮细胞和结膜上皮细胞毕竟是两种不同源性的细胞群，修复后的角膜表面为结膜细胞表型，生化和生理特点不同于角膜细胞表型，细胞黏附不牢，容易脱落，因而角膜透明性也受到影响。随着干细胞理论的建立，结膜上皮移植术逐渐被角膜缘移植术所代替。现代角膜缘移植术的理论是1989年Kenyon等在总结Thor的结膜移植术的经验基础上提出来的，该手术是将自体健眼包括角膜缘在内的球结膜片移植到患者受损的角膜缘部，并取得良好的效果。Tsai等通过实验表明：在促进眼表面愈合，减少角膜新生血管长入和假性胬肉形成方面，角膜缘移植明显优于球结膜移植，这进一步证明角膜缘移植的有效性。自体移植不存在免疫排斥，成功概率高，日益成为临床上一种成熟的技术。但是对于双眼伤患者或相对健康眼实为亚临床状态的患者，自体健眼干细胞的移植将造成健眼视力不可逆性下降，这是大多数患者难以接受以及临床医师所禁忌的。自体角膜缘干细胞移植适应证的限制迫使人们寻取另外

表 8-2 自体人角膜缘上皮细胞体外扩增实验成功应用于患者

实验设计		1.Pellegrinin	2.Schwab	3.Tsai	4.Nakamura	5.Sangwan	6.Shimazaki and Kawashima
角膜缘活组织分离角膜上皮细胞		胰蛋白酶 / EDTA	胰蛋白酶 / EDTA	简单的中性蛋白酶	剪成小碎片或中性蛋白酶和胰蛋白酶或 EDTA	剪成小碎片	剪成小碎片
用 3T3 细胞培养做预扩增		是	是	否	否	否	否
基质		纤维蛋白	EDTA 或胰蛋白酶获得去上皮角膜	完整角膜	EDTA 和刮除术获得去上皮角膜	EDTA 或胰蛋白酶和刮除术获得去上皮角膜	NH4OH 和刮除术获得去上皮角膜
培养基	基础培养基		DMEM/KGM	DMEM/F12 (1:1)	KGM	MEM/F12 (1:1)	DMEM/F12 (1:1)
	血清		10%FBS 之后无血清培养	5% FBS	5%FBS 或人血清	10%FBS 或人血清	5%FBS 或人血清
	EGF	+	+	+	NA	+	+
	Hc	+	+	+	NA	+	–
	ITS	–	–	+	NA	+	–
	CTX	–	+	+	NA	+	+
	DMSO	–	–	+	NA	–	–
3T3 细胞共培养		否	否	否	是	否	是
汽 - 液界面法		否	否	否	是	否	是
获得移植尺寸所需时间 (d)		14 ~ 21	NA	14 ~ 21	至少 14	14 ~ 21	14

EGF．表皮生长因子；Hc．氢化可的松；ITS．胰岛素转铁蛋白硒；CTX．环磷酰胺；DMSO．二甲基亚砜

的治疗方法，因此，人们将注意力转移到异体干细胞移植上。

（二）异体角膜缘干细胞移植

1994 年 Tsai 等报道了应用异体角膜缘移植获得成功的病例：16 只眼随访 6 ~ 25 个月，其中 13 只眼视力增进，10 只眼上皮迅速愈合，12 只眼角膜血管消失。这组患者术前和术后都适当应用免疫抑制药，无一例发生急性排斥。1996 年 Donald 等在异体角膜缘移植的报道：术前术后适当地使用免疫抑制药，9 例患者有 7 例早期即获得稳定的眼表面，视力部分恢复以及症状减轻。随访平均 14.7 个月，有 1 例在早期停用糖皮质激素后发生急性排斥，另一例因细菌性感染而移植失败。有研究报道了 7 例异体干细胞移植行眼表面重建的病例，术后随访 7 ~ 29 个月均收到良好的效果。稳定的眼表面，持续性的上皮完整性，新生血管的消退，患者症状的消失，以及部分患者有用视力的恢复都证明了这种方法的

可靠性。其中1例患者术后20周时，用PCR技术检测到异体源性干细胞的缺乏，意味着可能是排斥反应引起的异体干细胞的死亡，但是该患者临床症状明显改善，且眼表面长期稳定，为第二次复明性的穿透性角膜移植术（penetrating keratoplasty，PKP）提供了正常的微环境。

有报道PKP术后上皮型免疫排斥最晚可见于术后13个月，这提示供体上皮细胞在术后相当长的一段时间内长期存活，而不需要来自角膜缘干细胞的分裂补充；然而一旦异体上皮脱落且异体干细胞又因排斥死亡时，是否会有角膜新生血管的重新长入，从而导致眼表面重建的失败，或此时因为正常的基底膜的存在促使自体的结膜上皮转化为角膜样上皮，从而代替异体角膜缘干细胞而进一步发挥作用，这要求对异体角膜缘干细胞移植术后有较长时间的随访观察。

由于角膜缘干细胞的特殊位置，免疫排斥仍是异体角膜缘移植面临的最大难题：角膜缘丰富的血管和淋巴管，使角膜缘不再是免疫赦免区；角膜缘部密集的朗格汉斯细胞可以把异体抗原提呈给T淋巴细胞，同时又增强了干细胞表面HLA-Ⅱ类抗原的表达，所以角膜缘为免疫排斥的高危区域。因此，异体干细胞移植片的命运令人担忧：异体干细胞能否存活，存活多长时间，何为干细胞的排斥反应，如何监控这种排斥反应，以及如何术前术后合理使用免疫抑制药，通过何种方法降低异体干细胞移植排斥反应的发生率等一系列问题，都是大家所关注的。

Kenyon等第一次描述了用亲属的HLA-DR抗原相近的角膜缘干细胞进行异体干细胞移植。结果8人中6人视力增加，其中5人视力≥20/80，另外2个人视力改善，同期或二次有4个人行板层角膜移植（lamellar keratoplasty，LKP）或PKP，8人中有6人有持续性的眼表面稳定性。这一研究无疑为异体干细胞的移植带来了曙光。HLA-DR相近的异体干细胞间的移植降低了免疫排斥的发生率，不失为有前途的研究方向。但毕竟仍是同种异体间的移植，不可避免地存在着一定的免疫排斥反应。是否有另外的方法在解决自体干细胞来源有限的同时，又避免异体间移植的排斥，人们的注意力逐渐转移到自体干细胞的培养和移植上。

（三）自体或同种异体干细胞的培养后移植

1993年Lindberg等的实验中，取自角膜缘1mm×1mm大小的活组织标本，用组织培养方法获得角膜上皮融合细胞单层，成功地移植到裸鼠的皮下，4d内移植的上皮形成5～6层的较原始的角膜上皮细胞，并且牢固地黏附在植床上。免疫组化的方法证明，培养的细胞能够产生正常的基底膜所具有的胶原蛋白4型和7型以及层粘连蛋白。1997年Pellegrini等报道了2例角膜缘干细胞完全缺乏的患者，用自体健眼干细胞培养后形成的细胞层移植到患眼角膜表面，成功地实现眼表面重建。它是以软性接触镜为载体，将培养后分成2～3层的原代自体上皮细胞放在了去除了新生血管膜的受眼上，待培养的干细胞在受眼上生长2年以上，去除软性接触镜的辅助，随访观察2周左右，仍有持续性的上皮完整性。印迹细胞学验证上皮细胞的角膜表型。其中1例患者，术后4个月二次行PKP术，二次手术后6个月最佳矫正视力达0.7，随访16个月无改变。征求患者同意的前提下，取活检行组织学检查，结果在囊样的基底膜上可见分层的鳞状上皮，AE 5单抗染色阳性，这与正常角膜无明显差别，这意味着自体角膜缘培养后移植的成功，从而吸引着眼科医师进行大量相关的临床和实验研究。

这种方法仅需要$1mm^2$的角膜缘组织块培养后移植，既解决了异体间移植的排斥反应，同时又培养出足够多供移植的细胞层，可通过一定的保存手段，如冷冻或湿房，储存以备后用，解决了自体干细胞来源受限的问题，这将使角膜缘移植成为一种最理想和最有前途的一种方法。目前这种方法尚处于探索阶段，在移植技术，移植的载体，上皮细胞在植床上移行及黏附等方面的问题尚需要进一步探讨。此外，培养后干细胞的增殖分化能力是否下降，抗原性是否减弱，能否用于异体间移植而较少或不引起排斥反应呢？只有真正解决这些问题，这项技术才能安全而可靠地应用于临床，解决患者的疾苦。

（四）角膜缘干细胞分离培养

1. 消化培养法　目前已分离了兔、人和鼠的角膜缘上皮片，用Trypsin联合EDTA可将上皮片分离成单细胞。文献报道进行角膜缘组织培养，多采用Dispase Ⅱ消化。用浓度较低的

0.125%胰蛋白酶与 0.02% EDTA1∶1 混合液进行消化，消化 10 ~ 15min 后，用吸管吸少许消化物滴于载片上，镜下观察组织已基本分散成细胞团或单个细胞，染色未见死亡细胞，消化后组织块光镜下仅见少量残留细胞，说明此消化液可达到良好消化目的。

此方法能把组织分散成细胞团和单个细胞，便于细胞从培养液摄取营养和排出代谢产物，同时将消化后组织块加入培养液进行培养，细胞易存活，形成细胞膜片的时间较短。并且其中混杂少量成纤维细胞，既能增加上皮膜片的张力强度，有利于成片揭下进行移植，又能发挥类似"饲细胞"(feeder cell)的作用，促进上皮细胞的生长。况且，正常角膜基质中就有少量成纤维细胞存在，移植的上皮膜片中的成纤维细胞在活体角膜基质的局部微环境中有可能消失，上皮细胞亦有可能恢复其特殊形态。因此，这种消化培养法适于进行上皮移植的研究。另外，基质中的成纤维细胞能分泌一种基质成纤维细胞因子，它能特异性促进角膜上皮细胞 DNA 的起始合成和细胞增生，并提供上皮基底细胞贴附和分化的物理底物如胶原和纤黏素等。因此，这种消化培养法适于进行上皮移植的研究。

2. 培养基选择　用于细胞体外培养的营养液有多种，有最低基础培养液（MEM）、Dulbecco 改良的最低基础培养液（DMEM）、PRMI-1640 培养液（1640），DMEM+Ham 的 F12 培养液（F12）（1∶1）及添加激素的上皮培养液。有研究者采用 PRMI-1640 作为基础培养基，1640 中钙离子浓度为 0.42mmol/L。已经证明：钙离子浓度＜ 0.08mmol/L 时，可防止细胞的生长抑制，刺激增生，细胞常呈悬浮生长；钙离子浓度＞ lmmol/L 时，细胞常贴壁生长，形成单层，产生抑制。另外，PRMI-1640 中含有谷氨酰胺、必需维生素、谷胱甘肽及葡萄糖等成分，维生素 B 的含量较其他营养液为高。谷氨酰胺参与核酸的合成，且为培养细胞提供能源。谷胱甘肽的抗氧化作用能保护细胞膜，促进细胞的生存。维生素 B 为各种辅酶的必要部分。葡萄糖则为代谢旺盛的角膜上皮提供能量。角膜缘细胞类似于角膜上皮，应用 PRMI-1640 培养液利于细胞生长。目前的研究中，角膜缘细胞培养常加用多种营养成分和药物，如小牛血清、EGF、胰岛素、霍乱毒素等。但也有实验证实只需单纯培养液和胎牛血清即可获得成功。Kruse 采用一种无血清克隆培养基对兔角膜缘和周边角膜组织进行对照培养，发现周边角膜克隆增殖能力更强，因为已经证明这种无血清克隆培养基适合 TAC 的克隆增殖，角膜缘组织虽然含有干细胞，但未激活转化为 TAC，因此出现了周边角膜克隆增殖能力强于角膜缘的现象。而当在此种无血清培养基中加入 10%~ 20%胎牛血清（fetalbovineserum，FBS）后，结果相反，角膜缘的克隆增殖强于周边角膜。证明高浓度的血清可促进角膜缘干细胞转化为 TAC，然后进一步增殖分化。

3. 载体的选择　把体外培养的角膜缘干细胞用于临床治疗眼表疾病，这是解决临床最棘手的双眼眼表疾病的重要手段。而寻找一种既适合于角膜缘干细胞生长，又具备良好的生物相容性载体，是将体外培养的角膜缘干细胞进行临床移植的关键。在美国从 2004 年 1 月起自体或异体移植角膜缘干细胞和羊膜移植已被作为医疗保险许可的标准手术操作。

体外无载体培养的 LSC 形成的上皮细胞膜张力低，无法直接用于临床移植，需要借助一定的载体才能移植至受体角膜。合适的载体应既可以促进体外 LSC 的生长，又便于培养的细胞移植。大量试验表明羊膜是 LSC 体外培养的良好底物，是干细胞体外培养和临床移植研究的首选载体。在临床观察中，已经认识到单独羊膜移植能充分重建部分（小于 360°）角膜缘干细胞缺乏的角膜。而且，羊膜移植能有效提高自体和异体角膜缘干细胞移植治疗成功率，羊膜重建角膜缘基质在角膜缘干细胞移植中是重要和有效的，并且羊膜能扩增体内残余或移植的角膜缘干细胞。因此，羊膜可作为体外培养扩增角膜缘干细胞的理想基质。Schwab 等以羊膜作为生物载体，在体外培养 LSC 用于角膜缘功能障碍的治疗取得成功，应用此方法，少量的角膜缘组织经培养后，即可以为较多患者提供足够的干细胞用于角膜表面重建（图 8-2）。

基本方法如下：

取健康剖宫产孕妇的胎盘，产前进行母体血

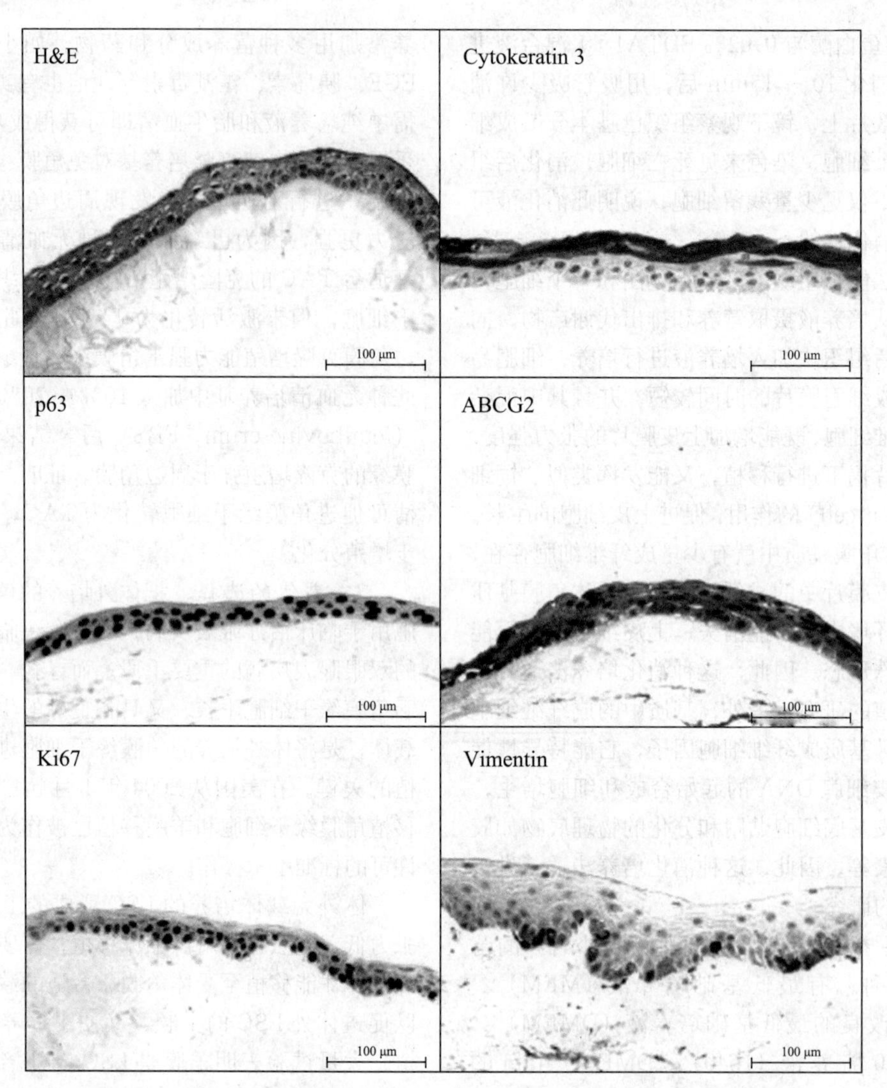

图 8-2 角膜缘上皮组织在羊膜上培养观察 HE 染色，免疫组化 CK3、p63、ABCG2、Ki67、Vimentin 染色（见书末彩图）

引自：Sai Kolli．Successful Clinical Implementation of Corneal Epithelial Stem Cell Therapy for Treatment of Unilateral Limbal Stem Cell Deficiency．Stem Cells，2009，28：597-610

清学检查，排除人类免疫缺陷性病毒（HIV）、乙肝病毒（HBV）、丙肝病毒（HCV）及梅毒等传染性疾病的感染。无菌条件下，用无菌 PBS 反复冲洗胎盘表面的血迹后，通过羊膜和绒毛膜之间的潜在腔隙进行钝性分离获取羊膜，羊膜取出后浸泡在含青霉素 100U/ml 和链霉素 100U/ml 的 PBS 中 10 ~ 20min。无菌 PBS 冲洗 3 次，每次 5min。上皮面向上贴附于无菌硝酸纤维素膜上，将上述附有羊膜的纸片修剪成 2.5cm × 2.5cm 的小块。无菌 PBS 冲洗 2 次，置于细胞培养板中 DMEM/F12 培养液（含 100U/ml 青霉素、100U/ml 链霉素，胎牛血清）浸泡备用，4℃保存，于取材后 12h 内使用。

股动脉放血处死大鼠，碘伏消毒眼周，无菌 PBS 结膜囊冲洗，止血钳对称固定眼球，用刀片在半透明角膜缘与巩膜交界处做一小切口，用眼科剪从切口处沿半透明角膜缘与巩膜交界处环行剪下角膜瓣，去除粘连的晶体及眼球外结膜和筋膜，去除角膜中央部分，把剩下 1 ~ 2mm 的角膜缘组织放入抗生素溶液（青霉素、链霉毒

10 000U／ml）浸泡 15min。转入超净工作台内，将角膜缘组织放入青霉素小瓶，用注射器抽吸 PBS 充分洗涤后转入无菌平皿中，PBS 漂洗 3 次，转入青霉素小瓶并置于一角。

用眼科剪将上述角膜缘组织反复剪碎至 $1mm^2$ 大小的小块，PBS 冲洗 2 次，加入 0.25% 胰蛋白酶、0.01% EDTA 消化液，37℃恒温箱中作用 20min（消化时每隔 5min 摇晃 1 次），吸去消化液，加入适量培养液反复吹打至单细胞悬液，静置片刻让未消化的组织自然下沉，然后将上层细胞悬液移入离心管，800r/min，离心 5min，去除上清液。用适量培养液重新悬浮细胞，将单细胞悬液以 1.5×10^5 个 $/cm^3$ 的密度分别接种于平铺有新鲜的去除上皮的羊膜载体的培养板中，置于 37℃，5% CO_2 的培养箱中培养。培养液每 2 ～ 3d 更换 1 次。每天在倒置显微镜下观察细胞的生长情况并作细胞学鉴定。

培养角膜缘干细胞的用途，最终用于临床角膜移植。目前眼库角膜材料奇缺，离体培养的角膜缘干细胞无疑为那些角膜缘功能衰竭患者带来希望，并且为临床眼科用药筛选提供细胞模型，具有广阔的应用前景。

（五）临床应用实例

羊膜与自体角膜缘干细胞联合移植治疗眼外伤

（1）病因：眼外伤分为机械性和非机械性两大类。非机械性眼外伤一般系指患者眼部的酸、碱化学烧伤、热烧伤和辐射性损伤，此外，某些全身性中毒引起的眼部病变属广义眼外伤。非机械性眼外伤多与职业有关，故也称为职业性眼病。

（2）临床表现：眼外伤常引起眼角膜、结膜广泛破坏，由于角膜上皮修复障碍，严重时导致失明。结膜瘢痕收缩，可引起睑球粘连。

（3）治疗：传统上对中、重度眼烧伤多采用自体或异体结膜及唇黏膜移植，其缺点为外观难看，易感染，取材受限。随着对羊膜基础研究的进展及显微手术技术的提高，羊膜移植日益受到眼科医生的重视。采用早期人羊膜移植联合自体干细胞移植术治疗眼外伤，效果满意。羊膜作为一种移植材料，具有易获得、抗排斥反应能力强等特点，其不仅有抗炎、抗粘连作用，还有调节结膜上皮型细胞转化为角膜型上皮细胞的作用，联合自体干细胞移植后以羊膜为基底膜，自体角膜缘上皮作为新上皮细胞来源，治疗眼表烧伤及热灼伤更为有效。羊膜移植加自体干细胞移植手术安全、效果好、不良反应少，是治疗眼部烧伤后结膜坏死的最佳方法之一。羊膜移植是近年在眼表重建方面的一大进展。羊膜是人体最厚的基膜，通过促进上皮细胞的迁移和增殖来促使眼表上皮化。羊膜与结膜组织具有相同的Ⅵ型胶原，与角膜基质含有相同的板层体、整合素及Ⅶ型胶原。羊膜基质对成纤维细胞表达细胞因子的水平具有调节作用，它抑制了 TGF-β1 因子的表达。通过羊膜移植，为损伤的眼表组织提供健康的上皮下基质微环境，促进上皮愈合，减少瘢痕形成。

然而，羊膜移植不能代替角膜缘干细胞移植。角膜上皮的完整性源于角膜缘基底层干细胞的不断增殖、分化、移行。角膜缘严重损伤后干细胞功能障碍，致使角膜上皮细胞的再生来源障碍，角膜上皮反复剥脱、角膜结膜化、新生血管形成。因此，健康角膜缘具有屏障功能。通过自体角膜缘干细胞移植术后角膜的正常屏障功能得到维持。对于一些重度的大面积眼表损害，如眼化学伤、烫伤、复发性胬肉、自身免疫性角膜溃疡等，单纯角膜缘移植不能彻底有效地控制基质层的炎症，而羊膜具有改善基质微环境、抗炎、抗纤维、抗新生血管的作用，可以弥补单一角膜缘干细胞移植的不足。2009 年，SaI KollI 等用羊膜为载体培养自体角膜缘干细胞并移植至患眼治疗 8 例单侧角膜缘干细胞缺乏症获得成功，说明羊膜联合自体角膜缘干细胞移植是治疗眼外伤的一种有效手段（图 8-3）。

①患眼处理：治疗前先行角巩膜病灶清创，松解粘连，用刀片将坏死组织刮除，刮除角膜上皮及血管翳，彻底剪除邻近坏死的球结膜，充分暴露角巩膜植床，使之形成一血液供应较好的巩膜裸露区。用含抗生素的生理盐水将剖切表面冲洗干净，等待羊膜和干细胞移植。

②羊膜制备：无菌状态下将健康剖宫产孕妇的胎盘取下，放于硝酸纤维素膜上脱水，然后将羊膜与硝酸纤维素膜分割成 2cm × 2cm 大的多个植片，放入盛有细胞保存液的无菌小瓶内，置 −80℃冰箱内备用。使用羊膜时应在显微镜下

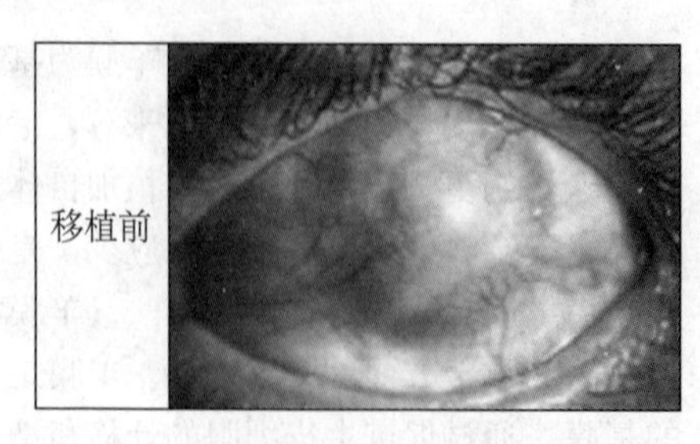

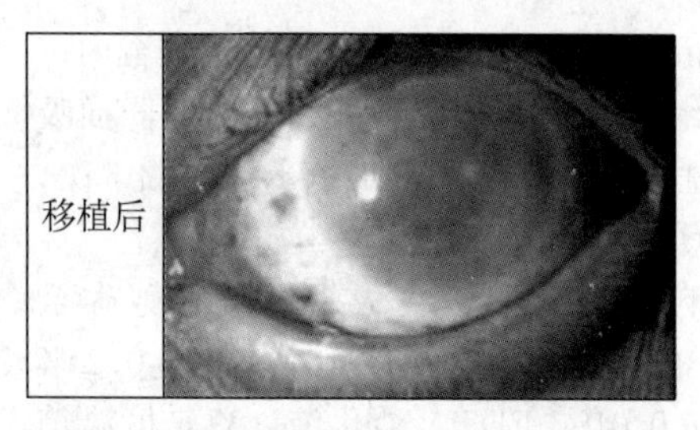

图 8-3 患眼自体角膜缘干细胞移植前后对比（见书末彩图）

引自：Sai Kolli. Successful clinical implementation of corneal epithelial stem cell therapy for treatment of unilateral limbal stem cell deficiency. Stem Cells，2009，28：597-610

撕去羊膜的海绵层，目的是提高羊膜的透明度并减少其含水量。

③自体角膜缘干细胞获得：患者均为单眼烧伤，患者眼压均正常，视力≤ 0.5。取自患者健眼角膜 0.5 ~ 1mm 表层透明角膜上皮及 2mm 结膜，弧度根据病灶范围而定，但均不得大于 180°。

④羊膜和干细胞联合移植：将羊膜上皮面朝上平铺于眼球表面，对缺损区角膜缘与巩膜面采用 10-0 尼龙线缝合。剪除多余羊膜，将周围游离结膜缘重叠于羊膜上 1mm，用 10-0 尼龙线固定缝合。最后将采取的角膜缘组织上皮面朝上，置于受损严重的角膜缘处，用 10-0 尼龙线间断缝合于相应羊膜上。术毕涂抗生素眼膏后加压包扎，术后每天常规换药，待眼表面上皮愈合后，开放点眼，局部用抗生素眼液及必舒眼水 3 ~ 5 周。必要时继续用皮质类固醇眼水。

⑤结果：新生上皮由角膜缘上皮及周围健康结膜向移植羊膜及角膜缘移植片增殖、移行。3 ~ 6 周，健康结膜已覆盖整个创面或角膜上皮，呈表型覆盖。随访 3 ~ 6 个月，大部分患眼均成功重建了角膜上皮，羊膜上再生结膜稳定。术后视力恢复，最高达 1.0，极少数因发生羊膜溶解被结膜瘢痕替代，治疗失败，视力均为光感。

三、干细胞移植治疗视神经萎缩

（一）概述

视神经萎缩（optic atrophy）是指任何疾病引起的视网膜节细胞及其轴突发生病变，一般为发生于视网膜至外侧膝状体之间的神经节细胞轴突变性，临床上可分为原发性和继发性两大类。引起视神经萎缩的原因多而复杂，包括：①颅内高压或颅内炎症：如结核性脑膜炎；②视网膜病变：包括血管性（视网膜中央动、静脉阻塞）、炎症（视网膜脉络膜炎）、变性（视网膜色素变性）；③视神经病变：包括血管性（缺血性视神经病变）、炎症（视神经炎）、铅及其他金属类中毒、梅毒；④压迫性病变：眶内或颅内的肿瘤或血肿；⑤外伤性病变：颅脑或眶部外伤；⑥代谢性疾病：如糖尿病；⑦遗传性疾病：如 leber 病；⑧营养性，如 B 族维生素缺乏等。视网膜和视神经被认为是中枢神经系统的一部分，由于神经系统的“不可再生性”，退行性变后的视神经组织结构和传导功能的恢复十分困难，临床上除治疗原发病之外，多采用扩张血管、增进局部血液循环、增加视神经营养等传统的治疗方法，但效果难以令人满意。近年来细胞工程尤其是干细胞工程的兴起为此类疾病的治疗提供了新的思路。通过移植干细胞，使其整合入视网膜各层并诱导其增殖分化为目标细胞，补充缺失的视网膜神经元，重建视网膜视神经功能，将给视神经萎缩患者带来希望。

干细胞具有自我更新、高度繁殖及多向分化潜能的优点，主要分为胚胎干细胞和成体干细胞。胚胎干细胞移植在眼科中的应用尚处于实验研究阶段，其在视网膜变性疾病和视神经疾病的治疗中的应用潜能渐成为研究热点。越来越多的动物实验也表明成体干细胞具有横向分化的潜能，其在应用上的自身优势为难治性的眼科疾病提供了新的治疗途径。

（二）干细胞治疗视神经萎缩的国内外现状

临床上视神经萎缩多是视网膜和视神经疾病的最终后果，严重者可导致失明。目前国内外干细胞移植治疗视网膜、视神经疾病多以应用胚胎干细胞（ES）、间充质干细胞（mesenchymal stem cell，MSC）和神经干细胞（NPC）进行基础动物研究为主，尤以前两者为多。临床研究鲜见报道。

国内有学者将ES细胞注入鼠眼的玻璃体腔，ES细胞不仅能存活及生长繁衍，而且能分化成神经元及视网膜样结构并具备主动侵入视网膜内，在视网膜内定向迁移到视网膜各层或沿着特定的层次向视网膜内广泛漫延开，进而具备重建视网膜某一细胞层的潜能。动物实验表明无论是ES细胞、海马神经干细胞、视网膜干细胞分别植入到视网膜下、玻璃体腔或视神经内，这些被植入的细胞不仅能存活，而且能分裂增生，向神经元方向分化。然而干细胞，特别是ES细胞，在视网膜下不仅能分化成神经元及视网膜样结构，同时又能发展成髓上皮瘤，后者有可能成为干细胞用于组织工程的最大障碍。另外ES细胞的取材和应用尚受伦理和社会道德所限。

MSC是目前备受关注的一群具有多向分化潜能的成体干细胞。MSC可从骨髓、脂肪细胞、胎盘、脐带、脐带血、胰腺、牙胚及羊水中分离获得，是再生医学的良好细胞类型。MSC不表达CD34和CD45，免疫原性低，可被“免疫豁免”，因此，可将异体MSC用来移植，而无须进行组织配型。MSC能在小鼠视网膜内存活并能与原视网膜结构发生融合，因而，有可能成为视网膜移植治疗中具有发育潜能的高纯度视细胞供体，在治疗视网膜变性疾病及视神经病变中将有广泛的应用前景。Atsushi等从小鼠骨髓中分离得到Lin谱系阴性的造血干细胞（Lin2HSC），移植入两种视网膜退行性变小鼠模型rd1和rd10的眼中，使原本发生退行性变的视网膜血管网的数量和长度有了一定增长，视网膜外核层及内核层的厚度增加，且有核细胞数量增加。也有学者研究发现将大鼠骨髓MSC直接作为细胞供体移植于视网膜下，发现MSC与原来的视网膜结构发生融合，在显微镜下可见其分布于视锥细胞、视杆细胞层、双极细胞层及节细胞层；细胞形态与周围的视网膜相似，并能够帮助激光和机械性损伤的视网膜重新修复。

目前实验研究MSC眼内移植主要通过3条途径实现：即玻璃体腔注射、视网膜下腔注射和静脉注射。以选择前两种方法为多，但Pressmar等认为视网膜下腔注射损伤较大，且容易造成视网膜脱离、视网膜出血等并发症。Park等用GFP标记的MSC从尾静脉注入激光损伤的大鼠模型，证实了用这种系统给药的方式同样可观察到MSC在视网膜受损部位的聚集，并与视网膜神经组织整合，且呈时间依赖关系。免疫组化发现MSC向神经元分化，同时避免了局部注射可能导致的并发症。

（三）干细胞治疗视神经萎缩疾病的临床应用

1. *临床资料*　对2007年10月至2009年12月期间入院诊断“视神经萎缩”明确的患者7人共13眼行经静脉脐带间充质干细胞移植术。患者年龄21～72岁，平均年龄37岁，其中3只眼为原发性视神经萎缩，10只眼为继发性视神经萎缩，具体临床资料见表8-3。全部患者常规眼部检查，部分患者再经头颅CT、眼B超、荧光眼底血管造影、视野、眼压、屈光状态等检查，进一步明确诊断及病变部位，疗程结束后再复查对照，并同时观察治疗后有何不良反应发生。所有患者术前交代本项研究仍处于实验阶段，系针对视神经萎缩的探索性治疗，术后不良反应及疗效均不确定，并签署知情同意书。

2. *干细胞移植术*

（1）患者选择：患者生命体征平稳，全身重要器官功能正常，各项化验检查正常，原发病治疗已结束且视神经病变无明显好转，均自愿接受干细胞移植对患眼视神经萎缩的实验性治疗。

（2）干细胞来源与制备：脐带间充质干细胞的制备详见第2章。

（3）干细胞移植的方法、步骤：经静脉脐带间充质干细胞移植治疗视神经萎缩一般为连续4次治疗，每周1次。具体步骤：患者仰卧位，取前臂静脉输入少量生理盐水。术前静脉推注地塞米松磷酸钠注射液5.0mg，后经静脉输入脐带间充质干细胞悬液共50ml。

（4）干细胞移植术评价：术后所有患者无不适症状，各项化验检查复查未见异常变化，未见输入性感染现象。由于MSC免疫原性低，可被“免疫豁免”，临床上7例经静脉脐带间充质干细胞移植术后患者均未见免疫排斥、过敏等不

表 8-3 静脉脐带间充质干细胞移植术眼科临床资料

患者编号	性别	年龄（岁）	病因	最佳矫正视力	眼底视盘表现	既往治疗
1	男	46	双眼视神经炎	V_{OD} 0.15 V_{OS} 手动	视盘界限欠清，色苍白，C/D = 0.6	改善循环，营养神经等
2	男	72	青光眼绝对期	V_{OD} 0.3 V_{OS} 无光感	视盘瓷白色，边界清，右 C/D = 0.7; 左 C/D = 1.0	双眼抗青光眼术后，眼压正常
3	男	22	青光眼绝对期	V_{OD} 光感 V_{OS} 手动	视盘苍白色，边界清，C/D = 0.9	双眼抗青光眼术后，眼压正常
4	男	33	双眼视神经炎	V_{OD} 无光感 V_{OS} 手动	视盘淡黄色，边界清，C/D = 0.9	改善循环，营养神经等
5	女	50	垂体瘤	V_{OD} 无光感 V_{OS} 手动	视盘苍白色，边界清，C/D = 0.9	伽马刀手术后改善循环，营养神经等
6	男	21	双眼视网膜色素变性	V_{OD} 0.25 V_{OS} 0.25	视盘苍白色，边界清，C/D = 0.3	改善循环，营养神经等
7	男	26	右眼外伤	V_{OD} 0.4	视盘边界清，颞侧色略淡，C/D = 0.3	改善循环，营养神经等

良反应。术后 3 个月所有患者复查视力、眼底和视野，其中 3 人（42.9%）诉视物好转、变亮，4 只眼（30.8%）视野可见好转，中心性和旁中心性暗点减少，视网膜阈值增加；1 只眼（7.7%）最佳矫正视力提高一行。综上，经静脉脐带间充质干细胞移植治疗视神经萎缩的方法安全，不良反应发生率极低，但治疗效果满意度有待进一步提高。由于缺少客观的检查指标，如视觉诱发电位（VEP）的检查，所观察到的治疗效果和实际的效果可能有所差别。

3．*干细胞治疗视神经萎缩疾病存在的问题及解决措施* 随着对各种干细胞研究不断的深入，干细胞作为细胞供体治疗视网膜、视神经疾病的方法、将为临床提供新的治疗方法。但困难和希望并存，主要涉及以下两个方面。

（1）干细胞选择。某些成体干细胞，如视网膜干细胞（RPC）、神经干细胞（NPC）由于来源较缺乏，而且整合和分化的条件受多种因素影响，有效治疗视网膜疾病仍须较长时间的研究。而 MSC 虽然来源广泛且免疫原性低，但成体 MSC 活性差，尤其扩增多代后定向分化为视网膜细胞能力不高，并且是否能发挥视网膜细胞的全能性还有待进一步研究。ES 细胞具有发育的全能性，ES 细胞分化在眼部疾病中的治疗研究也取得了较大的发展，并已证实可部分维持视功能，但控制 ES 细胞向特定细胞分化的基因和环境信号以及 ES 细胞移植的组织相容性仍是一个难题，而且 ES 细胞高度未分化具有致瘤性以及取材上所受社会伦理和道德的限制，ES 细胞移植治疗视网膜、视神经病变尚需大量实验和理论研究。

（2）干细胞移植的途径尚需进一步探讨。采用玻璃体腔注射和视网膜下注射方式，干细胞可快速到达病变视网膜、视神经微环境中，在这样一种相对“熟悉”的环境下干细胞更容易整合入视网膜各层并诱导其增殖分化为目标细胞，补充缺失的视网膜神经元。但这两种移植方式操作复杂、创伤大、技术要求高，术后出现眼内炎、视网膜脱离、视网膜出血、玻璃体浑浊的可能性大；而采用静脉注射的方式虽然操作简单，安全性高，但干细胞经血液循环后，存在不能完全在靶器官聚集和向目标细胞分化的可能，此外在治疗视网膜和视神经病变过程中，干细胞如何突破视网膜内屏障（血 - 视网膜屏障）到达病变部位也是必须考虑和探讨的问题。

4. *干细胞治疗视神经萎缩疾病的前景预测* 目前干细胞技术在眼科很多领域取得了许多令人振奋的结果，基础实验表明将干细胞移植入视网膜、视神经使其分化成熟代替已死亡的神经元是可能的。近来，脐带间充质干细胞成为研究的热点。脐带 MSC 来源广泛，易获得，并具有 MSC 的所有特性。与骨髓来源的 MSC 相比其分化增殖能力更强。我们所进行的经静脉脐带间充质干细胞移植治疗视神经萎缩也是依据这些结果和遵循患者自愿的前提下所进行的一项探索性研究，结果有令人惊喜之处。随着关于干细胞更多的基础和理论研究的深入，具有更多优点的干细胞被发现以及干细胞被定向诱导分化为某一特定类型的神经元的体内、外环境及条件的明确，干细胞移植必定会为视网膜病变、视神经萎缩的患者带来福音。

四、干细胞移植治疗视神经损伤

（一）概述

视神经损伤往往造成视力减退或丧失，比较严重者约有 50%的患者遗留有永久性视损害。由于视神经属于中枢神经系统，损伤后缺乏神经修复和再生所需要的局部微环境和其他周围支持条件，因此，视神经损伤后如何促进其功能恢复始终是临床上的一个难题。

长期以来，对视神经损伤的治疗方法一直存在分歧。

所以，探索有效的促进视神经损伤修复和再生的方法意义和价值重大。曾有研究表明，在大鼠视网膜缺血损伤模型中，将大鼠来源的 NSC 植入视网膜下腔，2 ~ 5 周后可发现 NSC 与宿主视网膜整合，并进一步分化成了视网膜特殊类型的细胞样结构，甚至长出神经纤维伸入视神经起始端，一部分进入视神经并全层穿过筛状板层，但是否具有正常的电生理功能尚不明确。

（二）干细胞治疗视神经损伤的临床现状

1. *视神经损伤干细胞移植试验研究*

（1）视神经损伤动物模型的制作与干细胞移植：用 10%水合氯醛腹腔注射麻醉后，将大鼠置于手术盘中，消毒手术眼局部（每只动物均以右眼为手术眼），于双目显微镜下切开外眦，打开 Tenon 囊，分离外直肌并剪断，沿颞侧巩膜表面钝性分离至视神经，于球后 2 ~ 3mm 处用小号动脉瘤夹夹持视神经 15s。之后，移植组用微量进样器抽取神经干细胞悬液 10 μl（1×10^6 细胞）做视神经损伤区鞘膜内一次性注射。术毕将眼球复位，缝合 Tenon 囊及外眦，于直接检眼镜下观察视网膜血供良好者纳入试验。术后常规眼膏涂抹。之后的第 1、4 周沿原切口部位暴露和显露视神经损伤区，做局部鞘膜内一次性注射神经干细胞，数量同上，注射时间为 3min，注射针在注射局部停留 3min。

（2）闪光视觉诱发电位（F-VEP）检测：先在损伤后 1h，分别记录实验动物左、右眼 F-VEP，以检测急性损伤时视神经功能状况。NSC 移植 4 周后再分别记录分组动物左、右眼 F-VEP，以观察疗效。

（3）视神经损伤干细胞移植前后超微结构变化：损伤后 1 周轴突依然肿胀。部分降解，透明状，出现少量胶质纤维填充空隙，微丝微管数目进一步减少，排列紊乱，部分神经纤维塌陷形成“洋葱样”小体，线粒体肿胀，数目开始减少；髓鞘进一步变薄，结构愈加疏松，横断面不规则，板层分离现象多见，基质成分增多，巨噬细胞亦增加，胞质内有许多吞噬了髓鞘碎屑的溶酶体。

损伤后 4 周上述改变继续加重，轴突数目极度减少，大部分轴突发生不可逆变化，变性消失，变得透明空虚，留下的腔隙由胶质纤维填充，微丝微管继续减少，线粒体等细胞器结构已看不到，髓鞘转变成薄膜样结构，并可见髓鞘泡状解离和碎屑，间质比例明显增多，胶质细胞胞核基本正常，胞质内线粒体增多，但仍有肿胀，并可见到大量胶质原纤维。

2. *干细胞移植后视神经变化* 干细胞移植 1 周后轴突继续修复和再生，其数目增多，横断面多呈类圆形，大小不一，微丝微管数目亦增多，排列较整齐，外绕有新生的髓鞘，线粒体多见，肿胀，髓鞘大部修复，局部结构疏松，已发生变性坏死、崩解消失的轴突和髓鞘已被胶质纤维填充、取代；间质内含有大量的胶质纤维。4 周后轴突数目进一步增多，微丝微管数量明显增多，分布较均匀，排列较整齐，线粒体呈椭圆形，肿胀明显减轻；髓鞘大部修复，板层结构清晰，有胶质细胞与之紧密相贴，核较大，胞质内可见丰富的胶质原纤维，线粒体数目开始减少；未修复部分被胶质纤维填充。

3．临床观察　男性患者，35 岁，3 个月前因为重度颅脑损伤合并颌面部损伤，出现左侧视神经损伤，无光感，视觉诱发电位接近平坦。曾行左额颞去骨瓣减压手术，3 个月后在行颅骨修补术的时候，显露损伤的左侧视神经。每隔 3mm，局部穿刺，显微注射准备好的自体骨髓间充质干细胞悬液 15μl，细胞数量为 1×10^5，注射时间 3min，局部用生理盐水棉片封闭 5min。术后 1 个月，光感出现，3 个月后眼前可辨别手动，视觉诱发电位出现波幅。

（三）干细胞治疗视神经损伤疾病存在的问题及解决措施

干细胞治疗视神经损伤的基础研究相对较少，临床应用方面，需要研究的问题也比较多。解决的措施是加强临床针对性的基础研究，扩大临床观察病例，多中心和大样本的研究也许是有帮助的。

（四）干细胞治疗视神经损伤疾病的前景预测

视神经损伤是临床上一种难治性疾病，对患者的生活质量造成严重损害，间充质干细胞移植的基础研究和有限的临床观察结果显示出令人振奋的信息，如果进一步加强该领域的研究，对视神经损伤这一难治性疾病有望提供较大的帮助。

第四节　细胞移植治疗烧伤

“烧伤”可由热水、蒸汽、火焰、电流、激光、放射线、酸、碱、磷等种因子引起。通常所讲的或狭义的烧伤，是指单纯由高温所造成的热烧伤，在临床上常见。其他因子所致的烧伤则冠以病因称之，如电烧伤、化学烧伤等。一定程度上均可引起全身性的反应或损伤，尤其是大面积烧、烫伤，全身各系统组织均可被累及。烧伤无论平时或战时均常见。在近代烧伤占战伤总数不断增高，据各国估计性统计，美国烧伤人数约占人群总数的 1%，丹麦每百万人口中每年烧伤人数为 4 100 余人。

皮肤烧伤后，组织损伤的病理变化由中心向外周可分为 3 个同心圆区带：中心是凝固带，组织已经彻底坏死；最外周是充血带，组织无损伤，但受炎症反应影响而血管扩张充血。介于二者之间的是淤滞带，血流缓慢，组织损伤但未完全坏死，尚有活性。淤滞带的转归决定了烧伤创面的坏死程度，属“医家必争之地”。若血流持续淤滞、血管栓塞，加之余热作用，损伤逐渐加重，则淤滞带组织进行性完全坏死，烧伤创面加深；反之，若能尽快降低组织内的余热，改善淤滞带血液循环，则能救活损伤的组织，减轻创面损害。传统的烧伤外科发现了上述烧伤皮肤组织的病理变化特征，也极力想法挽救淤滞带组织，但却缺乏理想措施。

烧伤创面是细菌生长的良好场所，适宜的温度、湿度和渗出液有利于细菌在创面上大量繁殖；皮肤防御屏障功能破坏使细菌易于侵入深层组织；而大面积烧伤后免疫功能失调，全身抗感染能力低下，易发生感染。所以，创面和全身感染是烧伤、特别是大面积烧伤病人最常见的并发症和最主要的死亡原因之一。传统的烧伤外科以消毒隔离、创面外用抗菌药物、保持创面干燥抑制细菌生长、以及早期手术切除坏死组织植皮等手段来控制感染，虽有一定效果但并不理想，因为它抗感染的着眼点在细菌而不是受伤的组织和机体本身，而且抗菌药物、创面干燥以及手术等对烧伤皮肤也是一种破坏，使创面只能病理性愈合，遗留瘢痕甚至残疾。

正因为上述原因，传统的烧伤外科治疗技术不仅缺乏对烧伤组织本身的救治措施，丧失了挽救受伤组织的时机，而且无可奈何地进一步破坏已经损伤的皮肤，从而使受伤组织只可能病理性愈合，而不能生理性再生修复，导致并没有全部皮肤烧伤的创面也不可避免地出现瘢痕愈合了。皮肤是人体最大的组织器官，覆盖于人体的外表，是烧伤整形外科研究的主要内容。烧伤创面的难以愈合，使皮肤功能丧失，这都与表皮干细胞的丢失密切相关。在烧伤方面，表皮干细胞拥有无可质疑的潜能，它是皮肤组织特异性干细胞，在维持表皮自我更新、保持皮肤正常的表皮结构与功能方面起着重要作用。另外，俄罗斯研究人员首次尝试骨髓干细胞疗法，并且获得了成功。俄卫生部移植和人造器官科研所的科研人员通过对老鼠实验发现，移植骨髓干细胞治疗深度烧伤比使用胚胎干细胞治疗烧伤更有效。这一科研成果对干细胞移植治疗皮肤烧伤的研究有着重大的意义。

一、表皮干细胞的生物学特性

皮肤是人体最大的器官，由表皮和真皮构成，表皮是复层扁平上皮，主要含有角质形成细胞和非角质形成细胞（黑素细胞、朗格汉斯细胞、梅克尔细胞）两大类型；真皮位于表皮的深部，主要是含有成纤维细胞、巨噬细胞、肥大细胞等的结缔组织构成。正常情况下表皮的更新、皮肤烧伤等的表皮修复均由表皮干细胞来完成。人类皮肤中，表皮具有多层结构，可不断进行自我更新，一般每 30 ~ 60d 更新 1 次。这一过程中，新的细胞不断由基底膜细胞分裂产生，并向上移行、分化，最终形成终末分化的无细胞核的角化细胞，而不断产生这些细胞的源泉就是表皮干细胞。

（一）表皮干细胞的定位

表皮干细胞（epidermis stem cell，ESC）是具有极强的增殖潜能和自我更新能力的细胞。一般认为，表皮干细胞位于表皮基底层，呈片状分布，占基底层细胞数的 1%～10%，终身保持有增殖能力，是可以增殖分化为各种表皮细胞的干细胞。随着年龄的增长，表皮干细胞的数量也随之逐渐减少，与基膜以半桥粒连接，相邻细胞以桥粒连接。在没有毛发的部位如手掌、足底，则仅存在于基底层与真皮乳头顶部相连处。此外，人们还在毛囊隆突部位（皮脂腺开口处与立毛肌毛囊附着处之间的毛囊外根鞘）发现了一种干细胞，并称之为毛囊干细胞。表皮干细胞在维持表皮新陈代谢，参与皮肤损伤后修复等方面起着关键作用。

（二）表皮干细胞的共同特性

Barrandon 和 Green 对表皮细胞培养的研究发现，根据其克隆形成能力，可分为：第一，全克隆（holoclone）细胞，即干细胞，或是标记储留细胞（label retaining cell，LRC），具有强大的生长增殖潜力，是具有高度克隆形成能力的细胞，其细胞倍增次数可达 120 ~ 160 次；第二，副克隆（paraclone）细胞，即短暂扩充细胞（transit amplifying cell，TAC）；第三，终末分化细胞，即鳞状细胞。

目前认为，表皮干细胞具有以下共同特性。

1．*慢周期性*　表现标记储留。在分裂活跃的新生动物细胞内加入用氚标记的胸苷或溴脱氧尿苷，由于短暂扩充细胞分裂活跃，标记的胸苷或溴脱氧尿苷随代谢过程排出细胞外；而干细胞细胞分裂缓慢，因而其内可长期探测到放射活性，如小鼠表皮干细胞的标记保留可长达 2 年。由于大部分的 ESC 处于静息状态，分裂缓慢，只有部分干细胞脱离干细胞群落进入分化周期。细胞周期长，借此可以保存细胞的增殖潜能。创伤后或体外培养条件下，激活干细胞、增殖、分化，使缺损创面得以修复或再生。

2．*增殖潜能*　表现为体外培养时细胞呈克隆生长，ESC 可进行 140 次分裂，产生 1×10^{40} 个子代细胞。ESC 通过不对称或高度调控的对称分裂机制在体外分化为表皮各种细胞，以维持表皮的终身自我更新。

3．*对基底膜的黏附特性*　表皮干细胞主要通过表达整合素实现对基底膜各种成分的黏附。干细胞对基底膜的黏附是干细胞维持其特性的基本条件。干细胞对基底膜的脱黏附是诱导干细胞脱离干细胞群落，进入分化周期的重要调控机制之一。

4．*形态特点*　电子显微镜下观察，表皮干细胞具有幼稚细胞的超微结构及形态特征，细胞较小、致密，核与胞质的体积比大，呈低分化状态。

5．*表皮干细胞龛*　为表皮干细胞所处的局部微环境，包括细胞外基质、弥散的细胞因子、相邻细胞的直接接触、氧和营养供应，甚至机械刺激因素等，对保持干细胞的生理状态、维持干细胞未分化状态及信号传导起重要作用。表皮干细胞龛表面覆有黑素体，可避免紫外线对干细胞的损害，深部借助基膜与真皮结缔组织相邻，结缔组织内丰富的血液循环为干细胞提供营养来源，周围较多 Merkel 细胞，从神经源的角度参加表皮干细胞的调控。

（三）表皮干细胞的表面标记及鉴定

由于干细胞的慢性周期性，可采用标记滞留细胞的分析方法识别在体的静息 ESC，如小鼠的 ESC 标记滞留可达 2 年；干细胞在体外培养表现出无限的增殖能力，形成细胞克隆，从而可识别离体的 ESC。迄今为止，尚未见有关皮肤干细胞的特异性标志物的研究报道，可通过其在形态学上的非成熟细胞特征、较强的自我更新能力及一些相对特异的细胞表面标记进行鉴定。

1．*整合素* 整合素是一类位于细胞膜表面的糖蛋白受体家族分子，主要参与介导细胞与细胞外基质的黏附。整合素包括 α、β 两种亚基，表皮细胞可表达多种整合素分子，如 $\alpha_2\beta_1$、$\alpha_3\beta_1$、$\alpha_5\beta_1$、$\alpha_6\beta_4$ 及 $\alpha v\beta_5$ 等，且几乎所有的基底膜细胞均可不同程度地表达 β_1- 整合素，当细胞离开基底膜向上移行分化时，其 β_1- 整合素的表达水平亦随之下调。因此，目前认为，β_1 整合素是较好的 ESC 的标记物。它在 ESC 和 TAC 表面高表达，而终末分化细胞不表达，因而目前用 β_1 整合素来区分 ESC、TAC 与有丝分裂细胞及终末分化细胞。对人的表皮进行的标记实验显示，在表皮基底层细胞的表面上部散布着 β_1 整合素，大多数的 β_1 整合素位于基底细胞周围形成“O”型环。研究证实，在所有基底层细胞中 β_1- 整合素高表达的细胞可达 20%～40%，而这其中仅有不到 10%的细胞可能是干细胞。二者的差异也表明短暂扩增细胞也可表达 β_1- 整合素，随着细胞分化，β_1- 整合素表达逐渐减弱。因而单独利用整合素并不能作为识别干细胞的特定标记。

2．*角蛋白* 角蛋白是表皮细胞的结构蛋白，它们构成直径为 10nm 的微丝，在细胞内形成广泛的网状结构。随着分化程度的不同，表皮细胞表达不同的角蛋白，因而可用于鉴别 ESC、TAC 及终末分化细胞。CK19 和 CK15 被认为是 ESC 的阳性标记，TAC 表达 CK5 和 CK14，而分化的终末细胞表达 CK1 和 CK10。在干细胞分化过程中，CK15 表达减少较比 CK19 更早，故 CK15 阴性而 CK19 阳性可能是早期的 TAC，CK15 阳性可能在鉴别 ESC 上具有更重要的意义。

3．*其他标记物* p63 可识别角质细胞中的干细胞，是成年人皮肤基底角质形成细胞活动性增生能力的一个标记。p63 转录因子在 ESC 中高表达，而在 TAC 中表达显著下降。在体外培养条件下，p63 的表达只出现在具有高度克隆形成能力的表皮细胞中。而 p63 基因缺失的纯合子小鼠则不能形成复层结构的表皮，推测这可能与皮肤中缺乏干细胞有关。这表明 p63 有可能是 ESC 特异性的表面标记物。ESC 还有其他标记物：表皮细胞表面转铁蛋白受体（CD71）、CD90、CD98 和 CD200 等，Matic 等提出连接蛋白 43（connexin43，Cx43）：可以作为阴性标记物来对表皮干细胞进行相应的鉴定及筛选。该蛋白属于缝隙连接蛋白，存在于人类及鼠的表皮基底膜中，绝大多数标记保留细胞均为 Cx43 阴性细胞。

由于尚未发现公认的表皮干细胞的特异性表面标记物，对体外培养的表皮干细胞的鉴定多采用综合鉴定法，即如果培养的细胞表现出干细胞的特征如高的克隆形成率，呈大克隆性生长（强的自我更新能力），停留于 G_0 期的细胞比例较高（慢周期性），同时角蛋白 CK19 和整合素 β_1 表达阳性，则可以将其视为表皮干细胞。随着科研的深入，特异性的鉴别方法会不断增加。

（四）表皮干细胞的增殖、分化与调控

表皮组织的自我更新和损伤修复主要靠 ESC 的代偿性增殖和定向分化来完成。干细胞的发育受多种内在机制和微环境因素的影响，内在因素包括结构蛋白，特别是细胞骨架成分调控细胞的不对成分裂；核因子的调控基因表达；干细胞与非干细胞及子代细胞的染色体修饰及生物种等。外在因素是指干细胞所处的外部微环境，称为干细胞壁龛，即众多的细胞因子。目前对 ESC 的增殖、分化与调控较多的研究集中在以下几点。

1．*整合素 - 丝裂原激活蛋白激酶通路* 整合素家族在表皮干细胞的增殖分化过程中起着非常重要的作用，参与了细胞与细胞外基质的黏附，影响细胞的增殖、分化及凋亡等过程。

2. *Notch 信号转导通路* 表皮干细胞表面的一种跨膜蛋白D elta，与细胞表面的N otch受体结合可对干细胞进行，在正常机体，表皮全层均有 Notch 受体表达，Dehala 配体则集中分布在基底层，尤其是整合素 β_1 阳性细胞聚集处。

3. *Wnt 信号通路* 在 Wnt 信号转导通路的成员中 β- 连环蛋白处于中心地位，它是 Wnt 信号转导通路中非常重要的下游作用因子，它介导了细胞与细胞之间的黏附，还在 Wnt 信号转导通路中起着调节开关的作用。

4. C-Myc C-Myc 原癌基因也参与了 ESC 的分化调节，具有刺激细胞增殖、分化、诱导细胞凋亡及导致新生物形成等作用。近年的研究表明，C-Myc 是 β- 连环蛋白的下游靶位，且两者可能存在自动反馈调节机制。激活 C-Myc 可促使干细胞向 TAC 分化，并使其对基底膜脱黏附，下调C-Myc表达是细胞向终末分化的先决条件，故目前认为它是属于 ESC 的分化启动基因。

5. *细胞因子* 在 ESC 龛中，细胞因子是通过旁分泌和自分泌的方式起调控作用的。目前研究已经证明，成纤维细胞生长因子（aFGF）、表皮生长因子（EGF）、角质形成细胞因子（KGF）参与了表皮干细胞增殖、分化与迁移的调控。

6. *端粒酶* 目前已知端粒酶活性的丧失及其增殖相关基因表达的改变是造成多种成体干细胞体外复制和扩增受限的主要原因，而端粒酶反转录酶对端粒酶活性起关键作用，诱导和增强端粒酶反转录酶的表达，对维持 ESC 在体外自我更新和增殖能力可能具有重要意义。

二、表皮干细胞的在烧伤治疗中的应用

19 世纪末 Karl Thiersh 应用断层皮片移植治疗烧伤以来，表皮细胞一直被用于烧伤的治疗中。对干细胞生物学的基础研究已经获得了表皮干细胞，并进行修改和扩展。1975 年，Rheinwald 和 Green 建立了表皮细胞培养术，将皮肤切碎用胰酶消化、分离，用小鼠 3T3 细胞作培养层，置于胎牛血清、胰岛素、表皮细胞生长因子组成的培养液中，培养出可用于移植的表皮膜片，组织学检查显示，其结构与活体正常组织非常相似。1981 年，培养的人自体表皮细胞膜片被首次移植到创面，治疗效果明显。1984 年，Gallico 等用自体表皮细胞膜片治疗烧伤取得成功，为大面积烧伤患者提供了新的皮源，为烧伤治疗开辟了一条新的道路。在深度烧伤创面中，人工培养的自已表皮膜片可永久性作创面覆盖，表明了经过培养和移植的干细胞仍然具有自我复制能力，在表皮再生中起重要作用。但移植后的表皮细胞膜片缺乏真皮组织，特别是缺少表皮和真皮之间的基底膜使创面愈合后出现脆性大、易破溃、瘢痕增生等现象。为此，有人将培养的表皮移植到真皮上，发现有更好的效果，提示真皮组织在创面愈合中起重要作用。2001 年，Barrandon 等发现，表达 β 半乳糖苷酶的转基因小鼠中毛囊膨隆部移植后，可再次产生毛囊间的真皮组织和完整的毛囊，证实毛囊中的干细胞是供皮区和移植区修复的主要细胞。通过自体皮肤移植来覆盖烧伤创面，常受到供皮面积的限制，在某些情况下，需要非常长的时间才能完成创面覆盖，患者往往由于可利用移植物的缺乏，导致死亡率和致残率明显增高。

对于烧伤的治疗，首先是要求对创面的覆盖，避免感染甚至继发并发症的发生。针对大面积烧伤的治疗中，由于自体供皮区的缺乏以及自体皮片的培养需要较长的时间等原因，异体或异种移植物得到了发展，其主要要求满足以下几个条件：来源充分，能迅速取材，有效性，较为廉价。但异体移植的皮肤始终会面临移植排斥的结果。而异体 / 异种脱细胞真皮与自体皮片复合移植的方法被广泛采用。脱细胞真皮是一种经过处理的人真皮组织，它去除了表皮和真皮细胞，仅仅保留了结缔组织的基质结构。可将脱细胞真皮和自体皮片同时移植于受皮区，手术一次完成；也有学者在临床实验中先移植脱细胞真皮，待其基质建立血液循环后再移植自体皮片。移植后，基质表面湿润，有较多血浆渗出，无感染现象，基质表面呈乳白色，则可认为已经成活，并评价愈合后皮肤的外观和功能及结构重建的程度，后者主要指基底膜区结构的重建。皮肤组织工程学研究最早始于 20 世纪 60 年代，皮肤是最早成功地从体外培育获得的器官之一。在组织工程皮肤中，表皮部分通常来自培养的自体或异体皮片及应用表

皮膜片；真皮是脱细胞的，或者包含外源性或内源性成纤维细胞或者其他细胞。最理想的组织工程皮肤应满足下列条件：容易获得、方便冷冻和储藏、制作廉价、应用方便、外观满意。在体外实验中，如何利用表皮干细胞增殖分化为表皮细胞的特性，通过补充大量的表皮干细胞来促进皮肤扩增的研究，让表皮干细胞作为细胞治疗的便捷的工具之一，是还有待解决的问题。

三、表皮干细胞的体外培养

人角质形成细胞的体外培养在1941年由Medawar首次报道，后经Rheinwald和Green在1975年对培养技术进行重大改进后才使其大量体外扩增成为可能，而以低剂量放射线处理后的胎鼠成纤维细胞作为饲养层细胞在其中起着关键性的作用，且这一方法目前仍在沿用。表皮干细胞体外培养技术的关键在于如何高效地分离出表皮干细胞并在体外培养过程中保持其未分化状态。目前采用最多且较为公认的分离富集方法为Ⅳ型胶原快速黏附法和荧光激活细胞分类仪。保持表皮干细胞的未分化状态多使用条件培养基、滋养层细胞、低钙培养基及某些分化抑制因子等，其中滋养层细胞需使用丝裂霉素处理，有一定的风险，在用于人体实验时需慎重。EGF对干细胞的分裂、增殖、分化与迁移具重要作用，EGF受体在表皮成层期方能检出，并随胚龄延展而表达增多，说明EGF是培养表皮干细胞必不可少的培养基添加物。有学者利用含低浓度钙和9%血清的EMEM培养成纤维细胞，收集原代培养48h的培养液，再与含终浓度0.05mmol/L $CaCl_2$，9% FBS和4ng/ml EGF的无钙EMEM培养以1∶1混合制成干细胞培养液，可使分离的表皮干细胞在体外长期培养。

人表皮干细胞的体外培养基本步骤如下：

1. *培养板预铺Ⅳ型胶原* 人Ⅳ型胶原以醋酸溶解后用0.01mol/L PBS稀释至0.1g/L，取30μl铺6孔板，4℃冰箱过夜，弃上清液，4℃干燥箱烘干，紫外线照射2h后以0.01mol/L PBS漂洗3次，去除未贴壁的Ⅳ型胶原，37℃自然干燥，以上过程重复2～3次即得到预铺Ⅳ型胶原的6孔培养板。

2. *制备表皮干细胞条件培养基* 取胎儿皮肤，无菌条件下剪除皮下组织，之后用含有青霉素、链霉素的0.01mol/L PBS液冲洗6～8次，剪成2.0cm×0.5cm的皮条，置2.5g/L Dispase酶中，4℃过夜，分离表皮和真皮。真皮组织以胰酶消化法作成纤维细胞培养，收集第二、三代细胞对数生长期的培养液，过滤，与不含添加剂的角质形成细胞培养基以1∶1体积比例混合，加入EGF 10ng/ml、bFGF 4ng/ml、霍乱毒素20ng/ml、L-谷氨酰胺0.1mmol、非必需氨基酸0.1mmol，混合均匀后即为人表皮干细胞条件培养液，过滤除菌，4℃保存。

3. *表皮干细胞的分离培养* 将上述步骤中分离的表皮用2.5g/L胰蛋白酶与0.2g/L EDTA混合液（体积比为1∶1）中，37℃消化5min，终止消化后吹打、过滤，收集滤液后以2 000r/min离心10min收集细胞，所得细胞以条件培养基重悬后吹打成单细胞悬液，以1.0×10^6/ml接种于预铺Ⅳ型胶原的培养板中，37℃、5% CO_2：饱和湿度的细胞培养箱内静置培养10～15min。吸弃培养液和未贴壁的细胞，条件培养基洗涤2次，再加入新鲜的培养基，12h后换液以除去未贴壁细胞，之后置于细胞培养箱中培养，隔日换液。待细胞融合达到70%～80%时，以1∶2比例传代，鉴定。目前学术界推荐并认可的鉴定方法可归纳为：①人表皮干细胞的形态学观察；②人表皮干细胞β_1整合素和角蛋白CK19的表达；③人表皮干细胞的克隆形成率。

四、其他干细胞在烧伤治疗中的应用

骨髓间充质干细胞具有很强的自我复制能力，1ml骨髓能产生10亿个MSC。作为供体细胞，MSC具有易在体外获取、培养、增殖的优点。在病理状态下，MSC可向损伤部位迁移，发挥作用，而且不易引起机体的免疫排斥反应，因此，有可能为治疗烧伤开辟新的途径。尽管MSC具有多向分化和诱导分化的机制和MSC移植后在宿主体内的免疫排斥反应尚未阐明，但随着对干细胞生物特性研究的深入，利用干细胞移植进行组织修补将为治疗烧伤创面的研究带来新的突破。

俄罗斯研究人员首次尝试骨髓干细胞疗法，并且获得了成功，俄卫生部移植和人造器官科研所的科研人员通过对老鼠实验发现，移植骨髓干细胞治疗深度烧伤比使用胚胎干细胞治疗烧伤更有效。这一科研成果对干细胞移植治疗的研究有着重大的意义。后来，该研究所收治了1名45岁的女性，在火灾中这名女性体表面积的40%被严重烧伤，烧伤主要位于上半身。使用传统方法治疗后，其体表受伤皮肤的血液循环仍不能恢复，伤口不断感染，并出现了组织坏死。在这种情况下，无法为患者移植皮肤。在得到患者的同意后，专家采用此前动物实验的成果，对其进行骨髓干细胞治疗。科研人员所使用的干细胞取自捐献者腰下腹部两侧的髂骨骨髓，通过组织培养，这些干细胞已分化为与成纤维细胞类似的细胞。在清除坏死组织并清洗患处后，专家用滴管把含有分化干细胞的液体滴遍烧伤处，使得平均每1平方厘米的受伤体表被2万～3万个干细胞覆盖，之后再用薄纱布遮盖干细胞。3d后，在成纤维细胞类似的干细胞作用下，患者伤处的疼痛感减轻了，毛细血管"钻"进了烧伤的体表，血液循环开始恢复，受伤的组织出现"复活"迹象。又过了2d，专家把取自患者大腿处的皮肤移植到了烧伤处，并将含有同样干细胞的液体滴在大腿的手术创面上。此后，所有创伤均未化脓，并且很快愈合。在皮肤移植后第28天，患者已能出院回家继续治疗。又过了3周，患者回到了工作岗位。参与治疗的专家指出，上述成果说明，所采用的干细胞疗法有助于加快烧伤、烫伤伤口的愈合和患者身体内环境的稳定。

五、临床应用实例

干细胞喷雾剂治疗烧伤

1．*病因* 机体直接接触高温物体或受到强的热辐射所发生的变化称之为烧伤。烧伤是由高温、化学物质或电引起的组织损伤。烧伤的程度因温度的高低、作用时间的长短而不同，局部的变化可分为3度。烧伤时可见血液中的乳酸量增加，动静脉血的pH降低，随着组织毛细血管功能障碍的加重，低氧血症也加重。临床经验证明，烧伤达全身表面积的1/3以上时可有生命危险。

2．*临床表现* 烧伤的严重程度取决于受伤组织的范围和深度，烧伤深度可分为一度、二度和三度。一度烧伤损伤最轻：烧伤皮肤发红、疼痛、明显触痛、有渗出或水肿，轻压受伤部位时局部变白，但没有水疱。二度烧伤损伤较深：皮肤水疱。水疱底部呈红色或白色，充满了清澈、黏稠的液体。触痛敏感，压迫时变白。三度烧伤损伤最深：烧伤表面可以发白、变软或者呈黑色、炭化皮革状。由于被烧皮肤变得苍白，在白皮肤人中常被误认为正常皮肤，但压迫时不再变色。破坏的红细胞可使烧伤局部皮肤呈鲜红色，偶尔有水疱，烧伤区的毛发很容易拔出，感觉减退。三度烧伤区域一般没有痛觉。因为皮肤的神经末梢被破坏。烧伤后常常要经过几天，才能区分深二度与三度烧伤。

3．*治疗*

（1）冷疗：冷疗可降低局部温度，减轻创面疼痛，阻止热力的继续损害及减少渗出和水肿。

（2）预防感染：常规包括清创术、无菌操作和消毒隔离措施、营养、免疫疗法、预防性应用抗生素以及积极治疗创面等措施。

（3）干细胞喷雾剂治疗：美国匹兹堡大学麦高恩再生医学研究所的研究小组日前研发出一项利用干细胞在较短时间内治疗二度烧伤的新技术。此项由乔尔格·C·格拉克教授领导研发的新技术利用一种被命名为"皮肤细胞喷枪"的医疗设备，将患者的自体细胞喷洒在被烧伤的皮肤上，以促使皮肤迅速愈合。研究人员2008年就开始研发这种喷枪，已在对10多名患者进行的临床实验中获得成功。目前普遍用于治疗烧伤的疗法是皮肤移植。用于移植的皮肤取自患者未烧伤的部位，而非人工培植的皮肤，但是这一疗程可能持续数周甚至数月，其间患者的创口很可能出现感染。另一方面，虽然数十年前科学家就能人工培植皮肤，但是通过长达2～3周的培植过程获得的人造皮肤往往非常脆弱，移植人造皮肤后，皮下的分泌物可能形成水疱，进而对人造皮肤造成损伤。"皮肤细胞喷枪"由于能够加速烧伤皮肤的愈合，因此有望克服上述障碍。在治疗过程中，首先需要对完好皮肤进行活组织检查，然后将样本中的健康干细胞提取到水溶液当中，而含有干细胞的溶液将被注入喷枪。

利用喷枪将干细胞喷洒在皮肤上之后，再将

一种被命名为“人造毛细管系统”的新型外敷材料覆盖在创口上，这种材料含有数条贯通的导管，这些导管分别起动脉和静脉的作用。此外，导管还与一个提供抗生素、电解质、氨基酸和葡萄糖的“人造血管系统”相连。于是创口得以保持清洁无菌，同时喷洒在皮肤上的干细胞也获得了用以促进皮肤再生的营养供给。烧伤皮肤通过这种疗法可在数天内痊愈。格拉克教授表示，在临床实验中，10多位耳部和全脸烧伤患者的创口仅在几天内就痊愈了。虽然目前此项技术只能用于治疗二度烧伤，但他希望未来此项技术能够发展到可以治愈三度烧伤的水平。

4．基本步骤

（1）干细胞获得：从烧伤者身上提取健康皮肤部位分离出的干细胞。

（2）配制无红细胞的混合溶液：将烧伤者身上提取健康皮肤部位分离出的干细胞配制成无红细胞的混合溶液，其中包括患者自己的血小板及含钙和溶血酶的组细胞。

（3）喷洒：将配制成的干细胞喷雾剂喷洒在烧伤处。

5．结果　严重的二度烧伤，在接受干细胞喷射治疗4d之后，皮肤已经完全愈合，看不出明显的烧伤痕迹。

（何志旭　舒莉萍　苏　敏）

参考文献

[1] Hamada1 H，Kobune1 M，Nakamura K，et al．Mesenchymal stem cells（MSC）as therapeutic cytoreagents for gene therapy．Cancer Sci，2005，96（3）：149-156

[2] Stergiopoulou T，Meletiadis J，Roilides E，et al．Host-dependent patterns of tissue injury in invasive pulmonary aspergillosis．Am J Clin Pathol，2007，127（3）：1-7

[3] Molfino NA．Drugs in clinical development for chronic obstructive pulmonary disease．Respiration，2005，72（1）：105-112

[4] Rehan VK，Sugano S，Wang Y，et a1．Evidence for the presence of lipofibroblasts in human lung．Experimental Lung Research，2006，32（8）：379-393

[5] Marc H，Morrell NW，Archer SL，et al．Cellular and molecular pathobiology of pulmonary arterial hypertension．Journal of the American college of Cardiology，2004：S13-S24

[6] Stoff-Khalili MA，Rivera AA，Mathis JM，et al．Mesenchymal stem cells as a vehicle for targeted delivery of CRAds to lung metastases of breast carcinoma．Breast Cancer Res Treat，2007，13：118

[7] Takahashi M，Nakamura T，Toba T，et al．Transplantation of endothelial progenitor cells into the lung to alleviate pulmonary hypertension in dogs．Tissue Eng，2004，10（5-6）：771-779

[8] Alessandri G，Emanueli C．Genetically engineered stem cell therapy for tissue regeneration．Ann N Y Acad Sci，2004，1015：271-284

[9] Stewart DJ，Zhao YD．Cell therapy for pulmonary hypertension：what is the true potential of endothelial progenitor cells? Circulation，2004，30；109（12）：e172-173

[10] Hofmeister CC，Czerlanis C，Forsythe S，et a1．Retrospective utility of bronchoscopy after hematopoietic stem cell transplant．Bone Marrow Transplant，2006，38（10）：693-698

[11] Davani S，Marandin A，Mersin N，et al．Mesenchymal progenitor cells differentiate into an endothelial phenotype，enhance vascular density，and improve heart function in a rat cellular cardiomyoplasty model．Circulation，2003，108（Suppl 1）：II253-258

[12] Mohit J，Otmar P，Roger J，et a1．Mes-enchymal stem cells in the infracted heart．Coronary Artery Dis，2005，16：93-97

[13] Kinnaird T，Stabile E，Burnet T，et a1．Bone marrow-derived cells for enhancing collateral development：mechanism s，animal data and initial clinical experiences，Circ

Res, 2004, 95 (4) : 354-363
[14] Hematolo Oncol, Horwitz EM. A new image of the bone marrow stem cell. Stem cell plasticity, 2003, 15 (1) : 32-39
[15] Lokir K, Weber W, Lamb T, et al. Stem cell research: the fact, the myths and the promise. Urology, 2003, 170 (6) : 2453-2458
[16] Sarach E, Dunsomore SD. The bone marrow leaves its scare: new concepts in pulmonary fibrosis. Clin Invest, 2004, 113 (2) : 180-182
[17] Korbling M, Estrov Z, Champlin R. Adult stem cells and tissue repaire. Bone Marrow transplant, 2003, 32: 23-24
[18] Naozumi, Hong Jin, Stephen W, et al. Bone marrow-derived progenitor cells in pulmonary fibrosis. Clin Invest, 2004, 113(2): 243-252
[19] Luis AO, Frederiea G, MeBride C, et al. Mesenehymal stem cell engraftment in lung is enhanced in response to bleomycin esposure and ameliorates its fibrotic effect. Pans, 2003, 100 (4) : 8407-8411
[20] Epperly MW, Guo H, Gretton JE, et al. Bone i-narrow origin of myofibroblasts in irradiation pulmonary fibrosis. Am J Respir Cell Mol Biol, 2003, 29: 213-224
[21] Sharma O, Krause D, Ortiz L. et al. Search for a cure for idiopathic pulmonary fibrosis: is stem cell therapy a light at the end of a long tunnel, Cur Opinion Pulmon Med, 2004, 10 (5) : 376-377
[22] Stavros G, Mark PS, David AS. Pulmonary fibrosis: thinking out side of the lung. Clin Invest, 2004, 114: 319-321
[23] Jenkins RG, McAnulty RJ, Hart SL, et al. Pulmonary gene therapy. Realistic hope for the future, or false dawn in the promised land? Monaldi Arch Chest Dis, 2003, 59 (1): 17-24
[24] Kuroda N, Tada H, Takahashi J, et al. Myofibroblasts in the stroma of metastatic pulmonary calcification in a patient with chronic renal failure. Med Mol Morphol, 2006, 39 (3) : 161-163
[25] McGuire JK, Li Q, Parks WC. Matrilysin (matrix metal10pr0teinase-7) mediates E-cadherin ectodomain shedding in injured lung epithelium. Am J Pathol, 2003, 162 (6): 1831-1843
[26] Willis BC, IAebler JM, Luby-Phelps K, et al. Induction of epithelial-mesenchymal transition in alveolar epithelial cells by transforming growth factor- (beta) 1: potential role in idiopathic pulmonary fibrosis. Am J Pathol, 2005, 166 (5) : 1321-1332
[27] Li Y, Yang J, Dai C, et al. Role for integrin-linked kinase in mediating tubular epithelial to mesenchymal transition and renal interstitial fibrogenesis. J Clin Invest, 2003, 112 (4): 503-516
[28] Zhang F, Nielsen LD, Lucas JJ, et al. TGF- (beta) antagonizes alveolar type Ⅱ cell proliferation induced by KGF. Am J Respir Gell Mol Biol, 2004, 31 (6) : 679-686
[29] Waghray M, Cui Z, Horowitz JC, et al. Hydrogen peroxide is a diffusible paracrine signal for the induction of epithelial cell death by activated myoblasts, Faseb J, 2005, 19 (7) : 854-856
[30] Haspel RL, Miller KB. Hematopoietic stem cells: source matters. Curr Stem Cell Res Ther, 2008, 3 (4) : 229-236
[31] Hołowiecki J. Indications for hematopoietic stem cell transplantation. Pol Arch Med Wewn, 2008, 118 (11) : 658-663
[32] Reddy P, Arora M, Guimond M, et al. GVHD: a continuing barrier to the safety of allogeneic transplantation. Biol Blood Marrow Transplant, 2008, 15 (1 Suppl) : 162-168
[33] Kim DH, Sohn SK, Baek JH. Clinical significance of platelet count at day+60 after allogeneic peripheral blood stem cell transplantation. J Korean Med Sci, 2006, 21 (11) : 46-51
[34] Vanstraelen G, Baron F, Frere P. Eficacy of recombinant human elythropoietin therapy started one month after autologous pe ripheral blood stem cell transplantation. Haematologica, 2005, 90 (9) : 1269-1270
[35] Ruhil S, Kumar V, Rathee P. Umbilical

cord stem cell: an overview. Curr Pharm Biotechnol, 2009, 10 (3) : 327-334

[36] Steinbrook R. The cord-blood-bank controversies. N Engl J Med, 2004, 351 (22): 2255-2257

[37] Le Blanc K, Samuelsson H, Gustafsson B, et al. Transplantation of mesenchymal stem cells to enhance engraftment of hematopoietic stem cells. Leukemia, 2007, 21 (8) : 1733-1738

[38] Bacigalupo A. Management of acute graft-versus-host disease. Br J Haematol, 2007, 137 (2) : 87-98

[39] Sotiropoulou PA, Perez SA, Gritzapis AD, et al. Interactions between human mesenchymal stem cells and natural killer cells. Stem Cells, 2006, 24 (1) : 74-85

[40] Spaggiari GM, Capobianco A, Becchetti S, et al. Mesenchymal stem cell-natural killer cell interactions: Evidence mat activated NK cells are capable of killing MSCs whereas MSCs can inhibit IL-2-induced NK cell proliferation. Blood, 2006, 107 (4) : 1484-1490

[41] Markowicz S. Harnessing stem cells and dendritic cells for novel therapies. Acta Pol Pharm, 2008, 65 (6) : 625-632

[42] Trivedi M, Martinez S, Corringham S, et al. Optimal use of G-CSF administration after hematopoietic SCT. Bone Marrow Transplant, 2009, 43: 895-908

[43] Hanash AM, Levy RB. Donor CD4CD25 T cells promote engraftment and tolerance following MHC-mismatched hematopoietic cell transplantation. Blood, 2005, 105 (4) : 1828-1836

[44] Jonsson AH, Yokoyama WM. Natural killer cell tolerance licensing and other mechanisms. Adv Immunol, 2009, 101: 27-79

第 9 章

干细胞基因治疗

9

第一节　基因治疗的基本步骤

利用分子生物学方法将目的基因导入患者体内，使之表达目的基因产物，从而使疾病得到治疗，这种方法称为基因治疗（gene therapy）。基因治疗最早由 Friedmann 和 Roblin 于 1927 年提出，起初只是针对单基因突变引起的遗传病。随着人们对疾病以及基因的更深入了解，发现一些基因及其所编码的蛋白质具有潜在治疗疾病的功能。基因治疗是当代生命科学中最有前景的方向之一。2009 年 Science 杂志公布的年度十大科学进展中，基因治疗位列其中，它在遗传病治疗中具备的巨大潜力得到了肯定。利用分子生物学技术，设计特定引物，将影响疾病的特定基因或蛋白质 mRNA 提取出来，并利用 RT-PCR 合成 cDNA，将 cDNA 通过载体转染到靶细胞中，使目的基因或蛋白在靶细胞中持续表达，产生相应的细胞因子或其他形式的物质，从而对疾病产生影响。基因治疗就是通过将目的基因转入体内并适当表达，或者说将限定的遗传物质转入患者特定的靶细胞，从而达到治疗疾病的目的。

基因治疗是治疗某些代谢疾病、遗传疾病和肿瘤的一种重要手段。基因治疗一般是引入修饰基因于患者体内，最终给予患者的疗效物质是基因修饰的细胞，而并非该基因的产物，即是一种疗法而非新产品。

目前，基因治疗的基本步骤大体分为三步：确定基因治疗载体；确定基因治疗的靶器官、组织、细胞及目的基因；进行基因转移。

一、基因治疗载体

（一）载体

运载或携带治疗性遗传物质的工具称之为载体。结合和运动、转染、转导是载体在不同细胞之间转移的机制，下面重点介绍转染和转导。

1. **转染（transfection）**　指真核细胞由于外源 DNA 掺入而获得新的遗传标记的过程。转染是 DNA 通过物理或化学的方法被动转运至细胞的过程。转染技术主要分为两大类：瞬时转染、稳定转染（永久转染）。瞬时转染是指外源的 DNA 或 RNA 不整合到宿主染色体中，因此，一个宿主细胞中可存在多个拷贝数，产生高水平的表达，但瞬时转染的表达通常只持续几天，多用于启动子和其他调控元件的分析。稳定转染是指外源 DNA 即可以整合到宿主染色体中，稳定且永久表达。通过转染技术的不断革新，增加转染效率，使得基因治疗的载体能更好地发挥对疾病治疗的作用。

2. **转导（transduction）**　由噬菌体将一个细胞的基因传递给另一个细胞的过程。它是细菌之间进行遗传物质传递的方式之一。具体含义是指一个细胞的 DNA 或 RNA 通过病毒载体感染转移到另一个细胞中的过程，在细菌的遗传学研究中，应用转导是一种常用的研究手段。它可以广泛用于细菌之间的基因转移、基因互补测验、基因定位，特别是通过共转导的方法对基因的结构进行精细分析。在遗传工程中可以把所有克隆的基因通过重组 DNA 技术插入到 λ 噬菌体的

DNA 中，然后通过离体包装方法把它用噬菌体外壳蛋白包装起来，再去感染宿主细胞，从而可以制备基因文库。

（二）基因治疗载体应具备的条件

目的基因能否靶向、可控并有效地表达，与选择恰当的载体密切相关，是基因治疗成功的关键。完善现有的载体系统，同时寻求新的载体系统从而达到减少毒副作用、提高转染效率、提高治疗效果将成为研究热点。基因治疗载体应具备的条件：第一，载体易于进入细胞内；第二，在特异细胞或组织中能够有规律的、充分的及持续的进行外源基因表达；第三，外源基因应含有或整合于基因组活化区内或能自主复制的构件；第四，整个过程应安全有效并具有选择性；第五，易于大量生产。理想的基因治疗载体除具备以上条件外，应该是静脉内传递并只转染特异细胞。

另外，载体的选择还要从以下方面考虑：第一，构建载体的难易程度；第二，载体是否可以多次导入体内；第三，载体转移系统的有效性、可行性及安全性；第四，载体进入机体后，是否会引起机体的免疫反应以及是否具有毒副作用；第五，靶细胞的类型；第六，靶细胞处于细胞周期的哪个时段；第七，转移目的基因的片段大小；第八，转移目的基因所要表达时间的长短。

（三）基因治疗载体的分类

1．*病毒载体系统*　病毒载体系统在细胞内包装，包括：慢病毒载体、单纯疱疹病毒载体、腺伴随病毒载体、腺病毒载体、反转录病毒载体。将目的基因导入靶细胞的方法很多，大体上可分为物理方法、化学方法、融合法以及病毒载体法四大类。前三种方法基因转移的效率较低，而病毒载体法有很多自身的优势，被广泛应用。首先，病毒本身具有一些独特的性质，例如多数病毒可感染特异的细胞，在细胞内不易被降解；RNA 病毒能整合到染色体，并且 RNA 病毒的基因表达水平较高等。病毒载体因介导基因转染率高，靶向性好，已成为基因治疗中应用最广泛的基因运载工具。从使用病毒载体的安全性来考虑，通常被包装的 DNA/RNA 中不含任何病毒编码的基因，只保留其复制和包装所必需的顺势作用元件。获得的重组病毒颗粒具有野生型病毒的外壳／外膜和感染性，但不表达病毒蛋白，因此可以被广泛应用。

病毒载体作为基因治疗的载体，需具备的条件有：第一，携带外源基因并能包装成感染性病毒颗粒；第二，介导外源基因转移和表达；第三，对机体不致病。

病毒载体的优点为：利用病毒天然的感染性进入细胞，转导效率高；复杂的装配过程由细胞来完成。

目前所应用的病毒载体有很多种类型，其中以 1 型人免疫缺陷病毒（HIV-1）为基础构建的慢病毒载体，成为众多研究者进行基因治疗研究时所使用的载体工具。慢病毒载体既可以感染分裂细胞，也可以感染非分裂细胞，当其目的基因整合到靶细胞的基因组中时，可以长期稳定的表达，并且感染效率高，免疫反应小，与反转录病毒载体和腺病毒载体等病毒载体相比，大大弥补了它们的缺陷，适于体内基因治疗，因此有望成为理想的基因转移载体。慢病毒载体技术是目前转基因中最有效和最成功的方法，其技术操作简便，能高效地将目的基因以单拷贝的形式插入宿主染色体中，基因表达效率高，对宿主细胞功能系统有良好的适应性。研究表明，慢病毒载体能够将肿瘤治疗基因安全高效地转移到人体内，使治疗基因长期、稳定、高效的表达。目前在基础研究和临床研究方面取得了许多进展。

2．*非病毒载体系统*　非病毒载体系统在细胞外包装，包括：脂质体、DNA/RNA 嵌合物、DNA- 阳离子多聚物 DNA- 蛋白质复合物、DNA- 阳离子脂质复合物、裸 DNA。这类载体的发展较快，目前主要是脂质体。脂质体作为基因载体更为安全且毒副作用小，配体 - 受体介导系统与脂质体联合运用会明显提高基因转染效率，转铁蛋白 - 转铁蛋白受体联合脂质体介导的基因转移系统已成为广泛运用的方法。

二、基因治疗的靶细胞及目的基因

（一）靶细胞的选择是基因治疗的重要环节

基因治疗靶细胞（target cell）或称受体细胞（recipient cell）一般要求符合的条件有：第一，来源容易，获取方便；第二，可在体外培养和大量扩增；第三，易于被基因转染并进行高效表达；第四，易于体内移植或回输，用于人体后所携带的目的基因能稳定地表达；第五，具有比较长的生存寿命。目前基因治疗中禁止使用生殖细胞作为靶细胞，而只能使用体细胞。

干细胞是一群具有自我更新和多向分化潜能的细胞。利用干细胞移植治疗传统医学上认为是难以治愈的疾病已获得了初步的成功。研究表明：利用干细胞移植治疗恶性脑胶质瘤、脑白质营养不良、脑白质肾上腺萎缩症、各系统肿瘤、获得性免疫缺陷综合征、血液系统疾病、自身免疫系统疾病、表皮创伤愈合等均取得了一定的疗效。

干细胞种类较多，造血干细胞、间充质干细胞（mesenchymal stem cell，MSC）和外周血干细胞是目前临床治疗和研究中应用最多的干细胞。造血干细胞和外周血干细胞在移植治疗肿瘤的研究中，已经取得了丰硕的成果，广泛应用于临床治疗。而间充质干细胞因其免疫原性低等优点，成为基因治疗的靶细胞。

（二）目的基因的选择

基因治疗的首要问题就是选择用于治疗疾病的目的基因。这是基因治疗中的一个难点问题，因为到目前为止，很多疾病之所以无法治愈或治疗效果不令人满意，主要是致其发病的一些基因未找到，已经研究发现或经证实的发病基因并不多。对于一些遗传性疾病，如果已经研究清楚某种疾病的发生是由于某个基因的异常所引起的，那么其野生型基因就可被用于基因治疗。但随着疾病的复杂发展，仅此是不够的。可用于基因治疗的目的基因需满足以下三点：该基因在体内的少量表达就可显著改善疾病的症状；该基因的过高表达或抑制表达不会对机体造成伤害；所选择的靶基因应该在病毒和病原体的生活史中起重要作用，并且该基因的序列是特异的。

这里以肿瘤基因治疗为例，讲述如何进行目的基因的选择。

肿瘤基因治疗的目的基因主要包括细胞因子基因、MHC 分子基因、协同刺激分子基因、抗癌基因、反义核酸、肿瘤的药物相关基因及病毒基因等。

1. *能改变肿瘤细胞恶性表型的基因* 肿瘤细胞的基因主要是癌基因和抑癌基因，针对癌基因的突变、扩增、过度表达，可以采用反义核酸或核酶来靶向癌基因的治疗；针对抑癌基因的突变、失活等，可以采用野生型的正常基因作为治疗基因，用正常基因剔除或替换缺陷基因。

2. *能提高肿瘤细胞的免疫原性的基因* 被感染肿瘤的细胞免疫受到抑制，免疫调节功能出现异常，向肿瘤细胞转导参与细胞免疫的细胞因子（如 IL-2、GM-CSF）基因，共刺激分子 B7 基因等，以增强宿主的抗癌免疫反应，从免疫机制入手，达到治疗肿瘤的目的，这种方法可统称为免疫基因治疗。

3. *肿瘤药物增敏基因* 肿瘤的耐药性一直是难以攻破的难点，而肿瘤药物敏感基因治疗是将编码某一敏感性因子的基因转入肿瘤细胞，使肿瘤细胞对某种原本无毒或低毒的药物产生特异的敏感性而死亡。这一表达敏感性因子的基因也被称为自杀基因。自杀基因多是由病毒载体转移进入细胞，故该方法又称为病毒导向的酶前药疗（virus-directed enzyme prodrug therapy，VDEPT）。

4. *耐药基因* 肿瘤应用化疗药物通常会引起骨髓抑制，从而影响造血功能，而耐药基因治疗的目的是提高造血细胞等对化疗药物的耐受性。目前研究的耐药基因有多药耐药基因（MDRL）、二氢叶酸脱氨酶（DHFR）等。通过基因治疗，向造血干细胞转导耐药基因 MDRL，即可防止化疗药物的骨髓抑制作用。

（三）目的基因的制备

当目的基因选择好后，就可以制备目的基因。正向表达的基因可以是 cDNA，也可是基因组 DNA 片段。可用传统的方法获取，也可采用 PCR 技术进行体外扩增。部分反义基因也可采用此法获得，但多数情况下采用人工合成的方式制备。

（四）目的基因导入靶细胞

将目的基因导入靶细胞的方法很多，大致可分为物理学方法、化学方法、融合法和病毒感染法四类。前面已经介绍病毒载体法的优点，可以通过细胞转染来完成这个过程。

（五）转导细胞的筛选

病毒载体系统与非病毒载体系统，在转染效率上各有优缺点，但无论哪种转染方法，在目前的技术状态下，一般而言基因转染效率很难达到 100%，因此，必须首先将转导细胞和未转导细胞加以区分。这方面的新技术发展很快，常用的转导细胞筛选方法有以下几种。

1. *流式细胞分选法* 在载体上连入带荧光标记的基因，靶细胞经过转导后，大量扩增，进行流式分选，带荧光标记的目的细胞即被分选出来，而没有荧光标记的细胞即是未转导目的基因的细胞，这样可以单纯培养荧光标记的细胞。

2. *药物筛选法* G418是新霉素的类似物，两者都是通过抑制核糖体的功能和蛋白质的合成而杀死细胞的。但是新霉素对真核细胞无作用，而G418对细菌和真核细胞都起作用。如在较多的载体中都有Neor标记基因存在，Neor就是编码3′磷酸转移酶的基因，它表达的蛋白能够分解新霉素和G418。若向培养基中加入G418进行选择，最后只有转导细胞存活下来。

3. *选择培养基法* 在载体上引入一个标记基因，或同时导入标记基因，在转染后的适当时间选用合适剂量的选择培养基，筛选标记基因表型，那些已导入外源基因的细胞将存活下来，而未转录的细胞则死于选择性细胞培养基。

4. *受体细胞基因类型选择法* 有些靶细胞是以基因缺陷型存在的，那么将正常基因导入基因缺陷型靶细胞后，使用选择性培养基进行筛选。例如将TK基因导入TK缺失的靶细胞，转录细胞可在HAT培养基中生长，未转导的细胞则不能在HAT培养基中生长。

5. *共同筛选方法* 此方法是利用基因共转染技术，将目的基因表达载体DNA和标记基因表达载体DNA混合后共同转移到靶细胞中，分别使用标记基因和目的基因对应的选择剂进行2次筛选，最后得到复合转导的转化子。

6. *分子杂交方法* 从分子生物学角度研究，外源基因是否真的转入靶细胞必须以分子杂交进行证实。常用的方法有原位杂交、Southern杂交和打点杂交。其中主要问题是探针的选择。若靶细胞内原来不存在所转入的目的基因，可选用目的基因作为探针；靶细胞内一般无标记基因存在，故标记基因是良好的探针。探针大小可以是较大的DNA片段，亦可是人工合成的DNA单链探针分子。PCR方法目前也已用于转导细胞的鉴定，且该法相对简单易行。

（六）外源基因的表达及检测

在筛选出转化分子后还需要鉴定转导细胞中外源基因的表达状况。可以对外源基因转录出的mRNA进行检测，常用方法有原位杂交、Northrn杂交、NRA打点杂交、PCR反应等。也可以对外源基因翻译出的蛋白质进行检测，方法主要有免疫组织化学染色、免疫细胞荧光染色、酶联免疫吸附试验、蛋白印迹法等。此外，流式细胞技术是一种较为客观准确的仪器检测技术，可定量分析外源基因的表达状况，尤其对检测干细胞表面标记物，提供了充分的实验数据。

三、转基因干细胞的移植

干细胞的分离培养、诱导分化是一门高、精、尖的技术。因此在干细胞转入外源基因之前，要对干细胞进行精选，分离培养得到几乎不含杂质的干细胞，扩增培养稳定后，进行基因转染。

基因转入体内主要分为体内直接途径和体内间接途径。体内直接途径就是不需要细胞移植技术，直接将外源DNA注射到体内。DNA可单独注射，也可与脂质体等非病毒载体一起注射，使其在体内转录、表达而发挥作用。体内基因治疗可分为局部及全身转移。但体内基因治疗的缺点是难以接近靶组织，故转移效率较低，注入的DNA的稳定整合的水平也较低。

基因治疗是目前最具革命性的一项医疗技术，随着人类基因组计划的顺利实施，新的人类疾病基因的发现和克隆，新的基因治疗载体的方法不断涌现；新的基因治疗药物不断推向市场；基因治疗研究和应用不断取得突破性进展。

第二节 干细胞基因治疗的有效性

一、在肿瘤治疗中取得的进展

肿瘤的基因治疗是应用基因转移技术将外源基因导入宿主细胞，直接修复或纠正肿瘤相关基因的结构与功能缺陷或间接通过增强宿主的免疫防御功能杀伤肿瘤细胞。

目前对于许多肿瘤的治疗仍然采用手术、放疗和化疗等常规方法，这些治疗方法不但对机体正常细胞创伤较大，而且无法从细胞水平上彻底治愈，最重要的是给患者带来巨大的身体上和精神上的痛苦。许多恶性肿瘤的术后复发和转移是导致患者生存期缩短和预后不良的主要临床问题。

研究人员将治疗的重点转移到基因治疗领域。基因治疗是一种全新的肿瘤治疗方法，通过外源基因的导入，激活机体抗瘤免疫，增强对肿瘤细胞的识别能力、抑制或阻断肿瘤相关基因的异常表达或增强肿瘤细胞对药物的敏感性。目前实验研究与临床应用研究均有了长足的进步，肿瘤基因治疗是继手术、放疗等传统治疗方法之后出现的一种全新的肿瘤治疗方法。随着此项技术的日益成熟，有望解决传统肿瘤治疗技术缺陷，达到肿瘤根治的目的，为肿瘤患者带来福音。自 1990 年美国 NIH 批准了美国第一例临床基因治疗的申请到 2004 年 1 月世界首个基因治疗药物“重组人 p53 腺病毒注射液”“今又生 Gendicine”在我国研制成功并被批准上市，人们对肿瘤基因治疗的认识已逐步进入目标明确的理性化发展阶段。

（一）肿瘤基因治疗方案

目前对于肿瘤的基因治疗方案较多，概括起来主要有以下几方面。

1．*自杀基因治疗* 自杀基因（suicide gene），是指将某些病毒或细菌的基因导入靶细胞中，其表达的酶可催化无毒的药物前体转变为细胞毒物质，从而导致携带该基因的受体细胞被杀死，此类基因称为自杀基因。常见的自杀基因治疗系统包括单纯疱疹病毒胸苷激酶 / 丙氧鸟苷（HSV2TK/GCV）系统、水痘 - 带状疱疹病毒激酶 /62 甲基嘌呤阿拉伯苷（VZV2TK/AraM）系统、胞嘧啶脱氨酶 /52 氟胞嘧啶（CD/52FC）系统。Marina Cihova 等（2011）分离培养得到间充质干细胞，将包含有自杀基因的反转录病毒转入干细胞中，移植给肿瘤模型鼠。干细胞聚集于肿瘤病灶周围，当给予无毒的药物前体时，聚集到病灶的药物前体转变为细胞毒物质，从而杀死肿瘤细胞，而无全身毒性的出现。在随后的研究中，许多学者还发现在自杀基因的治疗过程中，被转染的癌细胞邻近的未转染的癌细胞也会被杀死，此即为“旁观者效应”（图 9-1）。

2．*免疫基因治疗* 指的是通过基因修饰的疫苗或抗原呈递细胞体内回输，或者免疫基因的直接体内导入，增强宿主的免疫防御效应，降低宿主的免疫抑制，激发或增强人体的抗肿瘤免疫功能，从而杀伤或抑制肿瘤细胞的生长。肿瘤的的形成是肿瘤抗原免疫逃逸的结果，机体的免疫耐受和免疫抑制促进了肿瘤的生长和转移。肿瘤和免疫细胞之间的相互作用是复杂的、双向的，且全身性影响宿主整个免疫系统，最终导致免疫细胞功能减弱甚至死亡，肿瘤呈进行性生长和发生转移。肿瘤免疫基因治疗在现代肿瘤综合征治疗中发挥越来越大的作用。

常见的免疫基因治疗包括：细胞因子基因治疗、组织相容性复合物（MHC）基因治疗以及共刺激分子基因治疗。

3．*抑癌基因治疗* 肿瘤的发生是多因素作用的结果，与癌基因的激活与抑癌基因的失活有关。用野生型的抑癌基因导入肿瘤细胞，去补充和代替突变或缺失的抑癌基因，使之表达正常的癌基因产物，恢复细胞的正常生长表，可以在一定程度上抑制肿瘤的恶性表型，将成为肿瘤基因治疗中的一种重要的治疗模式。目前研究最多的是 p53 和 Rb 基因。

4．*诱导凋亡基因治疗* 细胞凋亡是一种主动的由基因介导的细胞自杀现象。细胞凋亡受许多因素调控，在肿瘤的病理生理过程中，存在导致细胞基因表达调控失常的因素，调控失常致使细胞凋亡发生或抑制成为肿瘤发病机制中的重

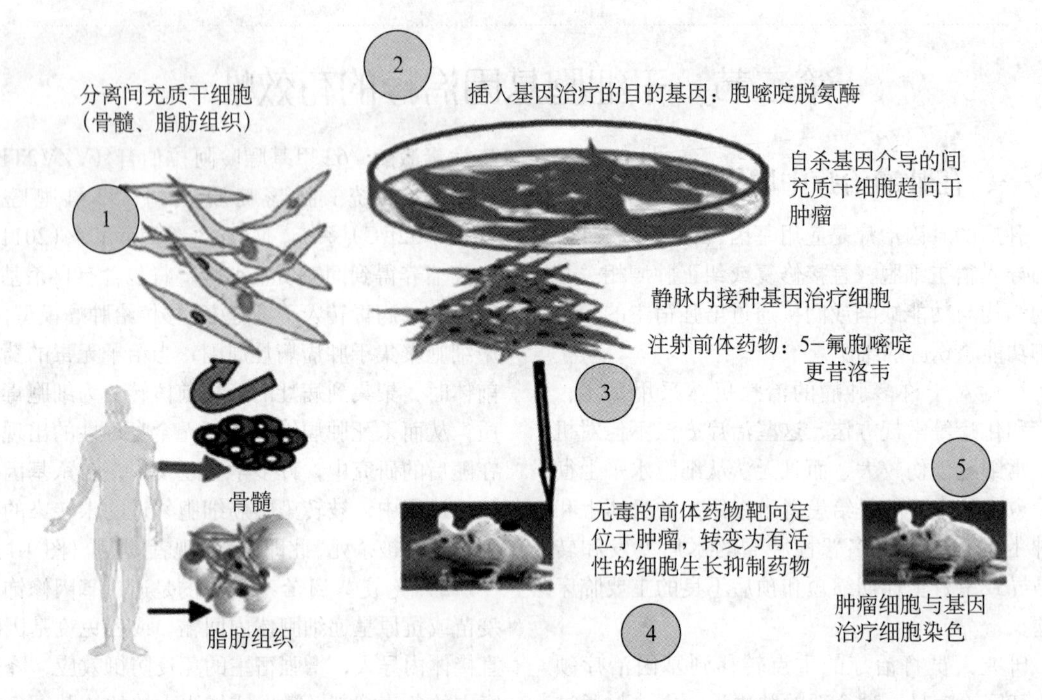

图 9-1 间充质干细胞靶向肿瘤基因治疗（见书末彩图）

引自：Cihova M，Altanerova V，Altaner C．Stem Cell Based Cancer Gene Therapy．Mol Pharm，2011，8（5）：1480-1487

要环节之一。诱导凋亡基因治疗是通过反义核酸技术抑制凋亡抑制基因以及向癌细胞导入凋亡活化基因两种方式。前列腺凋亡因子 4（prostate apoptosis response-4，Par-4）是最近发现的促进肿瘤发生特异的凋亡的基因。

5．抗肿瘤血管生成的基因治疗　肿瘤的生长、转移与新生血管的形成密切相关，抗血管生成治疗以肿瘤新生血管为作用靶点，切断肿瘤生长转移所需要的“营养供应”，从而达到“饿死”肿瘤的目的。由于肿瘤的血管生成受到血管生长因子、血管生长抑制因子以及其他的因子的共同调控，因此通过阻断促血管生长因子作用或者强化血管生长抑制因子的表达均可达到治疗的目的。

另外，肿瘤的基因治疗还有反义 DNA 和反义 RNA、核酶、RNA 干涉、反基因技术以及 RNA 干涉等手段。

除了上述比较经典的基因治疗方法外，近年又出现了新的基因治疗方法。罗渝昆等（2007）设想利用超声 / 微气泡介导目的基因进入靶组织的靶细胞内，可以达到靶向性、可控性转到基因治疗的目的，有望成为有实用价值的临床基因治疗技术。

不同的基因治疗方案联合应用可相互协同，常采用免疫基因和自杀基因的联合疗法，在增强机体抗肿瘤免疫能力的同时直接杀伤肿瘤细胞，达到根治肿瘤的目的。

（二）肿瘤基因治疗靶细胞的选择

通过多例基因治疗肿瘤病例的临床观察，肿瘤基因治疗往往由于携带治疗性细胞因子的载体，从而使到达肿瘤部位的效率低而受到限制。其带有目的基因的细胞通过代谢而逐渐消失，在患者体内维持时间太短，转导的目的基因往往难以获得长期稳定的表达，转导的基因在体内不能长期生存，故需多次输入治疗基因，这给肿瘤的持续治疗带来了不便。为了使目的基因在肿瘤患者体内长期或永久的表达，必须选一种能在体内自我更新和自我维持的永不灭亡的细胞来作为治疗基因的宿主细胞。

间充质干细胞是具有多向分化潜能的非造血干细胞，除了具有造血支持、免疫调节和多向分化（分化为骨、软骨和脂肪）的特性外，还具有特异性地迁移到损伤部位和肿瘤组织的特性，即间充质干细胞的归巢。近年来的研究发现，它通过分泌可溶性因子抑制某些恶性肿瘤的生长，同时可作为一种克隆载体转染治疗基因，通过使治疗性细胞因子在肿瘤组织中的浓度提高、产生某些抗癌物质而达到抑制肿瘤的作用。间充质干细胞与肿瘤微环境之间存在复杂的交互作用：一方面，间充质干细胞可直接作用于肿瘤细胞，抑制其生长；另一方面，间充质干细胞还可作为细胞载体，传递和表达多种抗肿瘤因子。因此，间充质干细胞有望成为新的抗肿瘤治疗的策略。

胰腺癌是常见的消化道恶性肿瘤，手术是目前胰腺癌治疗的有效方式。然而胰腺癌早期无特异性症状，就诊时多数已为晚期，丧失了手术治疗机会，手术切除率低（20%）。胰腺癌对化疗及放疗均不敏感，基因治疗成为目前胰腺癌治疗研究的热点。

曾有研究报道，体外分离培养纯化绿色荧光蛋白转基因小鼠骨髓间充质干细胞，通过共培养体系观察骨髓间充质干细胞向胰腺癌细胞的迁移；同时建立裸鼠胰腺癌移植瘤模型，经尾静脉回输骨髓间充质干细胞至荷瘤鼠体内。荧光显微镜动态观察肿瘤组织及其他脏器组织中骨髓间充质干细胞的分布及含量，结果提示骨髓间充质干细胞向胰腺癌细胞迁移，且随着肿瘤细胞数的增多，细胞迁移的数量增多。说明小鼠骨髓间充质干细胞体外向胰腺癌细胞迁移，体内向胰腺癌组织靶向聚集，有望成为胰腺癌基因治疗的靶向载体，这为临床治疗胰腺癌提供了有力的实验数据。

二、在免疫系统疾病中取得的进展

近来研究表明，间充质干细胞还具有免疫调节作用。这一特性使间充质干细胞在各类免疫系统疾病的治疗中得到了充分的利用。由于间充质干细胞具有低免疫原性，只表达少量的主要组织相容性抗原 I 类分子，不表达 II 类分子和 CD40、CD80 和 B7 等共刺激分子，使得 T 淋巴细胞缺乏活化所必需的第二信号，导致 T 淋巴细胞的无反应性，而体内大多数免疫反应都是由 T 淋巴细胞介导的，一些免疫系统的疾病都是因为 T 淋巴细胞的异常增殖而导致疾病的严重后果。间充质干细胞在体外和体内都具有免疫调节功能。在 T 淋巴细胞的混合培养体系中可观察到间充质干细胞可抑制 T 淋巴细胞的增殖，而且这种抑制作用和间充质干细胞的数量有关，间充质干细胞数量越多，抑制作用越强。间充质干细胞可抑制肝移植大鼠的 T 淋巴细胞增殖，延长移植大鼠的生存时间。

间充质干细胞抑制排斥反应的机制除了抑制 T 淋巴细胞增殖外，还可能与诱导辅助性 T 细胞的分化偏移有关。间充质干细胞可抑制辅助性 T 细胞 1（Th1）产生的细胞因子的表达和上调辅助性 T 细胞 2（Th2）产生的细胞因子的表达。Th1 主要分泌白细胞介素 -2 和 α 肿瘤坏死因子，参与细胞免疫，促进排斥反应的发生，当 Th1 表达上调时，机体可发生严重的免疫排斥反应；Th2 分泌白细胞介素 -4、白细胞介素 -10 等，参与体液免疫。Th1 与 Th2 之间的平衡对于疾病的发生发展有着密切联系，尤其是在免疫系统疾病当中。

有研究报道，间充质干细胞可诱导 Th1 细胞向 Th2 细胞的转化，使白细胞介素 -2 和 α 肿瘤坏死因子生成减少，白细胞介素 -4 和白细胞介素 -10 生成增加，而白细胞介素 -4 又进一步下调 Th1 细胞的增殖，进而抑制排斥反应。

另有研究报道，骨髓来源的间充质干细胞通过基因治疗自身免疫缺陷疾病也取得了进展。如图 9-2 所示，Frank Alderuccio 等（2010）将表达有自身抗原的基因通过反转录病毒载体转入干细胞中，可以预防小鼠实验性自身免疫性脑脊髓炎的发生。这种方法与用自体骨髓移植来治疗一些自身免疫系统疾病相比有一定的优势，复发率低，存活时间延长。

三、在神经病变中取得的进展

基因治疗作为脑部疾病的一种全新治疗手段，无疑对于了解脑部疾病的病因及其全面治疗具有重要意义。脑部疾病在现代社会越来越受到人们的关注并成为研究的热点。神经系统的特性决定了常规方法在治疗脑部疾病中的局限性，而基因治疗能从脑部疾病的发病根源，即基因水平入手，具有其特殊的优势，并且随着近年来各种脑部疾病在分子水平上的发病机制逐渐明了，基因治疗作为一种全新可行的治疗策略，已经从实

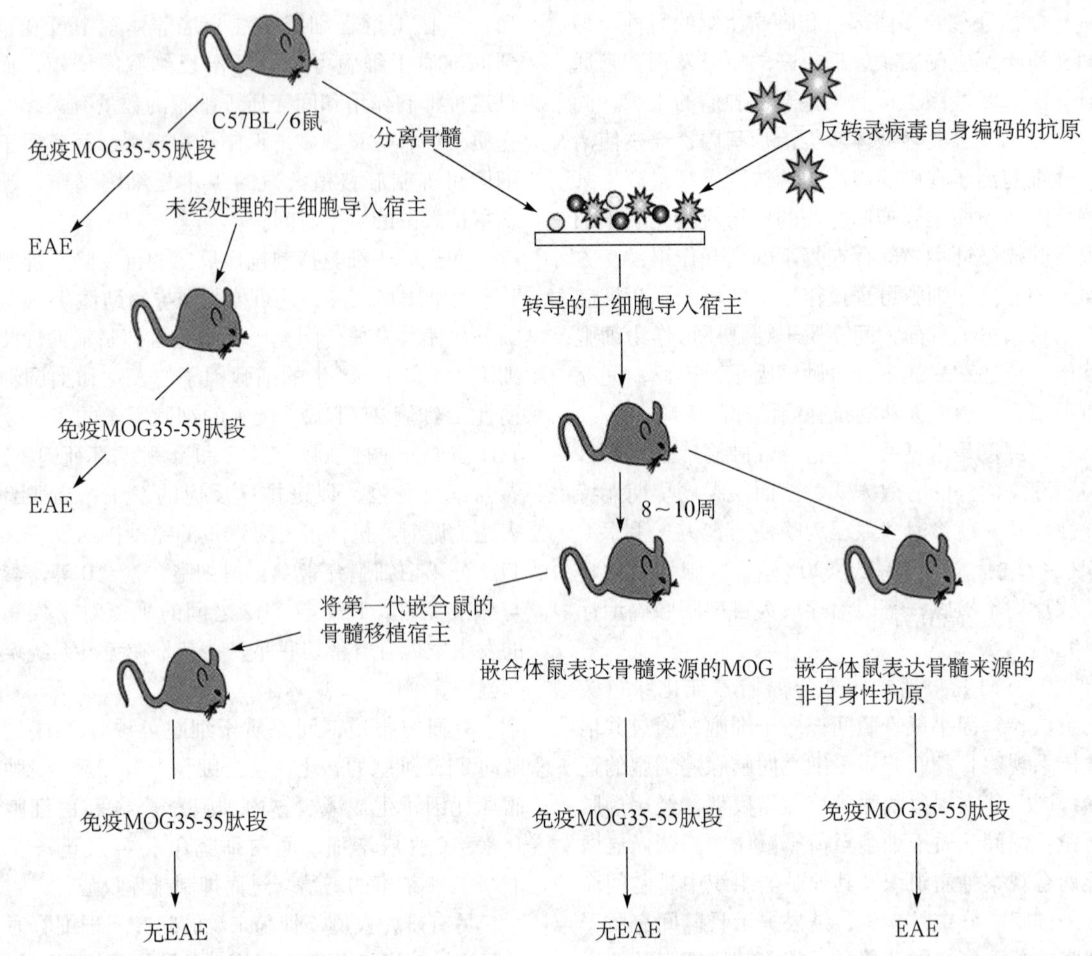

图 9-2 表达有自身抗原的基因通过反转录病毒载体转入干细胞中，可以预防小鼠实验性自身免疫性脑脊髓炎（EAE）的发生（见书末彩图）

引自：Alderuccio F，Chan J，Scott DW，et al. Gene therapy and bone marrow stem-cell transfer to treat autoimmune disease. Trends Mol Med，2009，15（8）：344-351

验室研究阶段进入到临床阶段，其治疗范围不断扩大。若以基因治疗结合当今药剂学领域研究的重点之一，即脑向递药系统，将基因靶向递释到其需要发挥作用的部位，则基因治疗在脑部疾病的治疗中将会发挥更加出色的作用。

基因治疗的原始定义，是将遗传物质（通常是DNA）导入患者靶细胞，以其表达产物改变疾病的自然进程，从而达到治疗疾病的目的。基于近年来对于脑部疾病发生、发展的分子病理机制的进一步认识，对脑部疾病的基因治疗作为从根源上改变基因、调控基因表达的一种治疗手段，其可行性与有效性已经得到了初步证实。

随着脑肿瘤干细胞研究的不断深入，尤其对基因和关键信号路径认识的更加清晰，各种针对肿瘤干细胞基因治疗方案作为热点被研究，其中已经有多种运用于临床，并取得了一定的疗效。

神经细胞一直以来被认为是不可再生的，那么神经系统的疾病在治疗过程中也受到了很大的阻碍。间充质干细胞除了具有多项分化潜能外，还能够跨胚层分化成神经系统组成细胞，这无疑是突破性的进展，为神经系统疾病的治疗奠定了理论基础。间充质干细胞在神经系统疾病的应用已经得到广泛研究，概括起来说，有以下几个特点：①体外培养有较强的增殖能力。②移植到脑内，能够分化为神经系统组成细胞，并能与宿主细胞整合，对损伤的组织有修复作用。③有迁移能力，能够向损伤部位或肿瘤部位定向移动，并且“定居”下来，以发挥治疗作用。间充质干细胞的生物学特性非常有利于它们在神经系统疾病中的应用，包括脑胶质瘤。近来间充质干细胞在脑胶质瘤治疗中的应用得到初步研究，提供了新的思路。然而，与一般意义上的损伤修复不同，间充质干细胞更多地作为“细胞载体”在胶质瘤基因治疗中发挥着重要的作用。所用的目的基因包括胸苷激酶、抗表皮生长因子受体Ⅷ单链抗体等都能够很好地装配到间充质干细胞中，稳定地表达，移植到宿主体内，发挥显著抗胶质瘤作用。另外，纳米包裹的药物颗粒也能够被间充质干细胞摄入，通过间充质干细胞定向迁移至肿瘤内，发挥药物治疗作用。

在胶质瘤基因治疗中，神经干细胞也是重要的细胞载体。间充质干细胞被基因修饰后，其迁移特性、携带目的基因并稳定表达能力及抗肿瘤作用等与神经干细胞基本相当。但是神经干细胞有其自身的局限性。目前神经干细胞的来源主要是胚胎和成年人脑组织，前者由于伦理方面的原因，在许多国家不允许使用。后者在今后的临床应用时，几乎是不可行的，所以，神经干细胞作为基因运载工具，很可能受到限制。与神经干细胞相比，间充质干细胞具有很多优势：①体外较强的增殖能力。相对于神经干细胞而言，间充质干细胞很容易从骨髓中得到，并且容易培养扩增，成为使用方便的“试剂”。②缺乏神经毒性，间充质干细胞取自患者本身，用患者自己的细胞来治疗自身的疾病，不会发生免疫反应。③对每例患者而言，几乎有无限制供应同源干细胞的可能。以上特点提示间充质干细胞是十分理想的基因运载工具，能够克服现有载体的不足，为胶质瘤的基因治疗带来希望。

有研究报道，转染人 β-干扰素基因的骨髓间充质干细胞治疗大鼠颅内恶性胶质瘤有一定的作用。将重组腺病毒介导人 β-干扰素基因转染的大鼠骨髓间充质干细胞和 C6 胶质瘤细胞体外共培养，发现 C6 细胞的生长被不同程度地抑制，C6 细胞培养上清人 β-干扰素的含量随着间充质干细胞的密度增加，其含量也增加；SD 大鼠颅内胶质瘤模型发现，间充质干细胞生理盐水瘤内注射治疗 10d 后肿瘤平均体积存在统计学差异，说明间充质干细胞能抑制胶质瘤细胞的增殖，延长颅内荷瘤鼠的生存期。

第三节　干细胞基因治疗的靶向性

据推测干细胞移植后通过发挥治疗作用的方式有：第一，原位横向分化为病变组织的细胞或与其融合，进而重现正常细胞的功能；第二，通过旁分泌，释放一些生物因子，来修复病变的组织；第三，通过血管新生，建立局部血液循环，促进病变组织的自我修复和再生，从而达到治疗目的。

近年来，药物以及基因在疾病治疗中的靶向运输系统一直是研究者所关注的热点，一些定向药物运输载体（脂质体，磁性纳米颗粒，与配体共结合的纳米颗粒以及超声微气泡）在抗肿瘤治疗中已经取得了进展。然而，仍存在着很多局限性。磁性纳米颗粒存在着较低的药物负载能力，粒子大小分布不均匀，以及容易形成聚集物而堵塞毛细血管等缺点。同样，脂质体由于被来自于血液中的网状内皮组织系统迅速识别并清除，降低了它们在治疗疾病中的有效性。因此寻找新的基因运输载体成为肿瘤治疗的关键问题。

理想的基因治疗载体应具备的特征：第一，靶向特异性；第二，高度稳定性，容易制备；第三，无毒性及生物危害性；第四，有利于基因高效转移和长期表达。目前在基因治疗中常用的载体有病毒、细菌、脂质体等。细菌类载体可高效表达外源性基因，却存在生物安全问题，脂质体虽有生物安全性，但缺乏靶向性。因此，研究探索一种安全的、高效的、能够靶向聚集的基因治疗载体是目前基因治疗研究的重点。

靶向性病毒载体，具有多方面的作用，可以用于基因治疗的靶向运输。其发挥作用的方式主要有两方面：一方面，它可以通过改造病毒外壳／

外膜，以及连接靶向性结合分子，来介导转导靶向性；另一方面，在转录水平上进行靶向调控。参与这项调控的主要有：组织特异性启动子、肿瘤选择性启动子、细胞周期调控启动子、肿瘤血管内皮导向启动子、双特异性启动子以及病毒增值的特异性转录调控。

并非所有的病毒载体都具有靶向性，具有靶向作用的病毒载体主要有：①自我扩增型载体。这类载体是以正链RNA病毒为基础的。病毒的外壳蛋白编码序列被选择好的目的基因所代替，当连有目的基因的病毒导入靶细胞后，这种重组的基因组就会被大量复制，mRNA水平的增高导致高水平的转导基因表达，这些针对疾病的外源基因在体内被高效表达后，就可以靶向性地治疗疾病。自我扩增型载体的表现形式可以是RNA，DNA和重组病毒。②条件增殖型病毒载体。一些病毒载体在体内的表达有其特异性，并非在所有的组织或细胞中都会复制。这类病毒载体主要用于某种特性的组织中进行特异性裂解肿瘤细胞，在该组织中，呈增殖状态。如天然的腺病毒突变株Onyx-015是55Kdal E1B基因功能缺失的腺病毒突变株，可以选择性地在p53基因突变的肿瘤细胞中增殖，而在正常组织细胞中不增殖。用这种突变株联合化疗治疗恶性肿瘤Ⅱ期临床结果令人鼓舞，已进入Ⅲ期临床试验，这种选择性增殖的特点，可以重点针对肿瘤细胞，而非肿瘤细胞不会受到额外的损伤。目前，许多人工改造的腺病毒突变体被用于肿瘤治疗研究中。③嵌合型病毒载体。指将不同病毒的基因元件进行组合，形成的重组杂合病毒。如腺病毒与AAV病毒的杂合体病毒，既具有腺病毒的感染性和基因组特性（双链线状DNA），又具有AAV病毒的染色体整合性。由于疾病的发生并不是单一因素引起的，而是多种复杂因素共同作用导致的，因此单一作用的病毒载体靶向性的力量比较薄弱，各种病毒基因元件组合形成新的杂合载体，其作用可能更广泛，如单纯疱疹病毒扩增子与AAV病毒杂合载体、腺病毒与EB病毒复制子杂合载体、腺病毒与反转录病毒杂合载体等。组成了重组病毒，这些杂合载体会使重组病毒的特性多样化，以适应不同基因转移目的的需要，共同针对疾病的多发因素进行靶向治疗。

研究表明，骨髓间充质干细胞在体内具有向肿瘤部位定向迁移力，是比较理想的基因治疗“细胞载体”，它可以到达肿瘤局部甚至是肿瘤的转移病灶，通过聚集的形式释放一些抗肿瘤分子，起到抗肿瘤作用。这与其他抗肿瘤药物相比，有很大的应用前景，因为在肿瘤的治疗中，大量的化疗药物毒副作用很大，不仅可以杀伤肿瘤细胞，正常细胞也会受到损害，而间充质干细胞的靶向治疗可以降低全身毒副作用，因为这些抗肿瘤分子只聚集到肿瘤病灶，并不释放到全身各个系统。有研究发现，将外源性的间充质干细胞导入体内后，优先聚集于肿瘤组织，且在肿瘤组织中成活和扩增，并整合至肿瘤组织中作为前体细胞修复组织；同时间充质干细胞可靶向进入微小肿瘤病灶并且增殖分化，成为肿瘤基质的重要组成成分。

间充质干细胞这种定向迁移能力非常重要，使它们对于宿主肿瘤细胞具有靶向性作用。间充质干细胞的这种靶向性，与肿瘤的表面标记有着紧密联系。肿瘤有众多的表面标记物，而间充质干细胞与其他载体相比，能够识别更多的标记物，促使它向肿瘤定向移动，并且“定居”于肿瘤内部或周围。什么原因导致间充质干细胞对于肿瘤细胞具有靶向性，目前还不清楚，这可能与肿瘤所分泌的一些细胞因子或趋化因子有关。当它们与相应的受体识别并结合后，会发生相互作用，从而使间充质干细胞能够向肿瘤迁移，并进入到肿瘤微环境内。

基于间充质干细胞的归巢能力，运用载体将它经过修饰，转入与肿瘤发生发展的相关基因或蛋白，能够大大增强抗肿瘤的有效性。研究者利用反转录病毒载体，将编码单纯疱疹病毒胸苷激酶的基因转入干细胞中，旨在增加自杀癌基因治疗的有效性。如图9-3所示，Keiya Ozawa等（2008）转基因后的间充质干细胞，与非转基因的干细胞组相比较，应用肿瘤裸鼠模型，两组细胞同时注入体内，观察到在肿瘤病灶内，转基因组的干细胞荧光强度明显高于非转基因的干细胞组；另一组成纤维细胞对照组，并没有在肿瘤病灶内跟踪到细胞。实验表明，间充质干细胞具有肿瘤趋向性的能力，同时经过转基因的干细胞组向肿瘤的聚集能力更强。

研究表明，经过基因修饰的间充质干细胞可

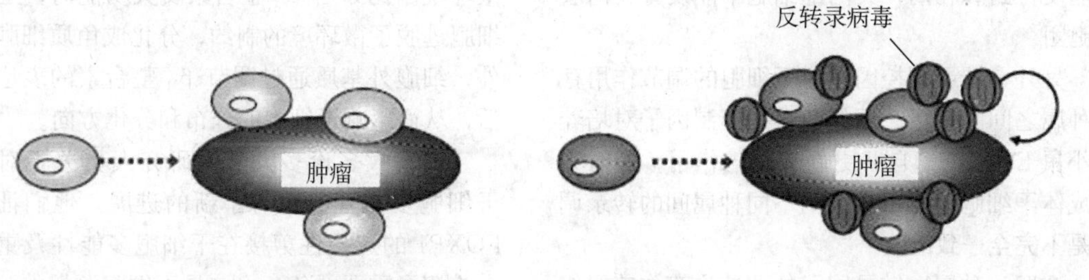

图 9-3 应用连入转基因载体系统的间充质干细胞能促进癌症自杀基因的治疗作用（见书末彩图）

Ozawa K，Sato K，Oh I，et al. Cell and gene therapy using mesenchymal stem cells（MSCs）. J Autoimmun，2008，30（3）：121-127

以将抗肿瘤的一些细胞因子直接靶向运输到肿瘤的微环境中，并在肿瘤病灶内产生高浓度的抗肿瘤蛋白，在许多实验动物模型中已经被证实能够抑制肿瘤的生长。一些细胞因子及受体在间充质干细胞定向迁移中发挥了一定作用，那么将这些因子导入干细胞内，可以增强抗肿瘤的有效性。

有文献报道，在肺、脑、皮下肿瘤疾病中，将转基因的间充质干细胞通过静脉注射，已取得了一定的抗肿瘤效果。

第四节 干细胞基因治疗的可控性

一、干细胞的调控

干细胞的可控性是指当给出适当的因子条件，对干细胞的增殖和分化进行调控，使之向指定的方向发展。而干细胞的调控可以分为内源性调控和外源性调控两种。

（一）内源性调控

干细胞能够在体内不断的自我复制和更新，维持其自身的特性而稳定增殖，与干细胞自身存在的许多调控因子有关，这些调控因子可以使干细胞与外界环境之间进行“对话”，根据外界信号起反应从而调节其增殖和分化。这些调控因子主要包括调节细胞不对称分裂的蛋白，控制基因表达的核因子等。另外，干细胞在终末分化之前所进行的分裂次数也受到细胞内调控因子的制约。

1．*细胞内蛋白对干细胞分裂的调控* 干细胞通过不对称的方式由一个细胞分裂为两个细胞。其中的一个细胞仍然保持干细胞的一切生物特性，这样就可以保持身体内干细胞数量的稳定性；另一个则进一步增殖分化为不同的功能细胞，这种分化的不对称是由于细胞本身成分的不均等分配和周围环境的作用造成的。而调控这种分裂的蛋白存在于细胞内。细胞的结构蛋白，特别是细胞骨架成分对细胞的发育非常重要。如在果蝇卵巢中，调控干细胞不对称分裂的是一种称为收缩体的细胞器，包含有许多调节蛋白，如膜收缩蛋白和细胞周期素 A。收缩体与纺锤体的结合决定了干细胞分裂的部位，从而把维持干细胞性状所必需的成分保留在子代干细胞中。

2．*转录因子的调控* 转录因子对干细胞分化的调节非常重要，因为它所表达的基因产物对干细胞有很大的影响作用。目前对转录因子 Oct4 的研究已经趋于成熟。比如在胚胎干细胞的发生中，转录因子 Oct4 是必需的。Oct4 是一种哺乳动物早期胚胎细胞表达的转录因子，它诱导表达的靶基因产物是 FGF-4 等生长因子，能够通过生长因子的旁分泌作用调节干细胞以及周围滋养层的进一步分化。Oct4 缺失突变的胚胎只能发育到囊胚期，其内部细胞不能发育成内层细胞团。

另外，转录调控因子对干细胞的调节作用存在种属之间的差异。例如白血病抑制因子对培养的小鼠 ES 细胞的自我更新有促进作用，而对人的成体干细胞无作用，说明不同种属间的转录调控是不完全一致的。

在同一种属，转录因子的调控也存在着组织特异性。例如 Tcf/Lef 转录因子家族对上皮干细胞的分化非常重要。Tcf/Lef 是 Wnt 信号通路的中间介质，当与 β-Catenin 形成转录复合物后，促使角质细胞转化为多能状态并分化为毛囊。

（二）外源性调控

除内源性调控外，干细胞的分化还可受到其周围组织及细胞外基质等外源性因素的影响。

1. 分泌因子　间充质干细胞能够分泌许多因子，维持干细胞的增殖、分化和存活。TGF-β 家族和 Wnt 信号通路是两类重要的细胞因子，它们在不同组织甚至不同种属中都发挥着重要作用。比如 TGF 家族中至少有两个成员能够调节神经嵴干细胞的分化。Wnts 的作用机制是通过阻止 β-Catenin 分解从而激活 Tcf/Lef 介导的转录，促进干细胞的分化。比如在线虫卵裂球的分裂中，邻近细胞诱导的 Wnt 信号通路能够控制纺锤体的起始和内胚层的分化。因此，通过一些分泌因子的作用，可以对干细胞进行调控，使其向着疾病有利的方向发展。

2. 膜蛋白介导的细胞间的相互作用　不同的信号通路作用的机制及方式各不相同，有些信号是通过细胞与细胞的直接接触起作用的。这种“细胞对话”依赖于很多膜蛋白。β-Catenin 就是一种介导细胞黏附连接的结构成分。除此之外，穿膜蛋白 Notch 及其配体 Delta 或 Jagged 也对干细胞分化有重要影响。当 Notch 与其配体结合时，干细胞进行非分化性增殖；当 Notch 活性被抑制时，干细胞进入分化程序，发育为功能细胞。

3. 整合素与细胞外基质　当需要干细胞维持增殖状态，而抑制其分化时，整合素家族的作用就凸显出来，整合素家族是介导干细胞与细胞外基质黏附的最主要的分子。整合素与其配体的相互作用为干细胞的非分化增殖提供了适宜的微环境。比如当 $β_1$ 整合素丧失功能时，上皮干细胞逃脱了微环境的制约，分化成角质细胞。此外，细胞外基质通过调节 $β_1$ 整合素的表达和激活，从而影响干细胞的分布和分化方向。

加拿大多伦多大学的研究人员关于对调控干细胞多能性研究有了新的进展，他们证实，FOXP1 的选择性剪接在干细胞多能性及重编程上扮演了重要的角色。这是干细胞调控的一个控制开关，可调控干细胞的命运。该研究成果发表在 2011 年 9 月 15 日的《Cell》在线版上。选择性剪接是指从一个 mRNA 前体中通过不同的剪接方式（选择不同的剪接位点组合）产生不同的 mRNA 剪接异构体的过程。这样，一个基因在不同时间、不同环境中能够产生不同的蛋白，增加生理状况下系统的复杂性或适应性。在本研究中，研究人员发现了进化上保守的胚胎干细胞特异的选择性剪接事件。这一事件改变了 FOXP1 基因的 DNA 结合性质。FOXP1 的 ESC 特异异构体刺激了多能性所需转录因子基因的表达，包括 OCT4、NANOG、NR5A2 和 GDF3，同时伴随着 ESC 分化所需基因的抑制，从而促进了干细胞多能性的维持。选择性剪接在干细胞多能性上扮演了十分重要的角色。我们看到了一幅全新的调控图像，这对于我们了解如何产生更多的多能干细胞很关键。在干细胞中，一套核心转录因子控制了多能性。研究人员发现剪接开关产生了 FOXP1-ES 异构体，与典型的 FOXP1 异构体相比，此异构体有着不同的 DNA 结合性质。选择性剪接事件改变了 FOXP1 的 DNA 结合性质，随后控制了核心转录因子的表达，促进了多能性的维持。同时，该机制还抑制了分化所需的基因。研究还发现剪接开关在重编程中也起了作用。FOXP1-ES 有助于体细胞高效重编程到诱导多能干细胞。Blencowe 认为这是一个很重要的领域，因为目前人类细胞的重编程还是非常低效的。

二、干细胞的基因修饰

干细胞用于治疗临床各种疾病已经取得了显著进展，但仍有大量试验数据显示效果不尽如意，原因可能与干细胞的生存率低、分化的不定性等多种因素有关。因此，研究者把目光集中到基因技术，对干细胞和（或）周围环境进行基因修饰，使两者之间相互作用，优势互补，从而达到更好的治疗效果。

基因修饰是利用分子克隆技术操作目的基因，并改变生物遗传性状的过程，即采用类似工程技术的方法，在体外进行基因重组，使重组基因在适当的宿主细胞中得到稳定持久的表达，从而改变宿主细胞原有的功能性状。

通过调节修饰疾病相关基因，再转导入干细胞中这种携带有目的基因的干细胞，也称为基因修饰的干细胞，具备了特殊的功能，其生物学特性也随之改变。

通过基因修饰使干细胞获得新的功能主要包括以下几方面。

1. *增加干细胞生存时间并提高干细胞的生存能力*　干细胞移植到动物体内，绝大多数在 48 ～ 72h 就会发生死亡，这是移植治疗的关键点，如何克服这项技术难点，成为研究者重点关注的环节。通过基因的修饰作用，可以延长干细胞的生命周期、减少细胞凋亡，同时可以耐受宿主免疫反应、炎症、低氧等环境。

2. *促进新生血管形成并改善血管顺应性*　许多疾病的发生，主要是由于血管的病变而引发的各种症状，如果能促进血管新生，增加促血管生长因子的表达，促进新生血管的形成，提高血管密度，使血管保持通畅，那就可以更好地改善疾病的状况，为疾病的恢复提供良好的微环境。

3. *增强干细胞趋化归巢作用*　骨髓来源的干细胞在生理或病理情况下，可能被“征募”到循环中参与远处多种组织的再生。但是这种作用比较微弱，所以通过基因修饰，上调相应的趋化因子受体，就会增强干细胞的归巢。例如转染了表皮生长因子受体的间充质干细胞，迁移能力得到加强，有助于间充质干细胞向肿瘤区域聚集。转染了干扰素 - β 的间充质干细胞（MSC IFN- β）经静脉输注到大鼠模型体内，可以进入到实体肿瘤中，但是，其他正常组织中无 MSC IFN- β，提示间充质干细胞作为载体细胞，不会像病毒等其他载体那样，产生“旁观者”效应，这一点对于基因治疗非常重要。

4. *多基因修饰干细胞*　单一的基因修饰可能无法达到治疗疾病的最好效果，随着基因技术的不断发展，研究人员成功进行多基因修饰，多种基因修饰后共同作用于干细胞，进一步改善干细胞的形状，将干细胞的治疗效果提高到最大化。

干细胞科学的潜在应用包括培育细胞和组织以便检测新药，或者修复或更换疾病状态下受损的组织，如心脏病、糖尿病、脊髓损伤和阿尔茨海默病。对调控多能性、细胞分裂和分化等机制的更深入了解将提供疾病如何发生的知识，并暗示更多的靶向治疗方法。

第五节　干细胞基因治疗的安全性

迄今，干细胞基因治疗尚未导致严重的不良反应。因为干细胞是一种未分化未成熟的细胞，其细胞表面的抗原表达微弱，患者自身的免疫系统对这种未分化细胞的识别能力很低，无法判断它们的属性，从而避免了器官移植引起的免疫排斥反应等，使同种异体移植干细胞变得非常安全。目前，干细胞研究完成了干细胞的临床前全套安全性实验，包括急性毒性试验、长期毒性试验、致瘤试验、致畸试验、局部刺激试验、发热试验和免疫毒性试验，结果表明，干细胞临床应用是安全，无毒的。

在临床研究中，经过大量的临床病例研究表明，干细胞治疗除了极少数患者有轻微的发热、头痛外，无严重不良反应发生，表明其临床应用是安全的。但任何一种疗法都可能会有不良反应，所以无法肯定不良反应不会发生，而干细胞治疗市场仍旧是一个未开放的领域。

《医疗技术临床应用管理办法》将自体干细胞和免疫细胞治疗技术、异基因干细胞移植技术纳入第三类医疗技术管理（异基因干细胞移植是指非自体的由他人提供的干细胞移植），并规定异种干细胞移植暂不得应用于临床（即人以外其他动物来源干细胞不得应用于临床）。同时，要求已开展干细胞等第三类医疗技术临床应用的医疗机构，在继续应用的同时须于管理办法正式实施后6个月内向卫生部指定的第三类医疗技术临床应用能力审核组织申请审查。通过能力审核后报卫生部审批，截至10月31日没有提出技术审核申请或未通过审核的机构应停止临床应用。该管理办法还规定医疗机构取得第三类医疗技术准入许可后2年内，每年须向卫生部报告临床应用情况，包括诊疗病例数、适应证掌握情况、临床应用效果、并发症、合并症、不良反应、随访情况等，必要时卫生部可组织专家进行现场核实。

iPS细胞是指体细胞经过基因“重新编排”，回归到胚胎干细胞的状态，从而具有类似胚胎干细胞的分化能力。对皮肤细胞进行“重排”使其成为iPS细胞涉及4种转录因子的表达。目前常用的方法是利用反转录病毒作为载体将编码这4种转录因子的基因注入皮肤的成纤维细胞中，但其中3种转录因子可能诱发癌症，一定程度上限制了iPS细胞的应用前景。但这些并未阻止对iPS细胞的热衷研究，研究者尝试用微RNA分子取代其中一种转录因子，其他3种转录因子的基因仍由反转录病毒载入。将微RNA混入油脂，使其可以顺利穿过成纤维细胞的细胞膜进入细胞中。观察发现，微RNA可以替代转录因子发挥“诱导”功能，经过这种改造的实验鼠皮肤成纤维细胞可以分化为实验鼠所有类型的细胞。利用类似微RNA小分子控制细胞的方法，在未来的干细胞生物学研究中将扮演重要的角色，进一步提高干细胞的安全性。相信随着科学技术的不断发展和进步，这些制约因素都会被逐一解决。科学家认为，将来有望培养完全不含病毒和外来基因的安全性更高的iPS细胞。

间充质干细胞作为细胞载体，其安全性是大家共同关注的焦点，间充质干细胞无论扩增与否，其应用于临床移植所面临的最大质疑就是安全性评价。间充质干细胞由于其自身特点，安全性中主要涉及的问题就是致瘤性与免疫排斥。其中，间充质干细胞与肿瘤细胞的相互作用是首先需要阐明的问题，如果结果是抑制或无作用，可以作为细胞载体。

但是目前，异种移植的最大障碍是强烈的免疫排斥反应，使之未能有效应用于临床。近年来，人们对异种移植进行了大量研究，发现临床应用免疫抑制药并不能使异种移植肝存活时间延长。因此，如何克服免疫排斥反应，以期延长异种移植物的存活时间，已引起人们的广泛关注。间充质干细胞是比较原始的细胞，其免疫原性较弱。研究发现，间充质干细胞是诱导免疫耐受的一种很有前景的手段，输注间充质干细胞可抑制免疫排斥反应，这一点已得到证实。间充质干细胞具有不断自我增殖能力和多向分化能力，因而抑制了受体天然抗体及受体滴度的恢复。

毋庸置疑，间充质干细胞移植给严重危害人类生命、降低人类生活质量疾病的治疗带来了无限希望，间充质干细胞扩增技术的发展也为体外获取足量种子细胞提供了可能，但毕竟间充质干细胞临床应用的研究尚属起步阶段，扩增间充质干细胞更是由于其在体外所经历的复杂培养过程及辅助试剂、药物的参与等，在临床应用前还有诸多问题需要解决。经扩增后的间充质干细胞在应用于临床治疗之前对其致瘤性进行严格检测和全面评估以确保人体移植的安全是十分必要的。目前检测致瘤性的主要方法有：形态学观察；细胞周期检测；刀豆蛋白A凝集试验（检测细胞表面结构改变）；软琼脂克隆形成实验（检测锚定非依赖生长）；细胞核型分析；动物体内致瘤性；组织化学等。现有扩增的间充质干细胞致瘤性评价也是基于以上检测标准，为了充分保证扩增间充质干细胞移植的安全性，有必要从肿瘤细胞的多种特性入手，建立更全面的致瘤性评价体系。在获得稳定扩增结果的基础上构建一个立体全面的扩增间充质干细胞有效性、安全性的评价体系，保证间充质干细胞临床治疗安全化、规范化，才能推动间充质干细胞的临床应用进程。

第六节 展 望

一、存在的问题

间充质干细胞在疾病基因治疗中的应用研究尚处在起步阶段，还有很多问题需要解决，包括：①如何选择目的基因。正在研究的具有治疗前景的靶基因很多，哪一种治疗效果好，适合包装到间充质干细胞中，尚缺乏定论，需要进一步探讨。②间充质干细胞移植安全性。分为两个方面：第一，由于间充质干细胞有不断增殖和分化的潜力，移植到体内会不会产生肿瘤是大家非常关心的问题。外源性基因的插入，与肿瘤基质的相互作用，抑制宿主免疫功能，使肿瘤细胞逃避免疫监测等，提示间充质干细胞体内移植后，可能会发生癌变。第二，间充质干细胞导入外源性基因后，其生物学性状会发生哪些改变，需要在应用过程中加以观察和研究。③间充质干细胞与肿瘤瘤细胞的相互作用。间充质干细胞具有可塑性，而这种特性与微环境有关，目前有一种观点认为，间充质干细胞的分化是其微环境作用的结果。在肿瘤的微环境下，间充质干细胞是否会转化成肿瘤细胞，目前还缺乏这方面的研究。然而，有关该领域的研究结果对于间充质干细胞是否能够作为细胞载体用于治疗胶质瘤是至关重要的，值得进一步去探讨。

二、靶细胞的重新选择

目前，人羊膜间充质干细胞成为研究热点。近年来的研究证明，人羊膜间充质干细胞与人骨髓间充质干细胞具有相似的免疫表型，可分化为3个胚层不同类型的细胞，其可通过调节造血微环境促进造血细胞的增殖与分化，它的扩增能力强于人骨髓间充质干细胞。人羊膜间充质干细胞除具以上优点外，与人骨髓间充质干细胞相比较，脐带为分娩后废弃物，获取来源不受伦理限制；细胞收集无须侵入性过程，捐助者痛苦小；且相对纯净，与干细胞输注相关的病毒和病原微生物感染率远低于骨髓移植。正是因为这些优点，人羊膜间充质干细胞被看作是人骨髓间充质干细胞的主要替代品，具有巨大的临床应用价值。一方面可用于降低一般器官移植后的免疫排斥反应，延长移植物存活时间，更重要的是还可以用来降低造血移植后的 GVHD 问题。

毛囊是皮肤的附属器之一，起源于表皮和间充质间相互作用，毛囊中除了含有角朊干细胞外，还含有间充质样干细胞。有研究报道，从人毛囊中可分离出多潜能干细胞，将其诱导分化为骨、软骨、脂肪、血管平滑机、神经细胞等组织特异性祖细胞，并以从毛囊干细胞中分离出的血管平滑肌细胞，构建了具有生理医学反应组织工程心血管。

研究表明毛囊干细胞（hair follicle stem cell，FSC）移植后能够参与血管的新生、皮肤的重建和神经的修复。毛囊来源丰富，取材方便，获取毛囊几乎不受年龄和性别的限制，也基本不会对机体造成任何损害。另外，毛囊的免疫原性低，研究表明同种异体移植的毛囊可在人体内长期存活，且未见致瘤性。由此可见，以毛囊干细胞作为基因治疗的靶细胞，可以从根本上解决利用胚胎干细胞或其他成体干细胞开展上述研究时所面临着的来源有限、获取不便、有悖伦理和诱发肿瘤形成等实际问题，这样既拓宽了干细胞的研究领域，又具有实际应用潜能，属于开拓性、创新性研究，代表着当今转基因治疗的发展方向。

（刘晋宇　吴春铃　刘菲琳　周余来）

参 考 文 献

[1] Gurudutta GU，Satija NK，Singh VK，et al. Stem cell therapy：A novel & futuristic treatment modality for disaster injuries. Indian J Res，2012，135（1）：15-25

[2] Zhao Y，Lam DH，Yang J，et al. Targeted suicide gene therapy for glioma using human

embryonic stem cell-derived neural stem cells genetically modified by baculoviral vectors. Gene Ther, 2012, 19 (2) : 189-200

[3] Qiu X, Sun C, Yu W, et al. Combined strategy of mesenchymal stem cell injection with vascular endothelial growth factor gene therapy for the treatment of diabetes-associated erectile dysfunction. J Androl, 2012, 33 (1) : 37-44

[4] Neri M, Ricca A, di Girolamo I, et al. Neural Stem Cell Gene Therapy Ameliorates Pathology and functionin a Mouse Model Globoid Cell Leukodystrophy. Stem Cell, 2011, 29 (10) : 1559-1571

[5] Cartier N, Aubourg P. Hematopoietic Stem Cell Transplantation and Hematopoietic Stem Cell Gene Therapy in X-Linked Adrenoleukodystrophy. Brain Pathol, 2010, 20 (4) : 857-862

[6] David L, DiGiusto, Amrita Krishnan, et al. RNA-based gene therapy for HIV with lentiviral vector-modified $CD34^+$ cells in patients undergoing transplantation for AIDSrelated Lymphoma. Sci Transl Med, 2010, 2 (36) : 36-43

[7] Fischer A, Hacein-Bey-Abina S, Cavazzana-Calvo M. 20 years of gene therapy for SCID. Nat Immunology, 2010, 11 (6) : 457-460

[8] Gu C, Li S, Tokuyamma T, et al. Therapeutic effect of genetically engineerd mesenchymal stem cells in rat experimental lepomeningeal glioma model. Cancer Lett, 2010, 291 (2) : 256-262

[9] Balyasnikova Ⅳ, Ferguson SD, Sengupta S, et al. Mesenchymal stem cells modified with a single-chain antibody against EGFRv Ⅲ successfully inhibit the growth of human xenograft malignant glioma. Plos One, 2010, 5 (3) : e9750

[10] Dharmasaroja P. Bone marrow-derived mesenchymal stem cells for the treatment of ischemice stroke. J Clin Neurosci, 2009, 16(1): 12-20

[11] Menon LG, Kelly K, Yang HW, et al. Human bone marrow-derived mesenchymal stromal cells expressing S-Trail as a cellular delivery vehicle for human glioma therapy. Stem Cells, 2009, 27 (9) : 2320-2330

[12] Babincova M, Babinec P. Magnetic drug delivery and targeting: principles and applications. Biomed Pap Med Fac Univ Palacky Olomouc Czech Repub, 2009, 153(4): 243-250

[13] Yu-Lan Hu, Ying-Hua Fu, Yasuhiko Tabata, et al. Mesenchymal stem cells: A promising targeted-delivery vehicle in cancer gene therapy. J Control Release, 2010, 147(2): 154-162

[14] Hacein-Bey-Abina S, Hauer J, Lim A, et al. Efficacy of Gene Therapy for X-Linked Severe Combined Immunodeficiency. N Engl J Med, 2010, 363 (4) : 355-364

[15] Ozawa K, Sato K, Oh I, et al. Cell and gene therapy using mesenchymal stem cells (MSCs) . J Autoimmun, 2008, 30 (3) : 121-127

[16] Secchiero P, Zorzet S, Tripodo C, et al. Human bone marrow mesenchymal stem cells display anti-cancer activity in SCID mice bearing disseminated non-Hodgkin's lymphoma xenografts. Plos One, 2010, 5 (6): e11140

[17] Momin EN, Vela G, Zaidi HA, et al. The oncogenic potential of mesenchymal stem cells in the treatment of cancer: directions for future research. Curr Immunol Rev, 2010, 6 (2) : 137-148

[18] Sordi V, Piemonti L. Therapeutic plasticity of stem cells and allograft tolerance. Cytotherapy, 2011, 13 (6) : 647-660

[19] Pan Q, Fouraschen SM, Kaya FS, et al. Mobilization of hepatic mesenchymal stem cells from human liver grafts. Liver Transpl, 2011, 17 (5) : 596-609

[20] Sioud M, Mobergslien A, Boudabous A, et al. Evidence for the involvement of galectin-3 in mesenchymal stem cell suppression of allogeneic T-cell proliferation. Scand J Immunol, 2010, 71 (4) : 267-274

[21] González MA, Gonzalez-Rey E, Rico L, et al. Treatment of experimental arthritis by inducing immune tolerance with human adipose-derived mesenchymal stem cells.

Arthritis Rheum, 2009, 60 (4) : 1006-1019

[22] Nemeth K, Keane-Myers A, Brown JM, et al. Bone marrow stromal cells use TGF-beta to suppress allergic responses in a mouse model of ragweed-induced asthma. Proc Natl Acad Sci USA, 2010, 107 (12) : 5652-5657

[23] Weng JY, Du X, Geng SX, et al. Mesenchymal stem cell as salvage treatment for refractory chronic GVHD. Bone Marrow Transplant, 2010, 45 (12) : 1732-1740

[24] Cihova M, Altanerova V, Altaner C. Stem Cell Based Cancer Gene Therapy. Mol Pharm, 2011, 8 (5) : 1480-1487

[25] Bexell D, Scheding S, Bengzon J. Toward brain tumor gene therapy using multipotent mesenchymal stromal cells vectors. Mol Ther, 2010, 18 (6) : 1067-1075

[26] Kohn DB, Condotti F. Gene therapy fulfilling its promise. N Engl J Med, 2009, 360 (5) : 518-521

[27] Boztug K, Schmidt M, Schwarzer A, et al. Stem-Cell Gene Therapy for the Wiskott-Aldrich Syndrome. N Engl J Med, 2010, 363 (20) : 1918-1927

[28] Cartier N, Hacein-Bey-Abina, Bartholomae CC, et al. Hematopoietic Stem Cell Gene Therapy with a Lentiviral Vector in X-Linked Adrenoleukodystrophy. Science, 2009, 326 (5954) : 818-823

第10章

细胞移植治疗发展策略及前景

近年来，随着细胞生物学尤其是干细胞生物学的飞速发展，细胞移植治疗在基础研究领域取得了很大进展。如前所述，部分基础研究成果已开始在肿瘤疾病、免疫系统疾病、神经系统疾病、心脑血管系统疾病等的临床试验中得到应用，并取得了令人振奋的初步研究成果，展示了广阔的临床应用前景。然而，细胞移植治疗作为一种人类多种疾病新的治疗手段，确切的作用机制尚未完全阐明，临床应用的安全性、有效性及伦理争议依然是目前研究者们关注和争论的焦点。本章将着重讨论细胞移植治疗在临床应用时可能引发的问题及解决这些问题的策略。

第一节　细胞移植治疗存在的问题

一、细胞移植治疗的安全性

（一）肿瘤形成

细胞移植，特别是胚胎干细胞移植治疗临床应用最大的风险是移植细胞在体内形成肿瘤，而移植细胞种类对细胞移植治疗形成肿瘤的风险有很大影响。

根据细胞分化潜力，细胞移植治疗的细胞来源主要有干细胞、免疫细胞和普通体细胞。其中干细胞来源于胚胎或成体组织，在体内或体外培养中具有分化潜能。胚胎干细胞来源于囊胚的内细胞团；成体干细胞来源于胎儿、新生儿、少年和成年人的已分化组织。免疫细胞最初来源于骨髓造血干细胞，在机体内发挥细胞免疫和体液免疫功能。普通体细胞则特指分化成熟，发挥特定功能的细胞。胚胎干细胞是全能干细胞，能够分化成所有细胞系；成体干细胞的分化能力受到一定的限制；普通体细胞则无进一步分化的能力。从生物发育的角度来看，胚胎干细胞分化为成体干细胞，再进一步分化为体细胞。

小鼠胚胎干细胞在免疫缺陷小鼠体内能形成胰岛细胞、心肌细胞和神经元并改善相关的功能，但同时均可形成畸胎瘤。未分化的人胚胎干细胞注射到免疫缺陷小鼠后肢也能形成畸胎瘤。5 000 个人胚胎干细胞在各种动物模型中都能形成畸胎瘤，而 50 个人胚胎干细胞在各种动物模型中都不能形成畸胎瘤。肺和胸腺最容易形成畸胎瘤，而胰腺则不易形成畸胎瘤。另一实验也显示免疫缺陷小鼠体内移植位置与形成畸胎瘤概率有关：皮下 25% ~ 100%，睾丸内 60%，肌肉 12.5%，肾包膜下 100%。

为了防止未分化的胚胎干细胞混杂在移植细胞里，可用识别未分化细胞抗原的细胞毒抗体在移植前进行处理，或者利用流式筛选出表达所需抗原的移植细胞。最常见的自杀基因治疗是将一个对细胞自身无害的酶的基因转入细胞，但这个酶能将无毒的药物前体转变为有毒的形式杀死该细胞，例如单纯疱疹病毒胸苷激酶 / 更昔洛韦系统。转入单纯疱疹病毒胸苷激酶的胚胎干细胞会被更昔洛韦诱导死亡（图 10-1）。

从分化潜力看体细胞不能形成畸胎瘤，但体细胞在一定条件下可重新获得分化潜力。早期的

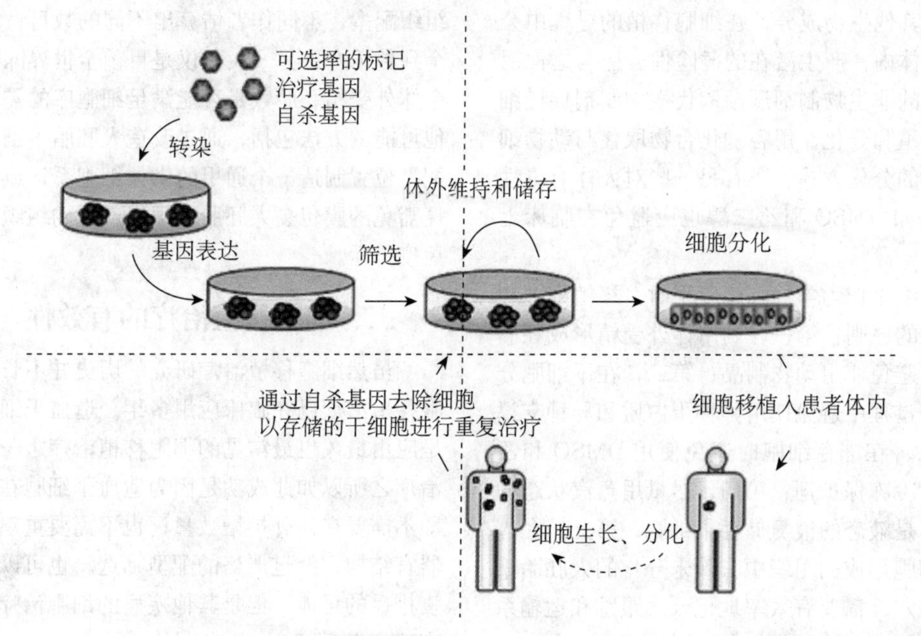

图 10-1 通过基因转导控制人胚胎干细胞分化和生长（Strulovici，et al. 2007）（见书末彩图）

体细胞核移植研究表明，体细胞可重新恢复全能性，如 Dolly 羊。但最近几年出现了恢复全能性的新方法，可诱导全能干细胞（iPS）。最初报道显示，用反转录病毒转导 4 个在 ES 细胞高表达转录因子（Oct-3/4，Sox2，KLF4 和 c-myc）到小鼠成纤维细胞，可以诱导成纤维细胞转为全能干细胞。此后，出现了一系列相关的报道，证实多种体细胞在不同的基因组合作用下均可重新获得全能性，反转录病毒亦可不使用。毫无疑问，这方面的研究成果对干细胞的研究具有推动作用，对治疗细胞来源也有了很大拓展。iPS 细胞的相关研究显示能从患者体细胞或成体干细胞得到全能干细胞。这些 iPS 细胞被称为“患者特异性细胞”，避免了异体移植的免疫排斥问题以及胚胎干细胞的伦理问题。

iPS 细胞均能在免疫缺陷小鼠体内形成畸胎瘤。由于最初在 iPS 细胞制备过程中使用了反转录病毒，转入了致癌基因 KLF4 和 c-myc，导致其比胚胎干细胞更容易形成肿瘤。为了避免这些问题，iPS 细胞可避开致癌基因 KLF4 和 c-myc，使用其他的基因组合。用反转录病毒或慢病毒导入外源基因也有可能导致肿瘤形成。虽然完全重编程的 iPS 细胞内反转录病毒转入的基因是静默的，慢病毒转染基因在 iPS 细胞几乎完全静默，整合到基因组内的外源基因可能中断或改变宿主的基因组表达，导致肿瘤形成。

为了降低形成肿瘤的风险，科学家尝试使用更安全的方法来制造 iPS 细胞，例如临时性的转入外源基因或无须整合外源基因的方法。用游离型载体转入外源基因，无须整合即可产生人 iPS 细胞。利用小分子或化学物质制造 iPS 细胞也更安全。将 4 个 Yamanaka 因子的 mRNA 转入人纤维母细胞也可产生全能性。将胚胎干细胞内提取物转移到成年小鼠纤维母细胞内，无须强迫外源基因表达，即可使细胞重编程为类似全能性的状态。

移植细胞形成肿瘤的风险是细胞移植治疗临床应用的一大障碍，人们仍需寻找保障细胞治疗安全性的方法。

（二）生物污染

在大多数细胞治疗动物实验中有一个重要的阶段，即体外培养。尤其是胚胎干细胞、部分成体干细胞和 iPS 细胞，为了达到治疗所需的数量和状态，常需要在体外培养阶段进行大量的增殖和分化。目前常用的细胞培养方法常需要使用生物制品，如牛血清、鸡胚提取物以及多种生长因子等。有些细胞分化方法也需要与动物细胞共培养。这些产品和共培养细胞都有可能含有未知的病原体或其他生物成分，在细胞移植的过程中会进入受体体内，产生潜在的危险性。应考虑使用成分明确的非生物制剂逐渐取代生物制剂促进细胞进行增殖和分化，用各种化合物取代与动物细胞共培养的分化方式。还有另一些对人体有毒性的试剂，如DMSO和乙二醇也应避免在临床上使用。

在干细胞作为常规临床应用时，移植细胞制备应遵循的原则：第一，利用体外受精形成胚胎的过程中避免使用动物制品；第二，在干细胞分化和增殖过程中避免使用异种蛋白质和异种支撑物；第三，在冻存细胞时避免使用DMSO和乙二醇作为冷冻保护剂；第四，尽量用蒸汽状态的液氮而不是液态的液氮储存干细胞；第五，在人胚胎干细胞形成的组织中去除未分化的人胚胎干细胞；第六，需要有效率地记录、跟踪和运输系统以便监管部门监督。

（三）免疫排斥

如果事先没有进行严格的配型筛选，细胞移植治疗都会有免疫排斥问题。一旦受体对移植细胞发生了免疫排斥，可能不得不用外科手术去除移植的细胞及组织。有几种方法也许能克服免疫排斥的问题。核移植通过把患者体细胞的细胞核移植到人或动物的卵母细胞内进行重编程，使细胞恢复分化潜能，制造一个患者特异性的干细胞系，再将该细胞分化为所需的组织。这种方法在猕猴和人类细胞上已试验成功，但缺点是效率低、表型不佳、易受到卵母细胞线粒体DNA的影响，以及去除卵母细胞核后残留的纺锤体。人类卵母细胞本来就很缺乏，而动物的卵母细胞又可能带有病毒，这使得核移植很难实际应用。如前所述，iPS细胞是另一种患者特异性细胞，这在干细胞领域是一大突破。它不仅克服了免疫排斥和伦理问题，还避免了不完全重编程和由此导致的表型不稳定。这种方法的关键问题是iPS细胞是否和人胚胎干细胞完全一样，体细胞是否真的重编程了，以及致瘤的问题。

除了制造重编程的细胞，还有其他避免免疫排斥的方法。一种方法是在各种人种中建立不同的HLA配型的人胚胎干细胞系，这些细胞系可保存在全世界的细胞库里。这种方法的一大争议是究竟需要多少人胚胎干细胞系才能确保完美的组织配型，不同作者估算出不同的数目，从数百个到数千个。另一大争议是目前全世界冻存的多余体外受精胚胎数是否能满足细胞库的需求。其他可能的方法包括，通过改造人胚胎干细胞组织配型位置制造一个通用的供体细胞系，或者用免疫豁免的膜包裹人胚胎干细胞产生的组织来避免免疫排斥。

二、细胞移植治疗的有效性

虽然细胞移植治疗研究的历史并不长，但细胞移植治疗已在临床应用多年。造血干细胞移植是应用最久也最常见的细胞移植治疗之一。这种治疗之所以如此成功是因为造血干细胞在移植前即不需要在体外扩增数量，也不需要重建复杂的器官结构。经过严格的配型筛选，也可以排除免疫排斥的可能。但是其他疾病的细胞治疗就未必有这么幸运了。

（一）移植细胞的数量和途径

一般来说，成年人细胞移植治疗所需的数量大概是每次注射（1～5）$\times 10^6$个细胞，而且有时需要多次移植，因此成年人的细胞治疗所需的数量非常大。这对细胞来源就有比较苛刻的要求。例如脐带血造血干细胞细胞数量有限，又不能在体外大量扩增，就只能用于幼儿而不能用于成年人的细胞治疗。

人胚胎干细胞或iPS细胞需要先在体外扩增到足够的数量，再进行分化，然后冻存。而患者接受一次或数次细胞移植后需要相当长的一段时间才能确定病情是否有稳定的好转，是否需要更多的细胞移植。体细胞和成体干细胞（包括造血干细胞）与人胚胎干细胞不同，传代次数有限，不能长期稳定的增殖同时又保留细胞原有的性状。因此，体细胞和成体干细胞必须在最初收集细胞时就得到足够的数量，否则移植后不能产生明显的疗效。

人们对细胞迁移的机制尚不清楚，对干细胞分化的微环境和细胞间相互诱导的机制也了解得很少，因此选择何种细胞移植的途径对疗效也有很大影响。目前动物实验和临床治疗中常用的有静脉注射（包括周围静脉、门静脉或冠状静脉），以及直接注射到器官或皮下。究竟何种移植方法更好仍需进行更多的研究加以证实。

（二）细胞分化的效率

常见的干细胞移植在受体体内会进一步分化，逐渐代替失去功能的受体细胞，因此移植细胞分化的效率与细胞治疗的疗效直接相关。

分化是一个复杂的生理过程，无特定功能的细胞逐渐获得某种特定功能细胞的特性。这个过程从受精开始，受精卵逐渐分化直到组织形成。这些细胞变化由一系列基因表达的上调和下调控制。分化在体外可以是自发的，也可以被调控。人胚胎干细胞可自发分化为三胚层的细胞，再从中分离出所需的细胞类型，纯化，扩增，然后用于移植。造血干细胞和间充质干细胞不会出现这种自发的分化。要调控分化的过程可以先让人胚胎干细胞形成拟胚体，然后将它暴露在特定的细胞因子和生长因子中，促使细胞向预定的方向分化。经过长期的研究，科学家在一些特定的细胞类型上得到了较高的分化效率。

转分化是指一种分化成熟的细胞转变为另一种分化成熟的细胞的不可逆过程。在哺乳动物中转分化并不多见。哺乳动物胎儿食管平滑肌可部分或全部转分化为骨骼肌。转分化确切的分子机制尚不清楚，它可能是一种应对严重的组织损伤的简单修复机制。这也许能解释移植间充质干细胞或多能基质细胞时组织修复模式和转分化状态。虽然有少量积极的数据，大多数体内研究显示在损伤组织中成体干细胞的迁移和转分化水平通常很低，因此对组织生理功能的恢复作用不大。大家对成体干细胞的可塑性和治疗作用产生了质疑。

三、细胞移植治疗的伦理问题

细胞移植治疗涉及细胞来源，尤其是胚胎干细胞来源，因此引发了长期的伦理道德争议。iPS 细胞技术出现后，部分缓解了对胚胎干细胞的道德争议。我们应遵循一般的生命伦理学基本原则和国家对细胞治疗的政策法规进行细胞治疗的研究和临床探索。

（一）生命伦理学的基本原则

卫生保健中伦理问题的科学称为生命伦理学，包括理论、临床、公共卫生、科研、政策管理、法律和文化等层面。生命伦理学的基本原则包括 3 个方面：第一，尊重人，包括尊重人的自主性、知情同意和隐私保密的权力，尊重人的关键是将人看成是目的本身，而不仅仅是达到他人目的的手段或工具。第二，不伤害人和有利于人，但每一行动总会有利有弊，有得有失，因此，必须评价行动的风险收益比，衡量利弊得失，将风险最小化，收益最大化。第三，公正对待人，即患者和受试者要公平对待。

作为细胞治疗的细胞来源，干细胞研究有着巨大的医学应用潜力，不久的将来可能使帕金森病、老年痴呆症、白血病、糖尿病、瘫痪等不治之症得到彻底的根治，因而得到伦理学的拥护。但是，目前干细胞的重要来源还是依赖于胚胎，因此，围绕该研究的伦理道德问题也随之出现。

（二）中国对细胞治疗和胚胎干细胞的政策管理

2003 年，国家食品药品监督管理局颁布《人体细胞治疗和制剂质量控制技术指导原则》。其中规定：体细胞治疗是指应用人的自体、同种异体或异种（非人体）的体细胞，经体外操作后回输（或植入）人体的治疗方法。这种体外操作包括细胞在体外的传代、扩增、筛选以及药物或其他能改变细胞生物学行为的处理。经过体外操作后的体细胞可用于疾病的治疗，也可用于疾病的诊断或预防。体细胞治疗具有多种不同的类型，包括体内回输体外激活的单个核白细胞，如淋巴因子激活的杀伤细胞（LAK）、肿瘤浸润性淋巴细胞（TIL）、单核细胞、巨噬细胞或体外致敏的杀伤细胞（IVS）等；体内移植体外加工过的骨髓细胞或造血干细胞；体内接种体外处理过的肿瘤细胞（瘤苗）；体内植入经体外操作过的细胞群，如肝细胞、肌细胞、胰岛细胞、软骨细胞等。

中国对动物权利和早期胚胎的关注程度低于西方国家，基本不存在因为宗教信仰而反对胚胎生物技术的问题。2001 年 10 月，国家人类基因组南方研究中心伦理委员会通过的《人类胚胎干细胞研究的伦理指导大纲（建议稿）》明确指出：坚决反对生殖性克隆；囊胚体外培养不能超过 14d；囊胚不能植入人体子宫或其他动物子宫；“人 - 动物”细胞融合术，可用于基础研究，其产物严禁用于临床；材料的收集和利用要贯彻自愿、知情、非商业化的原则；从立项到成果必须接受伦理评估和监督。2003年12月，国家科技部、卫生部联合颁布了《人胚胎干细胞研究伦理指导原则》，原则主要包含了三类伦理问题。第一类是禁止人的生殖性克隆。第二类是胚胎研究的基本伦理问题，体现在允许利用使用期限不得超过14d的体外受精或体细胞核移植技术获得的胚胎、利用自然或自愿选择性流产的胎儿细胞和自愿捐献的生殖细胞产生的胚胎研究干细胞。第三类涉及我国人类胚胎干细胞的研究伦理，包括：在人类胚胎干细胞研究中保护提供体外受精时多余的配子或囊胚、自然或自愿选择流产的胎儿细胞、自愿捐献的生殖细胞的捐献者的知情同意和知情选择权利；保护他（她）们的隐私权利；禁止买卖人类配子、受精卵、胚胎和胎儿组织；伦理委员会要做到合格的伦理审查等。

（三）胚胎干细胞的伦理问题

干细胞根据来源分为成体干细胞和胚胎干细胞。目前对来源于成体组织及脐带血的干细胞在研究上争议较少。因必须破坏囊胚或胚胎，胚胎干细胞的研究引发了较多的伦理争议。

1. *胚胎的道德地位* 国际上有不少国家，特别是西方国家，认为人的生命是从受精卵开始，人类胚胎实验就是侵犯人权，损毁胚胎也就等于谋杀生命，因此反对人胚胎干细胞的一切研究。部分国家认为早期胚胎只是生物细胞组织，是生物学意义上的人，只有当胚胎发育到14d才算得上是道德意义上的人，因此允许严格管理下进行胚胎干细胞研究。

不同于西方国家，我国无论是政府官员、科学家还是一般老百姓对于人类胚胎的道德地位看法比较一致，一般不会认为人工流产是“不道德”的。因此，我国人胚胎干细胞的研究受到的伦理困扰比西方国家要小。如前所述，中国政府允许一定条件下的胚胎干细胞研究。

根据玛丽·安·华伦判定道德地位的7个原则，14d内的胚胎的道德地位是：活着的人的生物学生命，有自身特性和内在的价值，有发展为人的生命的潜能，在没有足够的理由时，不能被伤害。干细胞研究具有广阔的应用前景，不得已只能毁坏胚胎。因此，按照尊重生命原则，我们应以尽可能尊重它们生命的态度去研究它们。对它的处理应有一定的程序。例如，人类胚胎用作研究必须是体外的，不能超过14d；且其前提必须是若不使用人类胚胎，则达不到重要的研究目的；人的胚胎不是商品，不能买卖。

2. *克隆人类胚胎的争议* 治疗性克隆是指用核移植技术建立胚胎干细胞系，在体外诱导其分化成患者所需要的特定细胞、组织乃至器官，再将其移植到发病部位，起到修复患者组织或器官的作用，其最终产品是可用于治疗的细胞、组织或器官。生殖性克隆的目的是复制人，其最终产品是克隆人。

目前各国已明令禁止进行生殖性克隆研究，这主要是因为生殖性克隆不仅有违不伤害、有利、尊重和公平的原则，还是反自然、反进化、反社会、有违和谐社会的原则，主要表现在以下几个方面：成功率很低，克隆人可能有很多先天性生理缺陷；克隆人的身份难以认定，无法纳入现有的伦理体系；人类生殖方式从有性生殖倒退回无性生殖，是反进化的；克隆人与供体人同时存在，给司法实践带来无数难题；克隆人可能因特殊身份产生心理缺陷，形成新的社会问题。

由于担忧治疗性克隆滑向生殖性克隆，联合国《禁止人的克隆生殖国际公约》被推迟。目前国际上已制定相应的原则以保证二者明确的分界。治疗性克隆技术目前仍不成熟，效率不高，需要大量卵子供应。妇女反复捐献卵子影响身体健康，或者卵子商品化都违背了伦理道德。用动物卵子只能用于基础研究，临床治疗则有伦理问题和安全问题。因此，治疗性克隆仍停留在基础研究阶段。

3. *人胚胎干细胞获得方法的伦理学争议* 从流产胚胎组织中分离和培养胚胎干细胞是合乎伦理道德的，而且流产已经发生，不存在摧毁活体胚胎的问题，避开了损害胎儿生命的伦理问题。因此，在以人工或自然流产胎儿为来源的干细胞研究中，最主要的伦理争议集中于流产胎儿的获取过程。如何确定结束妊娠是自愿的，胎儿组织的捐献是符合伦理道德的？可接受的解决办法是：妇女决定捐献流产胎儿组织与结束妊娠应该是分开的过程，妇女决定流产应先于捐献，流产是已经发生的，与干细胞研究无关；研究者不可以提供经济补偿给妇女；禁止为使用胚胎和胎儿组织而对流产时间或过程进行人为的操纵；确保供者和受者之间的自由和知情同意，确保精确的风险利益评估的责任，特别是涉及人体研究的是以行为的伦理学标准，还有捐赠者的匿名问题，细胞库的保密和安全性问题，以及获取组织的信息机密权和隐私权等；确保使用人胚胎干细胞治疗人类疾病的目的和胚胎应被尊重的宗旨不受到伤害。

人胚胎干细胞研究如使用辅助生殖剩余胚胎应作如下限制：捐献者自主决定是否继续存储或捐献给另外的不孕夫妇；不许有预先设计的获得胚胎；不能买卖胚胎及胎儿组织；应以最少量的胚胎用于最重要的研究；研究者不得在治疗不孕症时有目的增加植入胚胎的数量和配子等。捐献必须强调知情同意，使胚胎捐献者确知自己的胚胎如何处置，以避免被强迫或引诱。

因为取卵需要用腹腔镜和腹部切口，对供卵者的伤害不容忽视。因此，尽管在实际的研究项目审查中不排除“自愿捐献卵子”这种获取干细胞的方式，但伦理委员会要严格从事。在严格控制条件的情况下，如有充分的特殊理由，可用在捐献者知情同意条件下捐赠的配子，通过体外受精产生胚胎获得干细胞。对于那些非医学目的的供卵者来说，完全是为了科学研究而冒险，从保护这些供卵者的角度出发，作为医生有责任阻止这种行为，同时应阻止供卵者迫于经济原因或其他强制手段而供卵。对于供卵者而言，知情同意权更为重要，具体的措施包括：第一，明确表明卵子的去向和用途；第二，给予供卵者精神上及物质上的补偿；第三，确保供卵者明白各项入选标准；第四，告知供卵者在超促排卵和取卵过程中，可能对身体造成相应的伤害，而且存有一定的风险，以及准备的对应措施；第五，告知供卵过程有严格的程序且受伦理委员会监督；第六，告知供卵者在任何时候都有权提出中止供卵，并且不会影响其个人今后的利益。

嵌合体胚胎研究存活率低，且可能引发跨物种感染，因此，对嵌合体胚胎的研究应进行严格地控制，尽量利用嵌合体胚胎分化培养的干细胞系进行研究；用于人胚胎干细胞研究的嵌合体胚胎不得超过 14d；嵌合体胚胎不得放入子宫；用嵌合体胚胎研究分化培养的研究单位准入要严格把关；用嵌合体胚胎研究分化培养的干细胞必须经过严格的动物实验，并再次进行科学和伦理的检验，研究过程中须随时接受伦理委员会或国家卫生行政部门的检查和监督，以保障受试者的人身安全及合法权益。

体细胞核移植技术胚胎最令人担忧的是，胚胎一旦放入子宫可能发育成克隆人，而克隆人是反人性、反自然、反社会的，有违无伤、有利、自主、和谐及尊重生命尊严的伦理学原则。而且还不能排除在治疗中致癌和形成畸胎瘤的可能。因此，体细胞核移植技术胚胎产生干细胞必须仔细权衡潜在的利益和害处。具体的措施包括：第一，坚决反对以复制人为目的的任何生殖性克隆；第二，支持通过核移植产生与体细胞供者遗传上相同的新胚胎，从而获得干细胞和产生永生细胞系，用于严重疾病治疗的研究；第三，在实施核移植过程中，只允许在 14d 内分离和培养获取胚胎干细胞，禁止将体外培养的胚胎移入妇女子宫。

第二节 细胞移植治疗发展策略

以造血干细胞移植为代表的细胞治疗早已临床应用多年，但人胚胎干细胞系的建立为治愈众多不治之症带来希望。人们希望能找到有效的方法使干细胞根据需要代替患者身上失去功能的细胞，但科学家很快发现控制干细胞的分化和存活非常困难。如前所述，细胞移植治疗的安全性、有效性和伦理争议仍是临床应用的重大障碍。

一、鼓励使用安全有效、无伦理争议的细胞进行移植

为了提高细胞治疗的安全以及避免伦理争议，临床研究和实践中常使用成年人体细胞作为移植细胞来源。这类移植细胞包括普通体细胞、免疫细胞以及间充质干细胞等。临床研究证实这

种细胞治疗对多种疾病有显著疗效。

（一）普通体细胞移植

心血管疾病是目前全世界面临的主要健康问题之一。近来随着缺血性心脏病预防和治疗措施的进步，急性心肌梗死患者的病死率不断下降；但是急性心肌梗死后心力衰竭的发生率却呈上升趋势。传统治疗方法侧重于防止心肌梗死发生后进一步的心肌损伤，并不能很好地解决梗死区域纤维化、瘢痕形成和心脏重构这些关键问题。细胞治疗通过将细胞移植到心肌梗死区域，为受损心肌的再生提供细胞来源和细胞因子，从而达到促进损伤心肌修复、改善心脏功能的目的。骨骼肌成肌细胞（skeletal myoblasts，SKMB）是最早尝试用于缺血性心脏病细胞治疗的一种细胞，其优点在于：能够耐受局部缺血；在心肌损伤后能够再生出新的肌纤维；表达的收缩蛋白与心肌非常相似；可以取自自体，避免免疫排斥反应。局限性包括：细胞培养时间长；成活率低；移植后在体内长期存活情况不明确；存在致心律失常的危险。目前接受 SKMBs 移植治疗的心脏病患者共约 200 例，多为心肌梗死后稳定期（心肌梗死发生 3 个月后）患者，结果表明移植后患者心脏射血分数和收缩功能有所提高，而心室腔扩张的发生率则有降低，并且还有研究者发现在心肌梗死区有横纹肌肌管形成。这初步证实了 SKMB 治疗缺血性心脏病临床应用的可行性，但是由于 SKMB 移植是在患者行左心室辅助装置置入术或冠状动脉旁路移植术的同时进行，因而尚不能肯定患者病情的改善是得益于 SKMB 移植还是其他治疗方法。

糖尿病是人类面临的重要健康问题，全世界约 1.5 亿人患糖尿病。不论是 1 型糖尿病还是 2 型糖尿病，其共同特征是由于胰岛 B 细胞缺陷或缺失导致胰岛素分泌绝对或相对不足，造成糖、脂、蛋白质以及水、电解质代谢紊乱。药物治疗和长期注射外源性胰岛素是目前糖尿病的主要治疗措施，但这些方法并不能从根本上解决糖尿病患者对胰岛素的依赖问题，也不能很好地防止糖尿病并发症的发生。胰岛细胞移植主要适用于那些在给予强化胰岛素治疗后仍然出现血糖不稳定、低血糖昏迷、慢性并发症发生发展的糖尿病患者，以及已行其他器官移植（如肝、肾等）正在接受免疫抑制治疗的 1 型糖尿病患者。2000 年埃德蒙顿方案（经皮肝穿刺门静脉置管输注胰岛细胞）的提出大大提高了胰岛细胞移植的成功率，使患者接受胰岛细胞移植治疗 1 年后脱离外源性胰岛素的比率提高到 80%，同时患者糖、氨基酸、脂肪代谢恢复稳定，心血管系统并发症的发生和发展风险逐渐降低。

成年人体细胞移植的一大缺陷是供体来源不足，一个患者常常需要数个供体才能提供足够的移植细胞，而具有高度增殖和多向分化潜能的干细胞成为解决这一问题的希望。

（二）免疫细胞移植

肿瘤患者机体特异免疫和天然免疫功能低下，手术、放疗和化疗效果差，且容易复发和转移，综合治疗成为提高肝癌疗效的重要措施之一。肿瘤免疫主要依赖细胞免疫，机体细胞免疫功能的低下往往是肿瘤难以治愈和容易复发转移的重要原因。细胞因子诱导杀伤（cytokine-induced killer，CIK）细胞为一类异质细胞群，主要为共同表达 $CD3^+$、$CD56^+$ 细胞，对肿瘤的杀伤作用具有高效和非 MHC 限制性特点。树突状细胞（dendritic cell，DC）来源于骨髓造血干细胞，是免疫系统中功能最强的一种抗原呈递细胞。DC+CIK 融合了 CIK 见效快和 DC 疗效持久的特点，实现了两种细胞的优势互补。DC-CIK 肿瘤生物治疗已经应用于临床，对免疫原性较强的肿瘤，如肺癌、胃癌、肾癌、黑色素瘤等有疗效。“DC+CIK 肿瘤生物治疗”技术的整个治疗过程分为：患者外周血单核细胞采集，体外诱导及回输三部分。由于移植的免疫细胞来自患者自身，细胞来源有保障，治疗的安全性很高。

（三）间充质干细胞移植

间充质干细胞（mesenchymal stem cell，MSC）是干细胞家族的重要成员，来源于发育早期的中胚层和外胚层。MSC 最初在骨髓中发现，因其具有多向分化潜能、造血支持和促进干细胞植入、免疫调控和自我复制等特点而日益受到人们的关注。如 MSC 在体内或体外特定的诱导条件下，可分化为脂肪、骨、软骨、肌肉、肌腱、韧带、神经、肝、心肌、内皮等多种组织细胞，连续传代培养和冷冻保存后仍具有多向分化潜能，可作为理想的种子细胞用于衰老和病变引起的组织器官损伤修复。

报道显示MSC移植可应用于糖尿病的治疗。应用自体骨髓干细胞（bone marrow-derived stem cell，BMSC）（$CD34^+$，$CD38^-$）经脾动脉移植治疗糖尿病可降低1型糖尿病患者血糖水平，减少外源性胰岛素用量。2型糖尿病患者干细胞移植治疗后血糖水平显著降低，体内胰岛素水平增加。动物实验也证实多种来源于骨髓、外周血和脾脏的干细胞在体外可以诱导分化为胰岛样细胞，植入动物体内后能够改善实验动物的血糖。

各种原因（如病毒性肝炎、酗酒等）造成的长期肝细胞损害最终会导致肝硬化，一旦出现肝衰竭，病情很难逆转，患者病死率高。肝脏移植是目前治疗肝硬化后肝衰竭唯一有效的方法，然而供体来源不足却限制了其临床广泛应用。近来研究表明在肝脏中存在骨髓来源的干细胞，并且证实这些干细胞在体外具有向肝细胞转化的潜能。应用自体BMSC（$CD133^+$）经门静脉输注治疗右半肝栓塞的患者，发现患者左半肝组织再生的体积是对照组的2.5倍，提示BMSC具有增强和加速肝脏组织再生的功能。报道显示经门静脉或肝动脉移植BMSC（$CD34^+$）治疗肝功能严重受损，移植后患者血清胆红素水平明显下降，血清清蛋白水平也得到了改善，未发现与细胞移植治疗相关的并发症发生。初步试验结果表明，细胞治疗不失为严重肝功能损害患者的另一种治疗选择，将可能会帮助这些患者渡过急性肝衰竭期，以较平稳的状态等待最后的肝移植治疗。

肌萎缩侧索硬化（amyotrophic lateral sclerosis，ALS）是一种慢性进行性神经系统变性疾病，主要特征为选择性运动神经元受损，出现进行性加重的肌肉萎缩、肌无力及锥体束征，该病预后极差，发病后5～6年患者死亡率高达80%～90%，药物治疗不能有效阻止病情恶化。近来研究发现BMSC在体内外可以分化为神经细胞和星形胶质细胞，并且在植入体后能够延缓神经鞘磷脂酶缺乏小鼠的神经病变发展。将分离获取的自体BMSC在患者自体脑脊液中培养扩增3～4周后直接注射到$T_{7\sim9}$段脊髓内，与治疗相关的不良反应轻微，治疗3个月后患者部分肌肉肌力线性下降的速度减慢，部分患者肌力有所增加；研究虽未发现患者病情有显著改善，但治疗后3个月和6个月进行MRI检查表明，患者脊髓结构正常，未发现细胞异常增殖现象，证明该方法安全。

二、应对细胞移植治疗临床应用限制的策略

（一）治疗性克隆伦理争议的应对策略

人胚胎干细胞系的建立是人们看到了治愈许多遗传疾病和器官功能衰竭的希望。但是对人胚胎干细胞的研究需要损毁人类胚胎和卵子，这挑起了科学家和伦理学家的论战。治疗性克隆与生殖性克隆在技术上有很多共同之处，因此人们担心治疗性克隆有可能滑向克隆人。用人类或动物卵子细胞进行核移植也会带来伦理争议或安全性问题。目前还没有无须核移植，又不利用人类胚胎得到人胚胎干细胞的方法。

由于伦理方面的争议，生殖性克隆被严令禁止。虽然仍有争议，但是治疗性克隆是可以研究的。在中国等一些国家，政府资助了干细胞研究，同时也作出了关于干细胞生物技术的伦理规定。

（二）避免使用人类胚胎的策略

为了不从人类胚胎中取得全能干细胞，必须由一种不产生活的人类胚胎的技术取代核移植技术。科学家尝试回收胚胎组织切片来培养分裂球，从中得到胚胎干细胞。这种技术可以避免使用活的胚胎和核移植，但只能产生与胚胎免疫原性相同的细胞，不能产生与患者免疫原性相同的细胞。把患者的细胞与胚胎干细胞相融合产生的细胞不能确保免疫原性与患者相同和细胞核型稳定。

在多种组织和器官中含有成体干细胞，但是很难将它们分离出来。可以尝试从血、脐带血和胎盘中分离能有丝分裂的多能干细胞。在小肠、毛囊、乳腺、牙髓和肾脏均可找到组织特异性干细胞。通过培养生殖脊细胞或配子可以得到生殖细胞来源的干细胞。卵巢间质组织细胞也能产生组织特异性的干细胞。

2006年，iPS细胞出现了。在纤维母细胞中过量表达4个关键的干细胞相关基因能产生全能干细胞，而无须使用核移植技术。无论从理论上还是实践上，iPS细胞技术完全不需要治疗性克隆就能产生患者特异性的干细胞。然而，除了

全能性的特点iPS细胞和胚胎干细胞还是很不同的。根据iPS细胞不同的组织来源，可以检测到与异常的干细胞相关或细胞周期相关的基因表达。不同来源的iPS细胞特性不同，这会导致iPS细胞建系的效率和分化潜力不同。考虑到iPS细胞需要改造基因，临床应用需要严格的限制。

（三）避免免疫排斥的策略

细胞移植治疗首先要考虑的就是获得免疫特异性和免疫耐受。有两种方法可以得到免疫特异性：用核移植技术或iPS细胞技术制造干细胞。但是，由于非染色体性遗传和基因改造的使用，这两种方法都不能确保获得免疫特异性。一种新的设想是利用卵细胞进行单性生殖，从而获得免疫特异性。无论人类或动物都可以产生单性生殖的胚胎干细胞。单性生殖引发的基因表达差别少于有性生殖。但单性生殖产生的活胚胎也可用于克隆人。

体外生成的滤泡也可用于生成卵细胞和单性生殖。因为只有不到1%窦前期滤泡能最终形成卵细胞，其他未成熟的滤泡都退化了。如果能够将应该退化的滤泡改造为干细胞，能够大大提高建立干细胞系的效率。在动物体内滤泡生成的卵子可以单性生殖，但尚无人体试验报告。从滤泡体外培养得到的活胚胎也可用于生殖性克隆，而这一技术也可用于生殖医学和干细胞。

（四）避免细胞移植成瘤性的策略

ESC是非常重要的移植细胞来源，然而它有可能导致肿瘤形成。ESC移植到脑内尽管缓解了帕金森动物的症状，但会导致20%动物体内出现肿瘤。目前避免细胞移植成瘤性的策略主要有：①对ESC进行基因改造也许能减少肿瘤的发生。用针对CFC结构域的抗体阻断Cripto的功能，减缓肿瘤细胞的生长。②在ESC里表达一个“自杀”基因。在人ESC中转入单纯疱疹病毒胸苷激酶基因，在更昔洛韦的诱导下移植的干细胞表达转入的自杀基因并死亡，但是不影响宿主细胞。将该自杀基因转入小鼠干细胞并移植到脑内，在更昔洛韦的作用下可不产生肿瘤。③为了避免未分化的细胞混入移植细胞，可以在细胞移植前进行筛选，例如在Oct-4启动子后加上“自杀”基因杀死Oct-4^{+}的细胞；加入识别podacalyxin-like protein-1抗原的细胞毒抗体；或利用荧光筛选表达神经前体细胞标记Sox1的细胞。经过纯化的移植细胞在体内均未导致肿瘤。

在以上研究策略的基础上，Le等通过建立小鼠胚胎干细胞的基因开关(gene switch)系统，发现可控的诱导表达caspase-1不影响胚胎干细胞的分化潜能，并且能特异杀死移植细胞中存在的未分化的胚胎干细胞，而已经分化为神经前体的细胞不受影响。进一步的研究发现，将分化的和未分化的细胞移植到小鼠的脑内，通过诱导过量表达Caspase-1，可以完全去除脑内的成瘤问题。该研究在国际上首次详细阐明了通过量表达自杀基因Caspase-1杀死未分化的胚胎干细胞解决了移植中的成瘤风险的问题。本研究为临床胚胎干细胞治疗疾病减少成瘤风险提供了非常重要的理论基础，对帕金森病等神经退行性疾病的细胞治疗以及其他以胚胎干细胞为基础的细胞治疗提供了重要实验基础，具有非常重要的应用价值和前景。

三、增加细胞移植治疗临床应用范围的策略

（一）从体细胞中得到干细胞的新技术

为了得到患者特异性干细胞而不使用克隆的胚胎，科学家从血、骨髓、纤维母细胞、牙髓和脂肪组织等间充质组织中分离出了干细胞或干细胞前体细胞。这些细胞曾被看作多能干细胞，但最近发现他们能转分化为其他类型的细胞。例如，骨髓基质细胞移植到心肌后能转分化为心肌细胞。一些报道显示，间充质基质细胞是能转分化为内胚层和外胚层细胞。

尽管研究结果很乐观，转分化技术难以应用于临床，因为难以得到大量纯粹的干细胞。从间充质组织中分离出的干细胞数量太少。事实上，目前的实验所用的间充质干细胞中只含有少量干细胞以及大量间充质基质细胞。而使用干细胞特异性标记会降低细胞活力，从而降低干细胞回收效率。因此，如何从混杂的基质细胞中分离出纯粹的干细胞实现制间充质干细胞是临床应用的主要障碍。

培养干细胞的技术也很重要。间充质干细胞传代5次以后就很难保持原有的特性，体外扩增也很困难。为了从间充质组织分离干细胞去除基

质细胞，科学家需要寻找新的干细胞标记。iPS细胞技术也可用于获得纯粹的干细胞，但需要进一步改进才能用于临床。

（二）创造人工细胞壁龛调控细胞命运

如前所述，最初的 iPS 细胞技术难以用于临床，因为用于细胞治疗的干细胞应尽量避免基因改造。科学家试图在不改变基因的情况下制造患者特异性干细胞。纤维母细胞或间充质基质细胞与干细胞提取物共培养可产生免疫特异性干细胞。共培养技术可用于从体细胞中获得干细胞，而且无需改变基因。与胚胎纤维母细胞共培养可从卵巢组织中得到类似胚胎干细胞的干细胞。

细胞外基质提供了细胞生长环境，决定了细胞的命运和转化，因此，可以利用人工设定的细胞壁龛来控制干细胞的转化。细胞外基质能够创造细胞的空间结构，调整各种生物信号来影响细胞活动。细胞外基质含有纤维连结蛋白、胶原、层粘连蛋白、玻璃粘连蛋白和黏蛋白，可由与整合素异二聚体特异性结合的合成寡肽代替。这种寡肽常见序列为精氨酸 - 甘氨酸 - 天冬氨酸（RGD），在细胞膜上表达，是胶原的功能结构域，能够激活整联蛋白 $\alpha_5\beta_1$ 信号。研究显示含有整联蛋白激活序列的人造细胞外基质能够调控干细胞的自新。

用于临床治疗的细胞来源应当符合以下标准：第一，能在体外单克隆扩增来保证同质性；第二，在多次传代后基因保持稳定；第三，移植后能长期存活；第四，能迁移和移植到受损的部位；第五，能准确的分化为所需的细胞类型；第六，能改善功能；第七，无不良反应。

第三节　细胞移植治疗发展趋势及前景

一、细胞移植治疗发展趋势

（一）干细胞与再生医学对整个医学研究领域发展的重要意义

广义上讲，再生医学是一门研究如何促进创伤与组织器官缺损生理性修复以及如何进行组织器官再生与功能重建的新兴学科，其主要通过研究干细胞分化以及机体的正常组织创伤修复与再生等机制，寻找促进机体自我修复与再生，并最终达到构建新的组织与器官以维持、修复、再生或改善损伤组织和器官功能之目的。尽管再生医学为我们展现了美好的前景，但现在依然处在基础研究阶段。

作为再生医学基础的干细胞研究涉及健康科学的许多重要领域。在基础研究方面，通过对干细胞生长、分化、发育的分子调控机制的了解，有助于我们认识细胞生长、分化、发育和器官形成等基本生命规律，从而可以在体外扩增和诱导干细胞进行定向分化，从技术上发展符合临床标准的单一种类干细胞的扩增方法，并研究干细胞移植入体内后的生长、迁移、分化，直至功能的重新构建。

由干细胞派生而来的相关模型还可作为药物和功能基因筛选的理想研究平台，并阐明诸如癌症、遗传性疾病、神经退行性病变、自身免疫性疾病等疾病的发病机制。

在临床应用方面，科学家们已成功地在体外将人的胚胎干细胞分化为肝细胞、内皮细胞、心肌细胞、胰腺 B 细胞、造血细胞和神经元，甚至具有功能的多巴胺神经元及少突胶质细胞和星状胶质细胞等。在组织干细胞方面，科学家们能成功从皮肤、骨、骨髓、脂肪等组织器官中分离培养出干细胞，并尝试用这些细胞用于疾病的治疗。利用干细胞构建各种组织、器官并将其作为移植的来源将成为干细胞应用的主要方向。干细胞几乎涉及人体所有的重要组织和器官，因此，干细胞治疗将有可能为解决人类面临的许多医学难题提供保障，如意外损伤、放射损伤等患者的植皮，神经的修复，肌肉、骨及软骨缺损的修补，髋、膝关节的置换，血管疾病或损伤后的血管替代，糖尿病患者的胰岛植入，癌症患者手术后大剂量化疗后的造血和免疫重建，切除组织或器官的替代，部分遗传缺陷疾病的治疗等。因而，再生医学中的干细胞相关基础与应用研究将使人类修复和制造组织器官的梦想得以实现，是医学科学发展的必然方向。

（二）干细胞与再生医学已成为生物医学国际竞争的焦点

干细胞的商业前景及其对改善人类健康的价值无疑是巨大的，为抢占这一科技制高点，世界各国纷纷投入大量的人力、物力和财力加紧研究开发，并已取得应用性成果。美国61名诺贝尔奖获得者及其他科学家2000年4月联名要求美国政府对干细胞研究给予全面支持，同年8月美国政府批准投入政府经费支持干细胞的研究，美国各州竞相制定新政策支持干细胞研究。2005年10月，美国食品和药品管理局（FDA）也已批准将神经干细胞移植入人体大脑。2005年11月，美国心脏协会报道了一个三国多中心用干细胞治疗心肌梗死的204例临床病例的研究报告，其结论是干细胞对心脏功能的改善是没有任何现有临床药物能达到的。2006年哈佛大学宣布正式启动通过克隆人类胚胎提取干细胞的研究项目，并投巨资建立美国最大的干细胞研究中心。日本把干细胞技术视作在生命科学和生物技术领域赶超欧美国家的绝好机遇，在2000年启动的“千年世纪工程”中，将干细胞工程作为四大重点之一，于第一年度就投入了108亿日元的巨额资金。英国于2000年第一个将干细胞研究合法化，2005年英财政大臣称将建立全国性干细胞研究网络，以巩固英国在该领域的领先地位。2006年，欧盟议会通过干细胞研究拨款法案，干细胞研究在欧盟重新拥有“合法身份”。2006年，澳大利亚众议院通过了一项新法案，通过了克隆人体胚胎干细胞研究的法令，从而令治疗性克隆研究合法化。此外，德国、新加坡等多个国家也把干细胞研究作为生物高技术研究的重点，不但制定了短期和长期的发展计划，而且投资建立了大批专业化干细胞工程技术研究中心。瑞典、巴西也于2005年通过立法支持干细胞研究。根据前期小规模临床研究鼓舞人心的结果，由巴西政府牵头，于2005年在全国启动了一项多中心1 200病例的用干细胞治疗心脏病的临床应用研究。韩国、俄罗斯等国的干细胞研究一样备受关注。

最新数据显示，目前全球大约有600项临床实验均涉及干细胞治疗。美国FDA目前已批准多项干细胞临床应用研究计划，涉及的疾病包括退行性神经病变，如帕金森病、缺血性心脏病、小儿脑部损伤、Crohn病；急性移植物抗宿主排斥反应（GVHD）；Batten病等。

（三）干细胞治疗研究的问题和重点方向

虽然大量科研成果不断涌现，但是在干细胞治疗的研究中，仍然存在着一些根本性问题没有解决，这些问题也是未来干细胞治疗研究的重点领域。

1. *基础研究* 目前，干细胞领域的研究是以临床应用作为最终目标，但还需要对该领域的基础理论和机制进行广泛而深入的探索。目前还没有完全研究清楚干细胞的多能性和无限复制能力的发挥机制，而这正是将干细胞应用于临床，并保证其安全和有效的前提。所以，只有充分了解各个环节的机制，才能够真正将各种再生医疗技术和手段应用于临床。

2. *诱导多能干细胞研究* 目前，虽然iPSC技术发展速度很快，但是该领域的研究刚刚起步，还有很多问题没有解决，距离应用于临床还有很长的路要走。这些问题主要包括iPSC重编程的机制研究；如何高效获得安全的iPSC；如何定向诱导多能干细胞向某一特定类型的细胞分化。iPSC的出现为“疾病特异性”和“患者特异性”的疗法带来了希望，在iPSC未来的研究中，也应着眼于这一领域的探索。

3. *胚胎干细胞研究* iPSC的出现，科学界提出了是否需要继续大规模开展胚胎干细胞研究的问题。虽然iPSC具有与胚胎干细胞相同的特性，但是还无法确定这种特性是否能够长久地维持，而且在iPSC的分化中还存在致瘤性等问题。所以，胚胎干细胞仍然是目前具有最佳增殖能力和向不同方向分化能力的干细胞，在临床应用上仍然具有非常广阔的前景。而且，胚胎干细胞也是进行基础原理和机制研究的良好对象，所以，在未来，仍然应该广泛开展胚胎干细胞，尤其是人类胚胎干细胞的研究，如要更深入地了解胚胎干细胞多能性以及自我更新的机制、胚胎干细胞定向分化等问题。

4. *成体干细胞研究* 由于胚胎干细胞的来源受限，而iPSC又处于研究的起始阶段，成体干细胞是开展研究较早较深入的领域，也是目前最有希望应用于临床的干细胞。造血干细胞的应用已经提供了良好的基础，目前需要解决的问题是如何诱导成体干细胞，尤其是间充质干细胞向特定方向分化的问题，从而用于多种疾病的治疗。此外，还应建立干细胞的技术和应用标准规范。在干细胞应用于临床过程中，由于缺乏标准，通用的成体干细胞采集方法受到限制。用于干细胞毒理和药理分析手段和模型、疗效的监测、检验标准和方法也很缺乏，这些也是干细胞用于临床方面要着力解决的问题。

二、细胞移植治疗的临床应用前景

（一）胚胎干细胞治疗的应用前景

尽管有许多伦理上的限制，还是有很多科研人员展开了对人类胚胎干细胞临床应用的研究。胚胎干细胞在细胞替代治疗和药物开发等方面，均具有较大的应用价值。在细胞替代治疗方面，随着定向诱导因子等领域研究的深入，目前已经能够获得一系列特异性的细胞系并且已经开展了一系列的临床试验，相信在不久的将来，能够全面实现多种细胞的替代治疗，比如利用神经细胞治疗神经退行性疾病（帕金森病、亨廷顿舞蹈症、阿尔茨海默病等），用胰岛细胞治疗糖尿病，用心肌细胞修复坏死的心肌等。在药物开发方面，人类胚胎干细胞可以作为药物的检验工具。药物的一些与人类密切相关的指标必须进行临床前的体外测定，包括靶向识别和确认、药品成分效果的筛选，这样才能确保药物的安全性。由于使用普通细胞以及动物细胞存在种种弊端，一些新药对人类的各种影响往往直到临床试验才能够获得。人类胚胎干细胞以其较高的复制能力，能够为药物的检验源源不断地提供试验对象。此外，由于利用人类胚胎干细胞可以获取一些特异性的细胞，因此，基因的多样性和不同人的差异性对于药物不同的反应也可以在临床前得到解决。所以，人类胚胎干细胞能够实现药物研发程序的彻底改革。

（二）成体干细胞治疗的应用前景

目前已经发现并开展研究的成体干细胞主要有神经干细胞、脂肪干细胞、造血干细胞、间充质干细胞、精原干细胞、皮肤干细胞和肝脏干细胞等。其中造血干细胞研究起步较早，目前已经能够将其应用于临床，对血液疾病进行治疗，而且经过多年的实践，取得了较好的临床效果。除了造血干细胞外，目前引起科研人员较大兴趣的成体干细胞便是间充质干细胞，这种干细胞与其他大部分成体干细胞不同，它具有分化成多种细胞和组织的能力，即具有多能性，由于并不是所有组织中都存在组织特异性的干细胞，所以只有多能干细胞才能够为多种疾病的治疗带来希望。因此，间充质干细胞被公认为最具临床应用前景的成体干细胞之一。以下主要分析间充质干细胞的应用前景。

由于间充质干细胞具有分离较容易；没有明显的免疫原性，使其能够实现异体移植，而不需要免疫抑制药物；不存在伦理上的争议；能够分化为多种组织特异性的细胞；能够促进血管生成等诸多特征，使其在临床上的应用具有广阔的前景。目前已知间充质干细胞能够分化成为心肌细胞、造血细胞、成骨细胞、脂肪细胞、神经细胞等多种细胞。科研人员已经根据间充质干细胞能够分化成为的细胞类型，对其在多种疾病的临床治疗方面发挥的作用进行了研究。其中，对于间充质干细胞在骨骼疾病以及心血管疾病的治疗中发挥的作用研究的相对较多。

1. *间充质干细胞在骨骼疾病中的应用前景*　骨骼、软骨、肌腱和椎间盘等结缔组织最容易受到损伤，其中包括外伤和随着年龄增长而发生的退行性损伤。通过诱导间充质干细胞分化为成骨细胞，通过组织工程的方法即可实现骨骼疾病的治疗。骨骼在一定条件下能够实现自我修复，但软骨组织由于缺少血管等原因，受到损伤后很少能够自动愈合，所以即使是较轻微的软骨组织损伤也可能发展成为骨关节炎。目前，软骨疾病的主要临床治疗方法是骨髓刺激技术，但是这种技术却无法再生出透明软骨，所以，间充质干细胞对于软骨疾病治疗的作用逐渐受到重视，目前已有许多研究针对该领域展开了临床试验，比如，Wakitani 等获取患者自体骨髓间充质干细胞，将其种植在胶原凝胶内植入缺损部位，在移植后 6 个月患者的症状明显改善。对于间充质干细胞在软骨组织疾病的治疗，今后还需要深入研究间充质干细胞向软骨细胞分化的机制，更详细准确的生物化学信号传导通路，以及间充质干细胞的生物学特性及其与三维支架的相互作用，以使分化的软骨细胞接近正常软骨细胞。这样有望进一步制造出修复关节软骨缺损的更合适的生物材料，最终成功地修复和再生软骨。

2. 间充质干细胞在心血管疾病中的应用前景 心血管疾病根本的致病原因是功能性心肌细胞的减少，心肌细胞无法再生，也无法实现自我更新，受到损伤的心肌细胞不能自我修复和分化，导致心肌细胞的减少，从而产生一系列的症状。常规治疗途径仅能够缓解症状，却很难从根本上治愈，而干细胞研究为心血管疾病的治疗带来了希望。通过将自体或异体的干细胞移植入心肌组织，从而通过诱导再生出心肌细胞，增加功能性心肌细胞的数量，从而实现治疗心血管疾病的目的。目前，关于间充质干细胞对心肌细胞再生与修复的作用机制还不甚明确，对其在体内、外增殖和分化的分子机制了解还较少。以间充质干细胞作为心血管疾病临床治疗的一个手段，还需解决以下几个问题：第一，可用间充质干细胞治疗的心血管疾病类型。第二，提出一种能同时促进心肌细胞再生和血管新生的治疗策略。第三，注射的剂量、移植的途径、治疗的时机、间充质干细胞在体内增殖与存活时间、如何提高间充质干细胞的分化能力、由间充质干细胞分化成的心肌细胞的功能与存活的时间，以及治疗后的随访时间等都是必须解决的问题。

三、我国细胞移植治疗的发展趋势及临床应用前景

（一）市场需求巨大

干细胞研究的突破将使干细胞治疗成为防治占人口总死亡率60%以上的危重病的主要手段，患者的需求迫切，需求量大。

神经系统疾病是严重影响人类健康的疾病，国内外人口死亡的前4位原因（心血管病、肿瘤、脑血管病、痴呆）当中，神经系统疾病占据两种（脑血管病和痴呆）。全球患有神经系统疾病的患者数目众多，仅美国和英国每年的医疗费用就高达约600多亿英镑，约合6 000多亿人民币。我国是世界上人口最多的国家，也是神经系统疾病患者最多的国家。中枢神经系统的损伤如脑挫裂伤、脑干损伤或脊髓横断性损伤等常常导致灾难性的后果，且近10年其发病率一直居高不下；小儿脑瘫的发病也呈上升趋势，我国每年脑瘫儿的数量以平均44.66万名的速度递增，现有脑瘫患儿超过260万例，而全球已超过1 000万例。此外，我国每年因卒中而死亡的人数达510万，每年大约有260万人死于心脑血管疾病，每天就是7 000多人，每12名死亡者中就有1人因心脑血管疾病而死亡。

以糖尿病为例：世界卫生组织统计数据称，全球糖尿病患者人数目前为1.94亿。目前中国糖尿病患者已经达到5 000万，占世界糖尿病人群总数的1/4，并且以每天至少3 000人的速度增加，每年增加超过120万。2010年我国糖尿病人口总数猛增至8 000万到1亿人。每人每年的治疗费用至少1 000元，如果有并发症或重度糖尿病还要大大超过此数，所以保守估计每年的总费用要花费400多亿元。在目前的糖尿病患者中2型糖尿病约占糖尿病患者的90%，每10名死亡者中就有1人死于糖尿病并发症，且发病率还在逐年递增。

诸如上述的多种危重疾病对社会、家庭、个人都造成不可估量的损失，而干细胞治疗将给此类的人类许多不治之症患者带来福音，其独特的疗效是目前传统治疗方法及药物所不可比拟的，因此干细胞治疗的应用潜力及社会价值极其巨大。

（二）干细胞技术日益成熟普及

自干细胞的理论提出以来，我国在干细胞领域的研究开展得如火如荼。很多医院和科研单位都开展了干细胞的研究，其波及范围之广绝不亚于任何一个科研大国。1999年以前，几乎很少有人知道干细胞为何物，而现在许多医院都相继开展了干细胞的临床应用研究。全国每年新进入干细胞治疗领域的医院增长数量达到几十家，而且许多医院的不同科室也都积极开展干细胞治疗的新方法新技术的尝试。随着治疗技术的发展，干细胞治疗所涉及的疾病种类在逐渐增多，在可以预见到的未来，治疗性细胞的需求将达到一个十分巨大的数量，以此为核心的相关配套服务及产品将形成一个巨大的市场。随着技术的成熟及普及，干细胞治疗将成为一项普遍的医疗技术，成为各个医院常用的诊疗项目。

（三）患者对干细胞治疗的接受程度正在逐步提高

随着信息时代的发展，患者从广播、电视、报纸、网络了解到细胞治疗的手段知识，越来越多的患者主动寻求细胞治疗。患者对干细胞治疗的接受程度正在逐步的提高，所以医院开展细胞治疗势在必行。

（四）干细胞治疗蕴含广阔的医疗前景

干细胞研究是干细胞治疗、组织工程、器官克隆和再生医学的基础。随着人类疾病谱的变化，传染病的逐渐减少，而由于自身细胞、组织或器官坏死而导致的疾病越来越多。这些疾病仅通过手术和药物是不能解决的。正是从这个意义上说，20 世纪是药物治疗的时代，21 世纪是细胞治疗的时代。

干细胞研究促进了再生医学的发展，这是继药物治疗、手术治疗之后的又一场医疗革命。我们要力争在干细胞研究的更多领域取得领先地位。从当今的发展趋势看，再生医学已是现代临床医学的一种崭新的治疗模式，对医学治疗理论、治疗和康复方针的发展具有重大的影响，也是近年来包括中国在内的世界各国政府重点发展和研究的高新科技领域之一。再生医学的研究范畴在医学科学领域占有重要地位，再生医学的加入是对医学学科的最重要拓展与完善，再生医学对医学治疗理论、治疗和康复方针的发展有重大影响，对医学学科理论的发展具有重要意义，其前沿性与现代医学研究手段和理念的结合将推动医学学科迅速跨上一个前所未有的高度。从近年来的快速发展和再生医学所展现的前景看，它已经成为医学研究领域中的一个新的学科，重视再生医学不仅是学科发展、临床应用的需要，同时也是国际竞争的需要。目前我国已形成了一支优秀的干细胞研究队伍，通过加大投入，假以时日，完全有能力在干细胞与再生医学研究领域赢得一席之地甚至抢夺制高点。

（乐卫东　王　颐　杨德华）

参考文献

[1] Fujikawa T, Oh SH, Pi L, et al. Teratoma formation leads to failure of treatment for type I diabetes using embryonic stem cell-derived insulin-producing cells. Am J Pathol, 2005, 166 (6) : 1781-1791

[2] Cao F, Lin S, Xie X, et al. In vivo visualization of embryonic stem cell survival, proliferation, and migration after cardiac delivery. Circulation, 2006, 113 (7) : 1005-1014

[3] Shih CC, Forman SJ, Chu P, et al. Human embryonic stem cells are prone to generate primitive, undifferentiated tumors in engrafted human fetal tissues in severe combined immunodeficient mice. Stem Cells Dev, 2007, 16 (6) : 893-902

[4] Prokhorova TA, Harkness LM, Frandsen U, et al. Teratoma formation by human embryonic stem cells is site dependent and enhanced by the presence of Matrigel. Stem Cells Dev, 2009, 18 (1) : 47-54

[5] Choo AB, Tan HL, Ang SN, et al. Selection against undifferentiated human embryonic stem cells by a cytotoxic antibody recognizing podocalyxin-like protein-1. Stem Cells, 2008, 26 (6) : 1454-1463

[6] Coopman K. Large-scale compatible methods for the preservation of human embryonic stem cells: current perspectives. Biotechnol Prog, 2011, 27 (6) : 1511-1521

[7] Hara A, Aoki H, Taguchi A, et al. Neuron-like differentiation and selective ablation of undifferentiated embryonic stem cells containing suicide gene with Oct-4 promoter. Stem Cells Dev, 2008, 17 (4) : 619-627

[8] Mohty M, Ho AD. In and out of the niche: perspectives in mobilization of hematopoietic stem cells. Exp Hematol, 2011, 39 (7) : 723-729

[9] Takahashi K, Yamanaka S. Induction of pluripotent stem cells from mouse embryonic

and adult fibroblast cultures by defined factors, Cell, 2006, 126 (4) : 663-676

[10] Warren L, Manos PD, Ahfeldt T, et al. Highly efficient reprogramming to pluripotency and directed differentiation of human cells with synthetic modified mRNA. Cell Stem Cell, 2010, 7 (5) : 618-630

[11] Jia F, Wilson KD, Sun N, et al. A nonviral minicircle vector for deriving human iPS cells. Nat Methods, 2010, 7 (3) : 197-199

[12] Okita K, Ichisaka T, Yamanaka S. Generation of germline-competent induced pluripotent stem cells. Nature, 2007, 448 (7151) : 313-317

[13] Markoulaki S, Hanna J, Beard C, et al. Transgenic mice with defined combinations of drug-inducible reprogramming factors. Nat Biotechnol, 2009, 27 (2) : 169-171

[14] Huangfu D, Osafune K, Maehr R, et al. Induction of pluripotent stem cells from primary human fibroblasts with only Oct 4 and Sox2. Nat Biotechnol, 2008, 26 (11) : 1269-1275

[15] Nakagawa M, Koyanagi M, Tanabe K, et al. Generation of induced pluripotent stem cells without Myc from mouse and human fibroblasts. Nat Biotechnol, 2008, 26 (1) : 101-106

[16] Hotta AEllis J. Retroviral vector silencing during iPS cell induction: an epigenetic beacon that signals distinct pluripotent states. J Cell Biochem, 2008, 105 (4) : 940-948

[17] Ebert AD, Yu J, Rose FF Jr, et al. Induced pluripotent stem cells from a spinal muscular atrophy patient. Nature, 2009, 457 (7227) : 277-280

[18] Hochedlinger K, Yamada Y, Beard C, et al. Ectopic expression of Oct-4 blocks progenitor-cell differentiation and causes dysplasia in epithelial tissues. Cell, 2005, 121 (3) : 465-477

[19] Yu J, Hu K, Smuga-Otto K, et al. Human induced pluripotent stem cells free of vector and transgene sequences. Science, 2009, 324 (5928) : 797-801

[20] Aboody K, Capela A, Niazi N, et al. Translating stem cell studies to the clinic for CNS repair: current state of the art and the need for a Rosetta Stone. Neuron, 2011, 26; 70 (4) : 597-613

[21] Shi Y, Desponts C, Do JT, et al. Induction of pluripotent stem cells from mouse embryonic fibroblasts by Oct-4 and Klf4 with small-molecule compounds. Cell Stem Cell, 2008, 3 (5) : 568-574

[22] Fujimoto Y, Abematsu M, Falk A, et al. Treatment of a Mouse Model of Spinal Cord Injury by Transplantation of Human iPS Cell-derived Long-term Self-renewing Neuroepithelial-like Stem Cells. Stem Cells, 2012 Mar 14

[23] Yakubov E, Rechavi G, Rozenblatt S, et al. Reprogramming of human fibroblasts to pluripotent stem cells using mRNA of four transcription factors. Biochem Biophys Res Commun, 2010, 394 (1) : 189-193

[24] Cho HJ, Lee CS, Kwon YW, et al. Induction of pluripotent stem cells from adult somatic cells by protein-based reprogramming without genetic manipulation. Blood, 2010, 116 (3) : 386-395

[25] Richards M, Fong CY, Chan WK, et al. Human feeders support prolonged undifferentiated growth of human inner cell masses and embryonic stem cells. Nat Biotechnol, 2002, 20 (9) : 933-936

[26] Zomorodian E, Baghaban Eslaminejad M. Mesenchymal stem cells as a potent cell source for bone regeneration. Stem Cells Int, 2012 Feb 16

[27] Ma L, Hu B, Liu Y, et al. Human Embryonic Stem Cell-Derived GABA Neurons Correct Locomotion Deficits in Quinolinic Acid-Lesioned Mice. Cell Stem Cell, 2012 Mar 15

[28] Condic MLRao M. Regulatory issues for personalized pluripotent cells. Stem Cells, 2008, 26 (11) : 2753-2758

[29] Byrne JA, Pedersen DA, Clepper LL, et al. Producing primate embryonic stem cells by somatic cell nuclear transfer. Nature, 2007, 450 (7169) : 497-502

[30] French AJ, Adams CA, Anderson LS, et

al. Development of human cloned blastocysts following somatic cell nuclear transfer with adult fibroblasts. Stem Cells, 2008, 26 (2) : 485-493

[31] Liu SV. iPS cells: a more critical review. Stem Cells Dev, 2008, 17 (3) : 391-397

[32] Phinney DG, Prockop DJ. Concise review: mesenchymal stem/multipotent stromal cells: the state of transdifferentiation and modes of tissue repair--current views. Stem Cells, 2007, 25 (11) : 2896-2902

[33] Chung Y, Klimanskaya I, Becker S, et al. Human embryonic stem cell lines generated without embryo destruction. Stem Cell, 2008, 2 (2) : 113-117

[34] Dekaney CM, Rodriguez JM, Graul MC, et al. Isolation and characterization of a putative intestinal stem cell fraction from mouse jejunum. Gastroenterology, 2005, 129 (5) : 1567-1580

[35] Hofmann MC, Braydich-Stolle LDym M. Isolation of male germ-line stem cells; influence of GDNF. Dev Biol, 2005, 279 (1): 114-124

[36] Johnson J, Canning J, Kaneko T, et al. Germline stem cells and follicular renewal in the postnatal mammalian ovary. Nature, 2004, 428 (6979) : 145-150

[37] Guan K, Nayernia K, Maier LS, et al. Pluripotency of spermatogonial stem cells from adult mouse testis. Nature, 2006, 440 (7088) : 1199-1203

[38] Lister R, Pelizzola M, Dowen RH, et al. Human DNA methylomes at base resolution show widespread epigenomic differences. Nature, 2009, 462 (7271) : 315-322

[39] Lister R, Pelizzola M, Kida YS, et al. Hotspots of aberrant epigenomic reprogramming in human induced pluripotent stem cells. Nature, 2009, 471 (7336) : 68-73

[40] Polo JM, Liu S, Figueroa ME, et al. Cell type of origin influences the molecular and functional properties of mouse induced pluripotent stem cells. Nat Biotechnol, 2010, 28 (8) : 848-855

[41] Kim IW, Gong SP, Yoo CR, et al. Derivation of developmentally competent oocytes by the culture of preantral follicles retrieved from adult ovaries: maturation, blastocyst formation, and embryonic stem cell transformation. Fertil Steril, 2009, 92(5): 1716-1724

[42] Wang Y, Yang D, Song L, et al. Mifepristone-inducible caspase-1 expression in mouse embryonic stem cells eliminates tumor formation but spares differentiated cells in vitro and in vivo. Stem Cells, 2012, 30 (2) : 169-179

[43] Gupta S, Verfaillie C, Chmielewski D, et al. Isolation and characterization of kidney-derived stem cells. J Am Soc Nephrol, 2006, 17 (11) : 3028-3040

[44] Sakaguchi Y, Sekiya I, Yagishita K, et al. Comparison of human stem cells derived from various mesenchymal tissues: superiority of synovium as a cell source. Arthritis Rheum, 2005, 52 (8) : 2521-2529

[45] Kawada H, Fujita J, Kinjo K, et al. Nonhematopoietic mesenchymal stem cells can be mobilized and differentiate into cardiomyocytes after myocardial infarction. Blood, 2004, 104 (12) : 3581-3587

[46] Kossack N, Meneses J, Shefi S, et al. Isolation and characterization of pluripotent human spermatogonial stem cell-derived cells. Stem Cells, 2009, 27 (1) : 138-149

[47] Taranger CK, Noer A, Sorensen AL, et al. Induction of dedifferentiation, genomewide transcriptional programming, and epigenetic reprogramming by extracts of carcinoma and embryonic stem cells. Mol Biol Cell, 2005, 16 (12) : 5719-5735

[48] Gong SP, Lee ST, Lee EJ, et al. Embryonic stem cell-like cells established by culture of adult ovarian cells in mice. Fertil Steril, 2010, 93 (8) : 2594-2601

[49] Lee ST, Yun JI, Jo YS, et al. Engineering integrin signaling for promoting embryonic stem cell self-renewal in a precisely defined niche. Biomaterials, 2010, 31 (6) : 1219-1226

[50] Ilic D, Polak J. Stem cell based therapy—where are we going? Lancet, 2012, 379(9819): 877-878

附录 A

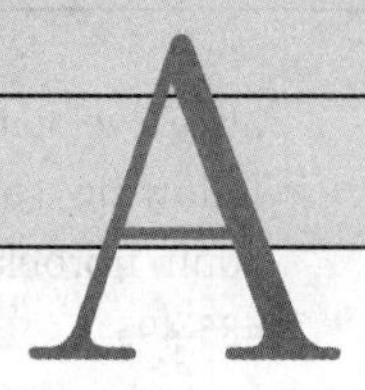

部分国家关于干细胞研究与临床应用的法律法规

一、中国

中国是全世界在胚胎干细胞研究方面法规尚待健全的国家之一，近些年，因为看到国内法规所允许的研究机会，许多西方的外籍中国科学家纷纷回到国内建立自己的干细胞研究中心和实验室。

由于该领域的研究兴趣不断增加，2003 年中国科技部和卫生部颁发了正式的人类胚胎干细胞研究的道德准则。该法规严禁任何旨在研究在人类生殖性克隆，并规定用于干细胞研究的胚胎来源只能从以下途径获得：

（1）体外受精（IVF）后分离的囊胚细胞。

（2）意外流产或自愿选择流产的胎儿细胞。

（3）通过体细胞核移植技术获得的囊胚或孤雌分裂囊胚细胞。

（4）自愿捐献的生殖细胞。

美国科学期刊 *Science* 和 *Nature* 都报道了近年来中国的干细胞计划特有潜力，2004 年英国贸易和工业部的一个代表团的结论进一步强调，中国在该领域的研究已经是世界一流。与西方国家相比，中国政府提供的干细胞研究资金是有限的，中国国家科技部在未来 5 年内投入 3 300 万美元至 1.32 亿美元进行干细胞研究，相比之下，仅加利福尼亚州已预留 30 亿美元资助该州未来 10 年的干细胞研究。然而，在中国生产商品比任何其他国家都要便宜，同样在复杂的行业，如医疗研究，成本优势在中国同样存在。

2009 年中国国家卫生部发布《允许临床应用的第三类医疗技术目录的通知》，明确“自体免疫细胞（T 细胞、NK 细胞）治疗技术”“细胞移植治疗技术（干细胞除外）”“脐带血造血干细胞治疗技术”“造血干细胞（脐带血干细胞除外）治疗技术”“组织工程化组织移植治疗技术”等属于首批允许临床应用的第三类医疗技术，其中前两者由国家卫生部负责审核，后三者由省卫生厅负责审核。

2012 年 1 月 10 日，中国宣称将停止新的干细胞产品的临床试验申请，直到 2012 年 7 月 1 日，以规范行业发展。卫生部的发言人邓海华说：“应该停止尚未批准的试验。”

二、英国

英国国会于 2008 年颁布人类受精和胚胎学法，审查和更新了 1990 年的人类受精和胚胎法。该法案的主要条款有：

（1）确保在体外进行所有人类胚胎研究，并在整个研究过程中予以监管。

（2）确保监管“人兽”胚胎研究，即将人类和动物的遗传物质相结合的研究。

（3）禁止非医疗原因的后代性别选择。目前将禁止非医疗目的性别选择作为 HFEA 政策颁布。允许医疗原因的性别选择，如为了避免只影响男孩严重的疾病。

（4）将同性夫妇通过使用捐赠的精子、卵子或胚胎受孕的孩子视为合法。该规定使得体外受精的女性可作为孩子的法定母亲。

（5）为儿童提供生育治疗福利，但注明以“需要扶持的养育”取代“需要父亲”，来重视家长的作用。

（6）改变仅使用 HFEA 收集的数据的限制，以有助于随访治疗不孕不育的研究。

议会在讨论条例草案时，没有更多的时间讨论是否应该将 1967 年规定的堕胎权利法实行范围扩大到北爱尔兰，于是在 2008 年的法规中维持原状。该法案还废除和取代 2001 年的人类的生殖性克隆法。

三、美国

《2005 年干细胞治疗和研究法》的“第二节”规定：

由卫生和人类服务处秘书长直接联系脐带血造血干细胞库，协助收集和保存 15 万单位新的高质量的脐带血以用于比尔细胞移植计划。合同的条款有：第一，人脐带血液的获取、组织类型、检测、冻存、捐赠单位以及捐助的方式应该符合联邦和州法规。第二，鼓励大众捐赠以形成遗传多样性。第三，将收集的脐带血用于造血干细胞移植，如果没有适当的临床使用，可用于同行审查的科学研究。第四，所有数据应为标准化的电子格式，以联网共享。第五，将标准化格式的数据提交入干细胞疗法的成果数据库。要求秘书长设立一项为期 3 年的示范项目，脐带血库根据条约利用收集和储存脐带血收到的一部分资金为有亲属已确诊需要移植治疗的家庭，不过不包括根据此类项目计划收集 15 万单位的脐带血。依该机会的要求将该计划合约期限定为 10 年。要求秘书长对能力卓越可以满足要求，并达到合同目标脐带血库予以政策倾斜，可授权拨款。

“第三节”规定：

修订“公共健康服务法”，更改建立和完善国家骨髓捐赠者资料库的规定，要求由卫生资源和服务管理局（HRSA）秘书长实施执行，继续完善和维持比尔细胞移植计划，以此来增加无血缘关系的捐赠者和受捐赠者骨髓和脐带血相匹配的数量。

要求秘书长成立一个与此计划相关的咨询理事会。要求秘书长：第一，建立一个或多个经鉴定合格的脐带血库。第二，检查知情同意书条款，包括签订时间以及提供给母方捐赠者关于捐赠适应证的信息。

关于骨髓移植增加的法令如下：第一，使参加骨髓移植手术的医护人员及患者，可以搜索到此计划中列出的骨髓捐赠者的相关信息。第二，维持和扩大对医疗事故的应急处理能力，准备有效应对生物、化学、放射性危害及其他突发公共卫生事件，减少骨髓移植患者的意外死亡率。第三，加强与联邦机构的合作，以提高无血缘关系捐赠的实用性、有效性、安全性，同时减少移植费用，使该计划可以顺利实施。

关于脐带血移植的法令包括：第一，从现有的脐带血库中选择可以满足受捐赠者要求并满足联邦所有的法律规定的血样，建立一个系统。第二，使参加脐带血移植手术的医护人员及患者，可以搜索到此计划中列出的脐带血捐赠者的相关信息。第三，允许参加脐带血移植手术的医护人员及患者保留一份脐带血用于移植。第四，支持以增加脐带血生物多样性为目的的研究，即使这些研究超出此计划的范围。第五，设立患者权益保障系统。第六，与现有合格的脐带血库加强合作，支持宣传和教育活动。第七，维持和扩大对医疗事故的应急处理能力，准备有效应对生物、化学、放射性危害及其他突发公共卫生事件，减少脐带血移植患者的意外死亡率。第八，收集、分析和发布标准化的电子数据，数据需要提供各个阶段患者的数量和百分比。

要求秘书长：第一，确保卫生保健专业人员和患者都能够以电子方式搜索信息，方便进入骨髓和脐带血捐赠系统。第二，要求该法案实施以后，可以使所有参与者得到一个标准化的电子数据表，使从事移植手术的医生可以对所有数据比较分析，确保为患者找到最佳匹配的骨髓或脐带血供体。

要求该项计划实施者开展招募骨髓和脐带血捐赠者的活动，包括：第一，确定参与该计划的潜在捐赠者人群。第二，优先增加对这些人群的动员工作。第三，在少数民族中寻找潜在的捐赠者人群。

要求该计划的实施者开展宣传和教育活动，招募骨髓捐赠者和可以捐赠脐带血的孕妇，包括：第一，向公众提供有效信息。第二，对潜在捐赠者进行教育和动员。第三，对捐赠者进行培训。第四，优先招募少数民族的捐赠者。第五，向医护人员和公众提供关于无血缘关系移植骨髓和脐带血的信息。

要求秘书长保证该项计划的实施：第一，保证质量达到标准，保证捐赠者知情同意，并保证患者权益得到维护。第二，严格制订捐赠者的纳入标准，以保护捐赠者和受捐赠者，避免传染性疾病。第三，严格按照程序确保骨髓的妥善收集和移植。第四，患者权益应得到保障。第五，保密标准。

要求秘书长建立患者权益保护委员会：第一，为该计划中的患者建立患者权益维护系统。第二，作为倡导者直接面对患者提供服务，并协助完善有关第三方付款人的信息。第三，管理操作系统，以确定患者的需求是否得到了满足。第四，对患者、家属、医生及其他医护人员进行患者权益维护系统的满意程度调查。第五，提供个性化的个案管理服务。第六，提供信息并进行相关教育。要求秘书长考虑到捐助者和患者的长久安全问题。要求受赠者留有记录。规定对违反保密规定的行为的刑事处罚。要求部长建立受捐赠者的数据库，记录用于干细胞治疗的相关产品的使用情况，其中包括捐赠者的骨髓和脐带血。建立数据库向公众提供有关的科学信息（但不包含个人身份信息），鼓励医学研究和向有关方面提供的信息。授权拨款。

“第四节”规定：

要求秘书长向国会提交一份报告，争取使食品药品管理局使用脐带血的申请得到批准。

（乐卫东　陈　晟）

附录 B

B

干细胞研究与临床应用的法律法规解读

干细胞是目前科学研究的前沿课题，并有希望成为治愈许多人类疾病最有力的措施和方法。在许多神经系统疾病如运动神经元病、阿尔茨海默病、帕金森病等顽症面前，干细胞的治疗显示出广阔的前景和极高的临床应用价值。但由于胚胎干细胞的提取过程需要摧毁人类胚胎，因而该项研究备受道德质疑。由干细胞治疗所带来的伦理问题也始终限制了干细胞治疗的迅速发展。各国政府试图通过立法等手段进行规制，以促进人类胚胎干细胞研究的健康发展。尽管如此，干细胞的立法和可持续发展的策略仍然是政府部门和科研工作者争论的焦点之一。干细胞的发展因此是辩证的。英国和美国是干细胞立法最早，也相对最为成功的国度。而中国对于干细胞的立法还仅仅处在起步的阶段。

一、英国干细胞研究法律与政策的历史变迁

早在 20 世纪 70 年代，英国就开始进行体外受精技术（in vitro fertilisation，IVF）的研究。这标志着胚胎研究和生殖技术将在英国逐步发展起来。1978 年世界上第一个试管婴儿在英国诞生。然而，婴儿的出生缺陷及冲击家庭关系等问题引起了社会公众广泛的关注。因此，英国政府在 1982 年成立了人类受精与胚胎学调查委员会（The Committee of Inquiry into Human Fertilisation and Embryology），该委员会在现行的生殖技术和社会伦理的方面广泛征求社会公众的意见的前提下逐步完善了相关的法规政策。

该委员会在 1984 年提交了调查报告，主要涉及的内容包括：第一，允许为研究目的而使用发育早期的胚胎并赋予发育早期的胚胎一定程度的道德及法律的保护。第二，委员会同时建议，允许对发育 14 天内（原条出现前）的胚胎进行研究，对其后发育阶段的胚胎进行研究则是违法行为。该建议同样备受争议。第三，委员会认为纯为研究目的而制造胚胎也是符合伦理的。不允许这种行为只将阻滞在某些领域的科学研究，进而阻滞对整个生殖过程的研究。第四，委员会建议应建立对国会负责的独立机构对研究进行规制。该法案在其递交到国会后，却始终如履薄冰。反对者认为胚胎研究是不道德的，会对社会道德观造成不可逆转的破坏。但国会在对委员会提交的报告进行了长达 6 年的辩论后，基本采纳了委员会的建议。

1990 年，《人类生殖与胚胎学法》（Human Fertilisation and Embryology Act 1990）正式出台。自此，英国成为第一个对胚胎研究表明政治立场的欧洲国家。《人类生殖与胚胎学法》允许在满足特定研究目的、并接受严格监管的前提下对胚胎进行试验。该法案成立了人类受精与胚胎学管理局（The Human Fertilisation and Embryology Authority，HFEA）。HFEA 通过颁发许可证的方式对 IVF、精子捐赠和胚胎研究进行授权和监控。任何制造、使用或储存通过 IVF 技术获得的人类胚胎的行为，必须首先获得 HFEA 的许可证，否则被视为犯罪行为，最高可获 10 年监禁。依据《人类生殖与胚胎学法》，基于特定研究目的的人类胚胎干细胞研究是被允许的。截止 2001 年，已有两家研究机构获得了 HFEA 颁发的胚胎干细胞研究许可证。爱丁堡基因组研究中心（The Centre for Genome Research in Edinburgh）被授权进行多能干细

胞的培养。纽卡斯尔生命研究中心（Newcastle Fertility Centre at Life）被许可从植入前胚胎中提取细胞、建立细胞系并对细胞系进行定性分析，该细胞系随之被用于研究细胞压力应激反应对胚胎退化或发育缺陷的影响。在此后的数年中，利用体细胞核移植（somatic cell nuclear transfer，SCNT）也被包括在该法案的范围内。这标志着胚胎干细胞的研究在英国进入了一个前所未有的新局面，也预示了英国在干细胞研究领域的开放和领先的地位。

在法律政策的允许下，2003年，世界第一个干细胞银行：英国干细胞银行（UK Stem Cell Bank，UKSCB）正式成立。UKSCB保存并定性人类成体、胎儿及胚胎干细胞系，建立了完善的质量控制系统以确保细胞系的安全及稳定性。评析英国对于干细胞政策的开放，若干因素起了决定性的作用，其中包括宗教。但最为关键之处在于干细胞研究能为医学带来的长足进步，使得干细胞研究的发展变为必然的趋势。这也是英国政府和社会公众愿意看到的结果。英国也为世界干细胞的发展做出了标榜。

二、美国干细胞研究的法律与政策的历史变迁

与英国不同的是，美国干细胞法律与政策的制定几经波澜。经历了克林顿、布什和奥巴马三个政府时期的转变。

早在克林顿政府时期，Dicky修正案的提出明确规定不允许运用联邦基金资助为研究目的而制造、摧毁、丢弃和损害胚胎的项目，旨在限制制造及破坏胚胎的行为。反对的呼声与英国对于干细胞研究的开放状态是截然不同的。此外，反对的呼声也来自于美国国家未出生儿童促进组织（简称NAAPC）。该组织认为，胚胎也是人，应在宪法第14修正案下与人类同等对待，他们希望能够获得该研究的禁令，以阻止所有正在进行或计划进行的人类胚胎干细胞相关研究。所以，尽管克林顿政府成立后提出用联邦基金资助胎儿及胚胎研究。国会随后也通过了NIH振兴法案，并建立了人类胚胎研究专家组，但干细胞的研究在美国仍未能在法律的保护下开展而始终处于备受争议的状态。

在布什政府时期，这种局面也没有得到根本的改变。这主要体现在布什签署总统行政命令，宣布联邦政府资助的研究经费只能用于在2001年8月9日前已经建立的胚胎干细胞系。《2005干细胞研究促进法案》和《2007干细胞研究促进法案》均允许联邦基金资助新建干细胞系，同时均被两院通过，这似乎标志着美国干细胞研究的曙光的到来。然而，布什在两次表决中均动用了否决票。由于干细胞研究无望获得联邦基金资助，康涅狄格州、马里兰州、马萨诸塞州、新泽西州、印第安纳州、俄亥俄州、华盛顿和伊利诺斯州等州纷纷制定政策鼓励干细胞研究并保证其居民可以享受干细胞的诊断和治疗。但某些州对干细胞相关研究进行限制。路易斯安那州严格禁止使用试管婴儿临床获得的胚胎进行研究；北达科他州及南达科他州明确禁止胚胎干细胞研究；阿肯色州、爱荷华州和密歇根州将利用体细胞核移植技术的研究视为非法。美国各州对于干细胞研究的态度存在着很大的分歧。

在奥巴马政府时期，似乎给干细胞的研究注入了一剂兴奋剂。奥巴马明确表态，干细胞在医学领域应用价值广阔。并希望能够通过干细胞，使国民健康得以长久的改善。但奥巴马没有权利推翻Dicky修正案。尽管威斯康星校友研究基金会（WARF）拥有人类胚胎干细胞的3个美国基础专利，但均被欧洲专利局予以驳回。这使得干细胞研究的前景在美国仍然显得灰色和暗淡。尽管奥巴马政策解除了束缚美国胚胎干细胞研究的一道枷锁，但Dicky修正案依然会对干细胞研究的发展产生负面的且长期影响。美国干细胞的研究前景仍然扑朔迷离。

三、干细胞法规在中国

2011年10月7日出版的Nature杂志刊登社论——《中国干细胞法律尚存不足》（Stem-cell laws in China fall short），在对中国政府在干细胞相关法律制定上下了大力气表示赞赏的同时，也指出中国干细胞相关法律制定仍有欠缺的地方。

目前我国的干细胞政策主要包括：①人胚胎干细胞只能通过下列方式获得：第一，体外受精时多余的配子或囊胚；第二，自然或自愿选择流

产的胎儿细胞；第三，体细胞核移植技术所获得的囊胚和单性分裂囊胚；第四，自愿捐献的生殖细胞。②人胚胎干细胞研究必须遵守以下行为规范：第一，利用体外受精、体细胞核移植、单性复制技术或遗传修饰获得的囊胚，其体外培养期限自受精或核移植开始不得超过 14 天。第二，不得将前款中获得的已用于研究的人囊胚植入人或任何其他动物的生殖系统。第三，不得将人的生殖细胞与其他物种的生殖细胞结合。③干细胞研究的禁忌：第一，禁止进行生殖性克隆人的任何研究。第二，禁止买卖人类配子、受精卵、胚胎或胎儿组织。④干细胞研究的知情同意：进行人胚胎干细胞研究，必须认真贯彻知情同意与知情选择原则，签署知情同意书，保护受试者的隐私。

纵观我国干细胞立法，就总体而言，我国是开放的、领先的。温家宝总理的讲话："干细胞研究促进了再生医学的发展，这是继药物治疗、手术治疗之后的又一场医疗革命，我们要力争在干细胞研究的更多领域取得领先地位。"可以看出中国政府对于国内干细胞研究持有绝对支持的态度并正在逐步加大资金投入。中国干细胞政策法规欠缺之处在于：第一，修订的干细胞管理条例没有与时俱进增补新内容。第二，目前中国的政策中没有明确规定申报研究人类胚胎干细胞的标准条例。

相信在干细胞法规不断完善的同时，干细胞研究在中国的前景广阔，也必将造福国人。

（乐卫东　陈　晟）

附录 C

中英文词汇对照

英文词汇	中文词汇
2,3-diphosphatidylglyceric acid (2,3-DPG)	2,3- 二磷酸甘油酸
2-chlorodeoxyadenosin, cladribine (2-CdA)	2- 氯去氧腺苷
5-azacytidine (5-Aza)	5- 氮（杂）胞苷
α_2-antiplasmin (α_2-PI)	α_2- 纤溶酶原抑制物
abnormal localization of immature precursor (ALIP)	未成熟前体细胞异常定位
accessory cell (AC)	辅助细胞
acid citrate dextrose (ACD)	酸性枸橼酸盐葡萄糖
acquired immune deficiency syndrome (AIDS)	获得性免疫缺陷综合征
actinomycin D (ACTD)	放线菌素 D
acute eosinophilic leukemia (AEOL)	急性嗜酸粒细胞白血病
acute erythrocytic leukemia (AEL)	急性红白血病
acute graft-versus-host disease (aGVHD)	急性移植物抗宿主病
acute leukemia (AL)	急性白血病
acute liver failure (ALF)	急性肝衰竭
acute lung injury (ALI)	急性肺损伤
acute lymphocytic leukemia (ALL)	急性淋巴细胞白血病
acute megakaryoblastic leukemia (AMKL)	急性巨核细胞白血病
acute myeloid leukemia (AML)	急性髓性白血病
acute non-lymphocytic leukemia (ANLL)	急性非淋巴细胞性白血病
acute pancreatits (AP)	急性胰腺炎
acute promyelocytic leukemia (ZAPL)	急性早幼粒细胞白血病
acute respiratory distress syndrome (ARDS)	急性呼吸窘迫综合征
adeno-associated virus (AAV)	腺病毒相关病毒
adenosine deaminase (ADA)	腺苷脱氨酶
adhesion molecule (AM)	黏附分子
adipose tissue derived stem cells (ADSC)	脂肪组织源性干细胞
adjuvant therapy	辅助治疗
adoptive cellular immunotherapy (ACI)	过继性细胞免疫治疗
adrenomedulin (AM)	肾上腺髓质素
adult stem cell (ASC)	成体干细胞
alkaline phosphatase (ALP/AKP)	碱性磷酸酶
allogeneic bone marrow transplantation (allo-BMT)	异基因骨髓移植

allogeneic hematopoietic stem cell transplantation (allo-HSCT)	异基因造血干细胞移植
allogeneic peripheral blood stem cell transplantation (allo-PBSCT)	异基因外周血干细胞移植
allogeneic	异基因的
allograft	异体移植物
alpha fetoprotein (AFP)	甲胎蛋白
Alzheimer's diseasc	阿尔茨海默病
amyotrophic lateral sclerosis	肌萎缩侧索硬化症
anaplastic large cell lymphoma (ALCL)	退行性大细胞淋巴瘤
angioblasts	血管祖细胞
angiogenesis	血管再生
angiogenin-1	血管生成素-1
anti-idiotype antibody (Aid)	抗独特型抗体
antibiotic	抗生素
antibody-dependent cell-mediated cytotoxicity (ADCC)	抗体依赖细胞介导性细胞毒性
antigen determinant (AD)	抗原决定簇
antigen-presenting cells (APC)	抗原递呈细胞
antilymphocyte globulin (ALG)	抗淋巴细胞球蛋白
antinuclear antibody (ANA)	抗核抗体
antisense	反义引物
antithymocyte globulin (ATG)	抗胸腺细胞球蛋白
aplastic anemia (AA)	再生障碍性贫血
apoptosis-inducing factor (AIF)	凋亡诱导因子
autograft	自体移植物
autoimmune disease	自身免疫性疾病
autoimmune hemolytic anemia (AIHA)	自身免疫性溶血性贫血
autoimmune liver disease (AILD)	自身免疫性肝病
autologous bone marrow transplant (ABMT)	自体骨髓移植
autologous chondrocyte implant (ACI)	自体软骨细胞移植
autologous mixed lymphocytereaction (AMLR)	自身混合淋巴细胞反应
autologous peripheral blood stem cell transplantation (APBSCT)	自体外周造血干细胞移植
autologous stem cell transplantation (ASCT)	自体干细胞移植
avidin-biotin complex method (ABC)	亲和素生物素复合物法
basic fibroblast growth factor (bFGF)	碱性成纤维细胞生长因子
benign monoclonal gammopathies (BMG)	良性单克隆丙球蛋白病
biological response modifier (BRM)	生物应答调节剂
blast cell	原始血细胞/母细胞
blast crisis	原始细胞危象
bleomycin (BLM)	博来霉素
bone marrow biopsy	骨髓活检
bone marrow mesenchymal stem cell (BMSC)	骨髓间充质干细胞
bone marrow puncture	骨髓穿刺
bone marrow smear	骨髓穿刺涂片
bone marrow transplantation (BMT)	骨髓移植
buffer	缓冲液

carcinoembryonic antigen (CEA)	癌胚抗原
CD3 activated killer (CD3AK)	CD3 激活的杀伤细胞
cell adhesion molecule (CAM)	细胞黏附分子
cell cycle non-specific agents (CCNSA)	细胞周期非特异性药物
cell cycle specific agents (CCSA)	细胞周期特异性药物
cell homing	细胞归巢
cell immunotherapy	细胞免疫治疗
cell reprogramming	细胞重编程
cell separation	细胞分选
cell therapy	细胞治疗
cell transplantation therapy	细胞移植治疗
cell-based therapy	细胞治疗（次细胞为基础的治疗）
cellular oncogene (c-onc)	细胞癌基因
cellular therapy	细胞治疗（次细胞为单位的治疗）
central nervous system leukemia (CNSL)	中枢神经系统白血病
central nervous system (CNS)	中枢神经系统
cerebrospinal fluid (CSF)	脑脊液
chemotherapy	化学疗法
chronic eosinophil leukemia (CEL)	慢性嗜酸性粒细胞白血病
chronic graft versus host disease (cGVHD)	慢性移植物抗宿主病
chronic lymphocytic leukemia (CLL)	慢性淋巴细胞白血病
chronic pancreatitis (CP)	慢性胰腺炎
circulating granulocyte pool (CGP)	循环粒细胞池
clinical islet transplantation (CIT)	临床胰岛移植
clinical magnetic activated cell sorting (CliniMACS)	临床级磁性活化细胞分选系统
cluster of differentiation (CD)	分化群
colony stimulating factor	集落刺激因子
colony-forming unit-granulocyte macrophage (CFU-GM)	粒细胞巨噬细胞集落生成单位
common acute lymphocytic leukemia antigen (CALLA)	普通急性淋巴细胞白血病抗原
complete blood count (CBC)	全血细胞计数
complete chimera (CC)	完全嵌合
conditioned medium (CM)	条件培养基
continuous infusion	持续静脉滴注
cord blood stem cell transplantation (CBSCT)	脐带血干细胞移植
cord blood (CB)	脐带血
corrected count increment (CCI)	校正增值计数
cowpox virus vaccine	牛痘病毒疫苗
C reaction protein (CRP)	丙反应蛋白
Crigler-Najjar syndrome	克里格勒 - 纳贾尔综合征
Crohn's disease (CD)	克罗恩病
cryopreservation	冷冻保存，深低温保藏
cutaneous B-cell lymphoma (CBCL)	皮肤 B 细胞淋巴瘤
cyclin dependent protein kinase (CDK)	周期素依赖蛋白激酶
cyclovir (ACV)	阿昔洛韦
cytokine induced killer cell (CIK)	细胞因子诱导的杀伤细胞
cytokine negative response cell (CNR)	细胞因子不反应细胞

de-differentiation	去分化
dendritic cell (DC)	树突状细胞
diabete mellitus (DM)	糖尿病
digital subtraction angiography (DSA)	应用数字减影血管造影技术
Domn syndrome/trisomy 21	唐氏综合征／三染色体21
embryoid bodies (EB)	类胚体或拟胚体
embryonic carcinoma (EC)	胚胎癌性
embryonic germ cell (EGC)	人胚胎生殖细胞
embryonic stem cell line	胚胎干细胞系
embryonic stem cells (ESC)	胚胎干细胞
endothelial progenitor cell (EPC)	内皮祖细胞
engraftment	移植物植入
epidermis stem cell (ESC)	表皮干细胞
epigenetic abnormalities	后天形成异常
epigenomics	表观基因组学
European Bone Marrow Transplant Group (EBMT)	欧洲骨髓移植小组
familial hemophagocytic histiocytosis (FHH)	家族性嗜血组织细胞增生症
familial Mediteranean fever (FMF)	家族性地中海热
fasting plasma glucose (FPG)	空腹血糖
flow cytometry (FCM)	流式细胞分析技术
fluorescence activated cell sorting (FACS)	荧光活化细胞分选系统
fluorescence in situ hybridization (FISH)	荧光原位杂交
follicular dendritic cells (FDC)	滤泡树突状细胞
food and drug administration (FDA)	美国食品药品管理局
fractional total body irradiation (FRTBI)	分次全身照射
fresh frozen plasma (FFP)	新鲜冰冻血浆
gene switch	基因开关
gene therapy	基因治疗
gene trapping	基因捕捉技术
ginformed-consent	知情同意
graft rejection	移植排斥（反应）
graft-versus-host disease (GVHD)	移植物抗宿主病
graft-versus-leukemia (GVL)	移植物抗白血病
graft-versus-tumor (GVT)	移植物抗肿瘤
granulocyte turnover rate (GTR)	粒细胞转换率
hair follicle stem cell (FSC)	毛囊干细胞
hairy cell leukemia (HCL)	毛细胞白血病
hematocrit	血细胞比容
hematology	血液学
hematopoiesis	造血作用／生血作用
hematopoietic growth factor (HGF)	造血生长因子

hematopoietic progenitor cell (HPC)	造血祖细胞
hematopoietic stem cell transplantation (HSCT)	造血干细胞移植
hematopoietic system	造血系统
hemopoietic stem cell (HSC)	造血干细胞
hemorrhage	出血
hemorrhagic cystitis	出血性膀胱炎
hepatitis	肝炎
hepatocyte transplantation	肝细胞移植
high dose (HD)	大剂量
high proliferative potential colony-forming unit (HPP-CFU)	高增殖潜能集落形成单位
Hodgkin's disease (HD)	霍奇金病
homeobox transcription factor	同源异型框转录因子
homogenic transplantation	同基因移植
human amniotic mesenchymal stem cell (hAMSC)	人羊膜间充质干细胞
human embryonic stem cell (hESC)	人胚胎干细胞
human leukocyte antigen (HLA)	人类白细胞抗原
human T cell leukemia virus (HTLV)	人类 T 细胞白血病病毒
Huntington disease	亨廷顿病
hyalcuronan (HA)	透明质烷
hypereosinophilic syndrome (HES)	高嗜酸粒细胞综合征
hypertension	高血压
hypotension	低血压
immune system	免疫系统
immunocyte therapy	免疫细胞治疗
immunological tolerance	免疫耐受
immunosuppression	免疫抑制
induced pluripotent stem cell (iPS)	诱导性多能干细胞
inflammatory bowel disease (IBD)	炎性肠病
inner cell mass (ICM)	内层细胞团
insulin-like growth factor (IGF)	胰岛素样生长因子
insulin-transferrin-sodium selenite (ITS)	胰岛素 - 转铁蛋白 - 亚硒酸钠
interleukin-2 (IL-2)	白细胞介素 -2
international diabetes federation (IDF)	国际糖尿病联盟
interstitial pneumonia (IP)	间质性肺炎
intramuscular (I. M.)	肌内注射
intrathecal injection (I. T.)	鞘内注射
intravenous glucose tolerance lest (IGTT)	静脉葡萄糖耐量试验
intravenous	静脉内的
inversion (inv)	倒位
in vitro	体外 / 离体
in vivo	体内
killer cell immunoglobulin-like receptors (KIR)	免疫球蛋白样受体
label retaining cell (LRC)	标记储留细胞

LAK cell immunotherapy	LAK 细胞免疫治疗
lamellar keratoplasty (LKP)	板层角膜移植
leukemia inhibitory factor (LIF)	白血病抑制因子
Leukemia	白血病
limbal stem cell (LSC)	角膜缘干细胞
long-evans cinnamon rat	长埃文斯肉桂大鼠
lupus erythematosus (LE)	红斑狼疮
lymphoid DC progenitor (pLDC)	淋巴样树突状细胞祖细胞
lymphoid dendritic cell, LDC	淋系树突状细胞
lymphokine-activated killer cell (LAK)	淋巴因子活化的杀伤细胞
lymphokine-activated killer (LAK)	淋巴因子激活杀伤（细胞）
macrophage	巨噬细胞
magnetic activated cell sorting (MACS)	磁性活化细胞分选
major histocompatibility complex (MMHC)	主要组织相容性抗原复合体
malignant histocytosis (MH)	恶性组织细胞增生症
marginal granulocyte pool (MGP)	边缘粒细胞池
master switch gene	核心调控基因
matched unrelated donor (MUD)	非血缘关系配型相合供体
matching	配型
matrix-induced autologous chondnocyte implantation (MACI)	基质诱导自体软骨细胞移植
megakaryocyte growth and differentiation factor (MGDS)	巨核细胞增殖分化因子
megakaryocyte	巨核细胞
memory B lymphocyte (MB)	记忆 B 淋巴细胞
mesenchymal stem cells (MSC)	间充质干细胞
minor histocompatibility antigen system (MHAS)	次要组织相容性抗原系统
mixed chimerism (MC)	混合嵌合
mixed lymphocyte reaction (MLR)	混合淋巴细胞反应
monocytokine-activated killer (MAK)	单核细胞因子激活杀伤（细胞）
monopotent stem cell	单能干细胞
morbidity	发病率
multiple drug resistance (MDR)	多药耐药
multipotent adult progenitor cells (MAPC)	多潜能成体祖细胞
multipotent stem cell	专能干细胞
myelodysplastic syndrome (MDS)	骨髓增生异常综合征
myeloid dendritic cells (MDC)	髓系树突状细胞
natural killer cell (NK)	自然杀伤细胞
negative selection	阴性选择
nodular sclerosis (NS)	结节硬化型
nonmyeloablative transplantation	非清髓性移植
nonobese diabetic severe combined immuno-deficient (NOD/SCID)	非肥胖型糖尿病／重症联合免疫缺陷
oncology	肿瘤学
oncostatin (OSM)	抑瘤素 M

optic atrophy	视神经萎缩
oral glucose tolerance test (OGTT)	口服葡萄糖耐量试验
organ specific autoimmune disease	器官特异性自身免疫性疾病
orthotopic liver transplantation (OLT)	原位肝移植
Parkinson disease	帕金森病
PCR-restriction fragment length polymorphisms (RFLP)	限制性片段长度多态性分析
PCR-sequence specific oligonucleotideprobe hybridization (PCR-SSOPH)	序列特异性寡核苷酸探针杂交
penetrating keratoplasty (PKP)	穿透性角膜移植术
percentage depth dosage (PDD)	百分深度剂量
peripheral blood stem cell transplantation (PBSCT)	外周血造血干细胞移植
peripheral nerve injury	外周神经损伤
peripheral neuropathy	周围神经病变
phlebitis	静脉炎
phytahematoagglutinin (PHA)	植物血凝素
plasma cell leukemia (PCL)	浆细胞白血病
plasma cell	浆细胞
plasma exchange (PE)	血浆置换
plasma	血浆
platelet derived growth factor (PDGF)	血小板衍生生长因子
pluripotent stem cell	多能干细胞
polycythemia	红细胞增多症
positive selection	阳性选择
potential doubling time (PDT)	倍增时间
primary drug resistance (PDR)	原药耐药
progenitor	前体 / 祖先
prognosis	预后
programmed cell death (PCD)	细胞程序化死亡
prostate apoptosis response-4, PAR-4	前列腺凋亡因子 -4
pulmonary artery hypertension (PAH)	肺动脉高压
pulmonary fibrosis (PF)	肺纤维化
radiation protective competence (RPC)	辐射保护能力
refractory anemia with excessive blasts, transformation (RAEB-T)	难治性贫血伴原始细胞增多转化型
refractory anemia with sideroblasts (RRAS)	难治性贫血伴环状铁粒幼细胞增多
refractory anemia (RA)	难治性贫血
rejection	排斥
relapse	复发
remission	缓解
replase free survival (RFS)	无复发生存
retinoblastoma (RB)	视网膜母细胞瘤
rheumatoid arthritis (RA)	类风湿关节炎
sense primer	同义引物
sepsis	脓血病 / 败血症

serum ferritin (SF)	血清铁蛋白
severe combined immunodeficiency disease (SCID)	重症联合免疫缺陷
Sezary syndrome (SS)	Sezary 综合征
sinus histocytosis with massive lymphadenopathy (SHML)	窦性组织细胞增生症伴块状淋巴结肿大
skeletal myoblast (SKMB)	骨骼肌成肌细胞
slcmrnas (SLC)	第二淋巴化学因子
small lymphocytic lymphoma (SLL)	小淋巴细胞淋巴瘤
solid tumor	实体瘤
somatic cell gene therapy	体细胞基因治疗
somatic cell nuclear transplantation (SCNT)	体细胞核转移
spinal cord injury	脊髓损伤
stage-specific embryonic antigen (SSEA)	专一性胚胎抗原
standard risk acute lymphocytic leukemia (SR-ALL)	标危型急性淋巴细胞白血病
stem cell factor (SCF)	干细胞因子
stem cell leukemia (SCL)	干细胞白血病
stem cell therapy	干细胞治疗
stroke	脑卒中
stroma-cell derivative factor (SDF)	基质细胞源性因子
stroma-support immunocytometric assay (SIA)	基质支持免疫细胞流式细胞仪技术法
subclavian catheter	锁骨下导管
subtotal nodal irradiation (STNI)	次全淋巴结照射
suicide gene	自杀基因
syngeneic bone marrow transplant (Syn-BMT)	同基因骨髓移植
syngeneic	同基因的
systemic lupus erythematosus (SLE)	系统性红斑琅疮
systemic specific autoimmune disease	系统性自身免疫性疾病
T cell depletion (TCD),	T 细胞去除
T-prolymphocytic leukemia (T-PLL)	T 幼淋细胞白血病
target cell	靶细胞
teratocarcinoma stem cell	畸胎瘤干细胞
terminally differentiated cell (TDC)	终末分化细胞
testis leukemi a (TL)	睾丸白血病
therapeutic gain factor (TGF)	治疗获得系数
thrombocytopenia	血小板减少症
thrombopoietin (TPO)	促血小板生成素
thrombotic microangiopathy (TMA)	血栓性微血管病
thrombotic thrombocytopenic purpura (TTP)	血栓性血小板减少性紫癜
time of cell cycle (TC)	细胞周期时间
timed-sequential chemotherapy (TSC)	时相序贯化疗
tissue factor (TF)	组织因子
topoisomerase Ⅱ (TOPO Ⅱ)	拓扑易构酶Ⅱ
total blood granulocyte pool (TBGP)	总血液粒细胞池
total body irradiation (TBI)	全身照射

total lymphoid irradiation (TLI)	全淋巴照射
total nodal irradiation (TNI)	全淋巴结照射
total parenteral nutrition (TPN)	全肠道外营养/静脉高营养
totipotent stem cell	全能干细胞
trans-differentiation	转分化
transduction	转导
transfection	转染
transforming growth factor-β (TGF-β)	转化生长因子-β
transfusion associated graft-versus-host disease (TA-GVHD)	输血相关的移植物抗宿主病
transient amplifying cell (TAC)	短暂扩充细胞
translocation	易位
transplantation related mortality (TRM)	移植相关死亡率
trauma	创伤
treatment associated AML (t-AML)	治疗相关的急性髓性白血病
treatment planning system (TPS)	治疗计划系统
tritiated thymide (3H-TdR)	氚标记胸腺嘧啶核苷
tumor associated antigen (TAA)	肿瘤相关抗原
tumor associated macrophage (TAM)	肿瘤相关巨噬细胞
tumor cell survival (TCS)	肿瘤细胞成活
tumor infiltrating lymphocyte (TIL)	肿瘤浸润淋巴细胞
tumor necrosis factor (TNF)	肿瘤坏死因子
typing cell (HTC)	纯合子分型细胞
ulcerative colitis (UC)	溃疡性结肠炎
umbilical cord blood transplantation	脐带血移植
umbilical cord blood	脐带血
umbilical cord	脐带
varicella zoster virus (VZV)	水痘带状疱疹病毒
vascular permeability factor (VPF)	血管渗透因子
vasculognesis	血管发生
veno-occlusive disease (VOD)	静脉阻塞性疾病
viral associated hemophagocytic syndrome (VAHS)	病毒相关嗜血细胞综合征
virus oncogene (v-onc)	病毒癌基因
virus-directed enzyme prodrug therapy (VDEPT)	病毒导向的酶前药疗
white blood cell (WBC)	白细胞
whole blood	全血
wilms tumor (WT)	肾母细胞瘤
Wilson's disease	威尔逊病
Xerostomia	口干燥症

（王佃亮）

细胞移植治疗大事年表

1667 年，Jean-Baptiste Denis 将小牛血注射给一个精神病患者是首次有记载的细胞治疗方法。

1796 年，英国医生 Jenner Edward 给人接种牛痘病毒疫苗（cowpox virus vaccine）预防天花病毒感染，这是全世界最早的生物治疗。

1867 年，Cohnheim 在实验中给动物静脉注射一种不溶性染料 analine，结果在动物损伤远端的部位发现含有染料的细胞，包括炎症细胞和与纤维合成有关的成纤维细胞，由此他推断骨髓中存在非造血功能的干细胞。

1912 年，德国医生 Kuettner 提出应将器官剪成小组织块，溶在生理盐水中，再注到患者体内，不是将整体器官用于移植，因而成为细胞治疗的先驱者。

1956 年，美国华盛顿大学的 E．Donnall Thomas 完成了世界上第一例骨髓移植手术，这也是世界上第一例干细胞移植手术。E．Donnall Thomas 由此成为造血干细胞移植术的奠基人。

1981 年，Evan Kaufman 和 Martin 从小鼠胚泡内细胞群分离出胚胎干细胞，并建立了胚胎干细胞适宜的体外培养条件，培育成干细胞系。

1982 年，Grimm 等首先报道外周血单个核细胞中加入 IL-2 体外培养 4 ~ 6 d，能诱导出一种非特异性的杀伤细胞，即 LAK 细胞。

1984 年，Rosenberg 研究组经美国食品药品管理局（Food and Drug Administration，FDA）批准，首次应用 IL-2 与 LAK 协同治疗 25 例肾细胞癌、黑素瘤、肺癌、结肠癌等肿瘤患者，具有显著疗效。

1930 年，瑞士的 Paul Niehans 将从羊胚胎器官中分离出的细胞注入到人体进行皮肤年轻化治疗，次年又将牛甲状腺剪成的小组织块溶在生理盐水中治疗“甲状腺功能低下”，被称为“细胞治疗之父”。

1967 年，美国华盛顿大学的 E．Donnall Thomas 在《新英格兰医学杂志》（The New England Journal of Medicine）上发表了一篇关于干细胞研究的重要论文。这篇论文详细阐述了骨髓中干细胞的造血原理、骨髓移植过程、干细胞对造血功能障碍患者的作用。这篇论文为白血病、再生障碍性贫血、地中海贫血等遗传性疾病和免疫系统疾病的治疗展示了广阔的前景。此后，干细胞研究引起各国生物学家和医学家的高度重视，干细胞移植迅速在世界各国开展。

1973 年，美国学者 Steinman 及 Cohn 在小鼠脾组织分离中发现了树突状细胞（dendritic cell，DC），因为其细胞的形态具有树突样或伪足样突起而得名。

1985 年，Rosenberg 率先报道白细胞介素 -2（IL-2）和淋巴因子活化的杀伤细胞（LAK 细胞）治疗晚期肿瘤有效。

1987 年，Peterson 采用自体软骨细胞移植（autologous chondrocyte implantation，ACI）技术治疗关节软骨缺损患者。这是细胞工程技术首次用于骨关节病的治疗，现已成为一种较为成熟的关节软骨缺损治疗技术。

1988 年，首批组织修复细胞治疗进入市场，它们是用于治疗严重烧伤的伤口愈合产品。

1989 年，美国的一位科学家在脑组织中发现了神经干细胞。首先用于市场的免疫调节细胞治疗是一种癌症化疗免疫恢复添加剂，用于骨髓移植。这种产品于 1993 年在欧洲销售。到了 1994 年，创伤愈合及软骨和骨修复治疗也进入了市场。

1990年，E. Donnall Thomas因干细胞移植方面的开拓性工作获本年度诺贝尔生理学或医学奖。

1990年，Scharp等报道首例人同种异体胰岛细胞移植治疗1型糖尿病获得成功。

1992年，人体肝细胞移植第一次临床试验成功。

1994年，Schmidt-wolf从外周血单个核细胞中诱导产生CIK细胞，兼具T淋巴细胞强大的杀瘤活性和NK细胞的非MHC限制性，故又被称为NK细胞样T淋巴细胞，将具有高效杀伤活性的CIK细胞和具有强大肿瘤抗原递呈能力的DC共同培养来治疗恶性肿瘤业已证明具有良好的效果。

1997年，Asahara及其同事最早发现内皮祖细胞，他们从外周血的单核细胞中分离出了一群能够在体外合适的条件下分化成为内皮细胞的细胞群，其表面特异性表达造血干细胞标志CD133、CD34以及内皮细胞标记VEGFR-2。

1998年，美国的两位科学家Thomson和Gearhart分别建立了来源于人的胚胎多能干细胞系。

1999年，美国科学家在《美国科学院院刊》（PNAS：Proceedings of the National Academy of Sciences of the United States of American）报道，小鼠肌肉组织的成体干细胞可以“横向分化”为血液细胞。随后，世界各国的科学家相继证实，成体干细胞，包括人类的成体干细胞具有可塑性。

1999年，干细胞研究被美国《科学》杂志推为21世纪最重要的10个科研领域之一，且排名第一，先于工程浩大的“人类基因组测序”。

2000年，日本启动“千年世纪工程”，把以干细胞工程为核心技术的再生医疗作为四大重点之一，并且在第一年度的投资金额即达108亿日元。

2000年，干细胞研究再度入选美国《科学》杂志评选的当年十大科技成就。

2001年，英国议会上院以212票赞成、92票反对，通过一项法案，允许科学家克隆人类早期胚胎，并利用它进行医疗研究。利用人体细胞克隆人类早期胚胎后，可以从中提取未经完全发育的胚胎干细胞。

2001年，法国部分学者联名向法国科研部长提交一份调查报告，呼吁政府大力加强对干细胞研究的扶持力度。

2001年，美国科学家在《组织工程学》《Tissue Engineering》杂志上报道，从患者臀部和大腿处抽取的脂肪中，含有大量类似干细胞的细胞，这些细胞可以发育成健康的软骨和肌肉等。

2001年，英国一家公司宣布开展新生儿脐带血干细胞储存服务。父母花600英镑，就可采集婴儿脐带血，从中分离出干细胞，在液氮中保存至少20年。

2001年，中国完成了人体神经干细胞和角膜干细胞的移植。

2001年，天津市脐带血造血干细胞库正式运营。

2008年，中国首家干细胞医院在天津建成，它与天津市脐带血造血干细胞库、天津市间充质干细胞库结合，形成集干细胞产品研发、储存、应用为一体的、比较完整的干细胞工程体系。

2009年，美国食品药品管理局（FDA）首次批准将胚胎干细胞用于治疗截瘫患者的临床实验，干细胞的研究经快速通道从基础进入到临床，截止到2009年1月，已有20项临床试验在美国国立卫生院clinicaltrials. gov登记注册，早期结果令人鼓舞。

2009年，中国国家卫生部出台的《医疗技术临床应用管理办法》，为严格有序地开展细胞生物治疗提供了指导和依据，也保证了生物治疗的安全和规范。

2010年，人类胚胎干细胞首次注入人体内进行干细胞治疗。该项试验的开创性意义在于，根据FDA批准的临床试验规定，试验者必须同意2周内胸部以下瘫痪。总部位于美国加利福尼亚州门洛帕克市的杰龙生物医药公司2010年10月11日宣布，该公司干细胞疗法药物GRNOPC1的首期人体临床试验启动，这是美国政府批准的首例胚胎干细胞人体临床试验。

（王佃亮）

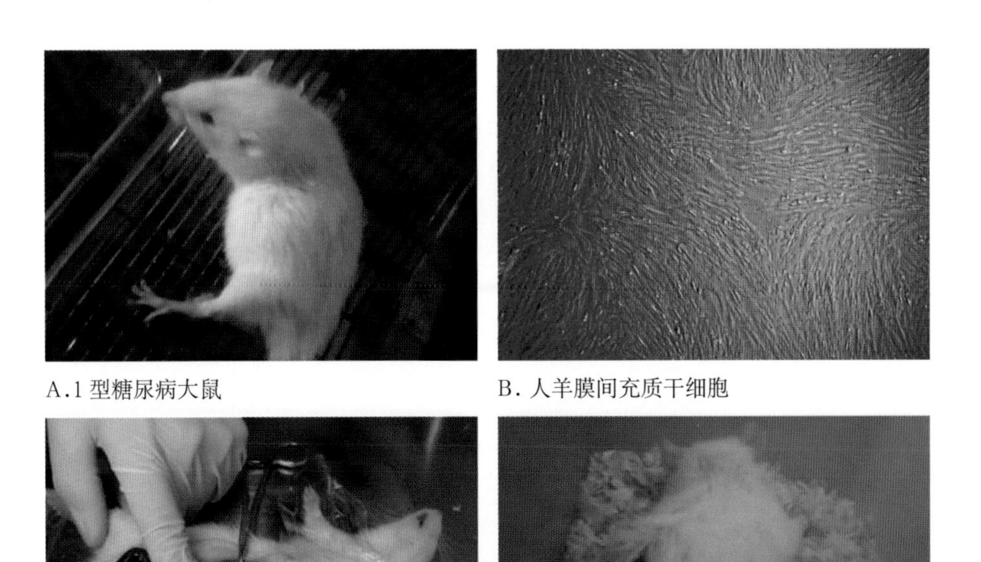

图 1-1　肝门静脉途径移植治疗大鼠 1 型糖尿病（正文 P5）

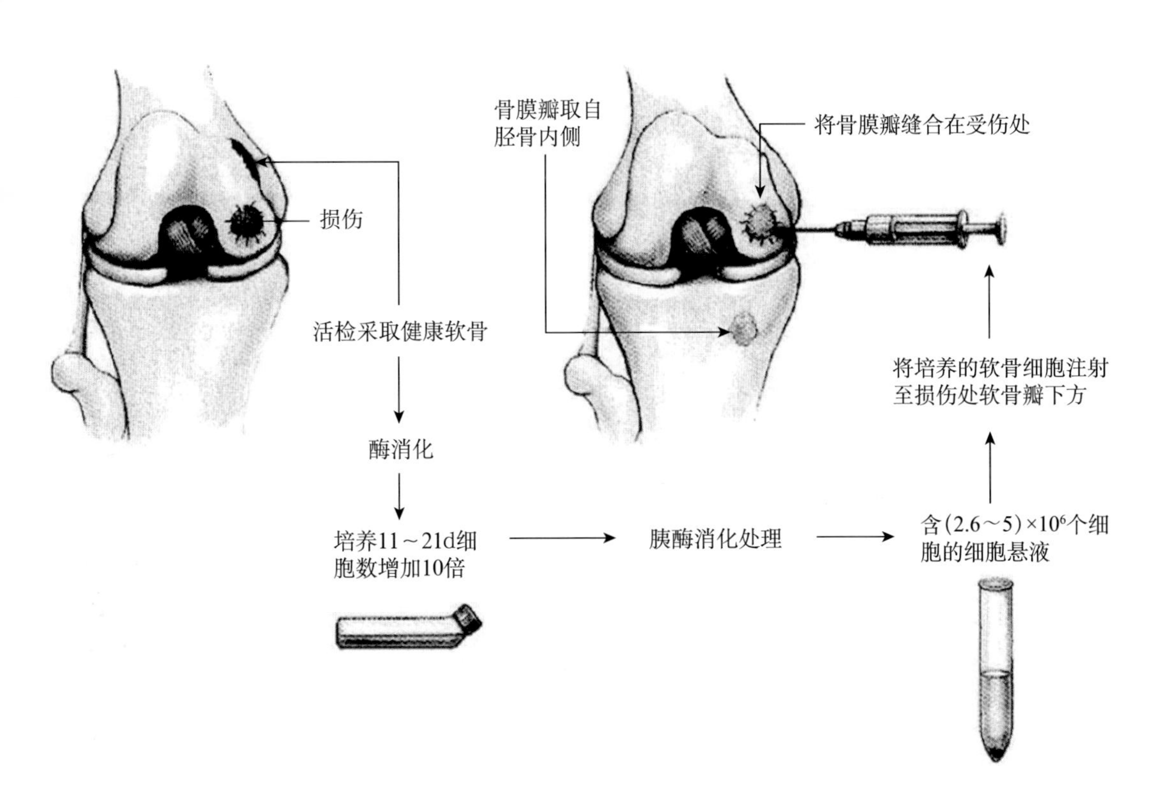

图 2-1　软骨细胞移植（正文 P24）

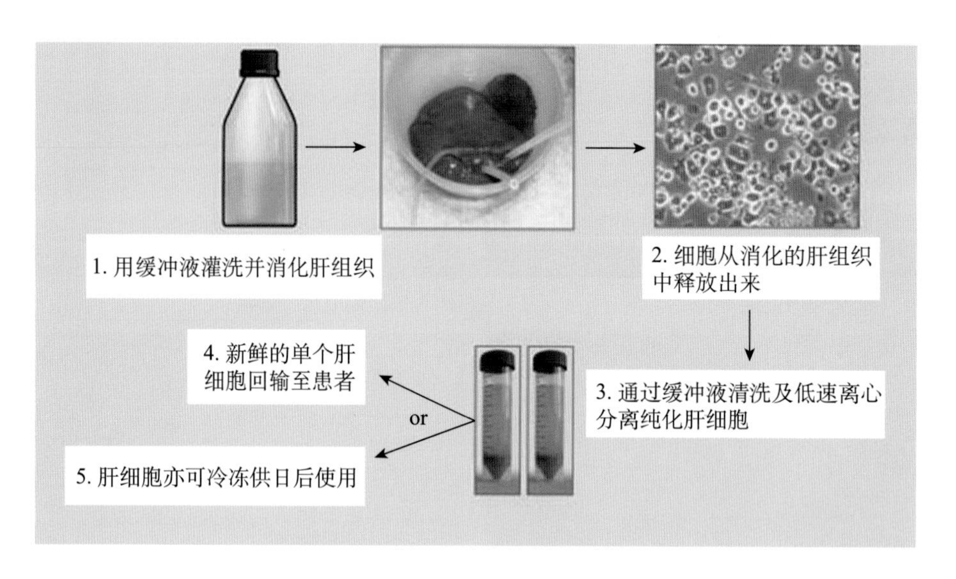

图 2-2　肝细胞的分离和移植（正文 P26）

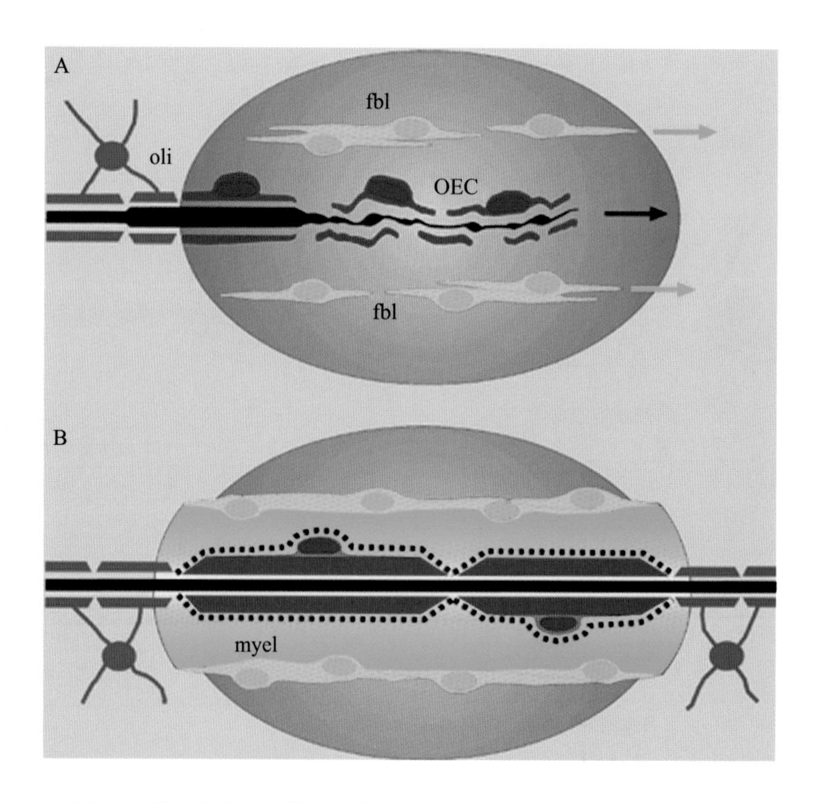

图 2-4　脊髓损害后嗅鞘细胞（OEC）移植治疗的修复（正文 P28）

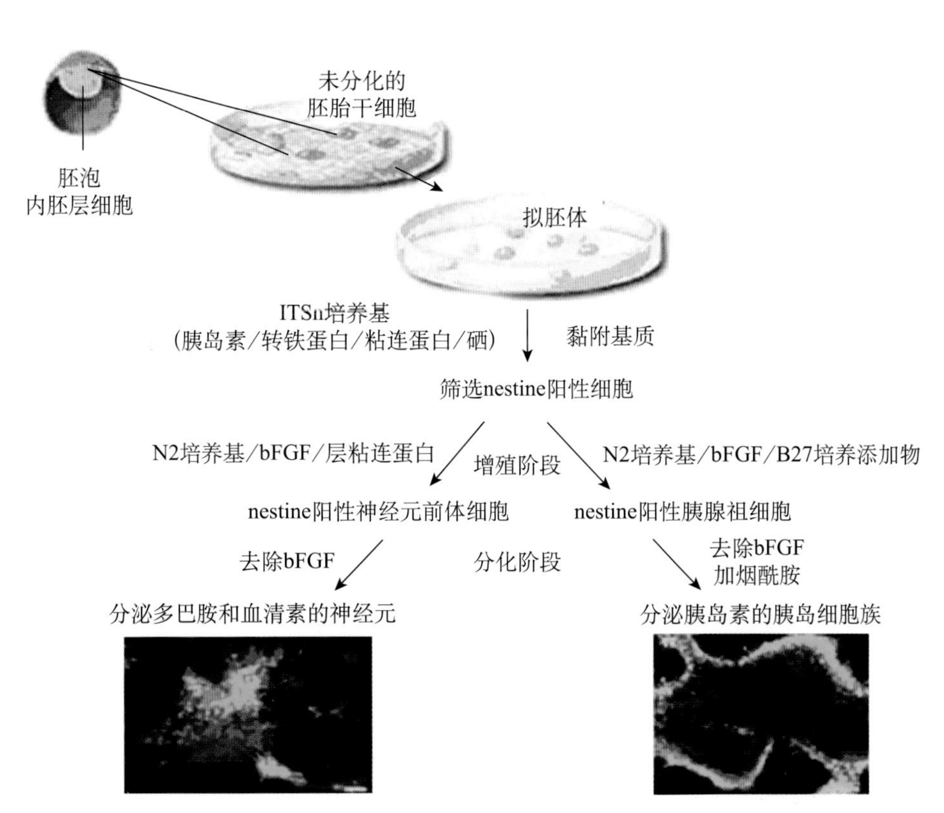

图 2-5　小鼠胚胎干细胞的定向分化（正文 P33）

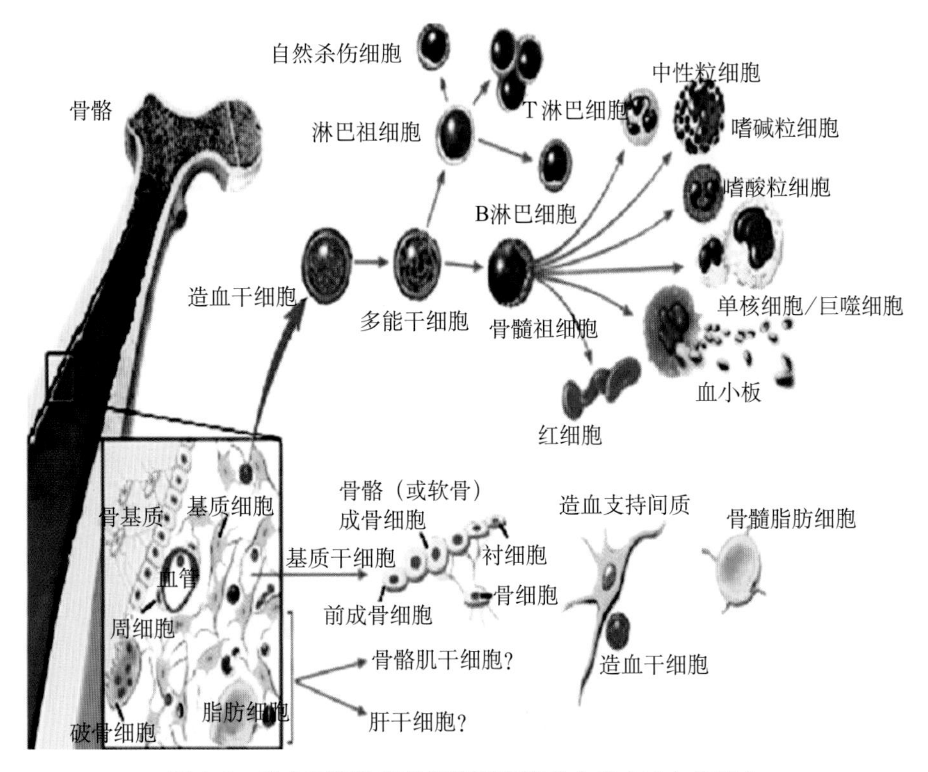

图 2-6　造血干细胞及骨髓基质细胞的分化（正文 P37）

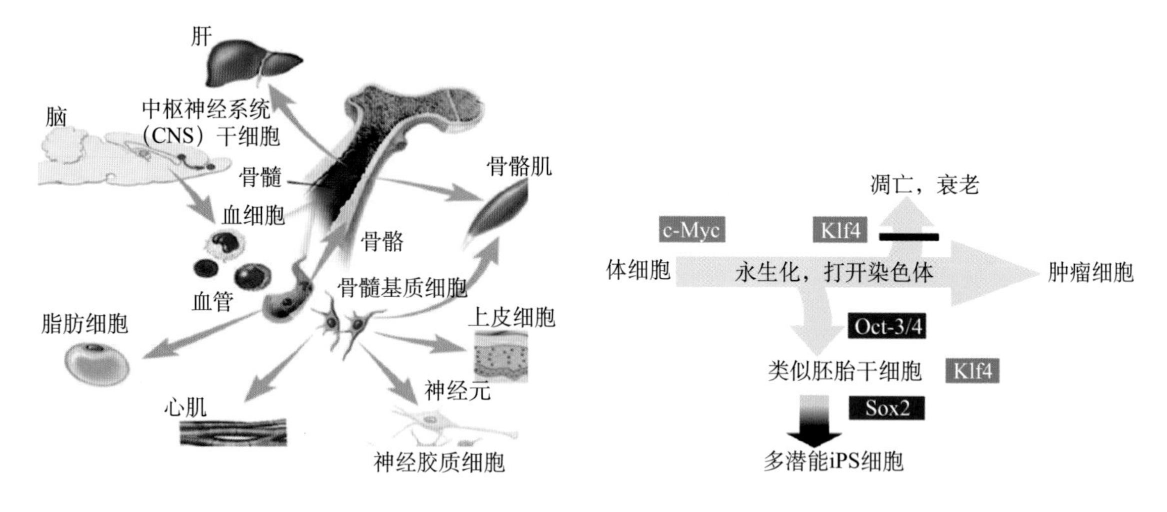

图 2-7　成体干细胞的可塑性（正文 P39）

图 2-8　诱导多能干细胞四因子作用机制（正文 P43）

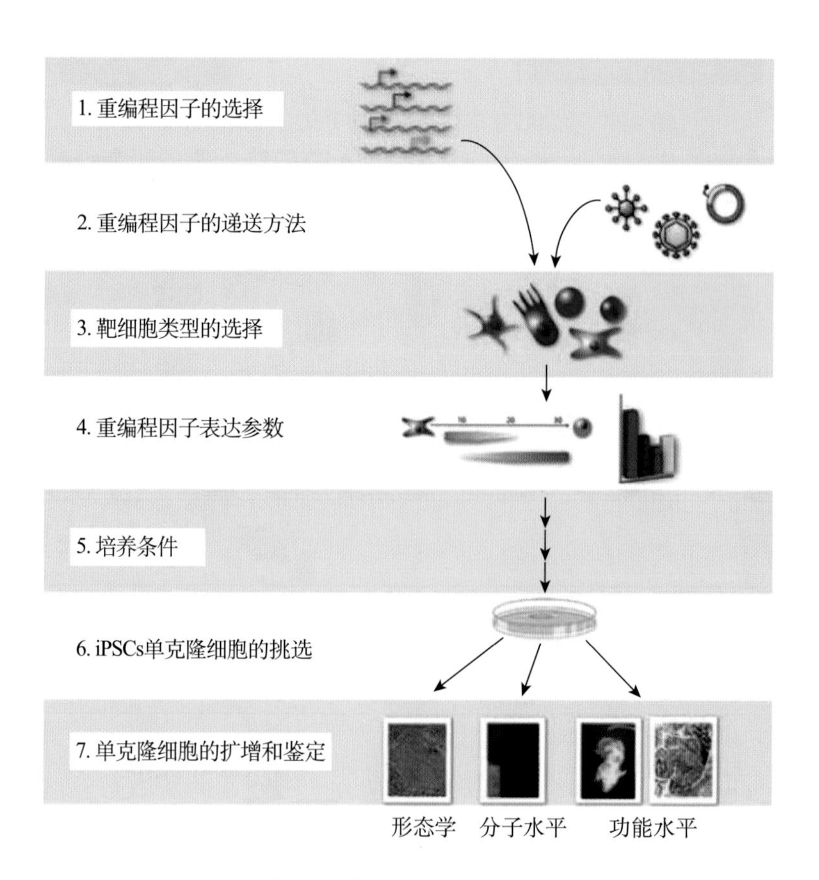

图 2-9　诱导多能干细胞系建立的技术步骤（正文 P44）

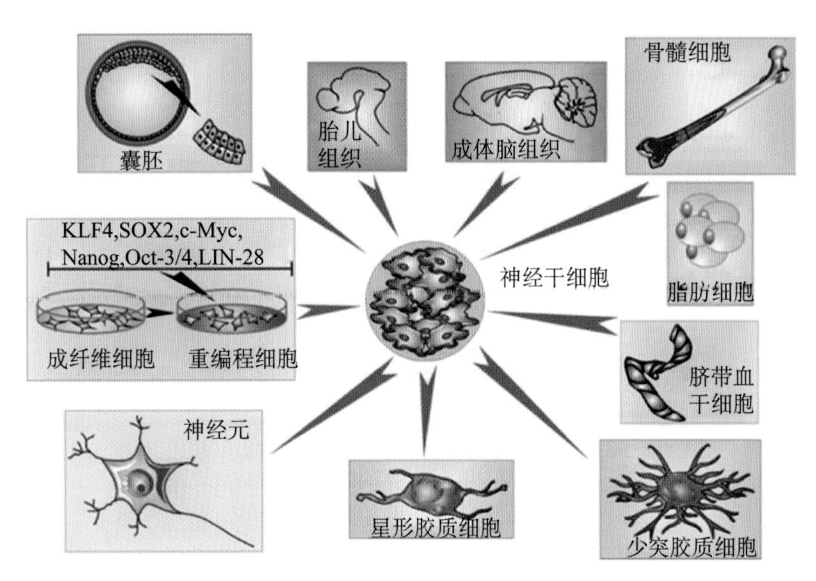

图 5-1　神经干细胞来源（正文 P142）

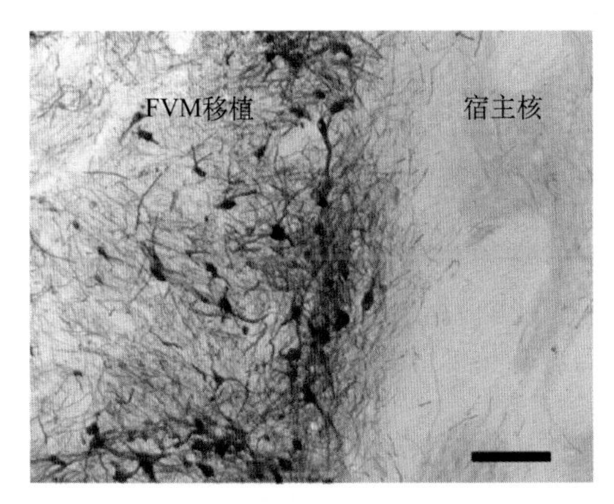

图 5-6　胚胎中脑腹侧细胞移植入帕金森病病人后与宿主细胞整合（正文 P163）

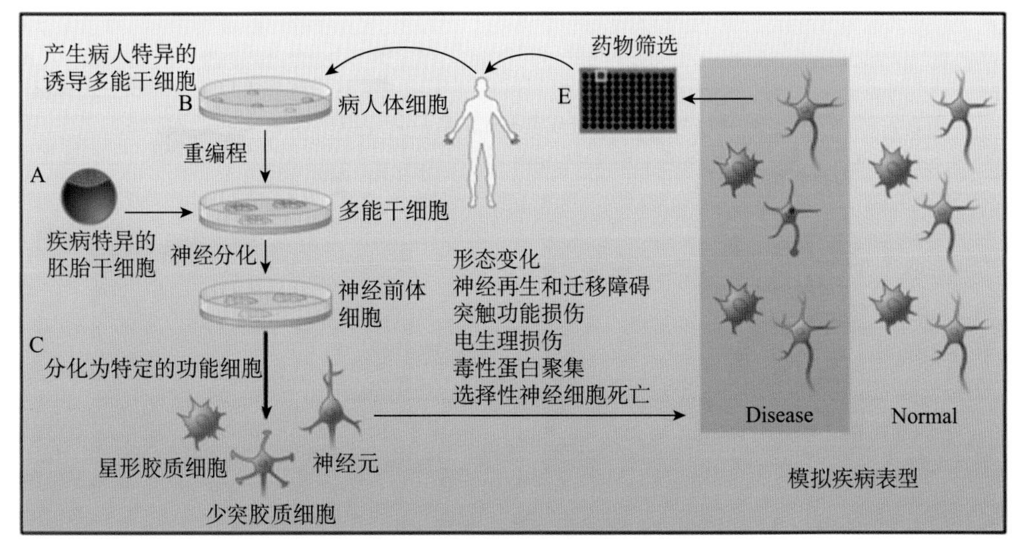

图 5-7　诱导多能干细胞的应用前景（正文 P170）

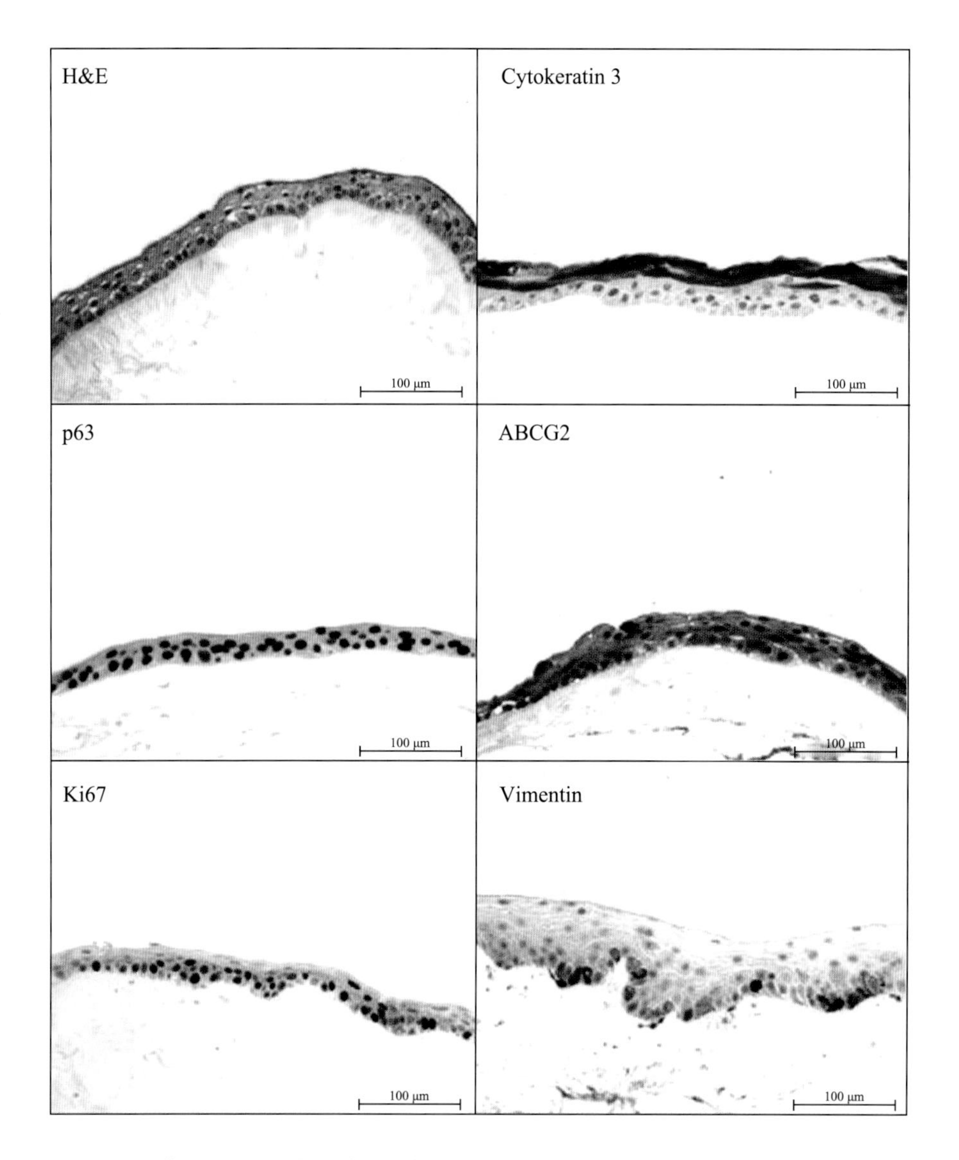

图 8-2　角膜缘上皮组织在羊膜上培养观察 HE 染色，免疫组化 CK3、p63、ABCG2、Ki67、Vimentin 染色（正文 P284）

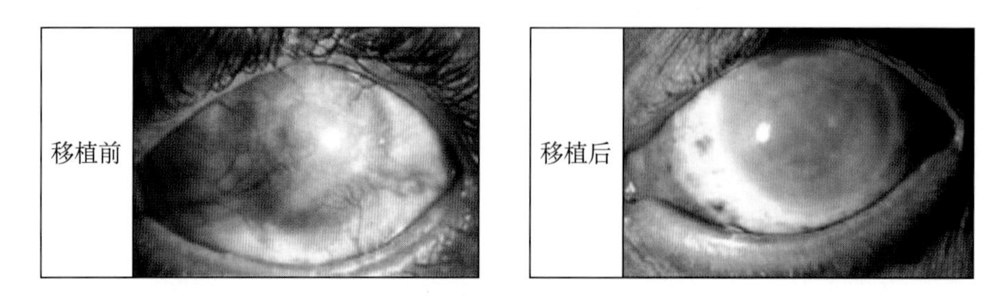

图 8-3　患眼自体角膜缘干细胞移植前后对比（正文 P286）

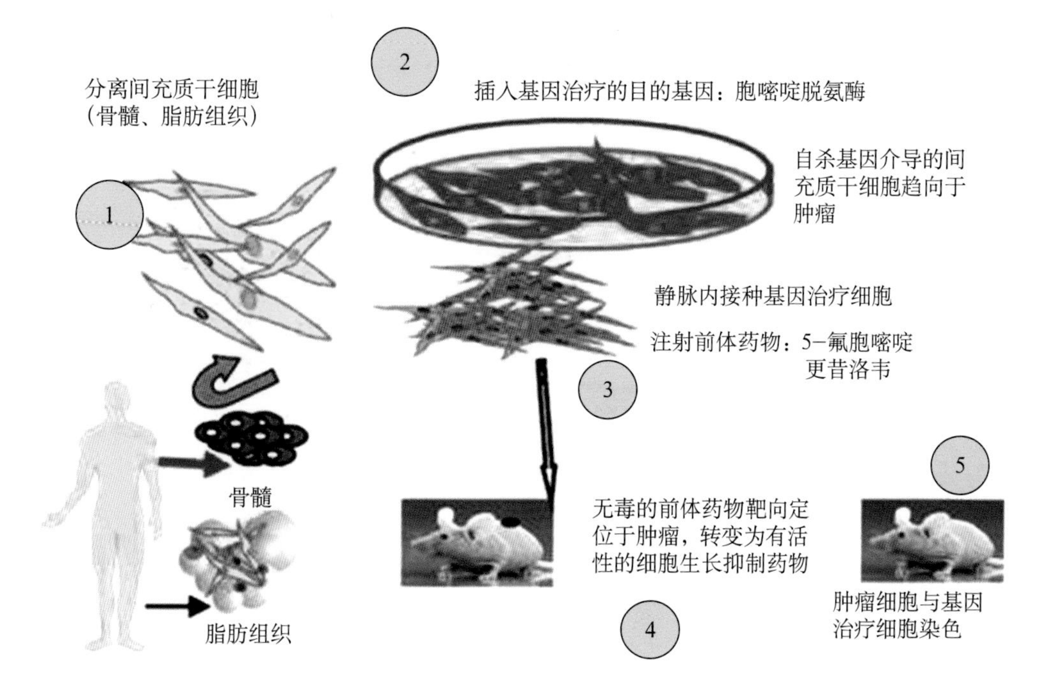

图 9-1　间充质干细胞靶向肿瘤基因治疗（正文 P304）

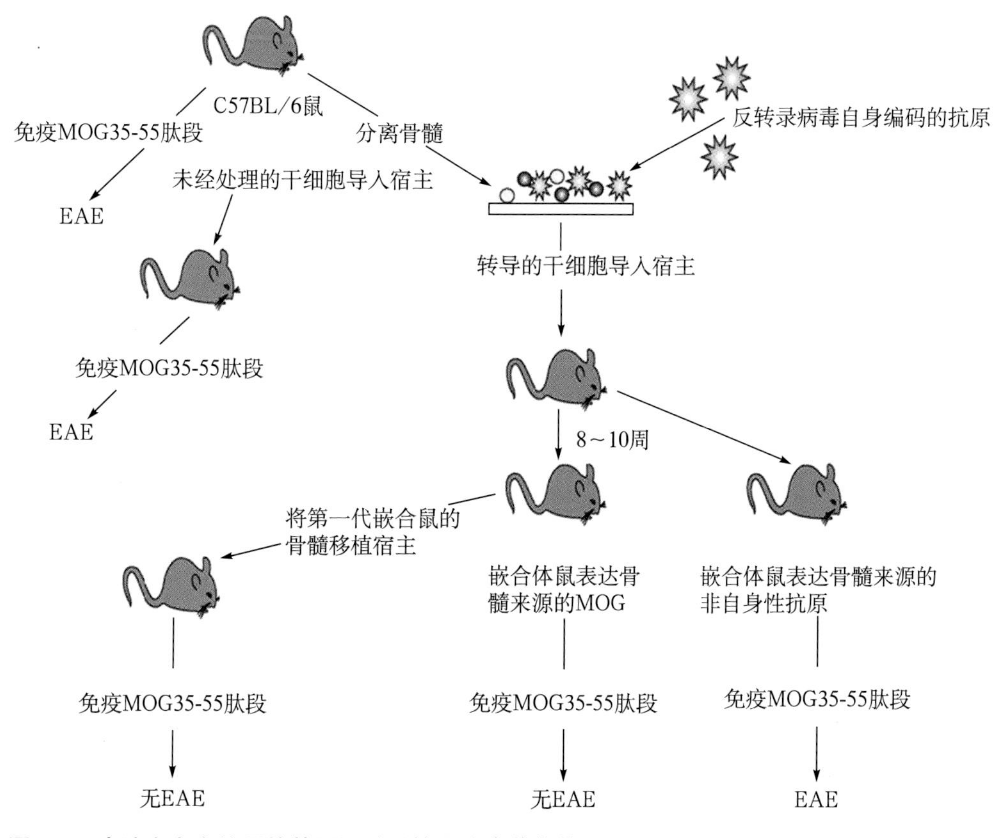

图 9-2　表达有自身抗原的基因通过反转录病毒载体转入干细胞中，可以预防小鼠实验性自身免疫性脑脊髓炎（EAE）的发生（正文 P306）

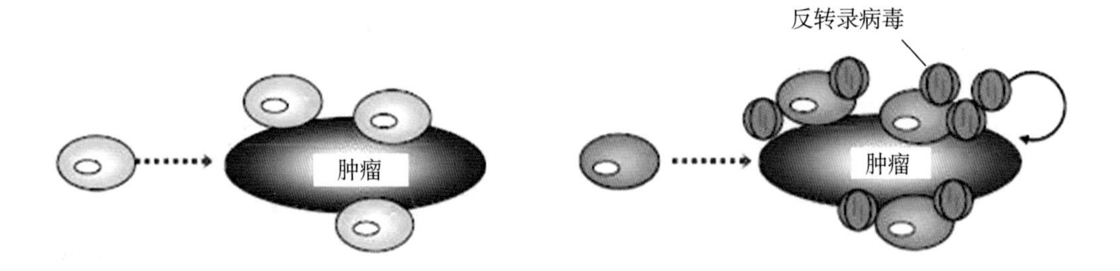

图 9-3　应用连入转基因载体系统的间充质干细胞能促进癌症自杀基因的治疗作用（正文 P309）

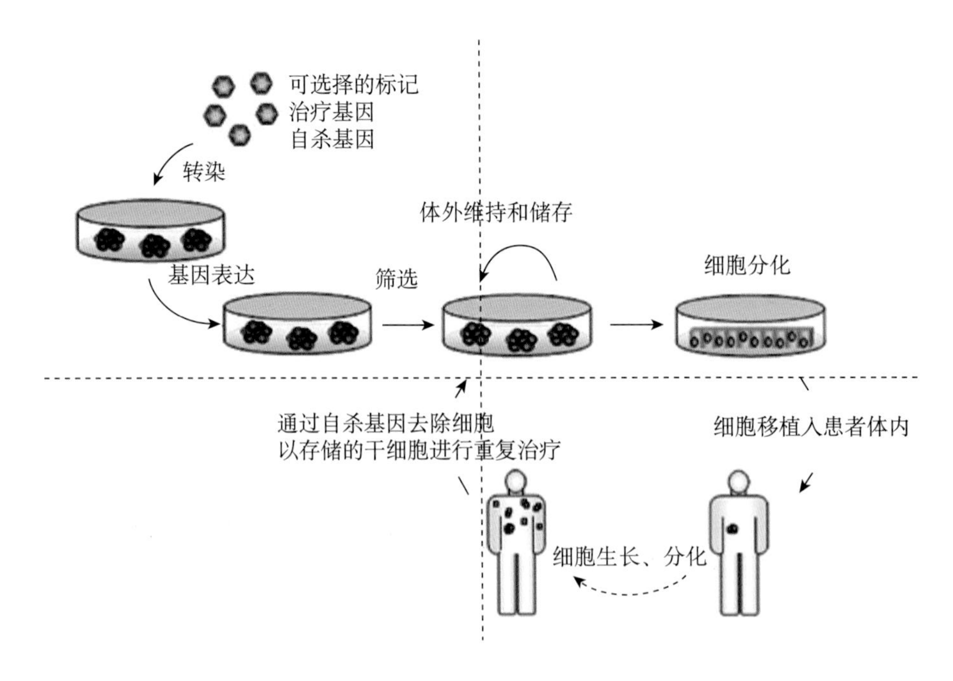

图 10-1　通过基因转导控制人胚胎干细胞分化和生长（正文 P317）